AF400545

Günter Henze · Rolf Neeb

Elektrochemische Analytik

Mit 150 Abbildungen

Springer-Verlag
Berlin Heidelberg New York Tokyo

Prof. Dr. Günter Henze
Abteilung für Anorganische und Analytische Chemie
der Universität Trier
Postfach 38 25
D-5500 Trier

Prof. Dr. Rolf Neeb
Institut für Anorganische Chemie und Analytische Chemie
der Johannes Gutenberg-Universität Mainz
Postfach 39 80
D-6500 Mainz

ISBN-13:978-3-642-70174-0   e-ISBN-13:978-3-642-70173-3
DOI: 10.1007/978-3-642-70173-3

CIP-Kurztitelaufnahme der Deutschen Bibliothek
Henze, Günter:
Elektrochemische Analytik/Günter Henze; Rolf Neeb. – Berlin; Heidelberg; New York; Tokyo: Springer, 1986.
ISBN-13:978-3-642-70174-0

NE.: Neeb, Rolf:

2154/3020-543210

Vorwort

Die ersten elektrochemischen Analysenverfahren wurden in der zweiten Hälfte des vergangenen Jahrhunderts entwickelt. 1864 veröffentlichte Gibbs die Ergebnisse seiner Untersuchungen „Über die Anwendung der elektrolytischen Ausfällung von Kupfer und Nickel in der Analyse".

Daß die Potentialdifferenz an der Phasengrenzfläche zwischen Glas und Lösung vom Säuregehalt der Lösung abhängig ist, wurde bereits 1906 von Cremer beschrieben und war eine wegweisende Erkenntnis für die Entwicklung der Glaselektrode.

Die Möglichkeit der potentiometrischen Bestimmung von Titrationsendpunkten führte zu einer breiten Anwendung der Maßanalyse. Die 1921 von Müller erschienene Monographie über die „Elektrometrische (potentiometrische) Maßanalyse" veranschaulicht den damaligen Entwicklungsstand.

Heyrovsky führte 1922 die Polarographie ein und eröffnete der elektrochemischen Analytik damit völlig neue Wege. Im Ergebnis der weiteren Entwicklung stehen uns heute leistungsfähige polarographische und voltammetrische Methoden für die Spurenanalyse zahlreicher anorganischer und organischer Substanzen zur Verfügung.

Für die Durchführung elektrochemischer Bestimmungen sind die apparativen Aufwendungen im allgemeinen geringer als für verschiedene andere Analysenverfahren. Hinzu kommt, daß mit der Entwicklung der Elektronik auch die Meßtechnik verfeinert und teilweise automatisiert werden konnte. Dadurch wurden die elektrochemischen Analysenmethoden für die Praxis zunehmend interessanter. Die zahlreichen Publikationen über neue Verfahren in den letzten Jahren sind dafür ein Beweis.

Mit der vorliegenden Monographie versuchen wir unter Berücksichtigung aller Methoden den heutigen Stand der Entwicklung der elektrochemischen Analytik zu beschreiben. Den Praktikern möchten wir zeigen, für welche analytischen Probleme die elektrochemischen Methoden nützlich sein können. Die angeführten Beispiele veranschaulichen die Bedeutung für die Umweltanalytik, die Pharmazie, Medizin und Lebensmittelchemie sowie für die Untersuchung geologischer und biologischer Matrices. Außerdem wird das Funktionsprinzip und die Leistungsfähigkeit elektrochemischer Gasanalysatoren und der elektrochemischen Detektoren für die Chromatographie beschrieben. Die bewußt einfach und kurz gefaßte physikalisch-chemische Einleitung soll Nicht-Chemiker und Studenten in die notwendigen theoretischen Grundlagen einführen.

Allen Kollegen, die uns bei der Abfassung des Manuskriptes behilflich waren, danken wir herzlich. Die mühevolle und sorgfältige Anfertigung der Zeichnungen übernahm Herr H. Denkscherz (Universität Trier). Herr Dr. F. G. K. Baucke (Schott Glaswerke, Mainz), Herr Dr. P. Bersier (Ciba Geigy A.G., Basel) und Herr Dr. D. Saur (Universität Mainz) stellten uns wertvolle Unterlagen zur Verfügung. Mit Ratschlägen und der kritischen Durchsicht einiger Kapitel unterstützten uns Herr Prof. Dr. E. Geyer (Fachbereich Chemie) und Herr Dr. K. Wegner (Fachbereich Pharmazie) von der Universität Mainz. Unser besonderer Dank gilt Herrn Dr. A. Meyer (Universität Trier) und Herrn Dipl.-Chem. S. Hinkel für die sorgfältige Durchsicht und Korrrektur des Manuskriptes.

Dem Springer-Verlag danken wir für die gute Zusammenarbeit bei der Herausgabe des Buches.

Mainz und Trier,   Günter Henze
im Januar 1986   Rolf Neeb

Inhaltsverzeichnis

Verfasser der einzelnen Kapitel:

G. Henze: 1.1., 1.2., 2.1.–2.3., 2.8.4., 3.2., 4.3.–4.7.

R. Neeb: 1.3., 1.4., 2.4.–2.9., 3.1., 3.3., 4.1., 4.2.

Häufig benutzte Symbole und Abkürzungen

Allgemeine Formelzeichen

a	Aktivität eines Ions
C	Kapazität
c	Konzentration
D	Diffusionskoeffizient
E	Elektrodenpotential
E_0	Standardelektrodenpotential
$E_{1/2}$	Halbstufenpotential
E_P	Spitzen(Peak)-Potential
F	Faraday-Konstante
f	Aktivitätskoeffizient, Frequenz
i	Stromstärke
I	Ionenstärke
n	Ladungszahl eines Ions, Zahl der umgesetzten Elektronen, elektrochemische Wertigkeit
O	Oberfläche
R	allgemeine Gaskonstante, Widerstand
T	absolute Temperatur (°K)
t	Zeit, Temperatur (°K)
v	Spannungsänderungsgeschwindigkeit ($V \cdot t^{-1}$)
V	Volt, Volumen
ω	Kreisfrequenz ($2\pi \cdot f$)
$\varkappa$	spezifische Leitfähigkeit

Abkürzungen von Methoden und Elektroden

AC	Wechselstromverfahren (allgemein)
ACP	Wechselstrompolarographie
ACV	Wechselstromvoltammetrie
ACP1(2)	Wechselstrompolarographie mit der ersten (zweiten) Oberwelle
ASV	„Anodic-Stripping-Voltammetry"
CSV	„Cathodic-Stripping-Voltammetry"
CRP	Kathodenstrahlpolarographie
CV	Cyclische Voltammetrie
DC	Gleichstromverfahren (allgemein)
DCP	Gleichstrompolarographie
DCV	Gleichstromvoltammetrie
DP	Differentielle-Pulse-Verfahren
DPP	Differentielle-Pulse-Polarographie
DPV	Differentielle-Pulse-Voltammetrie
NPP	Normale Pulse-Polarographie
PSA	„Potentiometric-Stripping-Analysis"
Sqw	Square-Wave-Verfahren
i (z.B. iDCV, iDPP)	invers (z.B. inverse Gleichstromvoltammetrie, inverse Differentielle-Pulse-Polarographie)
CP(E)	Kohlepaste(-Elektrode)
DME	Quecksilbertropfelektrode

GC(E)	Glaskarbon(-Elektrode)
HMDE	Hängende Hg-Tropfenelektrode
SMDE	Statische Quecksilbertropfelektrode
TMFE	Quecksilberfilmelektrode
SCE	gesättigte Kalomelelektrode*
NCE	Normal-Kalomelelektrode*
NHE	Normal-Wasserstoffelektrode bzw. Standardwasserstoffelektrode

Abkürzungen von Leitsalzen

TBA	Tetrabutylammonium –
TEA	Tetraethylammonium –
TMA	Tetramethylammonium –
	mit den Anionen:
B, Br	Bromid
C, Cl	Chlorid
I	Iodid
OH	Hydroxid
P, ClO_4	Perchlorat

---

*   (siehe Tabelle 2.9.-1, S. 152)

1 Elektrochemische Grundlagen

1.1 Eigenschaften von Elektrolytlösungen

1.1.1 Elektrische Leitfähigkeit

Elektrolyte sind chemische Verbindungen, die im festen Zustand oder gelöst in Ionen dissoziiert sind und den elektrischen Strom leiten. Bei den *echten Elektrolyten* (hauptsächlich Salze) liegen die Ionen schon in der festen Phase der Verbindung vor (Ionengitter).

Erfolgt die Dissoziation erst in der Lösung, so sind es *potentielle Elektrolyte* (Säuren und viele organische Basen). Es sind Verbindungen, bei denen in der reinen Phase der kovalente Bindungsanteil überwiegt, und die infolge des partiellen Ionencharakters ein permanentes Dipolmoment besitzen. Sie leiten den elektrischen Strom nur im gelösten Zustand.

Verschiedene Eigenschaften wäßriger Elektrolytlösungen können für analytische Untersuchungen genutzt werden. Eine von der Konzentration abhängige Größe ist die *spezifische Leitfähigkeit* $\varkappa$ $(\Omega^{-1} \cdot cm^{-1})$*.

Über die *molare Leitfähigkeit*

$$\Lambda_m = \frac{\varkappa}{c} \quad (\Omega^{-1} \cdot mol^{-1} \cdot cm^2) \tag{1}$$

bzw. *Äquivalentleitfähigkeit*

$$\Lambda_{eq} = \frac{\varkappa}{c_{eq}} \quad (\Omega^{-1} \cdot eq^{-1} \cdot cm^2) \tag{2}$$

ist das unterschiedliche Verhalten der Elektrolyte vergleichbar. Betrachtet man die Verhältnisse in der Lösung eines 1–1-wertigen Elektrolyten, so passieren bei einer gegebenen Konzentration c und der Ionengeschwindigkeit v in der Zeit t

$$N_A \cdot c^+ \cdot v^+ \cdot A_Q \cdot t \quad \text{Kationen}$$

und $\qquad\qquad\qquad\qquad\qquad (N_A = \text{Avogadro-Konstante}) \tag{3}$

$$N_A \cdot c^- \cdot v^- \cdot A_Q \cdot t \quad \text{Anionen}$$

den Querschnitt A_Q der Lösung.

---

* $\varkappa$ ist in Analogie zum spezifischen Widerstand definiert als die Leitfähigkeit eines Würfels von 1 cm Kantenlänge. Als reziproker Wert des Widerstandes R ändert sich die elektrische Leitfähigkeit L einer Probe nach $L = A_Q \cdot l^{-1} \cdot \varkappa$ mit dem Querschnitt A_Q und mit der Länge l

Die Bewegung der Ionen ist mit einem Ladungstransport verbunden, wobei die elektrische Stromstärke i von der Summe der transportierten Ladung $N_A \cdot e$ bestimmt wird.

$$i = (N_A \cdot e \cdot c^+ \cdot v^+ \cdot A_Q) + (N_A \cdot e \cdot c^- \cdot v^- \cdot A_Q) \qquad (4)$$

Wenn für die Ionengeschwindigkeit v die von der Feldstärke E_F unabhängige Ionenbeweglichkeit

$$u = \frac{v}{E_F} \; (cm^2 \cdot v^{-1} \cdot s^{-1}) \qquad (5)$$

und für das Produkt $N_A \cdot e = F$ die Faraday-Konstante ($F = 96484,56 \; A \cdot s \cdot mol^{-1}$) in Gl. (4) gesetzt wird, ergibt sich für die Stromstärke die Abhängigkeit

$$i = F \cdot c \cdot A_Q \cdot E_F (u^+ + u^-). \qquad (6)$$

Da $\;\varkappa = \dfrac{1}{R} = \dfrac{i}{A_Q \cdot E_F}\;$ ist, wird für die spezifische Leitfähigkeit eines $1-1$-wertigen starken Elektrolyten die Beziehung

$$\varkappa = c \cdot F(u^+ + u^-) \qquad (7)$$

erhalten.

Für schwache Elektrolyte ist unter Berücksichtigung des Dissoziationsgrades α

$$\varkappa = \alpha \cdot c \cdot F(u^+ + u^-). \qquad (8)$$

Entsprechend dieser Abhängigkeit erhöht sich die Leitfähigkeit linear mit zunehmender Konzentration und Beweglichkeit der Ionen und wird bei schwachen Elektrolyten außerdem vom Dissoziationsgrad bestimmt. Bei höherwertigen Elektrolyten ist auch die Ladungszahl der Ionen von Einfluß auf die Leitfähigkeit.

Mit den Beziehungen (7) und (8) können die Leitfähigkeitsverhältnisse in Lösungen schwacher Elektrolyte und auch in extrem verdünnten Lösungen starker Elektrolyte recht gut beschrieben werden.

Mit steigenden Elektrolytkonzentrationen und der Zunahme des Dissoziationsgrades wird der mittlere Abstand zwischen den Ionen in den Lösungen geringer. Es kommt zu einer gegenseitigen elektrostatischen Beeinflussung, bekannt als interionische Wechselwirkung, wodurch der Anteil der Ionen an der elektrischen Leitfähigkeit zurückgedrängt wird. Die Folge ist, daß die spezifische Leitfähigkeit in Lösungen mit hohen Elektrolytkonzentrationen deutlich abfällt. Beispiele dafür sind in Abb. 1.1.-1 graphisch dargestellt.

Die interionische Wechselwirkung führt auch dazu, daß die definitionsgemäß von der Konzentration unabhängige Äquivalentleitfähigkeit erst mit abnehmender Ionenkonzentration einem konstant bleibenden Grenzwert Λ_∞ (Äquivalentleitfähigkeit bei unendlicher Verdünnung) zustrebt (s. Abb. 1.1.-2).

Durch den Quotienten Λ/Λ_∞ ist der Leitfähigkeitskoeffizient f_Λ gegeben, der zur Beurteilung der interionischen Wechselwirkung in Lösungen starker Elektrolyte und bei hohen Ionenkonzentrationen genutzt werden kann. Bei unendlicher Verdünnung ist $f_\Lambda = 1$.

Für die Konzentrationsabhängigkeit der Äquivalentleitfähigkeit gilt das Kohlrauschsche Quadratwurzelgesetz

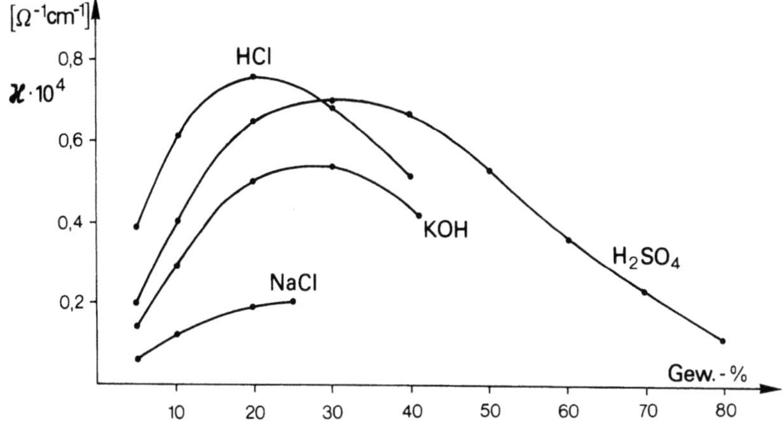

Abb. 1.1.-1. Elektrische Leitfähigkeit wäßriger Elektrolytlösungen bei unterschiedlicher Konzentration (nach Werten aus D'Ans und Lax; Taschenbuch für Chemiker und Physiker. Berlin, Heidelberg, New York: Springer)

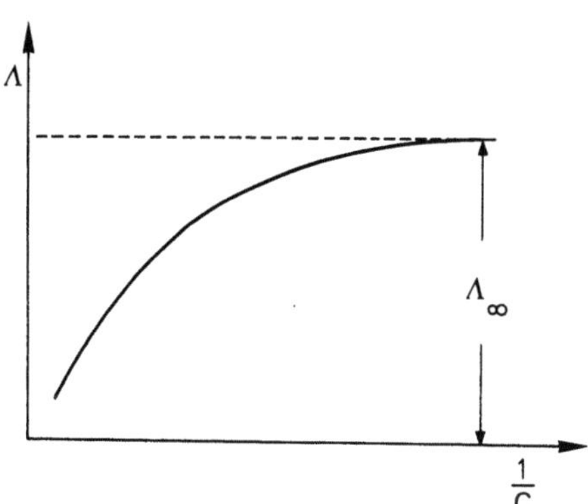

Abb. 1.1.-2. Abhängigkeit der Äquivalentleitfähigkeit von der Elektrolytkonzentration

$$\Lambda = \Lambda_\infty \cdot K \cdot \sqrt{c}, \qquad (9)$$

in dem K eine von der Ladungszahl der Ionen abhängige Größe ist.

Die auf experimentellem Wege* oder durch Extrapolation aus den Äquivalentleitfähigkeiten ermittelten Λ_∞-Werte setzen sich additiv aus den Ionenäquivalentleitfähigkeiten zusammen (*Gesetz der unabhängigen Ionenwanderung*)

$$\Lambda_\infty = \Lambda_+ + \Lambda_- . \qquad (10)$$

Die Werte Λ_+ und Λ_- veranschaulichen das absolute, von interionischer Wechselwirkung freie Leitfähigkeitsverhalten der einzelnen Ionen in einem gegebenen Lösungsmittel. Beispiele für die Ionenäquivalentleitfähigkeit ausgewählter Kationen und Anionen in wäßriger Lösung sind in Tabelle 1.1.-1 zusammengestellt.

Die Ionenäquivalentleitfähigkeit wird sehr wesentlich von der Größe der Ionen bestimmt. Die Zunahme der Λ-Werte mit dem kristallographischen Ionenradius (vgl. Λ_+-Werte für die Alkali- und Erdalkaliionen in Tabelle 1.1.-1) ist damit zu erklären,

---

*   Siehe Lehrbücher der Physikalischen Chemie

Tabelle 1.1.-1. Ionenäquivalentleitfähigkeiten im Wasser

Kationen	Λ_+ $(\Omega^{-1} \cdot cm^2 \cdot mol^{-1})$	Anionen	Λ_- $(\Omega^{-1} \cdot cm^2 \cdot mol^{-1})$
H^+	349,8	OH^-	198,6
Li^+	38,7	F^-	55,4
Na^+	50,1	Cl^-	76,3
K^+	73,5	Br^-	78,2
Rb^+	77,1	I^-	76,8
Cs^+	77,7	NO_3^-	71,4
$\frac{1}{2}Mg^{2+}$	53,1	$\frac{1}{2}SO_4^{2-}$	80,1
$\frac{1}{2}Ca^{2+}$	59,5	ClO_3^-	64,6
$\frac{1}{2}Ba^{2+}$	63,6	ClO_4^-	67,3

daß kleinere Ionen die größere Hydrathülle und deshalb die geringere Beweglichkeit aufweisen. Die vergleichsweise hohe Leitfähigkeit des Protons und des Hydroxid-Ions wird durch einen besonderen, mit der Struktur des Wassers in Zusammenhang stehenden Transportmechanismus dieser Ionen verursacht. Die Ausbildung von Wasserstoffbrücken zwischen den assoziierten H_2O-Molekülen ermöglicht den Austausch der Protonen und Hydroxid-Ionen entlang der Kette von Wassermolekülen, wobei die hydratisierten Ionen selbst nicht wandern

$$H^+ -O-H \cdots O-H \cdots O\!\!\stackrel{\displaystyle /H}{\diagdown H} \longrightarrow H-O \cdots H-O \cdots H-O\!\!\stackrel{\displaystyle /H^+}{\diagdown H}\,.$$

Die elektrische Leitfähigkeit wird nicht nur von der Zusammensetzung der Lösung bestimmt, sondern ist auch von der Temperatur abhängig. Im allgemeinen steigt die Leitfähigkeit mit der Temperatur, da die Viskosität der Lösung abnimmt. Die Abnahme der Dielektrizitätskonstante des Lösungsmittels bei ansteigenden Temperaturen kann dieser Tendenz entgegenstehen, wenn dadurch die interionische Wechselwirkung verstärkt und die Beweglichkeit der Ionen herabgesetzt wird.

Elektrolyte leiten den elektrischen Strom auch in nichtwäßrigen Lösungsmitteln, wenn sie darin löslich sind. Das Leitfähigkeitsverhalten in Lösungsmitteln mit kleinen Dielektrizitätskonstanten ist im allgemeinen komplizierter als im Lösungsmittel Wasser. In polaren nichtwäßrigen Lösungsmitteln mit größeren Dielektrizitätskonstanten verhalten sich die Elektrolyte ähnlich wie im wäßrigen Medium. Die Äquivalentleitfähigkeit wird mit abnehmender Konzentration größer und erreicht den Wert Λ_∞. Nach der *Waldenschen Regel* ist das Produkt aus Λ_∞ und der Viskosität η des Lösungsmittels für denselben Elektrolyten in unterschiedlichen Lösungsmitteln nahezu konstant.

$$\Lambda_\infty \cdot \eta = const \tag{11}$$

Nach einer weiteren empirischen Beziehung von Walden ist das Verhältnis der Dielektrizitätskonstanten ε verschiedener Lösungsmittel zur dritten Wurzel derjenigen Konzentrationen konstant, bei denen der Quotient Λ/Λ_∞ für einen Elektrolyten die gleichen Werte hat

$$\frac{\varepsilon}{\sqrt[3]{c}} = const \tag{12}$$

1.1.2 Aktivität und Aktivitätskoeffizient

Infolge der interionischen Wechselwirkung sind die hydratisierten Ionen in einer Elektrolytlösung bei endlicher Verdünnung von einer „Ionenwolke" mit entgegengesetzter Ladung umgeben*. Dadurch kommt es zu einem Reaktivitätsverlust der einzelnen Ionen, wobei die Dichte der Wolke von der Gesamtionenkonzentration in der Lösung abhängig ist.

Zur genaueren Beurteilung des elektrochemischen Verhaltens von Ionenlösungen bedient man sich anstelle der analytischen Konzentration c deshalb besser der „wirksamen" Konzentration, der sogenannten Aktivität a.

Es besteht der Zusammenhang

$$a = f \cdot c, \tag{13}$$

wobei der Aktivitätskoeffizient $f < 1$ ist und mit abnehmender Gesamtionenkonzentration dem Wert 1 zustrebt. Erst bei unendlicher Verdünnung, wenn die interionische Wechselwirkung aufgehoben ist, wird $a = c$.

Entscheidend ist jedoch nicht die individuelle Aktivität der vorhandenen Ionenarten, sondern das gemeinsame Wirken aller Kationen K^{n+} und Anionen A^{n-} in der Lösung. Die mittlere Aktivität

$$a_\pm = \sqrt[n]{a_{K^{n+}} \cdot a_{A^{n-}}} \quad (\text{mit } n = n^+ + n^-)$$

dient der Charakterisierung dieser Erscheinung.

Entsprechend ist auch der mittlere Aktivitätskoeffizient $f_\pm$ zu werten, der nicht von der Art des Elektrolyten, sondern nur von der Konzentration c und der Ladungszahl n aller in der Lösung vorhandenen Ionen bestimmt wird. Die Ionenstärke

$$I = \tfrac{1}{2} \sum c \cdot n^2 \tag{15}$$

ist deshalb für die Berechnung der mittleren Aktivitätskoeffizienten nach dem empirischen Zusammenhang

$$\lg f_\pm = -A_D \cdot n_+ \cdot n_- \cdot \sqrt{I} \quad (\textit{Grenzgesetz von Debye-Hückel}) \tag{16}$$

eine notwendige Größe.

Mit dem Faktor A_D wird die Abhängigkeit des Aktivitätskoeffizienten von der Dielektrizitätskonstante des Lösungsmittels und von der Temperatur berücksichtigt; für Wasser und bei 25 °C ist $A_D = 0{,}5091\ l^{1/2} \cdot mol^{-1/2}$.

Das Debye-Hückelsche Grenzgesetz ermöglicht die Berechnung der mittleren Aktivitätskoeffizienten in Lösungen mit $I < 0{,}01\ mol \cdot l^{-1}$. Ohne Berücksichtigung der individuellen Eigenschaften der Ionen (Ionengröße, unterschiedlich starke Hydratation) erhält man identische Werte für unterschiedliche Elektrolyte mit gleicher Ladung. Im Gültigkeitsbereich des Gesetzes ist der Aktivitätskoeffizient stets kleiner als eins und fällt von seinem Grenzwert $\lg f_\pm = 0$ für $I = 0$ mit der Quadratwurzel der Ionenstärke ab. Ähnlich ist das Verhalten der experimentell bestimmten Aktivitätskoeffizienten.

---

* Theorie von Debye und Hückel; s. Lehrbücher der Physikalischen Chemie

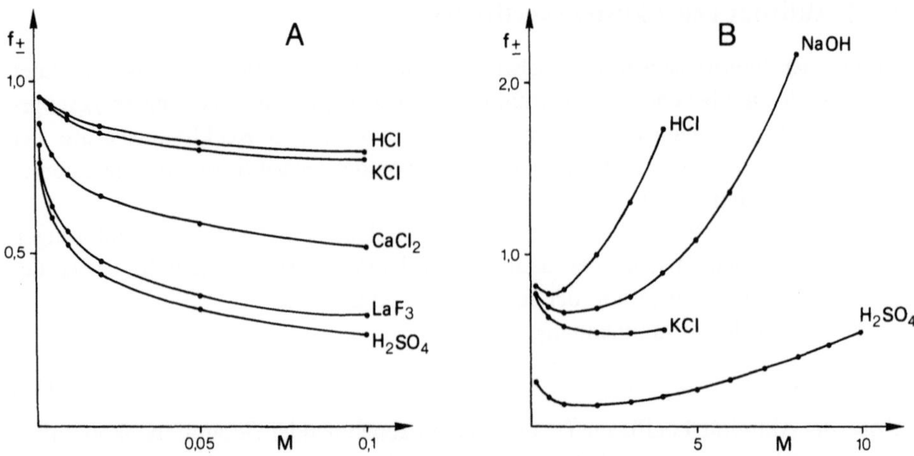

Abb. 1.1.-3. Mittlere Aktivitätskoeffizienten verschiedener Elektrolyte bei niedrigen (A) und hohen Konzentrationen (B) bei 25 °C (nach Werten aus [8])

An Beispielen für 1–1-wertige, 1–2-wertige, 1–3-wertige und 2–2-wertige Elektrolyte sind die $f_\pm$-Werte für Konzentrationen bis 0,1 mol $\cdot$ l^{-1} in Abb. 1.1.-3A graphisch aufgetragen.

Mit steigender Gesamtionenkonzentration und Ladungszahl der Ionen werden die Aktivitätskoeffizienten entsprechend der Zunahme der interionischen Wechselwirkung in der Regel kleiner.

Über den weiteren Gang der Aktivitätskoeffizienten bei höheren Konzentrationen informieren an ausgewählten Beispielen die Kurvenverläufe in Abb. 1.1.-3B. Die Werte steigen bei Konzentrationen > 1 mol $\cdot$ l^{-1} an und zeigen bei gleichem Ladungstyp auch individuelle Unterschiede.

Für den Wiederanstieg der Aktivitätskoeffizienten bei hohen Elektrolytkonzentrationen gibt es verschiedene Ursachen. Mit zunehmender Konzentration werden immer mehr Lösungsmoleküle für die Solvatisierung der Ionen benötigt. Durch die Lokalisierung in den Solvathüllen stehen den Systemen folglich weniger aktive Lösungsmittelmoleküle zur Verfügung. Dieser Vorgang führt scheinbar zu einer Konzentrationserhöhung und nach $a = f_\pm \cdot c$ zu einem Anstieg der Aktivitätskoeffizienten. Weiterhin ist zu berücksichtigen, daß bei hohen Elektrolytkonzentrationen die Ionen nur noch teilweise solvatisiert vorliegen und in diesem Zustand auch eine größere Aktivität aufweisen.

1.1.3 pH-Wert und Pufferlösung

Entsprechend der sehr kleinen elektrischen Leitfähigkeit des Wassers ($\varkappa = 3{,}81 \cdot 10^{-8}$ $\Omega^{-1} \cdot$ cm^{-1} bei 18 °C) liegt das Protolysegleichgewicht

$$2H_2O \rightleftharpoons H_3O^+ + OH^-$$

weitgehend auf der linken Seite.

Die Gleichgewichtskonstante ist

$$K = \frac{a_{H_3O^+} \cdot a_{OH^-}}{a_{H_2O}} = 1,808 \cdot 10^{-16} \text{ (bei 25 °C)}. \tag{17}$$

Die Berechnungen erfolgen mit dem Ionenprodukt des Wassers,

$$K_W = a_{H_3O^+} \cdot a_{OH^-}, \tag{18}$$

welches über Leitfähigkeitsmessungen bestimmt wird und temperaturabhängig ist:

$$K_W = 1,00 \cdot 10^{-14} \quad \text{bzw.}$$

$$pK_W = -\lg K_W = 14. \tag{19}$$

Mit

$$pH = -\lg a_{H_3O^+} \tag{20}$$

wird dann

$$pH = 14 - pOH \tag{21}$$

erhalten. Im Neutralpunkt des Wassers ist $pH = pOH$; bei 22 °C ist in reinem Wasser $pH = 7$. Bei niederen Temperaturen ist K_W kleiner, bei höheren Temperaturen größer; bei 18 °C ($K_W = 0,74 \cdot 10^{-14}$) ist $pH = 7,07$ und bei 100 °C ($K_W = 74 \cdot 10^{-14}$) ist $pH = 6,07$.

Die pH-Skala erstreckt sich über den Bereich von 0 bis 14. Entsprechend der Definition des pH-Wertes gibt es auch Lösungen mit $pH < 0$ und $pH > 14$. Wegen der komplizierten, vor allem unterschiedlichen Aktivitätsverhältnisse in diesen Bereichen kann aus der analytischen Konzentration einer Säure oder Base nur ungenau auf den pH-Wert einer solchen Lösung geschlossen werden (s. dazu auch Abschn. 2.2).

Der für wäßrige Lösungen eingeführte pH-Wert gilt auch für nichtwäßrige protolytische Lösungsmittel. Das wasserfreie Lösungsmittel HL ist neutral, wenn im Dissoziationsgleichgewicht

$$HL \rightleftharpoons H^+ + L^-$$

die Ionen in gleicher Anzahl vorliegen.

Für wasserfreie Ameisensäure wird aus der Protolysekonstante

$$a_{HCOO^-} \cdot a_{H^+} = 10^{-6}$$

die Protonenaktivität $a_{H^+} = 10^{-3}$ und damit $pH = 3$ erhalten. Ammoniak dissoziiert nach

$$NH_3 \rightleftharpoons NH_2^- + H^+.$$

Aus der Protolysekonstante ($K_{NH_3} = 10^{-22}$) ergibt sich für den Neutralpunkt $pH = 11$.

Die Neutralpunkte für weitere nichtwäßrige Lösungsmittel sind in Abb. 1.1.-4 angegeben.

Wäßrige Elektrolytlösungen, die ihren pH-Wert beim Verdünnen oder nach Elektrolytzusätzen kaum verändern, sind Pufferlösungen. Sie bestehen aus schwachen Säuren oder Basen und einem vollständig dissoziierenden Salz der jeweiligen Säure oder Base. Bei einem Salzüberschuß wird das Dissoziationsgleichgewicht, z.B. der schwachen Säure HA

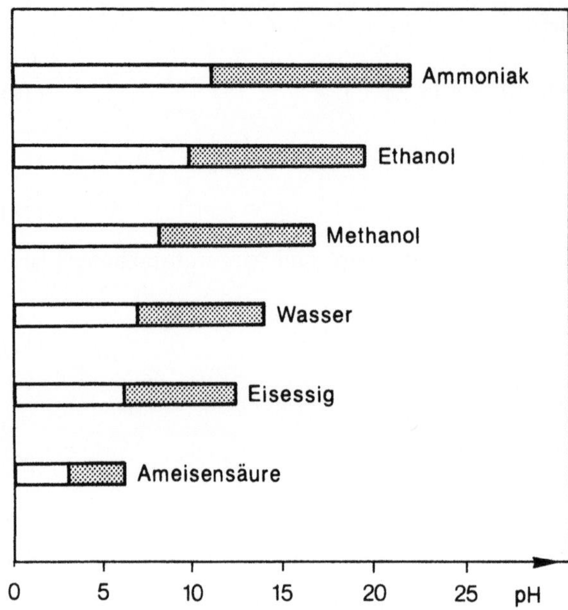

Abb. 1.1.-4. pH-Skalen und Neutralpunkte für verschiedene Lösungsmittel [4]

$$HA + H_2O \rightleftharpoons H_3O^+ + A^-$$

bei der großen A^--Konzentration zur undissoziierten Säure verschoben. Damit wird näherungsweise

$$c_{HA} \approx c_{Säure}$$

(wobei $c_{Säure}$ die vorgegebene Säurekonzentration ist) und

$$c_{A^-} \approx c_{Salz}$$

(wobei c_{Salz} die eingewogene Salzkonzentration ist).

Nach dem MWG ist die Gleichgewichtskonstante für die Dissoziation der schwachen Säure

$$K = \frac{a_{H_3O^+} \cdot a_{A^-}}{a_{HA}} \tag{22}$$

und

$$a_{H_3O^+} = K \cdot \frac{a_{HA}}{a_{A^-}}. \tag{23}$$

Wird näherungsweise die Aktivität der undissoziierten Säure mit 1 angenommen, so erhält man aufgrund dieser Zusammenhänge und mit Gl. (13)

$$a_{H_3O^+} = K \cdot \frac{c_{HA}}{c_{A^-}} \cdot \frac{1}{f_{A^-}} = K \cdot \frac{c_{Säure}}{c_{Salz}} \cdot \frac{1}{f_{A^-}} \tag{24}$$

(f_{A^-} = Aktivitätskoeffizient des Anions) bzw.

$$\lg a_{H_3O^+} = \lg K + \lg \frac{c_{Säure}}{c_{Salz}} + \lg \frac{1}{f_{A^-}} \tag{25}$$

oder

$$pH = pK + \lg \frac{c_{Salz}}{c_{Säure}} - \lg f_{A^-}. \tag{26}$$

Danach ist der pH-Wert der Pufferlösung vom pK-Wert der Säure abhängig sowie vom Konzentrationsverhältnis der Säure und des Salzes. Der pH-Wert bleibt beim Verdünnen der Lösung konstant, wenn die Änderung des Aktivitätskoeffizienten vom Anion f_{A^-} vernachlässigt wird. Bei einer begrenzten Veränderung der H^+-Konzentration (Pufferkapazität) wird entsprechend der Lage des Gleichgewichts die Dissoziation der schwachen Säure begünstigt oder zurückgedrängt, so daß der pH-Wert weitgehend konstant bleibt.

Ähnlich sind die Verhältnisse in Lösungen schwacher Basen und ihrer Salze. Hierfür gilt

$$pOH = pK + \lg \frac{c_{Salz}}{c_{Base}} - \lg f_{K^+} \tag{27}$$

(pK = Gleichgewichtsexponent der Base, f_{K^+} = Aktivitätskoeffizient des Kations).

1.2 Elektrodenpotentiale

1.2.1 Elektrodensysteme

Elektroden sind Mehrphasen-Systeme, in denen zwischen zwei Phasen heterogene Reaktionen ablaufen. Die Phasen sind miteinander verbunden und leiten den elektrischen Strom. An den Reaktionen sind Ionen oder Elektronen beteiligt, die bis zur Einstellung eines Gleichgewichts durch die Phasengrenzfläche hindurchtreten. Die sogenannten „inneren Potentiale" $\varphi(I)$ und $\varphi(II)$ der beiden Phasen sind auch im Gleichgewichtszustand (bei $i = 0$) unterschiedlich groß, sind aber nicht meßbar; es besteht eine elektrochemische Doppelschicht an der Phasengrenze (s. Abb. 1.4.-1). Die Differenz zwischen den Potentialen ist die Gleichgewichts-Galvanispannung der Elektrode.

Nach der Art der Ladungsträger für die *Durchtrittsreaktionen* unterscheidet man zwischen *Ionenelektroden* — wenn es Ionen sind — und *Redoxelektroden* — wenn es Elektronen sind —. Den Durchtrittsreaktionen können homogene oder heterogene chemische Reaktionen vor- bzw. nachgelagert sein. Die als *Folgereaktionen* bezeichneten Vorgänge bilden zusammen mit der Durchtrittsreaktion die *Elektrodenreaktion*.

Für den Fall einer *Ionenelektrode*, z.B. der Silberelektrode mit Silber als feste Phase (I) und Ag^+-Ionen in der flüssigen Phase (II) ist die Durchtrittsreaktion

$$Ag(I) \rightleftharpoons Ag^+(II) + e^-(I)$$

je nach Reaktionsrichtung eine Reduktion oder Oxidation. Ohne Folgereaktion entspricht die Durchtrittsreaktion der Elektrodenreaktion. Die Ionenelektrode wird dann als *Elektrode erster Art* bezeichnet.

Die *Gleichgewichts-Galvanispannung* der Silberelektrode ist nach

$$\nabla\varphi = \varphi(\text{I}) - \varphi(\text{II}) = \nabla\varphi_0 + \frac{R \cdot T}{n \cdot F} \ln a_{Ag^+} \tag{28}$$

nur von der Aktivität der Ag^+-Ionen in der flüssigen Phase abhängig, da die Aktivität der metallischen Phase gleich 1 ist. $\Delta\varphi_0$, die *Standard-Galvanispannung*, ist die Differenz der Potentiale bei $a_{Ag^+} = 1$ in der flüssigen Phase (II).

Bei Änderung der Ionenaktivität in der flüssigen Phase um eine Dekade wird die Gleichgewichts-Galvanispannung um

$$\frac{R \cdot T}{n \cdot F} \ln 10 = \frac{1{,}98 \cdot 4{,}18 \cdot 298}{n \cdot 96484{,}56} \cdot 2{,}303 = \frac{0{,}059}{n} \text{ V} \quad (25\,^\circ\text{C}) \tag{29}$$

positiver oder negativer.*

Da $\Delta\varphi$ experimentell nicht bestimmt werden kann, wird die Elektrode gegen ein Bezugssystem vermessen. Das Bezugssystem ist die *Standard-Wasserstoffelektrode* (*Normal-Wasserstoffelektrode*) und der Meßwert das Gleichgewichtspotential E der Elektrode, das auch als Elektrodenpotential bezeichnet wird**.

Für das Elektrodenpotential der Silberelektrode gilt dann:

$$E_{Ag/Ag^+} = E^0_{(Ag/Ag^+)} + \frac{R \cdot T}{F} \ln a_{Ag^+}, \tag{30}$$

wobei $E^0_{(Ag/Ag^+)}$ das *Standard-Elektrodenpotential* ist (s. Abschn. 1.2.3).

Die Aktivitätsabhängigkeit des Elektrodenpotentials ist als *Nernstsche Gleichung* bekannt***.

Elektroden zweiter Art sind Ionenelektroden, bei denen in einer Folgereaktion in der flüssigen Phase ein Fällungsvorgang stattfindet. Bei der Silberelektrode kann in einer Folgereaktion Silberchlorid gebildet werden. Die Elektrodenreaktion besteht somit aus folgenden Teilvorgängen:

Durchtrittsreaktion:	$Ag(\text{I})$	$\rightleftharpoons$	$Ag^+(\text{II}) + e^-(\text{I})$
Folgereaktion:	$Ag^+(\text{II}) + Cl^-(\text{II})$	$\rightleftharpoons$	$AgCl$
Elektrodenreaktion:	$Ag(\text{I}) + Cl^-(\text{II})$	$\rightleftharpoons$	$AgCl + e^-(\text{I})$

Da in einer gesättigten Silberchlorid-Lösung die Aktivität der Ag^+-Ionen nach

$$a_{Ag^+} = \frac{K_{AgCl}}{a_{Cl^-}} \tag{31}$$

vom Löslichkeitsprodukt K_{AgCl} abhängig ist, gilt für das Elektrodenpotential der Silber-Silberchlorid-Elektrode die Abhängigkeit

---

* $R = 1{,}98$ cal$\cdot$K$^{-1}\cdot$mol^{-1}, 1 cal $= 4{,}18$ W$\cdot$s; $T = 298$ K; $F = 96484{,}56$ Coulomb$\cdot$mol^{-1}; $n =$ Ladungszahl des Ions der Phase (II)
**   Systeme aus zusammengeschalteten Elektroden sind galvanische Zellen; die Potentialdifferenzen zwischen den Elektroden werden auch als „Elektromotorische Kräfte" (EMK) bezeichnet
*** Siehe Lehrbücher der Physikalischen Chemie

$$E_{Ag/AgCl/Cl^-} = E^0_{Ag/Ag^+} + \frac{R \cdot T}{F} \ln K_{AgCl} - \frac{R \cdot T}{F} \ln a_{Cl^-} \tag{32}$$

oder

$$E_{Ag/AgCl/Cl^-} = E^0_{Ag/AgCl/Cl^-} - \frac{R \cdot T}{F} \ln a_{Cl^-}, \tag{33}$$

wenn

$$E^0_{Ag/Ag^+} + \frac{R \cdot T}{F} \ln K_{AgCl} \tag{34}$$

zum Standard-Elektrodenpotential der Silber-Silberchlorid-Elektrode $E^0_{Ag/AgCl/Cl^-}$ zusammengefaßt wird.

Das Elektrodenpotential der Silber-Silberchlorid-Elektrode wird somit von der Aktivität der Cl^--Ionen in der flüssigen Phase bestimmt; ähnlich sind die Verhältnisse bei der Kalomelelektrode (s. Angaben in Tabelle 1.2.-1).

Tabelle 1.2.-1. Standard-Elektrodenpotentiale (Elektrochemische Spannungsreihen; gemessen gegen die Standard-Wasserstoffelektrode bei 25 °C) [4, 5]

Elektrode	Elektrodenreaktion	$E_0 [V]^a$
Ionenelektroden 1. Art		
Li/Li^+	$Li^+ + e^- \rightleftharpoons Li$	$-3{,}045$
Rb/Rb^+	$Rb^+ + e^- \rightleftharpoons Rb$	$-2{,}925$
K/K^+	$K^+ + e^- \rightleftharpoons K$	$-2{,}924$
Cs/Cs^+	$Cs^+ + e^- \rightleftharpoons Cs$	$-2{,}923$
Ba/Ba^{2+}	$Ba^{2+} + 2e^- \rightleftharpoons Ba$	$-2{,}906$
Sr/Sr^{2+}	$Sr^{2+} + 2e^- \rightleftharpoons Sr$	$-2{,}888$
Ca/Ca^{2+}	$Ca^{2+} + 2e^- \rightleftharpoons Ca$	$-2{,}866$
Na/Na^+	$Na^+ + e^- \rightleftharpoons Na$	$-2{,}714$
La/La^{3+}	$La^{3+} + 3e^- \rightleftharpoons La$	$-2{,}522$
Mg/Mg^{2+}	$Mg^{2+} + 2e^- \rightleftharpoons Mg$	$-2{,}375$
Th/Th^{4+}	$Th^{4+} + 4e^- \rightleftharpoons Th$	$-1{,}899$
Be/Be^{2+}	$Be^{2+} + 2e^- \rightleftharpoons Be$	$-1{,}847$
Al/Al^{3+}	$Al^{3+} + 3e^- \rightleftharpoons Al$	$-1{,}662$
Zn/Zn^{2+}	$Zn^{2+} + 2e^- \rightleftharpoons Zn$	-0.763
Cr/Cr^{3+}	$Cr^{3+} + 3e^- \rightleftharpoons Cr$	$-0{,}744$
Fe/Fe^{2+}	$Fe^{2+} + 2e^- \rightleftharpoons Fe$	$-0{,}440$
Cd/Cd^{2+}	$Cd^{2+} + 2e^- \rightleftharpoons Cd$	$-0{,}403$
Co/Co^{2+}	$Co^{2+} + 2e^- \rightleftharpoons Co$	$-0{,}277$
Ni/Ni^{2+}	$Ni^{2+} + 2e^- \rightleftharpoons Ni$	$-0{,}250$
Sn/Sn^{2+}	$Sn^{2+} + 2e^- \rightleftharpoons Sn$	$-0{,}140$
Pb/Pb^{2+}	$Pb^{2+} + 2e^- \rightleftharpoons Pb$	$-0{,}126$
Cu/Cu^{2+}	$Cu^{2+} + 2e^- \rightleftharpoons Cu$	$+0{,}342$
Cu/Cu^+	$Cu^+ + e^- \rightleftharpoons Cu$	$+0{,}521$
Ag/Ag^+	$Ag^+ + e^- \rightleftharpoons Ag$	$+0{,}799$
$2Hg/Hg_2^{2+}$	$Hg_2^{2+} + 2e^- \rightleftharpoons 2Hg$	$+0{,}788$
Au/Au^{3+}	$Au^{3+} + 3e^- \rightleftharpoons Au$	$+1{,}498$
Au/Au^+	$Au^+ + e^- \rightleftharpoons Au$	$+1{,}691$

(Fortsetzung)

Tabelle 1.2.-1 (Fortsetzung)

Elektrode	Elektrodenreaktion		E_0 [V]
Ionenelektroden 2. Art (Bezugselektroden)			
$Ag/AgCl/Cl^-$ (Silber-Silberchlorid-Elektrode)	$AgCl + e^- \rightleftharpoons Ag + Cl^-$	0,1 M KCl 1 M KCl gesättigte KCl	+0,290 +0,222 +0,197
$Hg/Hg_2Cl_2/Cl^-$ (Kalomel-Elektrode)	$Hg_2Cl_2 + 2e^- \rightleftharpoons 2Hg + 2Cl^-$	0,1 M KCl 1 M KCl gesättigte KCl	+0,334 +0,280 +0,241
$Hg/Hg_2SO_4/SO_4^{2-}$ (Quecksilbersulfat-Elektrode)	$Hg_2SO_4 + 2e^- \rightleftharpoons 2Hg + SO_4^{2-}$	0,5 M H_2SO_4 gesättigte K_2SO_4	+0,682 +0,650
$Hg/HgO/OH^-$ (Quecksilberoxid-Elektrode)	$HgO + H_2O + 2e^- \rightleftharpoons Hg + 2OH^-$	0,1 M NaOH 1 M NaOH	+0,165 +0,140
$Tl(Hg)/TlCl/Cl^-$ (Thalliumamalgam-Elektrode)	$TlCl + e^- \rightleftharpoons Tl + Cl^-$	3 M KCl 3,5 M KCl gesättigte KCl	−0,567[a] −0,571[a] −0,577[a]
Redoxelektroden			
$Pt/Cr^{3+}, Cr^{2+}$	$Cr^{3+} + e^- \rightleftharpoons Cr^{2+}$		−0,41
$Pt/Ti^{3+}, Ti^{2+}$	$Ti^{3+} + e^- \rightleftharpoons Ti^{2+}$		−0,37
$Pt/V^{3+}, V^{2+}$	$V^{3+} + e^- \rightleftharpoons V^{2+}$		−0,20
$Pt/H^+, H_2$	$2H^+ + 2e^- \rightleftharpoons H_2$		0,00
$Pt/Sn^{4+}, Sn^{2+}$	$Sn^{4+} + 2e^- \rightleftharpoons Sn^{2+}$		+0,154
$Pt/Cu^{2+}, Cu^+$	$Cu^{2+} + e^- \rightleftharpoons Cu^+$		+0,167
$Pt/Fe(CN)_6^{3-}, Fe(CN)_6^{4-}$	$Fe(CN)_6^{3-} + e^- \rightleftharpoons Fe(CN)_6^{4-}$		+0,356
$Pt/O_2, OH^-$	$O_2 + 2H_2O + 4e^- \rightleftharpoons 4OH^-$		+0,401
$Pt/AsO_4^{3-}, AsO_3^{3-}, H^+$	$AsO_4^{3-} + 2H^+ + 2e^- \rightleftharpoons AsO_3^{3-} + H_2O$		+0,559
Pt/Chinon, Hydrochinon, H^+	$O{=}\langle\rangle{=}O + 2H^+ + 2e^- \rightleftharpoons HO{-}\langle\rangle{-}OH$		+0,699
$Pt/Fe^{3+}, Fe^{2+}$	$Fe^{3+} + e^- \rightleftharpoons Fe^{2+}$		+0,771
$Pt/Br_2, Br^-$	$Br_2 + 2e^- \rightleftharpoons 2Br^-$		+1,065
$Pt/Au^{3+}, Au^+$	$Au^{3+} + 2e^- \rightleftharpoons Au^+$		+1,29
$Pt/Cr_2O_7^{2-}, Cr^{3+}, H^+$	$Cr_2O_7^{2-} + 14H^+ + 6e^- \rightleftharpoons 2Cr^{3+} + 7H_2O$		+1,36
$Pt/Cl_2, Cl^-$	$Cl_2 + 2e^- \rightleftharpoons 2Cl^-$		+1,37
$Pt/ClO_3^-, Cl^-, H^+$	$ClO_3^- + 6H^+ + 6e^- \rightleftharpoons Cl^- + 3H_2O$		+1,45
$Pt/MnO_4^-, Mn^{2+}, H^+$	$MnO_4^- + 8H^+ + 5e^- \rightleftharpoons Mn^{2+} + 4H_2O$		+1,49
$Pt/Mn^{3+}, Mn^{2+}$	$Mn^{3+} + e^- \rightleftharpoons Mn^{2+}$		+1,51
$Pt/Ce^{4+}, Ce^{3+}$	$Ce^{4+} + e^- \rightleftharpoons Ce^{3+}$		+1,61
$Pt/Pb^{4+}, Pb^{2+}$	$Pb^{4+} + 2e^- \rightleftharpoons Pb^{2+}$		+1,69
$Pt/Co^{3+}, Co^{2+}$	$Co^{3+} + e^- \rightleftharpoons Co^{2+}$		+1,84
$Pt/F_2, F^-$	$F_2 + 2e^- \rightleftharpoons 2F^-$		+2,85

[a] Potentialwerte der Thalamid-Elektrode der Schott-Glaswerke, Mainz

Für den Fall einer *Redoxelektrode* mit Platin oder einem anderen nicht angreifbaren Metall als feste Phase (I) und einem Redoxpaar z. B. Fe^{2+}/Fe^{3+} in der flüssigen Phase (II) sind folgende Teilvorgänge anzunehmen:

Durchtrittsreaktion: $\qquad\qquad e^-(I) \rightleftharpoons e^-(II)$

Folgereaktion: $\qquad\qquad Fe^{3+}(II) + e^- \rightleftharpoons Fe^{2+}(II)$

$$\overline{\phantom{Fe^{3+}(II)+e^-(I) \rightleftharpoons Fe^{2+}(II)}}$$

Elektrodenreaktion: $\qquad\qquad Fe^{3+}(II) + e^-(I) \rightleftharpoons Fe^{2+}(II)$

Das Elektron in der Phase (I) wird an der Phasengrenze vom Fe^{3+}-Ion direkt übernommen oder bei umgekehrter Reaktion vom Fe^{2+}-Ion geliefert; es ist in der flüssigen Phase nicht eigenständig, sondern immer an einen Partner des Redoxpaares gebunden.

Für Redoxelektroden ist die Aktivitätsabhängigkeit des Elektrodenpotentials nach der Nernstschen Gleichung gegeben durch:

$$E = E^0 + \frac{R \cdot T}{n \cdot F} \ln \frac{a_{ox}}{a_{red}}. \tag{35}$$

Danach ist das Aktivitätsverhältnis von der oxidierten zur reduzierten Komponente des jeweiligen Redoxpaares für das Elektrodenpotential der Redoxelektrode bestimmend. Für die Fe^{3+}/Fe^{2+}-Elektrode ist somit

$$E = E^0 + \frac{R \cdot T}{F} \cdot \ln \frac{a_{Fe^{3+}}}{a_{Fe^{2+}}}. \tag{36}$$

An den Reaktionen in der flüssigen Phase von Redoxelektroden können Protonen beteiligt sein. Ein Beispiel dafür ist die MnO_4^-/Mn^{2+}-Elektrode mit der Elektrodenreaktion

$$MnO_4^- + 8H^+ + 5e^- \rightleftharpoons Mn^{2+} + 4H_2O.$$

Das Elektrodenpotential ist nach

$$E = E^0 + \frac{R \cdot T}{5 \cdot F} \ln \frac{a_{MnO_4^-} \cdot a_{H^+}^8}{a_{Mn^{2+}}} \tag{37}$$

dann außerdem von der Wasserstoffionenaktivität in der flüssigen Phase abhängig.

Redoxelektroden mit Gasen als Reaktionspartner werden gesondert als *Gaselektroden* bezeichnet. Am bekanntesten ist die Wasserstoff-Elektrode mit Platin als feste Phase (I) und dem Redoxpaar H^+/H_2 in der flüssigen Phase (II). Entsprechend der Elektrodenreaktion

$$2H^+(II) + 2e^-(I) \rightleftharpoons H_2$$

ist das Elektrodenpotential nach

$$E = E^0 + \frac{R \cdot T}{F} \ln \frac{a_{H^+}^2}{p_{H_2}} \tag{38}$$

von der Aktivität der Protonen und vom Partialdruck des Wasserstoffs abhängig.

Der schematische Aufbau der erwähnten Ionen- und Redoxelektroden ist in Abb. 1.2.-1 dargestellt.

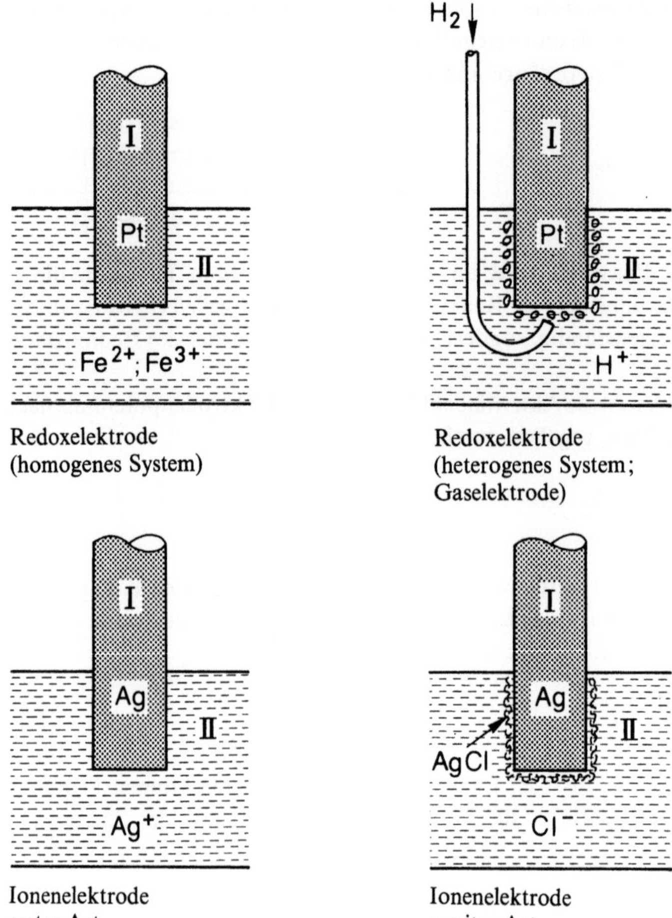

Redoxelektrode
(homogenes System)

Redoxelektrode
(heterogenes System;
Gaselektrode)

Ionenelektrode
erster Art

Ionenelektrode
zweiter Art

Abb. 1.2.-1. Schematischer Aufbau typischer Vertreter von Redox- und Ionenelektroden

Anstelle des Metalls kann als feste Phase für eine Ionenelektrode in einigen Fällen auch ein Nichtmetall verwendet werden. Die dafür entwickelten Materialien sind anorganischer oder organischer Natur und leiten den elektrischen Strom. Die Elektroden werden als *Membranelektroden* bezeichnet, auch wenn die nichtmetallischen festen Phasen als dickere Schichten eingesetzt werden.

Durch den Austausch von Ionen an den Phasengrenzen kommt es an diesen Elektroden ebenfalls zur Ausbildung von Gleichgewichts-Galvanispannungen. Wenn an einem solchen Vorgang vorzugseise nur eine Ionenart beteiligt ist, dann wird die Elektrode auch als *ionensensitive Elektrode* bezeichnet (s. Abschn. 2.2). Allerdings sind die Vorstellungen über die einzelnen Abläufe bei der Potentialbildung an ionensensitiven Elektroden unterschiedlich und unvollständig.

An einer Glasmembran können Protonen zwischen der Oberflächenquellschicht Q des Glases und der flüssigen Phase L bis zur Einstellung eines Gleichgewichts ausgetauscht werden. Dabei kommt es zu Potentialdifferenzen zwischen den beiden Phasen, wobei für die Gleichgewichts-Galvanispannung nach

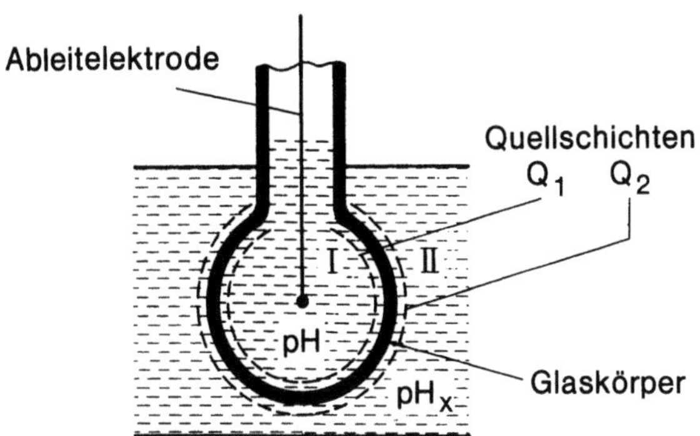

Abb. 1.2.-2. Schematischer Aufbau der Glaselektrode für pH-Messungen

$$\Delta\varphi = \varphi_L - \varphi_Q = \frac{R \cdot T}{F} \ln \frac{a_{H^+(Q)}}{a_{H^+(L)}} \tag{39}$$

die Wasserstoffionenaktivität in der flüssigen Phase ausschlaggebend ist. Diese
Erscheinung wird für die Bestimmung des pH-Wertes genutzt. Die dafür verwendeten
Glasmembranen sind im allgemeinen kugelförmig und beiderseitig mit Quellschichten
versehen. Der Aufbau der sogenannten *„Glaselektrode"* ist in Abb. 1.2.-2 schematisch
dargestellt. Die innere Quellschicht der Glaskugel steht mit der Lösung I in
Verbindung, die einen konstanten pH-Wert besitzt (Pufferlösung); die äußere
Quellschicht berührt die Probelösung II.

Das Elektrodenpotential der Glaselektrode entspricht der Differenz zwischen der
Gleichgewichts-Galvanispannung des inneren und des äußeren Zwei-Phasen-Systems
und ergibt sich zu:

$$E = \Delta\varphi_I - \Delta\varphi_{II} = \frac{R \cdot T}{F} \cdot \ln \frac{a_{H^+(Q_1)}}{a_{H^+(I)}} - \frac{R \cdot T}{F} \cdot \ln \frac{a_{H^+(Q_2)}}{a_{H^+(II)}}. \tag{40}$$

Mit $-\lg a_{H^+(I)} = pH$ und $-\lg a_{H^+(II)} = pH_x$ ist

$$E = \frac{R \cdot T}{F} \cdot \ln \frac{a_{H^+(Q_1)}}{a_{H^+(Q_2)}} + 0{,}059 \, (pH - pH_x). \tag{41}$$

Der Ausdruck

$$\frac{R \cdot T}{F} \ln \frac{a_{H^+(Q_1)}}{a_{H^+(Q_2)}} \tag{42}$$

ist das „Asymmetriepotential", welches bei gleichen H^+-Aktivitäten in den Quellschichten entfallen sollte. Wenn im allgemeinen dafür geringe Potentialbeträge auch
bei gleichen H^+-Aktivitäten in den Lösungen I und II verbleiben, so ist das mit dem
unterschiedlichen Quellverhalten kugelförmiger Glasoberflächen zu erklären. Verursacht wird dieses Verhalten durch mechanische Spannungen bei gebogenen Glasmembranen.

Ähnlich wie bei Glaselektroden soll auch bei anderen ionensensitiven Elektroden
das Potential nach

$$E = \text{const} + \frac{R \cdot T}{n \cdot F} \ln a \tag{43}$$

überwiegend von der Aktivität einer Ionenart abhängig sein.

Wenn zwei flüssige Phasen einer Elektrode oder die flüssigen Phasen verschiedener Elektroden durch eine Membran voneinander getrennt sind, so gehen zusätzlich, durch Diffusion bedingte Spannungsbeträge in die Gleichgewichts-Galvanispannung der Elektrode oder in die Potentialdifferenz von zwei Elektroden ein. Bei der Diffusion eilt die beweglichere Ionenart der weniger beweglichen voraus. Im Kontaktbereich der Elektrolytlösungen kommt es zur Anhäufung von Ionen mit unterschiedlicher Ladung und deshalb zu einer Potentialdifferenz, die als *Diffusionsspannung* bekannt ist. Solche Erscheinungen sind auch in biologischen Systemen anzutreffen, z.B. an semipermeablen Membranen, an denen sich im Ergebnis der Wanderung von Ionen unterschiedlicher Größe eine sogenannte „Donnan-Spannung" ausbilden kann.

Die Verbindung einer Elektrode mit einer zweiten Elektrode als Referenzelektrode zum Zwecke der Bestimmung des Elektrodenpotentials erfolgt
— durch direkten Kontakt der Elektrolytphasen über ein Diaphragma aus Cellulose, Ton, Glas oder Kunststoff bzw.
— über einen Stromschlüssel mit einer dritten Elektrolytphase, wobei der Stromschlüssel zur Herabsetzung von Diffusionsspannungen mit der konzentrierten Lösung eines Elektrolyten gefüllt ist, dessen Kationen und Anionen annähernd die gleiche Beweglichkeit haben, z.B. mit KNO_3 (s. Abschn. 1.1.1., Tabelle 1.1.-1).

Zur Aufrechterhaltung der elektrochemischen Gleichgewichte sollen die Elektrodenpotentiale möglichst stromlos gemessen werden, zum Beispiel mit einem Röhrenvoltmeter oder mit der Poggendorffschen Kompensationsmethode.

In Abb. 1.2.-3 ist das Schema der *Poggendorffschen Kompensationsschaltung* dargestellt. Das Meßprinzip besteht darin, daß eine an die Elektroden angelegte Gegenspannung über ein Präzisionspotentiometer so lange variiert wird, bis sie der

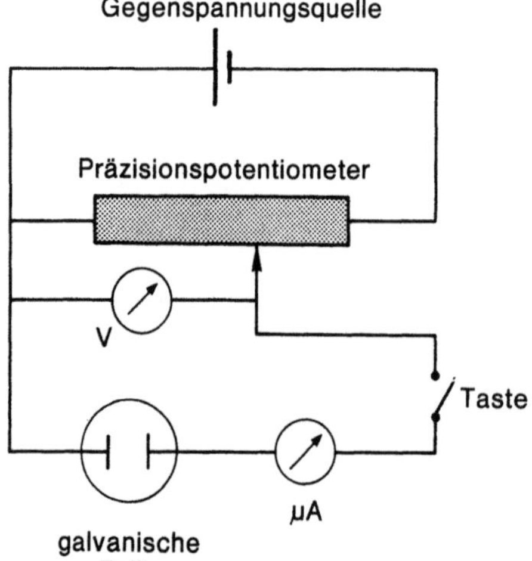

Abb. 1.2.-3. Schema der Poggendorffschen Kompensationsschaltung

Potentialdifferenz zwischen den Elektroden entspricht. Zur Ermittlung dieses Zustandes wird ein empfindliches Amperemeter über eine Taste in den Stromkreis geschaltet; bei Abgleich ist $i = 0$.

1.2.2 Standard-Elektrodenpotentiale und Realpotentiale

Wie schon erwähnt, ist der absolute Wert für die Gleichgewichts-Galvanispannung zwischen den Phasen einer Elektrode nicht meßbar. Die Elektrode wird deshalb gegen eine Bezugselektrode vermessen und dabei ein relativer Wert für das Elektrodenpotential bestimmt. Um die Elektrodenpotentiale untereinander vergleichen zu können, ist als gemeinsame Bezugsbasis die sogenannte *Standard-Wasserstoffelektrode* festgelegt [9].

Entsprechend der Phasenanordnung

$$Pt/H_2 \ (1{,}013 \ bar), \ H^+ \ (a_{H^+} = 1 \ mol \cdot l^{-1})$$

besteht die Standard-Wasserstoffelektrode aus einem Platinblech oder einem Platindraht, dessen Oberfläche zur Vergrößerung mit elektrolytisch abgeschiedenem Platin (Platinschwarz) bedeckt ist. Die Platinoberfläche wird von Wasserstoff mit 1,013 bar umspült und taucht in eine saure Lösung mit der H^+-Aktivität von 1 ein. Die Elektrodenkonstruktionen sind unterschiedlich; ein Beispiel dafür ist in Abb. 1.2.-4 dargestellt.

Das gegen die Standard-Wasserstoffelektrode gemessene Elektrodenpotential ist das Standard-Elektrodenpotential E^0, wenn die an der Potentialbildung beteiligten Ionen in der Aktivität 1 vorliegen.

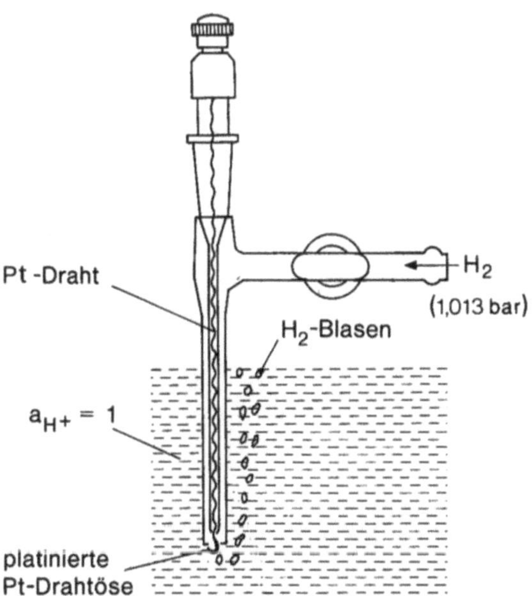

Abb. 1.2.-4. Standard-Wasserstoffelektrode

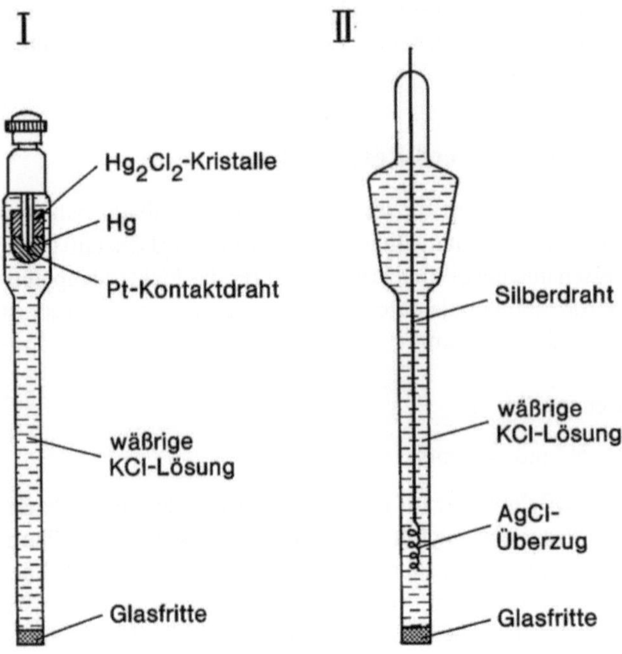

Abb. 1.2.-5. Referenzelektroden. I: Kalomelelektrode, II: Silberchloridelektrode

Übersichtshalber sind die Standard-Elektrodenpotentiale der verschiedenen Elektrodenarten nach ihren Zahlenwerten in den *elektrochemischen Spannungsreihen für Ionenelektroden und Redoxelektroden* tabellarisch angeordnet. Für ausgewählte Ionenelektroden erster und zweiter Art sowie für einige wichtige Redoxelektroden mit pH-abhängigen und pH-unabhängigen Redoxsystemen sind die Potentialwerte in Tabelle 1.2.-1 zusammengestellt.

Einfacher als mit der Standard-Wasserstoffelektrode können Elektrodenpotentiale gegen eine Ionenelektrode zweiter Art als Bezugselektrode gemessen werden [7]. Die Bestimmungen sind auch gut reproduzierbar, wenn die Elektrodenkonstruktionen ein konstantes Potential gewährleisten. Am häufigsten kommt die Kalomel-Elektrode und die Silber-Silberchlorid-Elektrode (s. Abb. 1.2.-5) zum Einsatz (vergl. auch S. 152).

Als Bezugselektrode ist auch die Thalliumamalgam-Elektrode von Interesse, die als *Thalamid-Elektrode* (eingetragener Schutzname für die Schott Glaswerke, Mainz) im Handel ist. Sie besteht aus Thalliumamalgam und schwerlöslichem TlCl in einer KCl-Lösung unterschiedlicher Konzentration. Im Gegensatz zur Kalomel- und Silber-Silberchlorid-Elektrode ist das Potential der Thalamid-Elektrode gegenüber der Wasserstoffelektrode stark negativ (siehe Angaben in Tabelle 1.2.-1); sie ist auch bei höheren Temperaturen einsetzbar (bis $+35\,°C$) als die Kalomel-Elektrode und zeigt im Vergleich mit anderen Bezugselektroden kaum eine Hysterese.

Die Thalamid-Elektrode wird auch für die Konstruktion von Einstabmeßketten verwendet, in denen die Meß- und Bezugselektrode in einem Schaft vereint sind. In Abb. 1.2.-6 ist der Aufbau einer pH-Einstabmeßkette der Schott Glaswerke, Mainz, abgebildet.

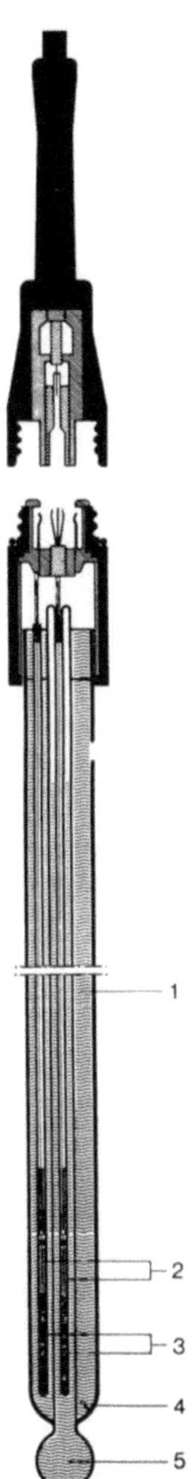

Abb. 1.2.-6. Aufbau einer pH-Einstabmeßkette mit Thalamid-Bezugs-system (Schott-Glaswerke, Mainz). 1) 3,5 M KCl-Lösung, 2) Tl-Amalgam, 3) TlCl, 4) Platindiaphragma, 5) Innenpuffer

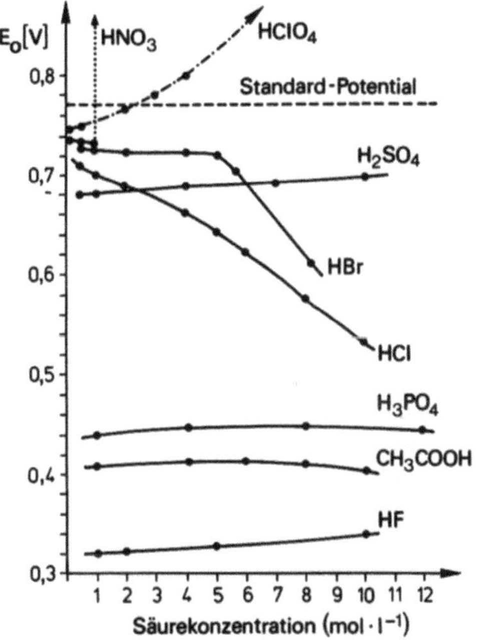

Abb. 1.2.-7. Realpotentiale des Fe^{2+}/Fe^{3+}-Systems in verschiedenen Säuren und Säurekonzentrationen. 20 °C, jeweils 0,03–0,04 M Fe(III) und Fe(II), gemessen gegen SCE [6]

Beim Vergleich der Standard-Elektrodenpotentiale mit den in der Praxis potentiometrischer Untersuchungen erhaltenen Werten zeigen sich oft erhebliche Unterschiede. Abweichungen von den Standardwerten ergeben sich schon dann, wenn die Ionenaktivitäten nicht genau bestimmt werden können oder wenn Diffusionspotentiale bzw. Kontaktpotentiale über die Verbindungen zum Meßinstrument nicht zu vermeiden sind. Besonders groß sind die Abweichungen bei Messungen in Gegenwart von Fremdionen, insbesondere von Komplexbildnern und auch bei Hydrolysevorgängen. Zur Beurteilung der Potentialverhältnisse unter praktischen Bedingungen sind daher die sogenannten „*Realpotentiale*" im allgemeinen wichtiger als die Standard-Elektrodenpotentiale. Als Beispiel sind in Abb. 1.2.-7 die Kurvenverläufe für die Abhängigkeit der realen Redoxpotentiale des Fe^{2+}/Fe^{3+}-Systems von verschiedenen Säuren und Säurekonzentrationen dargestellt [6]; die eingetragenen Meßwerte sind weitgehend identisch mit den Potentialen, die sich unter den gegebenen Bedingungen bei Titrationen und anderen analytischen Redox-Verfahren einstellen.

Die Realpotentiale der Redoxsysteme werden bei $c < 0,01 \ mol \cdot l^{-1}$ und bei einem Konzentrationsverhältnis von 1:1 der oxidierten und reduzierten Form der beteiligten Ionen bestimmt. Die in 1 molaren Lösungen der Ionen ermittelten Werte sind die in der amerikanischen Literatur verwendeten „*Formalpotentiale*".

Literatur zu 1.1 und 1.2

Lehrbücher und Tabellenwerke

1   Kortüm, G.: Lehrbuch der Elektrochemie. Weinheim: Verlag Chemie
2   Schwabe, K.: Physikalische Chemie, Bd. 2, Elektrochemie. Berlin: Akademie-Verlag 1975
3   Brdicka, R.: Grundlagen der Physikalischen Chemie. Berlin VEB Deutscher Verlag der Wissenschaften 1985
4   Hamann, C.H., Vielstich, W.: Elektrochemie I und II, Taschentext 41 und 42. Weinheim: Verlag Chemie 1975
5   Autorengruppe: Lehrwerk Chemie — Elektrolytgleichgewichte und Elektrochemie (Lehrbuch und Arbeitsbuch, No 5). Leipzig: VEB Deutscher Verlag für Grundstoffindustrie 1977
6   Bock, R.: Methoden der Analytischen Chemie. Eine Einführung, Band 2: Nachweis- und Bestimmungsmethoden, Teil 2. Weinheim, Deerfield Beach, Florida, Basel: Verlag Chemie 1984
7   Ives, D.J.G., Janz, G.J.: Reference Electrodes. New York, London, Sydney: Academic Press 1961
8   Conway, B.E.: Elektrochemische Tabellen. Frankfurt: Govi-Verlag 1957
9   Latimer, W.M.: Oxidation Potentials. New York: Prentice-Hall 1952

1.3 Stromdurchflossene Elektroden [2, 4]

Fließt durch eine Elektrode beim Anlegen einer geeigneten Spannung ein elektrischer Strom, so sind damit chemische Umsetzungen in Elektrodennähe verbunden (Oxidation, Reduktion). Die Größe dieser Umsetzungen beschreiben die *Faradayschen Gesetze*. Danach ist die elektrochemisch umgesetzte Menge

$$m = \frac{M}{n \cdot F} \cdot i \cdot t$$

mit der Faraday Konstanten F, der molaren Masse $M \ (g \cdot mol^{-1})$, dem Strom i (A) und der Zeit t (s).

Die Faradayschen Gesetze und die Nernstsche Gleichung bilden die Grundlage für die Anwendung elektrochemischer Messungen in der analytischen Chemie. Bei stromdurchflossenen Elektroden* haben wir im Gegensatz zu den homogenen

---

* zur Definition „Elektrode" vgl. Abschn. 1.2

metallischen, halbmetallischen oder elektrolytischen Leitern eine definierte Phasengrenze, die die Elektronen passieren müssen. Besonderheiten dieser Phasengrenzfläche wie Beschaffenheit der Elektrodenoberfläche. Elektrodenmaterial, Aufbau und Zusammensetzung der an diese Phasengrenzfläche angrenzenden Elektrolytschicht beeinflussen daher den Übergang der Elektronen durch die Phasengrenzfläche, die sogenannte „Durchtrittsreaktion". Die Größe des *Durchtrittsstroms* ist vor allem von der Geschwindigkeit der Durchtrittsreaktion abhängig. Weiterhin ist die zur Umsetzung (Reaktion) bereitstehende Menge der elektrochemisch aktiven Reaktanden sowie der Abtransport der Reaktionsprodukte für die Höhe des Stroms maßgebend. Massentransportvorgänge zur Elektrode hin und von der Elektrode weg sind daher für die Beschreibung der Ströme an Elektroden von großer Bedeutung. Schließlich können noch vor- und nachgelagerte chemische Reaktionen die für die elektrochemische Reaktion an der Elektrode bereitstehenden Konzentrationen beeinflussen.

1.3.1 Die Durchtrittsreaktion

Bei einer elektrochemischen Reaktion ist die resultierende Stromstärke (O = Elektrodenoberfläche, N = Molzahl)

$$i = \frac{dN}{dt} nFO \tag{44}$$

Unter Berücksichtigung der allgemeinen Beziehung für die Reaktionsgeschwindigkeit v

$$v = \frac{dN}{dt} = kc \tag{45}$$

und mit der allgemeinen Arrheniusschen Gleichung für die Konstanten der Reaktionsgeschwindigkeit

$$k = k_m \exp\left[-\frac{A}{RT}\right] \tag{46}$$

(k_m = Häufigkeitsfaktor und A = Aktivierungsenergie) erhält man für die Teilreaktionen 1,2 (z. B. Oxidation/Reduktion)

$$i_{1,2} = k_{1,2} nFc_{1,2}O \cdot \exp\left[-\frac{A_{1,2}}{RT}\right] \tag{47}$$

mit $k_{1,2}$ anstelle von k_m und $c_{1,2}$ der Konzentration der Reaktanden. An der Phasengrenzfläche Elektrode/Elektrolyt herrscht ein dynamisches Gleichgewicht z. B. gemäß

$$Me^{2+} + e^- \underset{k_2}{\overset{k_1}{\rightleftharpoons}} Me^+$$

mit den zugehörigen kathodischen und anodischen Teilströmen i_1 und i_2. Die gesamte Durchtrittsstromstärke i ist daher

$$i = i_1 + i_2 \tag{48}$$

und mit (47) wird sie

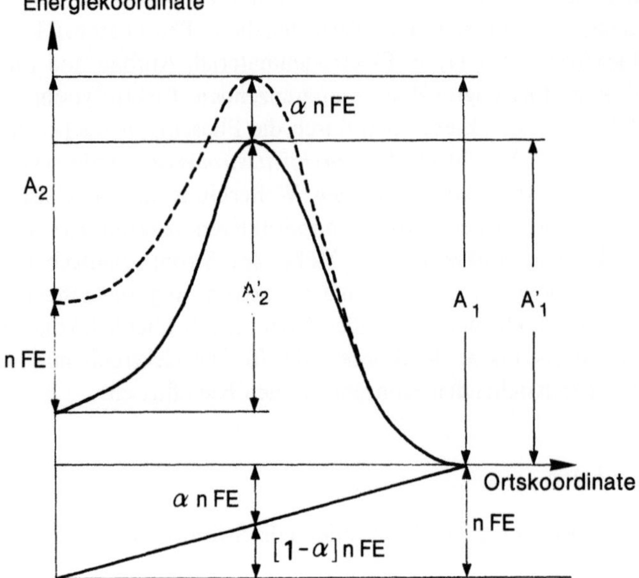

Abb. 1.3.-1. „Aktivierungsenergie-Berg" bei der Durchtrittsreaktion. – – – ohne, —— mit elektrischem Feld

$$i = nFc_1 Ok_1 \exp\left[-\frac{A_1}{RT}\right] + nFc_2 Ok_2 \exp\left[-\frac{A_2}{RT}\right]. \tag{49}$$

Zur Berechnung geht man davon aus, daß in der Größe für die Aktivierungsenergie der Gl. (46) im Falle einer elektrochemischen Reaktion ein elektrischer Energiebetrag $n \cdot F \cdot E$ zur absoluten Aktivierungsenergie hinzukommt. Dieser Betrag macht sich wie Abb. 1.3.-1 zeigt bei den Teilreaktionen in unterschiedlicher Richtung bemerkbar. Bezeichnet man mit α einen von der Gestalt (Symmetrie) des „Aktivierungsenergie-Berges" abhängigen Faktor für den auf die jeweilige kathodische oder anodische Teilreaktion anfallenden Anteil von $n \cdot F \cdot E$, so erhält man für die resultierende Aktivierungsenergie der beiden Teilreaktionen (vgl. a. Abb. 1.3.-1) schließlich

$$A'_1 = A_1 - \alpha nFE \quad \text{und} \quad A'_2 = A_2 + nFE - \alpha nFE = A_2 + (1-\alpha)nFE. \tag{50}$$

Werden die Ausdrücke der Gl. (50) in (47) und (49) eingesetzt und wird alles auf das Standardpotential E_0 (da die absoluten Werte für die Aktivierungsenergien A'_1, A'_2 und die absoluten Werte für E nicht bekannt sind) bezogen, so erhält man für i^*

$$i = nFk_0 O \left\{ c_1 \exp\left[\frac{\alpha nF(E - E_0)}{RT}\right] - c_2 \exp\left[\frac{(1-\alpha)nF(E - E_0)}{RT}\right] \right\}. \tag{51}$$

$(E - E_0)$ ist jetzt eine auf die Gleichgewichtslage bezogene „Überspannung". Für den Gleichgewichtszustand gilt

$$i_1 = i_2 = i_0. \tag{52}$$

---

* Zur ausführlichen Ableitung vgl. die angegebene Literatur

Mit $c_1 = c_2 = c_0$ wird (51) zu $i_0 = k_0 nFc_0 \cdot O$ bzw. $k_0 = \dfrac{i_0}{nFc_0 \cdot O}$. (53)

Die Standardgeschwindigkeitskonstante $k_0\,[\mathrm{cm\ s^{-1}}]$ und die Austauschstromdichte $\dfrac{i_0}{O}\,[\mathrm{A \cdot cm^{-2}}]^{*}$ werden zur Charakterisierung der Durchtrittsreaktion herangezogen.

Einige Werte für k_0 enthält Tabelle 1.3.-1. In der polarographischen Literatur werden häufig Systeme mit $k_0 > 0{,}1\text{--}1\ \mathrm{cm\ s^{-1}}$ als „reversibel", mit $k_0 < 10^{-4}\text{--}10^{-5}\ \mathrm{cm\ s^{-1}}$ als „irreversibel" und dazwischenliegende als „quasi-reversibel" bezeichnet.

α ist eine dimensionslose Größe. Sie beschreibt den Anteil der durch die an der Phasengrenzfläche liegenden Potentialdifferenz bewirkten Änderung der Aktivierungsenergie des kathodischen Teilvorgangs. α wird als „*Durchtrittsfaktor*" bezeichnet[**]. k_0 und α spielen bei der Beschreibung von Strom/Spannungskurven „irreversibler" Vorgänge eine große Rolle. Sie lassen sich häufig auch unmittelbar aus polarographischen Daten erhalten.

Die dargestellten Überlegungen gelten nur für einfache Reaktionstypen. Im allgemeinen ist selbst schon die Durchtrittsreaktion komplizierter und geht über Zwischenstufen, oft mit verschiedenen Werten für n. Dabei verliert α seine einfache Bedeutung.

Tabelle 1.3.-1. k_0-Werte einiger elektrochemischer Reaktionen an Hg-Elektroden bei 25 °C (nach [11])

Reaktion	Grundlösung	$k_0\,[\mathrm{cm\ s^{-1}}]$
$Bi^{3+} + 3e^- + Hg \rightleftharpoons Bi(Hg)$	1 M $HClO_4$	$4 \cdot 10^{-4}$
$Bi^{3+} + 3e^- + Hg \rightleftharpoons Bi(Hg)$	0,001 M HCl	$2{,}6 \cdot 10^{-3}$
$Bi^{3+} + 3e^- + Hg \rightleftharpoons Bi(Hg)$	1 M HCl	1,2–3
$Cd^{2+} + 2e^- + Hg \rightleftharpoons Cd(Hg)$	1 M $NaClO_4$ (pH 3)	0,46
$Cr(III)EDTA + e^- \rightleftharpoons Cr(II)EDTA$	0,4 M NaCl + 0,1 M Acetatpuffer	0,21
$Cu^{2+} + 2e^- + Hg \rightleftharpoons Cu(Hg)$	1 M KNO_3	0,019
$Fe(oxalat)_3^{3-} + e^- \rightleftharpoons Fe(oxalat)_3^{4-}$	1 M K_2-Oxalat + 0,05 M Oxalsäure	0,86
$Hg_2^{2+} + 2e^- \rightleftharpoons 2\,Hg$	1 M $HClO_4$	0,019
$In^{3+} + 3e^- + Hg \rightleftharpoons In(Hg)$	0,5 M ClO_4^-	$3 \cdot 10^{-8}$ (geschätzt)
$In^{3+} + 3e^- + Hg \rightleftharpoons In(Hg)$	1 M NaCl	0,034
$In^{3+} + 3e^- + Hg \rightleftharpoons In(Hg)$	1 M NaBr	0,65
$Pb^{2+} + 2e^- + Hg \rightleftharpoons Pb(Hg)$	1 M $HClO_4$	0,9
$Ti(IV) + e^- \rightleftharpoons Ti(III)$	0,2 M Oxals. + 0,04 M $KClO_3$	0,042
$Tl^+ + e^- + Hg \rightleftharpoons Tl(Hg)$	1 M $NaClO_4$ (pH 2)	1,2
$Zn^{2+} + 2e^- + Hg \rightleftharpoons Zn(Hg)$	1 M NaCl	$3{,}9 \cdot 10^{-3}$
$Zn^{2+} + 2e^- + Hg \rightleftharpoons Zn(Hg)$	1 M NaSCN	$2{,}9 \cdot 10^{-2}$

---

[*] In der Literatur wird meist die Austauschstromdichte als i_0 bezeichnet
[**] Im Englischen auch als „symmetry factor" bezeichnet

1.3.2 Der Stofftransport zur Elektrodenoberfläche

Aus den Gleichungen für die Durchtrittsstromstärke geht hervor, daß in allen Fällen eine Abhängigkeit von der Konzentration der elektrochemisch aktiven Substanz (Reaktand) besteht. Da elektrochemische Umsetzungen an der Elektrodenoberfläche mit chemischen Änderungen verbunden sind, werden in unmittelbarer Nähe der Elektrodenoberfläche bald andere Konzentrationen des Reaktanden als im Innern der Lösung, d.h. in einigem Abstand zur Elektrodenoberfläche herrschen. Überläßt man das System sich selbst, so wird es aufgrund von Diffusionsvorgängen zu einem Konzentrationsausgleich kommen. Wird dabei der Stromfluß nicht unterbrochen, so kommt es zur Ausbildung zeitabhängiger oder zeitunabhängiger (s.u.) Zustände, bei denen die resultierenden Ströme vor allem durch die diffusionsbedingte Nachlieferung des Reaktanden gegeben ist. Solche Erscheinungen werden vor allem an Arbeitselektroden mit kleiner Oberfläche (Polarographie, Voltammetrie) beobachtet.

Außer Diffusionsvorgängen kann eine mechanische Bewegung der Lösung (Konvektion) zu einem Konzentrationsausgleich führen. Derartige Vorgänge spielen beim Arbeiten mit großflächigen Elektroden eine Rolle (Elektrolyse, Coulometrie), ferner in Systemen mit definierter Strömung der Lösung, z.B. bei den elektrochemischen Detektoren der HPLC.

Die Vorstellungen von Nernst, daß an der Oberfläche einer Elektrode eine Lösungsschicht ist, in der der Stofftransport ausschließlich durch Diffusion stattfindet („*Nernstsche Diffusionsschicht*") hat sich zur Vereinfachung der Beschreibung der Massentransportvorgänge vielfach als nützlich erwiesen. Schließlich sind *Migrationsströme* zu erwähnen, bei denen die Ionenwanderung im elektrischen Feld zum Stofftransport zur Elektrode beiträgt. Da bei gegebenem Stromfluß der Migrationsstrom von allen geladenen Teilchen bewirkt wird, ist der durch den geladenen (ionogenen) Reaktanden getragene Anteil klein, wenn ein Überschuß eines weiteren (inerten) Elektrolyten zugegeben wird. Dazu genügt im allgemeinen ein 10^3-facher Überschuß des inerten Elektrolyten. Bei den hohen Bestimmungsempfindlichkeiten moderner polarographischer und voltammetrischer Verfahren sind somit eigentlich nur geringe Elektrolytkonzentrationen notwendig, was die durch Verunreinigungen bedingten Fehler verringert. Um keine Fehler durch einen Ohmschen Spannungsabfall bei geringen Elektrolytkonzentrationen aufkommen zu lassen, sind moderne Geräte im allgemeinen mit einem Potentiostaten (Dreielektrodentechnik) ausgerüstet (s. S. 139).

Beim *Stofftransport durch Diffusion* kann man zwei grundsätzliche Möglichkeiten des Konzentrationsausgleiches in Betracht ziehen. Im ersten Fall (s. Abb. 1.3.-2a) geht man vom Modell der Nernstschen Diffusionsschicht (mit der Dicke δ) aus und nimmt an, daß die Konzentration der Reaktanden jenseits dieser Schicht konstant ist („stationärer Bereich"), was durch eine geeignete Konvektion der Lösung experimentell näherungsweise zu realisieren ist. Der Strom ergibt sich aus Gl. (44) mit dem die Diffusion für diesen Fall beschreibenden *1. Fickschen Gesetz* $\frac{dN}{dt} = D\left(\frac{\delta c}{\delta x}\right)$, in dem $\frac{\delta c}{\delta x}$ durch $\frac{c_{Lg} - c_x}{\delta}$ (vgl. Abb. 1.3.-2a) ersetzt wird. Dann ist

$$i = D \cdot n \cdot F \cdot O \cdot \frac{(c_{Lg} - c_x)}{\delta}. \tag{54}$$

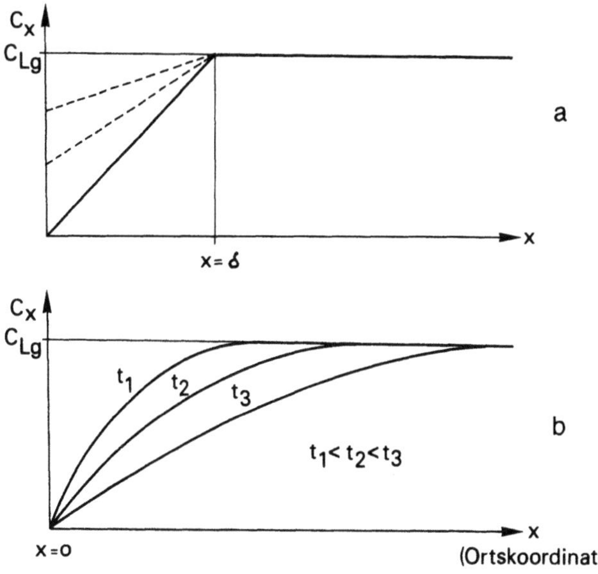

Abb. 1.3.-2. Konzentrationsverhältnisse an stromdurchflossenen Elektroden. a: stationärer, b: nichtstationärer Bereich

Bei $c_x = 0$, d.h. wenn die Konzentration der Reaktanden an der Elektrodenoberfläche gleich Null ist, geht Gl. (54) über in

$$ i - D \cdot n \cdot F \cdot O \cdot \frac{c_{Lg}}{\delta} \tag{55a} $$

bzw.

$$ i = k c_{Lg}, \tag{55b} $$

was als größter Wert der Gl. (54) einen nur noch von der Reaktand-Konzentration abhängigen *Grenzstrom* („Diffusionsgrenzstrom") darstellt. Experimentell wurde dies schon von Nernst an rotierenden Platinelektroden beobachtet, die heute noch gelegentlich zu amperometrischen Titrationen (vgl. S. 128) Verwendung finden.

Anschaulich entspricht das Auftreten eines Grenzstroms in der Stromspannungskurve dem Potentialbereich der Arbeitselektrode, bei dem alle an die Elektrodenoberfläche gelangenden Ionen oder Moleküle elektrochemisch umgesetzt werden. Andere Verhältnisse liegen vor, wenn man eine Elektrode in einer ruhenden Lösung, d.h. ohne zusätzliche Konvektion betrachtet. Wir haben jetzt keine konstante zeitunabhängige Schichtdicke δ mehr vorliegen. Für ein im Grenzstrombereich liegendes Elektrolysepotential zeigt Abb. 1.3.-2b die Konzentrationsänderungen in der Elektrodennähe. $\frac{\delta c}{\delta x}$ ist jetzt von der Zeit abhängig, entsprechend nimmt i mit der Zeit ab. Die Berechnung kann mit Hilfe des *2. Fickschen Gesetzes* für Diffusionsvorgänge durchgeführt werden*. Man erhält schließlich, wie auch oben angenommen, für den einfachen Fall

---

* Vgl. die angegebene Literatur

planarer Elektroden, einer reversiblen Elektrodenreaktion und einer linearen Diffusion senkrecht zur Phasengrenzfläche, folgende als „*Cottrell-Gleichung*" bezeichnete Beziehung für die zeitliche Änderung von i

$$i = \frac{n \cdot F \cdot O \cdot D^{1/2}}{(\pi \cdot t)^{1/2}} \cdot c_{Lg}. \tag{56}$$

Die „chronoamperometrische" Strom-Zeitkurve hat das in Abb. 1.3.-3 gezeigte Aussehen. Die zugehörige experimentelle Technik ist analytisch ohne Bedeutung und wird gelegentlich zur Bestimmung von Diffusionskoeffizienten herangezogen. Sie erleichtert aber das Verständnis voltammetrischer Kurven („Chronovoltamperometrie"), wie sie in Abschn. 2.4.1 behandelt werden. Die Zeitabhängigkeit von Elektrolyseströmen an großflächigen Elektroden, wie sie auch bei der Elektrolyse bei konstantem Potential oder bei der potentiostatischen Coulometrie beobachtet werden, lassen sich prinzipiell in der gleichen Weise verstehen. Nimmt man im hier gegebenen stationären Bereich (s.o.) an, daß die Diffusion durch die Schicht δ schnell erfolgt, so wird der Strom nur von den Bedingungen des Massentransports zur Elektrode hin abhängig sein. Diese lassen sich für großflächige Elektroden unter den üblichen Bedingungen nur empirisch ermitteln. Die Stromstärke i ist gemäß Gl. (55) im Grenzstrombereich von der jeweiligen Konzentration abhängig. Da $c = \dfrac{N}{Vol}$ ist, wird mit Gl. (45)

$$\frac{dN}{dt} = k \frac{N}{Vol} \tag{57}$$

bzw.

$$\frac{dN}{N} = K \cdot dt \tag{58}$$

erhalten. Nach Integration ergibt sich $N = N_0 e^{-Kt}$. Entsprechend kann man für die Stromstärke $i = i_0 e^{-Kt}$ setzen, mit i_0 der Anfangsstromstärke. K kann bei der Auftragung von ln i gegen t aus der Neigung der Geraden erhalten werden. K ist abhängig von D, dem Volumen der Lösung, der Elektrodenoberfläche und den mechanischen Bedingungen der Elektrolyse, z.B. von der Rührgeschwindigkeit.

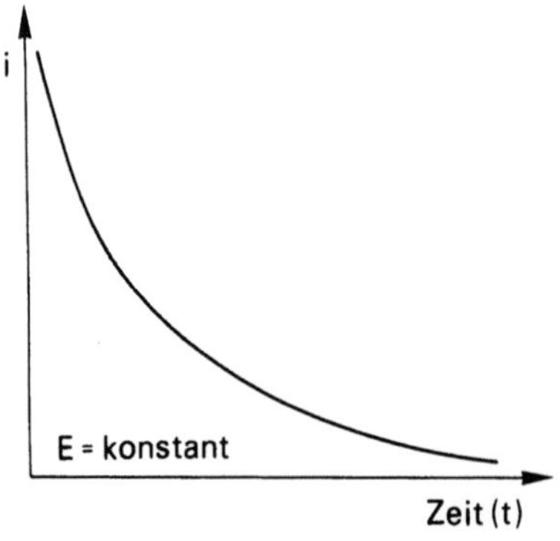

Abb. 1.3.-3. Strom-Zeitkurven an ruhenden Elektroden (nichtstationärer Bereich)

Beim Arbeiten mit sogenannten „*Thin-Layer-Cells*" (T.L.C.) [3] (Dünnfilm-, Dünnschicht-Zellen), bei denen sich der gesamte Reaktionsraum (Elektrolyt) in einem Abstand von 2–50 µ zur Elektrodenoberfläche befindet (der Abstand ist somit kleiner als die Nernstsche Diffusionsschicht), so werden diffusionskontrollierte Ströme erhalten, die verhältnismäßig einfach analog zum stationären Bereich (s.o.) zu berechnen sind. Im Fall reversibler Elektrodenreaktionen erhält man symmetrische Stromspannungskurven (s. Abb. 1.3.-4). Für die Spitzenströme ergibt sich für diesen Fall

$$\dot{i}_0 = \frac{n^2 F^2 (-r) V c_0}{4 RT} \tag{59}$$

mit r = Spannungsänderungsgeschwindigkeit (Volt·s^{-1}), V = Vol und c_0 = Ausgangskonzentration. Aus diesen Kurven läßt sich n einfach und genau bestimmen. Bei irreversiblen Elektrodenreaktionen entstehen asymmetrische Kurven, die zur Bestimmung von k_0 (s.o.) geeignet sind. Derartige Anordnungen dienen auch zum Studium der Adsorption von Reaktanden bei elektrochemischen Reaktionen, zu Untersuchungen bei Metallabscheidungen (Bildung von Monoschichten) und zum Studium chemischer Reaktionen, die mit Elektrodenreaktionen gekoppelt sind. T.L.C.s können auch bei coulometrischen und chronopotentiometrischen Messungen eingesetzt werden, mit strömenden Lösungen finden sie als Detektoren in der HPLC Anwendung (s. Abschn. 4.6).

Verhältnisse, bei denen neben reinen Diffusionsvorgängen noch ein mechanischer Massentransport (Konvektion) die Größe voltammetrischer Ströme mitbestimmt, lassen sich theoretisch nur schwierig beschreiben. Meist beschränkt man sich auf empirische Gleichungen bei vorgegebenen starren rotierenden Elektroden, von denen Abb. 1.3.-5 einige Ausführungsformen zeigt. Grenzströme (i_g) an einer rotierenden Platinelektrode lassen sich durch folgende Gleichung beschreiben

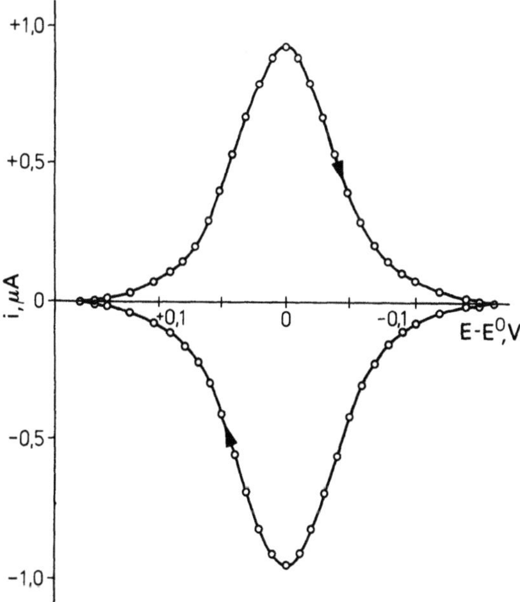

Abb. 1.3.-4. Stromspannungskurven in „Thin-Layer"-Zellen. Cyclische Voltammogramme für eine n=1-Reaktion mit r=1 mV s^{-1}, c_0 = 10^{-3} M, V=1 µl, 298 °K (nach [3])

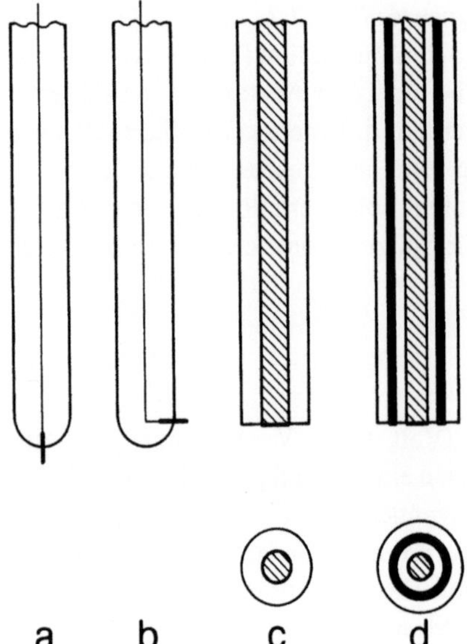

Abb. 1.3.-5. Ausführungsformen rotierender Elektroden. a, b: einfache Platindrahtelektroden, c: Scheibenelektrode, d: Ring-Scheibenelektrode

$$i_g = knFc_0 w^\alpha \tag{60}$$

mit der Umdrehungszahl w und einem von der Geometrie der Elektrode abhängigen Faktor α. Für die Scheibenelektrode erhält man für eine reversible, kinetisch nicht beeinflußte Elektrodenreaktion für den entsprechenden Strom im Grenzstrombereich

$$i_g = 0{,}62 \; nFAD^{2/3} v^{-1/6} w^{1/2} c_0 \tag{61}$$

mit der kinematischen Viskosität v * und der Umdrehungszahl w. Bei der Ringscheibenelektrode [1, 8] (Abb. 1.3.-5d) wird das an der inneren Scheibe gebildete Produkt der Elektrodenreaktion bei der Rotation über den äußeren Ring transportiert und kann dort nochmals elektrochemisch untersucht werden. Sie dient besonders für die Untersuchung kurzlebiger Reaktionsprodukte, z. B. organischer Radikale. Für weitere spezielle Ausführungsformen stationärer Elektroden mit konvektivem Massentransport muß auf die Literatur verweisen werden. Sie dienen meist der Untersuchung des Mechanismus und der Kinetik von Elektrodenreaktionen. Von analytischem Interesse sind rotierende starre Elektroden mit konvektionskontrollierten Strömen für amperometrische Titrationen und in der inversen Voltammetrie. Elektroden in einer strömenden Lösung („hydrodynamische Voltammetrie") sind als Detektoren in der HPLC (s. S. 342) und in Flow-injection-Systemen (vgl. [9]) von Interesse. Eine Bewegung der Lösung wird auch ganz allgemein zur Erhöhung des Stoffumsatzes beim Arbeiten mit großflächigen Elektroden in der Coulometrie und Elektrolyse angewandt.

---

*   kinematische Viskosität $= \dfrac{\text{Viskosität } \eta}{\text{Dichte}}$

1.3.3 Kinetische und katalytische Ströme

Neben Durchtrittsreaktion und Massentransportvorgängen können auch der eigentlichen Elektrodenreaktion vor- bzw. nachgelagerte chemische Reaktionen in der Lösung des Elektrolyten polarographische und voltammetrische Ströme bzw. Meßgrößen beeinflussen. In diesem Fall spricht man von kinetischen Strömen. Sie treten besonders in organischen Systemen auf. Protonisierungs- und Deprotonisierungsreaktionen, Bildung und Zersetzung von Komplexen, sowie Zwischenreaktionen bei Redoxvorgängen und bei Ionen mit verschiedener Wertigkeit sind einige allgemeine Ursachen. Betrachtet man die einfache Elektrodenreaktion $O + ne \rightleftharpoons R$, so kann O aus einer ursprünglichen Substanz A durch eine chemische Reaktion gebildet werden

$$A \underset{k_2}{\overset{k_1}{\rightleftharpoons}} O + ne \rightleftharpoons R.$$

Ist k_1 klein, dann wird der bei der Reduktion von O entstehende Strom von der Bildungsgeschwindigkeit aus A abhängig sein („kinetischer Strom").

Neben vorgelagerten chemischen Reaktionen kann auch die Konzentration von R durch eine nachgelagerte chemische Reaktion abnehmen: $O + ne \rightleftharpoons R \rightleftharpoons B$. ECE*-Mechanismen und irreversible Elektrodenreaktionen können weiterhin zu komplizierten Verhältnissen führen (vgl. Abschn. 3.2).

Kinetische Effekte, d.h. vor-, nach- und zwischengelagerte chemische Reaktionen bei mehrstufigen Elektrodenprozessen (verschiedene n) wirken sich bei den einzelnen elektroanalytischen Verfahren unterschiedlich aus. Einfache diagnostische Möglichkeiten zur qualitativen Feststellung derartiger Vorgänge bieten die cyclische Voltammetrie (s. S. 85) und cyclische Chronopotentiometrie (s. S. 116).

Von analytischem Interesse sind die „katalytischen" Ströme [5, 6, 10], bei denen das bei einer Elektrodenreaktion gebildete Produkt mit einem in der Lösung vorhandenen Bestandteil (Substrat) unter Rückbildung der Ausgangsstoffe reagiert:

$$O + ne \longrightarrow R; \; R + C \xrightarrow[\text{Chem.}]{K} O \quad (C = \text{Substrat})$$

Dabei kann es zu einer beträchtlichen Erhöhung des voltammetrischen Stroms der Ausgangsreaktion kommen.

Katalytische Ströme können zur Steigerung der Bestimmungsempfindlichkeit von O oder auch zur Bestimmung des elektrochemisch inaktiven Substrats C herangezogen werden.

Charakteristisch für katalytische Ströme ist ihre höhere Temperaturabhängigkeit und eine größere Abhängigkeit von der Zusammensetzung des Grundelektrolyten. Beispiele für analytische Anwendungen katalytischer polarographischer Ströme enthält Tabelle 3.1.-2. Ein besonderer Fall katalytischer Ströme ist die durch einige Alkaloide, Proteine, organische Thioverbindungen u.a. bewirkte Herabsetzung der Überspannung der Wasserstoffreduktion an Quecksilberelektroden, die zu einer „katalytischen Welle" führen [7]. Die Höhe dieser Welle kann zur Konzentrationsbestimmung dieser Stoffe herangezogen werden. Da die katalytischen Wirkungen in diesem Fall meist mit Adsorptionsvorgängen verbunden sind, sind die Eichkurven häufig nichtlinear.

---

* ECE = Elektrochemische/Chemische/Elektrochemische Reaktion

Literatur zu 1.3

Monographien und Übersichtsarbeiten

1 Alberg, W.J., Hitchman, M.L.: Ring-Disc Electrodes. Oxford: Clarendon Press 1971
2 Bauer, H.H: Electrodics — Modern Ideas Concerning Electrode Reactions. Stuttgart: Thieme 1972
3 Hubbard, A.T., Anson, F.C.: The Theory and Practice of Electrochemistry with Thin Layer Cells. In: Electroanalytical Chemistry, Bard, A.J. (ed.), Vol. 4, S. 129. New York: Dekker 1970
4 MacDonald, D.D.: Transient Techniques in Electrochemistry. New York, London: Plenum Press 1981
5 Mairanovskii, S.G.: Catalytic and Kinetic Waves in Polarography. New York: Plenum Press 1968
6 Milyavskii, Yu.S.: Choice of Conditions for Using Catalytic Polarography Waves in Analytical Chemistry. J. Anal. Chem. (USSR) **34**, 1293 (1979)
7 Müller, O.H.: Polarographic Analysis of Proteins, Amino Acids, and other Compounds by Means of the Brdička Reaction. In: Glick, D. (ed.): Methods of Biochemical Analysis, Vol. XI, p. 329. New York: Intersc. Publ. 1963
8 Opekar, F., Beran, P.: Rotating Disk Electrodes. J. Electroanal. Chem. **69**, 2 (1976)
9 Pungor, E., Fehér, Z., Faradi, M.: Hydrodynamic Voltammetry, CRC Crit. Rev. Anal. Chem. **9**, 97 (1980)
10 Sinyakova, S.I., Milyavskii, Yu.S.: Catalytic Effects in the Polarography of Inorganic Compounds. Indust. Lab. (USSR) **37**, 1473 (1971)
11 Tanaka, N.: Mechanisms and Characteristics of Electrode Reactions of Analytical Interest. Pure and Appl. Chem. **44**, 627 (1975)

1.4 Adsorptions-, Doppelschicht- und Mediums-Effekte
[1, 2, 3, 4]

Unter diesen Begriffen verstehen wir Beeinflussungen besonders polarographischer und voltammetrischer Meßgrößen, die von Lösungspartnern ausgehen, die selbst nicht unmittelbar an der elektrochemischen Reaktion beteiligt sind. Sie können an der Elektrodenoberfläche (Einfluß auf Durchtrittsreaktion) oder im Innern der Lösung (Einfluß auf Transportvorgänge) stattfinden. Die einfachen Vorstellungen von der Phasengrenze Elektrode/Elektrolyt als Ort der Durchtrittsreaktion bedürfen zunächst einiger Ergänzungen. Vergegenwärtigt man sich die Tatsache, daß durch eine in eine Elektrolytlösung eintauchende Quecksilberelektrode innerhalb eines bestimmten Potentialbereichs *kein* Strom fließt, so erscheint dies besonders bemerkenswert, zumal beide Phasen elektrische Leiter sind. An der Phasengrenzfläche eines metallischen und eines elektrolytischen Leiters scheinen offenbar besondere Verhältnisse zu herrschen, die eine elektrische Leitfähigkeit über die Phasengrenzfläche bei Abwesenheit einer Durchtrittsreaktion unmöglich machen. Geht man von planaren Elektroden aus, so läßt sich dieses System mit einem (geladenen) Platten-Kondensator vergleichen, dessen eine Platte die Elektrode, die andere lösungsseitig der Elektrolyt ist. (Entsprechendes gilt für kugelförmige Kondensatoren.) Über die dem Dielektrikum entsprechende Zwischenschicht bestehen verschiedene Vorstellungen. Für unsere Betrachtungen ist die Darstellung als einfache „*Helmholtzsche Doppelschicht*" ausreichend. Danach erfolgt eine Belegung durch spezifische Wechselwirkungen der Metalloberfläche mit den in der Lösung vorhandenen Ionen und auf der Elektrodenseite wird eine gleich große, entgegengesetzt geladene Ladungsmenge mit einem Mindestabstand, der dem Ionenradius der adsorbierten Ionen entspricht, erzeugt. Abbildung 1.4.-1 zeigt eine Darstellung dieser „*elektrochemischen Doppelschicht*". Der formal einfache Aufbau ändert sich mit der Natur und der Konzentration des Elektrolyten und ist außerdem vom Potential der Elektrode abhängig. Die „Doppelschichtkapazität" ändert sich also mit dem Elektrodenpotential und naturgemäß mit der Elektrodenoberfläche. Der ihrer Auf- bzw. Entladung entsprechende Ladestrom i_c kann aus der allgemeinen Kondensatorformel $C = \dfrac{Q}{E}$, mit $C =$ Kapazität, $q =$ Ladungsmenge und $E =$ Spannung des Kondensators, durch Differentiation erhalten werden:

$$\frac{dQ}{dt} = i_c = \frac{\partial O}{\partial t}\, C_D \cdot E + \frac{\partial E}{\partial t}\, C_D \cdot O \qquad (62)$$

($O =$ Oberfläche, $C_D =$ spezifische potentialabhängige Doppelschichtkapazität*).

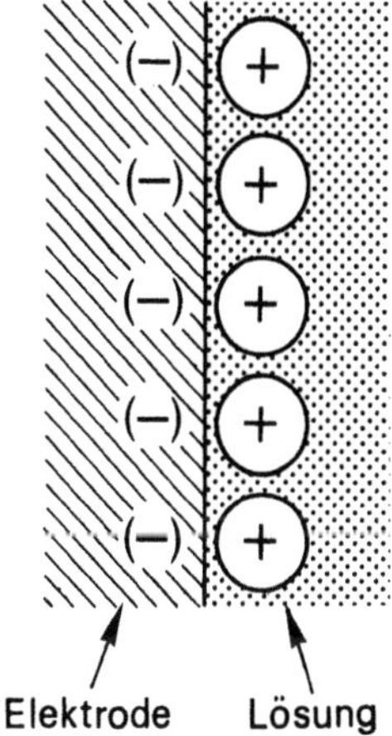

Abb. 1.4.-1. Einfaches Modell der elektrochemischen Doppelschicht

Dieser *Ladestrom* (i_c) *oder nichtfaradaysche Strom* (im Gegensatz zu dem mit einer Durchtrittsreaktion verbundenen Faradayschen Strom i_F) begrenzt die Empfindlichkeit vieler elektrochemischer insbesondere polarographischer und voltammetrischer Verfahren, da mit der Auf- bzw. Entladung der Doppelschichtkapazität Ströme verbunden sind, in denen kleine Faradaysche Ströme nicht mehr zu erkennen sind. Die Erhöhung des letztlich die Empfindlichkeit polarographischer Verfahren bestimmenden Verhältnisse i_F/i_c ist daher das Ziel aller „nachklassischen" Verfahren und hat in der inversen Differentiellen Pulse-Polarographie (vgl. Abschn. 2.5) ihren bisherigen Höhepunkt gefunden.

Sind in der (polarographischen) Grundlösung grenzflächenaktive Substanzen enthalten, so werden diese in der Regel auf der Elektrodenoberfläche adsorbiert und reichern sich dort an. Diese Adsorption von Tensiden ist meistens ebenfalls vom Potential der Elektrode abhängig. Wegen der Veränderung der Doppelschicht (der Abstand der den Plattenkondensator bildenden Ionen nimmt wegen dazwischenge-

---

* Bei Hg-Elektroden ca. 20–40 μF/cm²

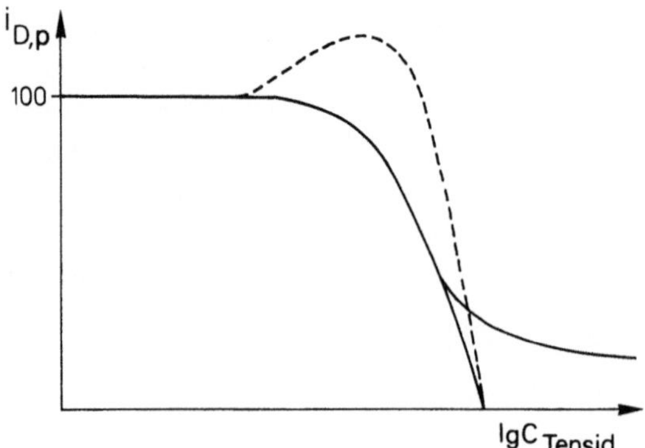

Abb. 1.4.-2. Einfluß grenzflächenaktiver Substanzen auf polarographische und voltammetrische Ströme (schematisch) (s. Text)

schobener Tensidmoleküle zu und damit die Kapazität ab) ändert sich auch weitgehend der Kapazitätsstrom i_c und damit der Grundstrom vieler polarographischer und voltammetrischer Verfahren, was gelegentlich als besonderer Matrixeffekt in realen Systemen störend in Erscheinung treten kann. Ändern sich die Adsorptionsverhältnisse eines Tensids in einem engen Potentialbereich der Elektrode drastisch, so läßt sich die damit verbundene Änderung der Doppelschichtkapazität mit der Wechselstrompolarographie empfindlich nachweisen („Tensammetrie", vgl. S. 102).

Neben der Beeinflussung des Grundstroms können grenzflächenaktive Substanzen auch unmittelbar die Durchtrittsreaktion beeinflussen. Art und Ausmaß dieser Wirkungen hängen von den elektrochemischen Reaktanden, der Elektrodenreaktion und dem Tensid selbst ab. Bei letzterem beeinflussen Größe, räumliche Orientierung, Ladung und Polarisierbarkeit die Durchtrittsreaktion. Charakteristisch für die Wirkung eines Tensids auf polarographische und voltammetrische Messungen ist die Abhängigkeit dieser Effekte von der Konzentration des Tensids, die in Abb. 1.4.-2 schematisch dargestellt ist. Die Wirkung beginnt erst oberhalb einer gewissen Konzentration, um dann schnell in einem verhältnismäßig kleinen Konzentrationsbereich zu einer nahezu vollständigen Unterdrückung („*Inhibition*"), seltener zunächst zu einem Anstieg des Meßsignals („*Accelerierung*") mit anschließendem Abfall, zu führen. Die Meßsignale können dabei vollständig oder auch nur teilweise unterdrückt werden. Die Effekte sind auch von dem benutzten polarographischen Verfahren abhängig. Wegen der im allgemeinen geringeren Adsorption in nichtwäßrigen Medien, sind sie dort weniger stark ausgeprägt.

Neben mechanischer Blockierung der Elektrodenoberfläche sind vor allem bei geladenen Tensiden elektrische Effekte infolge Änderung des Potentialverlaufs in der Doppelschicht (ψ-Potential, vgl. [3]) Ursachen der beobachtbaren Inhibitions- und Accelerierungseffekte. Erreicht das Elektrodenpotential einen Wert, bei dem eine Desorption des Tensids stattfindet, so kann das Meßsignal wieder zu seinem alten Wert ansteigen und man beobachtet nur eine Verschiebung der polarographischen Spitze oder Stufe. Die Wirkungen grenzflächenaktiver Substanzen treten an stationären und festen Elektroden bereits bei kleineren Tensid-Gehalten auf als an der Hg-Tropfelektrode und sind häufig von der Einwirkungszeit abhängig (vgl. Abb. 3.3.-1, S. 262). Als Adsorptionswirkungen besonderer Art können die durch Adsorption des Reaktanden oder der Reaktionsprodukte bedingte Beeinflussung der Elektrodenreaktion betrachtet werden, die besonders bei organischen Systemen eine Rolle spielen können. Auf die adsorptive Anreicherung von Metall-Chelaten und grenzflächenaktiver Substanzen vor ihrer Bestimmung wird noch eingegangen (vgl. S. 107). Die durch adsorbierte Anionen und adsorbierte organische Liganden bewirkte Änderung des polarographischen Verhaltens („Ligandkatalyse") kann in manchen Fällen analytisch genutzt werden (s. S. 176).

Gelegentlich kann die selektive Inhibition einer oder mehrerer Elektrodenreaktionen durch grenzflächenaktive Stoffe zur Erhöhung der Selektivität bei der polarographischen Bestimmung von Gemischen führen. Man bezeichnet dies als „*elektrochemisches Maskieren*" [2], im Gegensatz zur ähnlichen Selektivitätssteigerung durch Komplexbildner (s. S. 91). Ein Beispiel zeigt Abb. 1.4.-3, bei der die polarographische Reduktion des Indiums durch ein Tensid selektiv inhibiert wird, wodurch die Bestimmung des Cadmiums möglich wird.

Neben den grenzflächenaktiven Stoffen, die ohne unmittelbare chemische Wechselwirkung mit der elektrochemisch aktiven Species (Reaktanden) polarographische und voltammetrische Ströme und charakteristische Potentiale beeinflussen, können auch andere *inerte Matrixpartner* in der Polarographie und Voltammetrie gleichartige oder ähnliche Effekte verursachen. Von besonderer Bedeutung ist die Änderung des in allen Strom-Konzentrationsbeziehungen enthaltenen Diffusionskoeffizienten D.

Nach der Gleichung von Stokes-Einstein ist $D \sim \dfrac{1}{\eta}$ (mit der Viskosität η). Damit wird D von der Viskosität der Lösung abhängig. Alle Zusätze oder Bestandteile der Grundlösung, die zu einer Änderung der Viskosität und damit von D führen, bewirken somit eine Änderung der Stromwerte, z.B. Spitzen- oder Diffusionsströme oder Elektrolyseströme der inversen Voltammetrie. Solche Effekte können durch Salz- und

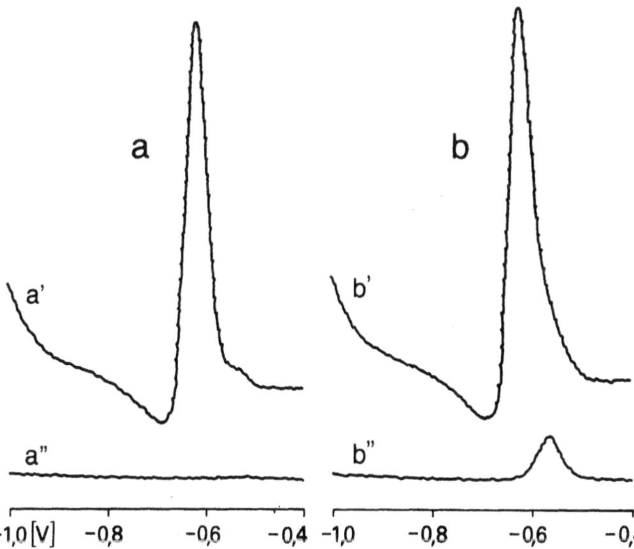

Abb. 1.4.-3. Differentielle Pulse-Polarogramme des Indiums und Cadmiums mit und ohne Tensidzusatz (nach [1]). In: $3 \cdot 10^{-3}$ M; Cd: $3 \cdot 10^{-6}$ M; 0,1 M HCl $+$ 0,009 M EDTA. a: ohne, b: mit Cadmium; (a′, b′) ohne, (a″, b″) mit 0,005 % Phemerol

Säuregehalte, z.B. in Aufschlußlösungen oder durch organische Lösungsmittel bewirkt werden. Abbildung 1.4.-4 zeigt als Beispiel die Abnahme der gleichstrompolarographischen kathodischen Fe(III)- und anodischen Fe(II)-Stufe mit steigendem Phosphorsäuregehalt bei der unmittelbaren Bestimmung der beiden Wertigkeiten des Elements in dieser Matrix [3].

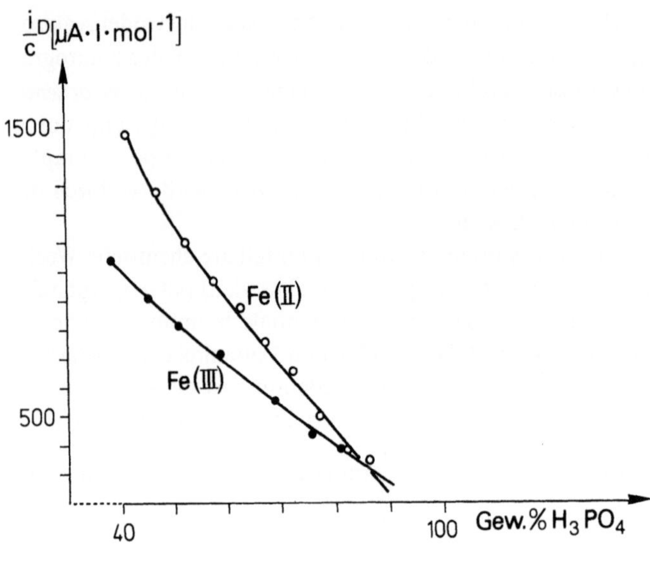

Abb. 1.4.-4. Abhängigkeit des gleichstrompolarographischen Diffusionsgrenzstromes i_D von der Phosphorsäurekonzentration der Lösung bei der Bestimmung von Eisen (II, III) (nach [3]). c(Fe(II, III)): $2 \cdot 10^{-2} - 2 \cdot 10^{-4}$ M

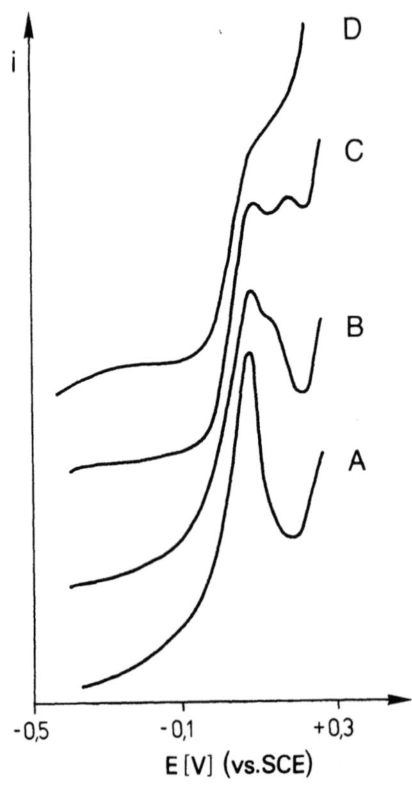

Abb. 1.4.-5. Einfluß von Triton X 100 auf die Ausbildung der inversvoltammetrischen Kurven zur Bestimmung des Kupfers (nach [4]). 10^{-6} M Cu^{2+}, A–C) 0,1 M neutrale KNO_3-Lösung, D) pH 3; A) ohne, B) 1 ppm, C) 10–20 ppm, D) 20 ppm Tensid

Abbildung 1.4.-5 zeigt den Einfluß von grenzflächenaktiven Substanzen auf die Ausbildung der invers-voltammetrischen Stromspannungskurve bei der Bestimmung des Kupfers. Diese und ähnliche Effekte sind häufig als Störungen bei der Durchführung von polarographischen und voltammetrischen Bestimmungen in realen Matrizes oder bei unvollständig aufgeschlossenen Proben anzutreffen. Die Bedeutung der richtigen Probenvorbereitung bei der Durchführung elektroanalytischer Bestimmungen wird durch diese Beispiele gezeigt.

Literatur zu 1.4

Monographien und Übersichtsarbeiten

1 Kastening, B., Hollek, L.: Die Bedeutung der Adsorption in der Polarographie. Talanta **12**, 1259 (1965)
2 Mairanowski, S.G.: Double-Layer and related Effects in Classical Polarography, Progress in Polarography, Zuman, P., Meites, L., Kolthoff, I.M. (eds.). New York: Wiley, Vol. **8**, 287 (1972)
3 Nürnberg, H.W., von Stackelberg, M.: Arbeitsmethoden und Anwendungen der Gleichspannungspolarographie. IV. Doppelschicht-, Adsorptions- und Inhibitionseffekte. J. Electroanal. Chem. **4**, 1 (1962)
4 Parson, R.: Adsorption Phenomena in Electrochemistry. Surface Science **101**, 316 (1980)

Originalliteratur

1 Christmann, W., Lukaszewski, Z., Neeb, R.: Fresenius Z. Anal. Chem. **302**, 32 (1980)
2 Fujinaga, T., Izutsu, K., Inone, T.: Collect. Czechoslov. Chem. Comm. **30**, 4202 (1965)
3 Bilinski, E.W., Dieball, D.E., Whaley, Th.P.: Anal. Chem. **38**, 1403 (1966)
4 Brezonek, P.L., Brauner, P.A., Stumm, W.: Water Res. **10**, 605 (1976)

2 Elektrochemische Analysenmethoden

2.1 Konduktometrie — konduktometrische Titration

Für die Methoden der *Konduktometrie* und *konduktometrischen* Titration (Leitfähigkeitstitration) ist die spezifische Leitfähigkeit $\varkappa$ von Elektrolytlösungen die konzentrationsproportionale Meßgröße (s. Abschn. 1.1.1) [1–6, 8].

Die Leitfähigkeitswerte sind von folgenden Faktoren abhängig:

— *von der Ionenkonzentration.* Die Leitfähigkeit nimmt in einem relativ großen Bereich mit der Elektrolytkonzentration zu (s. Abb. 1.1.-1).
— *von der Art der Ionen.* Die Leitfähigkeit ist von der Ladungszahl und vom Radius der solvatisierten Ionen abhängig (s. Tab. 1.1.-1).
— *von der Temperatur.* Die Erhöhung der Leitfähigkeit mit zunehmender Temperatur steht im Zusammenhang mit der exponentiellen Abnahme der Viscosität des Lösungsmittels. Bei Temperatursteigerung kann die Leitfähigkeit auch abnehmen, wenn die Dielektrizitätskonstante (DK) des Lösungsmittels kleiner wird. Bei kleinen Dielektrizitätskonstanten ist die interionische Wechselwirkung größer und die Leitfähigkeit geringer. Durch die Überlagerung von Viscositätsabnahme und DK-Verringerung können Leitfähigkeitsmaxima erhalten werden. Mit Wasser als Lösungsmittel liegen diese Maxima bei sehr hohen Temperaturen, da Wasser über einen breiten Temperaturbereich einen relativ hohen DK-Wert hat.
— *vom Lösungsmittel.* Die Polarität des Lösungsmittels bestimmt die Dissoziation der Elektrolyte und damit die elektrische Leitfähigkeit der Lösung.

Die elektrische Leitfähigkeit von Elektrolytlösungen wird in Gefäßen gemessen (Leitfähigkeitsmeßzellen), in denen zwei (meist platinierte) Platinbleche mit bekannter Oberfläche in einem bestimmten Abstand voneinander angeordnet sind. Die Meßzelle befindet sich in einem Wechselstromkreis.

Nach dem Ersatzschaltbild in Abb. 2.1.-1 ist die Zelle durch die Doppelschichtkapazität C_D, die Zellenkapazität C_Z und durch den Elektrolytwiderstand R_L der Probelösung charakterisiert. Zur Bestimmung des Elektrolytwiderstandes R_L soll der Einfluß von C_Z vernachlässigbar sein, d.h. es soll

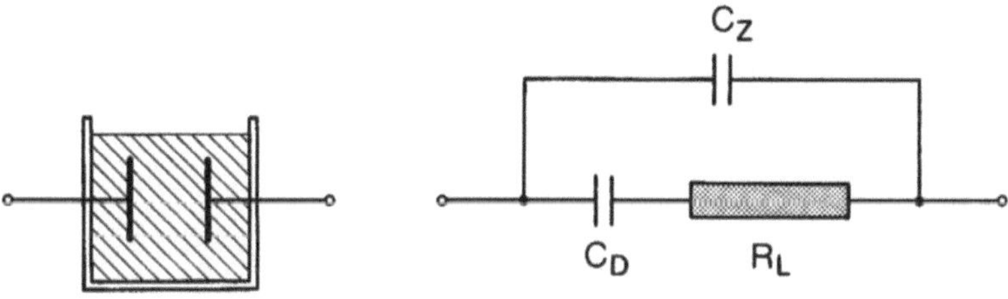

Abb. 2.1.-1. Leitfähigkeitsmeßzelle und Ersatzschaltbild

$$\frac{1}{\omega \cdot C_Z} \gg R_L$$

sein. Diese Bedingung ist in der Praxis immer dann erfüllt, wenn sehr verdünnte Lösungen oder Lösungen schwacher Elektrolyte mit niederfrequenten Wechselströmen (etwa 40 bis 80 Hz) und Lösungen mit Leitfähigkeiten über 100 µS/cm mit Meßfrequenzen im kHz-Bereich vermessen werden. Auf diese Weise läßt sich R_L sehr genau in einer Brückenanordnung bestimmen. Bei geringeren Ansprüchen an die Genauigkeit ist eine einfache Messung von Strom und Spannungsabfall über R_L nach dem Ohmschen Gesetz möglich.

Die leistungsfähigste Meßanordnung für die Bestimmung von Elektrolytwiderständen ist die in Abb. 2.1.-2 vereinfacht dargestellte *Wheatstonesche Brückenschaltung*. Wegen der kapazitiven Anteile des Widerstands der Meßzelle ist für den Abstimmzweig in dieser Meßanordnung neben dem variablen Widerstand auch eine variable Kapazität erforderlich. Die Brücke ist abgeglichen, wenn zwischen den Punkten A und B die Wechselspannung gleich Null ist. Der Abgleich wird über direktanzeigende Geräte kontrolliert, für höhere Meßgenauigkeiten auch nach vorangehender Verstärkung.

Der Reziprokwert des Widerstandes der Meßzelle ist der Leitwert $G\,[\Omega^{-1}]$, angegeben in der Einheit Siemens ($1\,S = 10^3\,mS = 10^6\,\mu S$).

Die spezifische Leitfähigkeit ist das Produkt des Leitwertes G mit dem Quotienten von Abstand l und Oberfläche O der Platinbleche in der Meßzelle (Zellenkonstante):

$$\varkappa = G\,\frac{l}{O} \quad \text{(angegeben z.\,B. in } \mu S \cdot cm^{-1}\ [20\,^\circ C]).$$

Die Zellenkonstante ist nur für Absolutmessungen wichtig und wird durch Eichung mit Elektrolytlösungen bekannter Leitfähigkeit ermittelt. Für Relativmessungen, z.B. für die Verfolgung der Leitfähigkeitsänderung bei konduktometrischen Titrationen muß die Zellenkonstante nicht bekannt sein.

Konduktometrisch können nur Konzentrationsverhältnisse oder Konzentrationsänderungen in stationären und fließenden Systemen erfaßt werden, da an der Leitfähigkeit alle Ionen in den Probelösungen beteiligt sind.

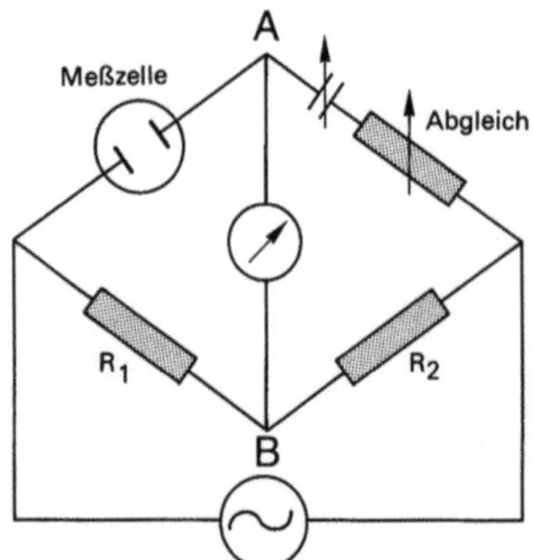

Abb. 2.1.-2. Wheatstonesche Brückenschaltung zur Messung von Elektrolytwiderständen

Hochreines Wasser, auch Leitfähigkeitswasser genannt, hat bei 18 °C eine spezifische elektrische Leitfähigkeit von $3{,}71 \cdot 10^{-8}\,\Omega^{-1} \cdot cm^{-1}$. Durch kleine Elektrolytmengen, wie sie noch im einfach destillierten Wasser enthalten sind, wird die Leitfähigkeit bis um 2 Zehnerpotenzen vergrößert. Wegen des starken Anstiegs kann die Leitfähigkeit als Maß für den Salzgehalt des Wassers genutzt werden, u. a. für die Kontrolle von Wasseraufbereitungs- und Destillationsanlagen [4].

Nach der Methode der Konduktometrie arbeiten auch die Leitfähigkeitsdetektoren für chromatographische Untersuchungen, insbesondere für die Ionenchromatographie (s. Abschn. 4.6). Dabei kommt auch die Differenzmeßtechnik nach dem in Abb. 2.1.-3 dargestellten Prinzip zur Anwendung [4]. Am Eingang und am Ausgang der chromatographischen Säulen oder der Ionenaustauschsäulen sind Leitfähigkeitsmeßstrecken angeordnet, die mit einer Differenz-Wheatstone-Brücke verbunden sind. Der Null-Abgleich der Brücke erfolgt nur einmal, wenn durch beide Meßstrecken das zur Elution verwendete Lösungsmittel fließt. Die im Eluat nacheinander auftretenden Zonen mit den Probebestandteilen werden durch Leitfähigkeitsdifferenzen erkannt, die durch Abnahme oder durch Zunahme der Leitfähigkeit im Eluat verursacht werden können. Von Bedeutung sind Differenzmessungen vor allem dann, wenn Elektrolytlösungen zur Elution verwendet werden. Durch die Eliminierung der damit verbundenen Grundleitfähigkeit können auch geringe Leitfähigkeitsänderungen im Eluat erfaßt werden. Bei der Elution mit Lösungen von geringer Eigenleitfähigkeit genügt es, die Leitfähigkeit nur am Säulenausgang zu messen.

Das Prinzip der Messung von Differenzleitfähigkeiten kommt auch bei der Konstruktion von Gasanalysatoren zur Anwendung. Es wird die Leitfähigkeitsänderung einer Absorptionslösung beim Durchleiten der Gasprobe gemessen; als

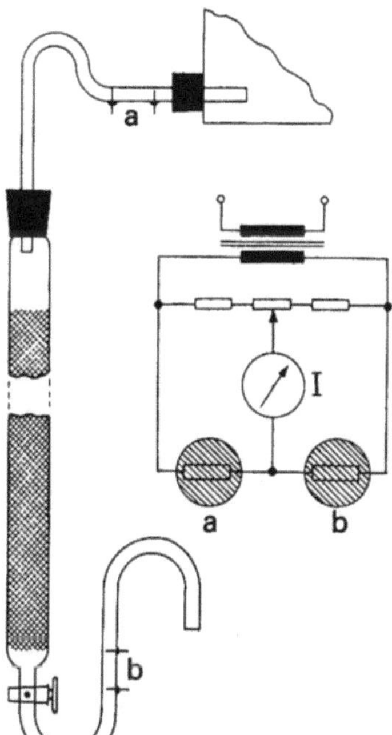

Abb. 2.1.-3. Konduktometrische Eluatkontrolle einer chromatographischen Säule nach der Differenzmeßtechnik mit den Leitfähigkeitsmeßstrecken (a) und (b) [4]

Vergleichswert dient die Leitfähigkeit der unveränderten Absorptionslösung [4, 6] (s. Abschn. 4.7.).

Die konduktometrische Bestimmung von Kohlenstoff und Schwefel in Metallen erfolgt nach Verbrennen der Proben im Sauerstoffstrom. Die gebildeten Gase CO_2 und SO_2 werden gaschromatographisch getrennt und in eine alkalische Absorptionslösung geleitet, deren Leitfähigkeit verfolgt wird; es können ppb-Gehalte an Kohlenstoff und Schwefel in Metallen bestimmt werden [1]. Die CO_2-Bestimmung in reinen Gasen und in Gasgemischen verläuft ähnlich [2].

Von besonderem Interesse sind Leitfähigkeitsmessungen zur Endpunktbestimmung von Titrationen (*konduktometrische Titrationen*). Im Verlaufe einer Titration kann eine Leitfähigkeitsänderung immer dann eintreten, wenn die Gesamtionenkonzentration kleiner bzw. größer wird oder wenn Ionen mit unterschiedlicher Leitfähigkeit bei einem chemischen Umsatz ausgetauscht werden. Beim Auftragen der spezifischen Leitfähigkeit in Abhängigkeit vom Volumen der zugegebenen Maßlösung werden im allgemeinen Kurven mit zwei geradlinigen Ästen erhalten, in deren Schnittpunkt der Endpunkt liegt; die Auswertung erfolgt graphisch. Da bei konduktometrischen Titrationen nur Leitfähigkeitsänderungen von Interesse sind genügt es,

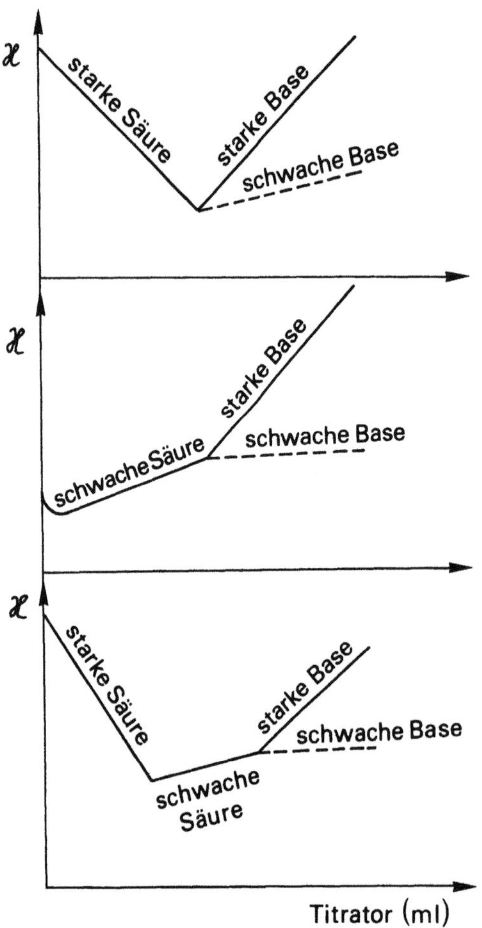

Abb. 2.1.-4. Idealisierte Kurvenverläufe konduktometrischer Säure-Base-Titrationen

wenn anstelle der spezifischen elektrischen Leitfähigkeit nur der Leitwert oder auch nur der Ausschlag des Konduktometers registriert wird.

Beispiele für den Verlauf der Leitfähigkeit bei *Säure-Base-Titrationen* sind in Abb. 2.1.-4 dargestellt. Die Kurvenverläufe werden im wesentlichen durch die hohe Ionenäquivalentleitfähigkeit der H^+- und OH^--Ionen bestimmt (s. Tabelle 1.1.-1). Besonders gut ausgebildet ist der Endpunkt bei Titrationen mit starken Säuren und starken Basen als Titranden und Titratoren. Bei der Titration einer schwachen Säure mit einer starken Base, z.B. der Essigsäure mit Natronlauge, werden zunächst die vorhandenen H^+-Ionen durch Na^+-Ionen ersetzt. Die entstehenden Acetat-Ionen wirken der Dissoziation der schwachen Säure entgegen und die Leitfähigkeit nimmt zunächst ab. Die Leitfähigkeitszunahme im weiteren Verlauf der Titration wird durch die Bildung von Natriumacetat aus der schwach dissoziierenden Essigsäure verursacht. Nach dem Endpunkt der Titration bestimmen die OH^--Ionen den starken Anstieg im Kurvenverlauf.

Der Anstieg der Leitfähigkeit nach Überschreiten des Endpunktes bei der Titration von Säuren mit Basen ist in allen Fällen vom Dissoziationsverhalten des Titrators abhängig.

Für Titrationen schwacher Säuren mit schwachen Basen und umgekehrt ist die konduktometrische Endpunktbestimmung weniger geeignet. Für die Analyse nebeneinander vorliegender Säuren oder Basen kann die Methode dagegen sehr nützlich sein. Die Neutralisation erfolgt nacheinander in der Reihenfolge zunehmender pK_S- bzw. pK_B-Werte. Wie am Beispiel der Titration einer starken Säure neben einer schwachen Säure in Abb. 2.1.-4 dargestellt ist, nimmt die Leitfähigkeit im ersten Kurvenabschnitt während der Neutralisation der starken Säure ab. Der nachfolgende Kurventeil für die Neutralisation der schwachen Säure verdeutlicht die Leitfähigkeitszunahme infolge Salzbildung. Der weitere Verlauf wird von der Stärke der Base bestimmt.

Die Verhältnisse können unter Berücksichtigung einer veränderten Abstufung der Stärke von Säuren und Basen auf Titrationen in nichtwässrigen Lösungsmitteln übertragen werden. Wie die in Tabelle 2.1.-1 angeführten Beispiele zeigen, ist die Verwendung nichtwässriger Lösungsmittel für die konduktometrische Titration verschiedener organischer Säure-Base-Systeme von Interesse.

Auch für *Fällungstitrationen* ist die konduktometrische Endpunktbestimmung geeignet. Die Ergebnisse sind von der Geschwindigkeit der Niederschlagsbildung, von der Reinheit und vom Löslichkeitsprodukt der Niederschläge abhängig. Während der Titration wird eine Ionenart der Probelösung durch eine andere des Titrators ersetzt.

Tabelle 2.1.-1. Konduktometrische Säure-Base-Titrationen im nichtwäßrigen Medium

Titrand	Titrator	Lösungsmittel	Lit.
Organische Säuren, Phenole, aromatische Nitroverbindungen	1,3-Diphenylguanidin	2-Methoxyethanol	[3, 4]
Organische Säuren, Phenole, aromatische Nitroverbindungen	Tetrabutyl-ammoniumhydroxid	1,1,3,3-Tetra-methylguanidin	[5]
Organische Säuren, Phenole	Tetrabutyl-ammoniumhydroxid	tert.-Butanol	[6]
Amine, Amide, Anilinderivate, Chinolin	Perchlorsäure	wasserfreie Essigsäure	[7]

Der Verlauf der Leitfähigkeit bis zum Endpunkt der Titration ist davon abhängig, ob die ausgetauschten Ionen über ähnliche oder unterschiedliche Leitfähigkeiten verfügen. Im Falle der Titration einer $AgNO_3$-Lösung mit KCl als Titrator nimmt die Leitfähigkeit schon bis zum Endpunkt geringfügig zu, da die Ag^+-Ionen mit $\Lambda_+ = 61{,}92$ weniger beweglich sind als die im Austausch hinzukommenden K^+-Ionen ($\Lambda_+ = 73{,}5$). Erfolgt die Titration aber mit NaCl oder mit LiCl, so fällt die Leitfähigkeit bis zum Endpunkt ab, da die Na^+-Ionen mit $\Lambda_+ = 50{,}1$ und die Li^+-Ionen mit $\Lambda_+ = 38{,}7$ weniger beweglich sind als die Ag^+-Ionen. Der Leitfähigkeitsanstieg nach dem jeweiligen Endpunkt der Titration beruht auf der Zunahme der Gesamtionenkonzentration durch den Überschuß an Titratorlösung. Die einzelnen Kurvenverläufe sind vergleichsweise in Abb. 2.1.-5 gegenübergestellt.

Der praktisch ermittelte Leitfähigkeitsverlauf ist im allgemeinen durch eine Rundung im Bereich des Titrationsendpunktes gekennzeichnet. Im ungünstigsten Falle kann dadurch die Auswertung erschwert werden und auch fehlerhaft sein. Bei Fällungstitrationen sind die Leitfähigkeitskurven um so besser auswertbar, je geringer die Löslichkeit des gebildeten Niederschlags ist.

Gut ausgebildet ist der Endpunkt bei der konduktometrischen Verfolgung der $BaSO_4$-Fällung zum Zwecke der Sulfat-Bestimmung in Sulfonaten [8] und in Produkten der Baustoffindustrie [9]. Infolge Bildung schwerlöslicher Quecksilber(II)-mercaptide können Thiole mit $HgCl_2$-Lösung konduktometrisch im Bereich von 0,1 bis 1,0 mM (relative Standardabweichung $< 1\,\%$) titriert werden [10]. Die Bestimmungen erfolgen im wäßrigen Medium oder in Dimethylformamid, in dem die Quecksilber(II)-mercaptide löslich sind. Auf diese Weise können störende Adsorptionsvorgänge an den Oberflächen der Platinbleche in der Meßzelle vermieden werden.

Entsprechend der Reaktionsgleichung

$$2\,RSH + HgCl_2 \longrightarrow Hg(RS)_2 + 2\,Cl^- + 2\,H^+$$

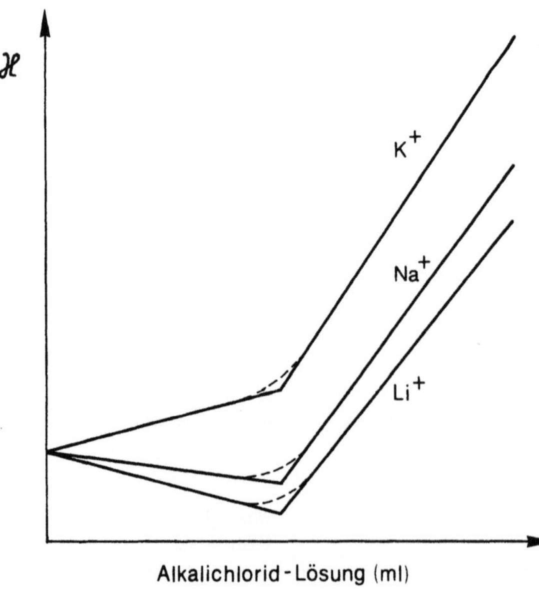

Abb. 2.1.-5. Kurvenverlauf für die konduktometrische Titration von Ag^+ mit KCl, NaCl und LiCl

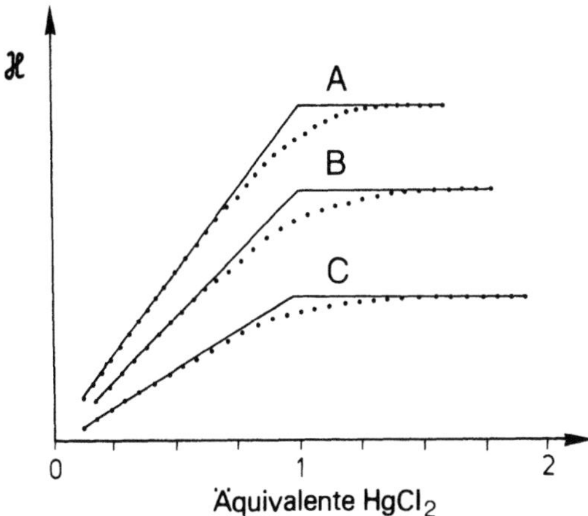

Abb. 2.1.-6. Konduktometrische Titration von 1-Propanthiol [A) 1,0 mM, B) 0,7 mM, C) 0,3 mM] in DMF mit HgCl$_2$ [10] (graphische Auswertung über die Meßpunkte)

werden bei der Bildung der Mercaptide Protonen freigesetzt, die vor allem den Leitfähigkeitsanstieg bis zum Endpunkt der Titration verursachen. Die für 1-Propanthiol in Dimethylformamid erhaltenen konduktometrischen Titrationskurven sind in Abb. 2.1.-6 dargestellt.

Die konduktometrische Endpunktbestimmung ist auch bei Komplexbildungstitrationen möglich, sofern dabei die Gesamtionenkonzentration abnimmt oder Ionen mit geänderter Ionenäquivalentleitfähigkeit entstehen (z. B. Protonen); für die Praxis ist diese Arbeitsweise von geringer Bedeutung.

Bei der sogenannten *Hochfrequenzkonduktometrie* [3, 7, 11, 12] (HF-Konduktometrie) wird der Wechselstrom dem Meßobjekt induktiv oder kapazitiv zugeführt. Die „Elektroden" sind auf den Außenwandungen der Meßzellen (Induktions- oder Kapazitätszellen) angeordnet, so daß sie keinen galvanischen Kontakt mit der Probelösung haben. Am gebräuchlichsten von den beiden Zellkonstruktionen ist die Kapazitätszelle mit einer ringförmigen Elektrodenanordnung um das Meßgefäß. Das Ersatzschaltbild ist in Abb. 2.1.-7 dargestellt. Der Aufbau entspricht einer Kondensatoranordnung mit einem Dielektrikum. Die elektrischen Eigenschaften der Zelle sind gekennzeichnet durch eine Reihenschaltung von drei Kapazitäten (C_1, C_2 und K), die durch die Schalt- bzw. Streukapazität C_3 überbrückt sind. C_1 und C_2 sind die Kondensatorkapazitäten der Gefäßglaswand. K wird aus der Leerkapazität der Zelle und der Meßlösung als Dielektrikum gebildet. Mit dem Widerstand R im Ersatzschaltbild wird die elektrische Leitfähigkeit berücksichtigt und die konstanten Größen C_1 und C_2 werden zur Kapazität C zusammengefaßt.

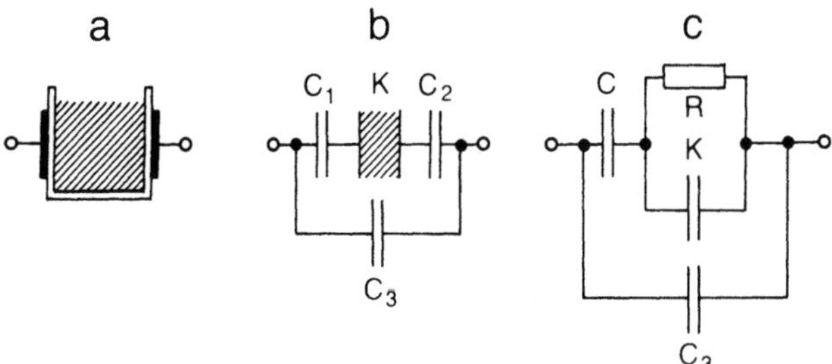

Abb. 2.1.-7. Kapazitätszelle und ihre Ersatzschaltbilder. a: einfache Meßzelle, b: Ersatzschaltbild, c: erweitertes Ersatzschaltbild

Der Wechselstromleitwert Y der Zelle setzt sich aus dem Realteil G_W und einem Imaginärteil C_e zusammen; mit der Kreisfrequenz ω^* und der imaginären Einheit $j\ (=\sqrt{-1})$ ist folglich:

$$Y = G_W + j \cdot \omega \cdot C_e$$

bzw. explizit (vgl. [7])

$$Y = \frac{\omega^2 \cdot C^2 \cdot R}{1 + \omega^2 \cdot R^2 \cdot (K+C)^2} + j \cdot \omega \left[\frac{C + \omega^2 \cdot R^2 \cdot C \cdot K \cdot (K+C)}{1 + \omega^2 \cdot R^2 \cdot (K+C)^2} + C_3 \right].$$

G_W und C_e sind somit durch die Zelleigenschaften C, K und C_3 charakterisiert und von der Kreisfrequenz sowie vom Widerstand R der Probelösung abhängig.

Zur Messung von G_W und C_e werden vor allem Schwingkreisverfahren angewandt. Dabei wird entweder die durch R bewirkte Dämpfung (= Änderung der Schwingkreis-

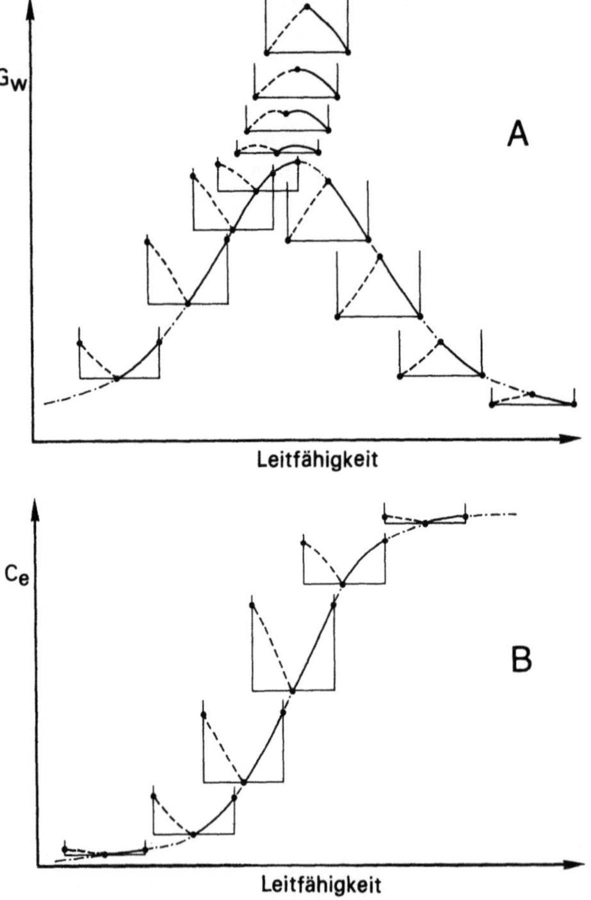

Abb. 2.1.-8. Kennkurven und Titrationsverläufe für das Wirkkomponentenverfahren (A) und für das Blindkomponentenverfahren (B)

---

*   Kreisfrequenz $\omega = 2\pi \cdot$ Frequenz

spannung) zur Bestimmung von G_W ausgenutzt (sogenanntes „*Wirkkomponentenverfahren*") oder es wird zur Bestimmung von C_e die Änderung der Resonanzfrequenz des Schwingkreises gemessen (sogenanntes „*Blindkomponentenverfahren*"). Die Abhängigkeiten beider Größen von der elektrischen Leitfähigkeit sind in Abb. 2.1.-8 graphisch dargestellt; die Kurvenlage ist von der Geometrie der Meßzelle und von der gewählten Meßfrequenz abhängig. Die durch die Leitfähigkeitsänderung erhaltenen Titrationskurven sind in die Kennkurven eingezeichnet. Je nach Leitfähigkeit sind die Titrationskurven mehr oder weniger gut ausgebildet. Ein Vorteil der HF-Techniken besteht nun darin, daß durch die Änderung der Meßfrequenz für fast alle Leitfähigkeitsbereiche gut ausgebildete Titrationskurven erhalten werden können.

Für analytische Zwecke ist die Hochfrequenzkonduktometrie von ähnlicher Bedeutung wie die Methode mit niederfrequenter Wechselspannung. Sie kann ebenfalls für die Endpunktbestimmung bei Neutralisations-, Fällungs- und Komplexbildungstitrationen eingesetzt werden; der besondere Vorteil besteht darin, daß Substanzen auch in verschlossenen Gefäßen, z. B. in Ampullen oder in chromatographischen Säulen bestimmt werden können.

Literatur zu 2.1

Monographien und Übersichtsarbeiten

1 Oehme, F.: Angewandte Konduktometrie. Heidelberg: Hüthig 1961
2 Kolthoff, I.M., Elving, P.J., Sandell, E.B.: Treatise on Analytical Chemistry, Part I, Vol. 4. New York: Interscience 1963
3 Pungor, E.: Oscillometry and Conductometry, Intern. Series of Monographs on Analytical Chemistry, Vol. 21. Oxford: Pergamon Press 1965
4 Oehme, F.: Quantitative Analysen durch Leitfähigkeitsmessungen. J. Electroanal. Chem. **5**, 317 (1963)
5 Slevogt, K.E.: Die Messung der elektrischen Leitfähigkeit (Konduktometrie). Z. Instr. **72**, 157 (1964)
6 Schuppan, J.: Theorie und Meßmethoden der Konduktometrie (WTB, Bd. 246). Anwendungen der Konduktometrie (WTB, Bd. 261) Berlin: Akademie-Verlag 1980
7 Cruse, K., Huber, R.: Hochfrequenztitration. Weinheim: Verlag Chemie 1957
8 Oehme, F., Bänninger, R.: ABC der Konduktometrie. Separatdruck, Chemische Rundschau, 1979

Originalliteratur

1 Schoch, P., Grallath, E., Tschöpel, P., Tölg, G.: Z. Anal. Chem. **271**, 12 (1974)
2 Lanza, P., Buldini, P.L.: Anal. Chim. Acta **85**, 61 (1976)
3 Preti, C., Tosi, G.: Anal. Chem. **53**, 48 (1981)
4 Schwartz, G.A., Barker, B.J.: Talanta **22**, 773 (1975)
5 Anderson, M.L., Hammer, R.N.: Anal. Chem. **40**, 940 (1968)
6 Marple, L.W., Scheppers, G.J.: Anal. Chem. **38**, 553 (1966)
7 Škodin, A.M., Sadovničaka, L.P., Pančenko, V.S.: Ž Anal. Chim. **17**, 540 (1962), ref. in Z. Anal. Chem. **202**, 204 (1964)
8 Kiemstedt, K., Pfab, W.: Z. Anal. Chem. **213**, 100 (1965)
9 Matouschek, F.: Tonind. Ztg **78**, 1 (1954)
10 Doane, L.M., Stock, J.T.: Anal. Chem. **50**, 1891 (1978)
11 Stuhec, K.: Wiss. Z. Techn. Hochschule Chem. Leuna-Merseburg **2**, 295 (1959–60)
12 Ladd, M.F.C., Lee, W.H.: Talanta **12**, 941 (1965)

2.2 Potentiometrie — potentiometrische Titration

Bei *potentiometrischen Bestimmungen* („*Direktpotentiometrie*") und *potentiometrischen Titrationen* werden Elektrodenpotentiale gemessen, die nach der Nernst-Gleichung einer Aktivität oder einem Aktivitätsverhältnis proportional sind. Für die Verfahren sind verschiedene Indikatorelektroden bekannt, deren Potentiale gegen Referenzelektroden, im allgemeinen gegen Elektroden zweiter Art ermittelt werden (s. Abschn. 1.2.2).

2.2.1 Potentiometrie — Ionensensitive Elektroden

Potentiometrische Bestimmungen erfolgen hauptsächlich mit *ionensensitiven Elektroden* [1–9, 24, 25]; besonders wichtig ist die *Glaselektrode* für pH-Messungen [8, 9, 26]. Sie zeigen Aktivitäten an und sind deshalb auch für spezielle klinisch-chemische und biologische Untersuchungen interessant (s. Abschn. 4.4 und 4.5) [10, 11].

Aktivitätsbestimmungen mit ionensensitiven Elektroden erfolgen über Eichkurven. Dafür sind Lösungen mit bekannter Aktivität des zu bestimmenden Ions erforderlich. Für die Eichung der Glaselektrode werden Pufferlösungen verwendet [13–15, 17]. Die pH-Werte der Puffersysteme, die vom „National Bureau of Standards" (USA) empfohlen werden (NBS-Standards), bezeichnet man auch als pH(S)-Werte [12, 1, 2].

Die Standards wurden vom Deutschen Institut für Normung e.V. (DIN) übernommen und bilden die Grundlage der praktischen pH-Skala; sie werden zur Eichung von Labor-pH-Meßeinrichtungen für Präzisionsmessungen verwendet und dienen der Festlegung von pH-Werten sogenannter „technischer" -Pufferlösungen für Messungen in Betriebsanlagen.

Über die Zusammensetzung der Standardpufferlösungen und über die Temperaturabhängigkeit der pH(S)-Werte informiert DIN 19266.

Die mit ionensensitiven Elektroden ermittelten Eichkurven sind geradlinig, wenn das Elektrodenpotential entsprechend der Nernst-Gleichung dem Logarithmus der Ionenaktivität proportional ist. Die Neigung der Geraden ist durch die „*Steilheit*" S festgelegt (S entspricht dem *Nernstfaktor* N_F), die mit dem dekadischen Logarithmus aus der Nernst-Gleichung erhalten wird; aus

$$E = E^0 + \frac{2{,}30 \cdot R \cdot T}{n \cdot F} \cdot \lg a$$

ergibt sich

$$S = N_F = \frac{2{,}30 \cdot R \cdot T}{n \cdot F}.$$

Bei der Wertigkeit $n = 1$ des Meßions und $t = 25\,°C$ ist $N_F = 59{,}16\,mV$; die Eichgerade besitzt somit eine Steilheit von $59{,}16\,mV$/Aktivitätsdekade. Bei $n = 2$ ist der Wert für N_F halb so groß und bei $n = 3$ beträgt er ein Drittel davon.

Abweichungen vom sogenannten Nernst-Verhalten sind möglich, benachteiligen aber nicht unbedingt den analytischen Wert der ionensensitiven Elektroden; sie werden bei der Eichung der Elektroden ebenso berücksichtigt wie die Temperaturab-

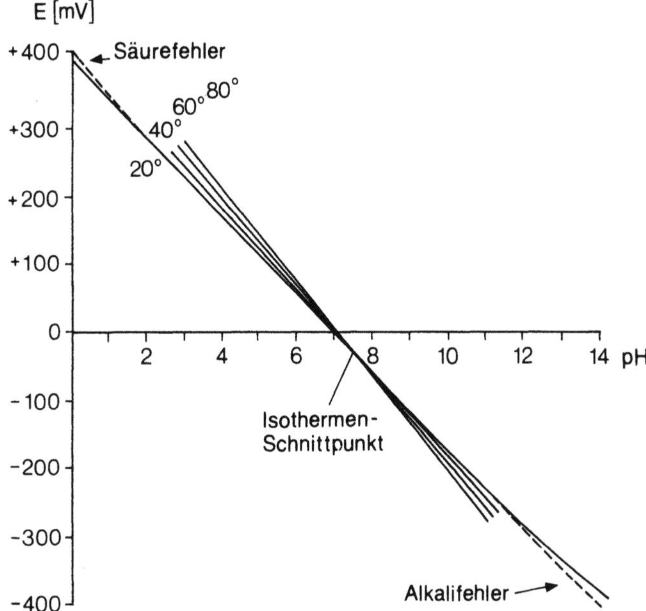

Abb. 2.2.-1. Abhängigkeit des Potentials der Glaselektrode vom pH-Wert für verschiedene Temperaturen [3]

hängigkeit des Nernstfaktors. Der Temperatureinfluß auf die Steigung der Eichgerade einer Glaselektrode ist in Abb. 2.2.-1 dargestellt; die Isothermen bilden einen Schnittpunkt und veranschaulichen nur die Verhältnisse bei der Bestimmung einer Ionenart mit der dafür ausgewählten Elektrode.

Ionensensitive Elektroden wurden hauptsächlich für 1- und 2-wertige Kationen und Anionen entwickelt. Nach den in Abb. 2.2.-2 ausgewerteten Beispielen werden die Potentiale der kationensensitiven Elektroden mit zunehmender Aktivität positiver (*positiver Nernstfaktor*), während die Potentiale der anionensensitiven Elektroden abnehmen (*negativer Nernstfaktor*). Die Abweichungen in den Abschnitten kleiner Konzentrationen (im Bereich der gestrichelten Kurventeile) verdeutlichen die Bestimmungsgrenzen beim Arbeiten mit ionensensitiven Elektroden. Die Bestimmungsgrenzen sind unterschiedlich und hauptsächlich von der Löslichkeit der elektroaktiven Phase der Membran abhängig, weil dadurch das potentialbestimmende Gleichgewicht der Ionen an der Phasengrenze des Elektrodensystems gestört wird.

Als *Säure- und Alkalifehler* sind die Abweichungen bei den Messungen in den Grenzbereichen der pH-Skala mit der Glaselektrode bekannt. Durch den Säurefehler werden zu hohe und durch den Alkalifehler zu niedrige pH-Werte vorgetäuscht (s. Abb. 2.2.-1).

Die Bestimmungen mit ionensensitiven Elektroden können auch durch Fremdsubstanzen in den Probelösungen verfälscht werden. Sobald diese Bestandteile in die Elektrodenmembran eindringen oder schwerlösliche Überzüge mit den Ionen der Membran bilden, wird der Austausch der Ionen zwischen den Phasen der Elektrode irreversibel beeinflußt und die Potentialeinstellung gestört. Fremdionen können auch selbst an der Potentialbildung Anteil haben und benachteiligen dann die Selektivität der Elektrodenfunktion.

Nach Untersuchungen an Glaselektroden ist die Selektivität vom Gleichgewicht für den Austausch des Meßions zwischen der Lösung und der Elektrodenmembran abhängig, sowie von der Beweglichkeit des Ions in der Quellschicht des Glaskörpers [16, 17].

Die Selektivität oder Querempfindlichkeit der ionensensitiven Elektroden ist sehr unterschiedlich und wird durch folgende Formel erfaßt:

$$E = E^0 \pm S \cdot lg\,(a_M + K_{M/S} \cdot a_S^{n_M/n_S}).$$

Darin sind a_M und a_S die Aktivitäten des Meßions und des Störions mit den Wertigkeiten n_M und n_S. Bei Kationen ist die Steilheit S positiv, bei Anionen negativ (s. Abb. 2.2.-2). Der Faktor $K_{M/S}$ ist bekannt als *Selektivitätskonstante, Selektivitätskoeffizient, Selektivitätsfaktor* oder *Querempfindlichkeitskonstante.* Da aber mit Zunahme von $K_{M/S}$ und mit steigender Aktivität des Störions nicht die Selektivität sondern vielmehr die Störung größer wird, sollte dieser Faktor eigentlich besser als „*Störfaktor*" und das Produkt $K_{M/S} \cdot a_S^{n_M/n_S}$ als „*Störglied*" bezeichnet werden [18].

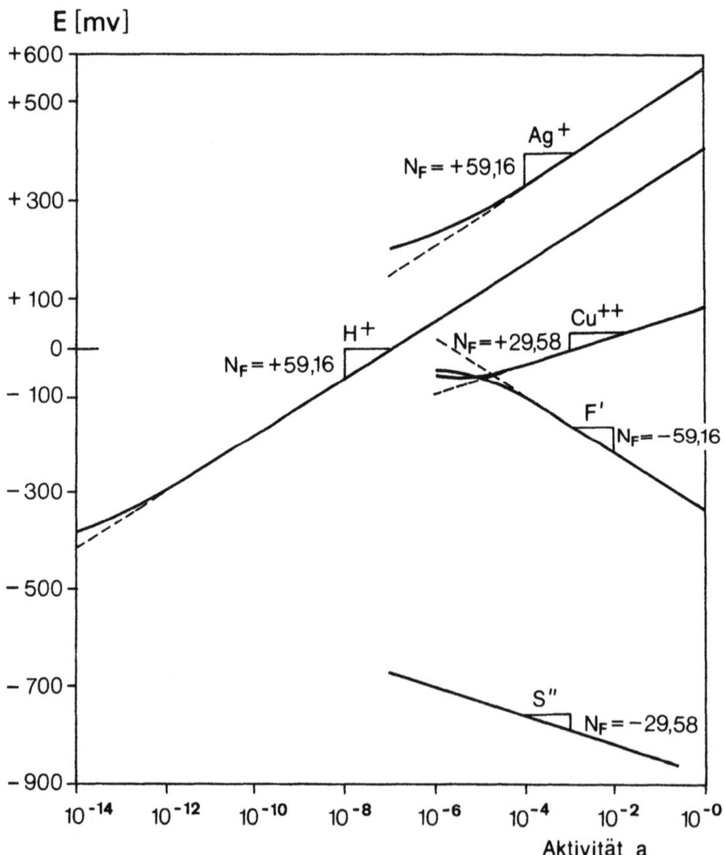

Abb. 2.2.-2. Ermittlung des Nernstfaktors N_F aus den Eichgeraden von kationensensitiven Elektroden (für H^+, Ag^+ und Cu^{2+}) und anionensensitiven Elektroden (für S^{2-} und F^-); $t = 25\,°C$ [4]

Störeinflüsse von mehreren Fremdionen setzen sich additiv zusammen; bei gleicher Wertigkeit der Ionen gilt dann für das Elektrodenpotential

$$E = E^0 \pm S \cdot \lg (a_M + \sum K_{M/S} \cdot a_S).$$

Zur Bestimmung von Selektivitätskoeffizienten werden mit einer Elektrode getrennte Eichkurven für das Meßion und für das Störion aufgenommen oder es wird nach Empfehlungen der IUPAC die Eichkurve mit Lösungen konstanter Störionenaktivität und variabler Meßionenaktivität ermittelt (s. Abb. 2.2.-3). Nach dieser sogenannten „*Methode der vermischten Lösungen*" kann über den Schnittpunkt der beiden linearen Kurvenäste mit der auf der Aktivitätsachse ablesbaren Meßionenkonzentration a_M und mit der konstanten Störionenaktivität a_S der Selektivitätskoeffizient nach

$$K_{M/S} = \frac{a_M}{a_S}$$

berechnet werden; Selektivitätskoeffizienten beschreiben nur die Verhältnisse bei den jeweiligen Arbeitsbedingungen.

Konzentrationsbestimmungen mit ionensensitiven Elektroden können über Eichkurven erfolgen, unter der Voraussetzung, daß die Aktivitätskoeffizienten im Arbeitsbereich konstant bleiben. Da die Aktivitätskoeffizienten von der Ionenstärke abhängig sind, darf der Gesamtelektrolytgehalt der Lösung nicht verändert werden. Bei Bestimmungen in Proben mit unterschiedlicher Ionenstärke kommt die *ISA-Methode* (**i**onic **s**trength **a**djustors) zur Anwendung. Danach wird im Interesse eines konstanten Aktivitätskoeffizienten die Probelösung mit einer Lösung von relativ hoher Ionenstärke versetzt.

Komplexgebundene Ionen werden von ionensensitiven Elektroden nicht erfaßt; zu ihrer Bestimmung muß ein Dekomplexierungsreagenz zur Probe gegeben werden. Durch Differenzmessungen können dabei Hinweise auf die Bindungszustände einzelner Ionen erhalten werden.

Konzentrationsbestimmungen können mit ionensensitiven Elektroden einfach und schnell nach der *Aufstockmethode* durchgeführt werden [39]. Nach der Messung von

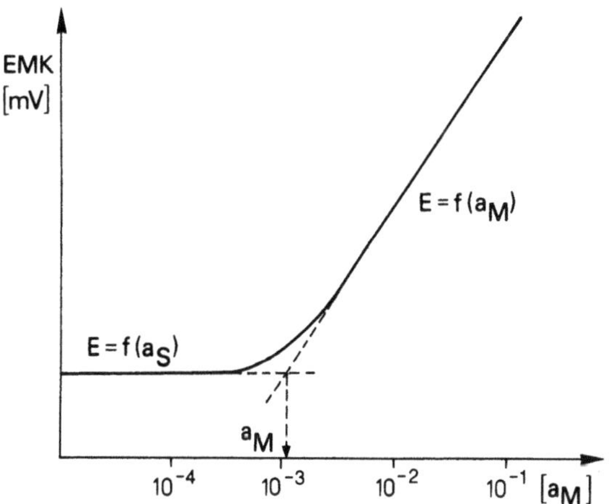

Abb. 2.2.-3. Bestimmung von Selektivitätskoeffizienten nach der Methode der vermischten Lösungen [8]

E_1 einer Probe mit der unbekannten Konzentration c_1 und dem vorgegebenen Volumen V_1 wird eine Standardlösung (c_2 und V_2) zugesetzt und E_2 ermittelt. Wenn $f_1 \approx f_2$, $c_2 \gg c_1$ und $V_2 \ll V_1$ sind und die Probe auch keine größeren Gehalte an Störionen enthält, ergibt sich für die gesuchte Konzentration

$$c_1 = \frac{V_2 \cdot c_2}{V_1} \cdot \left[\frac{1}{10^{\pm (E_2 - E_1)/S} - 1} \right].$$

Die Methode hat den Vorteil, daß Gesamtionenkonzentrationen ohne Eichung der Elektrode und ohne Aufnahme einer Eichkurve bestimmt werden können. Allerdings sind die Ergebnisse bei hohen Gehalten an Störionen und/oder geringen Überschüssen an Komplexbildnern unzuverlässig.

Stehen für Bestimmungen mit ionensensitiven Elektroden nur kleine Probenvolumina zur Verfügung, so ist es sinnvoll, die Probelösung zu einem größeren Volumen der Standardlösung zu geben (*Analysattechnik*).

Bei mehrfacher Standardzugabe wird die Genauigkeit der Bestimmungen durch Ausschalten zufälliger Fehler größer. Eine einfache und schnelle Auswertung ermöglicht die *Auftragungstechnik nach Gran* [18]. Es wird $G = (V_0 + V) \cdot 10^{\pm E/N_F}$ gegen V aufgetragen; dabei ist V_0 das Volumen der Probe, V das Volumen der Standardlösung und E das nach jedem Zusatz gemessene Potential. Aus der graphischen Auswertung (s. Abb. 2.2.-4) ergibt sich ein Volumen V_e, das die Berechnung der Konzentration der Probe (c_0) ermöglicht*:

$$c_0 = \frac{c_s \cdot V_e}{V_0} \qquad (c_s = \text{Konzentration der Standardlösung}).$$

Auch bei der Auswertung nach dem Gran-Verfahren muß der Aktivitätskoeffizient des zu bestimmenden Ions konstant bleiben.

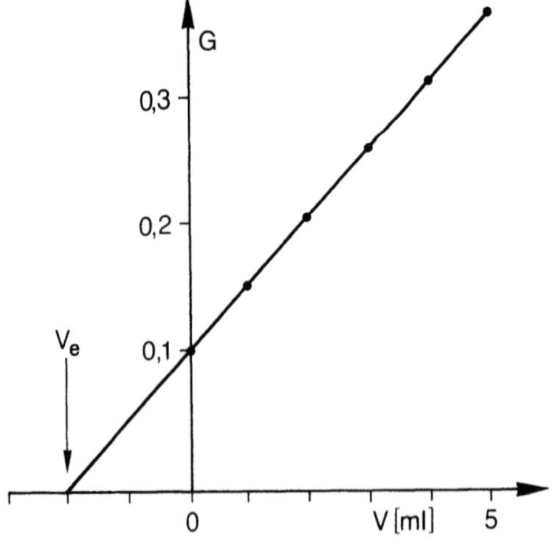

Abb. 2.2.-4. Auswertung potentiometrischer Bestimmungen mit ionensensitiven Elektroden nach Gran

---

* Durch Verwendung von Grans Diagrammpapier kann der rechnerische Aufwand umgangen werden. Es entfällt die Berechnung von G; dafür werden auf dem Spezialpapier die gemessenen Potentiale gegen das Volumen der Standardlösung aufgetragen

Zur Übersicht werden die ionensensitiven Elektroden in folgende Gruppen eingeteilt:
— Festkörpermembran-Elektroden
  Glasmembran-Elektroden
  homogene Festkörpermembran-Elektroden
  heterogene Festkörpermembran-Elektroden
— Flüssigmembran-Elektroden
  Elektroden mit flüssigen Ionenaustauschern
  Elektroden mit elektrisch neutralen Liganden
— Gas-Sensoren
— Bio-Sensoren

Neben einer möglichst hohen Selektivität ist beim Umgang mit ionensensitiven Elektroden die mechanische und chemische Stabilität sowie das Verhalten bei Temperaturänderungen zu berücksichtigen. Der meist recht hohe Widerstand der Elektroden ($50\,K\Omega$ bis $500\,M\Omega$) erfordert auch einen hohen Eingangswiderstand des Meßgerätes und eine entsprechende Abschirmung von Elektrode und Kabel. Da der Nullpunkt ($E=0$) „driften" kann (bis $30\,mV/24\,h$), sind für genaue Bestimmungen regelmäßige Eichungen erforderlich. Auch die Ansprechzeiten ionensensitiver Elektroden sind unterschiedlich (Sekunden bis Minuten) und werden mit abnehmender Konzentration länger. Erfolgen die Messungen in gerührter Lösung, so treten Potentialänderungen an den Elektroden in Erscheinung; die Rührgeschwindigkeit muß deshalb möglichst konstant bleiben. Manche Meßfehler ergeben sich auch bei der Verwendung ungeeigneter Bezugselektroden. Der Widerstand einer Bezugselektrode soll klein sein und die Ionenstärke von der Innenlösung der Bezugselektrode bzw. der Salzbrücke soll ungefähr $10 \times$ größer sein als die Ionenstärke der Probelösung. Bei konstantem pH-Wert kann in manchen Fällen die Glaselektrode als Referenzelektrode verwendet werden.

Bestimmungen mit ionensensitiven Elektroden haben den Vorteil eines großen Meßbereichs (5–6 Dekaden Aktivitätsunterschiede); nachteilig ist die geringere Genauigkeit der Bestimmungen. Im folgenden wird auf einige Elektroden hingewiesen, die für praktische Belange bedeutungsvoll sind (siehe auch Tabelle 2.2.-2).

Von den *Glasmembran-Elektroden* wird die bereits erwähnte „*Glaselektrode*" für *pH-Bestimmungen* in wäßrigen und nichtwäßrigen Proben am häufigsten benutzt (s. Abschn. 1.2). Mit Gläsern bestimmter Zusammensetzung können Elektroden erhalten werden, die auch Na^+-Ionen anzeigen. Die pNa-Elektroden zeigen neben Na^+-Ionen je nach Zusammensetzung des Glases im unterschiedlichen Maße auch H^+- und Ag^+-Ionen an; als Selektivitätskoeffizienten werden $K_{Na/H}$ mit 100–1000 und $K_{Na/Ag}$ mit 350–500 angegeben. Mit $K_{Na/K}=10^{-3}$ ist der Störeinfluß der K^+-Ionen bei der Na-Bestimmung mit der Glaselektrode relativ gering. Bei Na-Bestimmungen müssen somit vor allem die Aktivitätsverhältnisse zu den Protonen und zu den Ag^+-Ionen in der Probelösung berücksichtigt werden.

Glaselektroden für K^+-Bestimmungen sprechen ähnlich auch auf andere Alkali-Ionen und auch auf Ammonium-Ionen an; sie sind für die analytische Praxis wenig bedeutungsvoll.

Der Mechanismus der pH- und der pAlk- (z. B. pNa-) abhängigen Potentialbildung von Glaselektroden beruht nach neueren Untersuchungen (kombinierte Tiefenkonzentrationsprofil-, Elektrolyse-, IR-spektroskopische- und thermodynamische Messungen) auf Gleichgewichtsvorgängen von funktionellen Gruppen in der Glasoberfläche ($\equiv$ SiO $-$; [$\equiv$ AlOSi $\equiv$]$^-$ u. a.) mit den Wasserstoff- bzw. Alkaliionen in der angrenzenden Lösung („Dissoziationsmechanismus") [20–22]. Entsprechend den Gleichgewichtskonstanten dieser Gruppen und dem pH-Wert bzw. dem pAlk-Wert der Lösungen überwiegt die Wasserstoffionen- oder die Alkaliionensensitivität der Glaselektroden [23]. Die im Gleichgewicht bestehenden Bedeckungen der Membranoberflächen mit den Kationen der Lösungen konnten experimentell nachgewiesen werden [24]; außerdem wurde die Glaselektrodenfunktion auf der Basis der Elektrodenkinetik abgeleitet [22]. Die Vorgänge im Inneren des Glases müssen vom Ionenaustausch zwischen der Glasoberfläche und der Lösung getrennt betrachtet werden [25]. Sie stellen einen wesentlichen Teil der Glaskorrosion dar, durch welche die anionischen Gruppen für die Elektrodenfunktion erzeugt werden und die verantwortlich ist für das der Elektrodenfunktion überlagerte Diffusionspotential innerhalb der Auslaugschicht an der Oberfläche der Glasmembran [21, 23].

Für *homogene und heterogene Festkörpermembran-Elektroden* werden Einkristalle oder schwerlösliche Metallsalze verwendet, die verpreßt werden oder in eine inerte Matrix eingebettet sind. Das ionensensitive Material wird hierbei nicht als dünnwandige Membran eingesetzt, wie das bei den Glaselektroden der Fall ist.

Die mit Festkörpermembran-Elektroden erreichbaren Bestimmungsgrenzen sind durch die Löslichkeitsprodukte der verwendeten Materialien festgelegt. Die obere Bestimmungsgrenze wird jeweils durch die gesättigte Lösung bestimmt bzw. durch die an den Bezugselektroden auftretenden Diffusionspotentiale. In den meisten Fällen liegt die obere Grenze bei 1 molaren Lösungen.

Die Elektrodenfunktion wird durch solche Ionen gestört, die mit einem Membranion lösliche Komplexe oder schwerlösliche Niederschläge bilden.

Von den *homogenen Festkörpermembran-Elektroden* ist die *Fluoridsensitive-Elektrode* von besonderer Bedeutung. Als ionensensitives Material wird ein LaF_3-Einkristall verwendet, der zur Verbesserung der elektrischen Leitfähigkeit mit EuF_2 dotiert ist.

Die pF-Elektrode verfügt über eine hohe Sensitivität und könnte fast als *„ionenspezifische Elektrode"* bezeichnet werden. Das Elektrodenpotential entspricht bis zu einer Fluoridkonzentration von 10^{-6} M der Nernst-Gleichung:

$$E = E^0 - \frac{R \cdot T}{F} \cdot \ln a_{F^-}.$$

Die untere Bestimmungsgrenze ist durch die Löslichkeit des LaF_3 gegeben. Beim Eintauchen der Elektrode in eine Fluorid-freie Probelösung stellt sich eine dem Löslichkeitsprodukt entsprechende F^--Aktivität ein, die über das Potential der Elektrode angezeigt wird.

Richtige Meßwerte können mit der pF-Elektrode nur in schwach sauren Probelösungen erhalten werden. Die Verfälschung der Meßwerte wird im stärker sauren Medium durch die Bildung von HF_2^- und H_2F_2 in der Probelösung verursacht sowie im alkalischen Medium durch die Ausfällung von $La(OH)_3$ auf der Elektrodenmembran [5]. Bezüglich pH-Wert und Ionenstärke sind die Bedingungen für pF-Messungen sehr günstig, wenn die Probe mit einer sogenannten *TISAB-Lösung* (**T**otal **I**onic **S**trength **A**djustment **B**uffer, z.B. NaCl + CH_3COOH + CH_3COONa oder ähnliche Puffersysteme mit pH5–6 versetzt wird [26, 27]; außerdem enthalten die Lösungen einen

Komplexbildner für jene Kationen, die Fluorid komplexieren oder fällen (z. B. 1,2-Diaminocyclohexantetraessigsäure). Als weiteres Dekomplexierungsreagenz wird auch Tiron (Dinatrium-brenzcatechin-3,5-disulfonat) empfohlen; damit kann Fluorid aus allen seinen Komplexen, wie u. a. aus denen mit Al^{3+}, Fe^{3+}, TiO^{2+}, Mg^{2+}, SiO_2 und H_3BO_3 freigesetzt werden und ist somit auch in Lösungen unbekannter Zusammensetzung potentiometrisch bestimmbar. Im Wasser werden Fluorid-Gehalte bei pH 6,5 unmittelbar nach Zugabe von 0,06 M Tironlösung gemessen [28].

Die pF-Elektrode ist auch für Aktivitätsmessungen in Salzschmelzen geeignet, z. B. in geschmolzenem KSCN [6] und wird als Indikatorelektrode bei der maßanalytischen Bestimmung des Aluminiums mit NaF verwendet [7].

Preßlinge aus Ag_2S, auch im Gemisch mit anderen Metallsulfiden oder mit Silberhalogeniden sind für die Herstellung verschiedener ionensensitiver Elektroden geeignet. Mit reinem Ag_2S werden Elektroden zur Bestimmung von Ag^+- und S^{2-}-Ionen bis zu $10^{-6}\,mol\cdot l^{-1}$ hergestellt. Die Funktion dieser Elektroden wird durch Hg^{2+}-Salze gestört. Die Elektrodenmembran kann durch Komplexbildung zerstört werden, z. B. bei Anwesenheit hoher Cyanid-Gehalte in der Probelösung.

Aus Ag_2S/AgCl-Preßlingen bestehen die Membranen der pAg- und pCl-Elektroden. Mit AgBr, AgJ und AgSCN anstelle von AgCl dienen die Preßlinge mit AgS_2 der Herstellung von Elektroden für die entsprechenden Anionen.

Die Membranen für die pPb-, pCu- und pCd-Elektroden werden aus dem jeweiligen Metallsulfid und Ag_2S hergestellt; sie sind für Bestimmungen im Bereich von 10^0 bis 10^{-7} M geeignet (s. Tabelle 2.2.-2).

Für *heterogene Festkörpermembran-Elektroden* werden vor allem schwerlösliche Salze in feiner Verteilung verwendet, die in eine inerte Matrix (Trägermaterial) eingebettet sind, hauptsächlich in Paraffin, Silicongummi, Polyvinylchlorid, Polyethylen u. a. Ein häufig verwendetes Trägermaterial für Silberhalogenide und -pseudohalogenide ist Silicongummi [8].

Bei den *Flüssigmembran-Elektroden* mit Ionenaustausch ist die elektrochemisch aktive Phase die Lösung einer Verbindung des zu bestimmenden Kations oder Anions mit einem großen organischen Gegenion. Es werden organische Lösungsmittel verwendet, die mit Wasser nicht mischbar sind. Die Lösung befindet sich in einem Glasrohr, dessen Ende mit einer Membranfolie, mit einer Keramikplatte oder mit einer Kunststoff-Fritte verschlossen ist. Nach dem in Abb. 2.2.-5 schematisch dargestellten

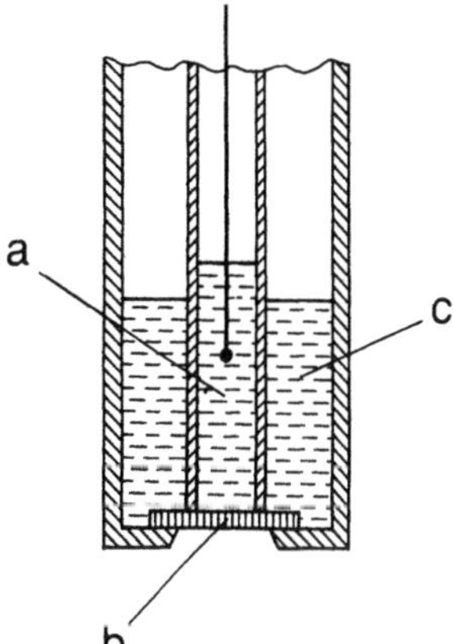

Abb. 2.2.-5. Schematischer Aufbau einer Flüssigmembran-Elektrode mit Reservoir. a) Innenlösung mit Ableitelektrode, b) Folie oder Fritte, c) Reservoir für die Membranflüssigkeit

Aufbau einer Flüssigmembran-Elektrode dient der Raum über der Fritte als Reservoir für die flüssige aktive Phase, aus dem sie bei Verlusten zur Membranoberfläche nachfließen kann.

Bei diesen Elektroden wird das Potential durch den Übergang (Austausch) des Meßions von der organischen Phase in die wässrige Phase und umgekehrt bestimmt. In der Lösung vorhandene Fremdionen verursachen Störungen, wenn sie mit dem in der Membran verbliebenen organischen Gegenion reagieren. Im Interesse der Selektivität der Elektrode soll das Gleichgewicht

$$\text{Störion}_{(\text{Probelösung})} + \text{Meßion}_{(\text{organische Phase})} \rightleftharpoons \text{Störion}_{(\text{organische Phase})} + \text{Meßion}_{(\text{Probelösung})}$$

möglichst weitgehend auf der linken Seite liegen.

Als ionensensitive Phasen für Flüssigmembran-Elektroden werden u.a. verwendet:
— das Ca-Salz der Didecylphosphorsäure in Dioctyl-phenylphosphonat oder 1-Decanol für die pCa-Elektrode und für die Elektrode zur Bestimmung der Wasserhärte;
— ein Ni(II)-o-Phenanthrolin-Komplex in p-Nitrocymol für die pNO_3-Elektrode;
— das Tetrabutylammoniumtetrafluoroborat für die pBF_4-Elektrode;
— ein Fe(II)-o-Phenanthrolin-Komplex in p-Nitrocymol für die $pClO_4$-Elektrode.

Für mechanisch stabile Flüssigmembran-Elektroden wird, wie auch im Falle der Nitrat-Elektrode, die ionensensitive Phase in eine PVC-Membran eingebracht.

Die Nitrat-Elektrode wird für Wasser- und Bodenuntersuchungen eingesetzt (s. Abschn. 4.1). Zur Einstellung der Ionenstärke werden die Proben mit 2 M $(NH_4)_2SO_4$ oder mit einer 10 %igen $KAl(SO_4)_2$-Lösung versetzt. Die Eichkurve ist für den Bereich von 1 ppm bis 1000 ppm Nitrat linear; der Nernstfaktor wird mit ca. 56 mV angegeben. Als Störion ist besonders Perchlorat zu berücksichtigen, während die von den Wasserinhaltsstoffen üblichen Anionen Chlorid, Phosphat und Sulfat bei den normalerweise gegebenen Konzentrationen keine Störungen verursachen [30].

Die Verwendung elektrisch neutraler Liganden zur Herstellung von Flüssigmembranelektroden, der sogenannten *Neutral-Carrier-Elektroden* oder *Ionensolvens-Elektroden*, liegt der Erscheinung zugrunde, daß Ionen mit Hilfe von Antibiotika durch biologische Zellmembranen transportiert werden. Der Wirkungsmechanismus beruht auf dem Einbau von Ionen in die Hohlräume makrocyclischer Verbindungen und ist weitgehend selektiv.

K^+-Ionen werden besonders selektiv von Valinomycin aufgenommen; dadurch können Kaliumsalze in unpolare organische Lösungsmittel gebracht werden.

In einer Matrix von Polyvinylchlorid wird der Komplex des Kaliums mit Valinomycin als ionensensitive Phase verwendet. Mit einem Selektivitätskoeffizienten von $K_{K/Na} = 10^{-4,1}$ verfügt die Valinomycin-Elektrode über eine recht gute Selektivität für K^+ gegenüber Na^+ [9].

Tabelle 2.2-1 enthält Angaben über die Konstitution der Liganden, die Membranzusammensetzung und die Selektivitätskoeffizienten von Neutral-Carrier-Elektroden, die für den Einsatz in der Biologie und in der klinischen Chemie von Interesse sind (s. Abschn. 4.4); neben diesen sind Liganden für ionensensitive Membranen zur Bestimmung von Ba^{2+}, Cd^{2+}, UO_2^{2-}, H^+ und HCO_3^- bekannt [**22**, **23**].

Die Eignung synthetischer makrocyclischer Polyether (Crown-Verbindungen) als Liganden für die Herstellung funktionsfähiger Flüssigmembran-Elektroden wird unterschiedlich beurteilt [10, 11, **8**].

Tabelle 2.2.-1. Membranzusammensetzung und Selektivitätskoeffizienten von Flüssigmembranelektroden (Neutral-Carrier-Elektroden) [23]

Elektrode	Konstitution des Liganden	Membranzusammensetzung	Selektivitätskoeffizienten $(\lg K_{M/S})$ Störionen				Lit.
			Na$^+$	K$^+$	Mg^{2+}	Ca^{2+}	
pNa	(ETH 227)	10 Gew.-% Na$^+$-Ligand ETH 227, 0,5 Gew.-% NaTPB, 89,5 Gew.-% o-NPOE	0	−2,3	−2,4	−0,2	[31]
		5 Gew.-% Na$^+$-Ligand ETH 227, 62 Gew.-% DOS, 33 Gew.-% PVC	0	−1,5	−3,4	−1,4	
pNa	(ETH 1534)	3 Gew.-% Na$^+$-Ligand ETH 1534, 64 Gew.-% DOS, 33 Gew.-% PVC	0	−0,3	−3,3	−2,5	
pK	(Valinomycin)	5 Gew.-% Valinomycin, 2 Gew.-% KTpClPB; 93 Gew.-% DOP	−3,5	0	−5,1	−4,4	[32]
		1 Gew.-% Valinomycin, 66 Gew.-% DOS, 33 Gew.-% PVC [15]	−4,1	0	−4,6	−4,6	[33, 38]
pCa		10 Gew.-% Ca^{2+}-Ligand ETH 1001, 1 Gew.-% NaTPB, 89 Gew.-% o-NPOE	−6,1	−6,2	−5,1	0	[23]
	(ETH 1001)	1 Gew.-% Ca^{2+}-Ligand ETH 1001, 66 Gew.-% o-NPOE, 33 Gew.-% PVC	−4,6	−4,6	−5,2	0	[34]

Abkürzungen: NATPB = Natriumtetraphenylborat; o-NPOE = o-Nitrophenyloctylether; DOS = Bis-(2-ethylhexyl)sebacat; PVC = Polyvinyl-chlorid; KTpClPB = Kaliumtetra-p-chlorophenylborat; DOP = Bis-(2-ethylhexyl)phthalat

Ionensensitive Elektroden werden auch zur potentiometrischen Bestimmung von Gasen eingesetzt. Für die Analyse von SO_2, CO_2 und NH_3 in Gasen kommt die Glaselektrode zur Anwendung. Das Meßprinzip beruht auf der Verfolgung des pH-Wertes beim Einleiten der Gasprobe in eine Lösung von $NaHCO_3$, $NaHSO_3$ bzw. NH_4Cl. Die Bestimmung von HF erfolgt mit der pF-Elektrode; H_2S- und HCN-Gehalte werden mit Silbersulfidmembran-Elektroden gemessen. Als sogenannte Außenlösung (Reaktions- bzw. Absorptionslösung) kommen für HF und H_2S schwach saure Lösungen zur Anwendung. Für die HCN-Bestimmung wird eine $KAg(CN)_2$-Lösung empfohlen, in der nach

$$[Ag(CN)_2]^- \rightleftharpoons Ag^+ + 2CN^-$$

eine bestimmte Menge an Ag^+-Ionen enthalten sind. Bei Erhöhung der CN^--Konzentration wird das Gleichgewicht nach links verschoben, was von der Ag_2S-Elektrode angezeigt wird [12].

Die eigentlichen *Gas-Sensoren* dienen der Bestimmung gelöster Gase in Flüssigkeiten; das Konstruktionsprinzip eines Gas-Sensors ist in Abb. 2.2.-6 dargestellt. Die Gase diffundieren durch eine gasdurchlässige Membran (Silicongummi, Celluloseacetat, Polyvinylchlorid, Teflon) in die Außenlösung, die mit der Elektrodenmembran einer ionensensitiven Elektrode in Verbindung steht. Die gasdurchlässige Membran soll für andere Probenbestandteile und auch für das Lösungsmittel selbst undurchlässig sein. Die Potentialeinstellung ist an Gas-Sensoren langsamer als an den üblichen ionensensitiven Elektroden und wird von der Diffusionsgeschwindigkeit der Gase durch die Membran bestimmt. Mit Gas-Sensoren können auch Partialdrucke einzelner Gase in Gasgemischen gemessen werden.

Vergleichbar mit den Gas-Sensoren ist das Funktionsprinzip der sogenannten *Bio-Sensoren* [19], die auch als *Enzym-Elektroden* bezeichnet werden. Bei einer Enzym-Reaktion wird aus der zu analysierenden Verbindung ein Ion erhalten, dessen Aktivität von einer ionensensitiven Elektrode angezeigt wird. Eines der bekanntesten Beispiele dafür ist die Spaltung von Harnstoff mit Urease in Ammonium- und Karbonationen nach:

$$CO(NH_2)_2 + 2H_2O \xrightarrow[\text{(Enzym)}]{\text{Urease}} 2NH_4^+ + CO_3^{2-}.$$

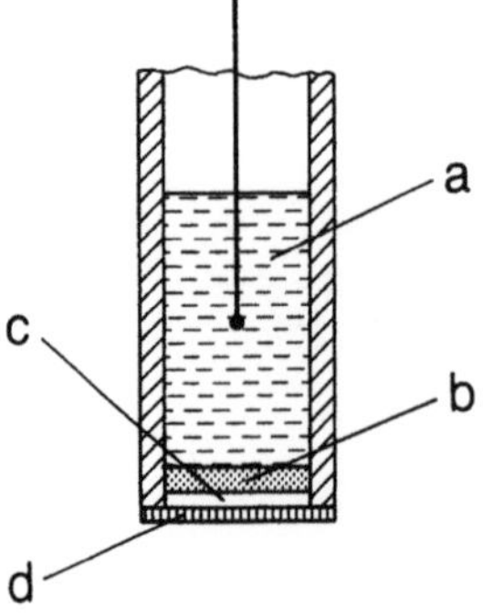

Abb. 2.2.-6. Schematischer Aufbau eines Gas-Sensors. a) Innenlösung mit Ableitelektrode, b) Elektrodenmembran, c) Außenlösung (Reaktionslösung), d) gasdurchlässige Membran

Die entstehenden Ammonium-Ionen werden mit einer pNH_4-Elektrode (Glas- oder Flüssigmembran-Elektrode) bestimmt oder nach Umwandlung in NH_3 mit einem Gas-Sensor erfaßt (Bestimmung von Harnstoff im Blut [35, 36]).

Mit der pNH_4-Elektrode erfolgt auch die indirekte potentiometrische Bestimmung von Aminosäuren. NH_4^+-Ionen entstehen bei der Reaktion mit L- oder D-Aminosäureoxidase entsprechend der Gleichung

$$2R-\underset{\underset{NH_3^+}{|}}{\overset{\overset{H}{|}}{C}}-COO^- + O_2 \xrightarrow[\text{(Enzym)}]{\text{Aminosäureoxidase}} 2R-\underset{\underset{O}{\|}}{C}-COO^- + 2NH_4^+$$

oder werden, wie im Falle der Bestimmung von L-Arginin nach Reaktion mit Arginase und Urease erhalten:

$$\text{L-Arginin} \xrightarrow[\text{(Enzym)}]{\text{Arginase}} \text{(L-Ornithin)} + \text{Harnstoff}$$
$$\downarrow \begin{array}{l}\text{Urease}\\ \text{(Enzym)}\end{array}$$
$$CO_3^{2-} + 2NH_4^+$$

Die Bestimmung erfolgt über NH_3 mit der air-gap-Elektrode [36, 37] (Meßanordnung mit Glaselektrode, s. Abschn. 4.7).

Zur Bestimmung aliphatischer Alkohole (vorzugsweise C_6-C_{10}) wurde die $NAD(P)^+$*-unabhängige Alkoholdehydrogenase aus Pseudomonas putida mit einer Sauerstoffelektrode nach Clark (s. Abschn. 4.7) kombiniert. Der nach Zugabe von Phenazinmethosulfat nachzuweisende Sauerstoffverbrauch ist der Alkoholkonzentration im Bereich zwischen $20-400\,\mu mol \cdot l^{-1}$ proportional [40].

Neben weiteren organischen Verbindungen (u.a. Acetylcholin, Amygdalin, Asparagin, Creatinin, Glucose, Tyrosin, Glutamin, und Penicillin) können mit Bio-Sensoren auch anorganische Ionen potentiometrisch bestimmt werden; Beispiele dafür sind die Bestimmung von Nitrit mit der pNH_4-Elektrode nach Reaktion mit Nitrit-Reduktase und Methylviologen oder die Bestimmung von Sulfat mit Sulfat-Reduktase und einer Ag_2S-Elektrode [8, 19]. Bei allen diesen Bestimmungen wird das Enzym entweder der Probelösung zugefügt oder Gel-förmig auf der Elektrodenoberfläche fixiert (s. Abb. 2.2.-7).

Zu den Bio-Sensoren gehören auch die auf Antikörper- und Hormonbasis entwickelten Elektroden [8, 13]. Die Leistungsfähigkeit dieser Elektroden ist unterschiedlich, ihre Lebensdauer ist von der Stabilität der bioaktiven Verbindung abhängig.

Während Bio-Sensoren kommerziell bisher nicht erhältlich sind, werden von verschiedenen Herstellerfirmen Festkörper- und Flüssigmembran-Elektroden sowie einige Gas-Elektroden angeboten; die wichtigsten sind in Tabelle 2.2.-2 zusammengestellt.

---

* $NAD(P)^+$: Nicotinamid-adenin-dinucleotidphosphat

Tabelle 2.2.-2. *Ionensensitive Elektroden* (technische Daten nach Angaben der Herstellerfirmen Deutsche Metrohm GmbH & Co und Orion Research)

Elektrode	Elektrodentyp	Bestimmungs-bereich $mol \cdot l^{-1}$	zulässige Konzentration an Störelementen; Selektivitätskoeffizienten	Anwendungsbeispiele, Bemerkungen
Ammoniak	Gaselektrode	10^0–10^{-6}	flüchtige Amine stören	Bestimmung von organischem N nach Kjeldahl-Aufschluß, NO_3^- nach Reduktion zu NH_3
Blei	Festkörper	10^0–10^{-7}	Ag^+, Hg^{2+}, $Cu^{2+} \leq 10^{-7}\,mol \cdot l^{-1}$; hohe Konzentrationen von Cd^{2+} und Fe^{3+} stören	Bestimmung von Pb^{2+} in Galvanikbädern, Abwässern usw.; auch zur Titration von SO_4^{2-} mit Pb^{2+} geeignet
Bromid	Festkörper	10^0–$5 \cdot 10^{-6}$	$S^{2-} \leq 10^{-7}\,mol \cdot l^{-1}$	Bestimmung von Br^- in klinisch chemischen Laboratorien u.a.
Cadmium	Festkörper	10^0–10^{-7}	Ag^+, Hg^{2+}, $Cu^{2+} \leq 10^{-7}\,mol \cdot l^{-1}$; hohe Konzentration von Pb^{2+} und Fe^{3+} stören	Bestimmung von Cd^{2+} in Galvanikbädern, Wässern, Schlämmen und Böden usw.; auch geeignet als Indikatorelektrode bei der komplexometrischen Titration von Metallionen, z.B. Ni^{2+}, Zn^{2+} u.a.
Chlorid	Festkörper	10^0–$5 \cdot 10^{-5}$	$S^{2-} \leq 10^{-7}$ -^{3},$\cdot l^{-1}$; Br^-, I^- und CN^- dürfen in Spuren vorhanden sein; NO_3^-, SO_4^{2-}, CO_3^- stören nicht	Bestimmung von Cl^- im Wasser, in Nahrungsmitteln, Getränken, Pharmazeutika usw.
Cyanid	Festkörper	10^{-2}–10^{-6}	$S^{2-} \leq 10^{-7}\,mol \cdot l^{-1}$; Störungen durch Halogenide	Bestimmung von CN^- in Proben der Erzaufbereitung, Galvanik- und Oberflächenbehandlungsbädern, in Trink-, Brauch- und Abwasserproben. Lebensdauer bei hohen CN^--Konzentrationen begrenzt

Fluorborat	Flüssig	10^{-1}–10^{-5}	Selektivitätskoeffizienten	BF_4^-, 1,0; NO_3^-, 0,1; Br^-, 0,04; Ac^-, 0,004; HCO_3^-, 0,004; Cl^-, 0,001	
Fluorid	Festkörper	10^0–10^{-6}		$OH^- < 0,1\ F^-$	Bestimmung von F^- in Galvanik- und Ätzbädern, bei der Aufbereitung nuclearer Brennstoffe, in Düngemitteln, Nahrungsmitteln, Pharmazeutika; Einsatz im Umweltschutz und als Indikatorelektrode bei verschiedenen potentiometrischen Titrationen zur Bestimmung von F^-, Al^{3+} und Fe^{3+}
Iodid	Festkörper	10^0–$2 \cdot 10^{-7}$		$S^{2-} < 10^{-7}\ mol \cdot l^{-1}$	Bestimmung von I^- in Pharmazeutika, Agro-Produkten. Einsatz in klinisch-chemischen Laboratorien
Kalium	Flüssig	10^0–10^{-5}	Selektivitätskoeffizienten	Cs^+, 1,0; NH_4^+, 0,03; H^+, 0,01; Ag^+, 0,001; Na^+, 0,002; Li^+, 0,001	K^+-Bestimmung in biologischen Proben
Kupfer	Festkörper	10^0–10^{-7}		S^{2-}, Ag^+, $Hg^{2+} \leq 10^{-7}\ mol \cdot l^{-1}$; hohe Konzentration von Cl^-, Br^-, I^-, Fe^{3+}, Cd^{2+} stören	Bestimmung von Cu^{2+} in Erzen, Galvanik- und Ätzbädern, Trinkwasser (insbesondere nach der Behandlung mit Anti-Algenmitteln), in Brauch- und Abwässern usw.; auch geeignet als Indikatorelektrode bei der komplexometrischen Titration von Metallionen, z.B. Zn^{2+}, Ni^{2+}

(Fortsetzung)

Tabelle 2.2.-2. (Fortsetzung)

Elektrode	Elektrodentyp	Bestimmungs-bereich $mol \cdot l^{-1}$	zulässige Konzentration an Störelementen; Selektivitätskoeffizienten		Anwendungsbeispiele, Bemerkungen
Natrium	Glaselektrode	10^0–10^{-6}	Selektivitätskoeffizienten	Li^+, 0,002; K^+, 0,001; Rb^+, 0,00003; Cs^+, 0,0015; NH_4^+, 0,00003; $[N(C_2H_5)_4]^+$, 0,0005; Ti^+, 0,0002; Ag^+, 350; H^+, 100	Bei geeignetem pH der Probelösung (empfohlener pH-Bereich 7–11) wird die Bestimmungsgrenze mit 10^{-8} $mol \cdot l^{-1}$ angegeben
Nitrat	Flüssig	10^{-1}–10^{-5}	Selektivitätskoeffizienten	I^-, 20; Br^-, 0,1; NO_2^-, 0,04; Cl^-, 0,004; SO_4^{2-}, 0,00003; CO_3^{2-}, 0,0002; ClO_4^-, 1000; F^-, 0,00006	Bei hohem Cl^--Gehalt Zugabe von Ag_2SO_4
Perchlorat	Flüssig	10^{-1}–10^{-5}	Selektivitätskoeffizienten	I^-, 0,012; NO_3^-, 0,0015; Br^-, 0,00056; F^-, 0,00025; Cl^-, 0,00022	Auch Messung von Periodat und Permanganat möglich
Schwefeldioxid	Gaselektrode	10^{-2}–$3 \cdot 10^{-6}$	Flüchtige Säuren stören		Zur Bestimmung von SO_2 in Abgasen
Sulfid/Silber	Festkörper	10^0–10^{-7} Ag^+ oder S^{2-}	$Hg^{2+} < 10^{-7} mol \cdot l^{-1}$		Bestimmung von S^{2-} in Nahrungsmitteln, Getränken, Wasser usw. Bestimmung von Ag^+ in photographischen Fixierbädern; zur Endpunkt-Indikation bei Titrationen von Cl^-, Br^-, I^-, S^{2-} mit $AgNO_3$
Thiocyanat	Festkörper	10^0–$5 \cdot 10^{-6}$	I^-, $S^{2-} < 10^{-7} mol \cdot l^{-1}$; zulässige Konzentrationsverhältnisse $OH^- < SCN^-$; $Br^- < 0,003$ SCN^-; $Cl^- < 20$ SCN^-; $NH_3 < 0,13$ SCN^-; $S_2O_3 < 0,01$ SCN^-; $CN^- < 0,007$ SCN^-;		Bestimmung von SCN^- in Abwässern

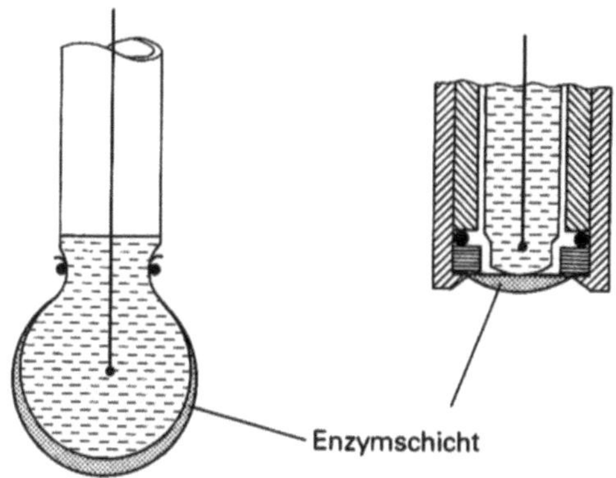

Abb. 2.2.-7. Anordnung der Enzymschicht auf der Membranoberfläche einer Glaselektrode und einer Flüssigmembran-Elektrode [19]

Ionensensitive Elektroden werden auch für die Endpunktbestimmung bei *potentiometrischen Titrationen* verwendet. Besonders wichtig ist wiederum die Glaselektrode für die Verfolgung von Säure-Base-Titrationen in wäßrigen und nichtwäßrigen Lösungen [20] (s. auch Tabelle 2.3.-2).

Durch Titration in wäßrigen Lösungen werden anorganische Säuren und wasserlösliche saure organische Verbindungen mit Säurekonstanten bis zu 10^{-6} potentiometrisch bestimmt. Als Maßlösungen kommen standardisierte wäßrige Lösungen von Alkalihydroxiden zur Anwendung. Umgekehrt können in wäßrigen Lösungen auch anorganische Basen und wasserlösliche Amine mit Basekonstanten bis zu 10^{-6} durch potentiometrische Titration mit starken anorganischen Säuren, z.B. mit Salzsäure oder Schwefelsäure, potentiometrisch titriert werden.

Nichtwäßrige Lösungsmittel werden für potentiometrische Titrationen dann verwendet, wenn in Wasser schwerlösliche organische Säuren oder Basen zu bestimmen sind. In organischen Lösungsmitteln können auch solche Verbindungen titriert werden, die vom Wasser zersetzt werden oder im Wasser wenig protolysieren. Bewährt haben sich aprotische und amphiprotische Lösungsmittel wie Aceton, Acetonitril, Benzol, Chlorbenzol, Cyclohexan, Dioxan, Dimethylsulfoxid, Dimethylformamid, Sulfolane, Ketone, Alkohole, Amine, Säuren u.a.

Saure Verbindungen werden hauptsächlich mit Alkalimethoxiden oder mit Tetraalkylammoniumhydroxiden titriert. Für schwache Säuren wird Tetrabutylammoniumhydroxid verwendet. Mittelstarke und starke Säuren können auch mit Pyridin titriert werden. Basische Verbindungen werden mit Perchlorsäure, Toluolsulfonsäure oder mit Nitro- bzw. Dinitrobenzoesäure titriert.

Die Glaselektrode ist bei der Verwendung in organischen Lösungsmitteln vor jedem Einsatz neu zu konditionieren. Wegen der geringen Leitfähigkeit vieler organischer Lösungsmittel und des großen Widerstandes von Glaselektroden sind Meßgeräte mit einem hohen Eingangswiderstand (über $10^{12}\,\Omega$) erforderlich.

Ionensensitive Elektroden werden auch zur potentiometrischen Indikation von *Fällungstitrationen* verwendet. Für argentometrische Bestimmungen sind neben der metallischen Silberelektrode (Elektrode 2. Art) auch die Silberhalogenid- und die Silbersulfid-Elektroden geeignet.

Abbildung 2.2.-8 zeigt den potentiometrischen Kurvenverlauf für die Titration von Iodid neben Bromid und Chlorid mit Silbersulfat als Titrator und einem Silberdraht als Indikatorelektrode. Das Verfahren dient der Bestimmung von Silber, Chlorid und

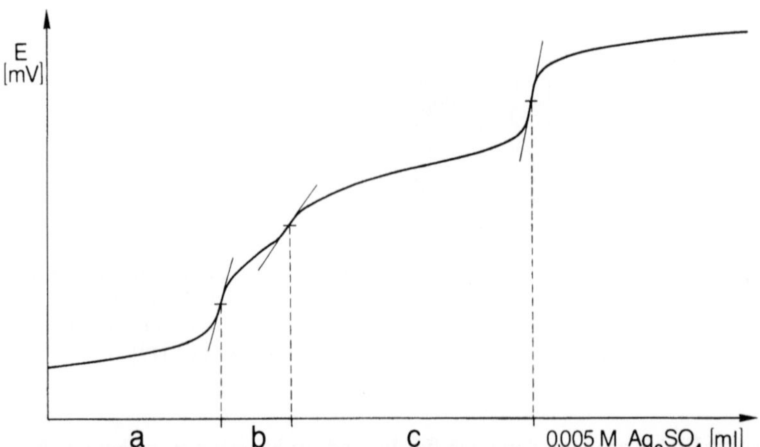

Abb. 2.2.-8. Bestimmung von Iodid (a), Bromid (b) und Clorid (c) in Glasaufschlüssen durch potentiometrische Titration mit Ag_2SO_4-Lösung und einem Silberdraht als Indikatorelektrode; Probeneinwaage: 801,3 mg; Konzentrationsbereich jeweils $\sim 10^{-1}$ % [29] (mit freundlicher Genehmigung der Schott Glaswerke Mainz)

Bromid in Gläsern. Dazu werden die Proben in der Kälte mit Flußsäure/Schwefelsäure aufgeschlossen und die Silberchlorid- und Silberbromidniederschläge durch Zugabe eines bekannten KI-Überschusses in Silberiodid umgewandelt; auch die in der Lösung noch vorhandenen Ag^+-Ionen fallen dabei aus. Die nun vorhandenen Chlorid- und Bromidionen sowie die überschüssigen Iodidionen werden mit Silbersulfatlösung potentiometrisch titriert; aus der Differenz von zugegebener und titrierter Iodid-Menge wird der Silbergehalt der Glasprobe berechnet* [29].

Die Fluorid-Elektrode wird für die potentiometrische Titration von Fluorid mit Thoriumnitrat, Lanthannitrat oder Calziumchlorid verwendet [14] und die Blei-Elektrode kann für die Sulfat-Titration mit einer Blei(II)salzlösung eingesetzt werden.

Quarternäre Ammoniumhalogenide werden als Titratoren für die Bestimmung verschiedener anorganischer und organischer Anionen vorgeschlagen und auch für die Bestimmung von Seifen und anderen oberflächenaktiven Substanzen. Die Vorgänge sind ebenfalls Fällungsreaktionen, deren Verlauf mit Flüssigmembran-Elektroden (Perchlorat-, Fluorborat-, Nitrat- und Calzium-Elektrode) oder mit Festkörpermembran-Elektroden (Cyanid- und Iodid-Elektrode) verfolgt werden kann. Die wichtigsten Titratoren sind Cetyltrimethylammoniumbromid und -chlorid sowie Cetylpyridiniumchlorid. Beispiele für den Kurvenverlauf bei der Titration ausgewählter anorganischer und organischer Anionen sind in Abb. 2.2.-9 dargestellt [17].

Zur potentiometrischen Indizierung *komplexometrischer Titrationen* können ebenfalls ionensensitive Elektroden empfohlen werden. Für die Simultanbestimmung von Calcium und Magnesium im Wasser mit EDTA (auch für die Bestimmung der Gesamthärte des Wassers) wird die Calcium-Elektrode verwendet [15]. Die pCu-Elektrode ist für komplexometrische Titrationen von Cu^{2+}, Ni^{2+}, Zn^{2+} und Ca^{2+} mit EDTA geeignet [1]. Mit der Fluorid-Elektrode wird der Endpunkt bei der potentiometrischen Mikrotitration von Eisen (III) (5–350 µg) in Fluorid-haltiger Lösung mit

---

* Über die theoretische Auswertung der Titrationskurven von Simultanfällungen siehe [2, 21]; Abb. 2.2.-8 veranschaulicht die empirische Auswertung

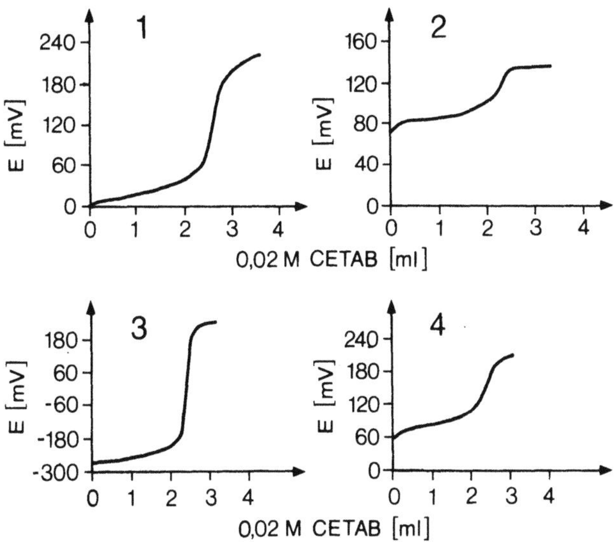

Abb. 2.2.-9. Titration anorganischer und organischer Anionen mit Cetyltrimethylammoniumbromid (CETAB) und einer BF_4^--Elektrode [17]. 1: Hexafluoroarsenat (V), 2: Tetrachloroplatinat (II), 3: Tetraphenylborat, 4: Picrylsulfonat

EDTA ermittelt. Während der Titration wird bis zum Endpunkt aus den Eisenfluorid-Komplexen F^- freigesetzt, welches von der Elektrode angezeigt wird. Nach dem Endpunkt bleibt das Elektrodenpotential konstant (s. Abb. 2.2.-10) [16].

Für die potentiometrische Verfolgung von *Redoxtitrationen* wird in der Regel Platin als Elektrodenmaterial verwendet, seltener Gold oder Quecksilber. Die potentiometrische Indizierung ist besonders wichtig für Titrationen mit elektrolytischer Reagenserzeugung. Vorzugsweise werden solche Titratoren anodisch oder

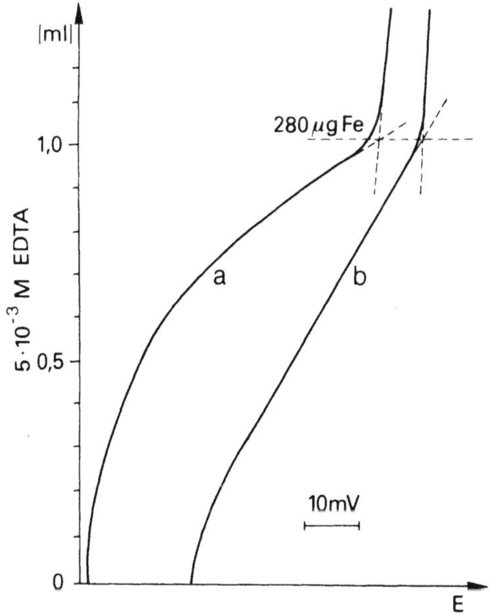

Abb. 2.2.-10. Potentiometrische Bestimmung von Eisen (III) mit Ethylendiamintetraacetat und der pF-Elektrode nach Zugabe von 0,1 ml (a) und 0,5 ml (b) 10^{-2} M F^--Lösung zur Probelösung (10 bis 15 ml) [16]

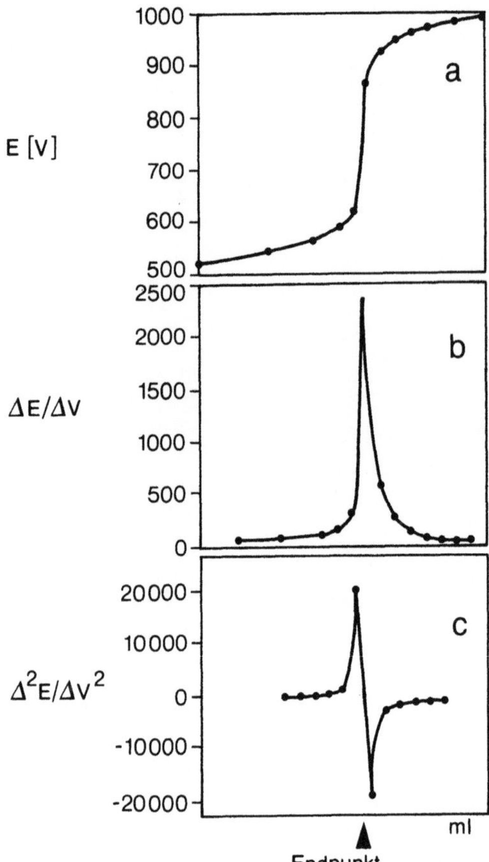

Abb. 2.2.-11. Potentiometrische Titrationskurve (a), Kurve der ersten Ableitung (b) und Kurve der zweiten Ableitung (c)

kathodisch erzeugt, die wegen ihrer geringen Beständigkeit für die Herstellung titerbeständiger Maßlösungen ungeeignet sind. Es sind vor allem Br_2 und Ag^{2+} als Oxidationsmittel sowie Cu^+, Sn^{2+}, Ti^{3+} und Cr^{2+} als Reduktionsmittel (s. Abschn. 2.3).

Zur *Auswertung potentiometrischer Titrationskurven* sind graphische und rechnerische Verfahren bekannt [4, 2]. Für die graphische Auswertung wird die Potential-Volumen-Abhängigkeit registriert; bei symmetrischem Verlauf der s-förmigen Kurve gibt der Symmetriepunkt (Wendepunkt) den Titrationsendpunkt an. In der ersten Ableitung der Kurve wird der Endpunkt durch das Maximum angezeigt, in der zweiten Ableitung durch den Schnittpunkt mit der Volumenachse (s. Abb. 2.2.-11). Das rechnerische Verfahren zur Auswertung von Titrationskurven nach Gran [18] basiert auf der Entwicklung einfacher Rechengrößen zur Konstruktion linearer Titrationskurven. Durch Extrapolation linearisierter Kurvenabschnitte wird das Äquivalentvolumen bestimmt, ohne die Titration zu beenden.

Mit der Entwicklung Mikroprozessor-gesteuerter Geräte konnte die Durchführung und die Auswertung potentiometrischer Titrationen weitgehend automatisiert werden.

Als *dynamische Titration* wird die rechnergesteuerte Volumendosierung auf äquidistante Potentialschritte bezeichnet. Gegenüber der monotonen Titration mit gleichen Volumenschritten steht bei dieser Arbeitsweise eine größere Informations-

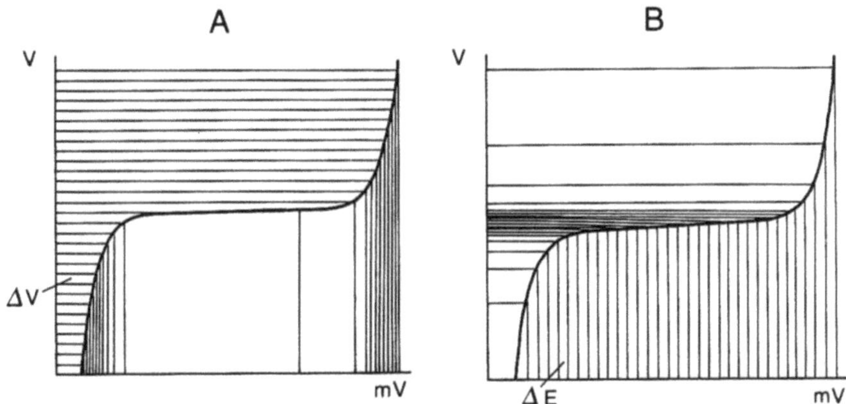

Abb. 2.2.-12. Vergleich der Volumen-Potential-Registrierung bei A: monotoner Titration (gleiche Volumendosierung), B: dynamischer Titration (rechnergesteuerte Volumendosierung auf äquidistante Potentialschritte) [19]

dichte im Bereich der Titrationsendpunkte für die automatische Kurvenauswertung zur Verfügung (s. Abb. 2.2.-12). Für die Gewinnung optimaler Meßdaten werden bei Mikroprozessor-gesteuerten Meßgeräten auch die kinetischen Verhältnisse der Titration berücksichtigt (Reagenzdurchmischung, Reaktionsgeschwindigkeit, Ansprechen der Elektrode usw.), wählbar ist im allgemeinen die Drift-kontrollierte Meßwertübernahme (Einstellung einer Potentialdrift in mV/min unterhalb welcher der Meßwert hinreichend konstant bleibt) oder eine fixe Wartezeit bis zur Übernahme eines Meßwerts. Durch Mikroprozessor-gesteuerte Potentialmeßgeräte können auch Titrationskurven mit schwach ausgeprägten Titrationsendpunkten und mit dicht beieinander liegenden Endpunkten ausgewertet werden [19].

Literatur zu 2.2

Monographien und Übersichtsarbeiten

1 Kraft, G., Fischer, J.: Indikation von Titrationen. Berlin, New York: de Gruyter 1972
2 Seel, F.: Grundlagen der Analytischen Chemie und der Chemie in wäßrigen Systemen. Weinheim: Verlag Chemie 1979
3 Jander, G., Jahr, F., Knoll, H.: Maßanalyse, Sammlung Göschen, Band 221/221a. Berlin: de Gruyter 1969
4 Ebel, S., Parzefall, W.: Experimentelle Einführung in die Potentiometrie. Weinheim: Verlag Chemie 1975
5 Hahn, F.L.: pH und potentiometrische Titrierungen. Frankfurt: Akad. Verlagsges. 1967
6 Gyenes, J.: Titrationen in nichtwäßrigen Medien. Stuttgart: Enke 1970
7 Huber, W.: Titrationen in nichtwäßrigen Lösungsmitteln. Frankfurt: Akad. Verlagsges. 1964
8 Cammann, K.: Das Arbeiten mit ionenselektiven Elektroden. Berlin, Heidelberg, New York: Springer 1977
9 Freiser, H.: Ion-selective Electrodes in Analytical Chemistry, Vol. 2, Modern Analytical Chemistry. New York: Plenum Press 1980
10 Thomas, R.C.: Ion-sensitive Intracellular Microelectrodes. London, New York, San Francisco: Academic Press 1978

11 Schindler, J.G., Schindler, M.M.: Bioelektrochemische Membranelektroden. Berlin: de Gruyter 1983
12 Bates, R.G.: Determination of pH, Theory and Practice. New York, London, Sydney, Toronto: Wiley & Sons 1973
13 Bliefert, C.: pH-Wert-Berechnungen. Weinheim, New York: Verlag Chemie 1978
14 Perrin, D.D., Dempsey, B.: Buffers for pH and Metal Ion Control, Chapman and Hall Laboratories Manuals, 1974
15 Schwabe, K.: pH-Meßtechnik. Dresden: Steinkopff 1963
16 Eisenman, G.: The ion-exchange characteristics of the hydrated surface of Na$^+$ selective glass electrodes. In: Glass microelectrodes, eds. Lavallée, M., Schanne, O.F., Hébert, N.C., New York: Wiley 1969
17 Eisenman, G.: Glass Electrodes for Hydrogen and other Cations, Principles and Practice. New York: Dekker 1967
18 Bock, R.: Methoden der Analytischen Chemie. Eine Einführung, Bd. 2: Nachweis- und Bestimmungsmethoden, Teil 2. Weinheim: Verlag Chemie 1984
19 Cammann, K.: Bio-sensors Based on Ion-selective Electrodes. In: Fresenius Z. Anal. Chem. **287**, 1 (1977)
20 Fritz, J.S.: Acid Base Titrations in Nonaqueous Solvents, Smith, G.F. Columbus, Ohio: Chemical Co. 1952
21 Kolditz, L. (Hrsg.): Anorganikum. Berlin: VEB Deutscher Verlag der Wissenschaften 1984
22 Simon, W., Pretsch, E., Morf, W.E., Ammann, D., Oesch, U., Dinten, O.: Design and Application of Neutral Carrier-based Ion-selective Electrodes. In: Analyst **109**, 207 (1984)
23 Simon, W., Ammann, D., Doering, R.A., Erne, D.: Flüssigmembranelektroden mit neutralen Ionophoren. In: Wissenschaftliche Beiträge der Karl-Marx-Universität Leipzig, Reihe Naturwissenschaften 1980, S. 95
24 Durst, R.A.: Ion-Selective Electrodes, Proceedings of a Symposium held at the National Bureau of Standards. NBS Special Publication 314, 1969
25 Koryta, J.: Theory and Application of Ion-Selective-Electrode. Anal. Chim. Acta **61**, 329 (1972); **91**, 1 (1977); **111**, 1 (1979); **139**, 1 (1982); **159**, 1 (1984)
26 Schwabe, K.: pH-Measurements and their Applications, in: Nürnberg, H. W. (Ed.): Electroanalytical Chemistry. New York: Wiley 1974, S. 495

Originalliteratur

 1 Bates, R.G.: Anal. Chem. **29**, No. 5, 15A (1957); **40**, Nr 6, 28A (1968); J. Res. NBS **66**A, 179 (1962)
 2 Staples, B.R., Bates, R.G.: J. Res. NBS **73**A, 37 (1969)
 3 Metrohm-Information 3/1973
 4 Nach Angaben der Deutschen Metrohm Gmbh & Co., Filderstadt
 5 Bock, R., Strecker, S.: Z. Anal. Chem. **235**, 322 (1968)
 6 Holmberg, B., Jarring, K.: J. Electroanal. Chem. **146**, 447 (1983)
 7 Oehme, F., Dolezalova, L.: Z. Anal. Chem. **251**, 1 (1970)
 8 Pungor, E.: Anal. Chem. **39**, 28A (1967)
 9 Simon, W.: Angew. Chem. **82**, 433 (1970)
10 Scholer, R.: Dissertation Nr. 4940 der ETH Zürich, 1972
11 Morf, W.E., Simon, W.: Hungarian Scientific Instruments **41**, 1 (1977)
12 Riseman, J.H.: Am. Lab. **4**, 63 (1972)
13 Rechnitz, G.A.: J. Chem. Educ. **60**, 282 (1983)
14 Lingane, J.J.: Anal. Chem. **39**, 881 (1967)
15 Christiansen, T.F., Busch, J.E., Krogh, S.C.: Anal. Chem. **48**, 1051 (1976)
16 Schäfer, H.: Z. Anal. Chem. **268**, 349 (1974)
17 Selig, W.: Fresenius Z. Anal. Chem. **312**, 419 (1982); **317**, 131 (1984); **320**, 562 (1985)
18 Gran, G.: Analyst **77**, 661 (1952)
19 Geil, J.V., Reger, V., Richter, W., Schäfer, J.: LaborPraxis Heft 12, 1981 und 1–2, 1982
20 Baucke, F.G.K.: in Ion-Selective Electrodes, Pungor, E. (ed.) Amsterdam, Oxford, New York: Elsevier 1978, S. 215

21 Baucke, F.G.K.: in Proc. Conf. on „Glass Current Issues", Tenerife, Spain, April 1984 NATO ASI Series, Appl. Sci. Eng. Nijhoff Publishers, The Hague (1985), S. 481
22 Baucke, F.G.K.: J. Noncryst. Solids **73**, 215 (1985)
23 Baucke, F.G.K.: in The Glassy State, Proc. 7th All-Union-Conference, Leningrad, 1983, S. 96
24 Baucke, F.G.K.: in The Physics of Non-Cristalline Solids, Frischat, G.H. (ed.) Aedermannsdorf: Trans Tech Publications 1977, S. 503
25 Baucke, F.G.K.: J. Noncryst. Solids **14**, 13 (1974); **19**, 75 (1975)
26 Orion Research Inc. Application Bulletin No 5A, 1969
27 Metrohm Application-Bulletin, No 82d, 1971
28 Ballczo, H., Sager, M.: Fresenius Z. Anal. Chem. **298**, 382 (1979)
29 Baucke, F.G.K.: Glastechn. Ber. **56**, 254 (1983)
30 Kindeldei, J.: LaborPraxis April 1983, S. 268
31 Steiner, R.A., Oehme, M., Ammann, D., Simon, W.: Anal. Chem. **51**, 351 (1979)
32 Oehme, M., Simon, W.: Anal. Chim. Acta **86**, 21 (1976)
33 Osswald, H.F., Dohner, R.E., Meier, T., Meier, P.C., Simon, W.: Chimia 31, 50 (1977)
34 Simon, W., Ammann, D., Oehme, M., Morf, W.E.: Annals of the New York Academy of Sciences **307**, 52 (1978)
35 Papastathopoulos, D.S., Rechnitz, G.A.: Anal. Chim. Acta **79**, 17 (1975)
36 Hansen, E.H., Ružička, J.: Anal. Chim. Acta **72**, 353 (1974)
37 Larsen, N.R., Hansen, E.H., Guilbault, G.G.: Anal. Chim. Acta **79**, 9 (1975)
38 Jenny, H.-B., Riess, C., Ammann, D., Magyar, B., Asper, R., Simon, W.: Mikrochim. Acta **1980** II, 309
39 Karlberg, B.: Anal. Chem. **43**, 1911 (1971)
40 Vorberg, S., Schöpp, W.: Fresenius Z. Anal. Chem. **320**, 48 (1985)

2.3 Coulometrie — coulometrische Titration

Die nach den Faradayschen Gesetzen bestehende Proportionalität zwischen dem analytischen Stoffumsatz und der verbrauchten Elektrizitätsmenge ist die gemeinsame Grundlage der *potentiostatischen Coulometrie* und der *coulometrischen Titration*. Die der Stoffmenge proportionale Meßgröße ist in beiden Fällen die Elektrizitätsmenge Q, die nach

$$Q = i \cdot t = \frac{F \cdot m \cdot n}{M} \tag{1}$$

außerdem von der Faraday-Konstante F ($96484{,}56$ Coulomb $\cdot$ mol^{-1}; IUPAC-Wert von 1973), vom Elektronenumsatz pro Mol oder Atom und von der Mol- bzw. Atommasse M abhängig ist. Da diese Werte für einen gegebenen Elektrolyseprozess konstant sind, kann der Stoffumsatz m unmittelbar aus der verbrauchten Elektrizitätsmenge berechnet werden. Voraussetzung dafür ist, daß die ermittelte Elektrizitätsmenge nur für den Bestimmungsprozess verbraucht wurde (100 %ige Stromausbeute); elektrochemische Nebenreaktionen verfälschen diesen Wert und verursachen Fehler.

Coulometrische Bestimmungen werden mit großflächigen Elektroden (bei großem Verhältnis von Elektrodenoberfläche zu Probevolumen) entweder bei konstantem Potential — *Potentiostatische Coulometrie* — oder bei konstantem Elektrolysestrom durchgeführt — *Galvanostatische Coulometrie* bzw. *Coulometrische Titration* —. Es sind Absolutmethoden, für die weder Eichungen noch Titerstellungen erforderlich sind. Sie dienen der Bestimmung zahlreicher Elemente und organischer Verbindungen [1–9].

Eine methodische Variante ist die Coulometrie mit linearer Änderung des Potentials der Arbeitselektrode (*„Potential Scanning Coulometry"*). Dabei werden Strompeaks registriert, deren Potentiallage dem Redoxverhalten der Probenbestandteile entspricht und deren Höhe bzw. Peakfläche konzentrationsabhängig ist. Die Methode ermöglicht die schnelle simultane Bestimmung mehrerer elektrochemisch aktiver Bestandteile in einer Probe [1, 2].

Mit Hilfe von Mikroprozessoren konnten die Geräte für die coulometrische Analyse weitgehend automatisiert werden [3, 4]. Für kontinuierliche Messungen wurden coulometrische Durchfluß- und Gasanalysatoren entwickelt (s. Abschn. 4.5 und 4.7). Durch Präzisionscoulometrie (optimale Arbeitsbedingungen bezüglich der Substanzeinwaage, Stromausbeute und Endpunktanzeige) kann die Reinheit von Urtitersubstanzen, chemischer Standardverbindungen (NBS-Substanzen) und Reinstmetallen mit relativen Standardabweichungen bis zu 0,003 % bestimmt werden [5, 6].

Mit den Verfahren der Mikro-Coulometrie wird die Möglichkeit der genauen Messung von Elektrizitätsmengen in der Größenordnung um 1 µC genutzt, die Stoffmengen von ungefähr 10^{-11} mol bzw. 10^{-9} g entsprechen; die Bestimmungen erfolgen in Probenvolumina bis zu 0,05 ml (Titration in 1 Tropfen Lösung) [7–9].

2.3.1 Potentiostatische Coulometrie

Bei konstantem Potential wird der diffusionsbedingte Elektrolysestrom gemessen, der während der Elektrolyse nach

$$i = i_0 \cdot e^{-k \cdot t} \tag{2}$$

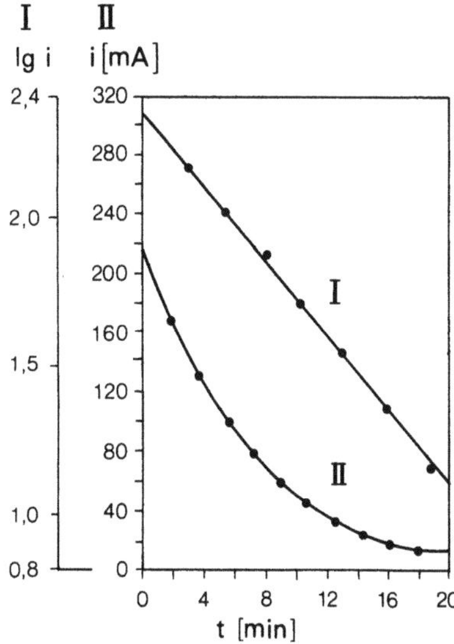

Abb. 2.3.-1. Coulometrische i-t-Kurve.
I) lg Stromstärke gegen Elektrolysedauer,
II) Stromstärke gegen Elektrolysedauer [1]

exponentiell abnimmt. Dabei ist i_0 der Strom zu Beginn der Elektrolyse (t = 0) und k eine von der Diffusionskonstante und von den Dimensionen der Elektrolysezelle (Verhältnis von Elektrodenoberfläche zum Volumen der Lösung) abhängige Größe.

Die Elektrizitätsmenge Q wird durch Integration der Gleichung

$$Q = \int_{t=0}^{t=\infty} i \cdot dt \tag{3}$$

zwischen den Grenzen t = 0 und t = ∞ als Flächenintegral der i–t-Kurve erhalten, wobei für i die Gl. (2) eingesetzt wird:

$$Q = \int_{t=0}^{t=\infty} i_0 \cdot e^{-k \cdot t} \cdot dt = \frac{i_0}{k}. \tag{4}$$

Durch Logarithmieren von Gl. (2) erhält man:

$$\lg i = \lg i_0 - \frac{k \cdot t}{2{,}303}. \tag{5}$$

Wird $\lg i$ gegen t aufgetragen, so liegt $\lg i_0$ im Schnittpunkt mit der Ordinate und $\frac{k}{2{,}303}$ entspricht der Neigung der Gerade (s. Abb. 2.3.-1). Nach diesem Prinzip kann die verbrauchte Elektrizitätsmenge hinreichend genau bestimmt werden, ohne das Ende der Elektrolyse erreichen zu müssen. Die Gerade $\lg i$ gegen t wird mit wenigen Meßpunkten konstruiert und daraus die Werte für i_0 und k errechnet.

Zur experimentellen Ermittlung von Elektrizitätsmengen werden chemische oder elektronische Coulometer verwendet. Das Schema einer modernen Meßanordnung für die potentiostatische Coulometrie mit einem elektronischen Integrator ist in Abb. 2.3.-2 dargestellt.

Der Potentiostat gewährleistet die Potentialkonstanz der Arbeitselektrode gegenüber der Bezugselektrode (s. dazu Abschn. 2.9). Der eingestellte Potentialwert muß für Reduktionsabläufe negativer und für Oxidationsabläufe positiver sein

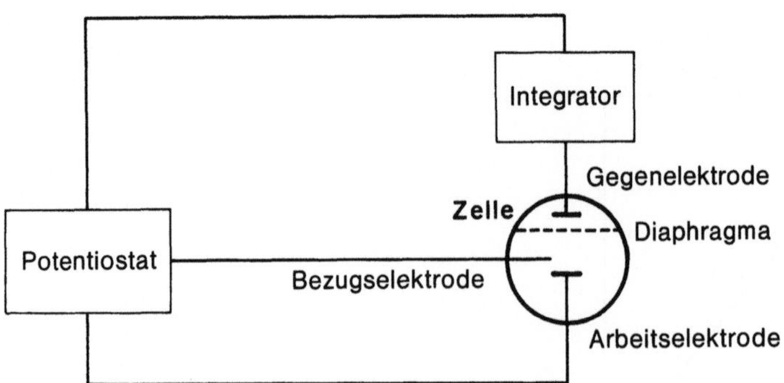

Abb. 2.3.-2. Meßanordnung für die potentiostatische Coulometrie

als das polarographische Halbstufenpotential des zu bestimmenden Ions oder Moleküls; der jeweilige Diffusionsgrenzstrom bietet dafür eine gute Orientierung (s. Abschnitt 2.4.2, 2.9.3). Der elektronische Integrator ist das eigentliche Meßinstrument der Apparatur zur Bestimmung der Elektrizitätsmenge für die vollständige Elektrolyse. Die Elektrolysezelle muß so konstruiert sein, daß die Probenmenge während der Zeit der Messung verlustlos im Raum der Arbeitselektrode verbleibt. Arbeitselektrode und Gegenelektrode sind über ein Diaphragma voneinander getrennt. Die Bezugselektrode ist im allgemeinen über eine Salzbrücke mit dem Raum der Arbeitselektrode verbunden.

Die Bestimmung der Metalle erfolgt durch Wertigkeitswechsel oder kathodische Abscheidung an Pt-, Hg-, Au- oder GC-Elektroden. Ausgewählte Beispiele sind in Tabelle 2.3.-1 zusammengefaßt. Die potentiostatische Coulometrie hat besondere Bedeutung für die Bestimmung kleiner Gehalte der Nichteisenmetalle, vor allem der Edelmetalle und Aktinide [6, 8]. Sehr kleine Mengen können auch mikrocoulometrisch nach Voranreicherung als Amalgame über die Auswertung der i–E(t)-Kurven der inversen Auflösung bestimmt werden (s. Abschn. 2.7).

Weniger bedeutungsvoll ist die Methode für die Bestimmung der Halogenide und Pseudohalogenide; die dafür bekannten Verfahren beruhen auf der Bildung schwerlöslicher Silbersalze an einer Arbeitselektrode aus Silber.

Von den organischen Verbindungen können prinzipiell alle diejenigen durch potentiostatische Coulometrie bestimmt werden, die elektrochemisch reduzierbar oder oxidierbar sind. Das Prinzip dieser Methode liegt den coulometrischen Detektoren zugrunde, die als Durchflußzellen im Verbund mit der Flüssigkeitschromatographie für die Spurenanalyse organischer Verbindungen verwendet werden (s. Abschn. 4.6).

Eine besondere Form der potentiostatischen Coulometrie ist durch die galvanischen Gasanalysatoren mit innerer Spannungsquelle gegeben. Nach diesem Prinzip arbeitet u. a. die „Hersch-Zelle" zur Bestimmung von Sauerstoffgehalten in Gasproben (s. Abschn. 4.7).

Tabelle 2.3.-1. Beispiele zur Bestimmung von Metallen durch potentiostatische Coulometrie

Metall	Elektrodenreaktion	Arbeits-elektrode	Potential [V] (vs. SCE)	Elektrolytlösung	Bestimmungsbereich, -grenze	Lit.
Li	Li(I) $\longrightarrow$ Li(Hg)	Hg	$-2,16$	0,1 M TEAP in CH_3CN	mg-Bereich	[10]
Na	Na(I) $\longrightarrow$ Na(Hg)	Hg	$-1,96$			
Ba	Ba(II) $\longrightarrow$ Ba(Hg)	Hg	$-2,03$	0,1 M TEAJ	mg-Bereich	[11]
Ag	Ag(I) $\longrightarrow$ Ag	Pt	$\pm 0,00$ (vs. $Hg/HgSO_4$)	1 M KNO_3	μg-Bereich	[12]
Zn	Zn(II) $\longrightarrow$ Zn(Hg)	Hg	$-1,45$	NH_3/NH_4(citrat)	0,07 μg($\pm 10\%$) >10 μg($\pm 0,1\%$)	[13]
Ti	Ti(IV) $\longrightarrow$ Ti(III)	Hg	$-0,2$	6–9 M H_2SO_4	mg-Bereich	[14]
V	V(V) $\longrightarrow$ V(IV) V(IV) $\longrightarrow$ V(V)	Pt	$+0,55$ $+1,15$	1,5 M H_3PO_4	mg-Bereich	[15]
Mn	Mn(II) $\longrightarrow$ Mn(III)	Pt	$+1,10$	0,25 M $Na_4P_2O_7$ (pH 2)	0,1–10 mg ($\pm 0,1\%$)	[16]
Pd	Pd(II) $\longrightarrow$ Pd(IV) Pd(IV) $\longrightarrow$ Pd(II)	Pt	$+0,85$ $+0,125$	0,2 M $NaNO_3$ $+0,2$ M Na_2HPO_4	1–10 mg ($\pm 0,1\%$) (pH 7)	[17]
U	U(VI) $\longrightarrow$ U(IV)	Pt	$-0,325$	1 M H_2SO_4	mg-Bereich	[18]
Pu/U	Pu(III) $\longrightarrow$ Pu(IV) U(IV) $\longrightarrow$ U(VI) Pu(IV) $\longrightarrow$ Pu(III)	Au	$+0,73$ $+0,33$ (vs. Ag/AgCl)	H_2SO_4/HNO_3	Simultane Bestimmung im mg-Bereich nach Reduktion zu Pu(III) und U(IV) mit Ti(III)	[19]
Pu	Pu(III) $\longrightarrow$ Pu(IV)	Pt	$+0,9$	1 M HCl	mg-Bereich	[20]
Pu	Pu(III) $\longrightarrow$ Pu(IV)	Pt	Potential Scanning	1 M HCl	1–100 μg	[2]
Pu	Pu(III) $\longrightarrow$ Pu(IV)	Pt	$+0,33$ (vs. Ag/AgCl)	0,5 M H_2SO_4	mg-Bereich	[21]

(Fortsetzung)

Tabelle 2.3.-1 (Fortsetzung)

Metall	Elektrodenreaktion	Arbeits-elektrode	Potential [V] (vs. SCE)	Elektrolytlösung	Bestimmungsbereich, -grenze	Lit.
Ru	Ru(IV) $\longrightarrow$ Ru(III)	Pt	$+0,05$	5 M HCl	mg-Bereich	[22]
Rh	Rh(III) $\longrightarrow$ Rh	Hg	$-0,55$		mg-Bereich	[91]
Np	Np(IV) $\longrightarrow$ Np	Pt	$+1,02$	0,5 M H_2SO_4	mg-Bereich	[23]
Am	Am(III) $\longrightarrow$ Am(VI)	Pt	$+1,05$	0,05–0,2 % $AgNO_3$ + $(NH_4)_2S_2O_8$	mg-Bereich	[24]
Ag	Ag(I) $\longrightarrow$ Ag	Pt (Ag-be-schichtet)	$-0,25$ (vs. Hg/Hg_2SO_4)	0,1 M H_2SO_4	mg-Bereich	[25]
Au	Au(III) $\longrightarrow$ Au	Pt (Au-be-schichtet)	$+0,45$	0,5 M HCl	mg-Bereich	[26]
Cu	Cu(II) $\longrightarrow$ Cu(Hg)	Hg	$-0,35$	verdünnte HCl + Tartrat-Puffer	mg-Bereich	[27]
Ir	Ir(IV) $\longrightarrow$ Ir(III)	Hg	$\pm0,00$		mg-Bereich	[92]
Pt	Pt(IV) $\longrightarrow$ Pt	Hg	$-0,26$		mg-Bereich	[93]

2.3.2 Galvanostatische Coulometrie — Coulometrische Titration

Die Strommenge für eine galvanostatische Elektrolyse ergibt sich nach

$$Q = i \cdot t \tag{6}$$

aus dem Produkt von Stromstärke i und Elektrolysezeit t.

Die galvanostatische Coulometrie oder Coulometrische Titration ist dem Prinzip nach eine maßanalytische Methode; der Titrator wird bei konstantem Potential in einer Elektrolysezelle in Gegenwart des Titranden erzeugt. Die Endpunktbestimmung erfolgt bei coulometrischen Titrationen mit den auch sonst üblichen Methoden, auf elektrochemischen Wege vorzugsweise durch Potentiometrie, Amperometrie und Biamperometrie; weniger gebräuchlich ist die photometrische Endpunktbestimmung.

Die Meßanordnung für coulometrische Titrationen ist in Abb. 2.3.-3 schematisch dargestellt. In der Zelle sind Arbeitselektrode und Gegenelektrode durch ein Diaphragma voneinander abgetrennt. Im Raum der Arbeitselektrode befindet sich außerdem noch das für die elektrochemische Endpunktbestimmung erforderliche Elektrodensystem.

Die an der Arbeitselektrode erzeugte Titratormenge wird bei galvanostatischer Arbeitsweise über die Elektrolysezeit ermittelt. Für Titrationen mit verzögerter Gleichgewichtseinstellung wird jedoch im Interesse der Genauigkeit der Bestimmung die Stromstärke vor Erreichen des Endpunktes verringert oder es werden konstante Stromimpulse angelegt, wobei die Verweilzeit zwischen den Impulsen variabel ist. Die dafür konstruierten Geräte müssen über einen elektronischen Integrator verfügen oder sind computergesteuert [28, 29, 30].

Grundlage coulometrischer Titrationen sind Säure-Base-, Redox-, Fällungs- und Komplexbildungsreaktionen. Der Titrator wird anodisch oder kathodisch erzeugt. Gegenüber den konventionellen Verfahren der Maßanalyse sind coulometrische Titrationen auch mit weniger stabilen Titratorsubstanzen möglich. Es entfällt die Standardisierung des Titrators und das Volumen der Probelösung bleibt während der Bestimmung unverändert.

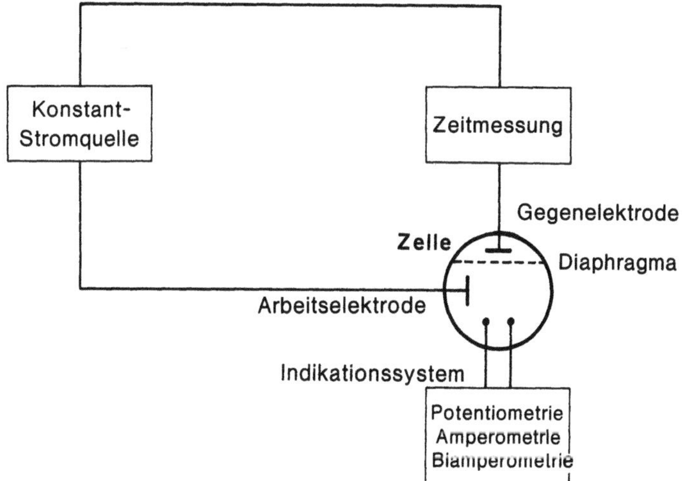

Abb. 2.3.-3. Meßanordnung für die coulometrische Titration mit elektrochemischer Endpunktbestimmung

Für *coulometrische Säure-Base-Titrationen* (Tabelle 2.3.-2) werden die Proben nach Zusatz geeigneter Salze in einer geteilten Zelle an Platinelektroden elektrolysiert. Beim Einsatz der Platinelektrode als Kathode entstehen Hydroxylionen und als Anode dient die Platinelektrode der Erzeugung von Protonen. Für die Titration starker Säuren werden den wäßrigen Probelösungen Alkalisalze zugesetzt. Zur Bestimmung schwacher organischer Säuren und Basen in organischen Lösungsmitteln mit quarternären Ammoniumbasen bzw. mit Perchlorsäure enthalten die Probelösungen Tetraalkylammoniumsalze bzw. Perchlorate. Als Lösungsmittel kommen Essigsäureanhydrid, Isopropanol, Acetonitril, tert.-Butanol und Tetrahydrofuran zur Anwendung. Der Titration schwacher Säuren in m-Kresol (Hcres) und mit Tetraethylammoniumperchlorat als Elektrolyt liegt folgende Elektrodenreaktion zugrunde:

$$2\,\text{Hcres} + 2\,e^- \longrightarrow H_2 + 2\,\text{cres}^-$$

Basen-Titrationen in m-Kresol erfolgen ebenfalls bei Anwesenheit von Tetraethylammoniumperchlorat und nach Zusatz von Harnstoff (urea). Nach der Elektrodenreaktion

$$\text{urea} + \text{Hcres} \rightleftharpoons \text{ureaH}^+\text{cres}^- \rightleftharpoons \text{ureaH}^+ + \text{cres}^-$$

$$(\text{cres}^- \longrightarrow \text{cres}^{\cdot} + e^-)$$

entsteht als Reagens für die Titration der Base ureaH$^+$ [31]

$$\text{ureaH}^+ + B \rightleftharpoons \text{urea} + BH^+.$$

Nach dem Prinzip der coulometrischen Säuretitration erfolgt auch die Bestimmung des Kohlenstoffs und des Schwefels in Stählen; Hinweise zu diesen Verfahren werden in Tabelle 2.3.-2 gegeben.

Die Titrator-Erzeugung im Titriergefäß kann durch Probenbestandteile gestört werden, die unter den gegebenen Elektrolysebedingungen selbst oxidiert oder reduziert werden. So ist die Säure-Titration mit elektrolytisch erzeugten Hydroxyl-Ionen nur bei Abwesenheit von Fremdsubstanzen möglich, die leichter reduziert werden als das Proton. Für praktische Belange wurden deshalb auch Titrationsverfahren mit externer Erzeugung des Titrators entwickelt [94, 95].

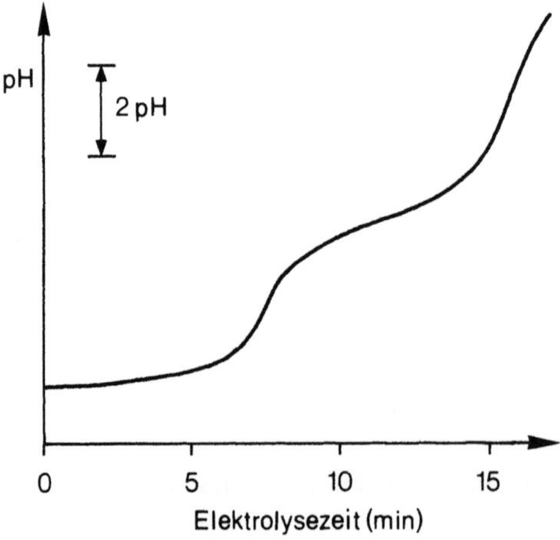

Abb. 2.3.-4. Kurvenverlauf bei der coulometrischen Titration von Benzolsulfonsäure ($4{,}6 \cdot 10^{-6}$ Mol) (1. pH-Sprung) und Pikrinsäure ($4{,}8 \cdot 10^{-6}$ Mol) (2. pH-Sprung) in m-Kresol ($i = 0{,}960$ mA) [31]

Tabelle 2.3.-2. Beispiele für coulometrische Säure-Base-Titrationen

Titrand	Elektrolytlösung	Arbeits-elektrode	Endpunktbestimmung	Bemerkungen	Lit.
organische Basen	Aceton + 1 % H_2O + 3 M $LiClO_4$ bzw. wäßrige 8 M $NaClO_4$	Pt	potentiometrisch (Glaselektrode)	Bestimmungen im μeq-Bereich Titration von Basen mit K_B-Werten bis 10^{-12} (in Wasser bis $K_B = 10^{-9}$)	[32]
organische Säuren und Basen	0,1 M $TEAClO_4$ in m-Kresol (+ 0,2 M Harnstoff für Titration von Basen)	Pt	potentiometrisch (Glaselektrode)	Bestimmungen im μeq-Bereich	[31]
organische Säuren	0,1 M TBABr in THF + 0,2–1 % H_2O	Pt	potentiometrisch (Glaselektrode)	Bestimmung organischer Säuren im μeq-Bereich in Polymeren	[33]
organische Säuren	0,5 M TEABr in i-Propanol	Pt	potentiometrisch (Glaselektrode)	Bestimmung im mg-Bereich	[34]
organische Säuren	Lösungsmittelgemische mit i-Propanol + $NaClO_4$ bzw. Na-Tetraphenylborat	Pt	potentiometrisch (Glaselektrode)	Bestimmung von 50–100 μM Säure (absolute Standardab-weichung <0,5 μM)	[35]
organische Säuren	Benzol-Methanol oder tert.-Butanol-Methanol + $NaClO_4$, TBAJ	Pt	potentiometrisch (Glaselektrode)	Bestimmung schwacher Säuren im mg-Bereich	[36]
starke Säuren	50 ml Probe + 0,5 ml 2 M KCl	Pt	potentiometrisch (Glaselektrode)	Bestimmung starker Säuren im Regenwasser	[37]
organische Säuren	0,1 M TBABr in tert.-Butanol mit ~0,2 % H_2O	Pt	potentiometrisch (Glaselektrode)	Titration verschiedener Säuren (relative Standard-abweichung ~ ±0,1 %)	[38]
H_2SO_4 nach Verbrennung des Schwefels im Sauerstoffstrom	2–3 g Na_2SO_4 + 3–5 ml 35 %iges H_2O_2 im Liter	Pt	potentiometrisch (Glaselektrode)	Bestimmung des Schwefel im Stahl	[1, 9]
CO_2 nach Verbrennung des Kohlenstoffs im Sauerstoffstrom	10 g $BaCl_2 \cdot 2H_2O$ + 5 ml Ethanol + 0,5 ml 35 %iges H_2O_2 im Liter	Pt	potentiometrisch (Glaselektrode)	Bestimmung des Kohlenstoffs im Stahl	[9]

Der Endpunkt wird bei coulometrischen Säure-Base-Titrationen im allgemeinen potentiometrisch mit der Glaselektrode ermittelt. In Abb. 2.3.-4 ist der mit einer Glaselektrode registrierte pH-Verlauf bei der coulometrischen Titration eines Gemisches von Benzolsulfonsäure und Pikrinsäure in m-Kresol dargestellt [31].

Für *coulometrische Redoxtitrationen* wird der Titrator aus einem zugesetzten Reagens anodisch oder kathodisch an Platinelektroden erhalten. Von besonderem Interesse ist die elektrolytische Erzeugung solcher Reduktions- und Oxidationsmittel, die wegen ihrer unzureichenden Beständigkeit für die Maßanalyse nur von geringer Bedeutung sind oder überhaupt nicht eingesetzt werden können.

Zahlreichen Verfahren liegt die elektrolytische Erzeugung von Brom oder Iod als Oxidationsmittel bzw. für Substitutionsreaktionen zur Bestimmung organischer Verbindungen zugrunde. Eines dieser Verfahren ist die coulometrische Bestimmung des Ammoniaks in KBr-haltiger, schwach alkalischer Lösung, die mit folgenden Gleichungen beschrieben wird:

$$\text{Anodenreaktion:} \qquad 2\,Br^- \longrightarrow Br_2 + 2e^-$$
$$Br_2 + 2\,OH^- \longrightarrow Br^- + BrO^- + H_2O$$
$$\text{Kathodenreaktion:} \qquad 2\,H_2O + 2e^- \longrightarrow 2\,OH^- + H_2$$
$$\text{Bestimmungsreaktion:} \qquad 2\,NH_3 + 3\,BrO^- \longrightarrow 3\,Br^- + N_2 + 3\,H_2O$$

Die Endpunktbestimmung erfolgt biamperometrisch. Nach diesem Prinzip können ppm-Gehalte von Stickstoff in Reinstmetallen bestimmt werden. Dazu wird die Probe im Druckgefäß mit Säuregemischen ($HF/HClO_4$ oder $HCl/HClO_4$) aufgeschlossen und das NH_3 destillativ in die Elektrolytlösung überführt [39]. Die Bestimmung des Wasserstoffs in Metallen erfolgt nach Heißextraktion, Verbrennung zu Wasser und Umsetzung mit $NaNH_2$ zu NH_3 durch coulometrische Titration mit BrO^- [40].

Die coulometrische Bestimmung der Schwefelgehalte in anorganischen und organischen Proben, z.B. im Erdöl und in Erdölprodukten sowie in Aerosolen [41, 42, 43] erfolgt nach Verbrennung im Sauerstoffstrom zu SO_2 und Absorption in einer KI-Lösung durch Titration mit anodisch erzeugtem Iod. Der Endpunkt der Reaktion

$$SO_3^{2-} + I_2 + H_2O \longrightarrow SO_4^{2-} + 2\,HI$$

wird potentiometrisch ermittelt; Sulfate werden dabei nicht erfaßt.

Auch die *Karl-Fischer-Titration* kann coulometrisch durchgeführt werden. Das benötigte Iod wird elektrolytisch erzeugt und der Endpunkt kann amperometrisch oder biamperometrisch bestimmt werden [44]. Durch die Entwicklung mikroprozessorgesteuerter Geräte ist das Verfahren weitgehend automatisiert und für die Bestimmung von sehr kleinen Wassermengen (μg-Bereich) in organischen Lösungsmitteln und Feststoffen geeignet [45]. Weitere anodisch erzeugte Oxidationsmittel für coulometrische Titrationen sind Silber(II), Mangan(III), Permanganat, Cer(IV), Vanadin(V), Chromat und Hexacyanoferrat(III). Die Endpunktbestimmung bei coulometrischen Redox-Titrationen erfolgt potentiometrisch, biamperometrisch oder amperometrisch. Für das Beispiel der coulometrischen Co-Titration mit elektrolytisch erzeugtem $K_3[Fe(CN)_6]$ aus $K_4[Fe(CN)_6]$ sind die Kurvenverläufe der amperometrischen Endpunktbestimmung in Abb. 2.3.-5 dargestellt. Bei konstantem Potential der Arbeitselektrode (Platin-Draht) wird die Konzentration an $K_3[Fe(CN)_6]$ über die im Diffusionsgrenzstrombereich gemessene Indikatorstromstärke verfolgt [46].

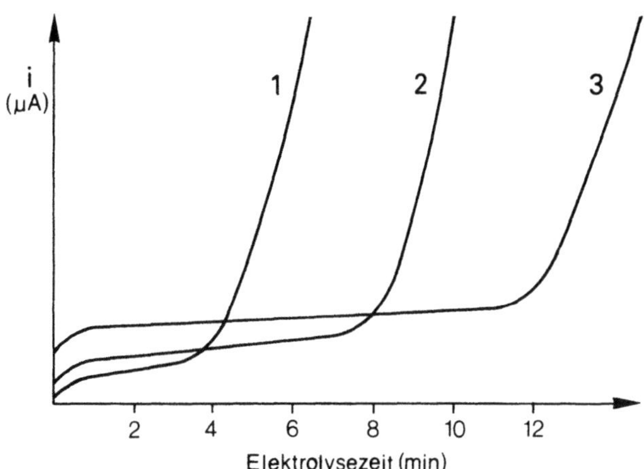

Abb. 2.3.-5. Coulometrische Kobalt-Titration mit elektrolytisch erzeugtem $K_3[Fe(CN)_6]$ und amperometrischer Endpunktbestimmung. Polarisationsspannung: $-0,3$ V; Elektrolysestrom: 19 mA; Co-Gehalte: 1) 2,91, 2) 5,82, 3) 8,73 mg in 100 ml Titrationsvolumen [46]

Als Reduktionsmittel werden für coulometrische Titrationen Eisen(II), Zinn(II), Titan(III), Vanadin(IV), Vanadin(III), Mangan(III), Chrom(II) und Kupfer(I) elektrolytisch erzeugt. Für die Sauerstoff-Bestimmung im Wasser oder in Gasen wird eine Lösung mit Methylviologen (1,1'-Dimethyl-4,4'-bipyridinium-dichlorid) eingesetzt, dessen Kation $Viol^{2+}$ an einer Hg-Kathode zum Viologen-Radikal $Viol^+$ ($E = -0,44$ V vs. H_2-Elektrode) reduziert wird. Die Sauerstoffreduktion verläuft nach

$$2\,Viol^+ + 1/2\,O_2 + H_2O \longrightarrow 2\,Viol^{2+} + 2\,OH^-$$

und wird biamperometrisch indiziert [47].

Weitere Beispiele für coulometrische Titrationen mit elektrolytisch erzeugten Reduktions- und Oxidationsreagenzien sind in Tabelle 2.3.-3 aufgeführt.

Für *coulometrische Fällungstitrationen* wird der Titrator durch anodische Oxidation aus dem Elektrodenmaterial erhalten oder nach Reduktion bzw. Oxidation aus einem zugesetzten Reagens.

Die Titration der Halogenide erfolgt mit Ag^+-Ionen, die von einer Silber-Anode [1, 71, 72] oder von einer Ag_2S-Membran [73] geliefert werden. Mit anodisch erzeugtem Ag^+ können auch Thiole [74], Sulfid [75] und Phosphat [76] titriert werden. Die Endpunktbestimmung erfolgt potentiometrisch oder amperometrisch; bei der Mikrotitration (20 µl Probevolumen) der Halogenide wird der Endpunkt mit adsorptionspolarisierten Elektroden bestimmt [77] (s. Abschn. 2.8).

Die elektrolytische Erzeugung ein- und zweiwertiger Quecksilber-Ionen aus Hg-Anoden dient der Bestimmung der Halogenide und Barbiturate [78].

Über eine PbSe-Membran wird Pb^{2+} zur fällungstitrimetrischen Bestimmung von Sulfat erzeugt [79]. Mit Pb^{2+} aus einer Bleiamalgam-Anode erfolgt die coulometrische Titration von Phosphat, Sulfid, Sulfat, Iodid, Molybdat und Wolframat [80, 81].

Zur coulometrischen Titration von Fluorid mit La^{3+} wird eine Anode aus Lanthanhexaborid (LaB_6) verwendet; die Endpunktbestimmung der Titration erfolgt potentiometrisch mit einer fluoridsensitiven Elektrode [82].

Tabelle 2.3.-3. Beispiele coulometrischer Redoxtitration

Titrand	Titrator	Elektrolytlösung	Arbeits-elektrode	Endpunktbestimmung	Bemerkungen	Lit.
Methacrylsäure	Br_2	0,2 M KBr in 50%iger Essigsäure	Pt	biamperometrisch	Bestimmung der Monomerenkonzentration	[48]
Thioharnstoff	Br_2	Borax/KH_2PO_4-Puffer pH 5,8 + 2% KBr	Pt	potentiometrisch	Bestimmung im mg-Bereich	[49]
Aniline Alkylaniline Alkylphenole	Br_2	Essigsäure/Wasser/ Pyridin-Gemische +0,1–1,2 M KBr	Pt	biamperometrisch	Bestimmung im mg- und µg-Bereich	[50–52]
As(III)	Br_2	1 M KBr + 3 M H_2SO_4	GC	potentiometrisch biamperometrisch		[53]
NH_3 (Kjeldahl-Stickstoff)	Br_2	Borax-Lösung + KBr + HCl (pH 8,6)	Pt	biamperometrisch	Bestimmung im mg- und µg-Bereich	[54]
I^-	Br_2	Lösung mit $Na_4P_2O_7$ + $ZnSO_4$ + HCl + KBr	Pt	potentiometrisch	Bestimmung neben Cl^- und Br^-, z.B. im Meerwasser oder Kochsalz	[55]
Isoniacid Oxalyldihydrazid Hydrochinon Resorcin	Ag^{2+}	0,1 M $AgNO_3$ in 5 M HNO_3 ($-10\,°C$)	Au	potentiometrisch biamperometrisch	Bestimmung im sub-mg-Bereich (1–2% Fehler)	[56]
α-Tocopherol	VO_4^{3-}	0,1 M $VOSO_4$ in Essigsäure	Pt	amperometrisch	Bestimmung von 0,1–2 mg (relativer Fehler 2,5%)	[57]
N-substituierte Phenothiazine	Ce^{4+}	$Ce_2(SO_4)_3$ in 3 M H_2SO_4	Pt	amperometrisch	Bestimmung von 0,25–20 mg; Fehler ± 1%	[58]
H_2O_2, I^-, $[Fe(CN)_6]^{4-}$	MnO_4^-	>1,8 M H_2SO_4 + 0,27–0,45 M $MnSO_4$	Pt	potentiometrisch, visuell	Bestimmung im mg-Bereich	[59]

NO_3^-	Fe^{2+}	schwefelsaure Lösung von $K_3Fe(CN)_6$	Pt	potentiometrisch	Bestimmung im mg-Bereich	[60]
Naphthochinone (K-Vitamine) Methylenblau	Ti^{3+}	$0,4\,M\ TiCl_4 +$ $8\,M\ H_2SO_4 +$ $10\text{--}50\,\%$ Methanol	Pt	potentiometrisch	mg-Bereich	[62]
Mn(III)	Fe^{2+}	$1\,M\ Fe_2(SO_4)_3$	Pt	potentiometrisch biamperometrisch	Bestimmung im mg-Bereich	[63]
Untersuchungen zur elektrolytischen Erzeugung von Mangan(III) als Oxidationsmittel in F^--haltiger Lösung; infolge Bildung von F^--Komplexen kann die Abscheidung von Mangandioxid verhindert werden $(E^0_{MnF_3/Mn^{2+}} = +1,20$ vs. NHE)						[61]
V(V)	Cu^+	$4\text{--}6\,M\ HCl$	Cu	potentiometrisch	Bestimmung im mg-Bereich	[64]
Fe(III), V(V) Cr(VI), $[Fe(CN)_6]^{3-}$	Sn^{2+}	$0,01\text{--}4\,M\ HCl$	Sn(Hg)	potentiometrisch	Bestimmung im mg-Bereich	[65]
Re(VII)	Sn^{2+}	$0,1\,M\ SnCl_4$ in $6\,M\ HCl$	Graphit (Paraffin-imprägniert)	biamperometrisch potentiometrisch		[66]
Ce(IV) I_2, Br_2	Sn^{2+}	$3\,M\ KCl + 0,3\,M\ SnCl_4$	Pt	potentiometrisch biamperometrisch		[67]
Ti(IV)	Cr^{2+}	$2\text{--}3\,M\ HBr + 0,1\,M\ CrBr_3$	Hg	amperometrisch	Bestimmungsgrenze $0,5\,mg$	[68]
aromatische Nitroverbindungen	Cr^{2+}	$CrBr(H_2O)_5^{2+}$ in $1,5\,M\ HCl$	Hg	biamperometrisch		[69]
O_2	Cr^{2+}	Cr(III)sulfat in $0,1\,M\ KCl$	Hg	amperometrisch		[70]

Für die elektrolytische Erzeugung von S^{2-} und SCN^- als Fällungsreagenzien für verschiedene Titrationen werden Ag/Ag_2S- und $Ag/AgSCN$-Elektroden empfohlen [83].

Aus $K_3[Fe(CN)_6]$ oder $Ag_4[Fe(CN)_6]$ wird kathodisch als Fällungsreagens $[Fe(CN)_6]^{4-}$ zur coulometrischen Titration von Zink und Indium erzeugt [84, 85].

Coulometrische Komplexbildungstitrationen zur Bestimmung von Thorium und Nickel erfolgen mit EDTA, welches kathodisch aus dem Quecksilber-Komplex erzeugt wird; die Endpunkte werden amperometrisch oder biamperometrisch ermittelt [86, 87]. Ähnlich kann Diethylentriaminpentaessigsäure als Titrator für die Bestimmung von Zink, Kupfer und Calzium aus dem Quecksilber(II)-EDTA-Komplex erhalten werden [88]. Die coulometrische Ultramikrotitration von Zink mit Diethylentriaminpentaessigsäure erfolgt in 3–5 µl der Probelösung mit Mengen von 10^{-7} bis 10^{-9} g Zn [89].

Fluorid-Gehalte bis zu 2 ppm können mit elektrolytisch aus Aluminium-Anoden erhaltenen Al^{3+} titriert werden; die Bestimmung des Endpunktes nach Bildung von $(AlF_6)^{3-}$ erfolgt potentiometrisch mit einer Fluorid-sensitiven Elektrode [90].

Literatur zu 2.3

Monographien und Übersichtsarbeiten

1 Abresch, K., Claassen, I.: Die coulometrische Analyse. Weinheim: Verlag Chemie 1961
2 Milner, G.W.C., Phillips, G.: Coulometry in Analytical Chemistry. Oxford: Pergamon Press Ltd. 1967
3 Harrar, J.E.: Techniques, Apparatus, and Analytical Applications of Controlled-Potential Coulometry. In: Electroanalytical Chemistry. Bard, A.J. (ed.) Vol. 8. New York: Dekker 1975
4 Davis, D.G.: Electroanalysis and coulometric Analysis, Anal. Chem. **46**, 21 R (1974)
5 Stock, J.T.: Amperometric, biamperometric and coulometric Titrations, Anal. Chem. **48**, 1 R (1976), Automatic coulometric titrators, trends in analytical chemistry **1**, 59 (1981)
6 Khamrakulov, T.K., Chervyakova, V.V.: Coulometric Analysis, Direct Coulometry, Zavodsk. Lab. **41**, 1297 (1975)
7 Khamrakulov, T.K., Chervyakova, V.V.: Coulometric Analysis, Direct Coulometry, Zavodsk. Lab. **41**, 1041 (1975)
8 Ezerskaya, N.A.: Amperometric and coulometric methods for determination of platinum metals. Zh. Anal. Khim. **36**, 1449 (1981)
9 Abresch, K., Büchel, E.: Die coulometrische Analyse, Angew. Chem. **74**, 685 (1962)

Originalliteratur

1 Scott, F.A., Peekema, R.M., Conally, R.E.: Anal. Chem. **33**, 1024 (1961)
2 Sklyarenko, J.S., Sentyurin, J.G., Cgubukova, T.M.: Zh. Anal. Khim **28**, 1318 (1973)
3 MacKellar, W.J., Droege, M., Anderson, B.C.: Chem. Biomed., and Environ. Instrumentation **12**(1), 39 (1983)
4 Ebel, S., Hocke, J., Kalb, S.: Fresenius Z. Anal. Chem. **288**, 183 (1977)
5 Taylor, J.K., Smith, S.W.: J. Res. Nat. Bur. Stand. **63A**, 153 (1959)
6 Yoshimori, T.: Z. Chem. **18**, 251 (1978)
7 Alimarin, I.P., Petrikova, M.N., Kokina, T.A.: Zhurn. Anal. Khim. **24**, 333 (1969)
8 Alimarin, I.P., Petrikova, M.N.: Zhurn. Anal. Khim. **21**, 3 (1966)
9 Bishop, E.: Mikrochim. Acta **1960**, 803
10 Besette, R.R., Olver, J.W.: J. Electroanal. Chem. **17**, 327 (1968)
11 Lingane, J.J.: J. Electroanal. Chem. **15**, 211 (1967)
12 Bard, A.J.: Anal. Chem. **35**, 1125 (1963)

13 Meites, L.: Anal. Chim. Acta **20**, 456 (1959)
14 Rigdon, L.P., Harrar, J.E.: Anal. Chem. **43**, 747 (1971)
15 Rigdon, L.P., Harrar, J.E.: Anal. Chem. **41**, 1673 (1969)
16 Harrar, J.E., Rigdon, L.P.: Anal. Chem. **41**, 758 (1969)
17 Rigdon, L.P., Harrar, J.E.: Anal. Chem. **46**, 696 (1974)
18 Le Duigou, Y., Lauer, K.F.: Fresenius Z. Anal. Chem. **261**, 398 (1972)
19 Fardon, J.B., McGowan, I.R.: Talanta **19**, 1321 (1972)
20 MacDongall, C.S., Waterburg, G.R.: Anal. Chem. **45**, 976 (1973)
21 Goode, G.C., Herrington, J.: Anal. Chim. Acta **33**, 413 (1965)
22 Weldrick, G., Phillips, G., Milner, G.W.C.: Analyst **94**, 840 (1969)
23 Plock, C.E., Polkinghorne, W.S.: Talanta **14**, 1356 (1967)
24 Stokely Jr., J.R., Shults, W.D.: Anal. Chim. Acta **45**, 417 (1969)
25 PAR – Application Brief S–3
26 PAR – Application Brief G–1
27 PAR – Application Note 124
28 Stock, T.: Trends in analytical chemistry **1**, 59 (1981)
29 Ebel, S., Hocke, J., Kalb, S.: Fresenius Z. Anal. Chem. **288**, 183 (1977)
30 Schumacher, E., Hackmann, B.: Fresenius Z. Anal. Chem. **304**, 358 (1980)
31 Bos, M., Dahmen, E.A.M.F.: Anal. Chim. Acta **72**, 345 (1974)
32 Christian, G.D.: Anal. Chim. Acta **46**, 77 (1969)
33 Champion, C.E., Bush, D.G.: Anal. Chem. **45**, 640 (1973)
34 Cooksey, B.G., Metters, B., Ottaway, J.M., Whymark, D.W.: Talanta **20**, 371 (1973)
35 Johansson, G.: Talanta **11**, 789 (1964)
36 Cotman, C., Shreiner, W., Hickey, J., Williams, Th.: Talanta **12**, 17 (1965)
37 Fa. Metrohm, Application-Bulletin No A 106d
38 Fritz, J.S., Gainer, F.E.: Talanta **15**, 939 (1968)
39 Werner, W., Tölg, G.: Fresenius Z. Anal. Chem. **276**, 103 (1975)
40 Yoshimori, T., Ishiwari, S.: Talanta **17**, 349 (1970)
41 Cedergren, A.: Talanta **20**, 621 (1973)
42 Killer, F.C.A., Underhill, K.E.: Analyst **95**, 505 (1970)
43 Scaringelly, F.P., Rehme, K.A.: Anal. Chem. **41**, 707 (1969)
44 Karlsson, R., Karrman, K.J.: Talanta **18**, 459 (1971)
45 Schalch, E.: LaborPraxis, Nov. 1983, S. 1100
46 Henze, G., Geyer, R., Holzbauer, R.: Acta Chim. Acad. Sci. Hung. **59**, 297 (1969)
47 Leest, R.E.V.D.: J. Electroanal. Chem. **43**, 251 (1973)
48 Grant, D.H., McPhee, V.A.: Anal. Chem. **48**, 1820 (1976)
49 Sivaramaiah, G.: Z. Anal. Chem. **270**, 274 (1974)
50 Truedsson, L.-Å., Smith, B.E.F.: Talanta **26**, 487 (1979)
51 Truedsson, L.-Å.: Talanta **26**, 493 (1979)
52 Kinberger, B., Edholm, L.E., Nilsson, O., Smith, B.E.F.: Talanta **22**, 979 (1975)
53 Jennings, V.J., Dodson, A., Atkinson, A.M.: Analyst **97**, 923 (1972)
54 Fa. Metrohm, Application Bulletin No. A 53
55 Fa. Metrohm, Application Bulletin No. 119d
56 Chateau-Gosselin, M., Patriarche, G.J., Christian, G.D.: Z. Anal. Chem. **285**, 373 (1977)
57 Cospito, M., Zanello, P., Raspi, G.: Z. Anal. Chem. **271**, 200 (1974)
58 Gaston, J., Patriarche, J., Lingane, J.J.: Anal. Chim. Acta **49**, 25 (1970)
59 Tutundžič, P.S., Paunovič, M.M.: Anal. Chim. Acta **22**, 291 und 345 (1960)
60 Fa. Metrohm, Application Bulletin No. 103d
61 Katoh, M., Yoshimori, T.: Talanta **19**, 407 (1972)
62 Viré, J.C., Patriarche, G.J., Christian, G.D.: Mikrochim. Acta (1977) I, 17
63 Knoeck, J., Diehl, H.: Talanta **14**, 1083 (1967)
64 Kostromin, A.I., Badakshanov, R.M.: Zavod. Lab. **39**, 1057 (1973)
65 Basov, V.N., Agasyan, P.K., Vikharev, B.G.: Zhurn. Anal. Khim. **28**, 2344 (1973)
66 Chavdarova, R.D., Agasyan, P.K., Nikolaeva, E.P.: Zhurn. Anal. Khim.: **31**, 1720 (1976)
67 Takahashi, T., Sakurai, H.: Talanta **9**, 74 (1962)
68 Sheytanov, Chr., Neshkova, M.: Anal. Chim. Acta **52**, 455 (1970)
69 Al-Daher, I.M., Kratochvil, B.G.: Anal. Chem. **51**, 1480 (1979)

70   James, G.S., Stephen, M.J.: Analyst **85**, 35 (1960)
71   Champion, C.E., Marinenko, G.: Anal. Chem. **41**, 205 (1969)
72   Nagy, G., Fehér, Z., Tóth, K., Pungor, E.: Anal. Chim. Acta **91**, 97 (1977)
73   Fletcher, K.S., Mannion, R.F.: Anal. Chem. **42**, 285 (1970)
74   Ladenson, I.M., Purdy, W.C.: Anal. Chim. Acta **64**, 259 (1973)
75   Čaderský, I.: Z. Anal. Chem. **239**, 14 (1968)
76   Christian, G.D., Knoblock, E.C., Purdy, W.C.: Anal. Chem. **35**, 1869 (1963)
77   Schumacher, E., Umland, F.: Fresenius Z. Anal. Chem. **286**, 343 (1977)
78   Monforte, J.R., Purdy, W.C.: Anal. Chim. Acta **52**, 25 (1970)
79   Schumacher, E., Hackmann, B.: Fresenius Z. Anal. Chem. **305**, 21 (1981)
80   Basov, V.N., Agasyan, P.K., Testoedova, T.: Zavod. Lab. **40**, 924 (1974)
81   Kostromin, A.I., Ibragimov, K.A.: Zavod. Lab. **42**, 637 (1976)
82   Curran, D.J., Fletcher, K.S.: Anal. Chem. **41**, 267 (1969)
83   Fiorani, M., Magno, F,: Anal. Chim. Acta **39**, 285 (1967)
84   Alimarin, I.P., Petrikova, M.N., Kokina, T.A.: Zh. Anal. Khim. **24**, 333 (1969)
85   Magno, F., Pilloni, G.: Anal. Chim. Acta **41**, 413 (1968)
86   Goode, G.C., Jones, W.T.: Anal. Chim. Acta **38**, 363 (1967)
87   Alimarin, I.P., Petrikova, M.N., Kokina, T.A.: Mikrochim. Acta (Wien) 494 (1971)
88   Kawaguchi, T., Mutô, G.: Japan Analyst **17**, 38 (1968)
89   Kokina, T.A., Petrikova, M.N., Alimarin, I.P.: Zh. Anal. Khim. **32**, 1936 (1977)
90   Mutô, G., Nozaki, K.: Japan Analyst **18**, 247 (1969)
91   Van Loon, G., Page, J.: Talanta **12**, 227 (1965)
92   Page, J.: Talanta **9**, 365 (1962)
93   Bartscher, W., Giovannone: Anal. Chim. Acta. **91**, 139 (1977)
94   De Ford, D.D., Johns, C.J., Pitts, J.N.: Anal. Chem. **23**, 938 u. 941 (1951)
95   Fuchs, W., Quadt, W.: Z. Anal. Chem. **147**, 184 (1955)

2.4 Polarographie und Voltammetrie [4, 9, 11, 14]

Als Polarographie und Voltammetrie werden Methoden bezeichnet, bei denen an kleinen stromdurchflossenen Mikroelektroden die auf Grund von Elektrodenreaktionen auftretenden zeitabhängigen Ströme in Abhängigkeit von der an der Elektrode anliegenden Spannung gemessen werden. Nach Delahay [6] werden diese Verfahren allgemein als *„Voltammetrie"* bezeichnet, für den Fall der Verwendung einer tropfenden Quecksilberelektrode als *„Polarographie"*. Die IUPAC hat für alle elektrochemischen Analysenmethoden versucht, ein einheitliches Bezeichnungssystem einzuführen [1, 2]. Die Bezeichnungen haben sich nur zum Teil durchgesetzt. Vielfach werden alte Bezeichnungen bzw. Trivialbezeichnungen verwendet, so z. B. Voltammetrie anstelle von „Chronovoltamperometrie" (alte IUPAC-Empfehlung).

2.4.1 Voltammetrie

An einer stromdurchflossenen Mikroelektrode im Bereich nichtstationärer Diffusion erhält man (vgl. Abschn. 1.3) beim Anlegen einer konstanten Elektrodenspannung einen mit der Zeit abnehmenden Strom. Wenn an die Elektrode ein mit der Zeit anwachsendes Potential (Spannung) E mit der Spannungsänderungsgeschwindigkeit $v = \dfrac{dE}{dt}$ gelegt wird, so erhält man zunächst eine Zunahme des Durchtrittstromes, dem sich die diffusionskontrollierte zeitliche Abnahme nach der Cottrell-Gleichung (s. S. 26) überlagert. Insgesamt resultiert eine Stromspannungskurve mit einem Spitzenstrom (vgl. Abb. 2.4.-1). Diese Stromspannungskurve („Voltammogramm") kann

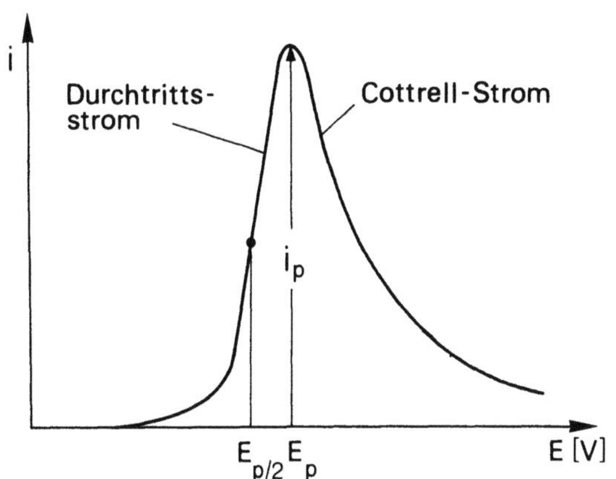

Abb. 2.4.-1. Voltammetrische Stromspannungskurve („Voltammogramm")

qualitativ durch E_p bzw. $E_{p/2}$ charakterisiert werden. Die Spitzenstromstärke ist [1]

$$i_p(\text{rev.}) = k \cdot n^{3/2} \cdot O \cdot D^{1/2} \cdot c \cdot v^{1/2} \qquad \text{(Randles-Sevčik-Gleichung)}.$$

Für E_p bzw. $E_{p/2}$ ergeben sich folgende Werte gegenüber dem gleichstrompolarographischen Halbstufenpotential $E_{1/2}$ (vgl. Abschn. 2.4.-2)

$$E_p = E_{1/2} \mp \frac{0{,}029}{n} \text{ [V]} \quad \text{bzw.} \quad E_{p/2} = E_{1/2} \pm \frac{0{,}029}{n} \text{ [V]}$$

(jeweils oberes Vorzeichen für eine kathodische, unteres Vorzeichen für eine anodische Stromspannungskurve). Die Differenz ist $E_p - E_{p/2} = \dfrac{0{,}059}{n}$ [V]. Die Neigung der Stromspannungskurve (Steilheit) ist demnach von n abhängig. Sie ist außerdem noch abhängig von der Reversibilität der Durchtrittsreaktion. Mit zunehmender Irreversibilität werden die Kurven flacher und breiter (s. Abb. 2.4.-2). E_p wird jetzt von

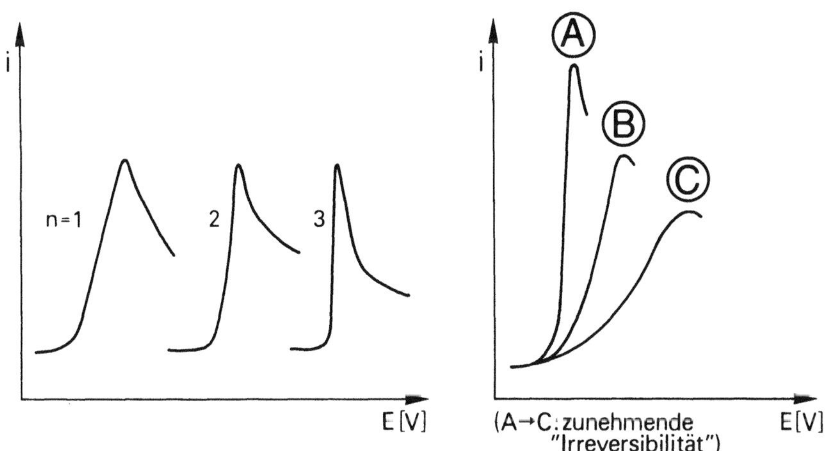

Abb. 2.4.-2. Einfluß von n und der Reversibilität der Elektrodenreaktion auf die Ausbildung der Voltammogramme

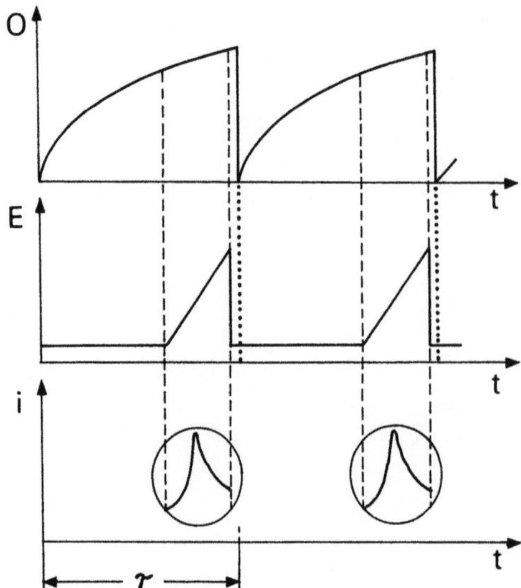

Abb. 2.4.-3. Prinzip der Kathodenstrahlpolarographie. O: Elektrodenoberfläche, E: Elektrodenpotential, i: Strom

v abhängig. Für vollständig irreversible Elektrodenreaktionen (vgl. [3]) wird

$$E_p - E_{1/2} = \frac{0{,}048}{\alpha n} \ [V].$$ Zur Berechnung der vollständigen Stromspannungskurven vgl.

[3]. Nach diesem Verfahren werden Voltammogramme vorwiegend an stationären Quecksilberelektroden oder an Festelektroden — hier insbesondere zum Studium anodischer Reaktionen — oder in der inversen Voltammetrie aufgenommen. Treten gleichzeitig mehrere dicht zusammenliegende Spitzenströme auf, so sind diese wegen des nicht eindeutig zu ermittelnden Grundstromverlaufs schlecht auswertbar.

Von analytischer Bedeutung war die sogenannte „*Kathodenstrahlpolarographie*" [4], bei der mit einer üblichen Quecksilbertropfelektrode mit längerer Tropfzeit ($\tau > 7$ s) gearbeitet wurde. Die Aufnahme der gesamten Stromspannungskurve erfolgte während des letzten Teils der Lebensdauer des Tropfens (s. Abb. 2.4.-3). Bei der Differentialkathodenstrahlpolarographie [4, 5] arbeitet man mit zwei identischen Zellen und Tropfelektroden. Letztere werden durch einen mechanischen Abklopfer simultan zum Tropfen gebracht. Durch geeignete Schaltung wird nur die Differenz der durch beide Zellen fließenden Ströme registriert (s. Abb. 2.4.-4). Enthält die eine Zelle

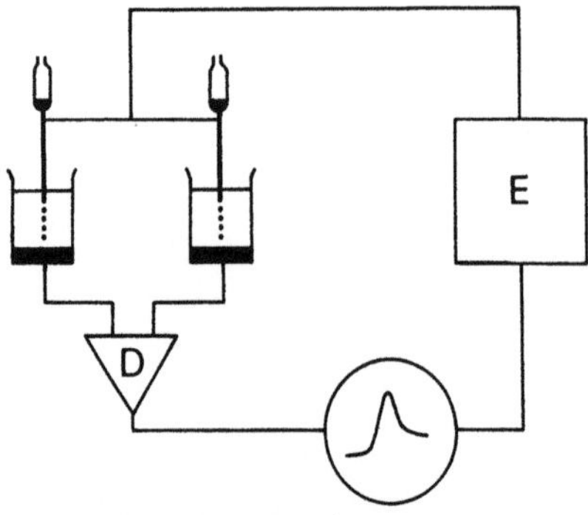

D = Differenzverstärker

Abb. 2.4.-4. Differenz(Differential)-Voltammetrie und Polarographie

die reine Grundlösung oder eine Lösung mit genau bekanntem Gehalt, so erhält man entweder eine Subtraktion des Grundstroms und damit eine Steigerung der Empfindlichkeit oder eine genauere Messung der Konzentrationsdifferenz in beiden Zellen („*Komparationspolarographie*") [5].

Bei der „*Stair-case*" *Voltammetrie* wird an Stelle eines linearen Spannungsanstiegs ein treppenförmiger Anstieg der Elektrodenspannung bei der Aufnahme der Stromspannungskurve benutzt [6]. Durch Verlegen der Messung gegen Ende der „Treppenstufe" ergeben sich ähnliche Vorteile wie bei der Pulse Polarographie (vgl. Abschn. 2.5).

Bei der *cyclischen Voltammetrie* [7, 27] legt man an die Elektrode eine sägezahnförmige Spannung (s. Abb. 2.4.-5). Dies bedeutet, daß das Elektrodenpotential wieder zum Ausgangspunkt zurückkehrt, wobei die beim „Hinlauf" gebildeten Reaktionsprodukte wieder eine elektrochemische Rückreaktion erfahren können. Je nach Reversibilität der Elektrodenvorgänge, eventuell vor- und nachgelagerter chemischer Reaktion oder Adsorption von Reaktanden an der Elektrodenoberfläche erhält man cyclische Voltammogramme verschiedenen Aussehens, aus denen man Rückschlüsse auf die Elektrodenvorgänge ziehen kann. Im Gegensatz zur einfachen Voltammetrie hat man als weitere zusätzliche Meßgrößen $E_p^{(R)}$ und $i_p^{(R)}$ des „Rücklaufs". Darüberhinaus bildet man noch die Verhältnisse dieser Stromgrößen $\dfrac{i_p^{(H)}}{i_p^{(R)}}$ bzw. die Potentialdifferenz $E_p^{(H)} - E_p^{(R)}$, beide auch in Abhängigkeit von der Spannungsänderungsgeschwindigkeit v. Es ergeben sich so zahlreiche diagnostische Kriterien zur Erkennung und Untersuchung von Elektrodenreaktionen [3]. Für einfachere Untersuchungen lassen sich schon aus Unterschieden der Voltammogramme des ersten und zweiten Durchlaufs Rückschlüsse auf die an der Elektrode gebildeten Zwischenprodukte der Elektrodenreaktion ziehen.

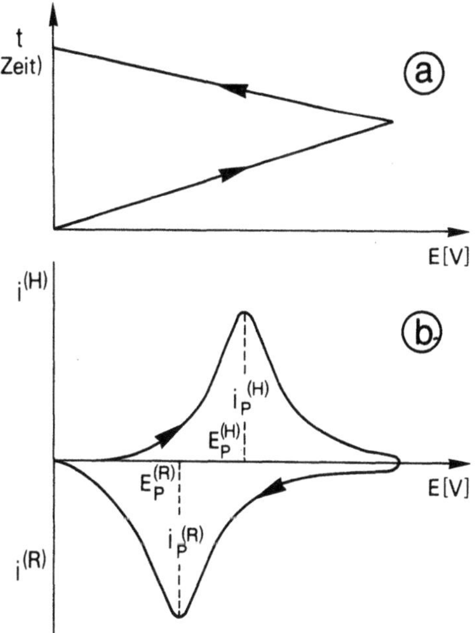

Abb. 2.4.-5. Prinzip der cyclischen Voltammetrie. a: Potentialverlauf an der Elektrode ($E = v\ t$), b: Resultierende Stromspannungskurve. → Hin-, ← Rückreaktion

2.4.2 Gleichstrompolarographie [13, 15, 20, 21, 22]

Bei der klassischen Gleichstrompolarographie (Heyrovsky, 1923) nehmen wir eine Stromspannungskurve in ruhender Lösung mit einer tropfenden Quecksilberelektrode auf. Wir haben also unter diesen Bedingungen eine stromdurchflossene Elektrode im nichtstationären Bereich (vgl. Abschn. 1.3), was zu einer zeitlichen Abnahme der Diffusionsströme führt. Dieser Abnahme wirkt aber im speziellen Fall der „Polarographie" eine durch das Anwachsen der Elektrodenoberfläche bedingte Zunahme des Stromes entgegen. Für die zeitliche Zunahme der kugelförmigen Oberfläche des Quecksilbers beim Austritt aus einer Kapillare erhält man mit

$$mt = \tfrac{4}{3}\pi\varrho r^3, \tag{1}$$

($m = $ „Strömungsgeschwindigkeit" des Quecksilbers [$mg \cdot s^{-1}$], $r = $ Radius des Quecksilbertropfens, $\varrho = $ Dichte des Quecksilbers) und Auflösen nach r^2 sowie Einsetzen in die Gleichung für die Kugeloberfläche $O = 4\pi r^2$ die Beziehung

$$O = Km^{2/3}t^{2/3} \qquad \text{(mit der Konstanten K).} \tag{2}$$

Wird dieser Ausdruck (2) in die Cottrell-Gleichung eingesetzt, so erhält man für den Strom i

$$i = K'nD^{1/2}m^{2/3}t^{1/6}c, \tag{3}$$

mit der Konstante K', in der alle gleichbleibenden Größen vereinigt sind. Für den genauen Wert von K' muß man die streng nur für planare Diffusion geltende einfache Cottrell-Gleichung für sphärische Diffusion erweitern, wobei noch das Hineinwachsen des Quecksilbertropfens in den Diffusionsraum zu berücksichtigen ist. Als erster hat Ilkovič (1935) diese Berechnungen durchgeführt. Mit den Einheiten A (Ampere), s, g, cm und $mol \cdot l^{-1}$, hat die Konstante in Gl. (3) den numerischen Wert $K' = 0{,}708$. Diese Gleichung liefert einen von der Zeit abhängigen Strom.

Die Stromspannungskurve („Polarogramm") zeigt starke Oszillationen (s. Abb. 2.4.–2.6a). Zur besseren Auswertung werden diese Kurven „gedämpft" (s. Abb. 2.4.–2.6b). Für den Mittelwert des resultierenden Stroms (i_D) ergibt sich aus Gl. (3) durch Integration über die Tropfzeit (τ)

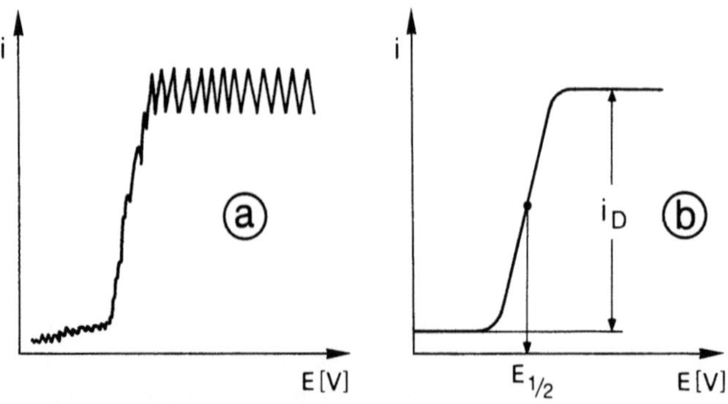

Abb. 2.4.-6. Gleichstrompolarogramme. a: ungedämpft, b: gedämpft

$$i = i_D = \frac{1}{t} \int_0^\tau i\,dt = 0{,}607 \text{ nm}^{2/3} D^{1/2} \tau^{1/6} c. \tag{4}$$

$$\frac{i_D}{c \cdot m^{2/3} \cdot \tau^{1/6}} = 0{,}607 \cdot n \cdot D^{1/2} = I \tag{5}$$

wird als „Diffusionsstromkonstante" I bezeichnet. Sie ist unabhängig von der benutzten Kapillare und hängt nur von der jeweiligen Elektrodenreaktion ab. Der Ausdruck $m^{2/3} \cdot \tau^{1/6}$ wird auch als „Kapillarkonstante" bezeichnet. Die Gl. (4) („*Ilkovič-Gleichung*") gilt für reversible und irreversible polarographische Systeme.

Verfeinerte Betrachtungen der in der Gleichstrompolarographie auftretenden Diffusionsgrenzströme berücksichtigen den „Verarmungseffekt" und den „Abschirmungseffekt" und führen zu erweiterten Ilkovič-Gleichungen [21].

Beziehungen für die gleichstrompolarographische Stromspannungskurve lassen sich einfach erhalten, wenn man nur die mittleren Stromstärken verschiedener Tropfen bei vorgegebenem Elektrodenpotential (E) betrachtet. Für diesen Strom ergibt sich nach Gl. (10) für einen Reduktionsvorgang ($Ox + e^- \longrightarrow Red$)

$$i = k(c_{Ox} - {}^\circ c_{Ox})^*. \tag{6}$$

Da an der Elektrode ebensoviel R gebildet wird wie O verschwindet, muß

$${}^\circ c_{Ox} + {}^\circ c_{Red} = c_O \tag{7}$$

sein. Für Grenzströme gehen die Konzentrationen an der Oberfläche gegen Null. Somit erhält man für den Grenzstrom i_D aus Gl. (6)

$$i_D = k c_{Ox}. \tag{8}$$

Aus Gln. (7) und (8) erhält man für

$${}^\circ c_{Ox} = c_{Ox} - \frac{i}{k} = \frac{i_D}{k} - \frac{i}{k} \tag{9}$$

und für

$${}^\circ c_{Red} = \frac{i}{k}. \tag{10}$$

Setzt man diese Beziehungen für ${}^\circ c_{Ox}$ und ${}^\circ c_{Red}$ in die Nernst-Gleichung ein, die ja auch für die Konzentrationen an der Elektrodenoberfläche gilt, so erhält man

$$E_{El} = E_0 + \frac{RT}{nF} \ln \frac{{}^\circ c_{Ox}}{{}^\circ c_{Red}} \quad \text{und mit Gl. (9) und (10)}$$

$$E_{El} = E_0 + \frac{RT}{nF} \ln \frac{i_D - i}{i} \quad \text{bzw.} \quad E_{El} = E_0 + \frac{0{,}059}{n} \lg \frac{i_D - i}{i}. \tag{11}$$

Für $i = \frac{i_D}{2}$ wird $E_{El} = E_0 = E_{1/2}$. Das Halbstufenpotential $E_{1/2}$ spiegelt somit die

---

* Voraussetzung: gleiche Diffusionskoeffizienten für R und O und reversible Elektrodenvorgänge. ${}^\circ c =$ Konzentration an Elektrodenoberfläche, entspricht c_x in Gl. (54) (s. S. 24)

elektrochemischen Eigenschaften des untersuchten Systems wieder. Werden die unterschiedlichen Diffusionskoeffizienten für O und R sowie die Aktivitätskoeffizienten $f_{O,R}$ berücksichtigt, so erhält man die genauere Beziehung für das Halbstufenpotential

$$E_{1/2} = E_0 - \frac{RT}{nF} \ln \frac{f_{Red} \cdot D_{Ox}^{1/2}}{f_{Ox} \cdot D_{Red}^{1/2}} . \tag{12}$$

D und f sind von der Zusammensetzung des Grundelektrolyten abhängig, der somit ohne selbst elektrochemisch aktiv zu sein die Lage der Halbstufenpotentiale beeinflußt. Ein Beispiel gibt Abb. 2.4.-7. Analoges gilt für die dem Halbstufenpotential entsprechenden Größen anderer polarographischer und voltammetrischer Verfahren. Nach Gl. (11) hängt die Steilheit der polarographischen Kurve von n ab. Umgekehrt läßt sich n aus der Neigung der gleichstrompolarographischen Kurve bestimmen. Der

Wert $E_{3/4} - E_{1/4} = -\dfrac{56,4}{n}$ mV (25 °C) wird als „Tomeš-Zahl" bezeichnet und erlaubt

eine rasche Abschätzung von n.

Bei irreversiblen Elektrodenvorgängen nimmt die Neigung der polarographischen Stufe ab. Für die Stromspannungskurve gilt

$$E_{El} = E_{1/2}^{irrev.} + \frac{RT}{\alpha nF} \ln \frac{i_D - i}{i} . \tag{13}$$

Das Halbstufenpotential der irreversiblen Stufe wird von den Parametern der Elektrodenreaktion (α, k_0) und von der Tropfzeit abhängig. Mit Hilfe der Gleichstrompolarographie lassen sich k_0-Werte bis ca 10^{-3} cm $\cdot$ s^{-1} bestimmen [8, 9].

Die Ilkovič-Gleichung und die Beziehung für die Gestalt der polarographischen Stufe gelten für Reduktions- und Oxidationsvorgänge. Die bei $+0,4$ V einsetzende Oxidation des Quecksilbers ($E_0 = 0,571$ V) begrenzt dabei den Potentialbereich in anodischer Richtung. Sind in der Lösung Anionen X^- enthalten, die mit den bei der

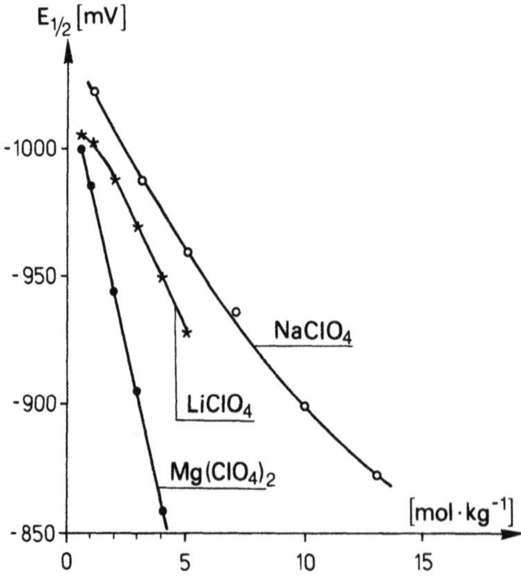

Abb. 2.4.-7. Die Verschiebung des Halbstufenpotentials der Zn^{2+}-Ionen an der Quecksilbertropfelektrode in Abhängigkeit von der Konzentration des Leitelektrolyten (nach [7]). ($E_{1/2}$ bezogen auf NaCl-gesättigte Kalomelelektrode)

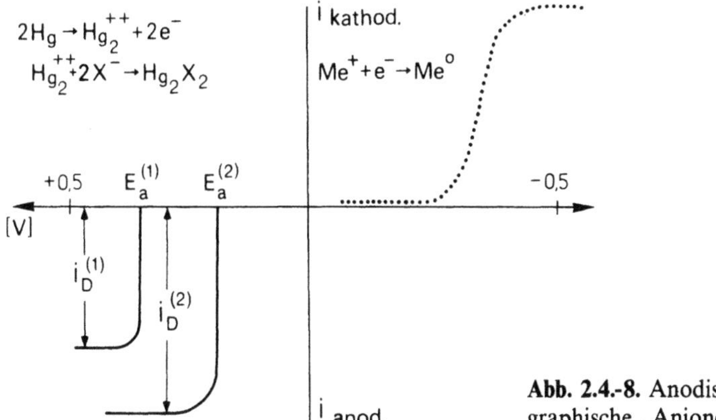

Abb. 2.4.-8. Anodische gleichstrompolarographische „Anionenstufen". $K_L^{(1)} > K_L^{(2)}$

Oxidation des Elektrodenmaterials entstehenden Hg_2^{2+}-Ionen einen schwerlöslichen Niederschlag Hg_2X_2 bilden, so entsteht bereits bei negativeren Potentialen eine anodische Stufe, die bei E_a in die Null-Linie einmündet (s. Abb. 2.4.-8). Der Grenzstrom ist bis zu mittleren Konzentrationen der Konzentration des Anions X proportional. E_a ist von der Konzentration des Anions X und vom Löslichkeitsprodukt K_L der entstehenden schwerlöslichen Verbindung abhängig:

$$E_a = (0,517 + 0,029 \lg K_L) - 0,029 \cdot 2 \cdot \lg c_X. \tag{14}$$

Derartige anodische Ströme entstehen auch bei Anwesenheit von Komplexbildnern, die mit Hg_2^{2+}-Ionen stabile Komplexe bilden. Abb. 2.4.-9 zeigt ein anodisches differentielles Pulse-Polarogramm einer Lösung von zwei Makrocyclen („Kronenether"), die mit Hg(I)-Ionen unterschiedlich reagieren und auf diese Weise nebeneinander bestimmt werden können.

Bei der Aufnahme der klassischen Gleichstrompolarogramme mit freitropfenden Hg-Elektroden beobachtet man gelegentlich einen zunächst steilen Anstieg der Stromstärke über das Plateau des Diffusionsstroms hinaus, der dann mehr oder

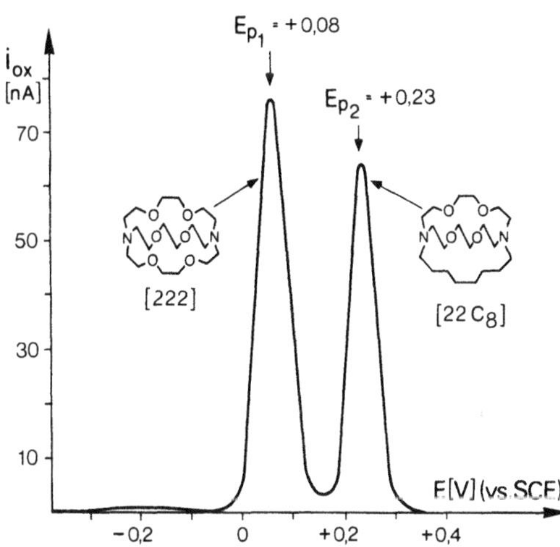

Abb. 2.4.-9. Anodisches differentielles Pulse-Polarogramm von makrocyclischen Verbindungen an einer Quecksilbertropfelektrode (nach [10]). Grundlösung: Propylencarbonat + 0,1 M Tetra-n-hexylammoniumperchlorat

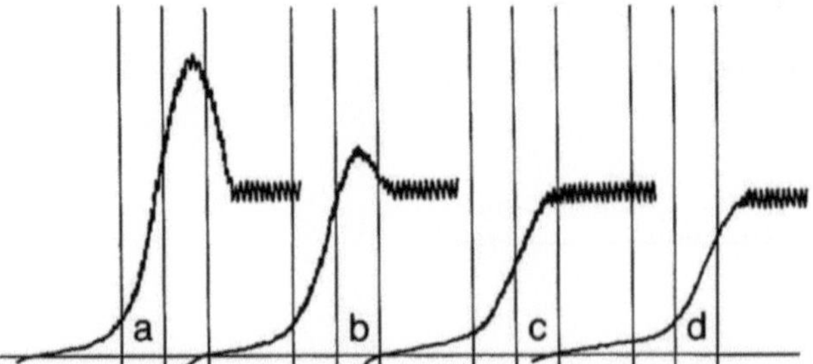

Abb. 2.4.-10. Polarographische Maxima (nach [22]). 10^{-3} M Rh^{3+} in 1 M KSCN (nach mehrminütigem Erhitzen) — Zusatz von Maximadämpfern: a: 0, b: 0,001 %, c: 0,005 %, d: 0,025 % Gelatine. Markierungen: $-0,4$, $-0,5$ und $-0,6$ V (gegen SCE)

weniger abrupt auf die Höhe des Grenzstromes zurückgeht (s. Abb. 2.4.-10). Diese Erscheinungen, die mit einer zusätzlichen Konvektion der Lösung an der Elektrodenoberfläche einhergehen, bezeichnet man als *Maxima 1. Art*. Strominhomogenitäten an der kugelförmigen Elektrodenoberfläche bewirken an der Tropfenbasis infolge Abschirmung unterschiedliche elektrische Feldstärken und damit unterschiedliche Grenzflächenspannungen des Quecksilbers gegen den Elektrolyt. Dabei kommt die Elektrodenoberfläche in Bewegung und die adhärierende Elektrolytschicht wird mitgerissen [3]. Zusätze von Substanzen, die an der Elektrodenoberfläche adsorbiert werden, wirken auf die Feldinhomogenitäten ausgleichend und verhindern die Bildung der Maxima. Häufig benutzte „*Maximadämpfer*" sind Triton X 100, Gelatine, Agar-Agar usw. Sie werden in Konzentrationen von 10^{-2} bis 10^{-3} % dem Grundelektrolyten zugesetzt.

Maxima 2. Art („nichtabbrechende Maxima"), haben ihre Ursache in zu starkem Einströmen des Quecksilbers bei der Elektrodenbildung [3]. Sie bilden sich auf dem Grenzstromplateau aus und können durch Maximadämpfer nicht verhindert werden. Eine Änderung der Quecksilberniveau-Höhe vermeidet in der Regel die Ausbildung dieser breiten, die Auswertung der Grenzströme störenden Maxima.

2.4.3 Die polarographische und voltammetrische Grundlösung

Die Grundlösung für polarographische und voltammetrische Untersuchungen enthält vor allem einen Leitelektrolyt, der Migrationsströme (vgl. S. 24) verhindern und den bei Stromfluß entstehenden Ohmschen Spannungsabfall in der Meßanordnung herabsetzen soll. (Daneben können in der Grundlösung noch Komplexbildner und Maximadämpfer enthalten sein). Fließt durch eine polarographische Zelle ein Strom i_z, so bildet sich über den Widerstand des Elektrolyten R_L, den Widerstand der Elektrode R_E und den der Zuleitungen und Meßwiderstände R_M ein ohmscher Spannungsabfall ΔU, $\Delta U = i_z(R_L + R_E + R_M)$ aus. Um diesen Betrag ist das eigentliche Elektrodenpotential bei einer Zweielektrodenanordnung herabgesetzt, so daß Verzerrungen der polarographischen Stromspannungskurven auftreten können. Bei den heute üblichen Dreielektrodenanordnungen (vgl. Abschn. 2.9) wird der am stärksten ins Gewicht fallende Anteil von R_L durch Verwendung eines Potentiostaten weitgehend unterdrückt. Die verbleibenden geringen Spannungsabfälle sind in der Regel vernachlässigbar.

Beim Übergang eines einfachen hydratisierten Kations $Me(H_2O)_x$ in eine Koordinationsverbindung mit dem Liganden L und der Koordinationszahl p ändert sich häufig sein elektrochemisches Verhalten. In der Polarographie ist dies mit der Verschiebung des Halbstufenpotentials um $\Delta E_{1/2}$ nach negativeren Potentialen verbunden [5, 12]. Für die einfache Komplexbildungsreaktion

$$Me(H_2O)_x + p \cdot L \;\rightleftharpoons\; Me\,L_p + x \cdot H_2O$$

mit der Stabilitätskonstanten K des gebildeten Komplexes

$$K = \frac{[Me\,L_p]}{[Me]\,[L]^p}$$

ist diese Verschiebung

$$\Delta E_{1/2} = -\frac{0,059}{n}\,\lg K + \frac{0,059}{n}\,p\,\lg L.$$

Aus der Verschiebung der Halbstufenpotentiale oder den ihnen entsprechenden Spitzenpotentialen anderer Verfahren lassen sich auf diese Weise Stabilitätskonstante und Koordinationszahl von Komplexen bestimmen. Derartige Bestimmungen sind auch bei komplizierteren mehrstufigen Komplexen, irreversiblem Elektrodenverhalten und kinetischen Komplikationen möglich [5]. Eine pH-Abhängigkeit der Komplexbildung führt auch zu einer vom pH-Wert abhängigen Verschiebung der Halbstufenpotentiale.

Sind in einer Lösung mehrere Kationen enthalten, deren Halbstufenpotentiale nahe beieinander liegen, so kann bei unterschiedlicher Stabilität der sich mit einem Liganden ausbildenden individuellen Komplexe eine bessere Trennung der Halbstufenpotentiale erreicht werden. Diese wird noch besser, wenn beispielsweise in einem (binären) Gemisch ein Kation mit dem Liganden keine Komplexe bildet. Gezielte Zusätze geeigneter Komplexbildner sind daher ein wichtiges analytisches Hilfsmittel zur Verbesserung der Selektivität polarographischer und voltammetrischer Verfahren. Als Komplexbildner werden einfache anorganische Liganden z.B. F^-, CN^-, OH^-, NH_3, Oxalat oder aber die verschiedensten starken Chelatbildner wie EDTA, Citrat, Tartrat u.a. zugesetzt. Zahlreiche Beispiele finden sich in Tabelle 3.1.-1 (s. S. 170). Durch Komplexbildung kann auch die Gestalt der polarographischen Kurve bei allen Verfahren verbessert werden, wenn der gebildete Komplex im Gegensatz zum ungebundenen Kation reversibel an der Elektrode reduziert wird. Abbildung 2.4.-11 zeigt an einigen Beispielen den Einfluß der Komplexbildung auf Ausbildung und Trennung polarographischer Spitzenströme in der Differentiellen-Pulse-Polarographie (vgl. Abschn. 2.5). Der bei einem polarographischen und voltammetrischen Verfahren nutzbare Spannungsbereich in wäßrigen Lösungen hängt auch vom Leitsalz ab. Die Reduktion des Kations des Leitelektrolyten begrenzt in kathodischer Richtung den Spannungsbereich, der in sauren Lösungen infolge der hohen Überspannung der H^+-Entladung an Quecksilber auch vom Elektrodenmaterial abhängig ist. Im anodischen Bereich ist neben der Oxidation von Anionen der Grundlösung oder des Wassers selbst die Oxidation des Elektrodenmaterials der limitierende Faktor. Bei Quecksilberelektroden beginnt die anodische Auflösung bei ca. $+0,4\,V$, in Anwesenheit von Komplexbildnern oder von Anionen, die schwerlösliche Hg(I)-Salze bilden, schon bei negativeren Potentialen (vgl. oben).

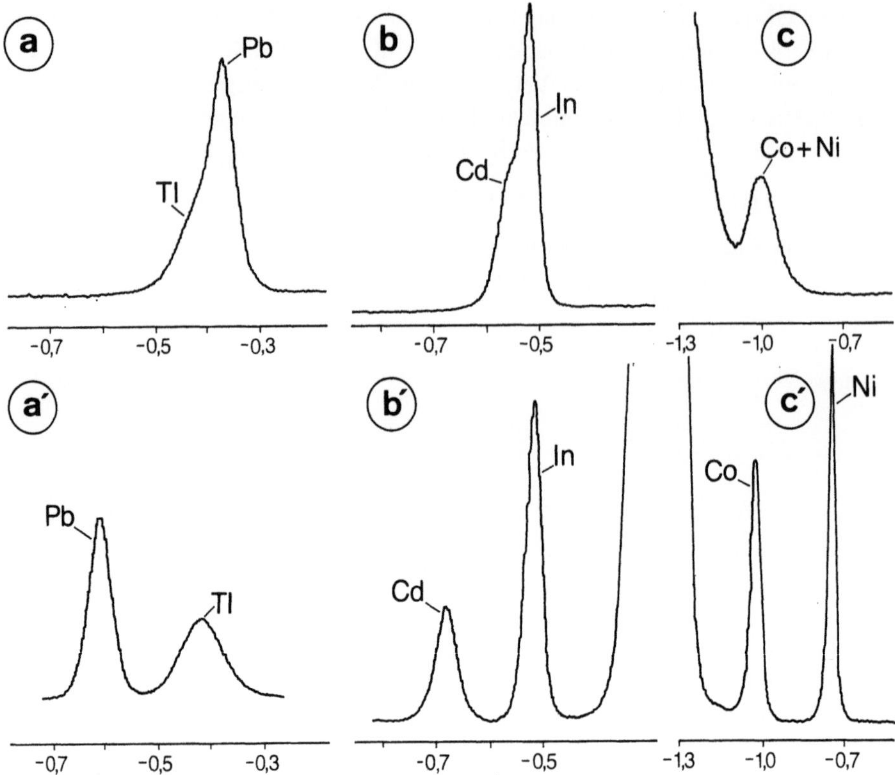

Abb. 2.4.-11. Einfluß der Komplexbildung auf die Trennung und Ausbildung polarographischer Kurven. Differentielle-Pulse-Polarographie, $\Delta E = 20$ mV Quecksilbertropfelektrode, Ag/AgCl — a, a': 10^{-4} M Pb^{2+}, Tl^+ — a: 0,1 M KCl, a': 0,1 M KCl + 0,1 M NaOH; b, b': 10^{-4} M Cd^{2+}, In^{3+} — b: 0,1 M HCl, b': 0,1 M HCl + 2 M KJ; c, c': 10^{-4} M Co^{2+}, Ni^{2+} — c: 0,1 M HCl, c': 0,1 M HCl + 0,2 M Pyridin

Bei der Vorbereitung der Grundlösung für die polarographische Messung ist das *Verhalten des Sauerstoffs*, dessen Löslichkeit in wäßrigen Lösungen ca. 0,001 M ist, zu berücksichtigen. Sauerstoff wird in zwei Schritten elektrochemisch reduziert:

$$\text{I: } O_2 + 2H^+ + 2e^- \longrightarrow H_2O_2 \qquad \text{in saurer Lösung bzw.}$$

$$O_2 + 2H_2O + 2e^- \longrightarrow H_2O_2 + 2OH^- \qquad \text{in alkalisch-neutraler Lösung,}$$

$$\text{II: } H_2O_2 + 2H^+ + 2e^- \longrightarrow 2H_2O \qquad \text{in saurer Lösung bzw.}$$

$$H_2O_2 + 2e^- \longrightarrow 2OH^- \qquad \text{in neutraler bis alkalischer Lösung.}$$

Der erste Schritt erfolgt unter polarographischen Bedingungen bei einem Halbstufenpotential von ca. $-0,05$ V. Dieses bleibt im Bereich bis pH 9 nahezu konstant um in stärker alkalischen Lösungen negativer zu werden [11]. Die Elektrodenreaktion ist nahezu reversibel. Gleichstrompolarographisch beobachtet man ein ausgeprägtes Maximum, das leicht zu dämpfen ist. Die Stufe kann zur Bestimmung von gelöstem Sauerstoff benutzt werden. Die zweite Reaktion ist irreversibel, das Halbstufenpotential, ca. $-0,6\,V$, bleibt im Bereich bis pH 10 konstant, in stärker alkalischen Lösungen verschiebt es sich nach negativeren Potentialen. Im anodischen Bereich ist Sauerstoff elektrochemisch inaktiv.

Die von der Reduktion des Sauerstoffs herrührenden polarographischen und voltammetrischen Ströme stören unmittelbar bei zahlreichen Verfahren. Weiterhin können die Folgeprodukte der Elektrodenreaktionen mit Bestandteilen der Lösung reagieren. H_2O_2 wirkt dabei als Oxidations- oder Reduktionsmittel. Die gebildeten OH^--Ionen können in ungepufferten Lösungen zu Niederschlagsbildungen führen, die die Ausbildung der Stromspannungskurven und gelegentlich auch, z.B. in der Wechselstrompolarographie [13], die Linearität der Eichkurven beeinflussen. pH-Änderungen in der Elektrodennähe sind vor allem auf organische Elektrodenreaktionen von Einfluß. Gelöster Sauerstoff selbst kann mit Quecksilber reagieren:

$$O_2 + 2\,Hg + 2\,Cl^- + 2\,H_2O \longrightarrow H_2O_2 + Hg_2Cl_2 + 2\,OH^-.$$

Über den Einfluß von Sauerstoff in der inversen Voltammetrie siehe S. 111. In organischen Lösungsmitteln ist Sauerstoff häufig noch besser löslich als in reinen wäßrigen Lösungen. Das elektrochemische Verhalten des gelösten Sauerstoffs weicht aber häufig von dem in der wäßrigen Lösung ab. So beobachtet man beispielsweise in Aceton eine dicht zusammenliegende Doppelstufe bei $-0,7\,V$ [12]. Arbeitet man bei positiveren Potentialen, erübrigt sich eine Entlüftung. Wegen der Irreversibilität der Sauerstoff-Reduktion ist bei einigen Verfahren, z.B. der Wechselstrompolarographie bei höheren Frequenzen, eine Entlüftung nicht notwendig [12] (vgl. dazu auch S. 105). Die Entfernung des gelösten Sauerstoffs, die „*Entlüftung*" der Grundlösung, erfolgt meist durch Einleiten von nachgereinigtem Stickstoff oder Argon. Letzteres ist schwerer als Stickstoff und schützt daher besser die polarographische Zelle vor dem Eindringen von Luftsauerstoff. Entlüftungszeiten von 5 30 min sind je nach Elektrolytvolumen und Zellaufbau notwendig. Eine Nachreinigung der Spülgase ist nur selten notwendig, eventuell in der extremen Spurenanalyse. Eine Nachreinigung ist durch Überleiten über erhitzte Kupferspäne bei 500 °C oder durch Einleiten in Cr(II)- oder V(II)-Lösungen möglich. Handelsübliche Vorrichtungen, z.B. Oxysorb-Patronen (Fa. Linde), sind ebenfalls brauchbar. Enthält die Grundlösung flüchtige Bestandteile, so muß das Spülgas durch eine mit der Grundlösung gefüllte vorgeschaltete Waschflasche geleitet werden, die bei Anwesenheit grenzflächenaktiver Stoffe eine besondere, schaumbrechende Gestalt haben soll [15]. In alkalischen Lösungen kann auch durch Zusatz von Na_2SO_3 Sauerstoff entfernt werden. Die Reaktion verläuft langsam und häufig unvollständig. Geringe Gehalte an Schwermetallen beschleunigen sie katalytisch, andere Substanzen, z.B. EDTA, Ethanol, verlangsamen sie [14]. Zum Ansetzen der Grundlösungen müssen reinste Chemikalien und Reagentien verwendet werden. Abscheidbare Elemente können durch Elektrolyse an großflächigen Hg-Kathoden entfernt werden. Zur Reinigung von Schwefel-, Phosphor-, Perchlorsäure und NaOH-Lösungen wird auch die Durchflußelektrolyse an einer mit platinisiertem Pt-Schwamm gefüllten Säule vorgeschlagen [23], bei der auch elektroadsorptive Vorgänge zur Reinigung beitragen. Zur Entfernung organischer Verunreinigungen in Wasser soll eine katalytische Pyrodestillation geeignet sein [24], bei der der sauerstoffhaltige Wasserdampf über eine auf 750–800 °C erhitzte mit Pt-Netz gefüllte Quarzkolonne geleitet wird. Eine Vorreinigung des Wassers erfolgt durch doppelte Destillation aus alkalischer $KMnO_4$-Lösung.

Zur Erhöhung der Löslichkeit organischer und metallorganischer Verbindungen [10], zur unmittelbaren Bestimmung ausgeschüttelter Metall-Chelate (vgl. S. 176) und für grundsätzliche Untersuchungen von Elektrodenreaktionen werden auch wäßrige Grundlösungen im Gemisch mit organischen Lösungsmitteln oder reine organische Lösungsmittel verwendet [18, 19, 2, 23]. Bei letzteren unterscheidet man protonenaktive wasserähnliche Lösungsmittel wie die niederen Alkohole und Carbonsäuren und die aprotischen Lösungsmittel, z. B. Acetonitril, Dimethylformamid und Aceton. In letzteren verlaufen besonders die Elektrodenvorgänge organischer Moleküle wegen der geringen oder fehlenden Elektrophilie und Nukleophilie des Lösungsmittels anders als in wasserähnlichen Grundlösungen. Wasserfreie anorganische Lösungsmittel sind flüssiges Schwefeldioxid und flüssiger Ammoniak, in denen ebenfalls voltammetrische Untersuchungen in begrenztem Umfang durchgeführt werden können [23].

Da nur bei einigen *nichtwäßrigen Lösungsmitteln*, wie z. B. der konzentrierten Schwefelsäure infolge Eigendissoziation (Autoprotolyse) die Leitfähigkeit für voltammetrische Untersuchungen ausreichend ist, müssen meist Leitelektrolyte zugesetzt werden. Verwendet werden wegen ihrer guten Löslichkeit in den meisten organischen Lösungsmitteln vor allem die quarternären Ammoniumsalze. Für anodische Reaktionen werden sie als Perchlorate und Tetrafluoroborate, im kathodischen Bereich als Halogenide eingesetzt. Zu ihrer Reinigung vgl. [18]. Neben den quarternären Ammoniumsalzen werden auch Alkalisalze, besonders die des Lithiums benutzt. In gemischt wäßrigen oder wasserähnlichen Grundlösungen können die üblichen *Bezugselektroden* eventuell mit zusätzlichem Stromschlüssel, der entsprechend gefüllt ist, verwendet werden, ebenso in aprotischen Lösungsmitteln, wenn man mit sehr dichten Diaphragmen oder mit Agar-Agar-Lösungen abgedichteten Diaphragmen arbeitet. Statt KCl verwendet man zur Elektrodenfüllung häufig NaCl, das in vielen Lösungsmitteln besser löslich ist und daher an der Phasengrenzfläche keine den Kontakt unterbrechenden Niederschläge bildet. Auch einfache Elektroden erster Art werden als Referenzelektroden verwendet, z. B. ein in eine Lösung von $AgNO_3$ im organischen Lösungsmittel eintauchender Silberdraht oder Cd- bzw. Zn-Amalgam in Kontakt mit $CdCl_2$- bzw. $ZnCl_2$-Lösung in DMF. Für weitere Angaben vgl. [24, 25]. Die mit den verschiedenen Referenzelektroden auftretenden Diffusionspotentiale können beträchtlich sein und sind nicht genau bekannt. Ebenso können die in den unterschiedlichen Lösungsmitteln gemessenen Werte von $E_{1/2}$ u. a. charakteristischer Größen nicht unmittelbar miteinander verglichen werden. Man ist daher dazu übergegangen, die in einem Lösungsmittelsystem gemessenen Werte in Beziehung zu einem Redoxsystem zu setzen, dessen Standardpotential in allen Lösungsmitteln als weitgehend konstant betrachtet wird [16]. Neben dem ursprünglich vorgeschlagenen Rb/Rb^+ werden auch Cobaltocen/Cobaltocinium$^+$, Ferrocen/Ferrocinium$^+$ u. a. als Bezugssysteme vorgeschlagen [26].

Übersichten über häufig benutzte organische Lösungsmittel mit den wichtigsten Angaben ihrer physikalischen Eigenschaften und der mit verschiedenen Leitsalzen und Elektroden nutzbaren kathodischen und anodischen Spannungsbereiche finden sich in [2, 18, 19, 24]. Abbildung 2.4.-12 zeigt die mit verschiedenen Elektroden in einigen Lösungsmitteln nutzbaren Spannungsbereiche.

Außer in wäßrigen und nichtwäßrigen Grundlösungen können auch in *Salzschmelzen* elektrochemische Untersuchungen vor allem mit der Voltammetrie durchgeführt

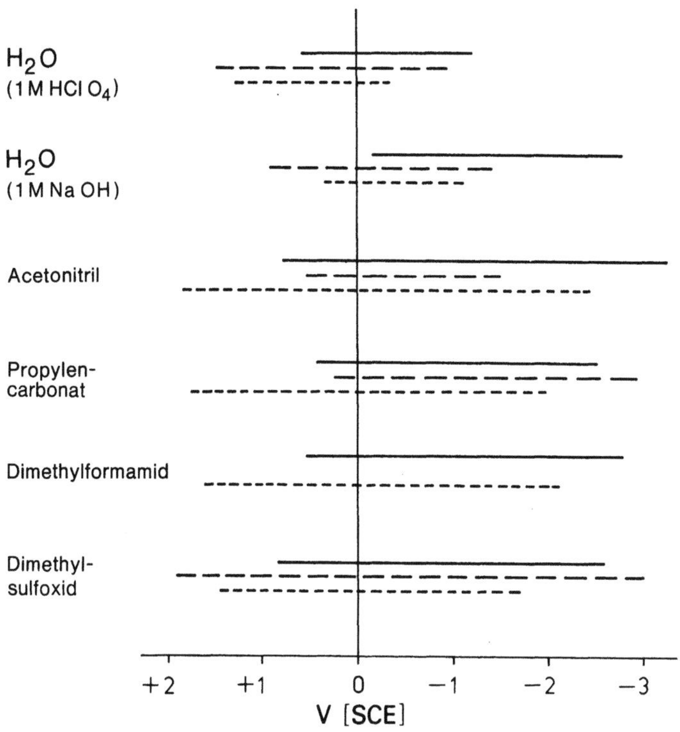

Abb. 2.4.-12. Polarographisch nutzbare Spannungsbereiche in verschiedenen Lösungsmitteln (nach [24]). —— Hg-Elektrode, – – – C-Elektrode, ------ Pt-Elektrode

werden [8, 16, 17]. Je nach Schmelzpunkt der untersuchten Stoffe oder Stoffgemische arbeitet man mit verschiedenen experimentellen Anordnungen. Bis 200 °C können noch Hg-Tropfelektroden, bis ca. 500 °C tropfende Pb- oder Bi-Elektroden und bis 1000 °C flüssige Silber und Silber-Bismutlegierungen in Tropfelektroden [17] benutzt werden.

Am häufigsten werden Metallelektroden (Pt, Au) oder Elektroden auf C-Basis (Graphit, Glaskarbon) eingesetzt. Untersuchungen in Salzschmelzen können mit ruhender oder bewegter Schmelze und mit ruhenden oder rotierenden Elektroden durchgeführt werden. Als Gegen- und Bezugselektroden dienen unmittelbar in die Schmelze eintauchende Ag- oder Pt-Elektroden. Die Zelle besteht aus Quarz, Graphit oder oxydischen Materialien. Eine Entlüftung ist meistens notwendig. Vorreinigungen der Schmelze werden durch Elektrolyse an großflächigen Festelektroden durchgeführt. Elektrochemische Untersuchungen in Salzschmelzen sind wegen deren Bedeutung in der Elektrometallurgie (z. B. Herstellung von Aluminium, Magnesium), Reaktortechnologie und für allgemeine Korrosionsstudien [19] von Interesse. Untersucht werden beispielsweise Diffusionsvorgänge in Schmelzen [18] sowie Elektrodenreaktionen und Komplexbildungsreaktionen. Auch analytische Konzentrationsbestimmungen lassen sich an Festelektroden in Schmelzen durchführen. Mittels der inversen Voltammetrie können in einer Lithium-Natrium-Kaliumfluorid-Schmelze bei 500 °C noch 1 ppm Nickel [20], mit der inversen Chronopotentiometrie an einer Platinelektrode in Alkalisulfatschmelzen bei 625 °C noch 3 ppm Silber [21] bestimmt werden.

Literatur zu 2.4

Monographien und Übersichtsarbeiten

1 Adams, R.N.: Electrochemistry at Solid Electrodes. New York: M. Dekker 1969
2 Badoz-Lambling, J., Cauquis, G.: Analytical Aspects of Voltammetry in Non-aqueous Solvents and Melts. In: Nürnberg, H.W. (ed.): Electroanalytical Chemistry. New York, London: John Wiley and Sons 1974, S. 335
3 Bauer, H.: Streaming Maxima in Polarography, In: Bard, A.J. (ed.): Electroanalytical Chemistry **8**, 170 (1975) M. Dekker New York
4 Bond, A.M.: Modern Polarographic Methods in Analytical Chemistry. New York: M. Dekker 1980
5 Crow, D.R.: Polarography of Metal Complexes. London, New York: Academic Press 1969
6 Delahay, P.: New Instrumental Methods in Electrochemistry. New York: Interscience Publ. 1954
7 Feldmann, M., Koberstein, E.: Cyclische Voltammetrie — ein vielseitiges elektrochemisches Untersuchungsverfahren, Chemie-Technik **6**, (12) 517 (1977)
8 Gaur, H.C., Sethi, R.S.: Polarography in Molten Salts, J. Electroanal. Chem. **7**, 474 (1964)
9 Geißler, M.: Polarographische Analyse. Leipzig: Akadem. Verlagsgesellschaft 1980
10 Headridge, J.B.: Electrochemical Techniques for Inorganic Chemists. New York, London: Academic Press 1969
11 Heyrovsky, J., Kůta, J.: Grundlagen der Polarographie. Leipzig: Akadem. Verlagsgesellschaft 1965
12 Kopinaca, M., Dolezal, J., Zyka, J.: Chelates in Inorganic Polarographic Analysis: Fundamentals, Applications. In: Flaschka, H.A., Barnard Jr., A.J. (eds.): Chelates in Analytical Chemistry **1**, 145, 179 (1967) New York: M. Dekker
13 Koryta, J.: Theory of Polarographic Currents, Pure and Appl. Chem. **15**, 207 (1967)
14 Kraft, G.: Elektrochemische Analysenverfahren. In: Analytiker Taschenbuch, Band 1, S. 103. Berlin, Heidelberg, New York: Springer 1980
15 Krjukowa, T.A., Sinyakowa, S.I., Arefjewa, T.W.: Polarographische Analyse. Leipzig: VEB Deutscher Verlag für Grundstoffindustrie 1964
16 Laitinen, H.A.: Polarography in Molten Salts, Pure Appl. Chem. **15**, 227 (1967)
17 Mamantov, G. (ed.): Molten Salts: Characterization and Analysis. New York: M. Dekker 1969
18 Mann, Ch.K.: Nonaqueous Solvents for Electrochemical Use. In: Bard, A.J. (ed.): Electroanalytical Chemistry **3**, 58 (1969) New York: M. Dekker
19 Mann, Ch.K., Barnes, K.K.: Electrochemical Reactions in Nonaqueous Systems. New York: M. Dekker 1970
20 Meites, L.: Polarographie Techniques, 2. ed. New York: Interscience Publ. 1965
21 Nürnberg, H.W., von Stackelberg, M.: Arbeitsmethoden und Anwendungen der Gleichstrompolarographie I–IV, J. Electroanal. Chem. **2**, 181, 350 (1961); **4**, 1 (1962)
22 Proszt, J., Cieleszky, V., Györbiro, K.: Polarographie mit besonderer Berücksichtigung der klassischen Methoden. Budapest: Akademai Kiado 1967
23 Takahashi, R.: Inorganic Polarography in Organic Solvents, Talanta **12**, 1211 (1965)
24 Sawyer, D.T., Roberts, J.L.: Experimental Electrochemistry for Chemists. New York: John Wiley and Sons 1974
25 Butler, J.N.: Reference Electrodes in Aprotic Organic Solvents. In: Adv. Electrochem. and Electrochem. Eng. **7**, 77 (1970), Delahay, P., Tobias, Ch.W. (eds.). New York: Interscience Publ. 1970
26 Gritzner, G., Kůta, J.: Recommendations on Reporting Electrode Potentials in Nonaqueous Solvents, Pure Appl. Chem. **56**, 461 (1984)
27 Heinze, J.: Cyclovoltammetrie — die „Spektroskopie" des Elektrochemikers. Angew. Chem. **96**, 823 (1984)

Originalliteratur

1 Delahay, P., Charlot, G., Laitinen, H.A.: Anal. Chem. **32** (6) 103A (1960)
2 Pure and Appl. Chem. **45**, 83 (1976)
3 Nicholson, R.S., Shain, I.: Anal. Chem. **36**, 706 (1964)
4 Reynolds, G.F.: Z. Chem. **5**, 410 (1965)
5 Davis, H.M.: Chemie-Ing.-Techn. **7**, 715 (1965)

6 Mann, C.K.: Anal. Chem. **33**, 1484 (1961); **37**, 326 (1965)
7 Schwabe, K., Hoffmann, W., Schnoor, R.: J. Electroanal. Chem. **65**, 199 (1975)
8 Ruzic, J., Banic, A., Brainica, M.: J. Electroanal. Chem. **29**, 411 (1971)
9 Vavricka, S., Koryta, J.: Collect. Czech. Chem. Comm. **29**, 2551 (1964)
10 Boudon, C., Peter, F., Gross, M.: J. Electroanal. Chem. **135**, 93 (1982)
11 Kůta, J., Koryta, J.: Collect. Czech. Chem. Comm. **30**, 4095 (1965)
12 Bond, A.M.: Talanta **20**, 1139 (1973)
13 Bond, A.M., Canterford, J.H.: Anal. Chem. **43**, 229 (1971)
14 Israel, Y., Vromen, A., Paschkes, B.: Talanta **14**, 925 (1967)
15 Novodoff, J., Hoyer, H.W.: Anal. Chem. **44**, 202 (1972)
16 Schneider, H., Strehlow, H.: J. Electroanal. Chem. **12**, 531 (1966)
17 Stehle, G., Duruz, J.J., Landolt, D.: Electrochim. Acta **27**, 783 (1982)
18 Stehle, G., Duruz, J.J., Landolt, D.: J. Appl. Chem. **12**, 591 (1982)
19 Burk, H.D., Umland, F.: Ber. Bunsenges. **80**, 556 (1976)
20 Manning, D.L.: J. Electroanal. Chem. **7**, 302 (1964)
21 Rahml, A., Vollmer, B.: J. Electroanal. Chem. **48**, 93 (1973)
22 Cozzi, D., Pantani, F.: J. Electroanal. Chem. **2**, 230 (1961)
23 Hassan, M.Z., Bruckenstein, St.: Anal. Chem. **46**, 1962 (1974)
24 Conway, B.E., Angerstein-Kozlowska, H., Sharp, W.B.A.: Anal. Chem. **45**, 1331 (1973)

2.5 Pulse-Verfahren [4, 7, 8, 11]*

Während in der klassischen Gleichstrompolarographie bei der Aufnahme der Stromspannungskurven ein nahezu konstantes Potential an der Arbeitselektrode liegt, werden bei den Pulse-Verfahren einzelne oder periodische rechteckförmige Spannungsimpulse allein oder zusätzlich zu einer bereits anliegenden Gleichspannung an die Elektrode gelegt. Diese Überlagerung rechteckförmiger Spannungsimpulse wurde von Barker und Mitarbeiter (1952) vorgeschlagen und führte zur Entwicklung der leistungsfähigsten polarographischen Verfahren. Ihre Wirkungsweise ergibt sich aus der Betrachtung der Zeitabhängigkeit diffusionskontrollierter faradayscher Ströme, die nach Gl. (56, s. S. 26) mit $t^{-1/2}$ abklingen. Da es bei sprungartigen Potentialänderungen der Elektrode auch zu einer Änderung der Ladung der Doppelschichtkapazität C_D kommt, tritt neben dem faradayschen Strom auch ein Ladestrom auf, der sich nach folgender Gleichung mit der Zeit ändert (Kondensatorformel):

$$i_c = \frac{\Delta E}{R} \cdot e^{-\frac{t}{R \cdot C_D}}. \tag{1}$$

Abbildung 2.5.-1 zeigt schematisch den zeitlichen Verlauf beider Ströme nach Anlegen einer Rechteckspannung ΔE. Mißt man den Gesamtstrom erst gegen Ende der Lebensdauer des Impulses (9), so wird ausschließlich die Faradaysche Komponente i_F erfaßt, da zu diesem Zeitpunkt der Ladestrom i_C bereits weitgehend abgeklungen ist.

Die auf der Anwendung rechteckförmiger Spannungsimpulse beruhenden Verfahren unterscheiden sich durch Zahl, Lebensdauer und Höhe der angelegten Spannungsimpulse sowie der bei den einzelnen Verfahren angewandten Meßwertbildung (s. S. 155). Sämtliche Verfahren können mit Hg-Tropfenelektroden oder mit stationären Hg-Elektroden bzw. festen Elektroden betrieben werden.

---

* Literatur nach Abschn. 2.6

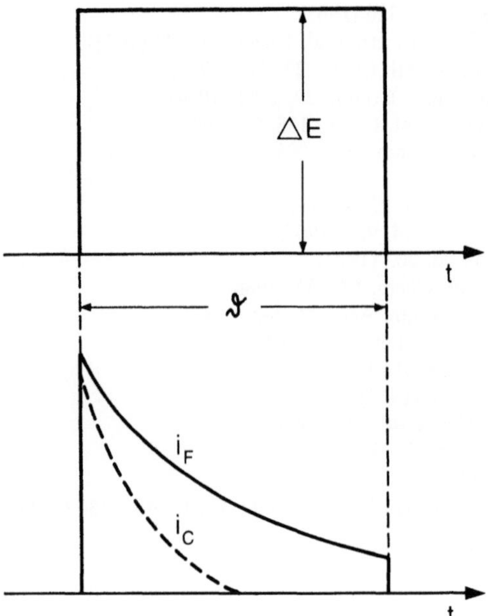

Abb. 2.5.-1. Prinzip der Pulse-Techniken nach Barker

Bei dem ältesten Verfahren, der *Square-Wave-Polarographie*, überlagert man eine periodische rechteckförmige Wechselspannung (225 Hz, $\Delta E = 5\text{--}30\,\text{mV}$) einer linear ansteigenden Gleichspannung E der Elektrode. Beim Arbeiten mit der Hg-Tropfelektrode kann ein kleiner, durch das Tropfenwachstum während der Meßzeit bedingter Kapazitätsstrom durch eine Abnahme des Square-Wave-Potentials kompensiert werden. Der Strom wird gegen Ende jeder Halbperiode gemessen (t_M), wo der Ladungsstrom aus den oben dargelegten Gründen weitgehend abgeklungen ist (s. Abb. 2.5.-2). Trägt man nach Gleichrichtung diese Stromwerte gegen die angelegte Gleichspannung (Elektrodenpotential) auf, so erhält man ein glockenförmiges

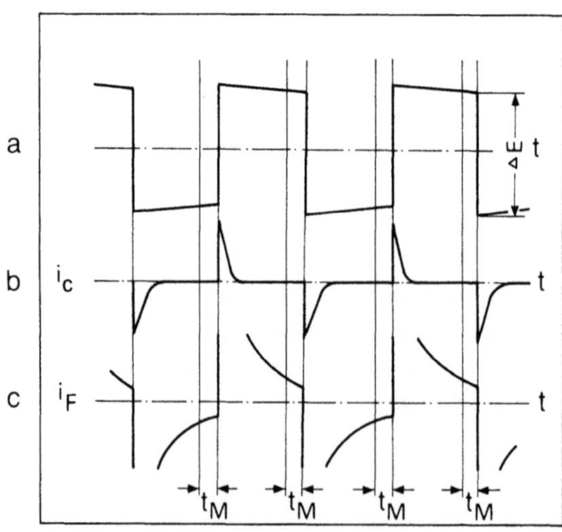

Abb. 2.5.-2. Zeitlicher Verlauf der Signale in der Square-Wave-Polarographie. a: Rechteckspannung, b: Ladungsstrom, c: Faradayscher Strom, t_M: Meßzeit

„Square-Wave-Polarogramm". Wegen der prinzipiellen Ähnlichkeit mit der Wechselstrompolarographie wird die Square-Wave-Polarographie häufig zu dieser Gruppe von Verfahren gerechnet. Da die polarographische Stromspannungskurve im Bereich des Halbstufenpotentials die größte Steilheit besitzt, führt hier die Potentialänderung ΔE auch zum größten Strom.

Für den reversiblen Spitzenstrom ergibt sich

$$i_P = \frac{kn^2F^3}{RT} \cdot \Delta E \cdot D^{1/2} \cdot c. \tag{2}$$

k ist eine von der Frequenz und Amplitude abhängige Konstante. Das Spitzenpotential ist dem Halbstufenpotential gleich, die Breite der halben Stufe ist bei kleinem ΔE

$$b_{1/2} = \frac{90}{n} \text{ [mV]} \quad (25\,^\circ\text{C}). \tag{3}$$

Bei irreversiblen Elektrodensystemen bleibt die Symmetrie der Stromspitze weitgehend erhalten, die Spitzenhöhe nimmt aber mit der Irreversibilität ab. Die Empfindlichkeit der Square-Wave-Polarographie liegt bei 10^{-7} M, bei irreversiblen Reaktionen bei 10^{-6} M.

Bei der *normalen Pulse-Polarographie* arbeitet man nur mit einem Rechteckimpuls pro Hg-Tropfen und legt keine weitere äußere Gleichspannung an. Die Lebensdauer des Impulses beträgt 30–60 ms; die Amplitude (0 bis über 1000 mV) nimmt von Impuls zu Impuls zu (s. Abb. 2.5.-3a). Gemessen wird wieder gegen Ende der Impulsdauer. Aufgetragen werden die so gemessenen Stromwerte gegen die Amplitude ∇E des angelegten Impulses. Man kann auch die Differenz gegen den kurz vor Anlegen des Impulses fließenden Strom messen. In beiden Fällen nimmt der Strom zunächst mit der Pulsamplitude zu, um aber dann im Grenzstrombereich konstant zu bleiben. Die resultierenden Pulse-Polarogramme haben die klassische Stufenform. Die Höhe der Stufe ist der Konzentration proportional, das Potential der halben Stufe entspricht dem gleichstrompolarographischen Halbstufenpotential. Irreversibilität der Elektrodenreaktion führt zu einer Abnahme der Steilheit der Stufe bei nahezu gleichbleibender Stufenhöhe. Die normale Pulse-Polarographie kann wie die klassische Gleichstrompolarographie angewandt werden. Die Empfindlichkeit ist ca. zehnfach höher, die Polarogramme sind häufig besser ausgebildet. Messungen sind auch in strömenden Lösungen möglich. Anwendungen der normalen Pulse-Polarographie finden sich daher zur Prozeßkontrolle und für kontinuierliche Messungen [10].

Das wichtigste Verfahren ist die *differentielle Pulse-Polarographie**, abgekürzt „DPP" [12]. Hier wird einer langsam ansteigenden Gleichspannung E der Elektrode eine kleine Rechteckspannung ΔE (5–50 mV, 5–100 ms) gegen Ende der Lebensdauer des Hg-Tropfens bzw. bei stationären Elektroden nach einem konstanten Zeitintervall überlagert. Die Messung und Speicherung des Stromes erfolgt am Ende des Impulses nach der Zeit t'. Von diesem Strom i_2 wird ein kurz vor Anlegen des Impulses gemessener und gespeicherter Strom i_1 abgezogen (s. Abb. 2.5.-3b). Diese Differenzbildung führt zu einer weiteren Verringerung des kapazitiven Stromanteils und damit zu einer Steigerung der Empfindlichkeit. (Bei der älteren „*Derivativen Pulse-*

---

* Auch als Differential-Pulse-Polarographie oder Differenzpulspolarographie bezeichnet

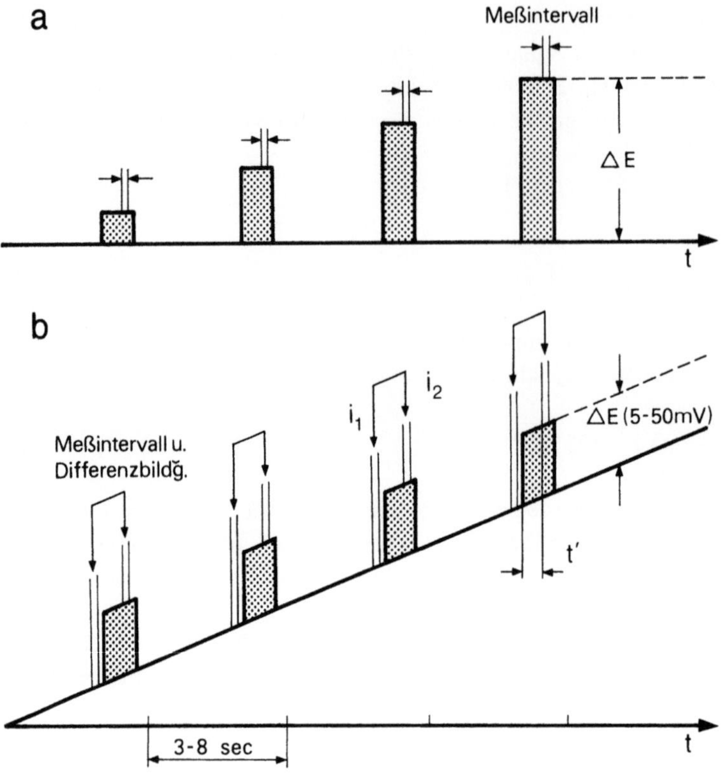

Abb. 2.5.-3. Meßtechnik der Normalen (a) und Differentiellen Pulse-Polarographie (b). (S. Text)

Polarographie" wird diese Differenzbildung noch nicht durchgeführt und nur i_2 gemessen.) Das resultierende differentielle Pulse-Polarogramm hat wieder die Gestalt einer symmetrischen Glockenkurve, da im Bereich des klassischen Halbstufenpotentials eine Änderung des Elektrodenpotentials zur größten Stromänderung führt. Die (rev.) Spitzenhöhe ist (für kleine ΔE)

$$i_p = \frac{n^2 F^2}{4RT} \cdot O \cdot c \cdot \Delta E \sqrt{\frac{D}{\pi t'}} . \tag{4}$$

Zwischen Spitzenpotential und Halbstufenpotential besteht folgender Zusammenhang

$$E_p = E_{1/2} - \frac{\Delta E}{2} . \tag{5}$$

Bei den üblicherweise angelegten negativen Spannungsimpulsen ΔE ist also E_p um $\frac{\Delta E}{2}$ Volt positiver, bei positivem ΔE dagegen um den gleichen Betrag negativer als $E_{1/2}$.

Bei kleinen ΔE ist die Breite des differentiellen Pulse-Polarogramms ($b_{1/2}$)

$$b_{1/2} = 3,52 \cdot \frac{RT}{nF} , \tag{6}$$

das entspricht $\dfrac{90{,}4}{n}$ mV bei 25 °C. Mit steigender Pulseamplitude (über ca. $\dfrac{120}{n}$ mV) nähert sich $b_{1/2}$ dem Wert ΔE.

Ausbildung und Empfindlichkeit der differentiellen Pulse-Polarogramme werden also vor allem durch n und ΔE beeinflußt. Auflösung und Empfindlichkeit verhalten sich dabei gegenläufig. Die Empfindlichkeit der DPP liegt bei 10^{-8} M. Eine Irreversibilität der Elektrodenreaktion verringert die Empfindlichkeit auf ca. $5 \cdot 10^{-8}$ M. Die Empfindlichkeitseinbuße ist weniger ausgeprägt als bei anderen Verfahren.

Bei höheren Pulse-Frequenzen, wie sie zur schnellen Aufnahme von Stromspannungskurven etwa bei der Verwendung als chromatographische Detektoren (s. S. 346) notwendig sind, ist die Empfindlichkeit der Square-Wave-Polarographie auch bei irreversiblen Systemen vergleichbar oder sogar höher also die der DPP [10]. Die als „*Square-Wave-Voltammetrie*" bezeichnete Technik [12] überlagert verhältnismäßig große Rechteckimpulse (25 mV, 5 ms) der wiederum rechteckförmig ansteigenden Gleichspannung (10 mV-Schritte in 5 ms). Ein Spannungsbereich von 500 mV kann somit in 0,25 s mit ebenfalls hoher Empfindlichkeit durchlaufen werden. Bei diesen raschen Techniken müssen Mikroprozessoren Steuerung, Meßwerterfassung, Speicherung und Auswertung übernehmen (vgl. Abschn. 2.9.2).

Die Verwendung von Rechteckimpulsen großer Amplitude und geringer Frequenz nach Kalousek („*Kalousek-Umschalter*") ermöglicht die Untersuchung von Elektrodenvorgängen. Eine Übersicht findet sich in [9]. Weiterentwicklungen der Pulse-Polarographie haben die Verbesserung des Grundstromverlaufs [9] bzw. die Eliminierung verbleibender Ladungsstromanteile zum Ziele. Eine Übersicht gibt [4].

2.6 Wechselstrompolarographie [1, 2, 3, 4, 9]

Bei der Wechselstrompolarographie (MacAleavy 1941, Breyer 1947) wird eine kleine (5–50 mV) niederfrequente (5–100 Hz) Wechselspannung ($\Delta E_\sim$) dem üblichen gleichstrompolarographischen Meßkreis überlagert. Dabei kommt es zu zusätzlichen Schwankungen des Elektrodenpotentials, die im Bereich der gleichstrompolarographischen Stufe zu entsprechenden Stromschwankungen führen (s. Abb. 2.6.-1a). Diese kleinen Wechselströme werden mit einem entsprechenden Verstärker unabhängig von der Gleichspannung der Elektrode gemessen.

Im Bereich des Halbstufenpotentials sind die Stromschwankungen am größten. Hier zeigt daher der gemessene Wechselstrom einen maximalen Wert (s. Abb. 2.6.-1a). Ein Wechselstrompolarogramm, das sich aus der Auftragung der Wechselstromamplituden gegen die an der Elektrode liegende Gleichspannung ergibt, hat die Gestalt einer symmetrischen Glockenkurve (s. Abb. 2.6.-1b). Im reversiblen Fall und für kleine $\Delta E_\sim$ wird das Spitzenpotential E_p gleich dem Halbstufenpotential. Für den Spitzenstrom erhält man

$$i_p = \frac{n^2 F^2}{4 R T} \cdot O \cdot \nabla E_\sim \cdot c \cdot (2\pi \cdot f \cdot D)^{1/2} \quad \text{(mit } 2\pi f = \omega\text{).} \tag{7}$$

Eine zunehmende Irreversibilität der Elektrodenreaktion führt zu einer Verbreiterung der Spitze bei abnehmender Spitzenhöhe. E_p ist dann nicht mehr mit dem Halbstufen-

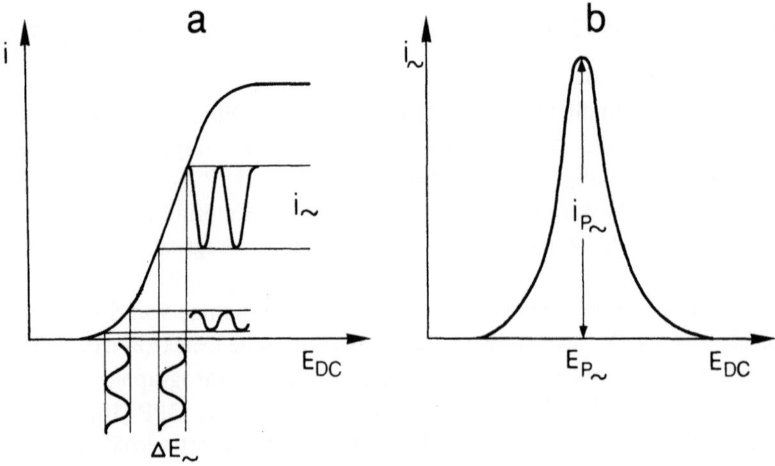

Abb. 2.6.-1. Prinzip der Wechselstrompolarographie

potential identisch. Im reversiblen Fall ist die Halbwertsbreite $\dfrac{90}{n}$ mV. Die Empfindlichkeit der einfachen Wechselstrompolarographie ist durch einen verhältnismäßig
hohen Grundstrom auf 10^{-4} M Lösungen begrenzt. Die periodische Auf- und
Entladung der Doppelschichtkapazität (vgl. Abschn. 1.4) führt zu einem Ladestrom,
der bei zeitlich konstanter Oberfläche (mit $E = E_0 \sin(\omega t)$) wird

$$\frac{dQ}{dt} = i_c = O \cdot C_D \cdot E_0 \sin(\omega t + \pi/2). \tag{8}$$

Dieser Ladestrom hat also gegen die an der Elektrode anliegende Wechselspannung E_0
eine Phasenverschiebung von $90°\,(\pi/2)$. Da die faradayschen Wechselstromkompo-
nenten nur eine Phasenverschiebung von $45°$ oder weniger haben, kann durch phasenselektive Gleichrichtung in der Wechselstrompolarographie das Verhältnis des
faradayschen zum nichtfaradayschen Strom und damit die analytische Empfindlichkeit beträchtlich verbessert werden. Derartige Meßanordnungen, häufig mit variablem
Phasenwinkel, sind heute in allen für die Wechselstrompolarographie vorgesehenen
Polarographen enthalten (AC 1 Polarographie).

Im wechselstrompolarographischen Grundstrom — besonders stark ohne phasen-
sensitive Gleichrichtung — spiegelt sich die Potentialabhängigkeit der Doppelschichtkapazität wider (vgl. Abschn. 1.4). Stoffe, die diese ändern, führen dementsprechend zu
einer Änderung des Grundstromverlaufs. Viele grenzflächenaktive Stoffe werden
in bestimmten Potentialbereichen adsorbiert und desorbiert. Dabei ändert sich die
Doppelschicht besonders stark, was zu einer sprungartigen Änderung des Grundstromverlaufs führt. Es entstehen meist zwei „tensammetrische" Spitzen um den
Bereich der größten Adsorption des Tensids (s. Abb. 2.6.-2). In diesem Bereich ist
der Grundstrom (i_{Base}) besonders niedrig, da die Moleküle der grenzflächenaktiven
Substanz sich gewissermaßen zwischen Elektrodenoberfläche und Ionen des Elektro-
lyts drängen, wodurch der „Plattenabstand" des Kondensators zu- und seine
Kapazität abnimmt. Die Höhe dieser Spitzen und die Lage der Spitzenpotentiale T^+
und T^- sind von der Konzentration der grenzflächenaktiven Substanz abhängig und

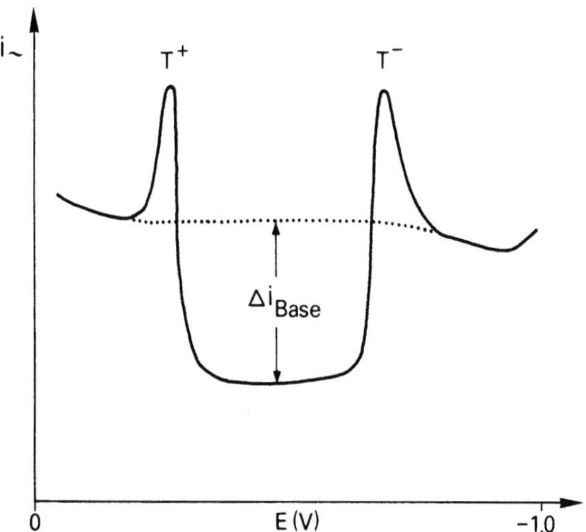

Abb. 2.6.-2. Tensammetrische Spitzen. —— Wechselstrompolarogramm mit Tensid,
····· Wechselstrompolarogramm der reinen Grundlösung (Δi_{Base})

kann, ebenso wie die Absenkung Δi_{Base} des Grundstroms zu deren Konzentrationsbestimmung herangezogen werden ([6], vgl. a. Abschn. 3.3).

Eine weitere Steigerung der Empfindlichkeit und Selektivität zeigt die *Oberwellenpolarographie* („Harmonic Wave-Polarography") [1, 2, 8]. Betrachtet man die Beziehungen zwischen Durchtrittsstrom und Elektrodenpotential (vgl. Abschn. 1.3.1), so sieht man, daß zwischen beiden ein exponentieller Zusammenhang besteht. Mathematisch läßt sich ableiten [2, 2], daß beim Einsetzen sinusförmiger Ausdrücke für das Elektrodenpotential in einem solchen Fall auch Stromkomponenten mit Frequenzen entstehen, die geraden ganzzahligen Vielfachen der Grundfrequenz entsprechen (Oberwellen, Harmonische). In einem wechselstrompolarographischen Meßkreis sind also auch Komponenten dieser Frequenzen enthalten, die zudem noch besondere Phasenverhältnisse zur anliegenden Wechselspannung besitzen. Für reversible Fälle haben die Oberwellenpolarogramme den in Abb. 2.6.-3 gezeigten Verlauf. Anstelle einer einzigen Spitze beobachtet man jetzt mehrere Spitzenströme im gleichen Potentialbereich. Berücksichtigt man die Phasenverhältnisse bei der Messung nicht, so liegen sämtliche Spitzen oberhalb der Nullinie. Die Empfindlichkeitssteigerung kommt durch das nahezu lineare Verhalten des Wechselstromwiderstandes der Doppelschichtkapazität. Durch Messungen bei Frequenzen der Oberwellen wird daher der Ladestrom weitgehend eliminiert. Bestimmungen im 10^{-7} M-Bereich sind möglich. Die Spitzenströme aller Oberwellen sind konzentrationsproportional und lassen sich für den reversiblen Fall bei kleinen Wechselspannungen (ΔE) durch folgende vereinfachte Beziehung darstellen

$$i_p^q = K_q \cdot \Delta E^q \cdot n^{(q+1)} \cdot \omega^{1/2} \cdot c \tag{9}$$

mit einer von der q-ten Harmonischen ($= (q-1)$-ten Oberwelle) abhängigen Konstanten K_q. Ausgeprägt ist die starke Abhängigkeit der Spitzenströme von n. In Systemen mit unterschiedlichen n sind daher besonders bei den höheren Oberwellen günstigere

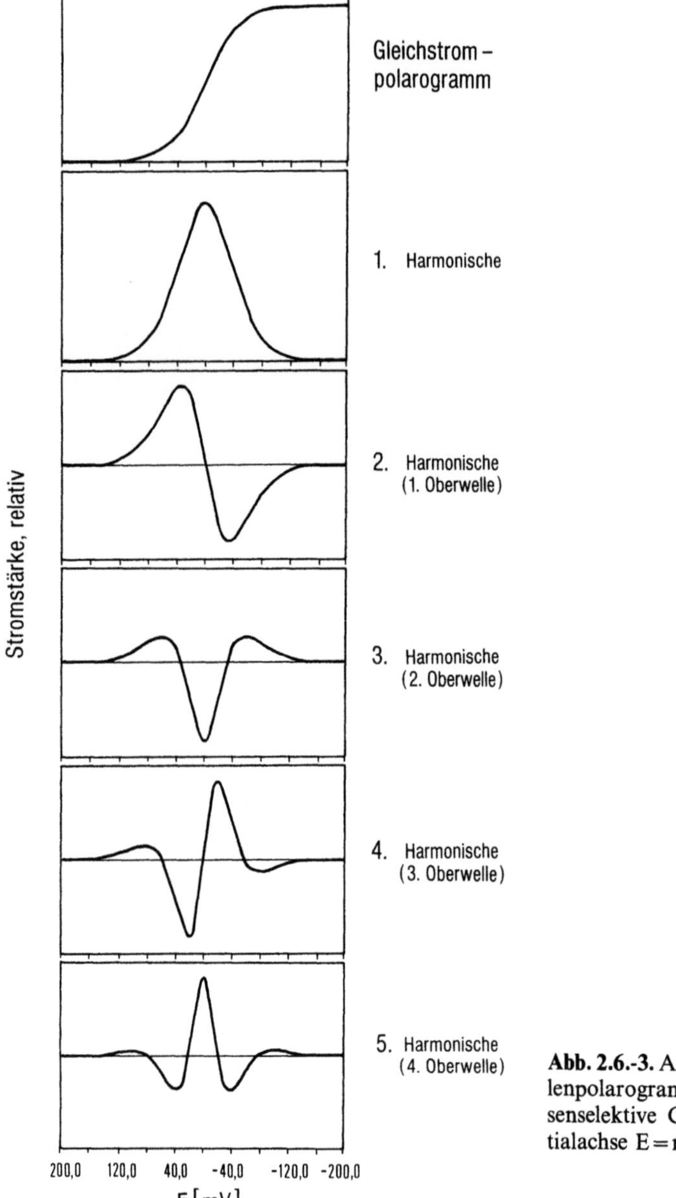

Abb. 2.6.-3. Ausbildung der Oberwellenpolarogramme (nach [4]) (Phasenselektive Gleichrichtung). Potentialachse $E = n(E_{DC} - E_{1/2})$ [mV]

Verhältnisse bei analytischen Simultanbestimmungen zu erwarten (vgl. dazu etwa [5]). In kommerziellen Geräten und für analytische Zwecke [3] wird meist nur die Möglichkeit der Messung der ersten Oberwelle (= zweite Harmonische) mit phasenselektiver Gleichrichtung genutzt („AC 2 Polarographie", „Second Harmonic-Wave-Polarography"). Meist sind die Phasenwinkel am Gerät einstellbar. Durch entsprechende Einstellung kann bei unterschiedlichen Elektrodenreaktionen eine Verbesserung der Selektivität erreicht werden, z.B. bei der Bestimmung des Indiums neben Cadmium und bei der Bestimmung des Zinks neben Nickel [7].

Zur analytischen *Bestimmung der Spitzenhöhe* kann man bei ungestörtem waagerechtem Grundstromverlauf den Abstand beider Spitzen verwenden. Bei nichtlinearem und ansteigendem Grundstrom liefert diese Auswertung falsche Ergebnisse. Die Spitzenhöhe muß hier gegen den extrapolierten Grundstrom ermittelt werden (s. Abb. 2.6.-4).

Bei der *Doppeltonpolarographie* werden anstelle einer Wechselspannung zwei Wechselspannungen mit geringem Frequenzabstand überlagert. Durch die Nichtlinearität des Elektrodenwiderstands (s. o.) werden jetzt Kombinationsfrequenzen und Differenzfrequenzen erzeugt, die wie die Oberwellen zu empfindlicheren Messungen herangezogen werden können [5, 6].

Die wechselstrompolarographischen Methoden können mit tropfenden und stationären Hg-Elektroden und den verschiedenen Festelektroden betrieben werden. Kinetische Effekte, Adsorptionsvorgänge und vor- und nachgelagerte chemische Reaktionen (vgl. Abschn. 1.3.3.) beeinflussen die Ausbildung der Polarogramme stärker als in der Pulse- und Gleichstrompolarographie. Die starke Abnahme der wechselstrompolarographischen Signale bei irreversiblen Elektrodenreaktionen kann gelegentlich analytisch genutzt werden. Alle Bestandteile der Grundlösung, die die Elektrodenreaktion (vgl. Abschn. 1.3) beeinflussen wie Salze, organische Lösungsmittel und grenzflächenaktive Stoffe haben daher in der Wechselstrompolarographie einen größeren Einfluß auf die analytischen Signale als bei anderen Methoden. Die inhibierende Wirkung von Tensiden nimmt mit der elektrochemischen Wertigkeit n der Elektrodenreaktion zu. Selbst die in Ionenaustauschwasser enthaltenen geringen Mengen organischer Substanzen können daher gelegentlich bei der Bestimmung von Sb(III), Bi und In stören.

Der Einfluß des gelösten Sauerstoff ist weniger kritisch als in der Differentiellen Pulse-Polarographie und vor allem in der Gleichstrompolarographie. Bei empfindlichen wechselstrompolarographischen Bestimmungen und besonders beim Arbeiten in nicht zu sauren bzw. neutralen Lösungen aber ist die Entfernung des Sauerstoffs wie üblich unbedingt notwendig [11].

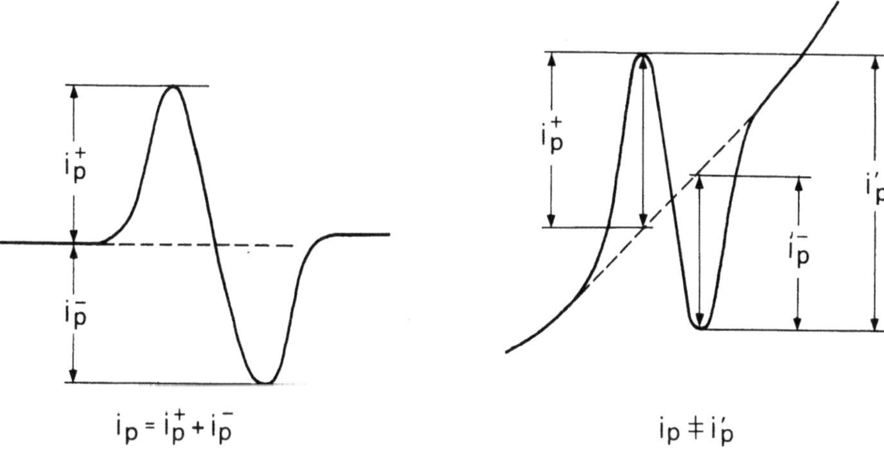

Abb. 2.6.-4. Auswertung von AC2-Polarogrammen

Literatur zu 2.5 und 2.6

Monographien und Übersichtsarbeiten

1 Breyer, B., Bauer, H.H.: Alternating Current Polarography and Tensammetry. New York: Wiley 1963
2 Smith, D.E.: AC Polarography and related Techniques. In: Electroanalytical Chemistry 1, 1. Bard, A.J. (ed.). New York: Dekker 1966
3 Smith, D.E.: Recent Developments in Alternating Current Polarography, Crit. Rev. Anal. Chem. **2**, 247 (1971)
4 Bond, A.M.: Modern Polarographic Methods in Analytical Chemistry. New York: Dekker 1980
5 Bond, A.M., Boston, R.C.: Quantitative Evaluation of Resolution in Fundamental, Second and Third Harmonic AC, Derivative DC, Derivative Pulse and other Polarographic Techniques. Rev. in Anal. Chem. II, 126 (1974)
6 Jehring, H.: Elektrosorptionanalyse mit der Wechselstrompolarographie. Berlin: Akademie Verlag 1974
7 Geißler, M., Kunhardt, C.: Square-Wave-Polarographie. Leipzig: VEB Deutscher Verlag für Grundstoffindustrie 1970
8 Nürnberg, H.W.: Differentielle Pulspolarographie, Pulsvoltammetrie und Pulsinversvoltammetrie. In: Analytiker Taschenbuch, Band 2, S. 211. Berlin, Heidelberg, New York: Springer 1981
9 Geißler, M.: Polarographische Analyse. Leipzig: Akademische Verlagsgesellschaft, Geest & Portig KG 1980
10 Borman, St.H.: New Electroanalytical Pulse Techniques, Anal. Chem. **54** (6), 698 A (1982)
11 Sturrock, P.E., Carter, R.J.: Square-Wave-Polarography and Related Techniques, CRC Crit. Rev. Anal. Chem. **5**, 201 (1975)
12 Osteryoung, J.G., Osteryoung, R.A.: Square Wave Voltammetry, Anal. Chem. **57** (1) 101 A (1985)

Originalliteratur

1 Bauer, H.H.: J. Electroanal. Chem. **1**, 256 (1959/60)
2 Neeb, R.: Z. Anal. Chem. **188**, 401 (1962)
3 Blutstein, H., Bond, A.M.: Anal. Chem. **46**, 1531, 1754, 1934 (1974)
4 Saur, D., Neeb, R.: Fresenius Z. Anal. Chem. **290**, 374 (1978)
5 Neeb, R.: Z. Anal. Chem. **208**, 168 (1966)
6 Saur, D., Neeb, R.: J. Electroanal. Chem. **75**, 171 (1977)
7 Ogawa, N., Watanabe, I., Ikeda, S.: Anal. Chim. Acta **141**, 123 (1982)
8 Saur, D., Neeb, R.: Fresenius Z. Anal. Chem. **290**, 220 (1978)
9 Saur, D.: Fresenius Z. Anal. Chem. **298**, 47 (1979)
10 Parry, E.P., Anderson, D.P.: Anal. Chem. **45**, 458 (1973)
11 Bond, A.M., Canterford, J.H.: Anal. Chem. **43**, 228 (1971)
12 Flato, J.B.: Anal. Chem. **44**, 75 A (1972)

2.7 Inverse Voltammetrie (Stripping-Verfahren) [1–4, 10, 11]

Eine beträchtliche Steigerung der Empfindlichkeit polarographischer bzw. voltammetrischer Bestimmungen erhält man durch eine der eigentlichen Bestimmung vorausgehende Anreicherung der elektrochemisch aktiven Substanz auf einer Elektrode. Im einfachsten Fall besteht diese Anreicherung in der Abscheidung eines Metalls an einer kleinen Hg-Kathode unter Amalgambildung, die Bestimmung in der anschließenden elektrochemischen Wiederauflösung des gebildeten Amalgams. Bei der voltammetrischen Aufnahme der Stromspannungskurven (vgl. Abschn. 2.4.1) in anodischer Richtung („invers" zur Anreicherung) erhält man von der Oxidation des

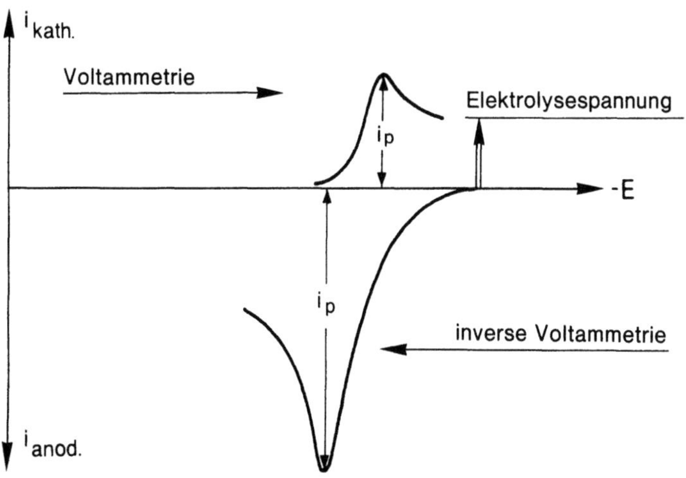

Abb. 2.7.-1. Prinzip der Inversen Voltammetrie

Amalgams herrührende Spitzenströme, deren Höhe von der Konzentration des Metalls im Amalgam abhängig ist. Dieser Vorgang ist analog der cyclischen Voltammetrie (vgl. S. 85). Zu einer Empfindlichkeitssteigerung kommt es, wenn man bei einer konstanten Elektrolysespannung die Abscheidung des Metalls längere Zeit durchführt (s. Abb. 2.7.-1). Diese „Mikroelektrolyse" führt dann zu einer Konzentration des Metalls im Hg-Tropfen (Amalgam) die wesentlich höher werden kann, als die seiner Kationen in der wäßrigen Lösung. Als Bestimmungsverfahren für die „inverse" Bestimmung kommen grundsätzlich alle Verfahren in Betracht. Vor- und Nachteile dieser Verfahren finden sich auch bei ihrer Anwendung zur inversen Bestimmung. Am häufigsten wird die leistungsstarke Differentielle-Pulse-Polarographie (Differentielle Pulse Anodic Stripping Voltammetrie, DPASV) verwendet. Als Elektroden [5] werden vor allem die Quecksilbertropfenelektrode (vgl. S. 143), Edelmetallelektroden und auf Kohlebasis beruhende Elektroden, z. B. die Kohlepaste-Elektrode (vgl. S. 147) und die Glaskarbonelektrode (vgl. S. 147) verwendet. Mit Hg-Filmelektroden (*Thin mercury film electrode*, TMFE), besonders auf Glaskarbon-elektroden, können bis zu 10^{-11} M Lösungen bestimmt werden.

Neben der Abscheidung als Metall werden auch andere Reaktionsfolgen zur Anreicherung benutzt. Tabelle 2.7.-1 zeigt diese im Überblick. Mit Ausnahme der adsorptiven Anreicherung von Chelaten (Schema VI) sind alle Anreicherungsvor-gänge mit elektrolytischen Prozessen verknüpft, wobei gelegentlich der zur Anreiche-rung führende Vorgang erst eine sich anschließende chemische Reaktion ist. Bestim-mungen nach adsorptiver Anreicherung [8] und einige Verfahren der „cathodic stripping" Voltammetrie [6] sind keine „inversen" Verfahren im eigentlichen Sinne, da zwischen Anreicherung und Bestimmung keine Umkehr der Strom- bzw. Spannungs-richtung stattfindet. Sie werden dennoch üblicherweise zu dieser Gruppe von Verfahren gerechnet.

Die Bestimmung einiger organischer Substanzen mit S- oder SH-Gruppen kann nach Schema IV erfolgen. Verdrängungsreaktionen ermöglichen indirek-te Bestimmungen. So können z. B. die Erdalkaliionen (Ea) über das durch die

Tabelle 2.7.-1. Bestimmungsmöglichkeiten der inversen Voltammetrie („Stripping"-Voltammetrie)

Prinzip	Reaktionsfolge		Beispiele
	Anreicherung	Bestimmung	
I Reduktion zum Metall a) Bildung von Amalgamen b) Bildung eines Metallfilms	$Me^{n+} + ne^- \longrightarrow Me^0(Hg)$	$Me^0 \longrightarrow Me^n + ne^-$	Cd, Pb, Bi, Tl(Hg-Elektrode) Au, Ag, Hg(C-Elektrode)
II Elektrochemische Bildung schwerlöslicher Niederschläge ohne Reagenzzusatz a) durch Oxidation b) durch Reduktion	$Me^{n+} \longrightarrow Me^{(n+1)+} + e^- \xrightarrow{+OH^-} Me(OH)_{n+1}$ $Me^{n+1} + e^- \longrightarrow Me^{n+} \xrightarrow{+OH^-} Me(OH)_n$	$Me(OH)_{n+1} + e^- \longrightarrow Me^n + (n+1)OH^-$ $Me(OH)_n \longrightarrow Me^{n+1} + e^- + n(OH)^-$	Mn, Tl, Ce, Pb Fe(III)
III Elektrochemische Bildung schwerlöslicher Niederschläge mit Reagenzzusatz a) durch Oxidation b) durch Reduktion	$Me^{n+} \longrightarrow Me^{n+1} + e^- \xrightarrow{+HL} MeL_{n+1}$ $Me^{n+1} + e^- \longrightarrow Me^{n+} \xrightarrow{+HL} MeL_n$	$MeL_{n+1} + e^- \longrightarrow Me^n + (n+1)L$ $MeL_n \longrightarrow Me^{(n+1)+} + e^- + nL$	Co + αNitroso-β Naphtol Sn + DEDTP[a]
IV Bildung schwerlöslicher Niederschläge nach Oxidation des Elektrodenmaterials	$Me^0 \longrightarrow Me^{n+} + ne^- \xrightarrow{+X^{-n}} MeX$	$MeX + e^- \longrightarrow Me^0 + X^{-n}$	S^{--}, Cl^-, CN^-, Br^-, Organische SH-Verbindungen (Me = Ag, Hg)
V Bildung schwerlöslicher Niederschläge durch Co-Elektrolyse mit einem Lösungspartner	$Me_1^n, Me_2^{n'} + e^- \longrightarrow Me_1^0 Me_2^0$	$Me_1^0 Me_2^0 + e^- \longrightarrow Me_1^0 + Me_2^-$ („Cathodic Stripping")	Se, Te, (Me_2) Cu (Me_1)
VI Adsorptive Anreicherung von Chelaten (und Komplexen) a) Anreicherung der in Lösung vorgebildeten Chelate b) Anreicherung an einer Reagenzschicht auf der Elektrode	$Me^n + nHL \longrightarrow MeL_n + nH^+ (Lösung)$ $Me^{n+} \longrightarrow MeL_n$ (Elektrode)	Oxidations- und Reduktionsvorgänge von Me und L Oxidations- und Reduktionsvorgänge von Me und L	Ni + DMG[b] Zr, U + Phosphorsäureester (adsorptiv)

[a] Diethyldithiophosphat
[b] Dimethylglyoxim

Verdrängungsreaktion $ZnY^{2-} + Ea^{2+} \longrightarrow EaY^{2-} + Zn^{2+}$ ($Y = EDTA$) freigesetz-
te Zink bestimmt werden [12]. (Der Zn-EDTA Komplex ist elektrochemische inaktiv.)

Tabelle 2.7.-2 enthält eine Zusammenstellung der nach den verschiedenen Verfahren der inversen Voltammetrie bestimmbaren Elemente.

Eine invers-voltammetrische Bestimmung erfolgt in zwei getrennt durchgeführten voneinander unabhängigen Schritten, dem Anreicherungsvorgang, meist einer Elektrolyse, und dem eigentlichen Bestimmungsvorgang. Von der Reproduzierbarkeit beider Einzelschritte hängt die Genauigkeit der gesamten Bestimmung ab. Bei Optimierung sämtlicher Parameter lassen sich Gesamtreproduzierbarkeiten von einigen Prozent Standardabweichung erzielen, wobei die Fehler infolge ungenügender Reproduzierbarkeit der Elektrode häufig am stärksten ins Gewicht fallen.

Bei der *Durchführung der Elektrolyse* ist auf reproduzierbare mechanische Elektrolysebedingungen zu achten. Hierzu gehören Form, Größe, Anordnung des Rührers, Rührgeschwindigkeit und Elektrolytvolumen. Bei Festelektroden kann auch die Erhöhung der Abscheidungsrate durch Rotation der Elektrode erfolgen. Optimale Rotationsgeschwindigkeiten sind dann für die jeweilige geometrische Anordnung experimentell festzulegen.

An Hg-Tropfenelektroden (einige mm^2 Oberfläche) werden unter üblichen Elektrolysebedingungen aus 5–20 ml Elektrolyt nach 5 min nur einige Zehntel % des in der wäßrigen Lösung enthaltenen Kations als Amalgam abgeschieden. Mit kleineren Volumina steigt der abgeschiedene Anteil. In 0,1 ml ist bereits nach 15 min mit einer nahezu vollständigen Abscheidung zu rechnen. Die Verwendung von Mikrozellen führt daher anders als in der Polarographie zu keiner Herabsetzung der absolut bestimmbaren Menge. Zellvolumina unter 1 ml sind daher bei Elektrolysezeiten von mehreren Minuten bereits wenig sinnvoll. Arbeitet man mit üblichen Elektrolysezellen

Tabelle 2.7.-2. Übersicht über die invers-voltammetrisch bestimmbaren Elemente

Element	Verfahren[a]	Element	Verfahren[a]
Ag	I	Halogenide und Pseudohalogenide	IV
Al	VI	Hg	I
Alkalimetalle	I	In	I
As	I, III, V	Mn	I, II, III
Au	I	Mo	II, VI
Be	VI	Ni	I, VI
Bi	I	Pb	I, II
		S^{2-}	IV
Cd	I	Sb	I, III
Co	I, VI	Se	I, V
Cr	I, II	Si	VI
Cu	I	Sn	I, III (VI)
Erdalkalimetalle	I	Te	I, V
Fe	I, IV, indirekt	Tl	I, II
Ga	I	U	VI
Ge	I	Zn	I

[a] Verfahren nach Einteilung von Tabelle 2.7.-1. Weitere Einzelheiten zur Durchführung der Bestimmung der Elemente und Ionen vgl. Tabelle 3.1.-2 und Abschn. 3.1

(> 5 ml), so beobachtet man meist eine lineare Zunahme des inversen Bestimmungssignals mit der Elektrolysezeit. Mit Hg-Tropfen, die an Kapillaren hängen („Extrusionselektroden", vgl. S. 143), treten allerdings bei langen Elektrolysezeiten (> 30 min) infolge Rückdiffusion der abgeschiedenen Metalle über die Kapillare in das Hg-Vorratsgefäß Probleme auf [1].

Bei Hg-Filmelektroden mit sehr dünnen Hg-Filmen kann es bei einigen Elementen, z. B. Cu, wegen der begrenzten Löslichkeit in Quecksilber zur Sättigung des Amalgams kommen [3]. Es besteht dann keine Beziehung mehr zwischen der Konzentration in der Lösung und dem inversen Signal. Um dies bei Anwendung des Standardadditionsverfahrens zu vermeiden, wird eine Änderung der Elektrolysezeit nach Zugabe der Standardlösung mit entsprechender Auswertung vorgeschlagen [13].

Die *Anreicherungselektrolyse* wird durchwegs potentiostatisch, d. h. bei einem vorgegebenen Abscheidungspotential durchgeführt. Auf diese Weise sind Trennungen über die Wahl der Elektrolysespannung möglich. Abschätzungen geeigneter Elektrolysespannungen erhält man aus den gleichstrompolarographischen Stromspannungskurven bzw. aus den Halbstufenpotentialen oder den diesen äquivalenten Größen. Aus der Gleichung für die polarographische Kurve (vgl. Abschn. 2.4)

$$E = E_{1/2} + \frac{0{,}059}{n} \lg \frac{i_D - i}{i}$$ erhält man das Potential E', bei dem 99 % des Grenzstroms

erreicht werden mit $i = 0{,}99$ zu $E' = E_{1/2} - \frac{0{,}12}{n}$. Daraus folgt, daß für eine $n = 1$

Reaktion bereits bei einem um 0,12 V negativeren Potential als dem Halbstufenpotential praktisch der vollständige Diffusionsstrom erreicht wird. Oberhalb dieses Potentials sollte man daher keine weitere Zunahme der elektrolytischen Abscheidung mehr erwarten. Üblicherweise werden um 200 bis 400 mV negativere Elektrolysespannungen gewählt. Häufig beobachtet man aber eine weitere Abhängigkeit der inversen Signale von der Elektrolysespannung bei höheren Spannungen, die von Element zu Element verschieden ist und darüberhinaus noch von der Grundlösung abhängt. Einige häufig zu beobachtende Kurven sind in Abb. 2.7.-2 schematisch dargestellt. Entsprechende Überlegungen gelten für eine anodische Anreicherungselektrolyse. Hier sollte die Elektrolysespannung einige hundert Millivolt positiver liegen als die beobachtbaren Spitzenpotentiale. Bei adsorptiver Anreicherung erfolgt diese gelegentlich ohne äußere angelegte Spannungen („stromlos"). Bei der Abscheidung von

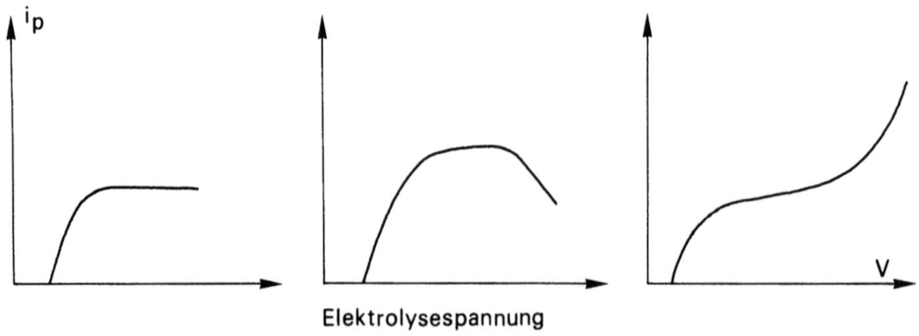

Abb. 2.7.-2. Einfluß der Elektrolysespannung auf das invers-voltammetrische Signal (schematisch)

Niederschlagsfilmen an Festelektroden [2, 7, 9] sind die optimalen Bedingungen stets empirisch zu ermitteln. Wegen der Besonderheiten an festen Oberflächen beobachtet man häufig ein von der Konzentration des zu bestimmenden Ions abhängiges Verhalten hinsichtlich der Elektrolysespannung, der Spitzenpotentiale und der Ausbildung der Stromspannungskurven. Dementsprechend sind die Bedingungen für die inverse Bestimmung für den jeweiligen Konzentrationsbereich gesondert festzulegen.

Auch in ruhender Lösung findet eine weitere, allerdings stark verminderte Abscheidung statt. Die Zeiten, bei denen die Elektrolysespannung ohne Konvektion der Lösung an der Elektrode liegt, sind daher insbesondere bei kürzeren Elektrolysezeiten ebenfalls streng zu kontrollieren und konstant zu halten. Dies gilt auch für die Ruhepause zwischen Elektrolyse und Bestimmung, in der die Lösung zur Ruhe kommt um wieder rein diffusionskontrollierten Stofftransport bei der Bestimmung zu haben. Bei den üblichen Zellanordnungen genügt eine Zeit von 30 s.

Eine *Entlüftung der Grundlösung* ist wie bei der normalen Polarographie und Voltammetrie notwendig. Die durch Reduktion des gelösten Sauerstoffs verursachten Ströme können zu einer störenden Erhöhung und Verschlechterung des Grundstroms führen. Weiterhin kann in Konkurrenz zur elektrochemischen Oxidation etwa der Amalgame eine Reaktion zwischen Sauerstoff und Amalgam stattfinden, wodurch eine Erniedrigung der anodischen Spitzenströme auftritt. Schließlich kann die Bildung von OH^--Ionen bei der Reduktion des Sauerstoffs in neutralen oder ungepufferten Lösungen zur Fällung von Hydroxiden führen, die neben einer Erniedrigung der inversen Spitzenhöhe auch eine Verzerrung der Stromspannungskurven beim Bestimmungsvorgang verursachen können. Zur direkten invers-voltammetrischen Bestimmung von Schwermetallen in natürlichen Wässern wird zur Entlüftung ein Gemisch aus Stickstoff und Kohlendioxid vorgeschlagen, dessen CO_2-Partialdruck so eingestellt ist, daß der ursprüngliche pH-Wert der Probe erhalten bleibt [24]. Auf diese Weise wird bei „Speciation"-Studien (s. S. 274) eine Verschiebung der ursprünglichen Gleichgewichte infolge Veränderung des pH-Wertes bei der Entlüftung (Austreiben von CO_2!) vermieden.

Bei der Durchführung des Bestimmungsvorgangs kann die Aufnahme der Stromspannungskurve bei einem Potential angehalten werden, bei dem ein im Überschuß vorhandenes unedleres Element selektiv herausgelöst wird. Ein dicht dabei liegendes in geringerer Konzentration vorhandenes edleres Element kann dann bei Fortsetzung der Aufnahme der Stromspannungskurve ungestört ausgewertet werden.

Als Grundlösungen können im Prinzip alle polarographischen Grundlösungen verwendet werden, in denen eine möglichst reversible Stufe oder Spitze, die zu einer Abscheidung führt, erhalten wird. Trennungen über Komplexbildung (vgl. S. 91) sind sowohl bei der Elektrolyse als auch beim Bestimmungsvorgang möglich. Von letzterem macht man beim „*Mediumswechsel*" („*Lösungswechsel*") Gebrauch, bei der die Zusammensetzung der ursprünglichen Grundlösung durch Zusatz eines zweiten Elektrolyten zwischen Elektrolyse und Bestimmung geändert wird. Aus Gründen der höheren Reinheit der Grundlösung oder der besseren Metallabscheidung muß man die Elektrolyse häufig in Lösungen durchführen, die bei der anschließenden anodischen Wiederauflösung nur unzureichend getrennte Spitzenströme ergeben. Durch Zusätze geeigneter Komplexbildner kann die Trennung der anodischen Spitzenströme verbessert werden. Ein Beispiel zeigt Abb. 2.7.-3, bei der die Elektrolyse in der leicht zu reinigenden und bei vielen Analysengängen unmittelbar anfallenden salzsauren

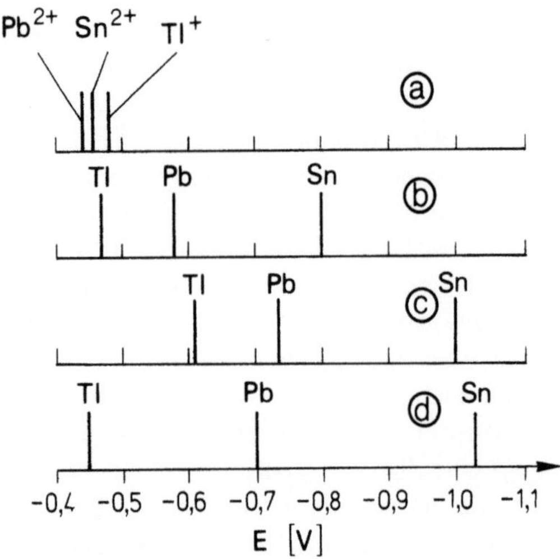

Abb. 2.7.-3. Trennung der invers-voltammetrischen Spitzenströme nach Änderung der Zusammensetzung der Grundlösung nach [14]. Grundlösung: a: 1 M HCl, b: 1 M HCl + 2 M Ethylendiamin, c: 1 M HCl + 2 M NaOH + 0,2 M EDTA, d: 1 M HCl + 2 M NaOH + 0,2 M NaK-Tartrat

Lösung durchgeführt wird. Enthält die Elektrolyselösung Elemente, die bei positiveren Potentialen reduziert werden, so können die durch diese Vorgänge bewirkten Ströme bei der inversen Bestimmung zu Störungen des Grundstromverlaufs führen. In diesem Fall ist ein vollständiger Lösungsaustausch zwischen Elektrolyse und Bestimmung notwendig. Dies erreicht man im einfachsten Fall durch Austausch des Elektrolysegefäßes gegen ein zweites mit neuer, vorentlüfteter Grundlösung. Der Austausch muß schnell (< 5 s) und ohne Unterbrechung der Elektrolysespannung unter Spülen mit Argon erfolgen, damit keine Oxidation des Amalgams durch Luftsauerstoff eintritt.

Bei unedleren Elementen, z.B. Zink, liefert diese Art des Austausches keine befriedigenden Ergebnisse. Eine Zellanordnung mit kontinuierlichem Lösungswechsel zeigt Abb. 2.7.-4. Das Vorratsgefäß enthält die Austauschlösung, die mit der zu analysierenden Lösung in der Zelle gleichzeitig entlüftet wird. Nach Beendigung der Elektrolyse läßt man die Austauschlösung in die Zelle zulaufen und gleichzeitig die

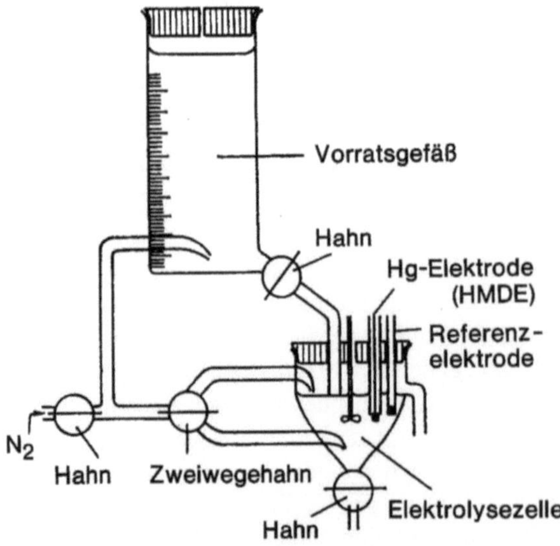

Abb. 2.7.-4. Anordnung zum Lösungswechsel (nach [2])

Analysenlösung ablaufen. Dieser Vorgang wird mit den entsprechenden Hähnen so geregelt, daß die Elektrode immer von Lösung bedeckt bleibt. Ein rascher vollständiger und kontinuierlicher Lösungsaustausch läßt sich am besten mit Durchflußzellen erreichen (vgl. auch Abschn. 2.9) [3, 4].

Bei der inversen Voltammetrie mit Metallabscheidung werden Hg-Tropfen- und Hg-Filmelektroden am häufigsten benutzt. Die Bestimmungsempfindlichkeit ist mit Filmelektroden im allgemeinen am größten, ebenso die Auflösung dicht zusammenliegender Peaks. Bei Hg-Tropfenelektroden, die mit kleinen Tropfen an engbohrigen Kapillaren arbeiten, z.B. die SMDE Metrohm MME (s. S. 145), ist der Diffusionsraum im Quecksilber so begrenzt, daß bei der inversen Bestimmung bereits nach kurzer Zeit eine so starke Verarmung der Amalgamkonzentration im Tropfen eintritt, daß die anodischen Auflösungsströme zurückgehen und es zur Ausbildung schlanker, empfindlicher und gut aufgelöster Peaks kommt. Derartige stationäre Hochleistungs-Hg-Elektroden sind nur noch um das drei- bis fünffache unempfindlicher als die schwieriger zu handhabende Hg-Filmelektrode. Der Empfindlichkeitsverlust kann in der Regel durch eine Verlängerung der Anreicherungszeit um einige Minuten ausgeglichen werden. Bei den Filmelektroden beobachtet man eine von der Filmdicke und dem Bestimmungsverfahren abhängige Verschiebung der Spitzenpotentiale in negativer Richtung, die bei $n = 1$ Reaktionen am ausgeprägtesten ist. An Hg-Filmelektroden ist daher die Trennung Pb-Tl besser, die Trennung Tl-Cd aber schlechter als an Hg-Tropfenelektroden [5]. Mit beiden Elektroden liefert die DPP besonders nach Optimierung der Meßparameter die empfindlichsten Ergebnisse [5, 6]. Hg-Tropfenelektroden sind weniger anfällig gegen Lösungseinflüsse, z.B. Störungen durch grenzflächenaktive Stoffe [7]. Derartige Störungen werden bei der Bestimmung mittels der Gleichspannungsvoltammetrie nochmals herabgesetzt [7]. Die Anwendung von AC-Verfahren setzt Störungen durch irreversible Elektrodenreaktionen herab. So ist z.B. die Bestimmung des Zinks in saurer Lösung mit der AC-Voltammetrie wegen der Unterdrückung des durch die irreversible Reduktion des H^+-Ions bedingten Grundstromanstiegs empfindlicher als mit der DPP (s. Abb. 2.7.-5). Durch Verwendung von zwei gleichartigen, an einem rotierenden Halter angebrachten Elektroden (*„Twin"-Elektroden*) etwa zur Bestimmung des Hg aus Gold [15, 16] oder aus Glaskarbon zur Bestimmung anderer Elemente [17, 22] läßt sich bei entsprechender Schaltung eine subtraktive Differentielle Pulse-Anodic-Stripping-Voltammetry (SDPASV) durchführen, bei der der Grundstrom herabgesetzt und damit die Bestimmungsempfindlichkeit erhöht wird.

Ebenso können mit *rotierenden Ring-Scheibenelektroden* (s. S. 28) besondere inversvoltammetrische Bestimmungen durchgeführt werden [18, 20]. Zunächst werden wie üblich die Elemente elektrolytisch auf der inneren Scheibe abgeschieden. Anschließend wird aber nicht der inverse anodische Auflösungsstrom gemessen, sondern der Wiederabscheidungsstrom an der auf einem konstanten Potential gehaltenen äußeren Ringelektrode, an die ein Teil der anodisch aufgelösten Elemente durch Diffusion oder Konvektion gelangt. Es entstehen „*Collection Peaks*" mit geringerem Grundstromanteil und damit höherer Bestimmungsempfindlichkeit. Zur Bestimmung von 10^{-10} mol/l Ag^+ besteht die Elektrode aus einer Glaskarbonscheibe mit einem Platinring [18], zur Bestimmung anderer Elemente nur aus Glaskarbon mit einem Hg-Film [19]. Die Auswertung der „Collection-Peaks" bei Ring-Scheibenelektroden wird von organischen Lösungspartnern weniger gestört als die normale inverse

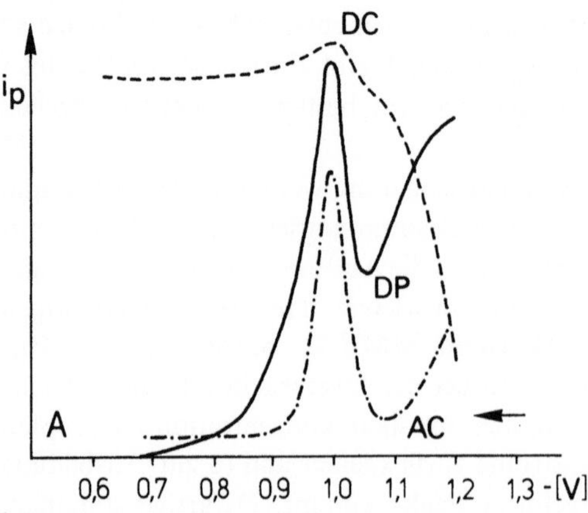

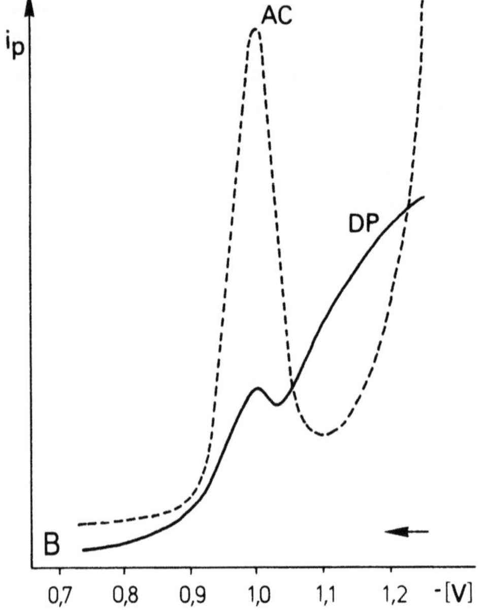

Abb. 2.7.-5. Vergleich verschiedener Verfahren bei der inversen Bestimmung des Zinks in saurer Lösung (nach [8]). A: 100 ng Zn^{2+}/ml, B: 10 ng Zn^{2+}/ml. Grundlösung: 0,1 M HCl, Elektrolysespannung: $-1,25$ V, Anreicherungszeit: 3 min, Hg-Tropfenelektrode

Bestimmung mit der DPP oder Gleichspannungsvoltammetrie [21]. Obwohl diese Technik unempfindlicher ist als die inverse DPP mit Hg-Filmelektroden, dürfte sie für die Bestimmung von Spurenelementen in realen, mit organischen Substanzen belasteten Matrizes von Interesse sein. Bei den inversen Verfahren mit Abscheidung der Metalle an Hg-Elektroden (Amalgamvoltammetrie) können bei der Bestimmung einiger Elemente Schwierigkeiten auftreten, die in der normalen Polarographie und Voltammetrie nicht beobachtet werden (vgl. [1, 4]). Sie werden verursacht durch die *Bildung intermetallischer Verbindungen* der abgeschiedenen Metalle untereinander oder mit dem Elektrodenquecksilber.

Die Bildung dieser Verbindungen kann die inversen Signale verringern oder ganz unterdrücken. Es kann aber auch zu neuen, von der elektrochemischen Oxidation der intermetallischen Verbindungen selbst herrührenden Signalen kommen (z.B. Ni-Hg, [9]). Das Ausmaß der Störungen hängt von der Stabilität der intermetallischen

Verbindungen ab und wird mit abnehmender Konzentration geringer [10]. In der praktischen Analyse ist vor allem die Störung der Bestimmung des Zinks durch Kupfer oder Nickel von Bedeutung und muß unter Umständen berücksichtigt werden. Die Störung durch Kupfer kann durch Mitabscheidung von Gallium vermieden werden, da die entstehende Cu-Ga-Verbindung stabiler ist als die entsprechende Cu-Zn-Verbindung [11]. Diese Störungen können auch beim Arbeiten im Durchfluß in einer Dünnschichtzelle mit zwei hintereinander angeordneten Arbeitselektroden beseitigt werden, wenn man zunächst an der ersten Elektrode das Kupfer abscheidet und an der zweiten sich anschließenden Elektrode das Zn(Cd) bestimmt [23].

Zur Verbesserung der selektiven Bestimmung von Blei oder Thallium neben Bismut oder Indium wird ein Zusatz von Kupfer bei der Anreicherungselektrolyse vorgeschlagen [25].

Bei der Bestimmung neben Elementen, die vor dem zu bestimmenden Element abgeschieden werden, kommt es bei größeren Gehalten meist zu einer Abnahme der inversen Spitzenströme. Diese Abnahme kann durch Änderung der Abscheidungsbedingungen an Amalgamelektroden im Vergleich zur reinen Hg-Elektrode und durch Änderungen der Viskositätsverhältnisse im Amalgam, wodurch der inverse Auflösungsstrom bei allen Verfahren beeinflusst wird, bedingt sein.

Mehr als bei allen anderen polarographischen und voltammetrischen Verfahren ist ein programmgesteuerter Ablauf der einzelnen Schritte der inversen Bestimmung für die Reproduzierbarkeit und praktische Handhabung etwa bei Routineuntersuchungen nützlich. Es werden dafür auch kommerzielle Anordnungen als Zusatzeinrichtungen angeboten (vgl. Abschn. 2.9).

Literatur zu 2.7

Monographien und Übersichtsarbeiten

1 Neeb, R.: Inverse Polarographie und Voltammetrie. Weinheim: Verlag Chemie 1969
2 Brainina, Kh.Z.: Stripping Voltammetry in Chemical Analysis. New York: John Wiley & Sons 1974
3 Copeland, T.R., Skogerboe, R.K.: Anodic Stripping Voltammetry, Anal. Chem. **46** (14) 1257A (1974)
4 Vydra, F., Stulik, K., Julakova, E.: Electrochemical Stripping Analysis. New York: John Wiley & Sons 1976
5 Neiman, E.Ya., Dolgopolova, G.M.: Electrodes and Electrode Materials in Stripping Voltammetry, J. Anal. Chem. (USSR) **35**, 661 (1980)
6 Henze, G.: Determination of toxic Elements by Cathodic Stripping Voltammetry, Mikrochimica Acta 1981 II, 343
7 Brainina, Kh.Z.: Film Stripping Voltammetry, Talanta **18**, 513 (1971)
8 Kalvoda, R.: Adsorptive Accumulation in Stripping Voltammetry, Anal. Chim. Acta **138**, 11 (1982)
9 Brainina, Kh.Z.: Organic Reagents in Inverse Voltammetry: A Review Fresenius Z. Anal. Chem. **312**, 428 (1982)
10 Wang, J.: Stripping Analysis. Weinheim: Verlag Chemie 1985, i. Dr.
11 Florence, T.M.: Recent Advances in Stripping Analysis, J. Electroanal. Chem. **168**, 207 (1984)

Originalliteratur

1 Neeb, R., Willems, G., Kiehnast, I.: Z. Anal. Chem. **249**, 86 (1970)
2 Zieglerova, L., Stulik, K., Dolezal, J.: Talanta **18**, 603 (1971)

3   Koster, G., Ariel, M.: J. Electroanal. Chem. **33**, 339 (1971)
4   Buchanan, E.B., Soleta, D.D.: Talanta **29**, 207 (1982)
5   Batley, G.E., Florence, T.M.: J. Electroanal. Chem. **55**, 23 (1974)
6   Copeland, T.R., Christie, J.H., Osteryoung, R.A., Skogerboe, R.K.: Anal. Chem. **45**, 2171 (1973)
7   Florence, T.M.: Anal. Chim. Acta **119**, 217 (1980)
8   Wahdat, F., Neeb, R.: Fresenius Z. Anal. Chem. **288**, 32 (1977)
9   Kemula, W., Galus, Z., Kublik, Z.: Nature, **182**, 1228 (1958)
10 von Sturm, F., Ressel, M.: Z. Anal. Chem. **186**, 63 (1962)
11 Copeland, T.R., Osteryoung, R.A., Skogerboe, R.K.: Anal. Chem. **46**, 2093 (1974)
12 Berge, H., Drescher, A.: Z. Anal. Chem. **231**, 11 (1967)
13 Valenta, P., Mart, L., Rützel, H.: J. Electroanal. Chem. **82**, 327 (1977)
14 Neeb, R., Kiehnast, I.: Z. Analyt. Chem. **241**, 142 (1968)
15 Sipos, L., Valenta, P., Nürnberg, H.W., Brainica, M.: J. Electroanal. Chem. **77**, 263 (1977)
16 Sipos, L., Nürnberg, H.W., Valenta, P., Brainica, M.: Anal. Chim. Acta **115**, 25 (1980)
17 Lazar, B., Ben-Yaakov, S.: J. Electroanal. Chem. **108**, 143 (1980)
18 Johnson, D.C., Allen, R.E.: Talanta, **20**, 205 (1973)
19 Laser, D., Ariel, M.: J. Electroanal. Chem. **49**, 123 (1974)
20 Brihaye, C., Duyckaerts, G.: Anal. Chim. Acta **143**, 111 (1982)
21 Brihaye, C., Duyckaerts, G.: Anal. Chim. Acta **146**, 37 (1983)
22 Sipos, L., Kozar, S., Kontusic, I., Brainica, M.: J. Electroanal. Chem. **87**, 347 (1978)
23 Roston, D.A., Brooks, E.E., Heineman, W.R.: Anal. Chem. **51**, 1728 (1979)
24 Lecomte, J., Mericam, P., Astruc, A., Astruc, M.: Anal. Chem. **53**, 2372 (1981)
25 Wang, J., Farias, P.A.M., Den-Bai Luo: Anal. Chem. **56**, 2379 (1984)

2.8 Verschiedene Verfahren

2.8.1 Chronopotentiometrie [1, 2, 4, 5, 6, 8]

Die Untersuchung der diffusionskontrollierten zeitlichen Potentialänderungen einer Elektrode unter Stromfluß bezeichnet man als Chronopotentiometrie. Man arbeitet meist unter stationären Bedingungen. Durch die bei Stromfluß ablaufenden elektrolytischen Vorgänge ändert sich an der Elektrode die ursprüngliche Konzentration der elektrochemisch aktiven Substanz, z.B. Me^{n+}. Bildet sich bei einem Reduktionsvorgang Me^0, so ändert sich das Verhältnis Me^{n+}/Me^0, was zu einer Potentialänderung der Elektrode gemäß der Nernst'schen Gleichung führt. Der Gesamtverlauf der Potential-Zeitkurve ist von den Diffusionsvorgängen und der Konzentration der elektrochemisch aktiven Substanz bedingt. Insgesamt resultiert eine Potential- Zeitkurve, wie sie Abb. 2.8.-1 zeigt. In einem bestimmten, eng begrenzten Potentialbereich verändert sich das Potential nur langsam. Die Zeit zwischen den beiden raschen Potentialänderungen wird als „*Transitionszeit*" τ bezeichnet. Legt man einen konstanten Strom an die Elektrode*, so erhält man für diffusionskontrollierte reversible Elektrodenvorgänge an planaren Elektroden die bereits 1901 von Sand abgeleitete Gleichung

$$\tau^{1/2} = \frac{\pi^{1/2} n F D^{1/2}}{2\, i_0} \cdot c,$$

mit der Stromdichte $i_0 = \dfrac{i}{O}$.

---

* Auch als „galvanostatische Voltammetrie" bezeichnet [1, 2]

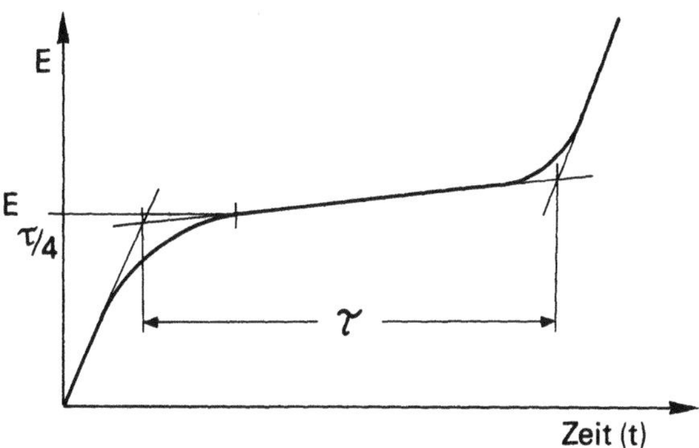

Abb. 2.8.-1. Potential-Zeitkurve der Chronopotentiometrie

$\tau^{1/2}$ entspricht dem gleichstrompolarographischen Diffusionsstrom, $E_{\tau/4}$ dem Halbstufenpotential. Für die gesamte Potential-Zeitkurve ergibt sich

$$E = E_{\tau/4} + \frac{RT}{nF} \ln \frac{\tau^{1/2} - t^{1/2}}{t^{1/2}}.$$

Die für die Chronopotentiometrie notwendige Meßanordnung ist verhältnismäßig einfach (s. Abb. 2.8.-2). Es werden Transitionszeiten von 10^{-3} bis 10^{2} s gemessen. Bei der Analyse von Gemischen erhält man komplizierte Beziehungen für die wechselseitigen Abhängigkeiten der Transitionszeiten von der Konzentration. Legt man einen zeitlich veränderlichen Strom i_0 an die Elektrode, so ändert sich die Beziehung zwischen der Transitionszeit und der Konzentration der an der Elektrode reagierenden Substanz [1, 2]. Mit $i_0 = \beta t^{\gamma}$, dem allgemeinen Fall eines stetig ansteigenden Stroms (β ist der die Stromstärke bestimmende Faktor), ergibt sich für die Transitionszeit

$$q^{(\gamma + 1/2)} = kc.$$

(k ist eine von γ abhängige Konstante.) Mit $\gamma = 1/2$ erhält man eine unmittelbare lineare Proportionalität zwischen τ und der Konzentration, die auch für Gemische gilt. Elektronische Anordnungen zur Erzeugung derartiger Stromfunktionen sind beschrieben [3, 4]. Die normale Chronopotentiometrie findet für rein analytische Zwecke kaum Anwendung. Bestimmungen sind bestenfalls im Konzentrationsbereich von 10^{-4} bis 10^{-5} M möglich. Bei der Bestimmung kleiner Konzentrationen treten Probleme bei der Ermittlung der Transitionszeiten auf, die durch die Aufladung der elektrochemischen Doppelschicht (s. Abschn. 1.4) verursacht werden [5]. Zur Verbesserung

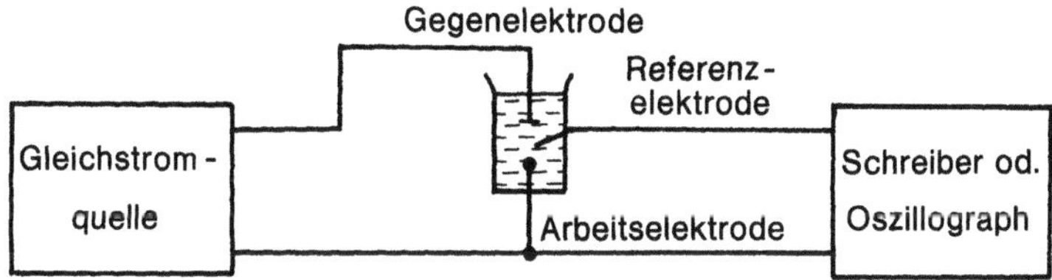

Abb. 2.8.-2. Meßanordnung zur Chronopotentiometrie

der Auswertung chronopotentiometrischer Kurven wurde die „Derivative Chrono-potentiometrie" vorgeschlagen [6, 15], bei der anstelle von E die erste Ableitung $\frac{dE}{dt}$ als Funktion der Zeit registriert wird. Der Abstand der beiden Spitzen der abgeleiteten chronopotentiometrischen Kurve gibt jetzt die „rationale" Transitionszeit. Nach [7] ist das Minimum der Ableitungskurve $\left(\frac{dE}{dt}\right)_{min}$ dem Kehrwert der Transitionszeit proportional und kann daher auch zu ihrer Bestimmung herangezogen werden. Die Bestimmung kleiner Transitionszeiten kann rechnerisch durch Korrekturglieder verbessert werden [8], die die Doppelschichteffekte berücksichtigen. Es wurden auch experimentell zu ermittelnde Korrekturglieder vorgeschlagen [9]. Mit derartigen Korrekturgliedern für die Transitionszeit werden bei der Bestimmung im 10^{-6} M Bereich zufriedenstellende Ergebnisse erhalten [10]. Nach [11] sind derivative Techniken zur Bestimmung der Transitionszeit besser geeignet als die Auswertung der normalen Potentialzeitkurve. Dies gilt auch für programmierte Stromfunktionen [12]. Die derivative Chronopotentiometrie an langsam tropfenden Hg-Elektroden ermög-licht Bestimmungen im 10^{-7} M Bereich [13]. Zur Bestimmung geringerer Chlorid-Konzentrationen in wäßrigen Lösungen soll die derivative Chronopotentiometrie besser geeignet sein als andere elektroanalytische Techniken [14].

Beim Arbeiten mit Festelektroden in Salzschmelzen ist die Chronopotentiometrie anderen voltammetrischen Verfahren vergleichbar.

Chronopotentiometrische Messungen werden auch zu Untersuchungen von Elektrodenreaktionen, besonders als *„cyclische Chronopotentiometrie"*, herangezogen [16, 17].

Bei der *inversen Chronopotentiometrie* wird etwa nach Abscheidung eines Metalls an einer Hg-Elektrode das gebildete Amalgam durch einen anodischen Strom aufgelöst. Es entstehen „inverse" Potential-Zeitkurven, deren Transitionszeiten zur Konzentrationsbestimmung ähnlich wie die Signale der anderen voltammetrischen und polarographischen Methoden herangezogen werden können. Anstelle eines äußeren Stroms kann die Auflösung auch durch der Grundlösung zugesetzte Oxi-dationsmittel erfolgen [18], z. B. durch Sauerstoff, Kaliumpermanganat, Cer(IV) oder durch Hg^{2+}-Ionen. Im letzten Fall erfolgt die Reaktion nach

$$Me(Hg) + Hg^{2+} \longrightarrow Me^{2+} + Hg.$$

In gleicher Weise können auch anodisch abgeschiedene Niederschläge, z. B. Man-gan(IV)oxid, durch Reduktionsmittel, wie z. B. Hydrochinon, abgelöst werden [37]. Zur Reduktion anodisch abgeschiedener Halogenide, Selenide und Arsenide werden Natrium- und Zinkamalgame vorgeschlagen, die vorher an der Hg-Elektrode elektrolytisch gebildet worden waren [37]. In allen Fällen entstehen Potential-Zeitkurven mit Transitionszeiten, die von der Konzentration des Metalls im Amalgam bzw. von der Menge des abgeschiedenen Niederschlags abhängen.

Bei der inversen Chronopotentiometrie mit chemischer Oxidation bzw. Reduktion (auch als *„Potentiometric Stripping Analysis"*, PSA, bezeichnet [9, 19]), benötigt man zur Durchführung von Bestimmungen ebenfalls nur einfache Meßanordnungen, die leicht zusammenzustellen sind (s. Abb. 2.8.-3). Neben einem Potentiostaten, einem hochohmigen Röhrenvoltmeter mit Registrierausgang (pH-Meter) ist ein schneller

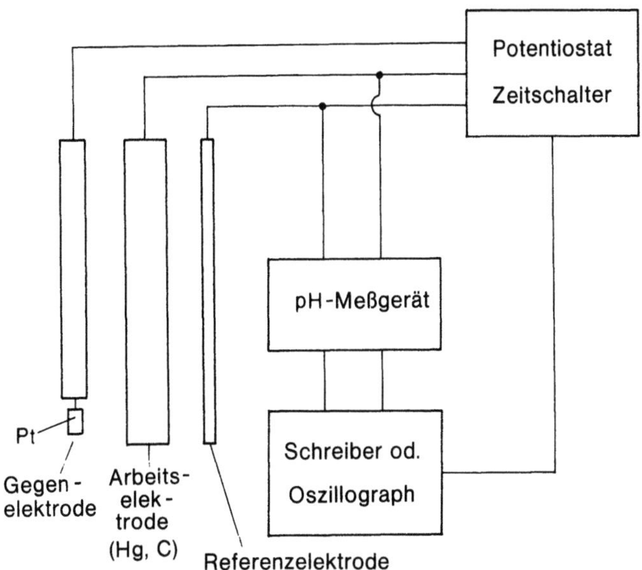

Abb. 2.8.-3. Meßanordnung zur inversen Chronopotentiometrie mit chemischem Stripping („PSA") (nach [38])

Schreiber, ein Oszillograph oder eine Transientenrecorder zur Registrierung der Potential-Zeitkurven notwendig. Die Auswertung der einfachen Potentialzeitkurven erfolgt wie in Abb. 2.8.-1 angegeben. Mit Ableitungsschaltungen (s. o.) („derivative inverse Chronopotentiometrie") erhält man die Transitionszeiten als Abstand zweier Spitzen der abgeleiteten Kurve, der ein empirisches Maß für die Transitionszeit darstellt (s. Abb. 2.8.-4b). Ein mit Analogbauteilen arbeitendes Gerät zur oxidativen und reduktiven PSA ist in [25] beschrieben. In einem kommerziellen Gerät [20] werden „semiderivative" Kurven durch Überlagerung einer normalen mit einer abgeleiteten Kurve aufgenommen, die in der gleichen Weise ausgewertet werden können (s. Abb. 2.8.-4c). Bei der inversen Chronopotentiometrie können Kleinrechner zur Steuerung des gesamten Bestimmungsablaufs, zur Speicherung der Potential-Zeitkurven und zu ihrer Auswertung angewandt werden.

Bei einem anderen mit Rechnern arbeitenden Verfahren [21, 48] wird die gesamte chronopotentiometrische Kurve in Potentialintervalle konstanter Größe (1,2 mV) aufgeteilt. Die computergesteuerte Anordnung ermittelt, wie oft dieses Intervall beim Durchlaufen der Potentialzeitkurve pro Zeiteinheit gemessen werden kann. Im Bereich der Transitionszeit ist dies häufiger der Fall als im Bereich rascher Potentialänderungen. Aus der Zahl der im Transitionszeitbereich anfallenden Messungen berechnet der Computer dann die realen Transitionszeiten bzw. druckt die Meßrate als Funktion des Elektrodenpotentials aus (s. Abb. 2.8.-5b). Eine Korrektur des auch bei der inversen Chronopotentiometrie auftretenden Ladungsstromes ist mit dieser Anordnung ebenfalls vorgesehen. Im Vergleich zur einfachen „Potentiometric-Stripping-Analysis" wird die Empfindlichkeit um mehrere Größenordnungen höher [41]. Bestimmungen im $ng \cdot l^{-1}$-Bereich sind möglich [48].

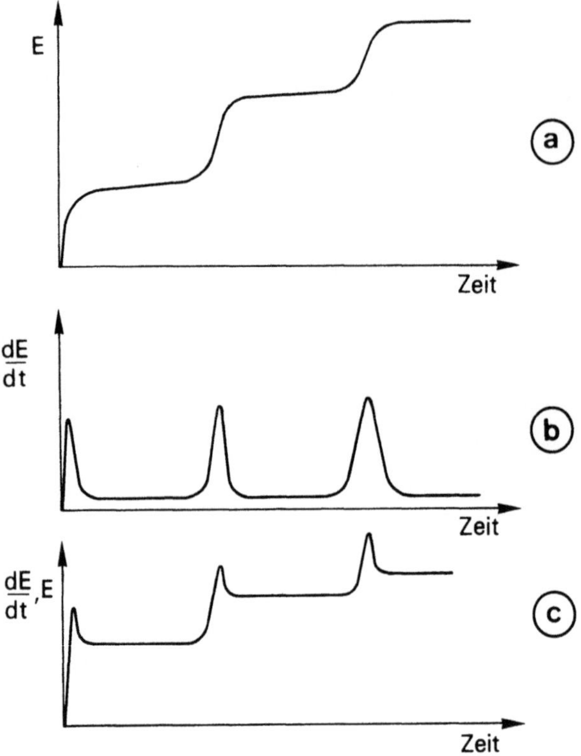

Abb. 2.8.-4. Chronopotentiometrische Kurven von Gemischen. a: normal, b: derivativ, c: „mixed mode" (Tecator) (semiderivativ)

Bei der inversen Chronopotentiometrie mit chemischem Stripping (PSA) arbeitet man fast ausschließlich mit (rotierenden) Quecksilberfilmelektroden auf Glaskarbonunterlagen. Diese Elektroden geben im Vergleich zur Hg-Tropfenelektrode (HMDE) höhere Empfindlichkeiten und eine bessere Auflösung bei Simultananalysen. Bei der Filmelektrode wird das Quecksilber entweder vor der Anreicherungselektrolyse in einem getrennten Schritt auf die Glaskarbonelektrode elektrolytisch aufgebracht oder aber, wie auch bei den anderen Verwendungen der Filmelektrode üblich, bei der Anreicherungselektrolyse zusammen mit dem zu bestimmenden Element abgeschieden („in situ").

Die Eichkurven (Transitionszeit gegen Konzentration) sind meist Geraden. Die Reproduzierbarkeit der Einzelmessung ist der anderer voltammetrischer Methoden vergleichbar und liegt im allgemeinen bei einigen Prozent relativer Standardabweichung. Die Empfindlichkeit der Messung hängt von der auf die Elektrode aufgebrachten Hg-Menge ab. Elektroden mit sehr dünnen Quecksilberfilmen zeigen besondes hohe, Hg-Tropfenelektroden geringere Empfindlichkeiten. Bei der Chronopotentiometrie mit überlagertem Strom ist die Empfindlichkeit umgekehrt proportional der Stromstärke, bei chemischem Stripping ist sie von der Konzentration des Oxidations- bzw. Reduktionsmittels abhängig (s.u.). Der Auflöse („Stripping")-Vorgang findet meist unter Rotation der Elektrode statt. Unter stationären Bedingungen an einer ruhenden Elektrode erreicht man etwa 20–50fach höhere Empfindlichkeiten [24, 52].

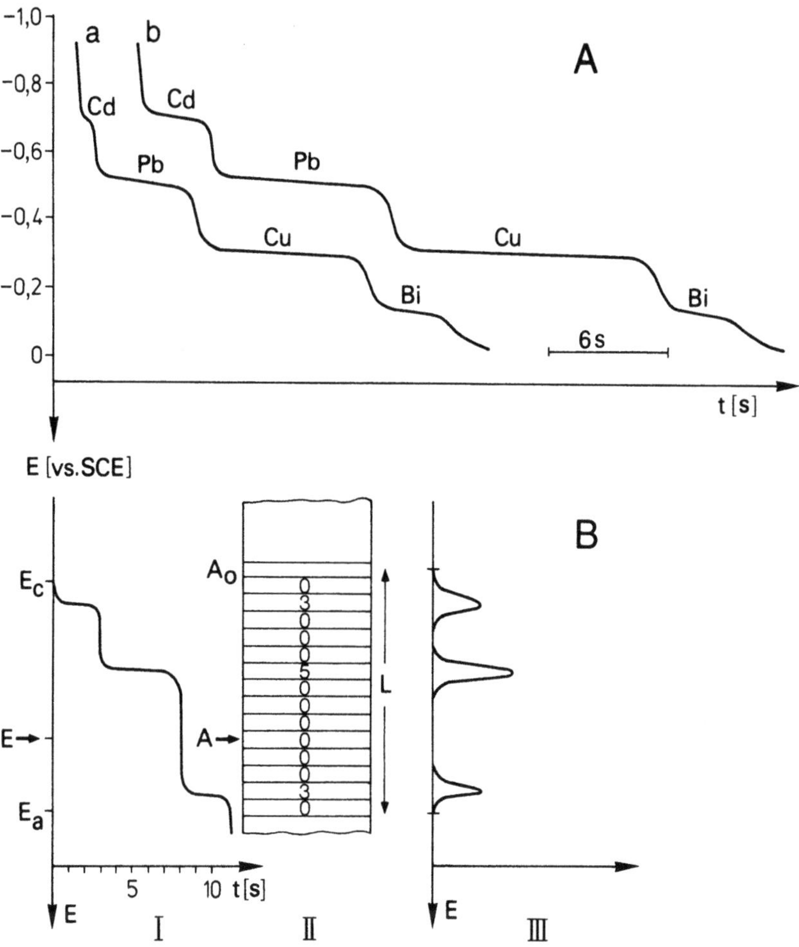

Abb. 2.8.-5. Potential-Zeitkurven der normalen und computerunterstützten „Potentiometric-Stripping-Analysis" (PSA). A: normale PSA-Kurven eines Gemisches (nach [38]), a) 0,05 M HCl + 0,5 M NaCl, 1 mg Hg(II) l⁻¹ (mit Verunreinigungen), b) nach Zusatz von je 0,5 µg Cu(II), Pb(II) und Cd(II)/l; B: Prinzip der computerunterstützten PSA (nach [48]), I) normale PSA-Kurve, II) Computer-Speicher (beginnend mit dem Speicherplatz A_o werden die Zählimpulse abgespeichert, wobei die einzelnen Speicherplätze einem bestimmten Spannungswert zugeordnet sind), III) resultierendes „Potentiogramm" (Meßrate als Funktion des Elektrodenpotentials) ($E_{c,a}$ kathodische und anodische Grenze des Potentialbereichs)

Die Rotation der Elektrode zur Erhöhung des Massentransports ist in Anwesenheit größerer Konzentrationen reduzierbarer nicht abscheidbarer Substanzen notwendig. Andernfalls geben deren in der Elektrodennähe verbleibenden Reduktionsprodukte (z.B. Cr(II)) infolge Reoxidation durch die Hg(II)-Ionen bei der Aufnahme der Potentialzeitkurven störende „Plateaus" bzw. „Peaks" bei der Computer-PSA [61].

Je nach Meßanordnung werden Transitionszeiten im Millisekunden- bis Sekunden-Bereich ausgewertet. Die Ermittlung der Transitionszeiten erfolgt graphisch aus der registrierten Potential-Zeitkurve (s. Abb. 2.8.-1) Bei rechnerunterstützten Meßanordnungen wird die Transitionszeit bzw. die ihr proportionalen Größen unmittelbar ausgegeben. Bei der derivativen inversen Chronopotentiometrie [29, 30] ist eine automatische Messung der zwischen zwei Spitzen verflossenen Zeit unter Angabe der Potentialwerte auf elektronischem Wege möglich [10].

Tabelle 2.8.-1 enthält einige neuere Beispiele zur inversen Chronopotentiometrie mit chemischem Stripping (PSA). Abbildung 2.8.-5 zeigt Potential-Zeitkurven der normalen und computerunterstützten PSA. Ältere Anwendungen der inversen Chronopotentiometrie finden sich in den Monographien zur inversen Voltammetrie (s. S. 115). Eine Zusammenstellung der mittels der galvanostatischen inversen Chronopotentiometrie bestimmbaren Elemente enthält [10, 31].

Die hohe Empfindlichkeit besonders der Computer-PSA macht für die Anreicherung nur kurze Elektrolysezeiten notwendig. Als chemisches Stripping-Reagenz kann auch gelöster Sauerstoff wirken, der daher bei unempfindlicheren Bestimmungen nicht aus der Probe entfernt zu werden braucht [40]. Die volle Empfindlichekit der PSA erreicht man aber nur nach vollständiger Entlüftung durch gezielten Zusatz von Stripping-Reagenzien definierter Konzentration.

Nach Entfernung des neben den Hg^{2+}-Ionen als Oxidationsmittel wirkenden Sauerstoffs steigen die Transitionszeiten bei Verringerung der Hg^{2+}-Ionenkonzentration beträchtlich an (s. Abb. 2.8.-6), wodurch die Bestimmung kleinerer Konzentra-

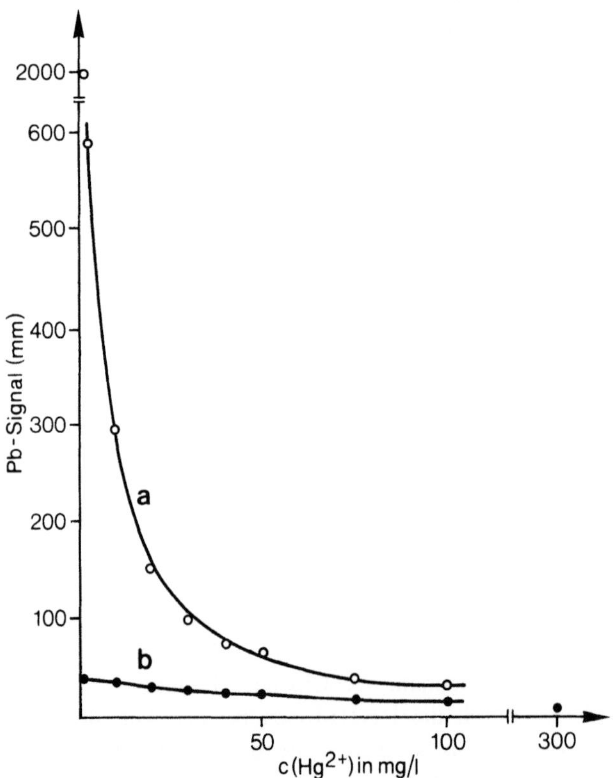

Abb. 2.8.-6. Einfluß der Hg^{2+}-Konzentration auf die Transitionszeit bei der PSA des Bleis in entlüfteten (a) und nichtentlüfteten (b) Lösungen (nach [22]). $c_{Pb^{2+}} = 0{,}5$ mg l^{-1}, Elektrolysezeit 120 s, Elektrolysespannung $-1{,}0$ V (vs SCE), Durchflußzelle, Hg-Filmelektrode auf Glaskarbon

Tabelle 2.8.-1. Beispiele zur Bestimmung von Elementen mittels PSA

Element	Elektrolyse-spannung (vs. SCE) in Volt	Methode	Elektrode	Grundlösung	Bestimmungs-grenze	Anwendungen — Bemerkungen	Lit.
Bi(III)	$-0,8$ bis $-1,0$	PSA	TMF (i.s./v)	verdünnte HCl, pH 0–0,5 $+ 1$–5 mg Hg(II)$\cdot$l^{-1}	0,05–0,2 ppb	Wasser, Seewasser (direkt)	[38]
Bi(III)	$-0,9$	PSA, c PSA	rotierende TMF (v + i.s.)	angesäuerte Probe ($+ 1\,\mu$mol Hg^{2+}/20 ml)	0,6 nM	Seewasser, nach Mitfällung an Mg(OH)$_2$ Empfindlichkeit 0,003 nM, spezielle Elektrodenvorbe-reitung in Cl$^-$-Matrix	[58]
Cu(II), Pb(II), Tl(I), Cd(II)	$-0,7$ bis $-1,2$	PSA	TMF (i.s./v)	verdünnte HCl, pH 0–3 $+ 1$–5 mg Hg(II)$\cdot$l^{-1}	0,05–0,2 ppb	Wasser, Seewasser (direkt)	[38]
Zn(II)	$-1,3$ bis $-1,4$	PSA	TMF (i.s./v)	pH 2–6, neben Cu: Zusatz 200 μg Ga(III) l^{-1}, pH 5–6 (Acetatpuffer)	0,05–0,2 ppb	Wasser, Seewasser (direkt)	[38]
Pb(II)	$-0,95$	PSA	TMF (i.s.)	angesetzte Probe $+ 0,05\%$ Triton X100 $+ 4$ ppm Hg(II)	1 μg l^{-1}	Urin (direkt)	[43]
Zn(II), Cd(II), Pb(II), Cu(II)	$-1,25$	PSA	TMF (i.s.)	0,5 M NaCl $+ 500\,\mu$M Hg(II)	0,5 μM	—	[44]
Pb(II), Cd(II)	$-1,1$	c PSA	TMF (i.s.)	Probe $+$ verdünnte HCl, pH 2,5 $+ 20$ mg Hg(II) l^{-1}	0,05 nM	Seewasser (direkt)	[45]
Zn(II)	$-1,4$	c PSA	TMF (i.s.)	Probe (s. o.) $+ 10\mu$g l^{-1} Ga(III)	0,25 nM	Seewasser (direkt)	[45]
Cd(II), Pb(II), Cu(II)	$-0,95$	PSA	dünne TMF (i.s.)	angesäuerte Probe $+ 2$–4 mg Hg(II)$\cdot$l^{-1}	0,01–0,03 μg l^{-1}	Seewasser (direkt)	[42]
Cd(II), Pb(II), Zn(II)	$-1,25$	PSA	dünne TMF (i.s.)	$+$ Na-acetat, pH 4,5 $+ 2$–4 mg Hg(II)l^{-1}	0,02–0,04 μg l^{-1}	Seewasser (direkt)	[42]
Cd(II), Pb(II), Cu(II)	$-1,25$ (Cu: $-0,95$)	PSA	TMF (i.s.)	$+$ HCl bis 0,1 M $+ 10$ mg Hg(II)l^{-1} $+ 0,05\%$ Triton X100 (bei Bier)	1 μg l^{-1}	Wein, Bier, alkoholische Getränke (direkt)	[47]
Cd(II), Pb(II)	$-1,30$	c PSA	dünne TMF (v)	0,05 M HCl $+ 0,5$ M NaCl ($+ 40$–240 mg Hg(II)$\cdot$l^{-1})	5 ng$\cdot$l^{-1}	—	[48]

(Fortsetzung)

Tabelle 2.8.-1 (Fortsetzung)

Element	Elektrolyse-spannung (vs. SCE) in Volt	Methode	Elektrode	Grundlösung	Bestimmungs-grenze	Anwendungen — Bemerkungen	Lit.
Cd(II), Pb(II)	−1,25	c PSA	TMF (v)	+ HCl bis 0,05 M	1 nM	Urin (direkt)	[49]
Cd(II), Pb(II)	−1,05	c PSA	TMF (i.s./v)	nach Aufschluß + 0,06 M HCl + 25 mg Hg(II) l^{-1}	$<0,1\ \mu g\,g^{-1}$	Biologisches Material (nach Aufschluß)	[50]
Cu(II)	−1,05	c PSA	TMF (i.s./v)	nach Aufschluß + 0,03 M HCl + 5 mg Hg(II) l^{-1}	$<0,1\ \mu g\,g^{-1}$	Biologisches Material (nach Aufschluß)	[50]
Zn(II)	−1,45	c PSA	TMF (i.s./v)	nach Aufschluß + 0,06 M HCl + 25 mg Ga(III) l^{-1}	$<0,1\ \mu g\,g^{-1}$	Biologisches Material (nach Aufschluß)	[50]
Cd(II), Pb(II)	−1,2	c PSA	TMF (i.s./v)	Blut(Serum) + Grundlösung: 0,5 M HCl + 75 mg Hg(II) (verdünnen 1:10 bzw. 4:6)	25 nM	Blut, Serum (ohne Aufschluß)	[51]
Cu, Pb, Tl, Cd, Ga, Zn, Bi	−1,2	PSA	TMF (v)	0,01–0,1 M HCl + 0,5 M NaCl + 2,5·10^{-3} M HgCl$_2$	0,01–1 ppb	Messungen unter stationären Bedingungen	[52]
Cd, Pb, Tl	−0,95	c PSA	TMF (i.s.)	10^{-2} M Ethylendiamin + 1,4·10^{-4} Hg(II), pH 4,8 zur Tl-Bestimmung. Zusatz von EDTA	$\mu g\,g^{-1}$	Flugasche (Ausf. Disk. der Störungen)	[54]
Pb, Sn	−0,9 (Pb) −1,1 (Pb + Sn)	PSA PSA	TMF (v) TMF (v)	salzsaure Lösung (pH 1) + 10 mg HgCl$_2$ l^{-1} + 90 % Methanol	1 ppb	Fruchtsäfte Cola, bessere Pb/Sn Trennung in Durchflußzellen mit Lösungswechsel [68]	[55, 56]
Cu, Pb	−0,95	PSA	TMF	verdünnte saure Aufschluß-lösung + 1 % Ascorbinsäure + 1 % NaCl + 1 ppm Hg(II)	ppm-Bereich	Sedimente, Schlämme	[57]
Mn(II)	+0,8 bis +1,2 V	PSA	Pt, Glaskarbon	0,1 M Acetatpuffer + 10^{-4} M Hydrochinon, 50 °C	∼einige $\mu g\,l^{-1}$	(Biologische Proben)	[36]
Mn(II)	−1,7	c PSA	TMF (GCE, i.s.), Durchflußzelle	Probe pH 2/gesättigte CaBr$_2$-Lösung (Lösungswechsel)	2·10^{-9} M	Bestimmung in natürlichem Wasser mit automatischer Meßanordnung. Neben Cu: Zusatz von Zn oder Ga	[81]

Se(IV)	−0,5	c PSA	kleine Hg-pool oder HMDE	1 M NaOH + 0,01 M NaBH$_4$	10^{-8} M	(Verwendung von Na-Amalgam als Reduktionsmittel)	[37]
S(-II)	−0,4	c PSA	kleine Hg-pool oder HMDE	1 M NaOH + 0,01 M NaBH$_4$			[37]
As(III)	−0,05	c PSA	Glaskarbon	7 M HCl + 0,4 m Au(III)	4,3 nM	20 Üb. Cu stört, neben 2000 Üb. Sb, Bi	[46]
Hg(II)	−0,7	PSA	Glaskarbon	0,25 M NaCl + 0,08 · 10^{-3} M Cu(II) + Acetatpuffer, pH 4,7	$5 \cdot 10^{-9}$ M	innerer Standard: Cu(II)	[39]
Hg(I, II)	−0,7	PSA	Glaskarbon	0,5 M NaCl + 0,05 M Na-acetat/ Essigs. + 250 µg Cu l^{-1}	0,05–0,5 µg l^{-1} (in Wasser)	innerer Standard: Cu(II), Bestimmung in Wasser nach Austreiben	[41]
Hg(II)	−0,25 bis −0,20	c PSA	Au	Elektrolyse: saure Lösung (Urin, biologische Proben), ammoniak. Citratlösung (Sedimente), Stripping: 0,1 HCl + 1 NaBr + 3 mM CrO$_4^{2-}$, Durchflußzelle	0,05 µM	Urin, Sedimente, Biologisches Material	[53, 60]
Alkalien (Erdalkalien)	−2,99	c PSA	TMF (v)	0,1 TEAP + 3 · 10^{-3} M HgCl$_2$ + organisches Lösungsmittel	10^{-4} M	Vergleiche verschiedener organischer Lösungen, in 1-Methyl-2-Pyrrolidon Na/K simultan, direkt in Serum in DMSO-Lösung	[59]

Anmerkungen zu Tabelle 2.8.-1. Elektrode: TMF: Hg-Filmelektrode auf Glaskarbon, i.s./v: „in situ"/vor der Bestimmung Aufbringung des Hg-Films, c PSA: Potentiometric Stripping Analyse mit Computer-Auswertung

tionen möglich wird. Da in Lösungen mit mehreren Ionen auch die Ionen von Metallen mit höherem (positivem) Redoxpotential an der Oxidation der Metalle mit niedrigerem (negativem) Potential teilnehmen [19, 22], läßt sich jedoch die volle Empfindlichkeitssteigerung durch Verminderung der Hg^{2+}-Ionenkonzentration nur in einer Durchflußzelle (s. S. 153) nach Austausch der ursprünglichen Analysenlösung gegen eine neue, vollständig entlüftete und nur Hg^{2+}-Ionen enthaltende Stripping-Lösung erreichen. Verwendet man nur den in einer sorgfältig entlüfteten Lösung noch vorhandenen Restsauerstoff als alleiniges Oxidationsmittel, so werden Bestimmungsgrenzen von 10^{-12} M Pb^{2+} erreicht [23]. Wie bei der Voltammetrie (s. S. 82) bieten Durchflußzellen auch in der inversen Chronopotentiometrie und besonders bei der „PSA" eine Reihe von Vorteilen. Bildung des Quecksilberfilms, Abscheidungs- und Stripping-Vorgang können getrennt voneinander in eigenen Grundlösungen durchgeführt werden. Besonders für den letzten Vorgang ist wie erwähnt die Verwendung optimaler Grundlösungen unabhängig von der Analysenlösung wichtig.

Eine Dünnschichtzelle für „Flow"-Betrieb ist in [26] beschrieben. Mit ihr können beispielsweise ppb-Gehalte von Blei in Wein ohne Aufschluß bestimmt werden. Arbeitet man im „Stopped-Flow"-Betrieb, so nimmt die Bestimmungsempfindlichkeit wie beim Arbeiten mit stationären Lösungen (s. S. 120) zu. Auch der in der inversen Voltammetrie zur besseren Trennung der anodischen Spitzenströme benutzte „Lösungswechsel" (s. S. 111) kann mit derartigen Anordnungen in der PSA einfach durchgeführt werden [28].

Nach Aufschlüssen biologischer Substanzen mit HNO_3-haltigen Säuregemischen stören im Gegensatz zur Polarographie [32] die unzersetzt in der Lösung verbleibenden oder neu gebildeten Nitrokörper den Bestimmungsvorgang mittels der PSA weniger [9, 47, 50]. Bei gleichzeitiger Anwesenheit von Nitroverbindungen und grenzflächenaktiven Stoffen (Tenside) ist im Gegensatz zur inversen Differentiellen Pulse-Polarographie die Bestimmungsmöglichkeit einiger Kationen (Cd, Pb) sogar beträchtlich verbessert [27].

Direktbestimmungen in Urin, Blut und Serum (vgl. Tabelle 2.8.-1) zeigen auch, daß andere gelöste organische Stoffe den inversen chronopotentiometrischen Bestimmungsvorgang offensichtlich in geringerem Maße beeinflussen.

2.8.2 Oszillopolarographie [3, 7]

Die Oszillopolarographie kann als Sonderfall der Chronopotentiometrie betrachtet werden, bei der anstelle eines konstanten Gleichstroms ein sinusförmiger Strom (Wechselstrom von 5–50 Hz) der Elektrode überlagert wird. Man beobachtet zunächst Potential-Zeitkurven, die den chronopotentiometrischen Kurven entsprechen, nur daß sie bei Stromumkehr wieder zum Ausgangspotential zurückkehren. Enthält die Grundlösung ein elektrochemisch aktives Ion, so entsteht eine Einbuchtung der Potential-Zeitkurve, die der chronopotentiometrischen Transitionszeit entspricht (s. Abb. 2.8.-7a). Bei der von Heyrovsky und Forjeit (1943) vorgeschlagenen Technik, wird die Ableitung der Potential-Zeitkurve gegen die Zeit gebildet, die im Falle der Anwesenheit elektrochemisch aktiver Substanzen jetzt Spitzen aufweist (s. Abb. 2.8.-7b). Bei der Auftragung dieser abgeleiteten Kurve gegen das Elektrodenpotential E bekommt man schließlich die charakteristische geschlossene oszillopolarographische Kurve (s. Abb. 2.8.-7c). Anstelle der Transitionszeiten beobachtet man Einschnit-

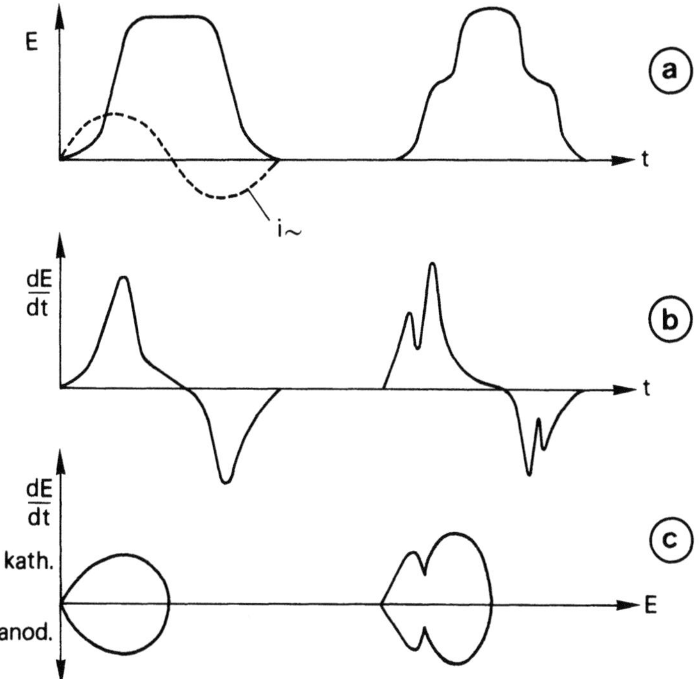

Abb. 2.8.-7. Die Entstehung der oszillopolarographischen Kurve. Links: Grundlösung, rechts: mit kathodischer Elektrodenreaktion (schematisch)

te, deren Höhe der Konzentration der elektrochemisch aktiven Substanz proportional ist. Aus der Lage der kathodischen und anodischen Einschnitte gegeneinander kann man auf die Reversibilität der Elektrodenreaktion schließen. Im reversiblen Fall liegen beide Einschnitte übereinander. Die Meßanordnung zur Aufnahme oszillopolarographischer Kurven ist verhältnismäßig einfach (s. Abb. 2.8.-8) und kann leicht mit geeigneten Bauteilen zusammengestellt werden [3, 35]. Zur Aufnahme der Kurven arbeitet man mit stationären Elektroden oder mit der Quecksilbertropfelektrode. Die Höhe der Einschnitte kann am Bildschirm mit Hilfe eines „elektronischen Lineals" [3] ausgewertet werden. Wegen des großen Ladungsstroms ist die Empfindlichkeit gering. Beim Arbeiten mit niederen Frequenzen wird sie höher [35]. Die Grenze der Bestimmungsmöglichkeit liegt in 10^{-4}–10^{-5} M Lösungen, mit elektrolytischer Voranreicherung [33] in 10^{-8}–10^{-9} M Lösungen. Da wegen der schnellen Stromänderungen der Kapazitätsstrom maßgeblich zur Ausbildung der Grundstromkurve beiträgt, sind Vorgänge, die die elektrochemische Doppelschichtkapazität beeinflussen, am Verlauf

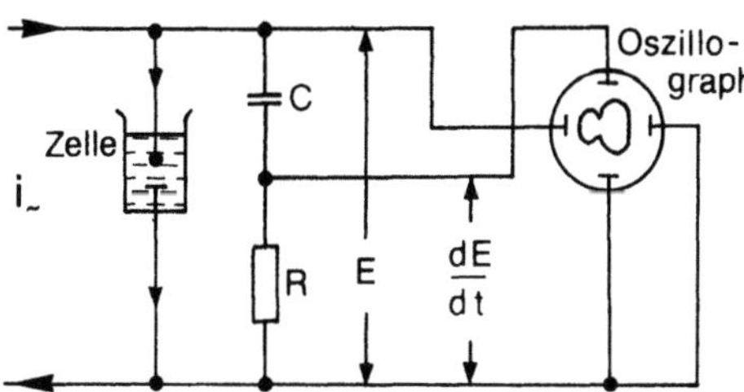

Abb. 2.8.-8. Prinzipschaltung zur Aufnahme oszillopolarographischer Kurven

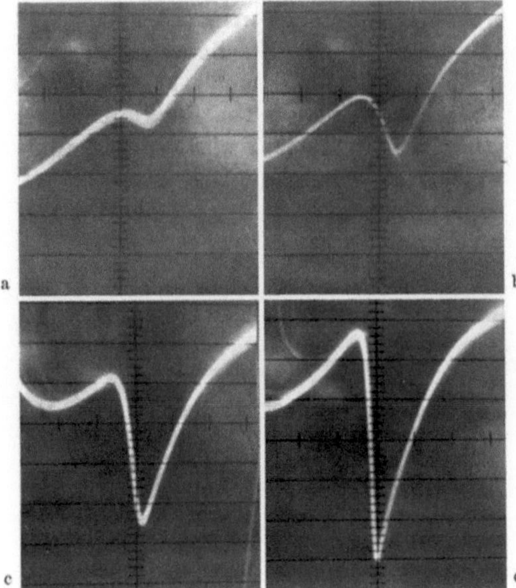

Abb. 2.8.-9. Oszillopolarographische Bestimmung des Rhodiums nach [30]. Arbeitsfrequenz: 8 Hz — Grundlösung 0,1 M HCl. a: 7, b: 14, c: 28, d: 42 ng Rh^{3+}/ml

der Grundstromkurve feststellbar, was in einigen Fällen zu analytischen Bestimmungsmöglichkeiten etwa von Tensiden führen kann [3, 7, 34]. In einigen Sonderfällen ist die Oszillopolarographie anderen polarographischen und voltammetrischen Methoden gleichwertig oder sogar überlegen, z.B. bei der Bestimmung des Rhodiums (neben Iridium und den anderen Platinmetallen), die auf der Messung eines durch katalytische Effekte bedingten „Dorns" beruht (s. Abb. 2.8.-9).

2.8.3 Indikation von Titrationen mit stromdurchflossenen Elektroden

Bei der potentiometrischen Titration (besser: Indikation) wird die Änderung der Reaktanden beim Titrationsverlauf über die Messung der Gleichgewichtspotentiale gemäß der Nernst-Gleichung (im stromlosen Zustand) verfolgt (s. Abschn. 2.2). Grundsätzlich lassen sich auch die beim Anlegen einer äußeren Spannung an (Mikro)Elektroden fließenden konzentrationsproportionalen Faradayschen Ströme für den gleichen Zweck verwenden. Der einfachste Fall liegt bei der „*Amperometrischen Titration*"* [13, 14, 15] vor, bei der die unter den Bedingungen der Voltammetrie bzw. Polarographie auftretenden Grenzströme zur Verfolgung des Titrationsverlaufs herangezogen werden. (Als „Amperometrie" im erweiterten Sinn wird auch die Messung von Strömen bei konstantem Potential bezeichnet. In dieser Weise wird sie als Bestimmungsprinzip bei der Chromatographie (s. Abschn. 4.6) und bei der elektrochemischen Bestimmung von Gasen (s. Abschn. 4.7) angewandt.) Voraussetzung ist, daß entweder der Titrator (Tr**) oder der Titrand (Td***) (bzw. beide in unterschiedlicher

---

*   Auch als polarometrische Titration bezeichnet [11]
**   Andere Bezeichnung: Titrans, Titrant
*** Andere Bezeichnung: Probe, Analyt

Weise) elektrochemisch aktiv sind. Die Untersuchungen erfolgen wie bei der Polarographie mit der Zweielektrodentechnik (vgl. Abschn. 2.9). Die auf ein geeignetes Potential gebrachte Arbeitselektrode zeigt dann die Konzentration eines Reaktanden beim Titrationsverlauf an. Beim Auftragen der Stromstärke gegen die Konzentration des Titrators (oder gegen den Titrationsgrad τ) werden Titrationskurven mit einem (theoretisch) scharfen Knick im Endpunkt ($\tau=1$) erhalten. Da jedoch in den meisten Fällen der Kurvenverlauf wegen unvollständiger Umsetzungen oder geringer Löslichkeit der Niederschläge nicht so scharf ausgebildet ist, wird der Endpunkt durch graphische Extrapolation der beiden geraden Kurvenäste mit ausreichender Genauigkeit ermittelt.

Abbildung 2.8.-10 zeigt einige typische Titrationskurven für verschiedene Elektrodenreaktionen. Zahlreiche weitere Beispiele zur amperometrischen Titration mit einer

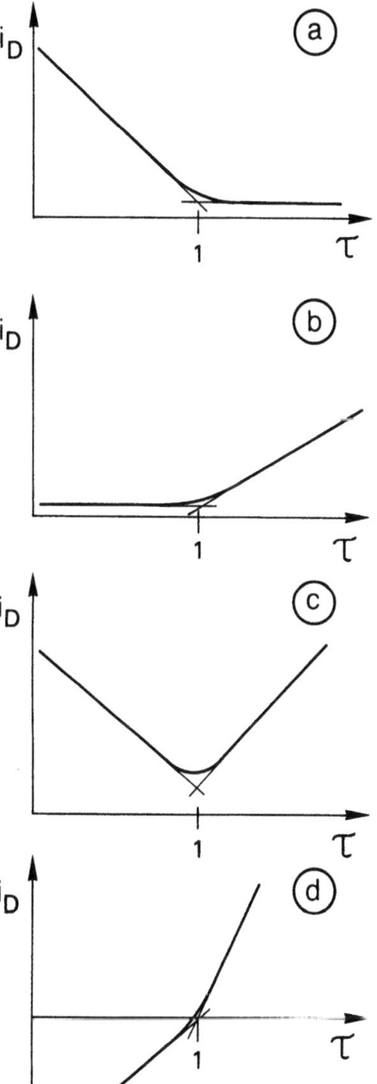

Abb. 2.8.-10. Amperometrische Titrationskurven (Beispiele). a: Td: Pb^{2+}, (Bi^{3+}), Tr: Oxalat, Sulfat (EDTA), E: $-1,0$ ($-0,2$) V; b: Td: SO_4^{2-}, Tr: Pb^{2+}, E: $-0,8$ V; c: Td: CrO_4^{2-}, (Pb^{2+}), Tr: Pb^{2+} (CrO_4^{2-}), E: $-0,1$ V; d: Td: Ti^{3+}, Tr: Fe^{3+}, E: $-0,2$ V (weinsaure Lösung). (Td: Titrand, Tr: Titrator, Maßlösung)

stromdurchflossenen Elektrode finden sich in [11, 14]. Als Arbeitselektrode kann grundsätzlich jede polarographische oder voltammetrische Elektrode (vgl. Abschn. 2.9) benutzt werden. Häufig wird die rotierende Platinelektrode für diesen Zweck verwendet, meist in Verbindung mit einem bei angelegter Gleichspannung auftretendem Grenzstrom. Darüber hinaus läßt sich jedes konzentrationsproportionale Signal der verschiedenen voltammetrischen Methoden (z.B. Peakhöhe, Transitionszeit u.a.) zur Indikation des Titrationsablaufs verwenden. Wichtiger als die mit einer stromdurchflossenen Elektrode arbeitenden Methoden sind die mit zwei stromdurchflossenen Elektroden arbeitenden Methoden geworden. Bei diesen als „*Biamperometrie*" (Polarisationsstromtitration, „Dead-Stop"-Verfahren) oder als ,*Bipotentiometrie*" (Polarisationsspannungstitration, voltammetrische Indikation) [12, 17] bezeichneten Verfahren arbeitet man ebenfalls wieder mit kleinen (Mikro)Elektroden und den in Abb. 2.8.-11 angegebenen Meßanordnungen. Als Elektrodenmaterial wird meist wieder Platin in Form von Draht oder dünnen Blechen von 10–50 mm^2 verwendet.

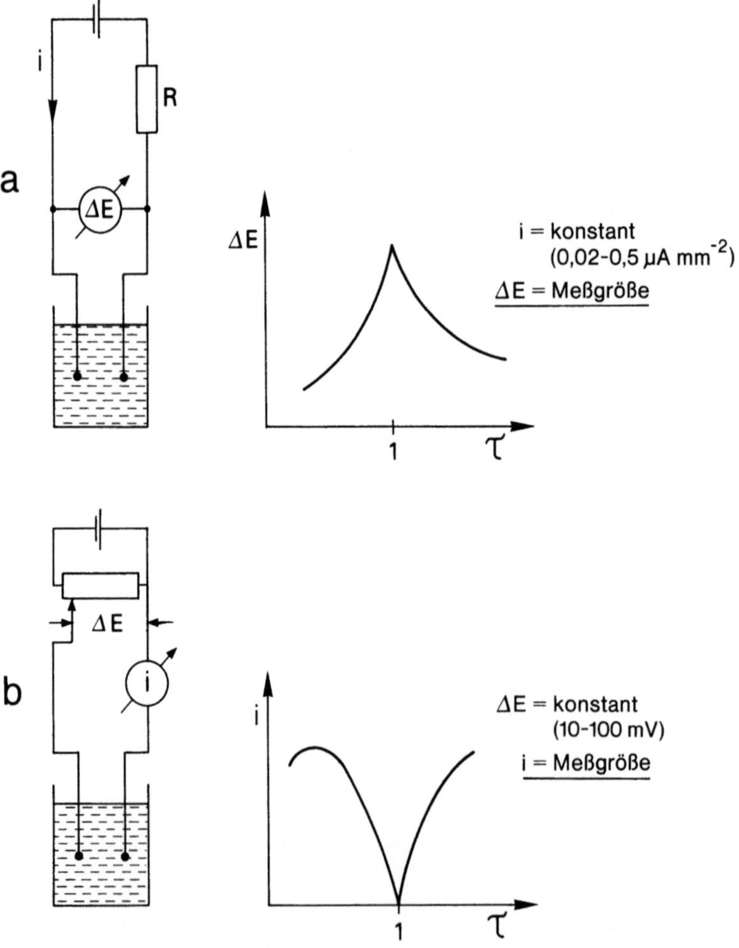

Abb. 2.8.-11. Meßanordnung zur bipotentiometrischen (a) und biamperometrischen (b) Indikation mit zugehörigen Titrationskurven (schematisch)

Elektrodenvorgänge finden jetzt an beiden Elektroden statt. Gemessen wird i bzw. ΔE (vgl. Abb. 2.8.-11). Diese Größe wird gegen den Titrationsgrad aufgetragen. Abbildung 2.8.-11 zeigt Beispiele biamperometrischer bzw. bipotentiometrischer Titrationskurven. Für einfache Fälle läßt sich das Zustandekommen der Titrationskurven verhältnismäßig leicht aus den Stromspannungskurven des Titrator- bzw. Titrandsystems verstehen [12, 15, 16]. Wählt man als Beispiel die Titration von Fe(II) mit Ce(IV), so zeigt Abb. 2.8.-12 die Stromspannungskurven bei verschiedenen Titrationsgraden. Fließt durch beide ein konstanter Strom (Bipotentiometrie) (Abb. 2.8.-12b), so bilden sich je nach Titrationsgrad zwischen den beiden Elektroden unterschiedliche Beträge für ΔE aus. (Beide Elektroden liegen in einem Stromkreis, der anodische Strom durch eine Arbeitselektrode muß gleich groß wie der durch die andere Arbeitselektrode fließende kathodische Strom sein.) Liegt andererseits ein konstanter Betrag ΔE zwischen den beiden Elektroden, so ist jetzt die resultierende Gesamtstromstärke i vom Titrationsgrad abhängig wie Abb. 2.8.-12a zeigt. (ΔE muß sich ja auf beide Elektroden so aufteilen, daß abgesehen vom Vorzeichen durch beide Elektroden der gleiche Strom fließt.) Bei $\tau = 1$ wird i am kleinsten (daher „*Dead-Stop*"-*Verfahren*). Im einzelnen sind

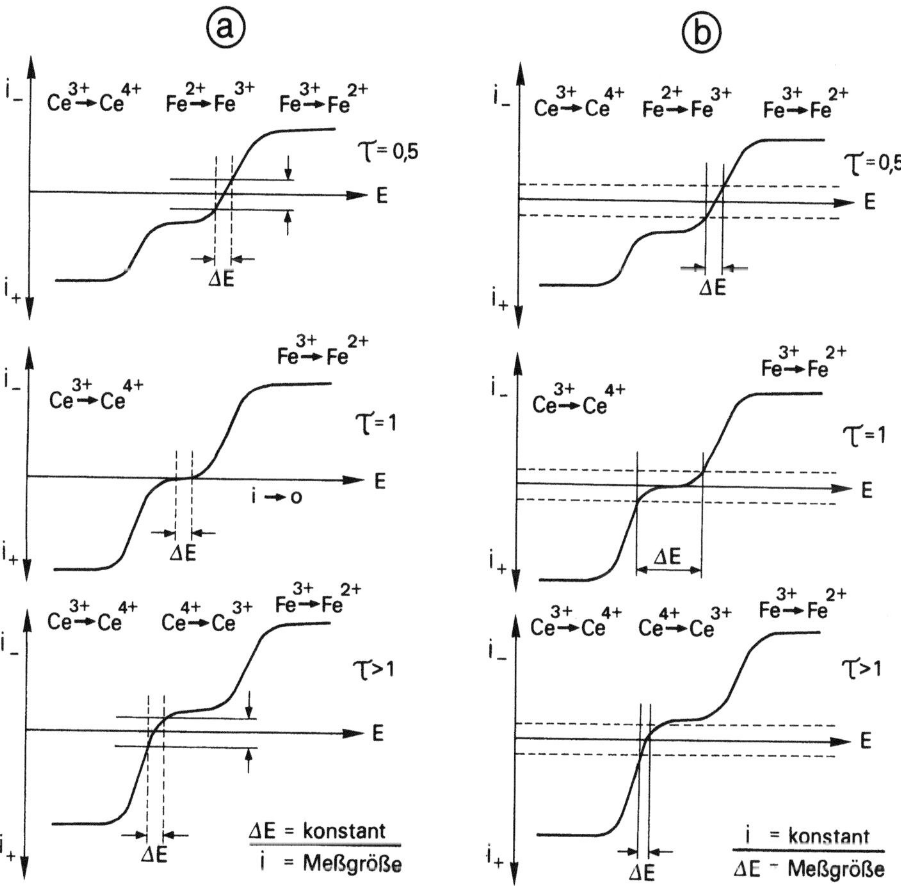

Abb. 2.8.-12. Stromspannungskurven bei verschiedenem Titrationsgrad der biamperometrischen (a) und bipotentiometrischen (b) Titration von Fe^{2+} mit Ce^{4+} (nach [15, 16])

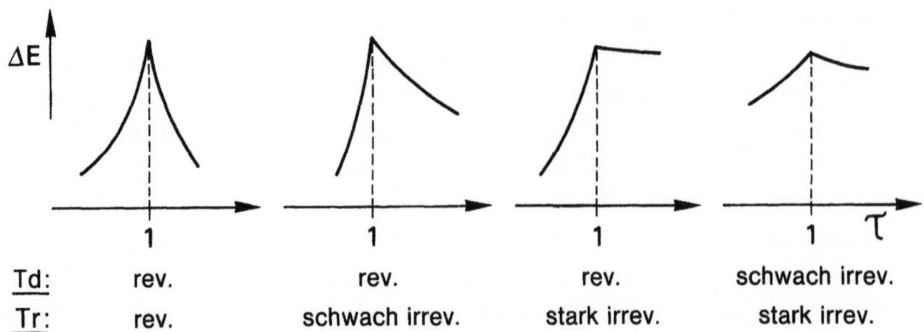

Abb. 2.8.-13. Bipotentiometrische Titrationskurven bei verschiedener Reversibilität der Elektrodenreaktionen von Titrator (Tr) und Titrand (Td) (nach [16])

die Titrationskurven bei verschiedenen Reversibilitätsgraden der Elektrodenreaktionen des Titrators oder des Titranden unterschiedlich ausgebildet. Abbildung 2.8.-13 zeigt einige Beispiele für die bipotentiometrische Indikation. Die Ausbildung bipotentiometrischer und biamperometrischer Titrationskurven hängt außerdem auch von der Größe der angelegten Stromstärke bzw. Potentialdifferenz (ΔE) ab. Bei der Indikation komplexometrischer Titrationen mit stromdurchflossenen Elektroden sind anstelle von blanken Platinelektroden auch mit Bi- oder Thalliumoxid überzogene Elektroden besser geeignet, da sie schärfere Endpunkte liefern [15].

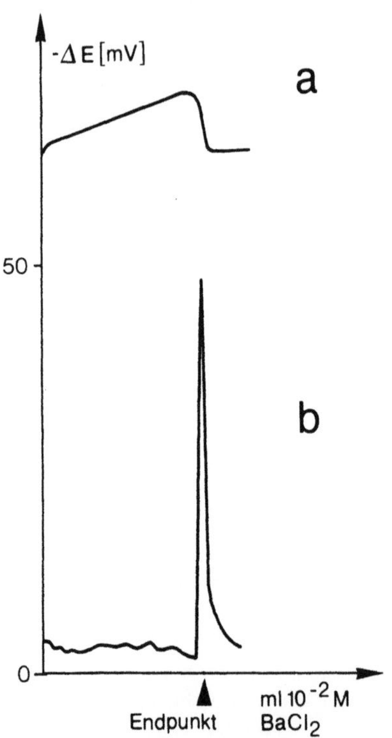

Abb. 2.8.-14. Indikation der $BaSO_4$-Fällungstitration mit Pt-APE 235 µg SO_4^{2-} in 50 ml H_2O/60 % Aceton. a) ΔE/Vol, b) d ΔE/d Vol (nach [67])

Auf der Grundlage von Adsorptionseffekten an aktivierten Metalloberflächen beruht die *APE-Indikation* (**A**dsorption-**p**olarisierte **E**lektroden) von Titrationen [67]. Auch hierfür werden zwei Elektroden aus dem gleichen Metall verwendet, wobei die Oberfläche einer Elektrode durch Schmirgeln, chemisches bzw. elektrochemisches Ätzen oder durch elektrolytische Abscheidungen für Adsorptionsabläufe aktiviert werden muß. Die Kombination einer solchen oberflächengestörten Elektrode mit einer möglichst ungestörten Elektrode ist zur bipotentiometrischen Indizierung von Fällungs- und Redoxtitrationen geeignet. Adsorptionsvorgänge von Reaktionspartnern und auch die Umladung von Solen bei Fällungstitrationen führen zu Potentialdifferenzen zwischen den Elektroden und im allgemeinen zu einer ungewöhnlich scharfen Endpunktsindikation, auch bei Titrationen im Mikromaßstab.

Am Beispiel der $BaSO_4$-Fällungstitration ist in Abb. 2.8.-14 der Verlauf der Potentialdifferenz zwischen einer oberflächengestörten (platinierten) und einer ungestörten Platinelektrode dargestellt. Zur Verstärkung der Adsorption und Verringerung der Löslichkeit des $BaSO_4$ erfolgt die Titration in einer wäßrigen Lösung mit 60 % Aceton [67].

Weitere Beispiele für Titrationen mit APE-Inidkation sind der Tabelle 2.8.-2 zu entnehmen. Je nach Adsorbierbarkeit können die Bestimmungen auch im Spurenbereich von 10^{-6} bis 10^{-10} M durchgeführt werden.

Tabelle 2.8.-2. Fällungs- und Redoxtitrationen mit APE-Indikation

Titration	Medium	APE	Lit.
Cl^-, Br^-, I^- und	Wasser	Ag	[62]
Pseudohalogenide (mit Ag^+)	Wasser/Aceton	Ag	
	Wasser/Eisessig		
Pd^{2+} (mit I^-)	Wasser/H_2SO_4	Pt(Pd)	[63]
Ag^+, Tl^+, Cu^+, Au^+	Wasser/HNO_3	Ag, Pt,	vgl. [18]
(mit I^-)	Wasser/H_2SO_4	Pd	
AsO_3^{3-} (mit coulometrisch	Wasser/Cl^-/HCO_3^-	Pt	[64]
generiertem Cl_2 oder I_2)	Wasser/I^-/HCO_3^-		
Se(IV)/Te(IV)	H_2SO_4	Pt	[65]
(iodometrisch)			
Ir(IV)/Au(III)	H_2SO_4	Pd, Ir	[66]
Cu(II), Tl(III)			
(iodometrisch)			
Pd(II), Pt(IV) u.a.	H_2SO_4	Pt, Pd	vgl. [18]
(iodometrisch)			

2.8.4 Elektrolyse [19, 20, 21]

Stoffumsätze an stromdurchflossenen Elektroden sind für analytische Bestimmungen auch dann von Interesse, wenn feste Elektrolyseprodukte erhalten werden.

Im Falle elektrogravimetrischer Bestimmungen sollte die Abscheidung der Probenbestandteile auf der Elektrodenoberfläche quantitativ erfolgen; außerdem muß das Elektrolyseprodukt chemisch definiert sein. Durch Elektrolyse können auch Spurenbestandteile aus einem großen Probevolumen abgeschieden und angereichert werden. Andererseits werden die Hauptbestandteile aus Probelösungen elektrolytisch abgeschieden, um die Elementspuren zu bestimmen.

Die Verfahren der *Elektrogravimetrie* beruhen vor allem auf der kathodischen Abscheidung von Metallen. Die Abscheidung von Hydroxiden bzw. Oxidhydraten ist hauptsächlich für radiochemische Untersuchungen bedeutungsvoll; zur Aktivitätsbestimmung werden die radioaktiven Stoffe auf Elektrodenoberflächen angereichert.

Von den elektrogravimetrischen Verfahren ist die Bestimmung des Kupfers am bekanntesten. Das Verfahren wurde vor mehr als 100 Jahren vorgeschlagen und ist bis heute bedeutungsvoll geblieben [69]. Die Elektrolyse erfolgt aus schwefelsaurer oder salpetersaurer Lösung an Elektroden aus Platin oder Platin-Iridium. Salzsäure und Chloride stören die Bestimmung, da das anodisch gebildete Chlor die Elektroden angreift. Die Reproduzierbarkeit der elektrolytischen Kupferabscheidung wird aber auch schon durch kleine Chloridgehalte in der Probelösung verschlechtert [70].

Elektrolytische Abscheidungen werden bei konstanter Stromstärke oder bei konstantem Potential der Arbeitselektrode durchgeführt. Bei der Elektrolyse mit konstanter Stromstärke müssen die Potentiale der nebeneinander vorliegenden Bestandteile für den Fall ihrer getrennten Abscheidung genügend weit auseinander liegen. Dabei sind die Potentialänderungen zu berücksichtigen, die entsprechend der Nernst-Gleichung mit der Abnahme der Ionenkonzentrationen während der Elektrolyse verbunden sind. Bei Potential-kontrollierter Elektrolyse kann aus einer Lösung mit mehreren Bestandteilen das am leichtesten abscheidbare Element auch schon bei einer geringen Potentialdifferenz allein an der Arbeitselektrode niedergeschlagen werden.

Die Geschwindigkeit der Abscheidung nimmt während der Elektrolyse ab. Zur Beschleunigung und vollständigen Abscheidung werden die Probelösungen gerührt. Weiterhin soll das Verhältnis der Elektrodenoberfläche zum Lösungsvolumen möglichst groß sein; aus diesem Grunde werden auch netzförmige Edelmetallelektroden verwendet, z.B. aus Platin gefertigte Winkler-Elektroden.

An *Quecksilber-Kathoden* erfolgt die Abscheidung der Metalle unter Amalgambildung oder unter Bildung intermetallischer Verbindungen. Wegen der hohen Wasserstoffüberspannung werden im Quecksilber auch verschiedene unedle Metalle abgeschieden, was am Platin nicht möglich ist. Vollständig abgeschieden werden im Quecksilber Ag, Au, Bi, Cd, Co, Cr, Cu, Fe, Ga, Hg, In, Ir, Mo, Ni, Pd, Po, Pt, Rh, Sn, Tc, Tl und Zn. Auch As, Os, Pb und Se werden quantitativ aus der Lösung entfernt, sind aber nicht vollständig im Quecksilber löslich. Die Abscheidung von Ge, Mn, Re, Sb und Te bleibt unvollständig [71]. Am Quecksilber können große Mengen von elektrochemisch aktiven Metallen aus Probelösungen abgeschieden und von vorhandenen Elementspuren abgetrennt werden. Die Elektrolyse an Quecksilberkathoden dient aber auch der Entfernung von Schwermetallspuren aus Salzen und anderen Chemikalien, die in der Polarographie und bei anderen spurenanalytischen Untersuchungen Verwendung finden.

Elektrolytische Bestimmungen werden im einfachsten Falle unter Verwendung von Akkumulatoren durchgeführt; für Potential-kontrollierte Abscheidungen stehen Potentiostaten zur Verfügung. Bei der sogenannten „Inneren Elektrolyse" entfällt die äußere Gleichspannungsversorgung. Die Verfahren beruhen darauf, daß die Ionen eines edleren Metalls, z.B. Kupfer, durch weniger edle Metalle, z.B. Zink, abgeschieden werden können (s. Standard-Elektrodenpotentiale, Tabelle 1.2.-1). Dazu wird ein Pt-Stab in der Probelösung mit einem Zn-Stab kurzgeschlossen. Zwischen den Metallstäben stellt sich eine Potentialdifferenz ein, deren Größe auch von der Zinkionenkonzentration in der Probelösung abhängig ist. Das edle Metall, in diesem Falle das Kupfer, wird unter der Voraussetzung, daß die Konzentration in der Probelösung relativ klein ist, nur am Platin abgeschieden. Diese Erscheinung ist sicherlich mit der höheren Überspannung der Metallabscheidung am Zink zu erklären. Für die Abscheidung größerer Metallmengen durch innere Elektrolyse werden Gefäße mit getrennten Elektrodenräumen verwendet (Elektrolysezelle mit Diaphragma) [20, 21].

Zur elektrolytischen Anreicherung von Elementspuren werden im allgemeinen Elektroden mit kleinen Oberflächen verwendet. Im einzelnen ist die Arbeitsweise von der nachfolgenden Bestimmungsmethode abhängig. In den meisten Fällen bleibt die Abscheidung der Spurenbestandteile unvollständig. Der Grad der Anreicherung wird hauptsächlich über die Elektrolysezeit geregelt. Die Arbeitselektroden sind unterschiedlich konstruiert und werden aus verschiedenen Materialien hergestellt.

Am bekanntesten ist der Verbund zwischen der potentiostatischen Spurenanreicherung und der voltammetrischen Bestimmung. Für die Verfahren der inversen Voltammetrie wird als Elektrode ein hängender Quecksilbertropfen oder ein Quecksilberfilm auf einer kleinen Graphitunterlage verwendet (s. Abschn. 2.7).

Im Verbund mit der Bestimmung durch Atomabsorptionsspektroskopie werden Elementspuren hauptsächlich auf Metalldrähten angereichert. Nach der Elektrolyse kommen die Elektroden in die Flamme (FAAS) oder zur elektrothermalen Atomisierung in den Ofenteil der AAS-Apparatur (ETAAS). Für die Bestimmung durch ETAAS oder durch optische Emissionsspektrometrie mit He-MIP-Anregung* (MIP-OES) wird auch die elektrolytische Anreicherung der Elemente auf Graphitelektroden vorgeschlagen. Dafür wurde u.a. die in Abb. 2.8.-15 dargestellte Umlaufzelle entwickelt; die Probelösung wird darin umgepumpt und zur möglichst vollständigen

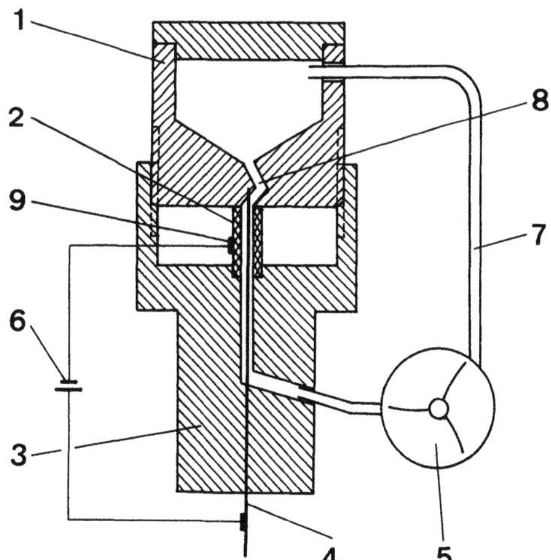

Abb. 2.8.-15. Elektrolyseapparatur. 1 Probengefäß (PTFE, ca. 70 ml); 2 Graphitrohrkathode (Länge 9 mm, Außendurchmesser 5 mm, Innendurchmesser 2,8 mm); 3 Halterung für Anode und Kathode; 4 Pt-Ir-Anode; 5 Pumpe (PTFE); 6 Stromquelle; 7 PTFE-Schlauch; 8 Führung der Anode; 9 Pt-Kontakt für die Kathode [77, 78]

---

* He-MIP: mikrowelleninduziertes Heliumplasma

Tabelle 2.8.-3. Bestimmung von Elementspuren im Verbund mit der elektrolytischen Anreicherung

Element	Probe	Elektrolytzusatz	Elektrolysebedingungen	Bestimmungs-methode	Bestimmungs-grenze, -bereich	Lit.
Hg	Urin	HNO_3	Kupferdraht; $-3\,V$; 20 min	ETAAS	1 ppb	[72]
Cd	Meerwasser		Wolframdraht; $-1\,V$; 5 min	ETAAS	0,1 ppb	[73]
Cd	Urin	HNO_3 (pH 2)	Platindraht; $-1,0\,V$; 5 min	ETAAS	1 ppb	[74]
Se	NaCl-Lösung	$N_2H_4 \cdot 2\,HCl$ $+ CuSO_4$	Platindraht; $-0,8\,V$; 5 min	FAAS	5 ppb	[75]
Bi, Cd, Pb, Hg, Tl, Ag, Se, Te, Zn,	Meerwasser	Acetatpuffer (pH 5)	Platindraht; $-1\,V$; 2–5 min	FAAS	ppb-Bereich	[76]
Fe, Co, Zn, Bi, Cd, Cu Edelmetalle u. a.	Reinstmetalle	$HF + NH_4OH$ (pH 2,5)	Graphitrohr 100 A/dm^2 (ca. 2 h)	ETAAS MIP-OES	ppb-ppt-Bereich	[77, 78]
Cr	Meerwasser	Acetatpuffer (pH 4,7) + $Hg(NO_3)_2$	Graphitrohr Abscheidung mit Hg bei $-0,8\,V$ (für Cr(VI) und Cr(III)) oder bei $-0,3\,V$ (für Cr(VI))	ETAAS	0,05 ppb	[79]
Pb	Meerwasser	HNO_3 (pH 2)	Glaskohlenstoff (als Ofen für die AAS); 2 mA; 2 min	ETAAS	0,03 ppb	[80]

Abscheidung der zu bestimmenden Spurenbestandteile bei hohen Stromdichten galvanostatisch elektrolysiert. Das Graphitrohr wird nach Ablauf der Elektrolyse aus der Umlaufzelle herausgenommen und direkt in die jeweilige Bestimmungsapparatur eingesetzt [77, 78].

Weitere Angaben über verschiedene Verbundverfahren mit elektrolytischer Spurenanreicherung enthält Tabelle 2.8.-3.

Literatur zu 2.8

Monographien und Übersichtsarbeiten

1 Delahay, P., Mamantov, G.: Voltammetry at Constant Current — Review of Theoretical Principles: Anal. Chem. **27**, 478 (1955)
2 Reilley, Ch.N., Everett, G.W., Johns, R.H.: Voltammetry at Constant Current-Experimental Evaluation, Anal. Chem. **27**, 483 (1955)
3 Kalvoda, R.: Die Technik der Oszillopolarographischen Messungen. Dresden, Leipzig: Verlag Theodor Steinkopff 1965
4 Davis, D.G.: Applications of Chronopotentiometry to Problems in Analytical Chemistry. In: Bard, A.J. (Editor) Dekker, N.Y, Electroanalytical Chemistry **1**, 157 (1966)
5 Lingane, J.J.: Analytical Aspects of Chronopotentiometry, Analyst **91**, 1 (1966)
6 Paunovic, M.: Chronopotentiometry, J. Electroanal. Chem. **14**, 447 (1967)
7 Heyrovsky, M., Micka, K.: Oscillographic Polarography at Controlled Alternating Current. In: Bard, A.J. (Editor) Dekker, N.Y. Electroanalytical Chemistry **2**, 193 (1967)
8 Agasyan, P.K., Kamenev, A.I., Lunev, M.I.: Chronopotentiometry as an Electrochemical Method of Research and Analysis, J. Anal. Chem. (USSR) **31** 98 (1976)
9 Jagner, D.: Potentiometric Stripping Analysis — A Review, Analyst **107**, 593 (1982)
10 Henze, G.: Stripping-Chronopotentiometrie, Literaturüberblick und Anwendung der derivativen Meßtechnik zur automatischen Signalwerterfassung, Fresenius Z. Anal. Chem. **315**, 438 (1983)
11 v. Stackelberg, M.: Polarographische Arbeitsmethoden. Berlin: De Gruyter 1950
12 Charlot, G., Badoz-Lambling, J., Tremillon, B.: Electrochemical Reactions, The Electrochemical Methods of Analysis. Amsterdam: Elsevier 1962
13 Schwabe, H.C.K., Bär, H.J., Steinauer, H.: Zur Systematik der elektrochemischen Analysenmethoden und amperometrische Verfahren zur Betriebskontrolle, Chemie-Ing.-Tech. **37**, 483 (1965)
14 Stock, J.T.: Amperometric Titrations. New York: Interscience 1965
15 Kraft, G.: Die voltammetrische Indikation komplexometrischer Kurven, Z. Anal. Chem. **238**, 321 (1968)
16 Kraft, G., Fischer, J.: Indikation von Titrationen. Berlin, New York: De Gruyter 1972
17 Kekedy, L.: New Trends in Bipotentiometry, Rev. in Anal. Chem. **3**, 1 (1975), p. 27 (Tel-Aviv, Israel)
18 Schumacher, E., Umland, F.: Neue Titrationen mit elektrochemischer Endpunktanzeige. In: Analytiker Taschenbuch, Bd. 2, S. 197. Hrsg.: Bock, R., Fresenius, W., Günzler, H., Huber, W., Tölg, G.: Berlin, Heidelberg, New York: Springer 1981
19 Brunck, O., Lissner, A., Seltmann, G.: Quantitative Analyse, Gravimetrie. Dresden, Leipzig: Steinkopff 1962
20 Seel, F.: Grundlagen der analytischen Chemie und der Chemie in wäßrigen Systemen. Weinheim: Verlag Chemie 1979
21 Bock, R.: Methoden der analytischen Chemie, Eine Einführung, Band 1: Trennungsmethoden. Weinheim: Verlag Chemie 1974

Originalliteratur

1 Hurwitz, H.: J. Electroanal. Chem. **2**, 328 (1961)

2 Murray, R.W., Reilley, Ch.N.: J. Electroanal. Chem. **3**, 3 (1962)
3 Chow, L.H., Ewing, G.W.: Anal. Chem. **51**, 322 (1979)
4 Murray, R.W.: Anal. Chem. **35**, 1784 (1963)
5 Olmstead, M.L., Nicholson, R.S.: Anal. Chem. **42**, 796 (1970)
6 Iwamoto, R.T.: Anal. Chem. **31**, 1062 (1959)
7 Peters, D.G., Burden, St.L.: Anal. Chem. **38**, 530 (1966)
8 Bard, A.J.: Anal. Chem. **35**, 340 (1963)
9 Rodgers, R.S., Meites, L.: J. Electroanal. Chem. **16**, 1 (1968)
10 Sturrock, P.E., Privett, G., Tarpley, A.R.: J. Electroanal. Chem. **14**, 303 (1967)
11 DeVries, W.T.: J. Electroanal. Chem. **17**, 31 (1968)
12 DeVries, W.T.: J. Electroanal. Chem. **18**, 469 (1968)
13 Fujinaga, T., Takagi, C.: J. Chem. Soc. Japan **84**, 972, A68 (1963)
14 Meyer, R.E., Posey, F.A., Lautz, P.M.: J. Electroanal. Chem. **19**, 99 (1968)
15 Henze, G., Neeb, R.: Fresenius Z. Anal. Chem. **310**, 111 (1982)
16 Herman, H.B., Bard, A.J.: Anal. Chem. **36**, 510 (1964)
17 Herman, H.B., Bard, A.J.: Anal. Chem. **37**, 590 (1965)
18 Bruckenstein, St., Nagai, T.: Anal. Chem. **33**, 1201 (1961)
19 Jagner, D., Graneli, A.: Anal. Chim. Acta **83**, 19 (1976)
20 Fa. Tecator, Höganas, Schweden
21 Graneli, A., Jagner, D., Josefson, M.: Anal. Chem. **52**, 2220 (1980)
22 Schulze, G., Frenzel, W.: Fresenius Z. Anal. Chem. **316**, 26 (1983)
23 Chau, T.Ch., Li, D.Y., Wu, Y.L.: Talanta **29**, 1083 (1982)
24 Schulze, G., Frenzel, W.: Fresenius Z. Anal. Chem. **314**, 459 (1983)
25 Christensen, J.K., Keiding, K., Kryger, L., Rasmussen, J., Skov, H.J.: Anal. Chem. **53**, 1847 (1981)
26 Anderson, L., Jagner, D., Josefson, M.: Anal. Chem. **54**, 1371 (1982)
27 Wahdat, F., Neeb, R.: Fresenius Z. Anal. Chem. **316**, 770 (1983)
28 Hu, A., Dessy, R.E., Graneli, A.: Anal. Chem. **55**, 320 (1983)
29 Jagner, D., Åren, K.: Anal. Chim. Acta **100**, 375 (1978)
30 Neeb, R.: Z. f. Anal. Chem. **190**, 80 (1962)
31 Luong, L., Vydra, F.: Collect. Czech. Chem. Comm. **40**, 1490 (1975)
32 Kotz, L., Henze, G., Kaiser, G., Pahlke, S., Veber, M., Tölg, G.: Talanta **26**, 681 (1979)
33 Kalvoda, R.: Collect. Czech. Chem. Comm. **22**, 1390 (1957)
34 Kalvoda, R.: Collect. Czech. Chem. Comm. **34**, 1076 (1969)
35 Neeb, R., Horstmann, W.: Z. f. Anal. Chem. **219**, 76 (1966)
36 Christensen, J.K., Kryger, L.: Anal. Chim. Acta **118**, 53 (1980)
37 Christensen, J.K., Kryger, L., Mortensen, J., Rasmussen, J.: Anal. Chim. Acta **121**, 71 (1980)
38 Jagner, D.: Anal. Chem. **50**, 1924 (1978)
39 Jagner, D.: Anal. Chim. Acta **105**, 33 (1979)
40 Jagner, D.: Anal. Chem. **51**, 342 (1979)
41 Jagner, D., Åren, K.: Anal. Chim. Acta **117**, 165 (1980)
42 Jagner, D., Åren, K.: Anal. Chim. Acta **107**, 29 (1979)
43 Jagner, D., Danielsson, L.-G., Åren, K.: Anal. Chim. Acta **106**, 15 (1979)
44 Jagner, D., Graneli, A.: Anal. Chim. Acta **83**, 19 (1979)
45 Jagner, D., Josefson, M., Westerlund, S.: Anal. Chim. Acta **129**, 153 (1981)
46 Jagner, D., Josefson, M., Westerlund, S.: Anal. Chem. **53**, 2144 (1981)
47 Jagner, D., Westerlund, S.: Anal. Chim. Acta **117**, 159 (1980)
48 Mortensen, J., Ouziel, E., Skov, H.J., Kryger, L.: Anal. Chim. Acta **112**, 297 (1979)
49 Jagner, D., Josefson, M., Westerlund, S.: Anal. Chim. Acta **128**, 155 (1981)
50 Danielsson, L.G., Jagner, D., Josefson, M., Westerlund, S.: Anal. Chim. Acta **127**, 147 (1981)
51 Jagner, D., Josefson, M., Westerlund, S., Åren, K.: Anal. Chem. **53**, 1406 (1981)
52 Labar, Ch., Lamberts, L.: Anal. Chim. Acta **132**, 23 (1981)
53 Jagner, D., Åren, K.: Anal. Chim. Acta **141**, 157 (1982)
54 Christensen, J.K., Kryger, L., Pind, N.: Anal. Chim. Acta **141**, 131 (1982)
55 Mannino, S.: Analyst **107**, 1466 (1982)
56 Mannino, S.: Analyst **108**, 1257 (1983)
57 Madsen, P.P., Drabaek, I., Sørensen, J.: Anal. Chim. Acta **151**, 479 (1983)

58 Eskilsson, H., Jagner, D.: Anal. Chim. Acta **138**, 27 (1982)
59 Coetzee, J.F., Hussam, A., Petrick, T.R.: Anal. Chem. **55**, 120 (1983)
60 Jagner, D., Josefson, M., Åren, K.: Anal. Chim. Acta **141**, 147 (1982)
61 Christensen, J.K., Kryger, L., Pind, N.: Anal. Chim. Acta **136**, 39 (1982)
62 Schumacher, E., Umland, F.: Z. Anal. Chem. **272**, 257 (1974); **278**, 337 (1976); **286**, 343 (1977)
63 Bartels, U., Umland, F.: Z. Anal. Chem. **284**, 263 (1977)
64 Bartels, U., Schumacher, E., Umland, F.: Z. Anal. Chem. **281**, 215 (1976)
65 Sefzik, F., Umland, F.: Fresenius Z. Anal. Chem. **289**, 106 (1978)
66 Bartels, U., Umland, F.: Anal. Chim. Acta **97**, 269 (1978)
67 Schumacher, E., Umland, F.: Mikrochim. Acta (Wien) 1977, II, 449
68 Mannino, S.: Analyst **109**, 905 (1984)
69 Bock, R., Kau, H.: Z. Anal. Chem. **217**, 401 (1966)
70 Bock, R., Grallath, E., Dünges, W.: Z. Anal. Chem. **265**, 15 (1973)
71 Bock, R., Hackstein, K.-G.: Z. Anal. Chem. **138**, 339 (1953)
72 Brandenberger, H., Bader, H.: Helv. Chim. Acta **50**, 1409 (1967)
73 Lund, W., Larsen, B.V.: Anal. Chim. Acta **70**, 299 (1974); **72**, 57 (1974)
74 Lund, W., Larsen, B.V., Gundersen, N.: Anal. Chim. Acta **81**, 319 (1976)
75 Lund, W., Bye, R.: Anal. Chim. Acta **110**, 279 (1979)
76 Lund, W., Thomassen, Y., Døvle, P.: Anal. Chim. Acta **93**, 53 (1977)
77 Volland, G., Tschöpel, P., Tölg, G.: Spectrochim. Acta **36B**, 901 (1981)
78 Tölg, G.: Fresenius Z. Anal. Chem. **294**, 1 (1979)
79 Batley, G., Matousek, J.P.: Anal. Chem. **52**, 1570 (1980)
80 Torsi, G., Desimoni, E., Palmisano, F., Sabbatini, L.: Anal. Chim. Acta **124**, 143 (1981)
81 Eskilsson, H., Turner, D.R.: Anal. Chim. Acta **161**, 293 (1984)

2.9 Instrumentierung, Auswertung und Fehlerquellen polarographischer und voltammetrischer Methoden

Zur Aufnahme von Stromspannungskurven in Lösungen und Salzschmelzen sind Elektroden notwendig, an denen die elektrochemischen Vorgänge in überschaubarer, eindeutiger Weise ablaufen („*Arbeitselektrode*"). Diese Elektroden tauchen in den Elektrolyten, der Strom wird über eine Gegenelektrode zu- bzw. abgeleitet. Elektrochemische Vorgänge an dieser Gegenelektrode sollen das meßbare Gesamtbild der an der Arbeitselektrode sich abspielenden Vorgänge nicht beeinträchtigen. Gegenelektroden sind meist verhältnismäßig großflächig und arbeiten daher mit geringen Stromdichten, die nicht zu charakteristischen Elektrodenvorgängen führen. Die Referenzelektrode (Bezugselektrode) dient zur Messung des Potentials* der Arbeitselektrode, ferner zur Steuerung und Regulierung dieses Potentials mittels geeigneter Anordnungen („*Potentiostat*"). In dieser Funktion arbeiten sie unter praktisch stromlosen Bedingungen. Das Prinzipschaltbild eines in „Dreielektrodentechnik" arbeitenden Potentiostaten zur Aufnahme von Stromspannungskurven zeigt Abb. 2.9.-1a. Im Potentiostaten wird E_{ist} mit der vorgegebenen Spannung E_{soll} verglichen. Auf elektronischem Wege wird die Spannung zwischen Arbeitselektrode und Gegenelektrode soweit erhöht, bis $\Delta E = E_{soll} - E_{ist} = 0$ wird. Ist die Gegenelektrode zugleich Bezugselektrode, z.B. als Bodenquecksilber in halogenidhaltigen Lösungen („Hgpool"-Elektrode), so erhält man die einfachere ursprünglich verwendete Anordnung

---

* Genauer: Galvanihalbzellenspannung (vgl. Abschn. 1.2)

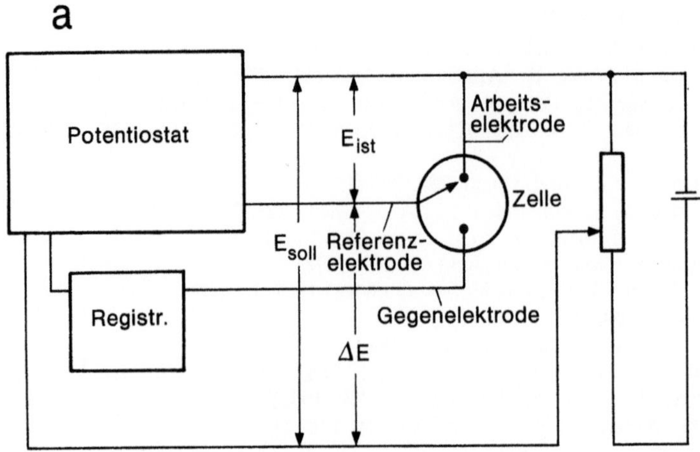

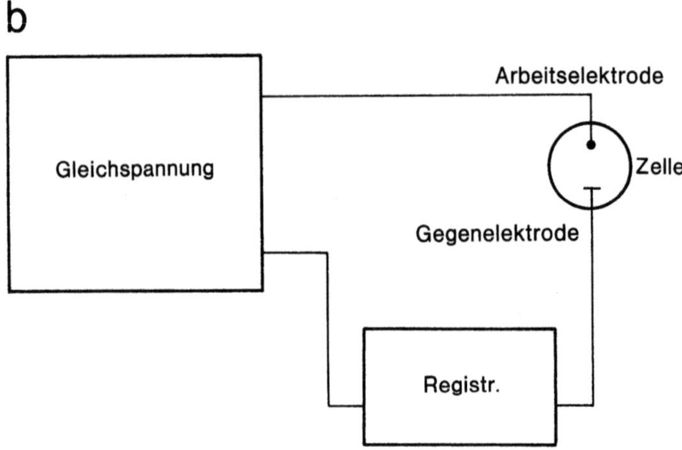

Abb. 2.9.-1. Prinzipanordnungen zur Aufnahme polarographischer und voltammetrischer Stromspannungskurven. a: potentiostatische Anordnung (Dreielektrodentechnik), b: nicht-potentiostatische Anordnung (Zweielektrodentechnik)

zur Aufnahme von Stromspannungskurven („Zweielektrodentechnik") (s. Abb. 2.9.-1b). Diese Anordnung wird heute kaum noch benutzt, da man den ohmschen Spannungsabfall [1] in der Lösung nicht vollständig kompensieren kann und in der Wahl der Referenzelektrode eingeschränkt ist. In den nächsten Abschnitten werden zunächst die Elektroden, dann die Anordnungen zur Meßwerterfassung betrachtet. Im Handel sind heute Geräte erhältlich, die den modernen Ansprüchen an polarographische und voltammetrische Methoden gerecht werden.

2.9.1 Elektroden und Zellen

Fragt man nach den Eigenschaften, die eine „ideale" Arbeitselektrode haben soll, so muß sie folgende Forderungen erfüllen:

1. einfache mechanische Handhabung;
2. Reproduzierbarkeit der Oberfläche, auch bei längerem Arbeiten bzw. leichte (Re)Konditionierung;
3. keine Ermüdungserscheinungen oder Vergiftungserscheinungen durch elektrochemische Reaktionen an der Elektrode;
4. ideale Phasengrenzfläche für die ablaufenden Elektrodenreaktionen (Vorgänge an der Elektrode), optimaler Massentransport;
5. großer anodischer und kathodischer Anwendungsbereich in verschiedenen Elektrolyten;
6. geringer Grundstrom — hohe Empfindlichkeit.

Die meisten dieser Forderungen werden in idealer Weise von Quecksilber als Elektrodenmaterial erfüllt. Stationäre (Hg-Tropfenelektrode, HMDE) und nichtstationäre Quecksilberelektroden (Hg-Tropfelektroden, DME) werden daher wenn immer möglich für polarographische und voltammetrische Untersuchungen verwendet. Der Arbeitspotentialbereich (vgl. Abschn. 2.4.3) hängt von der Zusammensetzung der Grundlösung ab. Im anodischen Bereich ist er infolge der Eigenoxidation des Quecksilbers begrenzt. Für Arbeiten in dem in anodischer Richtung erweiterten Spannungsbereich, zum Arbeiten in Schmelzen bei höherer Temperatur und zur Bestimmung des Quecksilbers selbst ist der Einsatz von Arbeitselektroden aus anderem Material notwendig und daher gerechtfertigt. Neben Quecksilber werden vor allem Kohlenstoff und die Edelmetalle als weitere Elektrodenmaterialien verwendet.

Von den verschiedenen Elektroden mit Kohlenstoff als Elektrodenmaterial hat sich die Kohlepaste-Elektrode [22] und die aus glasartigem Kohlenstoff [3, 9] bestehende „*Glaskarbonelektrode*" [23] durchgesetzt. Andere Kohle- und Graphitelektroden mit verschiedener Behandlung der Elektrodenoberfläche, z. B. Wachs- und Kunstharzimprägnierungen, sind wegen schlechterer Reproduzierbarkeit und höherem Grundstrom weniger geeignet und finden nur noch vereinzelt Anwendung. Von den Edelmetallen werden Platin und Gold als Elektrodenmaterial benutzt, letzteres z. B. zur invers-voltammetrischen Bestimmung des Arsens und des Quecksilbers (s. S. 207, 210). Die ursprünglich von Heyrovsky für polarographische Bestimmungen vorgeschlagene *Quecksilbertropfelektrode* besteht aus einer 10 bis 20 cm langen Glaskapillare mit einem Innendurchmesser von 0,04 bis 0,08 mm, die über einen aus Silikongummi bestehenden Schlauch mit einem Hg-Vorratsgefäß verbunden ist. Der Abstand zwischen Kapillarmündung und Hg-Niveau soll 40 bis 60 cm betragen und muß konstant gehalten werden. (Diffusionskontrollierte Ströme, kinetische und katalytische Ströme sowie Ströme, die mit Adsorptionsvorgängen verbunden sind, zeigen eine unterschiedliche Abhängigkeit von der Höhe des Hg-Niveaus (vgl. dazu [11, **15, 20, 22**] nach Abschn. 2.4). Die Mündung der Kapillare muß eben, plangeschliffen und frei von Sprüngen und Einrissen sein, die sonst zu einem unregelmäßigen Tropfverhalten führen können. Eine Silikonisierung der Kapillare dient zum Hydrophobieren und verhindert das Eindringen des Elektrolyten. Zur Erneuerung der Silikonisierung wird die Kapillare mit heißer Salpetersäure, destilliertem Wasser und Alkohol gespült, trocken gesaugt und mit 20%iger benzolischer Lösung von Trichlormethylsilan gespült, wieder trocken gesaugt und anschließend zwei Stunden im Trockenschrank bei 220 °C eingebrannt. Nach anderen Angaben [35] ist eine 5%ige Lösung von Hexamethyldisilazan(HMDS) in Benzol oder Tetrachlorkohlenstoff und Trocknen bei 180 °C (18 h) besser geeignet.

Nach den Messungen wird die Kapillare mit destilliertem Wasser gründlich gespült. Nach Abtupfen mit weichem Filterpapier o. ä. kann sie bei geschlossenem Hahn der Quecksilberzuleitung in einer trockenen Meßzelle staubfrei aufbewahrt werden. Die sicherste Aufbewahrung für genaue Messungen ist das Weitertropfen in destilliertes Wasser bei verminderter Hg-Höhe.

Besonders bei freitropfenden Hg-Elektroden beobachtet man beim Arbeiten mit höchster Empfindlichkeit Störungen, die auf Unregelmäßigkeiten des Tropfverhaltens der Kapillare bedingt durch Eindrigen von Elektrolytlösung an der Mündung der Kapillare zurückgeführt werden („Capillary-noise" [36]). Sie können durch eine besondere Form der Kapillarmündung herabgesetzt werden (s. Abb. 2.9.-2c). Heute werden fast ausschließlich Stumpfkapillaren (s. Abb. 2.9.-2a) verwendet, die fertig erhältlich sind. Spitzkapillaren (s. Abb. 2.9.-2b) können aus weiten Kapillaren durch Ausziehen über der Gasflamme mit einiger Übung selbst hergestellt werden. Die freitropfende Elektrode arbeitet am besten im Tropfzeitbereich von 2 bis 8 s. Mit weiteren Kapillaren, die an einer Stelle verengt sind, erhält man Tropfzeiten bis 20 s. Derartige Elektroden können als pseudostationäre Hg-Elektroden benutzt werden [37]. Heute arbeitet man überwiegend mit tropfkontrollierten Elektroden. Mit einem mechanischen, elektromagnetisch betätigtem Hammer oder Klopfer wird der Tropfen durch seitliche oder nach oben gerichtete ruckartige Bewegungen von der Kapillare abgeschlagen [11]. Arbeitet man mit mechanisch erzeugten Tropfzeiten von 0,2 bis 0,6 s, so läßt sich ein konventionelles Gleichstrompolarogramm in 1 bis 2 min aufnehmen („Rapidpolarographie", [15]). Durch die Tropfkontrolle werden Tropfen gleicher Größe unabhängig von der anliegenden Spannung erzeugt. Der Abschlagimpuls synchronisiert weiterhin bei der Pulse-Polarographie das Tropfenwachstum mit

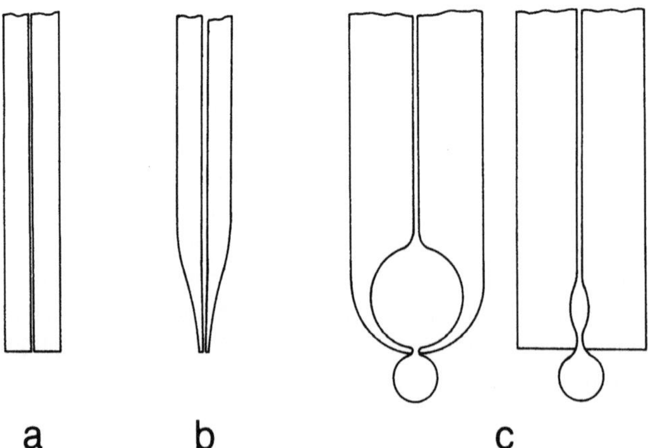

Abb. 2.9.-2. Polarographische Tropfkapillaren. a: Stumpfkapillare, b: Spitzkapillare, c: Sonderausführung nach [44]

dem Meßprogramm und bei den Wechselstromverfahren die Tropffrequenz mit der Meßfrequenz. Mit allen tropfzeitkontrollierten Polarographen sind auch Messungen mit stationären Elektroden möglich, bei denen die eingestellte Tropfzeit jetzt das Zeitintervall für die Weiterführung des Meßablaufs angibt.

Die stationären Hg-Elektroden sind heute überwiegend nach dem Prinzip der Extrusionselektroden („Kemula-Elektrode") gebaut, bei denen aus einem kleinen, mit Quecksilber gefülltem Vorratsgefäß durch Eindrehen eines Stiftes mittels einer Mikrometerschraube definierte Quecksilbermengen an der Kapillarmündung austreten (s. Abb. 2.9.-3). Durch leichtes Klopfen werden die Tropfen vor ihrer Neubildung abgeschlagen. Bei der Abscheidung von amalgambildenden Metallen in der inversen Voltammetrie kann bei längeren Elektrolytzeiten infolge „Rückdiffusion" [38] das Metall in die Kapillare eindringen, was bei Verwendung der unmittelbar neugebildeten Tropfen die Messung verfälschen kann. Dieser Effekt wird bei Kapillaren mit kleinerem Innendurchmesser geringer. Zur Sicherheit verwirft man aber bei der Neubildung der Elektrode die nächsten zwei bis drei Tropfen. Hier bewähren sich Anordnungen mit mechanischer programmgesteuerter Tropfenbildung, die heute kommerziell erhältlich sind. Die Kapillare für eine stationäre Hg-Elektrode der beschriebenen Bauweise haben Innendurchmesser von ca. 0,08 bis 0,2 mm und sind silikonisiert. Alle Elektrodenausführungen können einen hängenden oder stehenden Hg-Tropfen erzeugen. Letzterer ist mechanisch stabiler, der hängende Hg-Tropfen läßt sich leichter in eine Wechsel-Zelle einbauen. Diese Anordnung wird daher heute überwiegend benutzt.

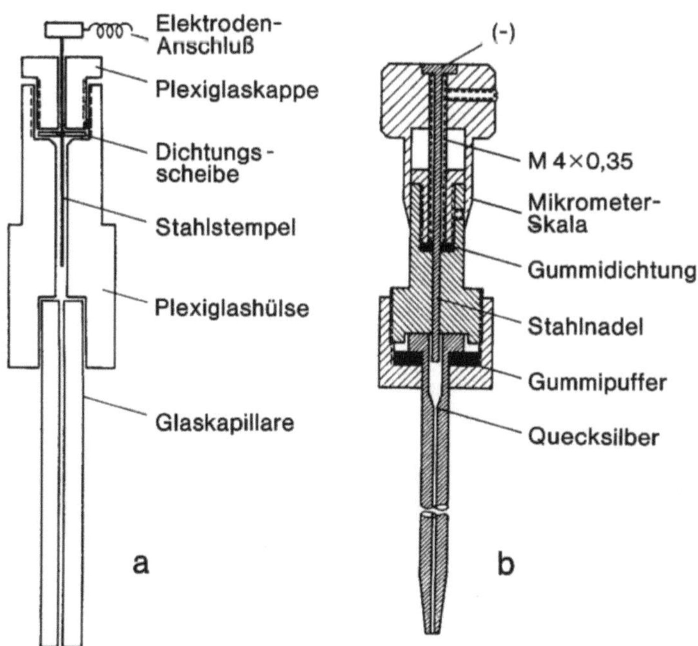

Abb. 2.9.-3. Ausführungsformen der Hg-Tropfenelektrode (Extrusionselektroden). a: nach [45], b: nach [39]

Zum Füllen der Elektrode wird das Quecksilber durch Zurückdrehen des Stahlstiftes mit der Mikrometerschraube eingesaugt. Anschließend wird die Elektrode gekippt, damit sich Luftreste im oberen Teil der Elektrode sammeln können, die dann wieder herausgepresst werden müssen. Dieser Vorgang wird mehrmals bis zum möglichst luftfreien Füllen der Elektrode wiederholt. Enthält die Elektrode nach der Füllung noch größere Luftreste, so ist eine reproduzierbare Tropfenbildung nicht möglich. Infolge der Kompression der Luft beim Eindrehen des Stahlstiftes wird diese zunächst zusammengepresst bis nach Erreichen eines bestimmten Überdrucks eine schnelle Tropfenbildung in nicht reproduzierbarer Weise eintritt. Zur Kontrolle auf luftfreie Füllung kann man die Elektrode um 180° kippen. Dabei darf sich der Quecksilbermeniskus in der Kapillare um höchstens 4 mm verschieben [39]. Gute Ergebnisse werden erhalten, wenn man über einen im oberen Teil der Elektrode angebrachten Saugstutzen ein Vakuum (Wasserstrahlpumpe) anlegt und dabei die Spitze der Kapillare zugleich in das Quecksilber eintaucht und das Quecksilber bis zur vollständigen und luftfreien Füllung der Elektrode hochsaugt.

Bei der *statischen Quecksilbertropfen-Elektrode* (*Static Mercury Drop Electrode*, SMDE) ist eine relativ weitbohrige Kapillare mit einem Hg-Vorratsgefäß verbunden. Der Quecksilberzufluß wird mit einem Ventil (Hahn) gesteuert, das nur für kurze Zeit geöffnet wird. Während dieser Öffnungszeit (20–200 ms) bildet sich ein Hg-Tropfen, dessen Oberfläche nach Schließen des Ventils (Hahns) konstant bleibt und der wie eine stationäre Hg-Elektrode etwa für eine Anreicherungselektrolyse in der inversen Voltammetrie verwendet werden kann. Es können aber auch sämtliche anderen polarographischen Meßvorgänge durchgeführt werden. Die Tropfen können nach mechanischem Abschlagen mittels eines elektromagnetisch betätigten Klopfers (Hammers) neu gebildet werden. Die Bildungsfrequenz kann in einem Bereich liegen, der dem einer üblichen tropfkontrollierten Tropfelektrode entspricht. Abbildung 2.9.-4

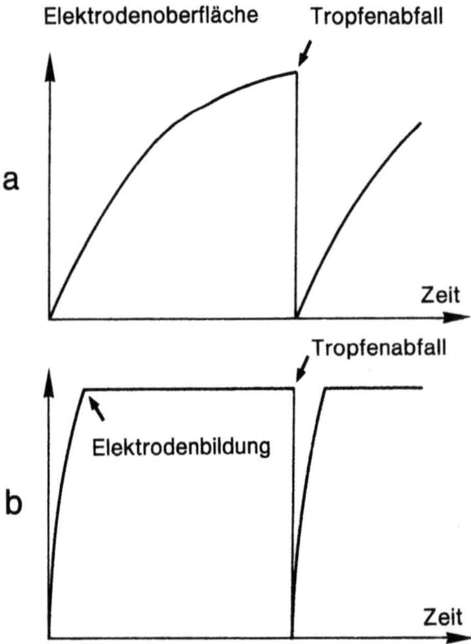

Abb. 2.9.-4. Zeitliche Bildung der Elektrodenoberfläche. Vergleich normale Tropfelektrode (a) und statische Hg-Elektrode (b) (nach [4])

zeigt die zeitliche Bildung der Elektrodenoberfläche bei einer SMDE und einer DME. Im Gegensatz zur DME findet an der SMDE der Meßvorgang bei konstanter Oberfläche statt. Dies führt zu einer Verringerung des Ladungsstroms, da das Glied $\frac{\partial 0}{\partial t}$ der Gl. (62) (s. Abschn. 1.4) Null wird. Dies wirkt sich besonders bei Verwendung dieser Elektroden in der Gleichstrompolarographie mit „current-sampling" (s. u.) aus, bei der mit irreversiblen Elektrodenreaktionen analytische Empfindlichkeiten erreicht werden, die den mit der DPP erhaltenen vergleichbar sind [2].

Größter Vorteil dieses neuen Elektrodentyps ist seine gleichzeitige Funktion als stationäre und als Tropfelektrode, sowie die Möglichkeit, den gesamten Bildungsprozeß der Elektrode mit einer programmgesteuerten Anordnung zu synchronisieren. Für die Betriebssicherheit einer SMDE ist die Reproduzierbarkeit der Hg-Dosierung von größter Bedeutung. Bei einer kommerziellen Ausführung (PAR 303) [4] wird das plangeschliffene konisch zugespitzte Ende der Kapillare mit einem Innendurchmesser von 0,15 mm mit einen Kunststoffbolzen verschlossen. Der elektrische Kontakt mit dem im Vorratsgefäß befindlichen Quecksilber wird durch einen leitenden SnO_2-Überzug über das Kapillarende hergestellt. Weitere Einzelheiten gehen aus Abb. 2.9.-5a hervor. Die Tropfengröße kann in drei Stufen eingestellt werden, die Öffnungszeiten des Ventils von 50, 100 und 200 ms entsprechen. Bei einer anderen Ausführung (Metrohm *Multi-Mode-Elektrode*, MME) wird der durch einen Überdruck bewirkte Quecksilberfluß mit einem Nadelventil gesteuert (s. Abb. 2.9.-5b). Bei dieser mit einer engen Kapillare (50 µm) arbeitenden Elektrode können sehr kleine Hg-Tropfen erzeugt werden, mit denen bei der inversen Voltammetrie schlanke Auflösungsspitzen erhalten werden, die denen einer Hg-Filmelektrode vergleichbar sind. Nach einem anderen Vorschlag wird eine übliche Hg-Tropfelektrode in einer geschlossenen, unter kontrolliertem Druck stehenden Anordnung verwendet. Die Steuerung der Bildung des Hg-Tropfens erfolgt auf pneumatischem Wege [26]. *Quecksilberfilmelektroden* werden vor allem in der inversen Voltammetrie und Chronopotentiometrie (PSA, s. S. 118) verwendet. Die beste Unterlage zum Aufbringen des Hg-Films ist glasartiger Kohlenstoff [40], auf dem das Quecksilber zusammen mit den anderen abscheidbaren amalgambildenden Elementen „in situ" während der Anreicherungselektrolyse abgeschieden wird. Die Verwendung von Hg-Filmelektroden (TMFE) bringt eine höhere Empfindlichkeit und eine höhere Auflösung bei der inversen Bestimmung (s. S. 113). Die erreichbare Verbesserung im Vergleich zur Hg-Tropfenelektrode hängt von der Filmdicke (1–100 µm), d.h. von der Menge des abgeschiedenen Quecksilbers ab. Diese läßt sich durch die Konzentration der Hg-Ionen während der Elektrolyse regulieren. Hg-Filmelektroden, besonders ungenügend bedeckte Elektroden, zeigen eine geringere Überspannung gegen die Entladung des H^+-Ions als reine Hg-Elektroden. Ihr Arbeitspotentialbereich in sauren Lösungen ist daher geringer als der anderer stationärer Hg-Elektroden. Nach der Bildung des Hg-Films, der zunächst häufig in unzusammenhängender Form als kleine Hg-Tröpfchen abgeschieden wird, ist die Elektrode auch mehrmals hintereinander zu verwenden. Dies ermöglicht die quantitative Auswertung über Standardadditionsverfahren (Aufstocken), die überhaupt bei Filmelektroden der Auswertung über Eichgraden vorzuziehen sind. Arbeitet man mit „in situ" Elektrodenbildung, so wird bei längeren Elektrolysezeiten (> 3 min) bei den Aufstockungsbestimmungen die Hg-Filmdicke so stark vergrößert, daß sich die Empfindlichkeit der Elektrode ändern kann. Dies führt zu Fehlern beim Auswerten

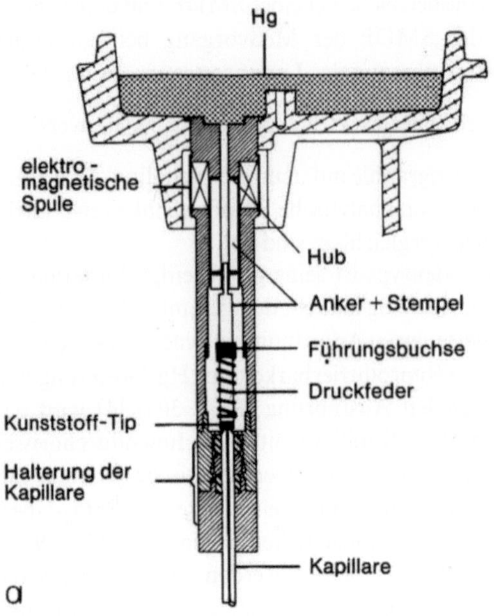

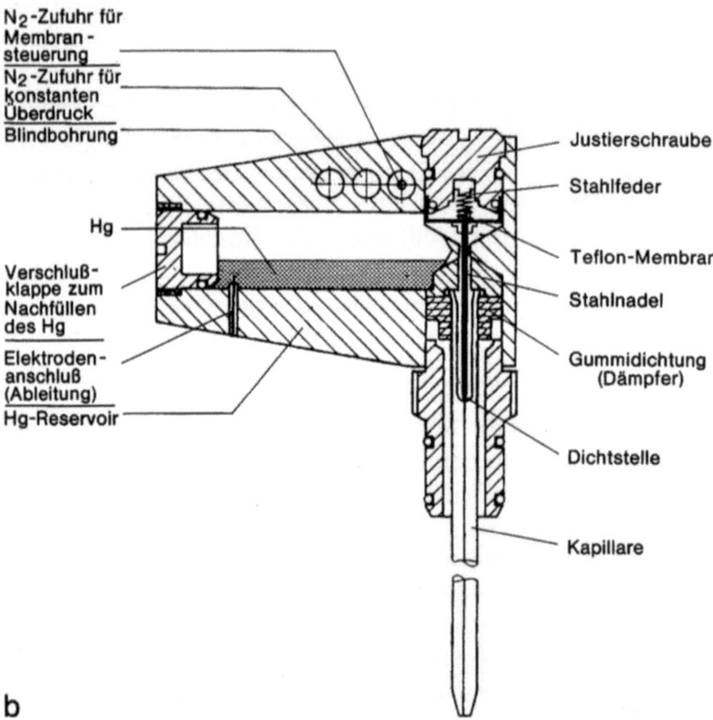

Abb. 2.9.-5. Aufbau einer statischen Quecksilberelektrode. a: nach PAR-Unterlagen [4, 76], b: nach Metrohm-Unterlagen

nach dem Aufstockungsverfahren. In solchen Fällen sind „ex situ"-Elektroden (s. u.) vorzuziehen. Zur Herstellung der Hg-Filmelektroden werden Glaskarbonelektroden (s. u.) verwendet, die sorgfältig poliert und gereinigt werden müssen. Dazu werden sie mit Polierpaste (3–5 µm) oder Polierrotpapier einige Minuten lang auf weichen Unterlagen poliert und anschließend mit Aceton oder Ethanol gereinigt. Trocken und staubfrei aufbewahrt können sie so längere Zeit vor ihrer Verwendung vorbereitet werden. Zum Aufbringen des Quecksilbers setzt man der Lösung vor der Anreicherungselektrolyse 1–20 mg Hg(II)/l, meist als Nitrat, zu. Man kann das Quecksilber auch zunächst bei einem Potential von $-0{,}2$ bis $-1{,}0$ V abscheiden und anschließend die eigentliche Anreicherungselektrolyse durchführen. Der Hg-Film kann auch in einem getrennten Schritt vor der weiteren Verwendung der Elektrode aufgebracht werden („ex situ"). Hierzu elektrolysiert man einige Minuten bei $-0{,}5$ bis $-0{,}9$ V in Lösungen, die 20–50 mg Hg(II)/l enthalten. Nach sorgfältigem Abspülen mit destilliertem Wasser kann dann die Elektrode wie eine andere stationäre Hg-Elektrode weiterbenutzt werden. Nach Gebrauch und vor dem Aufbringen einer neuen Hg-Schicht reibt man das Quecksilber auf weichem Filterpapier ab. Reste können auch durch Eintauchen in konzentrierte Salpetersäure entfernt werden. Nach Abspülen mit dest. Wasser ist die Elektrode wieder für eine neue Amalgamierung bereit. Nach mehrmaligem Aufbringen von Quecksilber wird das Polieren der Elektrode in der angegebenen Weise wiederholt. Beim Arbeiten mit einer Durchflußzelle kann der Hg-Film auch durch Oxidation mit I/KI, K_2CrO_4 oder $KMnO_4$-Lösungen abgelöst werden, evtl. unter Anlegen einer anodischen Spannung. Erfahrungsgemäß nimmt die Reproduzierbarkeit der Hg-Filmelektrode ab der zweiten bis dritten Messung zu, so daß die erste Messung am besten verworfen wird.

Anstelle massiver Goldelektroden (etwa zur inversvoltammetrischen Bestimmung des Arsens) können auch Glaskarbonelektroden mit einem Goldfilm verwendet werden. Zur Aufbringung dieses Goldfilms wird die Elektrodenoberfläche mit Aluminiumoxidpulver (0,5 µm ⌀) poliert (s. u.) und mit Methanol, Salpetersäure und bidestilliertem Wasser gereinigt. Anschließend scheidet man aus einer 50 ppm Au(III) enthaltenden 0,1 M $NaClO_4$ Lösung bei $-0{,}2$ V eine $2 \cdot 10^{-2}$ Coulomb entsprechende Goldmenge (bei 18 mm^2 Elektrodenoberfläche) ab [46]. Zur Bildung eines Goldfilms auf einer pyrolytischen Graphitröhrenelektrode (s. u.) wird aus 0,1 M HCl ca. 1 mg Au bei $-0{,}15$ V aus einer ruhenden (!) Lösung abgeschieden. Dabei bildet sich ein weicher, glänzender Goldfilm [10].

Kohle- und Graphitelektroden finden vor allem Anwendung beim Arbeiten im anodischen Bereich. Die geringe Überspannung der Wasserstoffionen-Entladung beschränkt ihren kathodischen Arbeitsbereich auf einige hundert Millivolt. Elektroden aus glasartigem Kohlenstoff (Glaskarbonelektroden, glassy carbon-electrode) [23] und aus Kohlepaste [22] haben die verbreitetste Anwendung gefunden und sind kommerziell erhältlich. Sie können als stationäre oder rotierende Elektroden eingesetzt werden. *Ring-Scheibenelektroden* (s. S. 28) werden meist als rotierende Elektroden ausgebildet. Eine Anordnung mit auswechselbaren Elektrodenspitzen aus Platin, Kohlepaste oder pyrolytischem Kohlenstoff ist in [31] beschrieben. *Glaskarbonelektroden* bestehen aus Stiften oder Stäben von 2–8 mm Durchmesser, die in Glashalterungen eingeklebt oder besser in Kunststoffhalterungen eingepresst bzw. eingekittet werden. *Kohlepasteelektroden* bestehen aus Verreibungen von spektralreinem Kohle- bzw. Graphitpulver mit wasserunlöslichen hochviskosen, schwerflüchtigen organischen Flüssigkeiten höchster Reinheit, z.B. α-Bromnaphthalin, Nujol, Silikonöl (MG 60000), Trimethylbenzol, Ethylnaphthalin u.ä. Das Mischungsverhältnis Kohle-* bzw. Graphit-**Pulver zu organischer Phase ist 2 bis 5 zu 1. Zur Herstellung der Mischung wird die organische Phase nach Verdünnen mit Aceton oder Petrolether mit dem Kohlepulver im Mörser gründlich verrieben. Nach Abdampfen der leichtflüchtigen Phase ist die Paste zur Verwendung bereit. Die Kohlepaste wird möglichst luftfrei in ein Glasrohr eingefüllt, aus dem sie mit einem Kolben, der über eine Rändelscheibe gedreht werden kann, herausgedrückt wird. Die überstehende Kohle-

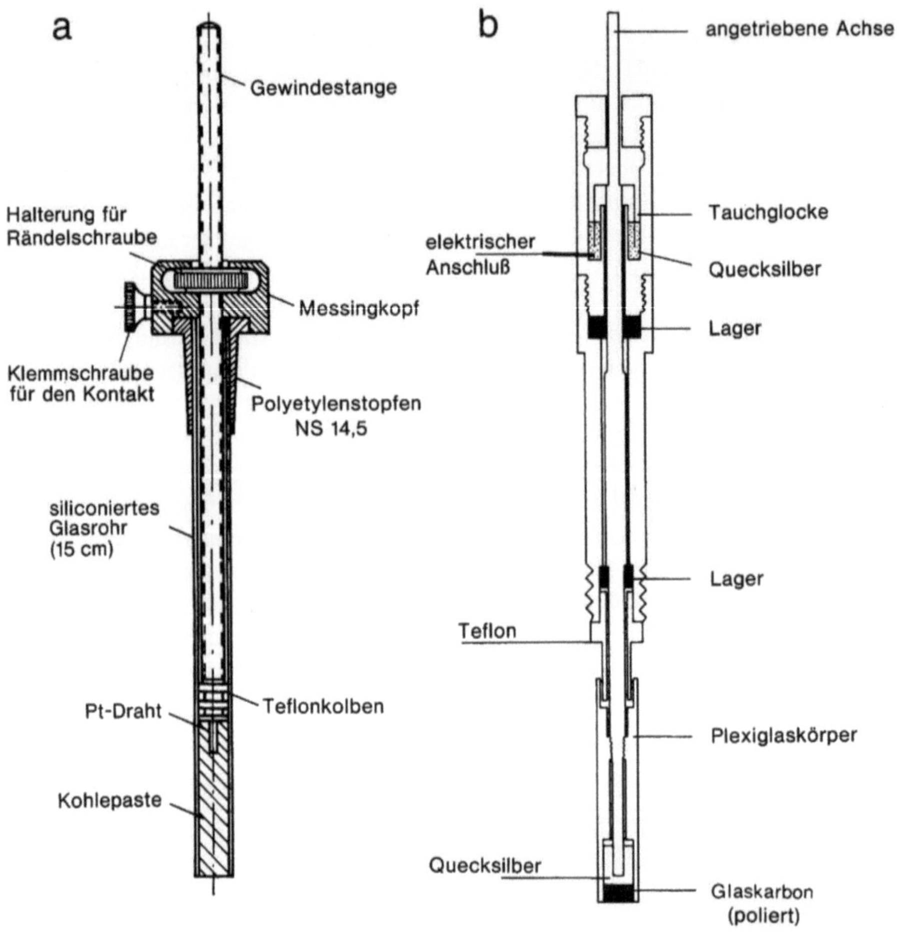

Abb. 2.9.-6. Ausführungsformen einer Kohlepasteelektrode und einer rotierenden Glaskarbonelektrode. a: Kohlepastelektrode nach [48], b: rotierende Glaskarbonelektrode nach [49]

---

*   z.B. RW4 (Fa. Ringsdorff)
**   z.B. SP1C, SP2, SP2X der Fa. Spex. Ind. Inc.

paste wird mit einer Rasierklinge abgestreift und nach Reinigen der Ränder der Elektrode die Elektrodenoberfläche durch Bewegen unter leichtem Druck auf einer glatten Unterlage (Papier) poliert. Ausführungsformen einiger Glaskarbon- und Kohlepaste-Elektroden zeigt Abb. 2.9.-6. Die Zusammensetzung der Füllung von Kohlepasteelektroden ist bei voltammetrischen Messungen von Einfluß auf das Verhalten der Elektrode hinsichtlich der beobachteten Spitzenpotentiale, Spitzenströme, Ausbildung der Strom-Spannungskurven und ihre Eignung zur adsorptiven Anreicherung in der inversen Voltammetrie, worauf im Einzelfall geachtet werden muß [20, 34, 54].

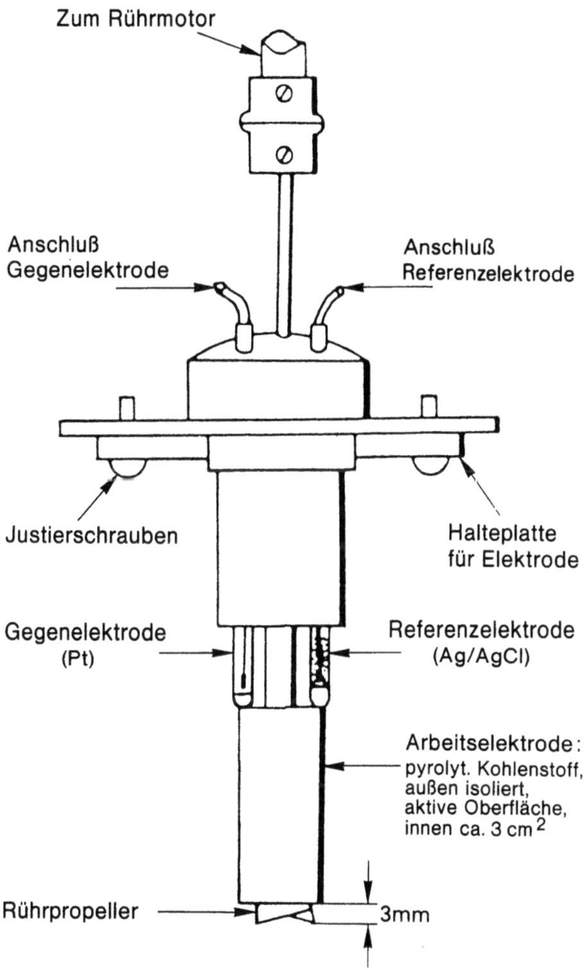

Abb. 2.9.-7. Graphitröhrenelektrode nach [10]. Typ: ESA 3010/3010A (Environmental Sciences Inc.)

Die Oberflächeneigenschaften von Kohlepasteelektroden und damit ihr Verhalten als Arbeitselektrode für voltametrische Messungen sollen durch Besprühen mit einem Graphit-Spray verbessert werden [80]. Zum Verhalten von Kohlepaste- und

anderen Kohleelektroden in verschiedenen Lösungsmitteln vgl. [18, 30]. Eine bis
+1,7 V (in 0,1 M H_2SO_4) anwendbare Elektrode, bei der als organische Phase
Ceresinwachs verwendet wird, ist in [24] beschrieben. Auch bei Glaskarbon-Elek-
troden ist die Herkunft des Materials und die Vorbehandlung der Elektrode nicht ohne
Einfluß auf ihr elektrochemisches Verhalten [9, 29, 53]. Die im Handel erhältlichen
Glaskarbonmaterialien zeigen unterschiedliche Eigenschaften besonders hinsichtlich
Grundstrom und Empfindlichkeit. Die mit verschiedenen Glaskarbonelektroden
erhaltenen Ergebnisse sind daher oft miteinander nicht vergleichbar. Elektroden aus
netzartigem glasartigem Kohlenstoff („Reticulated Vitreous Carbon") finden bei
Durchflußmessungen Anwendung [3].

Für inversvoltammetrische Bestimmungen werden auch röhrenförmige Elektroden aus pyrolytischem Graphit mit großer Oberfläche angegeben [74]. Beim Rühren
des Elektrolyten mit einem unter der Elektrode angebrachten Propellerrührer strömt
die Lösung durch das mit einem Hg-Film [75] oder Au-Film [10] bedeckte
Elektrodeninnere. Hohe Anreicherungsraten und damit hohe Empfindlichkeiten
sollen charakteristisch für diese Elektrode sein. Abbildung 2.9.-7 zeigt den Aufbau
dieser Elektrode.

Elektroden aus Kohlenstoff-Fibern von 6–12 µm Durchmesser und einer aktiven
Oberfläche von ca. $5 \cdot 10^{-7}$ cm² [25] können für analytische Zwecke als Mikroelektroden insbesondere für „in vivo"-Messungen eingesetzt werden [6]. Der sich an diesen
Elektroden einstellende konstante konvektive Stofftransport führt auch bei Gleich-
spannungsmessungen zu zeitunabhängigen Strömen. Eine elektrochemische Vorbehandlung durch Anlegen einer Wechselspannung (70 Hz) mit verschiedener Amplitude
soll die Empfindlichkeit dieser Fiber-Elektroden infolge zunehmender Bildung
ionisierbarer Gruppen von chinoidem Charakter verbessern [47]. Beim Vergleich

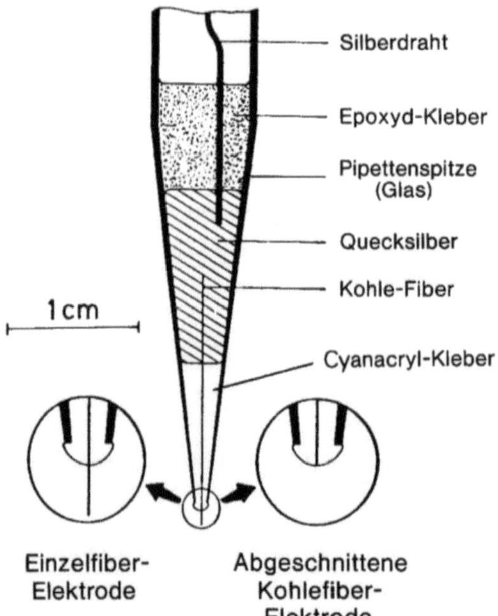

Abb. 2.9.-8. Kohlenstoff-Fiberelektro-
de (nach [86])

verschiedener Bauformen der Kohlenstoff-Fiberelektroden (oder Kohlenstoff-Faserelektroden) wurde mit Einzelfiber-Elektroden von 8–10 µm Durchmesser bessere
Ergebnisse als mit Faserbündel-Elektroden erhalten [86]. Die abgeschnittene Kohlefiber-Elektrode (s. Abb. 2.9.-8) besitzt den geringsten Grundstrom, allerdings bei
verminderter allgemeiner Stromempfindlichkeit. Dies ist bei der PSA (s. S. 118) ohne
Bedeutung (Potentialmessungen!). Für die inverse differentielle Pulse-Voltammetrie
ist die Einzelfiber-Elektrode daher besser geeignet.

Elektroden aus massiven Edelmetallen (Au, Pt) werden beim Arbeiten im anodischen Bereich oder zur Bestimmung von Elementen, bei denen Quecksilber als
Elektrodenmaterial stört, eingesetzt. Sie werden in Form geschmolzener Drahtenden
oder Scheiben verwendet. Die Einschmelzstelle muß dicht sein. Die elektrochemischen
Eigenschaften der Edelmetalle sind ebenfalls häufig von ihrer Vorbehandlung
abhängig. Man versucht, reproduzierbares Verhalten durch geeignete „Konditionierung" und Vorbehandlung zu erreichen. Dazu werden die Elektroden zunächst
mechanisch oder chemisch gereinigt. Häufig folgt dem eine elektrochemische Behandlung durch Anlegen eines kathodischen oder anodischen Potentials. Zeitdauer und
Wechsel dieser Vorgänge sowie die Zusammensetzung der Grundlösung beeinflussen
die Eigenschaften der Festelektrode. Bei einer zur inversen Quecksilber-Bestimmung
benutzten Goldelektrode wird z. B. folgende Arbeitsweise vorgeschlagen [78]: nach
mechanischer Vorbehandlung (mit Schmirgelpapier und mit Diamantpaste abnehmender Korngröße (7–3,0–0,7 µm)) bis zum Erreichen eines spiegelblanken Aussehens
wird die Elektrode elektrochemisch durch mehrfaches, jeweils 20 s langes Anlegen einer
Spannung von −0,25 und +1,7 V (gegen Ag/AgCl-Elektrode) aktiviert. Diese
Aktivierung muß vor jeder Standardzugabe wiederholt werden.

Referenzelektroden [**2, 7, 8**] (vgl. auch S. 18) dienen zur Festlegung des Potentials der Arbeitselektrode. In Verbindung mit Potentiostaten (s. o.) arbeiten sie
praktisch stromlos. Bei der Zweielektrodentechnik (s. o.) ist die Referenzelektrode
gleichzeitig Gegenelektrode für den Stromdurchgang. Sie darf dabei unter dem Einfluß
der üblicherweise geringen Ströme ihr Potential nicht merklich ändern. Bodenquecksilber und Silberdraht sind brauchbar, wenn der Grundelektrolyt mit Lösungen von
Hg(I)- und Ag(I)-Salzen eine Trübung ergibt.

Alle in der Praxis verwendeten Referenzelektroden sind Elektroden zweiter Art.
Eine Zusammenstellung gibt Tabelle 2.9.-1. Neben den Quecksilber- und Silberelektroden wird wegen ihrer hohen Temperaturbeständigkeit auch die Thalamid-Elektrode benutzt, die aus einem 40 %igen Thalliumamalgam in gesättigter TlCl/KCl-Lösung
besteht. Bei 25 °C ist ihr Potential gegen eine Standardwasserstoff-Elektrode −0,577 V
(s. Tabelle 1.2.-1) [19].

Zur Trennung des Referenzelektrolyten von der meist schwächer konzentrierten
und anders zusammengesetzten Grundlösung dienen *Stromschlüssel* (Strombrücken),
die mit Glasfritten, porösem Kunststoff (z. B. Kel-F*) oder Agar-Agar bzw. Gelatine-
Propfen verschlossen sind. Diese Stromschlüssel müssen stets mit Elektrolytlösung
gefüllt sein und dürfen auch bei Nichtverwendung niemals trocken stehen. Meist
verwendet man gesättigte KCl-Lösungen, bei halogenidempfindlichen Systemen
KNO_3-Lösungen. Der Elektrolyt des Stromschlüssels muß mit reinsten Salzen
angesetzt werden, da stets geringe Mengen dieser Salze in die Grundlösung eindiffun-

---

* Polytrifluormonochlorethylen

Tabelle 2.9.-1. Potentiale gebräuchlicher Referenzelektroden in wäßrigen Lösungen bei 25 °C

Elektrode		gegen Standard-wasserstoffelektrode	gegen gesättigte Kalomelelektrode
Hg/Hg_2Cl_2	0,1 M KCl	+0,334	+0,093
Hg/Hg_2Cl_2	1,0 M KCl[a]	+0,280	+0,039
Hg/Hg_2Cl_2	gesättigtes KCl[b]	+0,241	0
Ag/AgCl	0,1 M KCl	+0,290	+0,049
Ag/AgCl	1,0 M KCl	+0,222	−0,021
Ag/AgCl	gesättigtes KCl	+0,197	−0,044
Ag/AgCl	gesättigtes NaCl	+0,194	−0,047
Hg/Hg_2SO_4	0,5 M K_2SO_4	+0,682	+0,441
Hg/Hg_2SO_4	gesättigtes K_2SO_4	+0,650	+0,41

[a] Normal-Kalomelelektrode (NCE)
[b] Gesättigte Kalomelelektrode (SCE; Saturated-Calomel-Electrode)

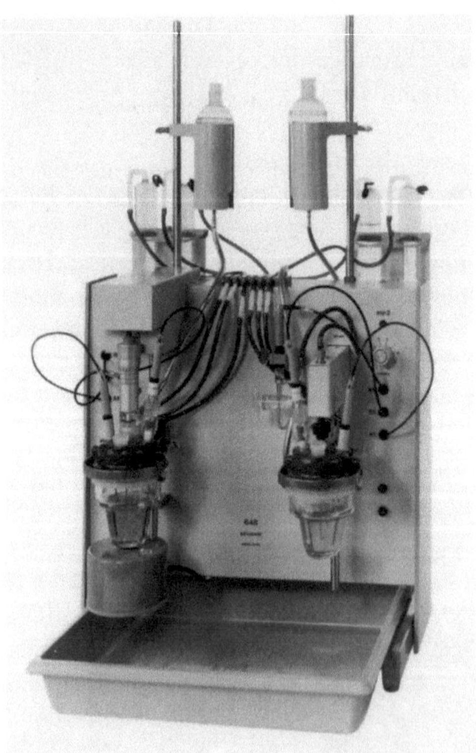

Abb. 2.9.-9. Polarographischer und voltammetrischer Meßstand (Zelle und Elektrode) (Werk-photo Metrohm). Links: HMDE mit Motorantrieb, rechts: Hg-Tropfelektrode mit elektro-mechanischer Abschlagvorrichtung

dieren. Besonders bei längeren Anreicherungselektrolysen in der inversen Voltammetrie können auf diese Weise Verunreinigungen in die Grundlösung gelangen, die zu
Fehlern bei der Bestimmung häufigerer Elemente wie Cu, Pb und Zn führen. Bei
sauerstoffempfindlichen Systemen ist die Vorentlüftung des Elektrolyten im Stromschlüssel notwendig. Als *Gegenelektroden* werden Platin-, Graphit- und Wolframelek-
troden verwendet.

Die *polarographische Zelle* sollte nur so groß wie unbedingt notwendig sein,
üblicherweise 5–20 ml, um lange Entlüftungszeiten zu vermeiden. Sie bestehen aus
Glas, für anspruchsvollere extreme Spurenanalyse auch aus Quarz. Zellen aus
Kunststoff (Teflon, Polycarbonat o.a.) werden beim Arbeiten in flußsauren Lösungen
benutzt, eignen sich aber auch für spurenanalytische Anwendungen. Wie beim
sonstigen Arbeiten in der extremen Spurenanalyse kann die Brauchbarkeit der
polarographischen Zelle durch eine entsprechende Vorbehandlung verbessert werden.
Dazu gehören neben sorgfältigem Spülen (Wasser, Säure) längeres Stehenlassen der
Grundlösung in der Zelle, Ausdünsten oder Silikonisieren der Glasgefäße. Waren in
der Zelle tensidhaltige Grundlösungen, so wäscht man mit methanolischer verdünnter
Salzsäure vor dem eigentlichen Spülen die festhaftenden Tensidfilme von den
Gefäßwandungen ab. Geeignete dichtsitzende Deckel, Kappen oder Stopfen gewähr-
leisten einen mechanisch sicheren unverrückbaren Sitz der Arbeits-, Referenz- und
Gegenelektrode sowie der Entlüftungseinrichtung. In der inversen Voltammetrie
werden zum Rühren der Lösung Magnetrührer oder mechanische Rührwerke benutzt.
Rotierende Festelektroden erübrigen weitere Rühreinrichtungen.

Eine kommerzielle polarographische und voltammetrische Zellanordnung zeigt
Abb. 2.9.-9. Für genaues Arbeiten oder bei größeren äußeren Temperaturschwankun-
gen (s.u.) sollte die Zelle durch einen mit einem Umlaufthermostaten verbundenen
Wassermantel thermostatisierbar sein. Zellanordnungen mit Arbeitsvolumina von
1 ml und weniger zeigt Abb. 2.9.-10. Über eine Mikrozelle mit Kohlepaste-Elektrode
vgl. [41]. Eine Zelle zum Arbeiten mit organischen Lösungsmitteln unter extremem
Sauerstoff- und Wasserausschluß ist in [42] beschrieben.

Eine gewisse Bedeutung haben in der letzten Zeit *Durchflußzellen* [4] erlangt,
bei denen die polarographische oder (invers)voltammetrische Bestimmung in der
strömenden Lösung vorgenommen wird. (Vgl. dazu auch Abschn. 4.7.) Bei der
inversen Voltammetrie ermöglichen sie einen raschen Lösungswechsel zur Verbesserung der Bestimmung (s. S. 118). Das Aufbringen des Hg-Films kann unabhängig
von der eigentlichen Anreicherungselektrolyse und die Entlüftung der Grundlösung
beschleunigt durchgeführt werden. Eine Kontamination der Elektrodenoberfläche
durch organische Stoffe, und eine damit verbundene Inhibierung der Elektrodenvorgänge (vgl. Abschn. 1.3) läßt sich durch einen zusätzlichen Wasch-Spülvorgang
herabsetzen oder sogar beseitigen.

Es sind Zellen mit einer statischen Hg-Elektrode [69], mit porösen röhrenförmigen
Kohleelektroden („Porous-Tubular"-Elektroden) [71], Glaskarbonelektroden [72]
und mit der tropfenden Hg-Elektrode [73] beschrieben worden. Abbildung 2.9.-11 zeigt
einige Zellanordnungen. In Verbindung mit „Fast-Scan"-Verfahren (s. S. 101) sind
auch Simultanbestimmungen in strömenden Lösungen, z.B. im Eluat einer chromatographischen Säule möglich. Mit Durchflußzellen können auch Bestimmungen nach
dem „Flow-Injection" Prinzip durchgeführt werden, bei der die zu analysierende
Lösung in die strömende Grundlösung des Systems eingespritzt wird.

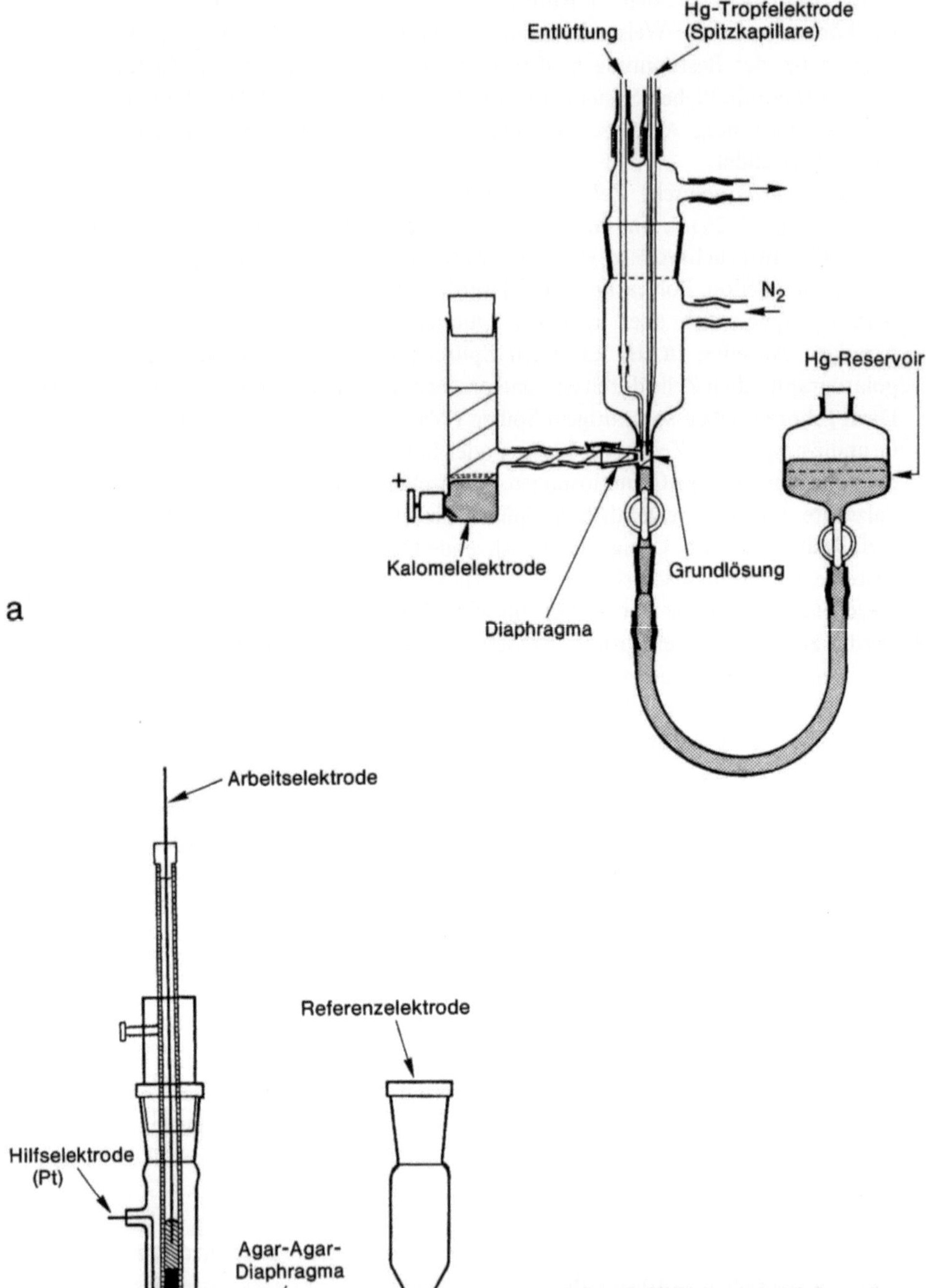

Abb. 2.9.-10. Polarographische und voltammetrische Zellen Mikroausführungen. a: für die Polarographie nach [81] 0,05–0,1 ml, b: für die inverse Voltammetrie nach [21] 0,5–1,0 ml

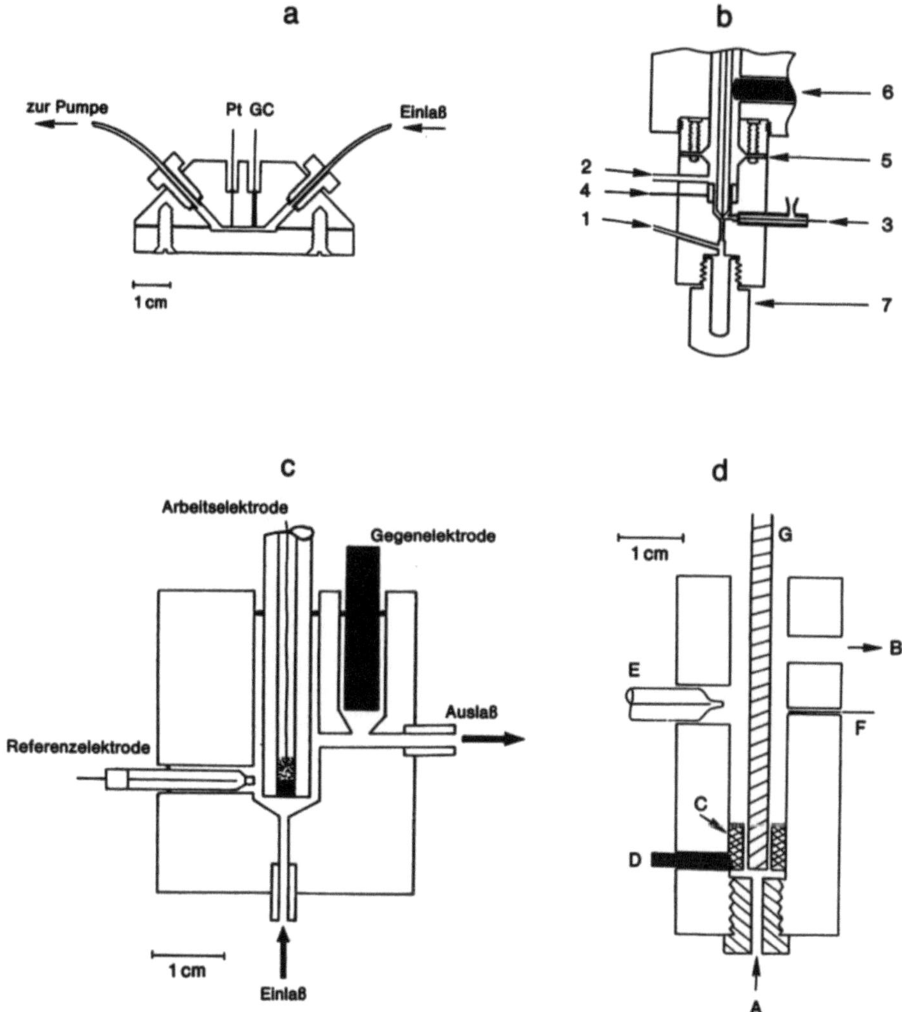

Abb. 2.9.-11. Verschiedene Ausführungsformen von Durchflußzellen (DFZ). a: DFZ mit Arbeitselektrode aus Glaskarbon (GC, 1 mm ∅), Referenzelektrode im Auslauf der Zelle (nach [72]); b: DFZ mit HMDE (nach [73]): 1), 2) Ein/Auslaß, 3) Referenz-, 4) Hilfselektrode (Pt-Ring), 5) Membran, 6) Hammer, 7) Hg-Reservoir; c: DFZ mit Kohlepaste- oder Glaskarbonelektrode (nach [70]), Gegenelektrode: Kohlestab; d: DFZ mit zusätzlichem Rührer (nach [71]): A), B) Ein/Auslaß, C) Arbeitselektrode aus porösem Kohlenstoff mit Zuleitung (D), E) Referenzelektrode, F) Hilfselektrode (Pt-Draht), G) Rührer

2.9.2 Meßanordnungen — Meßwerterfassung — Meßwertbildung

In der Polarographie werden die Beziehungen zwischen Strom und Spannung an stromdurchflossenen Elektroden untersucht. Üblicherweise dient die Spannung, das „Arbeitspotential" der Elektrode, als unabhängige Variable und muß daher in definierter Weise vorgegeben werden. Dies erfolgt mit analogen [7, 50], digitalen

[32, 43, 51] oder Mikroprozessor-gesteuerten [32, 52] Funktionsgeneratoren, die jede Art von konstanter Gleichspannung, Spannungsimpulse (verschiedener Form) linearer Spannungsanstiege oder von Wechselspannungen einzeln oder im Gemisch an die Elektrode anlegen können. Der bei Vorgabe der angelegten Spannung(en) die Zelle durchfließende Gesamtstrom muß auf seinen Informationsgehalt hin untersucht werden, was mit Hilfe diskreter analoger Meßeinheiten oder nach Speicherung der digitalisierten Stromspannungskurve mit Hilfe eines Mikrocomputers erfolgen kann.

Für die heutige polarographische Meßtechnik ist die nahezu ausschließliche Verwendung tropfkontrollierter Hg-Elektroden anstelle der freitropfenden Elektrode und die bei Überlagerung mehrerer Spannungen in Synchronisation mit dem Tropfenfall bedingte spezielle Meßwertbildung, etwa zur DPP, charakteristisch. Bei der Synchronisation des Meßprogramms mit dem Einzeltropfen kann die Meßwerterfassung durch Integration oder Mittelwertsbildung über die Tropfenlebensdauer erfolgen. Sie kann aber auch in einem zeitlich begrenzten Intervall der Gesamttropfzeit („*Tastpolarographie*", [1]) oder zu einem bestimmten Zeitpunkt der Tropfenlebensdauer, besonders bei der phasenselektiven Wechselstrompolarographie [9], erfolgen.

Mißt man beispielsweise bei der Gleichstrompolarographie den Strom während der Gesamtlebensdauer eines Tropfens, so erhält man einen zeitlich schnell ansteigenden Strom pro Einzeltropfen. Der gesamte polarographische Strom zeigt daher Oszillationen, die „gedämpft" werden müssen um besser auswertbare Kurven zu erhalten. Eine Dämpfung kann mit elektronischen Filtern oder einfachen RC-Gliedern erfolgen. Bei schneller Aufnahme der gesamten Kurve erhält man Verzerrungen der Polarogramme, die die Auswertung verfälschen. Mißt man dagegen aber die polarographische Stromstärke nur in einem bestimmten, immer gleichgroßen Intervall der Tropfzeit ϑ (s. Abb. 2.9.-12), so erhält man bei Strommittelung über das

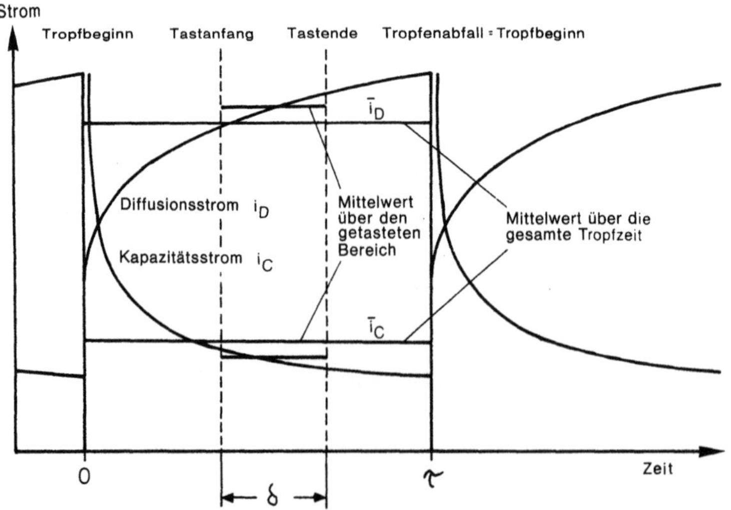

Abb. 2.9.-12. Prinzip der „Tastpolarographie" („Current-Sampling"-Polarographie) nach [8]

Tastintervall nur geringfügig oszillierende Ströme, die keiner weiteren Dämpfung mehr bedürfen. Derartige „Sampling"-Techniken werden heute in Verbindung mit schnelltropfenden Elektroden bei allen polarographischen Verfahren angewandt [16]. Die Verwendung von Tastintervallen anstelle der Messung über den gesamten Tropfen eliminiert auch Störungen, die mit dem Tropfenabfall verbunden sind. Bei diesem können infolge von Oszillationen der Hg-Säule in der Kapillare Stromschwankungen und unregelmäßige Stromimpulse auftreten, die die Messung der relevanten Stromanteile dann beeinträchtigen.

Den Gesamtaufbau eines Polarographen, der die erwähnten Meßmöglichkeiten besitzt, zeigt schematisch Abb. 2.9.-13. Die elektromechanisch betriebene Tropfelektrode (DRC) wird über eine zentrale Zeitsteuereinheit (CCO) synchron mit den im Spannungsgenerator (PFG) kohärent erzeugten Spannungen (DC, AC, PULSE) betrieben. Die Spannungen gelangen über einen von der Referenzelektrode kontrollierten Potentiostaten (POT) an die polarographische Meßzelle. Messungen der verschiedenen polarographischen Ströme können zu einer vorgewählten Zeit (bzw. Zeitintervall) während der Lebensdauer eines individuellen Tropfens nach Umwandlung in Spannungen (I/E-Wandler, s. Abb. 2.9.-13) mit Hilfe eines „gated" zentralen Meßwert-Erfassungssystems (DRS), das „Sample and Hold", Integration, Speicherung und Mittelwertbildung ermöglicht, durchgeführt werden. Die Kohärenz aller Messungen wird durch einen Steueroszillator (MO) gewährleistet. (R ist die Registriereinrichtung.)

In steigendem Maße werden *Mikro- und Minicomputer in der polarographischen Instrumentation* eingesetzt. Sie dienen zur Steuerung des gesamten Meßprogramms(vorgangs) einschließlich der Erzeugung der notwendigen Spannungsfunktionen und zur Auswertung der digital gespeicherten Kurve (s.u.). Sie können zusätzlich an konventionelle Polarographen angeschlossen werden (z.B. EVA-SYS der Fa. Metrohm) oder aber als größere Rechner in Verbindung mit Digital-Analog-(D/A) und Analog-Digital-(A/D) Wandlern Grundbestandteil des Polarographen sein. Ein nach diesem Prinzip arbeitender Gleichstrompolarograph zeigt Abb. 2.9.-14. Kernstück ist der Prozeßrechner PDP 11, in den nach entsprechender Programmierung über einen Teletype (TTY) die Arbeitsparameter wie mechanische Tropfzeit, Startpotential, Spannungsvorschub u.a. eingegeben werden. Die registrierten Strom/ Spannungswertepaare werden anschließend im Rechner mathematisch aufgearbeitet (z.B. Kurvenglättung). Die Meßwerte werden auf dem Bildschirm angezeigt. Ausgege-

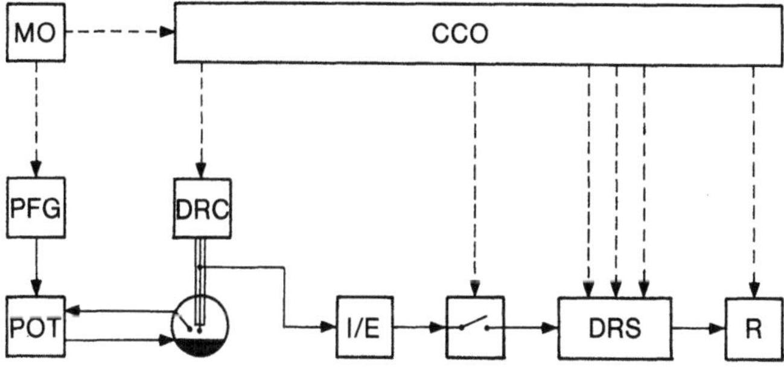

Abb. 2.9.-13. Aufbau eines interfunktionellen Polarographen nach [27] (s. Text)

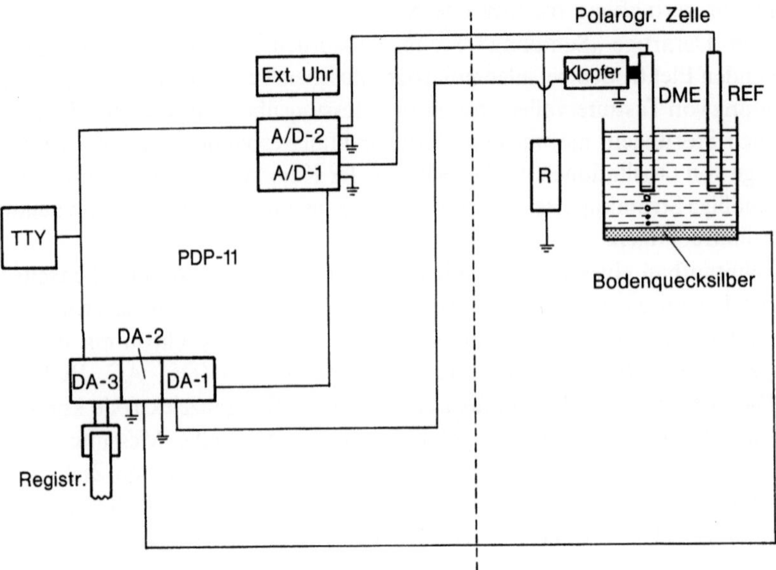

Abb. 2.9.-14. Computer-Gleichstrompolarograph nach [17] (s. Text)

ben werden i_d, $E_{1/2}$ und die Neigung der polarographischen Kurve. Die gesamte Kurve kann mit einem Schreiber (Printer-Plotter) aufgezeichnet werden. Ein Square-Wave-Polarograph mit Mikrocomputer ist in [13, 14] beschrieben, ein computergesteuertes System für Messungen mit bis zu sechzehn Elektroden unter „in vivo"-Bedingungen in [12]. Weitere Beispiele und Angaben zum Einsatz von Computern und Mikroprozessoren in der Polarographie und Voltammetrie finden sich in [4, 28, 33, 66, 67, 84, 87, 89]. Zur Anwendung der On-Line Fourier-Transformationsanalyse in der elektrochemischen Analyse vgl. [5].

Im Handel sind eine Reihe von Geräten, die von einfachen Anordnungen bis zu computerunterstützten oder voll computerisierten Anordnungen gehen. Ein mit Bildschirm und Teletype-Eingabe arbeitendes Gerät zeigt Abb. 2.9.-15. Kurve und

Abb. 2.9.-15. Ein moderner Polarograph mit Bildschirm und Mikroprozessor (Werkphoto Metrohm). Arbeitselektrode: Multi-Mode-Elektrode

Meßergebnisse können auf dem Bildschirm abgerufen werden. Eine Ausgabe mit Thermodrucker ist ebenfalls möglich. Die gespeicherte Kurve wird nach Ausreißer-eliminierung und Glättung mit einer nichtlinearen Grundlinie ausgewertet, die durch Polynomannäherung erhalten wird (vgl. Abschn. 2.9.3).

2.9.3 Auswertung von Polarogrammen und Voltammogrammen

Die graphische Auswertung von Polarogrammen und Voltammogrammen gestaltet sich bei linearem Grundstromverlauf einfach (s. Abb. 2.9.-16a). Bei der Auswertung gleichstrompolarographischer Stufen wird immer ein derartiger linearer Grundstrom-verlauf angenommen. Der infolge der Potentialabhängigkeit der elektrochemischen Doppelschichtkapazität (vgl. Abschn. 1.3) tatsächlich nichtlinear verlaufende Grund-strom kann teilweise durch einen entgegengesetzt gerichteten linear ansteigenden Strom kompensiert werden („Ladungsstromkompensation"). Zeigen beide Stu-fen(Kurven-)äste verschiedene Neigung, so sind mehrere empirische Verfahren zur Festlegung der Stufenhöhe anwendbar, die jeweils bei einer Eichreihe eingehalten werden müssen (s. Abb. 2.9.-16b). Bei höheren Empfindlichkeiten wird bei allen Verfahren die Festlegung des Grundstromverlaufs kritisch, die Ermittlung der wahren Spitzenströme oder entsprechender Stufenströme immer schwieriger. In solchen Fällen kann man bei der Auswertung wie folgt vorgehen:

1. Der Grundstrom einer leeren (reinen) Grundlösung wird separat aufgenommen und anschließend von dem auszuwertenden Polarogramm abgezogen. Vorausset-zung sind identische Grundstromverläufe in beiden Fällen, was unter Umständen z.B. durch ungleiche Entlüftung nicht mehr gewährleistet ist. Die Subtraktion des Grundstroms kann visuell durch Unterlegen (Transparentpapier!) oder rechne-risch durch Subtraktion eines separat aufgenommenen „leeren" Polarogramms [55, 56, 66, 68] erfolgen. Durch mehrfache Aufnahme der Stromspannungskurve („Multiple Scanning") kann dabei die Empfindlichkeit erhöht werden [56]. Dies kann mit einem einfachen Signal-Mittelwertrechner erfolgen [79].

2. Zur Auswertung von Spitzenströmen kann der Grundstromverlauf visuell ermittelt werden. Die Tangenten(Sekanten-)methode (s. Abb. 2.9.-16c) liefert bei stark gekrümmten Grundströmen und bei kleinen Konzentrationen Eichkurven, die nicht durch den Nullpunkt gehen und nichtlinear sein können. Die Auswertung gegen einen plausiblen, den Anfangs- und Endteil des Grundstromverlaufs ein-schließenden mit Hilfe eines Kurvenlineals ermittelten nichtlinearen Grundstrom liefert in solchen Fällen bessere Werte.

    Zur Auswertung von Oberwellenpolarogrammen vgl. S. 105.

3. Die besten Werte liefert die rechnerische Approximation des Basislinienverlaufs mit Hilfe von Polynomen, deren Koeffizienten sich durch Auswahl einiger dem Grundstrom zugehörigen Meßpunkte zu beiden Seiten der Stromspitze über ein Rechenprogramm bestimmen lassen. Man arbeitet mit Polynomen zweiten und dritten [6, 57] bzw. vierten Grades [50]. Die rechnerische Auswertung gestaltet sich besonders einfach, wenn man mit rechnergekoppelten Polarographen (vgl. Abschn. 2.9.2) arbeitet, bei denen die Polarogramme mit hoher Datenrate digital erfaßt werden [5, 59]. Da polarographische Meßwerte, bedingt durch die experi-mentelle Technik, Ausreißer enthalten können, die den vorgegebenen statistischen Streubereich überschreiten, muß mit einem besonderen Rechenprogramm eine

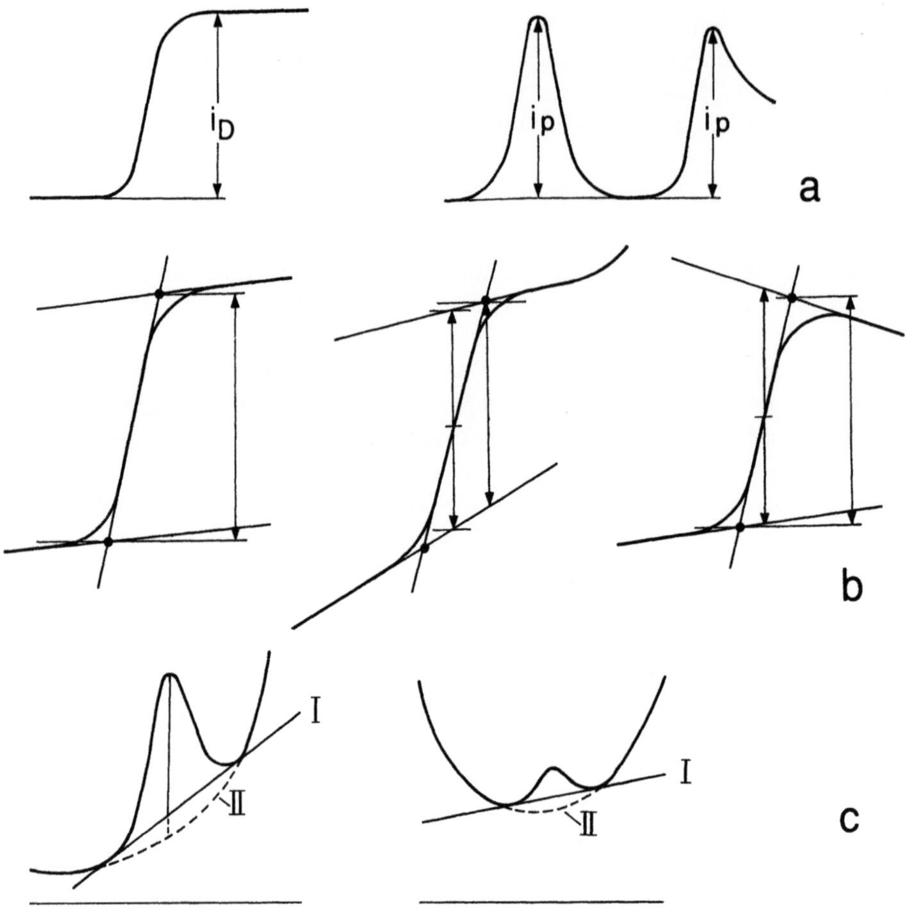

Abb. 2.9.-16. Auswertung von Polarogrammen und Voltammogrammen. a: ideale Verhältnisse: linearer Grundstromverlauf, b: Auswertung von Stufenhöhen unter nichtidealen Verhältnissen, c: Auswertung von Spitzenströmen bei stark gekrümmtem Grundstromverlauf: I) Tangentenmethode, II) Auswertung mit Kurvenlineal

Ausreißereliminierung und eine Glättung des Polarogramms durchgeführt werden [60].

Die Ausreißereliminierung erfolgt dabei nach dem Schwellwertprinzip. Überschreitet ein Meßwert die beiden benachbarten Meßwerte um einen bestimmten Betrag, so wird er durch den Mittelwert der beiden Werte ersetzt. Zur Glättung der Polarogramme werden die Spline Funktion* nach Reintsch oder Glättungsroutinen nach dem „Least Squares"-Verfahren [82, 83] verwendet. Die Peakerkennung erfolgt durch Differenzierung. Der Grundstromverlauf wird ebenfalls mittels der Splinefunktion durch die außerhalb der Peakbereiche ($E_p - 90\,mV$ bis $E_p + 90\,mV$) liegenden Meßpunkte simuliert. Aus der Differenz zwischen der gemessenen Strom/Span-

---

* Spline Funktion: Intervallweise Approximation der Gesamtfunktion durch Polynome meist 2. oder 3. Grades

nungskurve und der simulierten Grundstromkurve können die Spitzenströme berechnet werden.

Abbildung 2.9.-17 zeigt die Wirksamkeit der Ausreißereliminierung sowie das nach rechnerischer Subtraktion des simulierten Grundstroms erhaltene Polarogramm. Bei einem neueren kommerziellen mikroprozessorgesteuerten Gerät (Metrohm VA — Prozessor 646) wird die Auswertung nach Ausreißereliminierung, Glättung der Kurven und Peakerkennung ohne Verwendung experimentell oder rechnerisch approximierter Grundlinien durch eine mathematische Analyse des Kurvenverlaufs ausschließlich im Peakbereich durchgeführt [85].

Die Auswertung dicht zusammenliegender Peaks und Stufen ist schwieriger, wobei Abstand der Halbstufen- bzw. Peakpotentiale und Neigung der Stufe bzw. Breite des Peaks, beide abhängig von n und der Reversibilität der Elektrodenreaktion, sowie die Konzentration der Partner den Schwierigkeitsgrad bestimmen. In der Regel wird eines der oben beschriebenen Verfahren zur Auswertung herangezogen werden. Geht man von idealen Spitzenströmen aus, die einer symmetrischen Gauß-Verteilung entsprechen, so lassen sich bei bekanntem n und ΔE_p Peaküberlappungen rechnerisch ermitteln und die Spitzenströme berechnen [61, 62, 63, 64].

Hat man nach einem der beschriebenen Verfahren die interessierenden Stromwerte erhalten, so kann die analytische Auswertung durch Eichkurven, Eichzusätze (Aufstocken, Standardadditionsverfahren) oder durch Zusatz eines inneren Standards (Pilotion-, Stufenquotientenverfahren) durchgeführt werden. Bei der Eichkurve muß die Linearität und Neigung der Kurve häufig kontrolliert werden, da geringe Änderungen der experimentellen Parameter, vor allem der Kapillare oder der Elektrode allgemein und der Temperatur (s. S. 163) sich auf den Verlauf der Eichkurve auswirken. Bei der *Auswertung durch Eichzusätze* setzt man zur Analysenlösung mit der Konzentration c_x und dem Volumen V eine Eichlösung der Konzentration c und Volumen v zu. Ist h die vor und H die nach dem Eichzusatz gemessene Stufen- oder Peakhöhe, dann ergibt sich die gesuchte Konzentration c_x nach

$$c_x = \frac{h \cdot c \cdot v}{H \cdot (V + v) - Vh}.$$

Die höchste Genauigkeit erhält man, wenn man den größtmöglichen Standardzusatz im linearen Bereich der Eichkurve wählt [65].

Bei dem *Stufenquotientenverfahren* setzt man dem zu bestimmenden Ion (Analyse) ein weiteres Ion zu (innerer Standard), das eine gut getrennte Stufe oder Spitzenstrom gibt. Vor der Analyse hat man bei gleichen molaren Konzentrationen das Verhältnis der Stufen- bzw. Spitzenströme ermittelt:

$$\frac{i_{D,P} \text{ (Analyt)}}{i_{D,P} \text{ (innerer Standard)}} = K.$$

Bei der Durchführung der Analyse enthält die Lösung neben dem gesuchten c_x eine zugesetzte bekannte Konzentration c_i des inneren Standards (Pilot-Ion). Mit den gemessenen Strömen H_x und H_i erhält man

$$\frac{H_x}{H_i} = K \frac{c_x}{c_i} \quad \text{und daraus} \quad c_x = \frac{H_x c_i}{H_i K}.$$

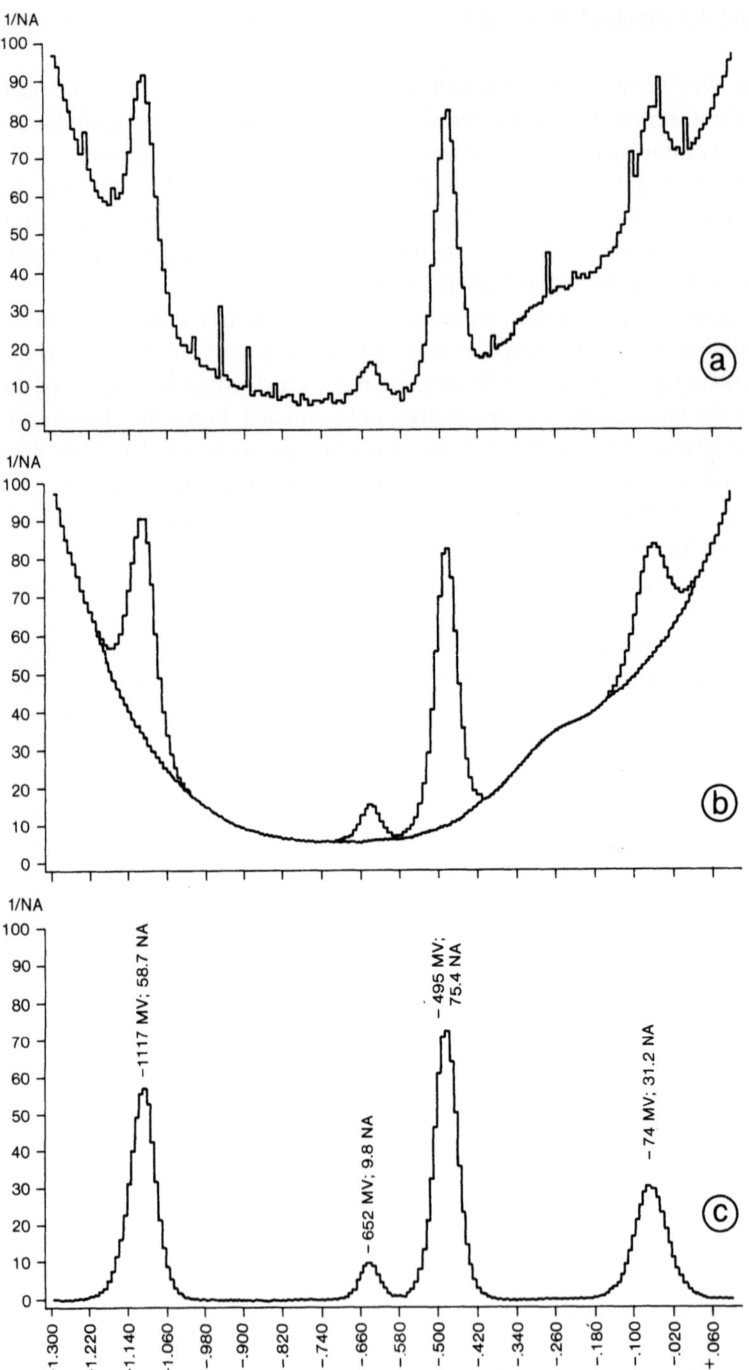

Abb. 2.9.-17. Computerunterstützte Auswertung von Polarogrammen. a: reales DP-Polarogramm mit Ausreißern, b: Ausreißereliminierung und Grundstromsimulation, c: Polarogramm nach Grundstromsubtraktion mit ausgewerteten Spitzenströmen und Spitzenpotentialen. [60]

2.9.4 Fehler bei polarographischen und voltammetrischen Messungen

Im folgenden wird auf einige Fehlermöglichkeiten eingegangen, die charakteristisch für die polarographischen und voltammetrischen Methoden sind. Sie können als Teilfehler in den Gesamtfehler eines Verbundverfahrens eingehen.

In konzentrierteren Lösungen hängen Reproduzierbarkeit und Langzeitwiederholbarkeit polarographischer Messungen von der Qualität der Elektrode und der Meßanordnung ab. Beide sind heute von hohem Standard, so daß Reproduzierbarkeiten von 0,3–2,0 % bei direkten Messungen zu erreichen sind. Bei den klassischen nicht automatisch arbeitenden Hg-Elektroden ist die Elektrodengüte fast ausschließlich von der Handhabung durch den Operateur abhängig. Sauberes und sorgfältiges Arbeiten ist wie bei allen analytischen Techniken eine Voraussetzung für die Langzeitkonstanz der Reproduzierbarkeit. Bei der inversen Voltammetrie ist die Reproduzierbarkeit der Einzelmessung im allgemeinen infolge der zusätzlichen Anreicherungsschritte etwas geringer als bei den übrigen Verfahren. Bei verdünnten Lösungen wird die Auswertung der Polarogramme und Voltammogramme problematisch, wenn der Grundstrom im Bereich der Auswertung nicht linear verläuft. Auf diese Probleme wurde schon hingewiesen.

Für alle polarographischen und voltammetrischen Methoden kommt als charakteristischer Fehler die *Temperaturabhängigkeit polarographischer Ströme* hinzu. In allen Gleichungen für die Konzentrationsproportionalität polarographischer Ströme ist der Diffusionskoeffizient D enthalten, der mit der Temperatur zunimmt und der daher vor allem für die Temperaturabhängigkeit verantwortlich ist. Bei Quecksilbertropfelektroden ändert sich auch die Viskosität des Quecksilbers und damit seine Strömungsgeschwindigkeit m (s. S. 86). Die Temperaturabhängigkeit der Grenzflächenspannung Quecksilber/Elektrolyt ist vernachlässigbar. Die Temperaturabhängigkeit der Geschwindigkeitskonstanten vor- und nachgelagerter chemischer Reaktionen („kinetische und katalytische Ströme", s. S. 29) ist dagegen auf die gesamte Temperaturabhängigkeit der polarographischen Ströme von großem Einfluß. Ebenso zeigen Elektrodenreaktionen, die mit Adsorptionsvorgängen der Reaktanden verbunden sind, eine besondere Temperaturabhängigkeit. Diese kann wegen der häufig zu beobachtenden Abnahme der Adsorption mit der Temperatur sogar einen negativen Verlauf nehmen. Die Temperaturkoeffizienten polarographischer Ströme sind darüber hinaus auch von den einzelnen Methoden abhängig [88]. Bei einfachen diffusionskontrollierten Elektrodenreaktionen liegen sie bei $+1,5$ bis $+2,2\,\%\,°C^{-1}$. Sie können bei kinetischen und katalytischen Strömen erheblich größer werden. Bei Strömen, die mit Adsorptionsvorgängen verbunden sind, können sie sogar negativ werden. Einige Beispiele für die Temperaturkoeffizienten polarographischer Ströme enthält Tabelle 2.9.-2.

Bei den mit Anreicherungselektrolysen arbeitenden inversen Verfahren werden auch die Elektrolyseströme von der Temperatur beeinflusst. Insgesamt kommt es zu ähnlichen Temperaturkoeffizienten wie bei den üblichen Methoden. Arbeitet man mit stationären Hg-Elektroden, die mit einem Hg-Vorratsgefäß verbunden sind (s. z. B. Abb. 2.9-3) und von diesem während des Bestimmungsvorgangs nicht getrennt sind, führt jede Temperaturänderung zu einer Ausdehnung bzw. Kontraktion des Quecksilbers und damit zu einer Änderung der Elektrodenoberfläche („Thermometereffekt").

Tabelle 2.9.-2. Temperaturkoeffizienten polarographischer Ströme (nach [88])

Ion	Konzentration[a]	Grundlösung[a]	Verfahren	Temperaturkoeffizient ($\%\ °C^{-1}$, 20 °C)
Pb^{2+}	10^{-5}	0,1 HCl	DPP	1,34
	10^{-5}	0,1 HCl	AC1	1,65
	10^{-5}	0,1 HCl	AC2	0,92
Cd^{2+}	$8,9\cdot10^{-5}$	$1\,Na_2SO_4$	DCP	2,03
	$8,9\cdot10^{-5}$	$1\,Na_2SO_4$	DPP	1,61
	$8,9\cdot10^{-5}$	$1\,Na_2SO_4$	AC1	1,74
	$8,9\cdot10^{-5}$	$1\,Na_2SO_4$	AC2	1,45
Zn^{2+}	$4\cdot10^{-5}$	0,1 KCl	DCP	1,92
	$4\cdot10^{-5}$	0,1 KCl	DPP	1,65
	$4\cdot10^{-5}$	0,1 KCl	AC1	2,93
	$4\cdot10^{-5}$	0,1 KCl	AC2	3,05
Cr(VI)	10^{-4}	$0,01\,EDTA + 0,1\,KNO_3$	DCP	3,14
	10^{-4}	+ 0,1 Phosphatpuffer	DPP	3,57
	10^{-4}	(pH = 6)	AC1	1,56
	10^{-4}		AC2	1,79
Ti(IV)	$8\cdot10^{-5}$	$0,25\,H_2SO_4 + 0,2\,H_2C_2O_4$	DCP	4,96
	$8\cdot10^{-5}$	$+ 0,1\,KClO_3$	DPP	5,02
	$8\cdot10^{-5}$		AC1	5,56
	$8\cdot10^{-5}$		AC2	4,07
In^{3+}	$2\cdot10^{-5}$	$1\,NaNO_3 + 2\cdot10^{-2}$	DC	1,83
	$2\cdot10^{-5}$	KSCN	DPP	1,77
	$2\cdot10^{-5}$		AC1	$-0,18^{b}$
	$2\cdot10^{-5}$		AC2	$-0,78^{b}$
Ge(IV)	$3\cdot10^{-4}$	$0,1\,NaClO_4 + 0,1\,HClO_4$	DCP	$0,0^{b}$
	$3\cdot10^{-4}$	+ 0,1 Brenzkatechin	DPP	$-0,02^{b}$
	$3\cdot10^{-4}$		AC1	$-1,45^{b}$
	$3\cdot10^{-4}$		AC2	$-1,68^{b}$
Mo(VI)	$2\cdot10^{-5}$	$2\,NH_4NO_3 + 0,25$	DCP	5,53
	$2\cdot10^{-5}$	HNO_3	DPP	4,27
	$2\cdot10^{-5}$		AC1	3,95

[a]   Konzentrationsangaben in $mol\cdot l^{-1}$
[b]   Bereich 20–30 °C

Für die relative Oberflächenänderung $\dfrac{dO}{O}$ der Elektrode mit dem Volumen V_{El} und einem Gesamtvolumen V_{Hg} der Quecksilberfüllung ergibt sich mit γ, dem kubischen Ausdehnungskoeffizienten des Quecksilbers ($\gamma_{Hg} = 1,8\cdot10^{-4}\ T^{-1}$) [10]

$$\frac{dO}{O} = \frac{2}{3}\cdot\gamma\cdot\frac{V_{Hg}}{V_{El}}\cdot dT.$$

Bei den mit Ventilen arbeitenden Hg-Elektroden (s. S. 146) sind wegen der Trennung des Hg-Vorratsraumes und der eigentlichen Elektrode während der Bestimmung diese Fehler vernachlässigbar. Zur Vermeidung von Trennungsfehlern infolge der Änderung der Elektrodenoberfläche sollten die übrigen Hg-Extrusionselektroden thermostatisiert werden (Luftthermostat o.ä.). Daß bei allen polarographischen und voltammetrischen Messungen auf Temperaturkonstanz bei der Durchführung der Bestimmungen zu achten ist, versteht sich nach dem vorausgehenden von selbst.

Literatur zu 2.9

Monographien und Übersichtsarbeiten

1 Britz, D.: iR-Elimination in Electrochemical Cells, J. Electroanal. Chem. **88**, 309 (1978)
2 Butler, J.: Reference Electrodes in Aprotic Organic Solvents. In: Adv. Electrochem. and Electrochem. Eng. (ed.: Delahay, P.) **7**, 72 (1970)
3 van der Linden, W.E., Dieker, J.W.: Glassy Carbon as Electrode Material in Electroanalytical Chemistry, Anal. Chim. Acta **119**, 1 (1980)
4 Pungor, E., Feher, Z., Nagy, G., Toth, K.: Automated Electrochemical Analysis, CRC Crit. Rev. Anal. Chem. **14**, (1980); Part I (Potentiometrie, Voltammetrie): p. 53, Part II (Titrimetrie, Durchflußsysteme): p. 175
5 Smith, D.E.: Data Processing in Electrochemistry. The Acquisition of Electrochemical Response Spectra by On-Line Fast Fourier Transform, Anal. Chem. **48**, 221 A, 517 A (1976)
6 Wightman, R.M.: Microvoltammetric Electrodes, Anal. Chem. **53**, 1125 A (1981)
7 Ives, D.J.G., Janz, G.J. (eds.): Reference Electrodes-Theory and Practice. New York: Academic Press 1961
8 Sawyer, D.T., Roberts, J.L.: Experimental Electrochemistry for Chemists. New York: John Wiley and Sons 1974
9 Dunsch, L.: Elektrochemische Reaktionen an Glaskohlenstoff, Z. Chem. **14**, 463 (1974)
10 Neeb, R.: Inverse Polarographie und Voltammetrie. Weinheim: Verlag Chemie 1969

Originalliteratur

1 Elbel, A.W.: Z. f. Analyt. Chem. **173**, 70 (1960)
2 Bond, A.M., Jones, R.D.: Anal. Chim. Acta **121**, 1 (1980)
3 Wang, J.: Electrochim. Acta **26**, 1721 (1981)
4 Peterson, W.M.: Int. Lab. Jan./Feb. 1980, 51
5 Ebel, S., Hocke, J., Richter, M., Surmann, P.: Fresenius Z. Analyt. Chemie **300**, 200 (1980)
6 Ebel, S., Glaser, E., Richter, M., Surmann, P.: Fresenius Z. Anal. Chem. **305**, 204 (1981)
7 Willems, G., Neeb, R.: Z. Anal. Chem. **269**, 1 (1974)
8 Kronenberger, K., Stehlow, H., Elbel, A.W.: Polar. Ber. **5**, 62 (1957)
9 Saur, D., Neeb, R.: Fresenius Z. Anal. Chem. **290**, 220 (1978)
10 Davis, Ph., Dulude, G.R., Griffin, R.M., Matson, W.R., Zink, E.W.: Anal. Chem. **50**, 137 (1978)
11 Saur, D.: Fresenius Z. Anal. Chem. **290**, 40 (1978)
12 Lindsay, W.S., Kizzori, B.L., Justice, J.B., Salamone, J.D., Neill, D.B.: Chem. Biomed. and Environ. Instrumentation **10**, 311 (1980)
13 Buchanan, E.B., Buchanan, M.L.: Talanta **27**, 947 (1980)
14 Buchanan, E.B., Sheleski, W.J.: Talanta **27**, 955 (1980)
15 Wolf, S.: Jahrbuch Chem. Industrie **10**, 1 (1961/62)
16 Bond, A.M.: Talanta **21**, 591 (1974)
17 Bos, M.: Anal. Chim. Acta **81**, 21 (1976)
18 Atuma, S.S., Lindquist, J.: Analyst **98**, 886 (1973)
19 Baucke, F.G.K.: J. Electroanal. Chem. **33**, 135 (1971)
20 Neeb, R., Kiehnast, I., Narayanan, A.: Z. Anal. Chem. **262**, 339 (1972)
21 Neeb, R., Wahdat, F.: Z. Anal. Chem. **269**, 275 (1974)
22 Adams, R.N.: Anal. Chem. **30**, 1576 (1958)
23 Zittel, H.E., Miller, F.J.: Anal. Chem. **37**, 200 (1965)
24 Lindquist, J.: Anal. Chem. **45**, 1006 (1973)

25 Dayton, M.A., Brown, J.C., Stutts, K.J., Wightman, R.M.: Anal. Chem. **52**, 946 (1980)
26 Dias, R., Buess-Herman, Cl., Gierst, L.: J. Electroanal. Chem. **130**, 345 (1981)
27 Neeb, R.: Mikrochimica Acta 1978 I, 305
28 Skov, H.J., Kryger, L.: Anal. Chim. Acta **122**, 179 (1980)
29 Gunasingham, H., Fleet, B.: Analyst **107**, 896 (1982)
30 Panzer, R.E., Elving, P.J.: J. Electrochemical Soc. **119**, 854 (1972)
31 Geiger, Th., Anson, F.C.: Anal. Chem. **52**, 2448 (1980)
32 Anderson, J.E., Bond, A.M.: Anal. Chem. **55**, 1934 (1983)
33 Paul, D.W., Ridgway, Th.H., Heinemann, W.R.: Anal. Chim. Acta **146**, 125 (1983)
34 Rice, M.E., Galus, Z., Adams, R.N.: J. Electroanal. Chem. **143**, 89 (1983)
35 Oehme, H.: Anal. Chim. Acta **107**, 67 (1979)
36 Cooke, W.D., Kelley, M.T., Fisher, D.J.: Anal. Chem. **33**, 1209 (1961)
37 Smith, G.S.: Nature **163**, 290 (1949)
38 Neeb, R., Willems, G., Kiehnast, I.: Z. Anal. Chem. **249**, 86 (1970)
39 von Sturm, F., Ressel, M.: Z. Anal. Chem. **186**, 63 (1962)
40 Florence, T.M.: J. Electroanal. Chem. **27**, 273 (1970)
41 Wang, J., Freiha, B.A.: Anal. Chem. **54**, 334 (1982)
42 Mills, J.L., Nelson, R., Shore, Sh.G.: Anal. Chem. **43**, 157 (1971)
43 Saur, D.: Fresenius Z. Anal. Chem. **290**, 42 (1978)
44 Barker, G.C.: Anal. Chim. Acta **18**, 118 (1958)
45 Specker, H., Trüb, H.: Z. Anal. Chem. **186**, 123 (1962)
46 Hamilton, T.W., Ellis, J., Florence, T.M.: Anal. Chim. Acta **119**, 225 (1980)
47 Edmonds, T.E., Guoliang, H.: Anal. Chim. Acta **151**, 99 (1983)
48 Monien, H., Specker, H., Zinke, K.: Z. Anal. Chem. **225**, 342 (1967)
49 Valenta, P., Mart, L., Nürnberg, H.W., Stoeppler, M.: Vom Wasser **48**, 89 (1977)
50 Untereker, D.F., Sherwood, W.G., Martinchek, G.A., Reidhammer, T.M., Bruckenstein,
   St.: Chem. Instrument. **6**, 259 (1975)
51 Sherwood, W.G., Untereker, D.F., Bruckenstein, St.: Anal. Chem. **47**, 84 (1975)
52 Bond, A.M.: Anal. Chem. **52**, 367 (1980)
53 Engstrom, R.C.: Anal. Chem. **54**, 2310 (1982)
54 Lindquist, J.: J. Electroanal. Chem. **52**, 37 (1974)
55 Kryger, L., Jagner, D., Skov, H.J.: Anal. Chim. Acta **78**, 241 (1975)
56 Kryger, L., Jagner, D.: Anal. Chim. Acta **78**, 251 (1975)
57 Bond, A.M., Grabaric, B.S.: Anal. Chem. **51**, 337 (1979)
58 Bauer, K.-H.: Diplomarbeit Mainz 1982 (FB Chemie)
59 Kryger, L.: Anal. Chim. Acta **133**, 591 (1981)
60 Saur, D.: In Vorbereitung (Private Mitteilung)
61 Thomas, Q.V., Perone, S.P.: Anal. Chim. Acta **49**, 1369 (1977)
62 Thomas, Q.V., DePalma, R.A., Perone, S.P.: Anal. Chem. **49**, 1376 (1977)
63 Baussan, P., Bozon, H., Molins, R.: Analusis **9**, 47 (1981)
64 Bond, A.M., Boston, R.C.: Rev. in Anal. Chem. **2** 129 (1974)
65 Franke, J.P., de Zeeuw, R.A., Hakkert, R.: Anal. Chem. **50**, 1374 (1978)
66 Bond, A.M., Grabaric, B.S.: Anal. Chim. Acta **101**, 309 (1978)
67 Anderson, J.A., Bond, A.M.: J. Electroanal. Chem. **145**, 21 (1983)
68 Brown, St.D., Kowalski, B.R.: Anal. Chim. Acta **107**, 13 (1979)
69 Bond, A.M., Hudson, H.A., van den Bosch, R.A.: Anal. Chim. Acta **127**, 121 (1981)
70 Wang, J., Dewald, H.D.: Anal. Chim. Acta **153**, 325 (1983)
71 Wang, J., Freiha, B.A.: Anal. Chim. Acta **151**, 109 (1983)
72 Schulze, G., Frenzel, W.: Fresenius Z. Anal. Chem. **316**, 26 (1983)
73 Martin, E.O., Johansson, G.: Anal. Chim. Acta **140**, 29 (1982)
74 Environmental Scientific Associates Inc. (ESA), Ma, USA
75 Szydlowski, F.J., Monti, K.L., Michalak, St.P.: Anal. Letters **13** (A7), 529 (1980)
76 EG & G Princeton Applied Res. Lab. (PAR), Princeton, N.Y., USA
77 Metrohm A.G. Herisau, Schweiz
78 Sipos, L., Golimowski, J., Valenta, P., Nürnberg, H.W.: Fresenius Z. Anal. Chem. **298**, 1
   (1979)
79 Cammann, K., Andersson, T.A.: Fresenius Z. Anal. Chem. **310**, 45 (1982)

80 Kauffmann, J.-M., Laudet, A., Patriarche, G.-J.: Anal. Chim. Acta **135**, 153 (1982)
81 von Sturm, F.: J. Polarographic Soc. 1958, No. 2, 28
82 Savitzky, A., Golay, M.J.E.: Anal. Chem. **36**, 1627 (1964)
83 Steiner, J., Termonia, Y., Detour, J.: Anal. Chem. **44**, 1906 (1972)
84 Britz, D.: Anal. Chim. Acta **143**, 95 (1982)
85 Metrohm Information 1/84
86 Schulze, G., Frenzel, W.: Anal. Chim. Acta **159**, 95 (1984)
87 Buschmann, N., Kavel, H., Rump, T., Umland, F.: Fresenius Z. Anal. Chem. **318**, 509 (1984)
88 Chen, H.-Y., Neeb, R.: Fresenius Z. Anal. Chem. **319**, 240 (1984)
89 Bond, A.M., Greenhill, H.B., Heritage, I.D., Reust, J.B.: Anal. Chim. Acta **165**, 209 (1984)

3 Polarographische und voltammetrische Bestimmung anorganischer und organischer Stoffe

3.1 Elemente und anorganische Ionen

Oxidations- und Reduktionsvorgänge an Elektroden, die auch in Verbindung mit kinetischen, katalytischen und adsorptiven Prozessen ablaufen können, sind die Grunderscheinungen bei allen elektrochemischen Bestimmungsverfahren mit stromdurchflossenen Elektroden. Elemente und Ionen, die in dem zur Verfügung stehenden Potentialbereich keine Redoxvorgänge geben, können über indirekte Verfahren oder nach Derivatisierung bestimmt werden. Die Messung der Änderung der Doppelschichtkapazität durch Adsorption von Ionen oder Molekülen ist ein auf wenige, meist organische Verbindungen begrenzter Sonderfall einer elektrochemischen Bestimmungsmethode (s. Abschn. 3.3). Für die Analyse anorganischer Ionen sind solche Vorgänge von geringer Bedeutung.

Die *elektrolytische Reduktion* einfacher und komplexgebundener Ionen der in Quecksilber gut löslichen Metalle erfolgt meist reversibel. Die gut ausgebildeten Stromspannungskurven sind für die polarographische, voltammetrische und coulometrische Bestimmung der Elemente geeignet. Beispiele sind Kupfer, Thallium und Cadmium (vgl. Tabelle 3.1.-1). Elemente, die edler als Quecksilber sind, können an inerten Elektroden aus Kohle, Graphit, Glaskohlenstoff (Glaskarbon) oder Kohlepaste, seltener an Edelmetallelektroden, bestimmt werden. Silber, Quecksilber und Gold lassen sich auf diese Weise erfassen, wie Abb. 3.1.-1 am Beispiel der Ag- und Au-Bestimmung an einer Kohlepaste- und Glaskarbonelektrode zeigt. Ionen mehrwertiger Elemente können in einem oder in mehreren Schritten reduziert werden, die meist einen unterschiedlichen, von der Grundlösung abhängigen Reversibilitätsgrad der Elektrodenreaktion besitzen. Sie sind daher nicht alle in gleichem Maße zur Bestimmung des Elements geeignet. Bessere Bestimmungsmöglichkeiten ergeben sich oft in stärker komplexierenden Lösungen, z. B. für Molybdän (VI) oder Vanadin (V) in einer EDTA-Grundlösung (vgl. Tabelle 3.1.-1). Elemente, die auch formal negative Wertigkeitsstufen besitzen, können zu diesen reduziert werden. Abbildung 3.1.-2 zeigt Polarogramme von dreiwertigem Arsen in Salzsäure. Die Reduktion zum As(0) erfolgt bei $-0{,}45$ V, die Weiterreduktion zum As($-$III) bei $-0{,}87$ V. Die bei $-0{,}68$ V auftretenden scharfen Stromspitzen werden mit katalytischen Vorgängen in Verbindung gebracht. Zur Bestimmung des Arsens ist die Spitze bei $-0{,}45$ V geeignet.

Eine Übersicht über die in einigen einfachen und komplexierenden *Grundlösungen* bestimmbaren wichtigsten Elemente und ihre Halbstufenpotentiale enthält Tabelle 3.1.-1. Bei reversiblen Elektrodenvorgängen sind diese mit den Spitzenpotentialen der Wechselstrom- und differentiellen Pulse Polarographie nahezu identisch (s. S. 100 und S. 101). Eine ausführliche Zusammenstellung mit mehr als fünfzig Grundlö-

Tabelle 3.1.-1. Polarographische Halbstufenpotentiale in einigen Grundlösungen (25 °C, gegen gesättigte Kalomelelektrode)

Element	2M CH_3COOH + 2M CH_3COONH_4	1M NH_3 + 1M NH_4Cl	1M KCl	1M KCN	1M NaF	1M HCl	1 M NaOH	0,1M KNO_3	0,1M KSCN	0,3M Triethanol-amin + 0,1M KOH	0,1M Pyridin + 0,1M Py-Chlorid	0,5M Na-Tartrat pH = 9	0,1M Na_2-EDTA	0,1M Na-Citrat + 0,1M NaOH
As(III)	−0,98	−1,65i	−0,10i	n.r.	−0,14w	−0,41w −0,65	−0,28	−0,14w	n.r.	−0,19	−0,91i	n.r.	−1,26w	−0,25w
Bi(III)	−0,24w	n.r.	−0,09w	i (kat.)	−0,47w	−0,10w	−0,71	−1,20i[1]	n.r.	−0,90w	n.r.	−0,34w (kat.)	−0,57w	−0,80w
Cd(II)	−0,66w	−0,80w	−0,65w	−1,18	−0,60w	−0,64w	−0,85i	−0,60w	−0,65w	−0,84	−0,62	−0,67	n.r. (kat.)	−0,71i
Co(II)	n.r.	−1,29	−1,41	−1,25w	−1,44w	n.r.	n.r.[1]	−1,30w −1,57	−1,14	n.r.	−1,07 −1,23	−1,56	n.r.	n.r.
Cr(III)	−1,23i	−1,37w[1]	−1,06	n.r.	n.r.	−1,03w	n.r.[1]	−0,90 −1,04	−1,04w	n.r.	n.r. (kat.)	−1,61i	−1,23w	n.r.
Cr(VI)	n.r.	−0,31w −1,48w −1,71	−0,41 −0,93w	−0,92 −1,31i	−0,37 −0,86	−1,06i	−0,88w	−0,35 −1,13	−0,44 −1,03w	−1,30w	n.r.	−0,36 −0,89 −1,74	−1,23w	−0,76w
Cu(II)	−0,28w	−0,23w −0,49w	−0,21	n.r.	−0,01w[1]	−0,23	−0,38 −0,46	n.r.	−0,67	−0,53	−0,20w	−0,11w	−0,29w	−0,44
Fe(II)	n.r.	−1,47w	−1,60i (kat.)	n.r.	−1,46w	i (kat.)	−1,54i[1]	−1,34 −1,59i (kat.)	−1,62	−1,05w −1,71	n.r.	−1,54i	−0,12w	−0,86w −1,60w
Fe(III)	−0,05 −0,27	n.r.[1]	−1,45i	n.r.	n.r.	n.r.	n.r.[1]	−1,32i	−1,59w	−1,02w −1,71	n.r.	−0,22 −1,56w	−0,14w	−0,88w −1,62w
Mn(II)	n.r.	−1,62w	−1,58w	−1,33w	−1,54w	n.r.	−1,71i[1]	−1,49i	−1,59	−0,47 −1,70i	n.r.	−1,55w	n.r.	n.r.
Mo(VI)	−0,66w −1,18 −1,33	n.r.	n.r.	n.r.	n.r.	−0,11i	n.r.	n.r.	n.r.	n.r.	−0,70i	n.r.	−0,55 −0,78w	n.r.

Ni(II)	−1,12w	−1,10w	−1,06	−1,35w	−1,10i	n.r.	n.r.[1]	−1,03w	−0,69w	−1,39	−0,75w	n.r.	n.r.	n.r.
Pb(II)	−0,50w	−0,50w	−0,44w	n.r.	−0,46w	−0,44w	−0,76[1]	−0,39w	−0,42w	−0,94	−0,40w	−0,62	−1,06w	−0,72w
Sb(III)	−0,42 −0,53w	−0,84w	−0,10 −0,18w	−0,93	−0,60 −0,80	−0,15w	−0,45 −1,21	−0,22w	−0,61w −0,73	−1,34w	−0,31w −0,49i	n.r.	−0,67	−0,36 −0,98w
Sn(II)	−0,16w −0,66w	−0,75	−0,46w	−0,90	−0,34w −0,69 −0,81	−0,48w	−0,86 −1,18w	−0,38w	−0,48w −1,62w	−0,78w −1,18	n.r.	−0,57 −0,86 −1,09	−0,16	−0,86w −1,11w
Sn(IV)	n.r.	n.r.	n.r.[1]	n.r.	n.r.	−0,49	n.r.[1]	n.r.	−1,60	n.r.	−0,73	n.r. (kat.)	−1,19i	n.r.
Tl(I)	−0,47w	−0,49w	−0,50	n.r.	−0,46w	−0,49w	−0,48	−0,46w	−0,53w	−0,48w	−0,46w	−0,48w	−0,47w	−0,50w
V(V)	i (kat.)	−1,15 −1,33i	−1,13i (kat.)	−1,22i	−1,04i	−0,14i	−0,43i	−1,06i	−0,53i	−0,38	−0,44 −1,09	−0,36i	−1,26	−0,79 −1,14w
W(VI)	−0,29i	n.r.	n.r.	n.r.	n.r.	−1,04i (kat.)	n.r.	n.r.	n.r.	n.r.	n.r. (kat.)	n.r.	−1,29i	n.r.
Zn(II)	−1,08	−1,35w	−1,02w	n.r.	−1,20w	−1,02i	−1,61	−1,00	−1,04w	−1,61	−1,04w	−1,30w	n.r.	−1,41w

Anmerkungen zu Tabelle 3.1.-1. n.r.: in dieser Grundlösung nicht polarographierbar, [1]: Niederschlagsbildung, w: gut ausgebildete Stufe, i: schlecht ausgebildete Stufe, kat.: katalytische Wasserstoffabscheidung, kann gelegentlich katalytisch genutzt werden. Alle Angaben sind nach Unterlagen der Firma Metrohm zusammengestellt [3]. Es wurde eine mechanisch gesteuerte Tropfelektrode mit 0,4 s Tropfzeit verwendet. Bei gleichstrompolarographischen Bestimmungen besonders mit der normalen Hg-Tropfelektrode müssen in der Regel noch Maximadämpfer (s. S. 90) zugesetzt werden. Die Halbstufenpotentiale gegen eine Ag/AgCl-gesättigte KCl-Elektrode sind um 0,04 V positiver

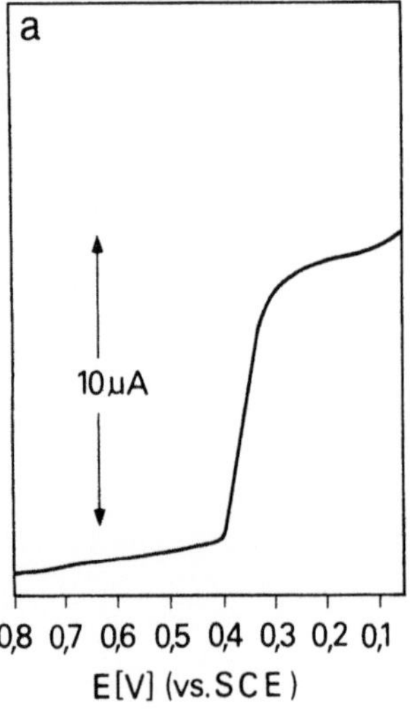

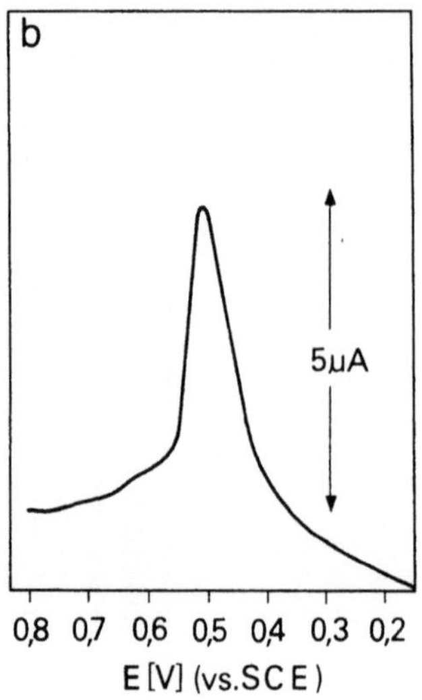

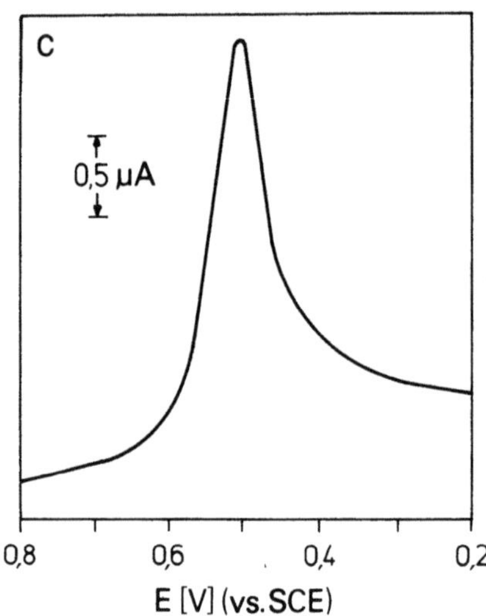

Abb. 3.1.-1. Voltammogramme von Ag^+ an einer Glaskarbonelektrode (nach [1]) und von Au^{3+} an einer Kohlepasteelektrode (nach [Au 2]). a: $5 \cdot 10^{-4}$; b: $1 \cdot 10^{-4}$ M Ag^+ in 50 % HF, 15,6 °C, Startpotential 0,8 V; c: 10^{-5} M Au^{3+} in 0,1 M HCl. a: Normale Pulse-Voltammetrie, b: Differentielle Pulse-Voltammetrie, c: Gleichspannungsvoltammetrie (50 mV s^{-1})

sungen findet sich in [4]. Aus diesen Angaben lassen sich in vielen Fällen Hinweise für die Bestimmung der Elemente und Ionen allein und in Gemischen erhalten. Angaben zur Ausbildung der Stufen geben Hinweise auf die Reversibilität der Elektrodenreaktion und damit auf die Eignung zur wechselstrompolarographischen Bestimmungsmöglichkeit bzw. auf die erreichbare Empfindlichkeit bei der DPP, die mit abnehmender Reversibilität der Elektrodenreaktion ebenfalls abnimmt (s. S. 101). *Elektrochemische Oxidationsvorgänge* werden zur direkten polarographischen Bestimmung anorganischer Ionen seltener herangezogen. An Festelektroden sind im anodischen Bereich einige Metalle über die Oxidation ihrer Kationen selektiv mit geringer Empfindlichkeit zu bestimmen. So gibt z. B. das Thallium(I) an einer Kohlepasteelektrode in 0,1 M NaOH einen anodischen Peak bei $+0,32$ V, der zur Bestimmung von

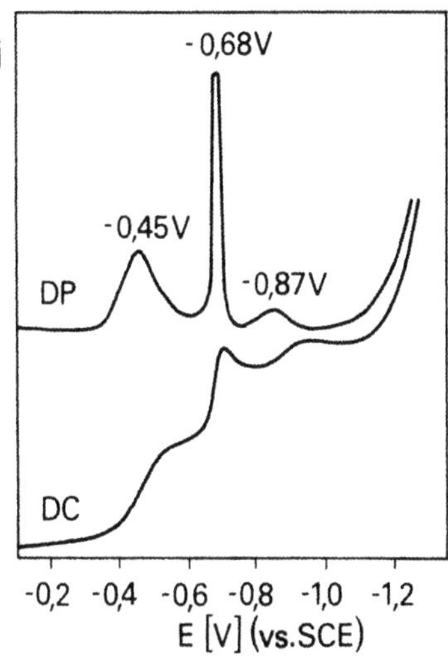

Abb. 3.1.-2. Polarogramme des As(III) in salzsaurer Lösung (nach [2]). 10^{-4} M As(III) in 0,1 M HCl, DP: Differentielle Pulse-Polarographie, DC: Gleichspannungspolarographie

Thallium neben Blei geeignet ist. Die Oxidation zu höheren Wertigkeiten und die dann auftretende Niederschlagsbildung über Oxide wird auch zur inversen Bestimmung einiger Metalle wie Tl, Pb und Mn benutzt.

Auf die Bestimmungsmöglichkeiten von *Anionen*, die mit den bei der elektrolytischen Oxidation des Elektrodenmaterials gebildeten Ionen schwerlösliche Niederschläge oder stabile Komplexe bilden, wurde schon hingewiesen (s. S. 88). Besonders empfindlich und selektiv läßt sich auf diese Weise Sulfid und Cyanid mittels der differentiellen Pulse-Polarographie bestimmen, wie Abb. 3.1-3 für die Cyanid-Bestimmung zeigt, wobei Tl^+-Ion als „Pilot"-Ion (s. S. 161) zur quantitativen Auswertung zugesetzt wird.

Auf die hohe Empfindlichkeit polarographischer Bestimmungen durch *katalytische Ströme* wurde schon hingewiesen (s. Abschn. 1.3.3). Ein Beispiel ist die Bestimmung des Molybdäns im ppb-Bereich in sauren, nitrathaltigen Grundlösungen gemäß folgendem Schema (Mo 3, Mo 5–6)*:

$$Mo(VI) + 3e^- \longrightarrow Mo(III)$$
$$\downarrow$$
$$Mo(III) + NO_3^- \longrightarrow Mo(VI)$$

Umgekehrt können auch molybdathaltige Grundlösungen zur Bestimmung kleiner Nitratkonzentrationen benutzt werden. In ähnlicher Weise wird die Empfindlichkeit der Bestimmung des Chrom(VI) in EDTA-Lösungen durch Nitrat-Ionen beträchtlich erhöht (Cr 8), da das bei der Elektrodenreaktion gebildete Cr(III) durch Nitrat reoxidiert wird. Weitere Beispiele für Bestimmungsverfahren mit katalytischen Strömen enthält Tabelle 3.1.-2 (s. S. 182).

---

* Literaturangaben mit vorgesetztem Elementzeichen beziehen sich auf die Literaturangaben zu Tabelle 3.1.-2

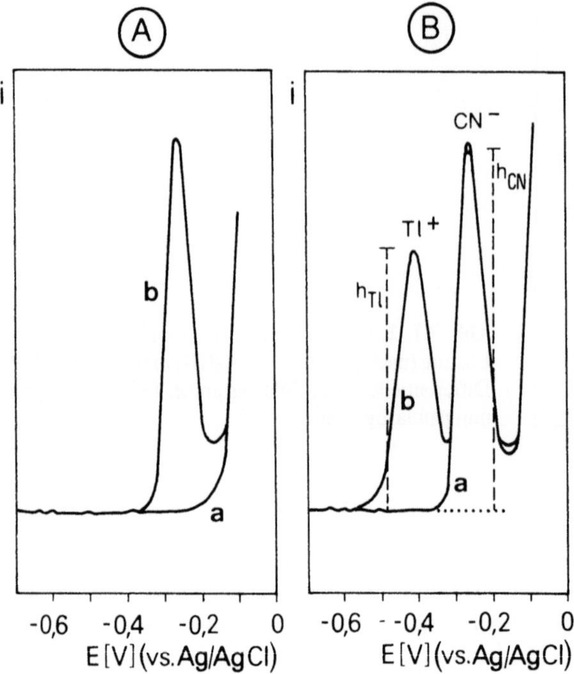

Abb. 3.1.-3. Bestimmung des Cyanid-Ions mit der differentiellen Pulse-Polarographie (nach [C 4]). A: 0,0185 mM CN^- in 0,1 M NaOH, a) Grundstrom, b) mit Cyanid; B: a) 4,8 µg CN^- in 10 ml 0,1 M NaOH, b) nach Zugabe von 0,2 ml 0,001 M $TlNO_3$

Polarographisch inaktive oder „schwierig" bestimmbare Elemente bzw. Ionen können gelegentlich mit *indirekten Verfahren* bestimmt werden. So wurde z. B. zur Bestimmung des Sulfat-Ions die Messung der nach einer $PbSO_4$-Fällung aus alkoholischer Lösung in der überstehenden Lösung verbleibenden Bleimenge vorgeschlagen [5]. Verdrängungsreaktionen können aus Komplexverbindungen polarographisch aktive Elemente freisetzen, deren Konzentration dann ein Maß für das inaktive verdrängende Element ist. Die Verdrängung des Cadmiums durch Calcium aus dem Cd-EGTA-Komplex* in ammoniakalischer Lösung ist ein Beispiel für dieses indirekte Verfahren [6]. Indirekte Verfahren zur Bestimmung einiger Anionen beruhen auf Umsetzungen von Metallchloranilaten [15] oder Metalliodaten [16] mit den Anionen unter Bildung ihrer schwerer löslichen Salze und der polarographischen Bestimmung des freigesetzten Iodat- bzw. Chloranilat-Ions. So können mit Quecksilberchloranilat bzw. Iodat Chlorid, Cyanid und Sulfit, mit den entsprechenden Thoriumsalzen Fluorid und mit Bariumchloranilat bzw. Iodat Sulfat im ppm-Bereich polarographisch bestimmt werden.

Möglichkeiten zur Bestimmung weiterer Elemente bilden *Derivatisierungsreaktionen*. Dabei werden die Ionen in eine polarographisch besser bestimmbare Verbindung

---

*   EGTA s. S. 214

überführt. Für analytische Anwendungen müssen derartige Reaktionen auch bei geringen Konzentrationen vollständig, reproduzierbar und stöchiometrisch verlaufen. So wird Chrom(III) nach Bildung des Cr(III)-Oxinats in einer Oxinschmelze selektiv mit Chloroform ausgeschüttelt. Die direkte polarographische Bestimmung des Cr(III)-Oxinats ist nicht möglich. Erst die Nitrierung des Chrom(III)oxinats, die auch mit kleinen Mengen in reproduzierbarer Weise durchzuführen ist, führt zu polarographisch aktiven Chrom(III)-Nitrooxinaten (Cr4). Weitere Beispiele für indirekte Verfahren, etwa die Bestimmung von Borat und Nitrit, finden sich ebenfalls in Tabelle 3.1.-2.

Zahlreiche Elemente lassen sich auch über ihre polarographisch aktiven *Verbindungen mit organischen Farbstoffen* bestimmen (vgl. dazu [13, 14]). Die entstehenden „Farblacke" werden meist bei negativeren Potentialen als die freien Farbstoffmoleküle reduziert. Zur Konzentrationsbestimmung kann sowohl die Abnahme der Farbstoff-Stufe (Spitze) als auch die Messung der Höhe des durch den Farblack neu hervorgerufenen polarographischen Signals ausgenutzt werden. Abbildung 3.1.-4 zeigt dies am Beispiel der Bestimmung des Aluminiums als Pentachrom-Violet SW-Farblack. Typische Farblackbildner wie Al, Zr, Th, Be, Mg u.a. können auf diese Weise bestimmt werden. Angaben zu den Bestimmungsmöglichkeiten enthält Tabelle 3.1.-2. Die auch für photometrische Zwecke benutzte Reaktion des F^--Ions mit derartigen Farblacken unter Bildung der Fluorometallate und der Entfärbung des Lacks kann auch zur polarographischen Bestimmung des F^--Ions herangezogen

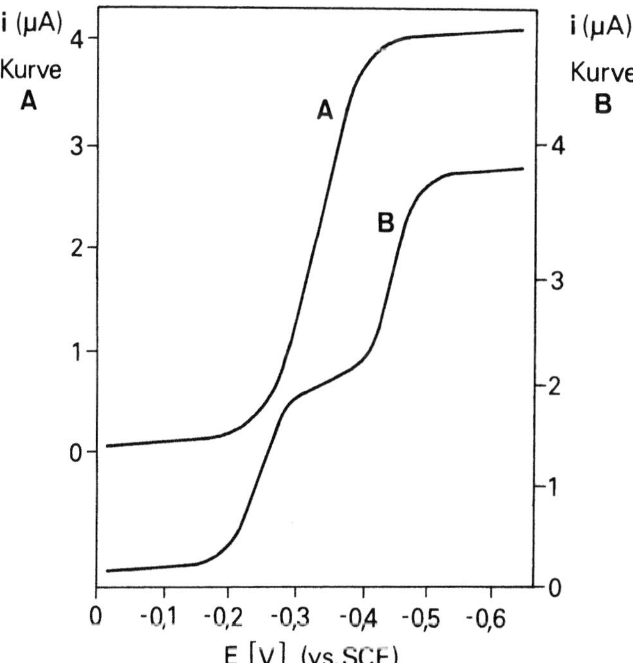

Abb. 3.1.-4. Gleichspannungspolarogramme von Pentachrom Violet SW (A) und nach Zusatz von Al^{3+} (B) (nach [8]) (pH = 4,7)

werden [7]. Man beobachtet eine der Fluoridkonzentration entsprechende Abnahme der Farblack-Stufe bzw. -Spitze. Für die Bestimmung von Silikat, Arsenat, Germanat und Phosphat ist die Reduktion der mit Molybdat gebildeten Heteropolysäuren von Bedeutung. Durch Ausschütteln mit polaren organischen Lösungsmitteln (Isobutanol, Pentanol u.a.) werden die Heteropolysäuren von überschüssigem polarographisch aktivem Molybdat und anderen störenden Begleitern abgetrennt. Die polarographische Bestimmung kann dann unmittelbar nach Zusatz eines Leitsalzes in der organischen Phase durchgeführt werden. Eine andere Möglichkeit ist das Rückschütteln in eine ammoniakalische Lösung und die anschließende Bestimmung in einer geeignet zusammengesetzten wäßrigen Grundlösung. Beispiele und Einzelheiten enthält Tabelle 3.1.-2. Ausführliche Angaben zum elektrochemischen Verhalten verschiedener Heteropolysäuren und Angaben zu ihrer Bestimmung finden sich in [1].

Auch nach dem Ausschütteln anderer anorganischer Verbindungen können polarographische Bestimmungen unmittelbar in der organischen Phase durchgeführt werden. Diese „*Extraktions-Polarographie*" [4] verknüpft die Selektivität der Verteilungsverfahren mit der im organischen Lösungsmittel oft verbesserten polarographischen Bestimmungsmöglichkeit. Der Ausschüttelvorgang kann auch eine Anreicherung des zu bestimmenden Elements in der organischen Phase bewirken. Da zum Ausschütteln häufig unpolare Lösungsmittel benutzt werden, müssen diese zur Erhöhung der Löslichkeit für das Leitsalz (meist ein Lithiumsalz) mit polaren Lösungsmitteln, etwa Methanol, vor der polarographischen Bestimmung verdünnt werden.

Am häufigsten werden Ionen-Assoziate und die verschiedenen Chelatsysteme [3] zum Ausschütteln der Metalle verwendet. So läßt sich z.B. Uran mit Tri-n-octylphosphinoxid in Cyclohexan aus salpetersaurer Lösung ausschütteln und nach Verdünnen der organischen Phase mit Äthanol und Zusatz von $LiClO_4$ empfindlich polarographisch bestimmen [9]. Die empfindliche und selektive Bestimmung des Nickels kann nach Extraktion seiner Dioxim-Verbindungen durchgeführt werden. Besonders geeignet ist das Ni-Heptoxim, das bei pH 3,8–11 mit Toluol ausgeschüttelt werden kann. Nach Zusatz einer LiCl-Methanol-Lösung zum Extrakt kann die pulsepolarographische Bestimmung durchgeführt werden (Ni 9). Bei einer Bestimmungsgrenze von 1–2 ppb Ni stören Co, Fe und andere Metalle oder Neutralsalze nicht. Abbildung 3.1.-5 zeigt das Polarogramm der Ni-Heptoxim-Verbindung in der organischen Phase. Weitere Beispiele enthält Tabelle 3.1.-2.

Auf die Erhöhung der Selektivität polarographischer Bestimmungen in *Anwesenheit grenzflächenaktiver Stoffe* wurde schon hingewiesen (s. S. 33). Bei einigen Elementen, deren Abscheidung an der Quecksilberelektrode mit großer Überspannung verläuft, beobachtet man in Anwesenheit polarisierbarer Anionen oder adsorbierbarer organischer Liganden eine Verschiebung der Stufen bzw. Spitzen in positiver Richtung, die mit einem beträchtlichen Anwachsen des polarographischen Signals im Vergleich mit rein diffusionskontrollierten Stufen verbunden ist. Diese als „anioneninduzierte Adsorption" [10] oder als „Ligandkatalyse" [6] bezeichneten Vorgänge können zu einer Verbesserung der polarographischen Bestimmungsmöglichkeit und zu einer Erhöhung der Empfindlichkeit führen. Viele ältere Beispiele polarographischer Bestimmungen in Anwesenheit spezieller Liganden beruhen wohl auf diesen Vorgängen. Neuere Beispiele sind die pulse-polarographische Bestimmung von bis zu 50 ppb Ga^{3+} [11] und In^{3+} [12] in Anwesenheit von Alizarin S.

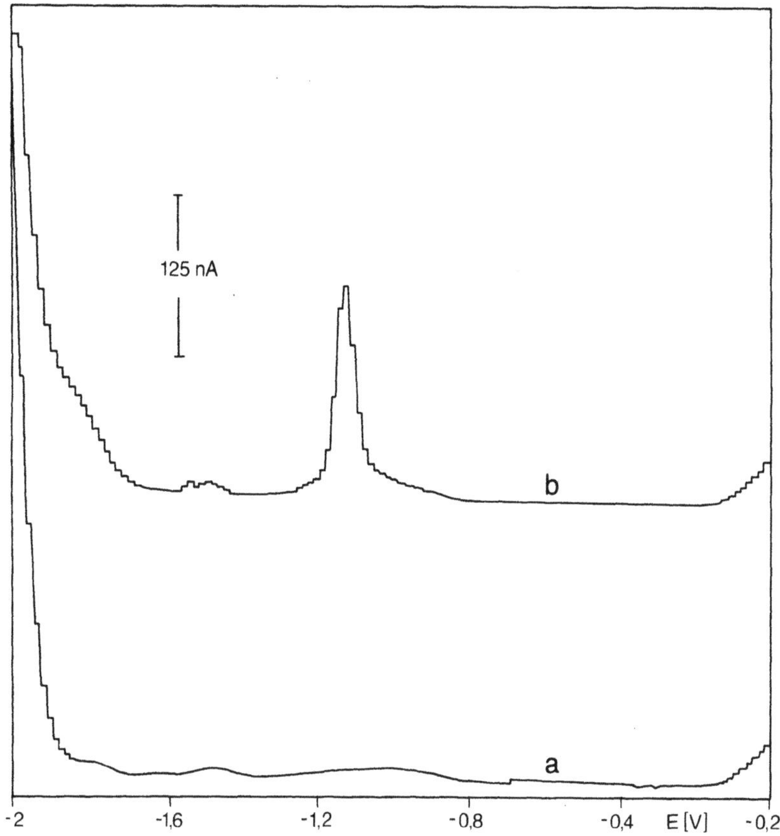

Abb. 3.1.-5. Extraktionspolarographie des Ni-Heptoxims [Ni 9]. a) Grundlösung 10 ml Toluol +10 ml Methanol+0,2 ml 1 M LiCl/Methanol, b) toluolischer Extrakt des Ni-Heptoxim $(10^{-6}\,M)$

Im folgenden wird ein Überblick über die polarographischen und voltammetrischen Bestimmungsmöglichkeiten der Elemente gegeben. Weitere Angaben enthält Tabelle 3.1.-2 (s. S. 182).

Neben den Hinweisen auf die „geborenen" polarographischen Elemente, die aufgrund der günstigen Potentiallage ihrer Redoxvorgänge und der Reversibilität der Elektrodenvorgänge besonders gut für polarographische Bestimmungen geeignet sind, werden auch Bestimmungsverfahren angeführt, die sich der oben erwähnten Möglichkeiten bedienen. Diese sind besonders für die „schlechten" polarographischen Elemente von Bedeutung. Die Auswahl der Verfahren richtet sich vor allem nach ihrer analytischen Brauchbarkeit. Neuere Arbeiten, die sich moderner polarographischer und voltammetrischer Verfahren bedienen, werden bevorzugt aufgeführt. Da polarographische und voltammetrische Methoden vor allem für die Bestimmung kleiner Konzentrationen und Gehalte wichtig sind, ist es verständlich, daß die inverse Voltammetrie breite Berücksichtigung erfahren hat.

Einige Elemente oder Elementgruppen, die keine größere Bedeutung besitzen, sind nicht in Tabelle 3.1.-2 aufgeführt und werden daher hinsichtlich ihres polarographischen und voltammetrischen Verhaltens anschließend kurz zusammenhängend vorgestellt.

Die *Alkalimetalle* werden in Grundlösungen mit substituierten Ammoniumsalzen (als Leitsalz) reversibel reduziert und sind polarographisch gut zu bestimmen. Die Halbstufenpotentiale liegen dicht beieinander (s. Tabelle 3.1.-3). Trennungen sind daher nicht möglich. Auch das Arbeiten in nichtwäßrigen oder gemischt wäßrigen-organischen Lösungsmitteln bringt keine Verbesserung der Bestimmungsmöglichkeiten.

Mit der Wechselstrompolarographie und der derivativen Voltammetrie ist die Bestimmung des Lithiums neben den übrigen Alkalimetallen möglich [17].

Für die *Erdalkalimetalle* gilt ähnliches. Ihre Halbstufenpotentiale (s. Tabelle 3.1.-3) erlauben Simultanbestimmungen, insbesondere mit der Wechselstrompolarographie und der derivativen Voltammetrie [18], in nur sehr begrenztem Umfang. In 80%igen Isopropanol können Strontium und Barium nebeneinander bestimmt werden [19].

Lanthanoide. Scandium, Yttrium, Lanthan und die meisten seltenen Erden werden in schwach sauren Grundlösungen bei $-1,8$ bis $-2,2$ V zu den Metallen reduziert, Vorgänge, die zur polarographischen Bestimmung dieser Elemente wenig geeignet sind. Durch Verwendung nichtwäßriger Grundlösungen werden die Reduktionspotentiale zwar nach positiver Richtung verschoben, ohne daß sich aber die Bestimmungsmöglichkeiten verbessern. Samarium, Ytterbium und Europium geben darüberhinaus bei positiveren Potentialen polarographische Stufen, die von der Reduktion der drei- zur zweiwertigen Oxidationsstufe herrühren. Die Bestimmung des Europiums, $E_{1/2}$ ca. $-0,65$ bis $-0,75$ V, neben den anderen seltenen Erden ist auf diese Weise möglich. Eine zusammenfassende Darstellung der Polarographie der seltenen Erden findet sich in [20].

Cer(IV) gibt in sulfathaltigen Grundlösungen mehrere Stufen bei $-0,4$ bis $-0,8$ V, die der Reduktion verschiedener Sulfatokomplexe zum Cer(III) zugeordnet werden. Eine inversvoltammetrische Bestimmung des Cers neben den anderen seltenen Erden ist durch „Cathodic Stripping" des bei einer anodischen Anreicherungselektrolyse aus Ce(III)-Lösungen abgeschiedenen Ce(IV)-Hydroxids möglich [21].

Platinmetalle. Die meisten Platinmetalle werden in den üblichen Grundlösungen bereits durch Quecksilber zu den Metallen reduziert. Nur in einigen meist komplexie-

Tabelle 3.1.-3. Halbstufenpotentiale der Alkali- und Erdalkalimetalle (vs. SCE)

Element	Grundlösung	$E_{1/2}$
Li^+	0,1 $[(CH_3)_4N]OH$	$-2,34$
Na^+	0,1 $[(CH_3)_4N]OH$	$-2,10$
K^+	0,1 $[(CH_3)_4N]OH$	$-2,13$
Rb^+	0,1 $[(CH_3)_4N]OH$	$-2,12$
Cs^+	0,1 $[(CH_3)_4N]OH$	$-2,09$
Mg^{2+}	0,1 $[(CH_3)_4N]Cl$	$-2,30$
Ca^{2+}	0,1 $[(CH_3)_4N]OH$	$-2,13$
Sr^{2+}	0,1 $[(C_2H_5)_4N]I$	$-2,11$
Ba^{2+}	0,1 $[(C_2H_5)_4N]I$	$-1,93$

renden Grundlösungen entstehen polarographisch gut auswertbare Stufen. Ruthenium kann beispielsweise in citrathaltigen Lösungen mit der DPP im ppm-Bereich bestimmt werden [23]. Die Herabsetzung der Überspannung der Reduktion des Wasserstoffions an Quecksilberelektroden durch Platinmetalle kann ebenfalls zur meist wenig selektiven Bestimmung dieser Elemente ausgenutzt werden. Nach Komplexierung mit Ethylendiamin ist die polarographisch-katalytische Bestimmung des Platin(II) mit der DPP, $E_p = -1,62$ V, im 0,01 ppm-Bereich verhältnismäßig selektiv [24] und kann zur Bestimmung des Platins in Erzen nach dokimastischem Aufschluß mit Silber verwendet werden [25].

Zusammenfassungen zur polarographischen Bestimmung der Platinmetalle findet man in [2, 22].

Unter den *Actinoiden* besitzen einige Elemente mehrere, leicht ineinander übergehende Wertigkeitsstufen, z. B. Pu IV/III oder Np VI/IV/III. Dies spiegelt sich auch in ihrem elektrochemischen bzw. polarographischen Verhalten. Eine Zusammenstellung der polarographischen und coulometrischen Bestimmungsmöglichkeiten findet sich in [5]. Die differentielle Pulse-Polarographie des Plutoniums (III, IV, V, VI) ist in einer 1 M Na_2CO_3-Lösung möglich, in der beispielsweise noch 10^{-6} M Pu(IV) bestimmt werden können [41]. Zum Verhalten des Urans vgl. S. 214.

Die polarographische Bestimmung des Thoriums wird durch Hydrolyseerscheinungen erschwert. In 0,01 M $LiNO_3$-Lösungen erhält man gut ausgebildete gleichstrompolarographische Stufen mit ppm-Gehalten des Elements [26]. In Grundlösungen mit organischen Lösungsmitteln (DMF, DMSO) tritt eine vom Anion, der Konzentration und dem Lösungsmittel abhängige Aufspaltung der gleichstrompolarographischen Stufe in zwei Stufen auf, deren Summe einer n = 4 Reduktion entspricht. Die Halbstufenpotentiale liegen bei −1,6 bis −2,1 V [27]. Auf die Bestimmungsmöglichkeiten des Thoriums als Farblack wurde schon hingewiesen (s. S. 175).

Niob kann wegen der Hydrolyseneigung seiner Salze nur in stark sauren Lösungen oder in Lösungen mit Komplexbildnern untersucht werden. In salzsauren Lösungen entstehen Stufen bei −0,3 und −0,5 V, die den Reduktionsschritten Nb(V) ⟶ Nb(IV) und Nb(IV) ⟶ Nb(III) zugeordnet werden. In diesen Grundlösungen ist die Bestimmung des Niob neben Tantal möglich [29]. In Anwesenheit von 10 Vol.-% Ethylenglykol kann Nb in 8 M HCl neben Zinn bestimmt werden [28] (E_p(Nb(V)) = −0,26 V, E_p(Sn(II)) = −0,46 V*). In EDTA-Lösungen sind die Halbstufenpotentiale des Niob vom pH-Wert abhängig. In 0,1 M EDTA, 1 M Ammoniumsulfat, pH 3,5, ist $E_{1/2}$ = −0,7 V [30]. In flußsauren Lösungen (bis 50 % H_2F_2) ist in Anwesenheit von Tetraalkylammoniumsalzen die differentielle Pulse-polarographische Bestimmung des Nb(V) im ppm-Bereich möglich (E_p ca −0,88 V) [43].

Die polarographische Bestimmung des *Zirkon* wird wie beim Thorium durch Hydrolyseerscheinungen und die Reduktion des Wasserstoffions nahezu unmöglich gemacht. Bestimmungsmöglichkeiten ergeben sich über die Reduktion einiger Farblacke, z. B. mit Solochrom Violet R.S. [31], Mordant Blue 2 R [32] oder PAR* [33]. Die Bestimmungen sind verhältnismäßig empfindlich und selektiv. Zur selektiven Be-

---

* gegen Bodenquecksilber

stimmung in Erzen und keramischem Material im ppm-Bereich werden die an der DME adsorbierbaren Komplexe des Zirkon mit Cupferron und Diphenylguanidin in oxalathaltiger Lösung (Acetatpuffer, pH 5,7) nach Ausschütteln des Zirkons mit Tri-n-octylamin vorgeschlagen [42].

Rhenium(VII) wird in sauren, neutralen und alkalischen Grundlösungen unter den Bedingungen der Polarographie reduziert. In 1 bis 6 M HCl liegen die Halbstufenpotentiale bei $-0,51$ bis $-0,21$ V [34, 35]. Mit der Wechselstrom- und Square-Wave-Polarographie beobachtet man eine Aufspaltung in zwei Peaks. Polarographische Bestimmungen sind auch in schwefel- und perchlorsauren Lösungen durchführbar [36]. In 10 M $HClO_4$ können mit den verschiedenen polarographischen Techniken noch 10^{-8} bis 10^{-7} M Re(VII) bestimmt werden [37], wobei folgender Ablauf der Elektrodenreaktion angenommen wird:

$$3\,ReO_4^- + 3\,e^- \rightleftharpoons 3\,Re(VI) \rightleftharpoons Re(IV) + 2\,Re(VII)$$

$$\longleftarrow \quad + HClO_4$$

$$(E_p \text{ ca. } -0,10\,V).$$

Die polarographische Bestimmung des Rheniums in Molybdänglanz kann nach der selektiven extraktiven Abtrennung als Tetraphenylarsoniumperrhenat mit Chloroform im Extrakt nach Entfernung des Tetraphenarsonium-Kations mit einem Ionenaustauscher in einer alkalischen Na_2SO_3-haltigen ca. 2 M NaCl-Lösung vom pH 11 erfolgen [38]. Auch die Extraktion des Perrhenats mit Nitron aus ca. 3 M schwefelsaurer Lösung mit Chloroform und Rückextraktion in eine alkalische Na_2SO_3/Na_2SO_4-Lösung ist für den gleichen Zweck geeignet [39]. Die Halbstufenpotentiale in diesen Grundlösungen liegen bei ca. $-1,4$ V.

Ähnlich wie das Perrhenat verhält sich auch das Pertechnat, das daher auch in verschiedenen Grundlösungen polarographisch bestimmt werden kann. Eine Zusammenfassung der elektroanalytischen Bestimmungsmöglichkeiten dieses Elements findet sich in [40].

Literatur zu 3.1

Monographien und Übersichtsarbeiten

1   Alimarin, I.P., Dorokhova, E.N., Kazanskii, L.P., Prokhorova, G.V.: Electrochemical Methods in the Analytical Chemistry of Heteropoly Compounds, J. Anal. Chem. (USSR) **35**, 1300 (1979)
2   Beamish, F.E., van Loon, J.C.: Recent Advances in the Analytical Chemistry of the Noble Metals. Oxford: Pergamon 1972
3   Budnikov, G.K., Troepolskaya, T.V.: Electrochemistry of Metal Chelates in Non-aqueous Media, Russian Chem. Rev. **48**, (5), 449 (1979)
4   Budnikov, G.K., Ulakhovich, N.A.: Extraction Polarography and Its Analytical Applications, Russian Chem. Rev. **49**, (1), 74 (1980)

---

*   PAR: 4-(2-Pyridylazo)-resorcin

5 Milner, G.W.C., Phillips, G.: Applications of Polarography and Coulometry in Actinide Analysis. In: Nürnberg, H.W. (ed.): Electroanalytical Chemistry, S. 159, New York, London: Wiley 1974
6 Ruvinski, O.E., Turyan, Ya.I.: Use of Ligand Catalysts in Polarographic Analysis, J. Anal. Chem. (USSR) 31, 460 (1976)

Originalliteratur

1 Bond, A.M., O'Donnell, T.A., Taylor, R.J.: Anal. Chem. 46, 1063 (1974)
2 Henze, G., Joshi, A.P., Neeb, R.: Fresenius Z. Anal. Chem. 300, 267 (1980)
3 Metrohm, Application-Bulletin A 108d und A 104
4 Meites, L. (ed.): Handbook of Analytical Chemistry. New York: McGraw-Hill 1963
5 Luther, G.W., Meyerson, A.L.: Anal. Chem. 47, 2058 (1975)
6 Nakagawa, G., Tanaka, M.: Talanta 9, 847 (1962)
7 Macnulty, B.J., Reynolds, G.F., Terry, E.A.: Analyst 79, 190 (1954)
8 Willard, H.H., Dean, J.A.: Anal .Chem. 22, 1264 (1950)
9 Belew, W.L., Fisher, D.J., Kelley, M.T., Deans, J.A.: Microchem. J. 10, 301 (1966)
10 Bond, A.M., Hefter, G.: J. Electroanal. Chem. 42, 1 (1973)
11 Sommer, H.-D., Umland, F.: Fresenius Z. Anal. Chem. 301, 203 (1980)
12 Keim, K., Sommer, H.-D., Umland, F.: Fresenius Z. Analyt. Chem. 301, 207 (1980)
13 Latimer, G.W.: Talanta 15, 1 (1968)
14 Palmer, S., Reynolds, G.F.: Z. Anal. Chem. 224, 252 (1967)
15 Humphrey, R.E., Laird, C.E.: Anal. Chem. 43, 1895 (1971)
16 Humphrey, R.E., Sharp, St.W.: Anal. Chem.. 48, 222 (1976)
17 Bobrowski, A., Kowalski, Z.: Chemia Analityczna 22, 509 (1977)
18 Bobrowski, A., Kowalski, Z., Barchanska, B.: Chemia Analityczna 23, 965 (1978)
19 Christensen, H.Th.: Talanta 13, 1203 (1966)
20 Woyski, M.M., Harris, R.E. in: Treatise on Analytical Chemistry, Kolthoff, I.M., Elving, P.J. (eds.). Part II, Vol. 8, p. 80. New York: Interscan 1963
21 Brainina, Kh.Z., Ryailo, T.A.: Zavod. Lab. 31, 1, 28 (1965)
22 Walsh, T.J., Hausman, E.A. in: Treatise on Analytical Chemistry, Kolthoff, I.M., Elving, P.J. (eds.). Part II, Vol. 8, p. 476. New York: Interscan 1963
23 Pierre, J., Vittori, O., Porthault, M.: Analusis 6, 334 (1978)
24 Alexander, P.W., Hoh, R., Smythe, L.E.: Talanta 24, 543 (1977)
25 Alexander, P.W., Hoh, R., Smythe, L.E.: Talanta 24, 549 (1977)
26 Szefer, P.: Fresenius Z. Anal. Chem. 287, 46 (1977)
27 Gritzner, G., Gutmann, V., Michlmayr, M.: Z. Anal. Chem. 224, 252 (1967)
28 Bersier, P., von Sturm, F.: Z. Anal. Chem. 224, 317 (1967)
29 Ishibashi, W.: Bunseki Kagaku 27, 374 (1978)
30 Desquesnes, W., Urbain, H.: Analusis 1, 34 (1972)
31 Turnham, D.S. in: Hills, G.J.: Polarography 1964, Proceedings of the Third International Congress. Southampton, London: Macmillan, 1966, p. 535
32 Ishibashi, M., Fujinaga, T., Izutsu, K.: J. Electroanal. Chem. 1, 26 (1959/60)
33 Budnikov, G.K., Majstrenko, V.N., Toropova, V.F.: Zavod. Lab. 45, 512 (1976)
34 Henze, G.: Wiss. Z. der Päd. Hochschule „Dr. Theodor Neubauer", Erfurt-Mühlhausen, 11, 17 (1975)
35 Henze, G., Geyer, R.: Z. Chem. 10, 309 (1970)
36 Letcher, D.W., Cardwell, T.J., Magee, R.J.: J. Electroanal. Chem. 25, 473 (1970), 30, 93 (1971)
37 Chen, H.-Y., Neeb, R.: Fresenius Z. Anal. Chem. 320, 247 (1985)
38 Duca, A., Calu, C.: Analusis 1, 365 (1972)
39 Henze, G., Geyer, R., Preuss, I.: Neue Hütte 14, 438 (1969)
40 Russell, Ch.D.: The Int. J. Appl. Rad. and Isotopes 33, 883 (1982)
41 Lierse, Ch., Kim, J.I.: J. Radioanal. Nucl. Chem. Letters 86 (1), 37 (1984)
42 Hua-Li, Y., You-Hua, H.: Talanta 31, 638 (1984)
43 Menard, H., Beaudoin, R.: Talanta 31, 417 (1984)

Anhang zu Abschn. 3.1 – Tabelle 3.1.-2

*Erläuterungen**

Die *Elemente* werden in der alphabetischen Reihenfolge ihrer chemischen Zeichen geordnet. Anionen finden sich unter den entsprechenden Hauptelementen. Die *Halogene* sind zusammengefaßt aufgeführt.

Reaktion. Es wird keine vollständige Beschreibung der ablaufenden Elektrodenreaktion gegeben. Ein Doppelpfeil bedeutet Anwendung zur inversen Bestimmung. A: Anreicherung, B: Bestimmung, ASV: Anodische Auflösungs-Voltammetrie („Anodic-Stripping-Voltammetry"), CSV: Voltammetrie in kathodischer Richtung („Cathodic-Stripping-Voltammetry").

Methode. Es werden folgende Abkürzungen benutzt: DC: Gleichstrompolarographie (mit Hg-Tropfelektrode) oder Voltammetrie (s. S. 82), CV: Cyclische Voltammetrie (s. S. 85), AC1,2: Wechselstrompolarographie mit der 1. bzw. 2. Harmonischen (= 1. Oberwelle), CRP: Kathodenstrahlpolarographie (s. S. 84), Chr: Chronopotentiometrie, Oszp: Oszillopolarographie (s. S. 126), DP: differentielle Pulse-Polarographie oder Voltammetrie (je nach Elektrode), NP: Normale Pulse-Polarographie (s. S. 99), PSA: „Potentiometric Stripping" (vgl. S. 118), Sqw: Square-Wave-Polarographie, i: inverse Methode (allgemein).

Elektroden. CP: Kohlepaste-Elektrode, DME: Hg-Tropfelektrode, GC: Glaskarbon-Elektrode, Gr: Graphitelektrode, SMDE: „Static-Mercury-Drop"-Elektrode (s. S. 144), TMFE: Quecksilberfilmelektrode, falls nicht anders angegeben auf Glaskarbonunterlage bzw. Unterlage in (145), HMDE: stationäre Hg-Tropfenelektrode, TWIN: Zwillingselektrode für osubtraktive Messungen. $E_{1/2}$ und E_p: Halbstufenpotential bzw. Spitzen(Peak-)potential ([V]) je nach Methode. Angaben gegen gesättigte Kalomelelektrode, mit Stern gegen Silber/Silberchloridelektrode. Falls in der Literatur keine Angaben gemacht werden, wurde versucht, aus den graphischen Darstellungen den Wert abzuschätzen. Sind die Werte konzentrationsabhängig oder von experimentellen Parametern wie etwa der Spannungsänderungsgeschwindigkeit abhängig, so wird ein mittlerer Wert angegeben. Angaben nach / beziehen sich auf das Anreicherungspotential der inversen Bestimmung. Fett gedruckte Werte werden zur Bestimmung vorgeschlagen.

Grundlösung: Konzentrationsangaben soweit nicht anders vermerkt erfolgen in g mol l^{-1}. Bei inversen Verfahren mit Lösungswechsel (L.W.) werden die Lösungen zur Elektrolyse (Anreicherung) und Bestimmung nacheinander durch / getrennt aufgeführt.

Empfindlichkeit: Es werden die in der Literatur gemachten Angaben übernommen, zum Teil handelt es sich um geschätzte Werte aus Eichkurven o.ä.

Störungen: +: angegebene Elemente stören, −: angegebene Elemente stören die Bestimmung nicht. + 10 (Ni, Co): ein bis zu zehnfacher Überschuß von Ni und Co stört die Bestimmung nicht. Die Angaben wurden aus der Literatur übernommen bzw. aus den angegebenen Daten geschätzt.

Z.B. [Stahl] weist darauf hin, daß das Verfahren zur Bestimmung des Elements in Stahl angewendet wird. Meist findet sich in der Literatur eine ausführliche Arbeitsvorschrift. k.A: es liegen keine Angaben vor oder sind der zitierten Arbeit nicht zu entnehmen.

Für weniger häufig benutzte *Reagentien und Chemikalien* werden folgende Abkürzungen benutzt**:

BPHA: N-Benzoyl-N-Phenylhydroxylamin

CDTA: 1,2-Diaminocyclohexantetraessigsäure

CTAB: Cetyltrimethylammoniumbromid

DMF: Dimethylformamid

DMG: Dimethylglyoxim

DMSO: Dimethylsulfoxid

DPTE: 1,2-Diaminopropantetraessigsäure

DTPA: Diethylentriaminpentaessigsäure

---

*   Anmerkungen zu Tabelle 3.1.-2 s. S. 207. Literatur zu Tabelle 3.1.-2 s. S. 215
** Weitere Abkürzungen s. S. IX und X

Dz:	Dithizon
HMPB:	o-(2-Hydroxy-5-methyl-phenylazo)benzoesäure
PV:	Pyrocatechol Violet
Py:	Pyridin
SVRS:	Solochrom Violet RS
TEA:	Triethanolamin
TOMA:	Trioctylmethylammoniumchlorid

Tabelle 3.1.-2. Polarographische und voltammetrische Bestimmung der Elemente und ihrer Ionen

Element	Reaktion	Grundlösung	Methode	Elektrode	$E_{1/2,p}/E_{\text{Anreicherung}}$	Empfindlichkeit	Störungen-Bemerkungen-Matrix	Lit.
Ag	$Ag^+ \longrightarrow Ag^0$	verdünnte HNO_3, $HClO_4$, KNO_3	DC	DME	>0	—	$+ Cu(Bi, Sb)$	
	$Ag^+ \longrightarrow Ag^0$	$1\,HNO_3$	AC	rot Pt	—	$4\cdot10^{-5}$	$-(Pb, In, Ga$ und wenig $Sb, Au)$ [Halbleiter]	[1]
	Reduktion von $[Ag(CN)_2]^-$	$0,1\,KNO_3 + 2\cdot10^{-4}\,KCN + 10^{-5}\,\%$ Methylrot	DC	DME	$-0,50$	10^{-6}	Überschüssiges CN^- durch Ni^{2+} gebunden; Pb: $+ EDTA\ Cu^{2+}$, Fe: mehr CN^- zusetzen	[2]
	$Ag^+ \xrightarrow[B]{A} Ag^0$	$0,3\,NH_4NO_3 + 0,6\,NH_4OH$	iDC	pyr C	$-0,05/-0,6$	$4\cdot10^{-11}$	zum Teil Mehrfachpeaks	[3]
	$Ag^+ \xrightarrow[B]{A} Ag^0$	$0,05\,NH_4OH + 0,05\,NH_4NO_3$	iDC	GC	$+0,09/-0,6$	10^{-9}	$-Cu,$(Lösungswechsel falls viel Cu)	[4]
	$Ag^+ \xrightarrow[B]{A} Ag^0$	$0,07\,\%\,EDTA + 1\,\%\,KNO_3$	iDC	CP	$+0,1^x/-0,4^x$	—	[Abwasser]	[5]
	$Ag^+ \xrightarrow[B]{A} Ag^0$	$0,2\,NH_4SCN$ in Ethanol/$CHCl_3$ (3:2)	iDC	rot GC	$(-0,2)/-1,7$	10^{-8}	nach Ausschütteln mit Dz selektiv	[6]
Al	Reduktion Al-SVRS	$0,1$ Acetatpuffer (pH 4,7) $+ 1,3\cdot10^{-4}\,SVRS$	DP	DME	$-0,45$	25 ppb	Farblack bildet sich bei $60\,°C$, s. Anmerkung 1	[8]
	Al-SVRS, Adsorptions-Voltammetrie	$0,2$ Na-Acetat $+ 0,01\,\%$ SVRS	iDC	CP	$+0,87/0$	$0,2\,\mu g/ml$	neben V, Be, Mn, Fe, Pb-$[SiO_2]$, [Be-Salze]	[2, 1]
As	$As^{3+} \longrightarrow As^0$	$2\,HCl + 2H_2SO_4$	DP	DME	$-0,29$	20 ppb	As(V) mit Hydrazin reduziert, neben Pb s. Anmerkung 1	[1]
	$As^{3+} \longrightarrow As^0$	$1\,HCl$	DP	DME	$-0,43, (-0,64)$ $-0,84$	$0,3\,\mu g l^{-1}$	$+(Pb, Sn, Tl)$, zur Bestimmung in [Nahrungsmitteln], vgl. [3]	[2]
	$As^{3+} \longrightarrow As^0$	$1\,HCl$ (HSO_3^-), $1\,HClO_4$ (HSO_3^-)	DP	DME	$-0,38,\ -0,49$	4,7 ppb	As(V) mit Na_2SO_3 durch 30 min Kochen reduziert, neben Pb, Sn, Tl: Oxidation mit Ce(IV) (Differenz), 50 Methylarsons. stört nicht	[12]
	$As^{5+} \longrightarrow As^{-3}$	$11,5\,HCl$	DC	DME	$-0,52$	—	schlecht ausgebildet	—
	As^{5+}: Reduktions- und Adsorptionsvorgänge	$2\,HClO_4 + 0,1\,NaClO_4$ $+ 0,5$ Brenzcatechin	DP	SMDE	$-0,23^x$	4 ppm	[Halbleiterprodukte] Zur Bestimmung in Mannitol-$HClO_4$-Grundlösung, vgl. [21]	[14]

	$As^{3+} \underset{B}{\overset{A}{\rightleftharpoons}} As^0$	$1\,HClO_4$	iDP	Au	$+0,32^x/-0,2^x$	$0,02\,ng\,ml^{-1}$	$+ (Hg, Cu)$	[5]
	$As^{3+} \underset{B}{\overset{A}{\rightleftharpoons}} As^0$	$5\,HCl$	iDC (Sqw)	Au/C	$+0,2^x/-0,15^x$	ppb-Bereich	nach Destillation als $AsCl_3$ sel., „stair-case" Voltammetrie, „Graphit-tube"-Elektrode. Zur Bestimmung in einer Durchflußzelle vgl. [18]	[7]
	$As^{3+} \underset{B}{\overset{A}{\rightleftharpoons}} As^0 +$ $Cu^{2+}(Cu_3As\downarrow)$	$0,24\,HCl + 2\cdot10^{-4}$ $Cu^{2+}/4\,HCl$ (L.W.)	iDC	rot Pt	$+0,5/-1,0$	1 ppm	Bestimmung nach Lösungswechsel	[4]
	$As^{3+} \underset{B}{\overset{A}{\rightleftharpoons}} As^0$	$1\,H_2SO_4$	iDC	Au/GC	$+0,18/-0,3$	1,1 ppb	Goldfilmelektrode auf GC, nach Ionenaustausch in [Kupfer, 0,05 ppm]	[10]
	$As^{3+} \underset{B}{\overset{A}{\rightleftharpoons}} As^0$	$7\,HCl$	iChr	Au/GC	$-/-0,35$	$8\,ng\cdot ml^{-1}$	nach Extraktion von $AsBr_3$ mit Toluol Bestimmung in [Stahl]. Verwendung modifizierter Goldfilmelektroden	[11]
	$As^{3+} \overset{A}{\longrightarrow} As^0 \overset{B}{\longrightarrow}$ AsH_3 (CSV)	$2,4\,HCl$ (oder H_2SO_4)	iDC	HMDE	$-0,74^x/-0,5^x$	10^{-8}	Reduktion As(V) mit KI bei 60° [Zinksulfat]	[8]
	$As^{3+} \overset{A}{\longrightarrow} As_2Se_3 \overset{B}{\longrightarrow}$ AsH_3 (CSV)	$0,7\,H_2SO_4 + 50\,\mu g$ $Se(IV)ml^{-1}$	iDC, DP	SMDE	$-0,78/-0,5$	$2\,ng\,As\cdot l^{-1}$	Reduktion As(V) mit Hydrazin + NaBr [Pflanzenmaterial]	[9]
	$As^{3+} \overset{A}{\longrightarrow} Cu_3As_2$ $Cu_3As_2 \overset{B}{\longrightarrow} AsH_3$ (CSV)	$0,75\,HCl + 5\,ppm\,Cu^{2+}$	iDP	HMDE	$-0,72^x/-0,60^x$	1 ppb	Reduktion As(V) in HCl/HBr mit Hydrazin [Wasser]	[20]
	$As^{5+}:Fe^{2+} \underset{B}{\overset{A}{\rightleftharpoons}} Fe^{3+}$ $(FeAsO_4\downarrow)$ (CSV)	$0,01\,Na$-Chloracetat $+ 2,65\cdot10^{-3}\,Fe(II)$ $+ 0,1\,NO_3$, pH$=2,95$	iDC	GC	$+0,07/+0,65$	$0,1\,ppm\,AsO_4^{3-}$	nach Donnan Dialyse Bestimmung von As(V) in [Wasser]	[6]
Au	$Au^{3+} \longrightarrow Au^{1+}$ (?)	$0,5$ Ethylendiamintartrat $+ 0,1\,K$-Pyrophosphat	DC	TMFE (Ag)	$-0,15^x$	2 ppm	$10(Fe^{3+}, As^{3+}, Te^{4+}, Se^{4+}, Sb^{3+})$, viel Cu stört [Cyanidlaugen]	[1]
	Reduktion von $[AuCl_4]^-$	$0,1\,HCl$	DC	CP	$+0,42$	10^{-7}	$-Ag$, nach Extraktion mit N-Butylsulfid/Toluol in [Erzen]	[2]
	$Au^{3+} \underset{B}{\overset{A}{\rightleftharpoons}} Au^0$	$0,2\,KBr + 0,1\,HCl$	iDC	CP	$+0,68/-0,5$	0,1 ppm	10^4 (Cu, Ag mit Nachelektrolyse)	[3]
	$Au^{3+} \underset{B}{\overset{A}{\rightleftharpoons}} Au^0$	Extraktionslösung $+ 20\%$ Methanol (gesättigtes KNO_3)	iDC	GC	$-/-1,0$	10^{-6}	nach Extraktion aus 1:4 HCl mit 5% TOMA in Chloroform in [Erzen]	[4]

Tabelle 3.1.-2 (Fortsetzung)

Element	Reaktion	Grundlösung	Methode	Elektrode	$E_{1/2,p}/E_{Anreicherung}$	Empfindlichkeit	Störungen-Bemerkungen-Matrix	Lit.
B (Borsäure)	Abnahme PV-Spitze nach Borsäure-Zusatz	$0,1\,KCl + 10^{-4}\text{-}10^{-5}$ PV + NH_4OH/NH_4Cl, (pH = 8–9,5)	DC	HMDE	−0,69 (PV)	10^{-4}	Reaktion ist zeitabhängig, s. Anmerkung 1	[1]
Be	Reduktion Be-HMPB	$0,1\,KCl + 0,1\,Acetatpuffer + 10^{-3}\text{-}10^{-2}\,\%\,HMPB + 40\,\%\,Methanol$	DC, AC1	DME	−0,52	10^{-9}	5 Al, Übergangsmetalle stören, Verbindung bildet sich bei 50–60°, s. Anmerkung 1	[1] [3]
	Reduktion Be-Benzoylacetonat nach Extraktion	$0,5\,LiCl$ in DMF/Benzol (1:1)	AC1 (AC2)	DME	−1,35	70 (10) ppb	F^- mit Borsäure entfernen, Fe^{3+} mit $Na_2S_2O_4$ reduzieren, s. Anmerkung 2. Extraktion aus 0,1 EDTA, (pH 8–9) mit $5 \cdot 10^{-3}$ benzolischer Reagenzlösung	[2]
Bi	$Bi^{3+} \longrightarrow Bi^0$	EDTA (pH 1–13)	DP	DME	−0,23 bis −0,68	10^{-6}	neben Sb nach Oxidation zu Sb^{5+}, neben Cu s. Anmerkung 1 Zur Bestimmung in [Urin] s. [2]	[1]
	$Bi^{3+} \underset{B}{\overset{A}{\rightleftarrows}} Bi^0$	verschiedene, z.B. 0,1 HCl	invers verschiedene Methoden	HMDE u.a.	0 bis −0,1/ −0,2 bis −0,5	10^{-8} bis 10^{-10}	zur Bestimmung in [Kupfer] s. [3]	—
	$Bi^{3+} \underset{B}{\overset{A}{\rightleftarrows}} Bi^0$	$10\,H_2F_2 + 1\,HNO_3/5\,HCl$ (L.W.)	iDC	TMFE	−0,33/−1,0	0,01 ppm	[Zr-Schwamm], +0,5 Ag, $2\,Sb^{3+}$, 100 Pb	[5]
	$Bi^{3+} \underset{B}{\overset{A}{\rightleftarrows}} Bi^0$	$0,4\,HClO_4 + 0,06\,HCl$	iDP	TMFE	−0,06/−0,2	ppb-Bereich	10000 (Br^-, PO_4^{3-}), 500 (Fe^{3+}, Pb), $5\,Sb^{3+}$, +(W, Mo), 10 Ag, 250 Cu	[7]
	$Bi^{3+} \underset{B}{\overset{A}{\rightleftarrows}} Bi^0$	0,75 HCl	iDC	TMFE	−0,29/−0,8	10^{-8}	nach Ionenaustausch in [Sb_2O_3]	[8]
	$Bi^{3+} \underset{B}{\overset{A}{\rightleftarrows}} Bi^0$	NaCl-Lösung, pH = 1	iDP	HMDE	−0,065/−0,15	0,05 ppb	neben anderen Elementen z.B. Cu, Sb, [Seewasser]	[9]
	$Bi^{3+} \underset{B}{\overset{A}{\rightleftarrows}} Bi^0$	$2\,HNO_3/1\,HCl + 1\,Ethylendiamin$ (L.W.)	iDC	HMDE	−0,27/−0,25	$10^{-5}\,\%$ (in Pb)	−Cu, 100 Ag, 1000 (Sb, As, Cd, Sn, Fe, Zn) [Blei], in [Blut] s. [6]	[10]

			iDC	GC				
	$Bi^{3+} \underset{B}{\overset{A}{\rightleftharpoons}} Bi^0$	organ. Extrakt. $+ 0,25\,NH_4SCN$ $+ 0,05\,HClO_4$ in Methanol $(20:30)$	iDC	GC	$+0,05/-0,8$	10^{-8}	Extraktion aus $1\,H_2SO_4$ $+ 5\cdot10^{-3}\,KI + 0,0005\,\%$	[4]
	(Extraktions-Polarographie)						Methylengrün mit Benzol/Nitrobenzol (1:1), -10^3 (Fe, In, Sn), $10^2\,Sb$, $10\,Hg$, Cu	
C (CN$^-$)	$Hg + 2CN^- \longrightarrow$ $Hg(CN)_2 + 2e^-$	$0,75\,KNO_3 + KOH$, (pH 9,9–11,6)	Sqw	DME	$-0,29(10^{-4}\,M)$	$4\cdot10^{-6}$	100 $(Cl^-SO_3^{2-})$, 10 (Br^-, SCN^-), $+ I^-$, [Wasser, Abwasser]	[1]
	$Hg + 2CN^- \longrightarrow$ $Hg(CN)_2 + 2e^-$	$0,1\,NaOH + 0,5\,H_3BO_3$ (4:1) (pH 9,75)	DC (rapid)	DME	$-0,25^x$	$5\cdot10^{-6}$	10 (Br^-, SO_3^{2-}), 100 (SCN^-), 200 (Cl^-); $(I^-, S_2O_3^{2-})$ stört, $-S^{2-}$	[3]
	$Hg + 2CN^- \longrightarrow$ $Hg(CN)_2 + 2e^-$	$0,1\,NaOH$	DP	DME	$-0,22$ bis $-0,30$ $5\,\mu gl^{-1}$		nach Destillation, Ausw. gegen Tl^+ als i.St., $-$ [Wasser, Wein]	[4]
	$Hg + 2CN^- \longrightarrow$ $Hg(CN)_2 + 2e^-$	$10^{-2}\,NaOH$	NP, DC	SMDE	$-0,23$ $(3\cdot10^{-3})$	10^{-7}	1000 $(C, [Fe(CN)_6]^{3-})$, 100 Br, 1/10 I^-, 1 Fe, 1 Pb	[5]
	indirekt: Abnahme Cu^{2+}-Spitze	$1\,NH_3 + 1\,NH_4Cl$	CRP	DME	$-0,51$ (Cu)	10^{-7}	nach Destillation in $1\,NaOH$ [Wasser]	[2]
	katalytische Ströme $(CN^-/Ni(II)$-Ethanolaminkomplex)	Boratpuffer (pH 8,8) $+ 10^{-3}\,Ni + 10^{-2}\,KNO_3$ $+ 3\cdot10^{-2}$ Ethanolamin	DP	DME	$-1,70$	10^{-8}	Bessere Ergebnisse mit „Fast Scan"-DPP	[6]
Cd	$Cd^{2+} \longrightarrow Cd^0$	$1,75$ Essigsäure $+ 0,2$ Na-Acetat $+$ $0,1$ Ascorbinsäure	DP	DME	$-0,62$	20 ppb	$-$(Co, Mn, Ni, V, Ti, Cr^{6+}, Fe^{3+}), $+$ viel Sn [Varia]; s. Anmerkung 1	[1]
	$Cd^{2+} \longrightarrow Cd^0$	$0,1\,HCl + 10^{-3}\,EDTA$ $+ 0,005\,\%$ Phemerol	DP	DME	$-0,58$	10^{-7}	neben 10^4 In	[2]
	$Cd^{2+} \longrightarrow Cd^0$	$0,2$ Citratpuffer (pH 3,6) $+ 0,03\,\%$ Benax	AC, DP	DME	$(-0,56^x)$	10^{-6}	10000 In (Benax: Na-dodecyl-diphenyletherdisulfat)	[3, 4]
	$Cd^{2+} \longrightarrow Cd^0$ (Extraktions-Polarographie)	Acetonitril (organische Phase) $+ 0,1\,TBAI$	DC, AC	DME	$-0,72$	0,5 ppm	nach Extraktion von CdI_2 mit Acetonitril, pH 1,7–6,8, Aussalzen, selektive Bestimmung	[5]
	$Cd^{2+} \underset{B}{\overset{A}{\rightleftharpoons}} Cd^0$	verschieden, z. B. HCl, H_2SO_4, $HClO_4$ Salzlösung	invers verschiedene Methoden	HMDE u.a.	$-0,55$ bis $-0,66/$ $-0,8$ bis $-1,0$	10^{-8}–10^{-9}	s. Anmerkung 2	—
	$Cd^{2+} \underset{B}{\overset{A}{\rightleftharpoons}} Cd^0$	$0,2\,HClO_4$ oder $0,9$ $H_2SO_4/1,3\,NH_4OH + 0,1$ KNO_3 (L.W.)	iDC	HMDE	$-0,69^x/-0,9^x$	$5\cdot10^{-8}$	verh. selektiv, neben Sb, In u.a.	[6]
	$Cd^{2+} \underset{B}{\overset{A}{\rightleftharpoons}} Cd^0$	$1,5\,H_3PO_4 + 0,2$ Weinsäure	iDC	HMDE	$-0,54^x/-0,9^x$	$5\cdot10^{-8}$	verh. selektiv, $+ 5\,Tl$	[6]
	$Cd^{2+} \underset{B}{\overset{A}{\rightleftharpoons}} Cd^0$	Seewasser, $+ HCl$ (pH 2)	iDP	TMFE	$(-0,64)/-0,8$	10^{-3} ppb	(mit optimierter DPP)	[11]

Tabelle 3.1.-2 (Fortsetzung)

Element	Reaktion	Grundlösung	Methode	Elektrode	$E_{1/2,p}$/ $E_{Anreicherung}$	Empfindlichkeit	Störungen-Bemerkungen-Matrix	Lit.
Co	$Co^{2+} \longrightarrow Co^0$	0,1 Li-Acetat + 0,025 LiSCN	DP	DME	$-1,37$(Hg)	$5 \cdot 10^{-8}$	neben Mn ($E_p -1,62$), Zn ($-1,11$), Ni ($-0,80$), nach elektrolytischer Abtrennung in [Cadmium], s. Anmerkung 1	[1]
	Extraktion des 2,2-Bipyridinkomplex (Extraktions-Polarographie)	Acetonitril + 0,1 Bipyridin + 0,01 NaClO$_4$ + 0,1 TBAP	DP	DME	$-1,02$	0,1 ppm	Extraktion nach Aussalzen mit Na$_2$CO$_3$/Na-acetat mit Acetonitril Bestimmung neben Ni, Zn, Cd, Pb, Cu, Fe^{3+} ($+ F^-$!) [Ni-Salze, Eisenverbindungen]	[2]
	Co + DMG (Reduktion + Adsorption)	0,1 Ammoniumpuffer + $1,6 \cdot 10^{-4}$ % DMG	DC	DME	$-1,17$	$4 \cdot 10^{-8}$	25 Ni ($E_p -1,05$), $-$Cu, 1500 Fe, vgl. auch [6, 8]	[5]
	Co + DMG (Reduktion + Adsorption)	0,1 Ammoniumpuffer + 2,5 ppm DMG	DP	DME	$-1,15$	$1 \mu g \cdot l^{-1}$	80 Ni [Multivitamin-tabletten, Stahl], Bestimmung mit AC, vgl. [6]	[4]
	Co + DMG (Reduktion + Adsorption)	1,5–5 % Na$_3$-Citrat + 0,5 % NH$_4$Cl (pH 7,5–8)	DP	DME	$-0,92$	1–2 ppb	150 (Cu, Tl, Cd, Fe, Pb), 100–1000 Ni	[9]
	Reduktion des Co(III)-1-Nitroso-2-Naphtolkomplexes in organischem Medium	Extraktionslösung + 0,2 NaClO$_4$ + $8 \cdot 10^{-3}$ HClO$_4$ in Acetonitril (1:1)	DP	DME	ca. $-0,18$	1–2 ppb	Extraktion aus Citratpuffer (pH 5) nach Zusatz von 0,0004 % 1-Nitroso-2 Naphtol mit Benzol [Ni-Salze]	[17]
	Co + 1-Nitroso-2 Naphtol (Adsorptions-Voltammetrie)	0,1 NH$_4$OH + 0,2 NH$_4$Cl, (pH 9,1) + $2 \cdot 10^{-6}$ Reagenz	iDP	HMDE	$-0,52/-0,4$	0,6 ppb	1000 (Ni, Fe, Cr^{3+}, Sn^{4+}, Cu)	[14]
	Co + DMG, (Adsorptions-Voltammetrie)	NH$_3$/NH$_4$OH (pH 8,5) + $3 \cdot 10^{-4}$ DMG	iDC	HMDE	$-1,08^x/-0,6^x$	ppb-Bereich	neben Ni, [Wein]	[15]
	Co + DMG, (Adsorptions-Voltammetrie)	0,2 TEA + 0,5 NH$_4$Cl, (pH 9,2) + $2,5 \cdot 10^{-2}$ % DMG	iDP, AC1, DC	HMDE	$-1,08^x/0,1-0,5^x$	0,05 ppb	25000 Zn, 250 Ni	[16]
Cr(III)	$Cr^{3+} \longrightarrow Cr^{2+}$	0,5 KCl + 0,5 Essigsäure/ Acetat, pH 5, + verschiedene Poly-aminocarbonsäuren	AC1, 2, DP	DME	$-0,97$ bis $-1,37$	$<5 \cdot 10^{-6}$	nach Erwärmen auf 60°, neben V: AC2, Störungen: [2]	[1, 2]
	$Cr^{3+} \longrightarrow Cr^{2+}$	0,2 KSCN + 0,2 Essigsäure (pH 3,2)	DP	DME	$-0,69^x$	50 ppb	viel Zn stört	[11]

	Reduktions des nitrierten Cr(III)-Oxinats	0,4 % LiCl + Methanol, (schwach schwefelsaure Lösung)	AC1, DP	DME	$-0,49^x$	1 µg/25 ml	100 Co, selektiv nach Extraktion des Cr(III)oxinats (Oxinschmelze), polarographische Bestimmung nach Nitrierung des Cr(III)oxinats	[4]
	$Cr^{3+} \underset{B}{\overset{A}{\rightleftharpoons}} Cr^{2+}$ (?)	0,1 Ammoniumpuffer (pH 9,6)	iDC	HMDE	$-1,31/-1,49$	$3 \cdot 10^{-8}$	[Wasser]	[5]
	$Cr^{3+} \underset{B}{\overset{A}{\rightleftharpoons}} Cr(0)$ (?)	1 NH_4Cl/NH_4OH, (pH 9–9,5)	iDC	CP	$-0,50^x/-1,7^x$	$5 \cdot 10^{-7}$	zahlreiche Störungen, nach Extraktion des Cr(III)-Oxinats selektiv	[3]
	$Cr^{3+} \underset{B}{\overset{A}{\rightleftharpoons}} Cr(0)$ (?)	0,5 NH_4Cl/NH_4OH + 50 % Methanol	iDC	GC	$-0,47^x/-2,0$	$5 \cdot 10^{-7}$	siehe oben	[3]
Cr(VI)	$Cr^{6+} \longrightarrow Cr^{3+}$	0,1 NaOH	DP	DME	$-0,84^x$		s. Anmerkung 1	[9]
	$Cr^{6+} \longrightarrow Cr^{3+}$	0,2 Ammoniumtartrat (pH 9)	DP	DME	$-0,2^x$			[9]
	$Cr^{6+} \longrightarrow Cr^{3+}$	0,1 NH_4OH/NH_4Cl (pH 10)	DP	DME	$-0,3^x$		in [Ni-Salzen] vgl. [6]. Zur Bestimmung von Cr(VI) in [Zement] vgl. [13]	[9]
	$Cr^{6+} \longrightarrow Cr^{3+}$	0,1 Ammoniumacetat + 0,005 Ethylendiamin (pH 7)	DP	DME	$-0,04$	0,01 ppm	10 (Cu, Fe^{3+}) [Wasser]	[7]
	$Cr^{6+} \longrightarrow Cr^{3+}$	0,2 NaF	DPP	DME	$-0,155$	10^{-8}	10 (Fe^{3+}, Cu^{2+}, Cl^-)	[12]
	$Cr^{6+} \longrightarrow Cr^{3+} + NO_3^-$ (katalytisch)	0,1 KNO_3 + 10^{-2} EDTA (pH 6)	AC, NP, DP	DME	$-1,18$	10^{-7}	ohne Nitrat: 10^{-6} Cr, s. Anmerkung 2	[8]
	$Cr^{6+} \longrightarrow Cr^{3+} + NO_3^-$ (katalytisch)	0,5 KNO_3 + 10^{-2} DTPA (pH 6)	AC, NP, DP	DME	$(-1,20)$	$2 \cdot 10^{-8}$		[8]
Cu	$Cu^{2+} \longrightarrow Cu^0$	0,05 DPTE + $2 \cdot 10^{-2}$ % Eulan NK	DP	DME	$-0,23^x$	10^{-5}	neben 100 Bi, $-Sb^{5+}$ (Oxidation $Sb^{3/5}$: $KMnO_4$, Bromwasser), s. Anmerkung 1	[1]
	Reduktion des Cu-oxinat in organischer Phase (Extraktions-Polarographie)	organische Phase + 2,5 LiCl (in Methanol) + Methanol (2:1:2)	DC	DME	$-0,45$		Extraktion: pH 5,5–6,5/Toluol (Fe^{3+} durch F^- maskiert), selektive Bestimmung, [Stahl]	[2]
	$Cu^{2+} \underset{B}{\overset{A}{\rightleftharpoons}} Cu^0$	1 Py + 0,5 HCl	iDC	HMDE	$-0,27/-0,5$	$5 \cdot 10^{-7}$	1000 (Co, Ni, Tl, Pb, Cd, Zn, In, Sb^{5+}), 100 Bi	[3]
	$Cu^{2+} \underset{B}{\overset{A}{\rightleftharpoons}} Cu^0$	0,05 EDTA + 0,1 Acetatpuffer + 10^{-3} % Eulan NK	iDC	HMDE	$-0,26/-0,9$	$5 \cdot 10^{-7}$	neben Bi	[4]

Tabelle 3.1.-2 (Fortsetzung)

Element	Reaktion	Grundlösung	Methode	Elektrode	$E_{1/2,p}/$ $E_{Anreicherung}$	Empfindlichkeit	Störungen-Bemerkungen-Matrix	Lit.
Cu	$Cu^{2+} \underset{B}{\overset{A}{\rightleftharpoons}} Cu^0$	$0,02\,KCl + 10^{-4}\,KSCN$	iDP	HMDE	$-0,20/-0,7$	3 ppb	neben Cl^-, Pb; Simultane Bestimmung: Cu-Pb-Cd-Zn in [Wasser]	[5]
	$Cu^{2+} \underset{B}{\overset{A}{\rightleftharpoons}} Cu^0$	Acetatpuffer (pH 4,8) + 0,5 NaCl	iDP	TMFE	$-0,27/-0,9$	$3 \cdot 10^{-9}$	[Seewasser]	[6]
	$Cu^{2+} \underset{B}{\overset{A}{\rightleftharpoons}} Cu^0$	0,2 Citratpufer (pH 5)	iDP	HMDE	$-0,11/-1,3$	einige ppb	$10000\,Fe^{3+}$, [Wasser]	[7]
	$Cu^{2+} \underset{B}{\overset{A}{\rightleftharpoons}} Cu^0$	1 Oxalsäure	iDP	HMDE	$-0,015^x/-0,15^x$		**10** ppb in [Niob], $>10^3$ W: 1 Weinsäure; $>2 \cdot 10^2$ Ti: $0,8\,NH_4$-bioxalat; Fe: Lösungswechsel, 1000 Mo (-20%), $500\,Sb^{3+}$ (-7%)	[8]
	$Cu^{2+} \underset{B}{\overset{A}{\rightleftharpoons}} Cu^0$	Seewasser/$0,1\,HClO_4$ + $2,5 \cdot 10^{-3}$ HCl (L.W.)	iDP	Au	$-0,3/-0,4$	einige ppb	simultan mit Hg [Seewasser, Wein]	[9]
	$Cu^{2+} \underset{B}{\overset{A}{\rightleftharpoons}} Cu^0$ + Cystein	$0,1\,NaClO_4 + 0,01\,HClO_4$ + 10^{-5} Cystein	iDP	HMDE	$+0,06/-1,0$	$6 \cdot 10^{-10}$	1000 (Cl, Fe, Ni, Co, Zn, Cd, Pb, Tl, Hg^{2+}) 50 Br, 10 (I, SCN), $100\,As^{3+}$, 50 Ag, $10\,Sb^{3+}$, 5 Bi	[12]
	$Cu^{2+} \overset{A}{\longrightarrow} Cu^{1+}$ $(+SCN^- \longrightarrow CuSCN\downarrow)$ $Cu^{1+} \overset{B}{\longrightarrow} Cu^0$ (CSV)	$0,1\,HClO_4 + 10^{-2}\,NaSCN$	iDC	HMDE	$-0,47/-0,1$	10^{-8}	neben Fe^{3+} Zusatz von F^-, höhere Selektivität als normale inverse Voltammetrie [Wasser]	[10]
	Cu-Dithiooxamid (Adsorptionsvoltammetrie)	Acetatpuffer (pH 4,1)	iDC	CP	$+0,25^x/-0,4^x$	einige ppb	10–100 Ag, <10 (Au, Bi, Hg), restl. El. $>10^5$ [Wasser]	[11]
F	$U^{5+} \longrightarrow U^{3+}$	$0,01\,KCl + 10^{-3}$ HCl	DC (AC)	DME	$-1,12$ bis $-1,24$	0,05–20 ppm	$E_{1/2}$ von C_F-abhängige [Fluoride], s. Anmerkung 1	[1]
Fe (II, III)	$Fe^{3+} \longrightarrow Fe^{2+}$	0,2 Na-oxalat (pH 4–5)	DC	DME	$-0,24$	—	Fe(II)/Fe(III) nebeneinander (anodische/kathodische Stufe)	—
		H_3PO_4, H_2SO_4, Oxalsäure	DC, AC1	DME	$-0,26^x$	—	gesamt-Fe: AC1, $Fe^{2+,3+}$: DC [Gesteine], s. Anmerkung 1	[5]
		1 HCl + 3 LiCl	DC	rot Pt	$+0,35$	—	$Fe^{2+,3+}$ simultan	[7]
(III)	Fe^{3+} + SVRS	$0,1\,HClO_4 + 0,2$ Na-Acetat, CRP 0,003 % SVRS (pH 5)	DME		$-0,88$	$2 \cdot 10^{-8}$	15 min erwärmen, selektive Bestimmung nach Extraktion $FeCl_3$/Ether: [TiO_2]	[1, 4]

	$Fe^{3+} \longrightarrow Fe^{2+}$ (katalytisch in Anwesenheit von $KBrO_3$)	$0,1\,TEA \cdot HCl + 0,1\,NaOH$ $+ 0,5\,KBrO_3$	DP	DME	$-1,1$	—		[2]
	Reduktion Fe(III) Acetylacetonat (Extraktions-Polarographie)	$MIBK + 0,1\,TBAP$	DC	DME, Pt	$-0,74$	10^{-5}	Extraktion aus Citratpuffer pH 8,8–9,1 (LM: MIBK = Methylisobutylketon)	[3]
	Reduktion Fe(III) Acetylaceton (Extraktions-Polarographie)	organische Phase (Acetylaceton) $+ 0,05\,TBAP$	DC	DME	$-1,26$	—	Extraktion pH 6,8–7 mit Acetylaceton (Ac) [Aluminium]	[6]
(II)	$Fe^{2+} \overset{A}{\underset{B}{\rightleftharpoons}} Fe^0$	$1,5\,KSCN + 0,01$ Malons., pH 6,7	iDC	HMDE	$-0,32/-1,5$	$2 \cdot 10^{-7}$	—	[8]
	$Fe^{2+} \overset{A}{\underset{B}{\rightleftharpoons}} Fe^0$	$1\,KCl$ (pH 2)	iDC	TMFE	$-0,45/-0,8$	10^{-7}	—	[9]
(III)	$Fe^{3+} \overset{A}{\underset{B}{\rightleftharpoons}} Fe^0$	$0,02\,Na_2C_2O_4 + 1\,NaOH$	iDC	TMFE (Gr)	$-0,69/-1,7$	$7 \cdot 10^{-9}$	$+ 1$ (Cu, Pb), [Quecksilber]	[10]
	$Fe^{3+} \overset{A}{\underset{B}{\rightleftharpoons}} Fe^0$	$0,2\,\%\,K$-Citrat $+ 2\,\%\,KOH$	iDC	TMFE (Gr)	$-0,8/-1,8$	$5 \cdot 10^{-9}$	100 Zn, 3 Cu [SiO_2, Si_3N_4, Silikonfilme, Säuren]	[11]
	Fe(III): indirekt	Acetatpuffer pH 3,5–4,5 $+ Bi$-EDTA	iDC	TMFE	$-0,09/-0,3$ (Bi)	$9 \cdot 10^{-9}$	5 Cu, 1000 (Ni, Zn, Al, Mg, Ca, Pb, Cd), viel F^- stört, $-PO_4^{3-}$ [Wasser] s. Anmerkung 1	[12]
	$Fe^{3+} \longrightarrow Fe^{2+}$ (Adsorptions-Voltammetrie von adsorbiertem $FeCl_4^-$)	5–$10\,HCl$	iDC	CP	$+0,3^x/+0,7^x$	10 ppb	1 Au, 3 Cu, 10 J, 20 Sb, 100 SCN, sonst keine Störungen [Salzsäure, Salze, Metalle: Al, Ni, Zn, Bi]	[16]
	CSV nach adsorptiver Anreicherung	pH 6,9, 10^{-4} Brenzcatechin	iDC, iDP	HMDE	$-0,38^x/-0,05^x$	$4 \cdot 10^{-10}$	neben Cu, Pb: Zusatz von EDTA, Zerstörung organischer Substanzen durch UV-Photolyse [Seewasser]	[19]
Ga	$Ga^{3+} \longrightarrow Ga^0$ (?)	$6,5\,NaClO_4 + 0,5$ $NaSCN$ (pH 2)	DP	DME	$-0,8$	$2 \cdot 10^{-8}$	$+ 10$ As, [GaAs-Halbleiter]	[1]
	$Ga^{3+} \overset{A}{\underset{B}{\rightleftharpoons}} Ga^0$	$0,5\,NaSCN + 4,5$ $NaClO_4$ (pH 2)	iAC1	HMDE	$-0,78^x/-0,85^x$	<1 ppm	—	[2, 3]
Ge (II)	$Ge^{2+} \longrightarrow Ge^0$	$6\,HCl$	versch.	DME	$-0,45$ bis $-0,50$	—	$+$ (As, Sn, Pb, Tl)	
Ge (IV)	(?)	$0,1\,EDTA + Phosphat$-puffer (pH 6–8) $+ 10^{-4}$ Fuchsin	DC	DME	$-1,05$	—	$-$ (As, Zn), s. Anmerkung 1	[1]

Tabelle 3.1.-2 (Fortsetzung)

Element	Reaktion	Grundlösung	Methode	Elektrode	$E_{1/2,p}/E_{\text{Anreicherung}}$	Empfindlichkeit	Störungen-Bemerkungen-Matrix	Lit.
Ge (IV)	(?)	0,4 Brenzcatechin + 1 H_2SO_4	Oszp	DME	$-0,60$	10^{-6}	Unter Beteiligung von Adsorptionsvorgängen	[2]
	(?)	1,4 $HClO_4$ + $5 \cdot 10^{-2}$ Pyrogallol	diff. CRP	DME	$-0,57$	1 ppb	nach Extraktion von $GeCl_4$ selektiv [Zink]	[3]
	(?)	0,1 $NaClO_4$ + 0,1 Brenzcatechin + 0,1 $HClO_4$	DP	SMDE	$-0,51^{x}$	80 ppb	[Halbl.-Prod.]	[As14]
	(?) (invers)	1 $HClO_4$ + 0,05 Pyrogallol	iDC	HMDE	$(+0,25)/-1,8$	—	geringe Reproduzierbarkeit	[4]
Halogene								
Cl^-	$2Hg + 2Cl^- \longrightarrow Hg_2Cl_2$	0,1 KNO_3 oder 0,1 $NaClO_4$	DC (u.a.)	DME	$+0,25$	vom Verfahren abhängig	s. Anmerkung 1	
Br^-	$2Hg + 2Br^- \longrightarrow Hg_2Br_2$	0,1 KNO_3 oder 0,1 $NaClO_4$	DC (u.a.)	DME	$+0,12$	vom Verfahren abhängig		
I^-	$2Hg + 2I^- \longrightarrow Hg_2I_2$	0,1 KNO_3 oder 0,1 $NaClO_4$	DC (u.a.)	DME	$-0,03$	vom Verfahren abhängig		
Cl^-	$2Hg + 2X \xrightarrow{A} Hg_2X_2 \xrightarrow{B} Hg$ (CSV)	0,1 HNO_3 + 50% Methanol	iDP	HMDE	$+0,26/+0,33$	20 ppb	direkte DPP: 0,2 ppm	[11]
Cl^-, Br^-	$2Hg + 2X \xrightarrow{A} Hg_2X_2 \xrightarrow{B} Hg$ (CSV)	1,8 H_2SO_4	iDC	HMDE	(s. letzte Spalte)	$3 \cdot 10^{-6}$ (Br)	Anreicherungsspannung für Bestimmung Br^- neben 100 Cl^-: $+0,22$; $+0,33$: $Cl^- + Br^-$, aus Differenz $\longrightarrow$ Cl^-. $-(Cu, Pb, PO_4^{3-})$, s. Anmerkung 2	[10]
I^-	$2Hg + 2X \xrightarrow{A} Hg_2X_2 \xrightarrow{B} Hg$ (CSV)	0,01 HNO_3 + $4 \cdot 10^{-4}$ Ascorbinsäure	iDC, iDP	HMDE	$-0,25/0,75$	1 ppb	$200 (S^{--}, S_2O_3^{--}, SCN^-, Pb^{2+})$, [Wasser]	[12]
BrO_3^-	$BrO_3^- + 6H^+ + 6e^- \longrightarrow Br^- + 3H_2O$	Britton-Robinson-Puffer (pH 3)	DP	DME	$-0,89$	$2 \cdot 10^{-6}$	Simultanbestimmung IO_3^-/BrO_3^-, IO_4^-/BrO_3^- möglich	[4]
IO_3^-	$IO_3^- + 6H^+ + 6e^- \longrightarrow I^- + 3H_2O$	Britton-Robinson-Puffer (pH 3)	DP	DME	$-0,34$	$2 \cdot 10^{-6}$	E_p von pH abhängig, s. Anmerkung 3	
IO_4^-	Reduktion zu IO_3^-, anschließend s.o.	Britton-Robinson-Puffer (pH 3)	DP	DME	$-0,34$	$2 \cdot 10^{-6}$	—	
Hg	$HgCl_2Py_2 + 2e^- \longrightarrow Hg + 2Cl^- + 2Py$	organische Phase + 1,2 HNO_3 + Methylglykol	DC, AC1	DME	$+0,18$	$5 \cdot 10^{-5}$	Extraktion pH 5,5–6,5 mit $CHCl_3$, $-(Cu, Fe^{2+,3+})$, $+(I^-, Br^-, SCN^-)$	[1]
	$Hg^{2+} \underset{B}{\overset{A}{\rightleftharpoons}} Hg^0$	0,1 KSCN (pH 2)	iAC2	rot GC	$-0,07/-0,7$	$5 \cdot 10^{-10}$	s. Anmerkung 1	[2]

$Hg^{2+} \underset{B}{\overset{A}{\rightleftharpoons}} Hg^0$ (zusammen mit Cu)	$0{,}1\,KSCN + 0{,}025\,HCl +$ $25\,ng\ Cu^{2+}/ml$	iDC	CP	$+0{,}03^x/-1{,}0^x$	$1{,}2\cdot10^{-8}$		[3]
$Hg^{2+} \underset{B}{\overset{A}{\rightleftharpoons}} Hg^0$	Seewasser (pH 2,5)/ $0{,}005\,HClO_4$ (L.W.)	iDC	Gr	$(\pm0)/-0{,}5^x$	5 ppb	zum Teil nichtlineare Eichkurven [Seewasser]	[4]
$Hg^{2+} \underset{B}{\overset{A}{\rightleftharpoons}} Hg^0$	$0{,}1\,HClO_4$	iDPP	rot Au	$+0{,}9/-0{,}2$	0,02 ppb	Mikrocoulometrische Auswertung besser als über i_p	[5]
$Hg^{2+} \underset{B}{\overset{A}{\rightleftharpoons}} Hg^0$	$0{,}1\,KSCN + 0{,}5\,HClO_4$	iDC	rot GC	$+0{,}04/-1{,}0$	10^{-8}	10 (Cu, Pb, Zn, Ni, Co, Cd), $+Bi$	[6]
$Hg^{2+} \underset{B}{\overset{A}{\rightleftharpoons}} Hg^0$	NaCl-Lösung	iDP	TWIN Au	$+0{,}58/-0{,}2$	1 ppb	Bestimmung mit subtraktiver DPASV (s. S. 113), >100 ppb Hg: konvent. DPASV, viel Cu: L.W. gegen $0{,}1\,HClO_4$ $+2\cdot10^{-3}\,NaCl$, zur Bestimmung in [Wasser, Wein], vgl. [9]	[7, 8]
(CH_3Hg^+) Reduktion zu CH_4 und Hg	$0{,}1\,HClO_4$	DP	DME	$(-0{,}14)$	10^{-7}	nach Extraktion empfindlicher	[11]
Reduktion zu CH_4 und Hg	$0{,}1\,NaNO_3 + HNO_3$ (pH 2)	iDP	rot Au-Film (auf GC)	ca. $+0{,}4/-0{,}5$	$2\cdot10^{-8}$	neben Hg^{2+} durch „doppelten Standardzusatz"	[12]
In $In^{3+} \longrightarrow In^0$	$2\,HCl + 1{,}25\,HBr$	DP	DME	$-0{,}57$	$4\cdot10^{-8}$	$+100\,Pb$, $200\,Cd$ [Cadmium], s. Anmerkung 1	[1]
$In^{3+} \longrightarrow In^0$	$4\,HCl + 10\%\,NaH_2PO_4$	DP	DME	$-0{,}65$	$3\cdot10^{-8}$	40 Cd, mehr Cd: Fällung mit $Fe(OH)_3$, Bestimmung in [Co-Salzen]	[2]
(Extraktions-Polarographie: nach Extraktion als Bromid)	$0{,}05\,TBAB$ in Acetonitril	Sqw (DC, AC)	DME	$-0{,}61$	$8\cdot10^{-8}$	Extraktion aus saurer Lösung unter Zusatz von viel NaBr(Aussalzeffekt) mit Acetonitril. Neben Fe und Tl sel. nach Zusatz von EDTA. MnO_4^-, CrO_4^- stören	[3]
$In^{3+} \underset{B}{\overset{A}{\rightleftharpoons}} In^0$	$0{,}5\,HBr + 2\,KI + 0{,}15$ Ascorbinsäure	iDC	HMDE	$-0{,}6/-0{,}8$	$5\cdot10^{-8}$	$10^4\,Cd$ (neben Pb: L.W.), 10 Tl, s. Anmerkung 2	[4]
$In^{3+} \underset{B}{\overset{A}{\rightleftharpoons}} In^0$	$1\,KOH + 1\,N_2H_4$	iDC	HMDE	$-1{,}04/-1{,}5$	$5\cdot10^{-9}$	10 (Bi, Tl, Cu), 100 (Cd, Pb), $Sb^{3+,5+}$ stört	[4]
$In^{3+} \underset{B}{\overset{A}{\rightleftharpoons}} In^0$	$0{,}2\,KBr + 0{,}016\,Acetat$ $+0{,}008\,HCl$ (u.a.)	DC, AC, DP	HMDE, TMFE	$-0{,}61/-0{,}8$	(10^{-8})	Nach Mitfällung an $Fe(OH)_3$ und Anionenaustausch selektiv. [Seewasser]	[5]

Tabelle 3.1.-2 (Fortsetzung)

Element	Reaktion	Grundlösung	Methode	Elektrode	$E_{1/2,p}/E_{Anreicherung}$	Empfindlichkeit	Störungen-Bemerkungen-Matrix	Lit.
Mn	$Mn^{3+} \longrightarrow Mn^{2+}$	$1\,KOH + 0,4\,TEA$	Sqw, AC1	DME	$-0,48$	$0,05\ \mu g \cdot ml^{-1}$	+ Cu, [Uran, UO_2], in [Stahl, Al], vgl. [3]	[1]
	$Mn^{3+} \longrightarrow Mn^{4+}$	$3\,KOH + 0,5\,Mannitol$	DC	DME	$-0,38$	10^{-4}	20 Cu, neben Co, Fe Zusatz von 0,5 M Ethylendiamin, [Dolomit, Schiefer]	[2]
	$Mn^{2+} \; \underset{B}{\overset{A}{\rightleftharpoons}} \; Mn^0$	$0,1\,KCl$	iDC	HMDE	$-1,38^x/-1,75^x$	10^{-8}	0,03 ppm Mn in [Kupfer]	[4]
	$Mn^{2+} \; \underset{B}{\overset{A}{\rightleftharpoons}} Mn^0$	$0,5\,KCl$	iDP	HMDE	$-1,53/-1,70$	$2 \cdot 10^{-8}$	—	[5]
	$Mn^{2+} \; \underset{B}{\overset{A}{\rightleftharpoons}} \; Mn^0$	$0,5\,KCl$	iDP	TMFE	—	$1 \cdot 10^{-10}$	—	[5]
	$Mn^{2+} \; \underset{B}{\overset{A}{\rightleftharpoons}} \; Mn^{4+}\ (MnO_2\downarrow)$	$0,1\,NH_4Cl$	iDC	CP	$+0,3^x/+0,9^x$	$0,5\ \mu gml^{-1}$	500 Pb	[6]
	$Mn^{2+} \; \underset{B}{\overset{A}{\rightleftharpoons}} \; Mn^{4+}\ (MnO_2\downarrow)$	Borat oder Ammonium-puffer (pH 7)	iDC	rot Pt	$+0,3/+0,8$	10^{-9}	10000 (Zn, Cd, Cu, Co, Al, Fe) 1 Pb [Alkali-hydroxide]	[7]
	A: $Mn^{2+} \longrightarrow Mn^{4+}$ ($MnHJO_6\downarrow$) B: $Mn^{4+} \longrightarrow Mn^{2+}$ (CSV)	$0,2\,HNO_3 + 3\cdot10^{-3}\,KJO_4$	iDC	Gr	$+0,88/+1,4$	4 ng/ml	+10 Tl, 400 Co, 4000 (Pb, Fe), + Ce^{4+}, −(Zn, Cd, Ni) [Nickel]	[8]
Mo	$Mo^{6+} \rightarrow Mo^{5+} \rightarrow Mo^{3+}$	0,1 Citronensäure + $0,1\,H_2SO_4$	DC	DME	$-0,10^x, -0,51^x$	10^{-5}	Vergleich verschiedener Verfahren und Grundlösungen, s. Anmerkung 1	[2]
	$Mo^{6+} \rightarrow Mo^{5+} \rightarrow Mo^{3+}$	0,1 Citratpuffer (pH 2,5) + 3 NaCl	DC	DME	$-0,31^x, -0,58^x$	$5 \cdot 10^{-5}$	siehe oben [2]	
	katalytische Welle	$2,4\,HNO_3 + 2,4\,NH_4NO_3$	DC	DME	$-0,13$	5 ppb	200 W, verhältnismäßig-selektiv, nach Ionenaustausch und Extraktion in verschiedenen Matrizes	[3]
	katalytische Welle	$1-2\,KNO_3$ (pH 1,6–2,2)	DP	DME	$-0,32$	2 ppb	15 Pb	[4]
	katalytische Welle	$1-2\,KNO_3$ (pH 1,6–2,2)	CRP	DME	—	0,3 ppb	400 (Pb, Cd, Cu)	[4]
	katalytische Welle	$0,5\,HNO_3$	DP	SMDE	$-0,16$	0,2 ppb	25 (Sn, Tl), 2,5 Cu, 100 (W, As), 1000 Pb, 150 Ti, 10 Se, 300 MnO_4^-, > 2000 (SO_3^{2-}, PO_4^{3-}, Cl^-, SO_4^{2-})	[5]
	katalytische Welle	$2\,NH_4NO_3 + 0,25\,HNO_3$	DP (DC)	DME	$-0,21$	5 ppb	DC: 0,5 ppm Mo [Stahl] Bestimmung in [Silizium], vgl. [7]	[6]

	nach Extraktion als Mo-Oxinat (Extraktions-Polarographie)	organische Phase + DMF + Essigsäure + TPAP	DP	DME	$-1{,}08$	ppb-Bereich	$-$W, Extraktion aus 0,02 EDTA, pH 1,55, mit $CHCl_3$, nach Extraktion mit Dichlormethan zur Bestimmung in [Stahl] und [Biomat.], vgl. [15]	[8]
	Abscheidung als $MoO_2 \cdot 2H_2O$	0,2 Acetatpuffer, pH 3, $+$ 3 NaCl	iDC	Gr	$-0{,}3/-1{,}1$	10^{-8}	—	[11]
	Abscheidung als $MoO_2 \cdot 2H_2O$	Phosphat-Boratpuffer, pH 5,8	iDC	HMDE	$-0{,}53/-1{,}25$	$7 \cdot 10^{-6}$	—	[12]
	Adsorption von Mo(VI)-Dithiocarbamat	Acetatpuffer, pH 4,8, $+$ 0,04 % Na-DEDTC	DC, AC1	CP	$-0{,}25^x/+0{,}4^x$	0,1 (DPP) 1(AC1) ppb	$+10^6$ W, 10(Cr, Cu), 50 Fe, 100 Mn, 500 Ni, 200 V. Vergleich mit AAS und RFA. 20 (Ag, Bi, Cd, Co, Ga, Hg, In, Sb^{3+}, Tl, Pb, Sn, Zn) [Meerwasser] [Na-Wolframat]	[13, 14]
N								
(NH_3)	$NH_3 + HCHO \longrightarrow$ Hexamethylendiamin (polarographisch aktiv)	0,4 Acetatpuffer, pH 4 $+$ 37 %ige Formaldehydlösung (1:1)	DP	DME	$-0{,}9$	10 (100) ppb	hoher Blindwert, praktische Grenze, daher 100 ppb, auch zur Bestimmung prim. Amine, vgl. [15]	[1]
(NO_3^-)	katalytische Reduktion von NO_3^-	$0{,}1\,NH_4Cl + 1{,}4 \cdot 10^{-5}$ $YbCl_3$ (pH 7)	DP	DME	$-1{,}42$	14 ppb	NO_2^-/NO_3^- Simultanbestimmung in engem Bereich möglich [Boden, Wasser], s. Anmerkung 1	[2]
(NO_2^-)	katalytische Reduktion von NO_2^-	$0{,}1\,NH_4Cl + 0{,}25\,BaCl_2$ $+ 2{,}5 \cdot 10^{-4}\,YbCl_3$ (pH 4,5)	DP	DME	$-1{,}33$ bis $-1{,}37$	14 ppb	siehe oben [2]	
$(NO_2^-,$ $NO_3^-)$	katalytische Reduktion	$0{,}012\,HCl + 0{,}0001\,U(VI)$	DP	DME	$-0{,}93$	5–200 ng $N\,ml^{-1}$	Nach Abtrennung durch Ionenaustausch zur Bestimmung in nuklearen Abfallstoffen	[14]
(NO_3^-)	katalytische Reduktion an Amalgamen	$0{,}1\,NaH_2PO_4 + 10^{-5}$ $CdCl_2 + 5 \cdot 10^{-5}\,CuCl_2$	CV	Gr	$-1{,}0^x$	62 ppb	$-$(Fe, Cl, SO_4^{--}, organische Substanzen [Wasser, Aerosol-Extrakt]	[5]
(NO_2^-)	katalytische Reduktion an abgeschiedenen Mo-Oxiden)	$0{,}1\,KCl,\ 10^{-4}\,Na_2MoO_4$ (pH 2,1)	DC	GC, HMDE	$-0{,}88$	10^{-5}	$100\,NO_3^-$, $-$(Cl, SO_4) (Mo^{6+} wird bei $-0{,}44$ V abgeschieden)	[6]
N								
(NO_3^-)	Reduktion von 4-Nitro 2,6 Xylenol	H_2SO_4:H_2O:Essigsäure (6:3:1)	DC	DME	$-0{,}27$	0,4 ppm	zur Bestimmung in [Schwefelsäure] und Rk. mit Hydrochinon, vgl. [12]	[8]
(NO_2^-)	Reduktion von 4-Nitroso 2,6 Xylenol	H_2SO_4:H_2O:Essigsäure (5:4:1)	DC	DME	$-0{,}15$	10^{-6}	neben $100\,NO_3^-$	[9]

Tabelle 3.1.-2 (Fortsetzung)

Element	Reaktion	Grundlösung	Methode	Elektrode	$E_{1/2,p}/$ $E_{Anreicherung}$	Empfindlichkeit	Störungen-Bemerkungen-Matrix	Lit.
(NO_2^-)	Reduktion von Diphenylnitrosamin	$0,01\,KSCN + 0,04\,HClO_4$ $+ 1,3 \cdot 10^{-4}$ Diphenylamin	DP	DME	$-0,55$ bis $-0,60$	$2 \cdot 10^{-8}$	SCN^- wirkt katalytisch, $500\,NO_3^-$ [Fleisch, Speichel]	[11]
Ni	Reduktion des Ni-DMG	$0,1$ Ammoniakpuffer $+ 1,6 \cdot 10^{-4}\,\%$ DMG	DC	DME	$-1,05$	10^{-8}	$20\,Co$, $1500\,Fe^{3+}$, AC1 vgl. [Co8], [Wasser], s. Anmerkung 1	[Co5]
	Reduktion des Ni-DMG	$0,1\,(NH_4)_3$-citrat, $0,1\,NH_3$, (pH 9,2) $5 \cdot 10^{-3}\,\%$ DMG	DP	DME	$-0,99$	2 ppb	$E_p(Co) = -1,14$, $100\,(Fe^{3+}$, Pb), viel Co, Zn stören; in [Co-Verbindung] vgl. [7], in [Eisen], vgl. [Co 7]	[6]
	Reduktion des Ni-DMG	$0,1\,NH_4Cl/NH_3$ (pH 9) $+ 2,5$ ppm DMG	DP	DME	$-0,94^x$	1 ppb	$80\,Co$, viel Cu, Zn stören	[Co 4]
	Adsorptions-Voltammetrie von Ni-DMG	$0,1$–$1\,NH_3/NH_4Cl$, (pH 9,2) $+ 10^{-4}$ DMG	iDC, iDP	DME	$-0,93^x/-0,7^x$	1 ppb	neben Co [Wasser, Nahrungsmittel], in [Wein] vgl. [Co 15]. Höhere Empfindlichkeit mit der TMF, Anwendung zur Bestimmung in [Umweltproben], vgl. [12]	[8]
	Extraktions-Polarographie Ni-Heptoxim	Toluol (organische Phase) + Methanol $(0,1\,LiCl)$ (1:1)	DP	DME	$-1,16^x$	1–2 ppb	Extraktion bei pH 2,5–5 mit Toluol, $100\,Co$, $1000\,Fe^{3+}$, in [biologischen Aschen] $\longrightarrow$ Citratzusatz. Bestimmung nach Extraktion der Ni-DMG Verbindung, vgl. [10]	[9]
P (PO_4^{3-})	Extraktion der 12 Molybdatophosphorsäure Polarographie in organischer Phase (Extraktions-Polarographie) katalytische Welle	organische Phase + Äthanol $(1,5\,LiCl)$ + Eisessig	DC (AC)	DME	$-1,50^x$ (u.a.) (z.B. $-0,46^x$)	1 ppb	Silikat stört nicht, Extraktion mit Butylacetat, Bestimmung nach Rückextraktion in wäßriger Lösung, vgl. [2], s. Anmerkung 1	[1]
	nach Reduktion mit Hydrazin	Rückextraktion in Tartratpuffer (pH 3)	DP	DME	$-0,40$, $-0,48$	2 ppb	$10\,SiO_4^{4-}$, AsO_4^{3-} stören. Extraktion als Mo-Blau (Isoamylalkohol)	[3]
	$Fe^{2+} \xrightarrow[B]{A} Fe^{3+}$ $(FePO_4\downarrow)$ (CSV)	$0,1\,KNO_3 + 10^{-4}$ Citrat $+ 5 \cdot 10^{-3}\,Fe(II)$ (pH 3)	iDC	GC	$+0,05/+0,65$	0,1 ppm	$0,01\,M\,Cl^-$ stört nicht	[4]

$Fe^{2+} \underset{B}{\overset{A}{\rightleftharpoons}} Fe^{3+}$ (FePO$_4\downarrow$) (CSV)	0,01 Chloracetat + $2,65 \cdot 10^{-3}$ + 0,1 KNO$_3$, (pH 2,98)	iDC	GC	0,00/+0,65	0,06 ppm	+ As^5 (E = +0,07), nach Donnan-Dialyse $\longrightarrow$ [Wasser, Abwasser]	[5]
$Cu \underset{B}{\overset{A}{\rightleftharpoons}} Cu^{2+}$ (+ PO$_4^{3-}$ $\longrightarrow$ Cu(II)Phosphat) (CSV)	0,1 KNO$_3$ (pH 6)	iChronop.	Cu	—	10 ppb	0,1 Cl (>0,5 ppm Cl), [Wasser]	[6]
Pb $Pb^{2+} \longrightarrow Pb^0$	1 HCl-Methanol	AC1, 2	DME	−0,53	$2,5 \cdot 10^{-7}$	50 Sn, nach Zusatz von Lumatom in [Biologischem Material], s. Anmerkung 1	[1]
$Pb^{2+} \longrightarrow Pb^0$	1 HCl-Methanol	DPP, AC1, 2	DME	−0,46	—	bei −32 °C, neben 1000 Sn [Rohzinn]	[2]
$Pb^{2+} \longrightarrow Pb^0$	4% Ammoniumoxalat + 3% NH$_4$Cl + 2,5% HCl	AC1	DME	−0,46^x	0,2 ppm	50 Sn	[3]
$Pb^{2+} \underset{B}{\overset{A}{\rightleftharpoons}} Pb^0$	4% Ammoniumoxalat + 3% NH$_4$Cl + 2,5% HCl	iAC2	TMFE	−0,48^x/−0,60^x	0,2 ppb	300 Sn	[3]
$Pb^{2+} \underset{B}{\overset{A}{\rightleftharpoons}} Pb^0$	1 HClO$_4$ + 1 H$_3$PO$_4$ + 0,1 Ascorbinsäure	iDC	TMFE (Gr)	−0,5/−0,9	—	40 Sn [Ferro-Chrom, -Mangan, Widst.-Leg.]	[4]
$Pb^{2+} \underset{B}{\overset{A}{\rightleftharpoons}} Pb^0$	$5 \cdot 10^{-3}$ KNO$_3$ (pH 3,5)	iDP	TMFE	−0,48/−0,9	$3 \cdot 10^{-9}$	1000 Tl	[5]
$Pb^{2+} \underset{B}{\overset{A}{\rightleftharpoons}} Pb^0$	0,1 HCl	iAC2	rot TMFE	−0,53/−0,8	0,04 ppb	10(Cu, Sb, Bi), + (Tl, Sn) [Leitungswasser]	[6]
$Pb^{2+} \underset{B}{\overset{A}{\rightleftharpoons}} Pb^0$	1 HCl-Methanol	iAC1	HMDE	−0,44^x/−0,6^x	10^{-9}	50 Sn, + Tl	[7]
$Pb^{2+} \underset{B}{\overset{A}{\rightleftharpoons}} Pb^0$	0,1 HCl/Citratpuffer (pH 3,9) (L.W.)	iDP	TMFE	−0,61/−0,8	2 ppb	100 Sn	[8]
$Pb^{2+} \underset{B}{\overset{A}{\rightleftharpoons}} Pb^0$	0,1 Acetatpuffer + 0,1 EDTA + 0,1% CTAB	iDC	HMDE	−0,41/−0,52	—	10 Tl, 10^4 Cd [Cd-Salze]	[9]
$Pb^{2+} \underset{B}{\overset{A}{\rightleftharpoons}} Pb^0$	0,1 HCl + 0,1 Oxalsäure + 10^{-3}% CTAB	iAC1	HMDE	−0,40/−0,60	$2 \cdot 10^{-8}$	neben Sn (E$_p$ = −0,50)	[14]
invers, nach Extraktion mit Dz., in organischer Phase	15 ml organische Phase + 35 ml CH$_3$OH + 0,05 LiCl + $4 \cdot 10^{-4}$ Hg(II)	iDC	TMFE	−0,53/−0,9	$5 \cdot 10^{-7}$	Hg(II) setzt Pb(II) frei, Extraktion mit CHCl$_3$, pH 8,5–9, sel. Bestimmung; $5 \cdot 10^3$ (Fe^{3+}, Sn, Sb, Cu, Co, Ag, Ni, Bi)	[10]

Tabelle 3.1.-2 (Fortsetzung)

Element	Reaktion	Grundlösung	Methode	Elektrode	$E_{1/2,p}/$ $E_{Anreicherung}$	Empfindlichkeit	Störungen-Bemerkungen-Matrix	Lit.
Pb	$Pb^{2+} \underset{B}{\overset{A}{\rightleftharpoons}} Pb^{4+}$ $(PbO_2 \cdot aq\downarrow)$	0,25 Weinsäure + 0,1 Cl$^-$ (pH 5)	iDC	CP	$+0,75^x/+1,4^x$	25 ppb	100 Sn	[11a, b]
	$Pb^{2+} \underset{B}{\overset{A}{\rightleftharpoons}} Pb^{4+}$ $(PbO_2 \cdot aq\downarrow)$	Acetatpuffer (pH 5–5,2)	iDC	rot Pt	$+0,68/+1,2$	$5 \cdot 10^{-9}$	+ Mn, O$_2$ stört nicht	[12]
	$Pb^{2+} \underset{B}{\overset{A}{\rightleftharpoons}} Pb^{4+}$ $(PbO_2 \cdot aq\downarrow)$	0,01 H$_2$SO$_4$	iDC	GC	$+0,4(+0,7)/$ $+1,35$ (Hg-Sulfat-elektrode)	1 ppb	$<10^{-5}$ M Mn stört nicht, [Regenwasser] >3 ppb $\rightarrow$ 2 Peaks. Mikrocoulometrische Auswertung besser als i_p-Messung	[13]
S (SO$_3^{2-}$)	Reduktion zu SO$_2^{2-}$, S$_2$O$_4^{2-}$, S$_2$O$_3^{2-}$ (pH-abhängig)	0,1 HCl	DC u.a.	DME	$-0,32$	von Methode abhängig (s. u.)	s. Anmerkung 1	—
	Reduktion zu SO$_2^{2-}$, S$_2$O$_4^{2-}$, S$_2$O$_3^{2-}$ (pH-abhängig)	pH 3	DC u.a.	DME	$-0,48$	von Methode abhängig (s. u.)	SO$_3^{2-}$ und S$_2$O$_3^{2-}$ in neutraler und alkalischer Lösung nicht reduzierbar. Nach Absorption in Na$_2$HgCl$_4$/N$_2$H$_4$-Lösung Bestimmung von SO$_2$ in Luft $\rightarrow$ [12]. Nach oxidativer Verbrennung zur S-Bestimmung in Benzin $\rightarrow$ [4]	—
	Reduktion zu SO$_2^{2-}$, S$_2$O$_4^{2-}$, S$_2$O$_3^{2-}$ (pH-abhängig)	pH 6	DC u.a.	DME	$-1,23$	von Methode abhängig (s. u.)		—
	Reduktion zu SO$_2^{2-}$, S$_2$O$_4^{2-}$, S$_2$O$_3^{2-}$ (pH-abhängig)	pH 4,7 (Acetatpuffer)	AC1	DME	$-0,62^x$	von Methanol abhängig (s. u.)	in [„pulping liquor"], Lignin, S$_2$O$_3^{2-}$, S^{2-} stören nicht	[5]
	S$_2$O$_3^{2-}$ (pH-abhängig) Reduktion zu SO$_2^{2-}$, S$_2$O$_4^{2-}$,	DMSO + 0,1 LiCl	DPP	DME	$-0,74^x$	$5 \cdot 10^{-7}$	$-(S^{2-}, SO_4^{2-})$, N-oxide stören, 0,1 ppm in [Luft]	[13]
	S$_2$O$_3^{2-}$ (pH-abhängig) Reduktion zu SO$_2^{2-}$, S$_2$O$_4^{2-}$, S$_2$O$_3^{2-}$ (pH-abhängig)	1 HCl(H$_2$SO$_4$)	DP	DME	$-0,35$	10^{-7}	$-(SO_4^{2-}, S^{2-}, NO_3^-) + NO_2^-$ (+ Diphenylamin: 1 NO$_2^-$) 0,1–1 ppb in [Luft]	[14]

S								
$(S_2O_3^{--})$	?	0,1 Acetatpuffer	DPP, AC	DME	$-0,15$	$<0,1$ mg $S_2O_3^{2-}$/l	SO_3^{2-}, S^{2-} stören nicht; zur Bestimmung über katalytische Wellen, vgl. [16]	[15]
	?	0,1 Acetatpuffer (pH 4,7)	AC1	DME	$-0,21^x$	10^{-4}	in [,,Pulping Liquor"] neben Lignin	[5]
$(S_{el.})$	Reduktion zu H_2S	1,1 Py + 0,06 Py · HCl in Methanol	DC u.a.	DME	$-0,50$	—	—	
		Methanol/Benzol/Wasser (65:30:5), 0,1 Acetatpuffer	DC	DME	$-0,62$		Bestimmung in [Benzin, Petroleum]	[4]
(CH_3SH)		0,2 NaOH + 0,3 KCl	AC	DME	$-0,58$	10^{-2}	[,,Pulping Liquor"]	[5]
(S^{2-})	$Hg \rightleftharpoons Hg^{2+}$ $(Hg^{2+} + S^{2-} \rightleftharpoons HgS)$	0,01 NaOH	DP	DME	$-0,72^x$	$3 \cdot 10^{-7}$	—	[2]
	$Hg \rightleftharpoons Hg^{2+}$ $(Hg^{2+} + S^{2-} \rightleftharpoons HgS)$	1 NaClO$_4$	DC (rapid)	DME	$-0,62, -0,77$	$3 \cdot 10^{-6}$	$10(CN^-, SCN^-, S_2O_3^{2-}, SO_3^{2-}, Cl^-, Br^-)$	[1]
	$Hg \rightleftharpoons Hg^{2+}$ $(Hg^{2+} + S^{2-} \rightleftharpoons HgS)$	0,1 NaOH	NP	DME	$-0,71^x$	$3,5 \cdot 10^{-7}$		[3]
	$Hg \rightleftharpoons Hg^{2+}$ $(Hg^{2+} + S^{2-} \rightleftharpoons HgS)$	0,1 NaOH	DC	DME	$-0,77$	—	nach hydrierendem Aufschluß 10^{-4} 5% in [Benzin]. Nach Destillation als H_2S in $\longrightarrow$ [Ti-Schwamm], vgl. [6]	[4]
	$Hg \xrightarrow{\frac{A}{B}} Hg^{2+}$ $(Hg^{2+} + S^{2-} \rightleftharpoons HgS)$	0,1 NaOH	iDC	HMDE	$-/-0,2$ (k.A.)	10^{-7}	siehe oben [4]	
	$Hg \rightleftharpoons Hg^{2+}$ $(Hg^{2+} + S^{2-} \rightleftharpoons HgS)$	0,2 NaOH + 0,3 KCl	AC1	DME	$-0,78^x$		in [,,Pulping Liquors"]	[5]
	$Hg \xrightarrow{\frac{A}{B}} Hg^{2+}$ $(Hg^{2+} + S^{2-} \rightleftharpoons HgS)$	0,2 NaOH	iDC	Hg-Pool	$-0,80/-0,35$	$7 \cdot 10^{-8}$	-10^{-4} M $(SO_3^{2-}, S_2O_3^{2-}, SCN^-, I^-)$, + Schwermetalle -10^{-4} M Cystein, Polysulfid verhält sich wie S^{2-}	[7,8]
	$Hg \rightleftharpoons Hg^{2+}$ $(Hg^{2+} + S^{2-} \rightleftharpoons HgS)$	0,2 LiOH + 0,02 EDTA	DP	SMDE	$-0,70^x$	1 ppm	nach reduktiver Pyrolyse in [organischer Substanz], 5 µg Pb/ml und Halogene stören nicht	[9]
	$Hg \xrightarrow{\frac{A}{B}} Hg^{2+}$ $(Hg^{2+} + S^{2-} \rightleftharpoons HgS)$	0,2 LiOH + 0,02 EDTA	iDP	SMDE	$-0,8^x/-0,3^x$	30 ppb	siehe oben [9]	
	$Hg \xrightarrow{\frac{A}{B}} Hg^{2+}$ $(Hg^{2+} + S^{2-} \rightleftharpoons HgS)$	0,2 NaOH	iDP	SMDE	$-0,7/-0,3$		bis 0,01 ppm in [In, In-Phosphid] nach H_2S-Entw.	[11]

Tabelle 3.1.-2 (Fortsetzung)

Element	Reaktion	Grundlösung	Methode	Elektrode	$E_{1/2,p}/$ $E_{Anreicherung}$	Empfindlichkeit	Störungen-Bemerkungen-Matrix	Lit.
S	$Hg \underset{B}{\overset{A}{\rightleftharpoons}} Hg^{2+}$	$0,2\,NaOH$	iDP	rot. Ag	$-0,9^x/-0,4^x$	10^{-8}		[10]
(S^{2-})	$(Hg^{2+} + S^{2-} \rightleftharpoons HgS)$							
Sb	$Sb^{3+} \longrightarrow Sb^0$	$1\,H_2SO_4 + 0,01\,SCN^-$	DC, AC1	DME	$-0,13^x$	$5 \cdot 10^{-6}$ (AC1)	1000As, 10(Bi, Pb, Fe) + Cu	[1]
	$Sb^{3+} \longrightarrow Sb^0$	$0,75\,HClO_4 + 2 \cdot 10^{-6}\,S_2O_3^{2-}$	AC1	DME	$-0,11$		statt $S_2O_3^{2-}$ auch 10^{-3} M NaBr	[2]
	$Sb^{3+} \longrightarrow Sb^0$	$1\,H_2SO_4 + 0,01\,SCN^-$	Sqw	DME	$-0,12$		$+ 160$ Bi ($E_p = -0,013$)	[3]
	$Sb^{5+} \longrightarrow Sb^0$ [+ Adsorptions-Vorgang]	$0,1$ Brenzcatechin $+ 0,1$ $HClO_4 + 0,1\,NaClO_4$	DP	SMDE	$-0,33^x$	25 ppb	[Halbleiterprodukte]	[As 14]
	$Sb^{3+} \underset{B}{\overset{A}{\rightleftharpoons}} Sb^0$	$1\,HCl + 4\%$ Citronensäure	iDC	TMFE (Gr)			in [Kupfer]	[4]
	$Sb^{3+} \underset{B}{\overset{A}{\rightleftharpoons}} Sb^0$	$1,2\,HCl + 1,8\,H_2SO_4$ $+ 0,1$ Hydrazinsulfat	iDP	TMFE	$-0,18/-0,5$		+ (Cu, Bi), s. Anmerkung 1	[5]
	$Sb^{3+} \underset{B}{\overset{A}{\rightleftharpoons}} Sb^0$	$1\,HCl$	iAC1	HMDE	$-0,18/-0,60$		Bei $E_{Anreicherung} = -0,24$ stört Cu nicht. Sonst 20Cu, Bi($E_p = -0,12$), Reduktion Sb(V) $\longrightarrow$ Sb(III) mit Ascorbinsäure (5 min 100°)	[9]
	$Sb^{3+} \underset{B}{\overset{A}{\rightleftharpoons}} Sb^0$	$0,3\,HCl$	iDP	TMFE	$-0,17/-0,60$	0,05 ppb	20Bi, neben Cu: $E_{Anreicherung} = -0,22$ [Seewasser]	[10]
	$Sb^{3+} \underset{B}{\overset{A}{\rightleftharpoons}} Sb^0$	$1\,H_2SO_4$	iDP	Au-Film	$+0,18/-0,05$		$Sb^5 \longrightarrow Sb^3$: Reduktion mit SO_3^{2-} in H_2SO_4/80 °C	[11]
	$Sb^{3+} \underset{B}{\overset{A}{\rightleftharpoons}} Sb^{5+}$ $[SbCl_6]^- +$ Rhodamin B $\longrightarrow N_{El}$ (CSV)	$1\,HCl + 10^{-3}$ Rhodamin B	iDC	Gr	$+0,30/+0,8$	5 µg/l	10^6 Cu stört nicht bei Austausch der Probelösung gegen reine Grundlösung vor inverser Bestimmung [Kupfer, Bronze, Messing]	
	(gleiche Reaktion mit Malachitgrün) (CSV)	$1,5\,HCl + 10^{-5}$ Malachitgrün	iDC	Gr	$+0,6/+0,8$	10^{-8}	10^4 (Fe^{3+}, Cu, Bi), $10^3\,Sn^{2+}$, $10^2\,I^-$	[13]
Se(IV)	2. Stufe (s. Anmerkung 1)	1 Ammoniumacetat $+ 0,01$ EDTA (pH 8)	DP	DME	$-1,34$	5 µg/l	$- 100$ (Cu, V, Te, Cr^{3+}, Mo, Zn), + Cu, s. Anmerkung 1	[1]
	2. Stufe (?)	$0,1\,HCl\,(HClO_4) +$ $4 \cdot 10^{-2}$ EDTA	AC1, DP	DME	$-0,5(?)$	8 ppb	neben Cu, Cd, Te, Ge, Pb, s. Anmerkung 2	[3]
	CSV	$0,1\,HCl\,(HClO_4) +$ $4 \cdot 10^{-2}$ EDTA	iDP	HMDE	$-0,62/-0,3$	0,1 ppb	siehe oben [3]	

CSV (+ Cu)		$4\cdot10^{-3}$ Titriplex III + 1 Ammoniumsulfat + 1 ppm Cu^{2+} (pH 2,2–2,3)	iDC	HMDE	$-0,68^x/-0,25^x$	2 ppb	[Trinkwasser]	[4]
CSV (+ Cu)		0,5 Ammoniumsulfat + $4\cdot10^{-3}$ EDTA + 1 ppm Cu^{2+} (pH 4,5)	iDC, iDP	HMDE	$-0,83/-0,4$	0,2 ppb	neben 10^4 Te; $AC1 \longrightarrow$ 0,2 ppb Se [14]	[6]
CSV		$0,05\,NaOH + 1\,KNO_3 + 1\%\,N_2H_4$	iDC	HMDE	$-0,93/-0,7$	1 ppb	nach Reduktion mit $NaBH_4$ zu H_2Se und Destillation in alkalischer Lösung; +(viel Ni, Co, Fe, Zn, Cu, Pb)	[5]
CSV		$0,1\,HClO_4 + 2\cdot10^{-5}\,I^-$	iDC	HMDE	$-0,53/-0,1$	$5\cdot10^{-10}$	Vergleich verschiedener Grundlösungen	[22]
CSV		$0,1\,HCl$	iDP	SMSD	$-0,5/-0,35$	$<1\,ng\,ml^{-1}$	nach Abtrennung an Ionenaustausch. Bestimmung in [Biologischem Material], Vergleich ASV/CSV	[23]
ASV		$0,1\,HClO_4$	iDC	rot Au	$+0,9/-0,3$	0,04 ppb	mit „Tubular-Flow" Elektrode höhere Selektivität [8], [Biologische Proben]	[7]
ASV		$0,1\,HClO_4 + 10^{-6}\,Au(III)$	iDC	rot Au-Film (in situ auf GC)	$+0,9$ bis $+1,1/$ $-0,4$	$2\cdot10^{-9}$	Mikrocoulometrische Auswertung [Biologische Proben], vgl. auch [9]	[10]
Si (Silicat)	Reduktion des 12-Molybdatosilikats	Citratpuffer, pH 2,5, + 3 % Methylethylketon + $5\cdot10^{-5}\,Mo(VI)$ + 0,003 % Triton X 100	DP	DME	$-\mathbf{0,37}$, 0,5	$5\cdot10^{-8}$	$100(PO_4^{3-},\ AsO_4^{3-})$; Bestimmung von 10^{-5} % Si in [Stahl], vgl. [4], s. Anmerkung 1	[3]
	Polarographie nach Extraktion der 12-Mo-kieselsäure	Organische Phase + LiCl in Ethanol, (pH 1,98)	DP	DME	$-0,26,\ -0,43,$ $-\mathbf{0,54}$	10 ppb	Extraktion aus schwefelsaurer Lösung mit Ethylacetat, neben V, As^{5+}, W.	[5]
	Polarographie nach Extraktion der 12-Mo-kieselsäure	Organische Phase + LiCl in Ethanol, (pH 1,98)	AC1	DME	$-0,27,\ -0,38,$ $-0,54$		Neben viel PO_4^{3-}: Extraktion aus stark saurer Lösung [Wasser]	[5]
	Adsorptionsanreicherung der 12-Mo-kieselsäure	Citratpuffer (pH 2,5) + 10 % Methylethylketon	iDC	HMDE	$-0,36^x/-0,2^x$	10^{-7} (6,4 ppb)	Bildung des $[SiMo_{12}O_{40}]^{4-}$ bei pH 1,6; [Trink- und Seewasser] Zusatz von Citrat maskiert PO_4^{3-} und MoO_4^{2-}-Überschuß	[6]
Sn	$Sn^{4+,2+} \longrightarrow Sn^0$	$3\,NaBr + 5\cdot10^{-3}\,EDTA$, (pH 1–3) ($+ 4\cdot10^{-3}$ % Gelatine)	DC	DME	$-0,71$	10^{-5}	$E_{1/2}$ (Pb) $= -0,48$ zur Bestimmung von Organozinn-verbindungen vgl. [14, 15]	[1]

Tabelle 3.1.-2 (Fortsetzung)

Element	Reaktion	Grundlösung	Methode	Elektrode	$E_{1/2,p}$/ $E_{Anreicherung}$	Empfindlichkeit	Störungen-Bemerkungen-Matrix	Lit.
Sn	$Sn^{4+,2+} \longrightarrow Sn^0$	$2 NH_4Cl + 8\% Ethanol + 5 \cdot 10^{-3} EDTA$ (pH 1–2)	DC	DME	$-0,98$	20 ppm	neben Pb, Cd	[2]
	$Sn^{4+,2+} \longrightarrow Sn^0$	1 HCl in Methanol	AC1, 2	DME	$-0,53$	$2 \cdot 10^{-7}$	25 Pb	[3]
	$Sn^{4+,2+} \longrightarrow Sn^0$	4% Ammoniumoxalat $+ 3\% NH_4Cl + 2,5\%$ konzentrierte HCl	AC1	DME	$-0,54^x$	1 ppm	1,5 Pb, mehr Pb durch Mitfällung an $BaSO_4$ entfernen, $E_p(Pb) = 0,42$	[4]
	$Sn^{4+} \longrightarrow Sn^{2+}$ (+ Adsorptions-Vorgänge)	$0,1 HClO_4 + 0,1 NaClO_4 + 0,1$ Brenzcatechin	DP	SMDE	$-0,12$	28 ppb	[Halbleiter]	[As 14]
	$Sn^{4+,2+} \xrightleftharpoons[B]{A} Sn^0$	4% Ammoniumoxalat $+ 3\% NH_4Cl + 2,5\%$ konzentrierte HCl	iAC1	TMFE	$-0,54^x/-0,60^x$	20 ppb	Neben viel Pb: Mitfällung des Pb an $BaSO_4$	[4]
	$Sn^{4+,2+} \xrightleftharpoons[B]{A} Sn^0$	$0,1$ Oxalsäure $+ 0,1 HCl + 6 \cdot 10^{-4} CTAB$	iAC1	HMDE	$-0,50/-0,8$	$2 \cdot 10^{-8}$	$E_p(Pb) = -0,40$, neben Pb	[Pb 14]
	$Sn^{4+,2+} \xrightleftharpoons[B]{A} Sn^0$	Acetatpuffer (pH 4,7) 1 HCl (L. W.)		TMFE (Gr)	$-0,65/-0,90$	$5 \cdot 10^{-8}$	25 (Pb, Cu, Cd) 40 Sb, nach Ionenaustausch $\longrightarrow$ [Zink, Kupfer]	[5]
	$Sn^{4+,2+} \xrightleftharpoons[B]{A} Sn^0$	$0,8 HCl/4 NH_4OH + 0,4$ Trinatriumcitrat 1:1 (L.W.)	iDC	TMFE	$-0,75/-1,0$	—	neben min. 10 Pb [Zink, Zinksalze]	[6]
	$Sn^{4+,2+} \xrightleftharpoons[B]{A} Sn^0$	$0,5$ Oxalsäure $+ 2 \cdot 10^{-4}$ Methylenblau	iDC	TMFE	$-0,62/-1,0$	—	$E_p(Pb) = -0,54$, neben Pb	[7]
	$Sn^{4+,2+} \xrightleftharpoons[B]{A} Sn^0$	0,01 Salicylsäure (pH 7)	iDC	HMDE	$-0,50/-1,0$	10^{-7}	20 Pb ($E_p = -0,35$), $100 Fe^{3+}$, neben 10^5 Fe: Extraktion des Sn-Iodids mit Methylisobutylketon, [Geologische Proben]	[8]
	$Sn^{4+,2+} \xrightleftharpoons[B]{A} Sn^0$	1 HCl in Methanol	iAC1	HMDE	$-0,53^x/-0,9^x$	10^{-9}	10 Pb, + Tl	[9]
	$Sn^{4+,2+} \xrightleftharpoons[B]{A} Sn^0$	$0,1 HClO_4 + 0,1$ Oxalsäure $+ 0,1$ Pyrogallol	iDC	TMFE (Ag)	$-0,48/-0,75$	$2 \cdot 10^{-8}$	10 Pb, Bestimmung in nichtgerührter Lösung (Adsorptionsvorgänge !)	[10]
	$Sn^{4+,2+} \xrightleftharpoons[B]{A} Sn^0$	1 HCl/Citratpuffer (pH 3,9) (L.W.)	iDP	TMFE	$-0,72/-1,3$	1,2 ppb	$E_p(Pb) = -0,61$, 10(Pb, Cd)	[11]

$Sn^{2+} \longrightarrow Sn^{4+}$	$1\,HBr$	(i) DC	TMFE	$+0{,}7/-1{,}0$	2,3 ppb	500 Pb, $R_{Ring} = +0{,}7$ V, „Ring-Disk“-Elektrode (vgl. S. 113)	[12]
Adsorption Sn(IV)-Hämatein-Komplexe (Adsorptions-Voltammetrie)	$0{,}4\,Na\text{-acetat} + 10^{-4}\,\%\,Hämatein$	iDC	CP	$+0{,}72^{x}/\pm 0$		10^4–10^5 (Pb, Zn) $10^3\,Sb^{5+}$, $10\,Sb^{3+}$, $10^3\,Fe$, $10^2\,Cu$, 10^5 (Zn, Pb), [Blei]	[13]
Te(IV) s. Anmerkung 1	$1\,HClO_4$	AC, DP	DME, HMDE	$-0{,}75$	$1{,}5 \cdot 10^{-8}$, $6 \cdot 10^{-9}$	neben As, Cu, Se $\longrightarrow$ Auswertung durch Aufstocken, s. Anmerkung 1	[1]
	$0{,}1\,HCl + 0{,}2\,NaCl$	DP	DME	$-0{,}79$	$2 \cdot 10^{-9}$	neben $10^4\,Bi$	[2]
	$0{,}1\,KJ + ges.\ Weins.$	DP	DME	$-0{,}82$	$5 \cdot 10^{-7}$	neben 10(Cd, In), Grundlösung unter N_2 bereiten	[3]
	$1\,H_3PO_4$	DP	DME	$-0{,}88$	10^{-8}	direkt $10^{-2}\,\%$ Te in [Stahl], andere Stahlbestandteile stören nicht	[4]
	$0{,}2\,HCl$	DP	DME	$-0{,}80$	1 ppb	$100\,(Bi, Sb^{5+}, As^{5+}, Cu, Sn^{2+},$ Ni, Zn, Mg); $50\,(Se^{4+}, Cd, Ag)$ $\longrightarrow$ 10–50 % Abnahme von i_p. Selektiv nach Extraktion mit MIBK	[5]
CSV ($+ Cu^{2+}$)	$0{,}5\,(NH_4)_2SO_4 + 4 \cdot 10^{-3}$ EDTA $+ 1$ ppm Cu^{2+}, (pH 4,5)	iDP	HMDE	$-0{,}99/-0{,}4$	0,2 ppb	neben $10^4\,Se$	[Se 6]
CSV ($+ Cu^{2+}$)	$1\,HCl$	iDC	TMFE (Gr)	$-0{,}83/-0{,}5$	—	+ As, (als $AsCl_3$ abdest.), 1000 Ga	[7]
CSV ($+ Cu^{2+}$)	$0{,}5\,HCl$	iDP	HMDE	$-0{,}82^{x}/-0{,}7$ bis $-0{,}2$	$3 \cdot 10^{-2}$ ppb	Bei $E_{Anr} = -0{,}2$ neben 100 Cu, Pb, Cd. $E_{Anr} = -0{,}7$ neben As(III), Auswertung durch Aufstocken, [Zinksalze]	[8]
ASV	$0{,}1\,HClO_4$	iDC	Au, Au-Film	$+0{,}8/-0{,}4$	0,1 ppb	Vgl. verschiedener Au-Elektroden, E_p von Konzentration und „Scan“ abhängig. An rotierender Au-Disk-Elektrode Bestimmung von $5 \cdot 10^{-11}$ Te, vgl. [10]	[9]
ASV	$1\,HCl$ oder HBr	iDC	rot GC	$+0{,}4/-0{,}55$	$5 \cdot 10^{-7}$	Selektive Bestimmung nach Extraktion des Te-Dz oder Extraktion mit MIBK und Bestimmung in gemischt organischer wäßriger Grundlösung	[11]

Tabelle 3.1.-2 (Fortsetzung)

Element	Reaktion	Grundlösung	Methode	Elektrode	$E_{1/2,p}/E_{Anreicherung}$	Empfindlichkeit	Störungen-Bemerkungen-Matrix	Lit.
Ti	$Ti^{4+} \longrightarrow Ti^{3+}$	0,2 Citratpuffer (pH 6,1) + 0,01 % Dodecylamin	AC1	DME	$-0,94$	0,1 ppm	$+ Sb^{3+}$, 10(Fe^{3+}, Cu), neben 10f. aller übrigen Elemente, s. Anmerkung 1	[1]
	$Ti^{4+} \longrightarrow Ti^{3+}$	8,3 % Mannitol, pH 9	DC	DME	$-1,38$	—	neben Eisen	[2]
	$Ti^{4+} \longrightarrow Ti^{3+}$ (kinetisch kontrolliert)	Wasser:Ethanol (1:1), $+ 2H_2SO_4 + 0,05$ BPHA	DC	DME	$-0,42$	$5 \cdot 10^{-6}$	100(Mn, Zn, Al, Fe), 20 Bi, 10(Pb, Cr^{6+}, V, Cu), + (Sb, Mo, Cd)	[3]
	$Ti^{4+} \longrightarrow Ti^{3+}$ (katalytische Stufe)	0,2 Oxalsäure + 0,25 $H_2SO_4 + 0,1$ KClO$_3$	DP	DME	$-0,26$		200 (Al, Sb, $As^{3+,5+}$, Bi, $Cr^{3+,6+}$, Cu, Co, Fe, Pb, Mn, Mo, Ni, Sn, W, V, Zn, Nb, P, Si), nach Elektrolyse an Hg-Kathode in [Stahl], s. Anmerkung 2	[4]
	katalytische Welle	Britton-Robinson-Puffer (pH 2,5) $+ 10^{-3}$ EDTA $+ 5 \cdot 10^{-3}$ KBrO$_3$ $+ 4 \cdot 10^{-2}$ HBO$_2$	DP	DME	$(-0,16)$	10^{-8}	[Stahl, Papier]	[9]
Tl	$Tl^{+} \longrightarrow Tl^{0}$	0,05 DTPA + 0,01 % Triton X 100	DC (Tast)	DME	$-0,46$	$5 \cdot 10^{-5}$	$-$ (Co, Ni, Zn, Cu, Pb, Bi, Cd, Cr^{3+}, Mo, V, As), + (viel Ag, Fe^{3+}), s. Anmerkung 1	[1]
	$Tl^{+} \overset{A}{\underset{B}{\rightleftharpoons}} Tl^{0}$	$5 \cdot 10^{-3}$ KNO$_3$ (pH 3,5)	iDP	TMFE	$-0,66/-0,9$	$3 \cdot 10^{-9}$	1000 Pb	[5]
	$Tl^{+} \overset{A}{\underset{B}{\rightleftharpoons}} Tl^{0}$	Acetatpuffer $+ 10^{-3}$ EDTA	iDP	HMDE	$-0,42/-0,8$	0,6 ppb	100 (Pb, Cd), 5 mg Fe und Mn l^{-1} sind ohne Einfluß, [Wasser]. Zur Bestimmung nach Anreicherung an Ionenaustausch, vgl. [7]	[6]
	$Tl^{+} \overset{A}{\underset{B}{\rightleftharpoons}} Tl^{0}$	Acetatpuffer $+ 10^{-3}$ EDTA	iDP	TMFE		0,01 ppb		[6]
	$Tl^{+} \overset{A}{\underset{B}{\rightleftharpoons}} Tl^{0}$	0,1 EDTA + 0,01 PE-Glykol	iDC	HMDE	$-0,45/-0,75$	10^{-8}	$+ 10^{6}$ (Cu, Cd), 10^{3} Pb	[8]
	$Tl^{+} \overset{A}{\underset{B}{\rightleftharpoons}} Tl^{0}$	0,02–0,1 EDTA (pH 4–5)	iAC1, iDP, iDC	HMDE (TMFE)	$-0,47^x/-0,8^x$	0,03 ppb (AC1) 0,1 ppb (DPP)	6000 Pb ($E_{Anr.} = -0,6$ V), 4000 Sn, 10^{3} Cd, 10^{3} (Cu, Sb^{3+}), 10^{4} Bi. Zur Bestimmung in [Wein], vgl. [13]	[9]

	$Tl^+ \underset{B}{\overset{A}{\rightleftharpoons}} Tl^0$	$0,1$ CDTA $+ 1$ Acetat-puffer $+ 2 \cdot 10^{-2}\%$ Triton X 100	iDP	HMDE	$-0,42^x/-0,8$	10^{-8}	10^5 Pb	[10]
	$Tl^+ \underset{B}{\overset{A}{\rightleftharpoons}} Tl^0$	$0,02$ EDTA $+ 1$ Na-Citrat (pH $5-7$)	iDP	HMDE	$-0,43/-0,7$	$1\,\mathrm{ng}\cdot\mathrm{l}^{-1}$	neben mehr als $4\,\mu$g Pb Anreicherung bei $-0,6$ V (pH 7) [geol. Proben, Biomatrices]	[14]
	$Tl^+ \underset{B}{\overset{A}{\rightleftharpoons}} Tl^0$	$0,2$ EDTA, pH $4,5 + 0,01$ TBAC	iDP	HMDE	$-0,48/-0,7$	$5 \cdot 10^{-9}$	$10^{-5}\%$ Tl in [Bleisalzen und metallischem Blei]	[12]
	$Tl^+ \underset{B}{\overset{A}{\rightleftharpoons}} Tl^{3+}$ ($Tl(OH)_3\downarrow$)	$0,1$ Boratpuffer, pH $8-9$	iDC	Pt	$0,0/+0,7$		$-$ (Cu, Cd, Zn), Pb stört	[11]
U	$U^{6+} \longrightarrow U^{5+}$	ca. $0,1\,H_2SO_4$	AC1 (100C Hz)	DME	$-0,2^x$	$-$	neben Pb und V [seltene Erdmineralien und Spezialgläser]	[1]
	$U^{6+} \longrightarrow U^{5+}$	$0,15\,H_2SO_4 + 0,5$ Ascorbinsäure	DP	DME	$-0,17$	$0,18$ ppm	$-$ (Th, Am), 1 Np, 100 (Zn, Mo, Ti, Pt^{4+}) $+ (PO_4^{3-}, F^-)$ [Plutonium-metall und -oxid], s. Anmerkung 1	[2]
	$U^{6+} \longrightarrow U^{5+}$	$1\,HNO_3$	Sqw	DME	$-0,2$	10^{-5}	[Nuklearstoffe]	[3]
	$U^{6+} \longrightarrow U^{5+}$	$1,47\,H_3PO_4 + 1,5\,H_2SO_4$	DP	DME	$-0,09$	$0,2$ ppm	Bestimmung des U(VI)/U(IV)-Verhältnis in UO_{2+x}	[15]
	$U^{6+} \longrightarrow U^{5+}$	$1,5\,H_3PO_4$	DP	DME	$-0,16^x$	100 ppb	neben U(IV) in [Pechblende], $-$ (V, Cr^{6+}, Mn, Fe, Co, Ni, Zr, Bi) $+$ Ti, viel (Cu, As^{3+}, Mo, Pb)	[4]
	$U^{6+} \longrightarrow U^{5+}$	$0,5$ Citratpuffer (pH $6,8$)	DC	DME	$-0,52$	10^{-4}	10 Pu, $E_{1/2}$ (Pu) $= -0,29$ V, neben Pu, vgl. auch [6]	[5]
	katalytisch (nach Extraktion)	$0,02\,NaNO_3 + 0,01\,HNO_3$	DP	DME	$-1,5$	1 ppb	selektiv nach Extraktion mit Triphenylarsinoxid/$CHCl_3$, [Wasser]	[7]
	nach Extraktion als Oxinat	Acetonitril $+ 0,1$ Oxin $+ 0,1$ TBAP ($=$ organische Phase)	Sqw (DC)	DME	$-0,96$ ($-0,80$)	$8 \cdot 10^{-7}$	Aussalzen mit NH_4^+- bzw. Na-acetat, selektiv nach EDTA-Zusatz, s. Anmerkung 2	[8]
V	Reduktion von V(IV)	$0,9\,H_2SO_4 + 2\,KSCN$	AC1 (DPP)	DME	$-0,52$	50 ppb (DPP)	$-$ (Mo^{6+}, Ti^{4+}, Fe^{2+}, Al, Zr, Sn^{4+}, Sb^{3+}, Mn) $+$ (Pb, Cu, Cd, Cr^{6+}, Ni, Zn, As^{3+}) [Petroleum], s. Anmerkung 1	[1]
	katalytische Reaktion	Acetatpuffer (pH $4,94$) $+ 0,1\,KBrO_3$	DC	DME	$-0,3$	10^{-6}	$+$ (Wolframat, Phosphat)	[2]

Tabelle 3.1.-2 (Fortsetzung)

W	?	10 HCl	Sqw	DME	$-0,62$	$9 \cdot 10^{-7}$	neben viel Mo [Molybdänerze], s. Anmerkung 1	[1]
	katalytische Ströme	$0,1\,HClO_4 + 0,3\,NaClO_3 + 3 \cdot 10^{-2}$ Brenzcatechin	DC	DME	—	$2 \cdot 10^{-7}$	$100\,(Mn, Sn^{4+}, As^{3+,5+}, Cr^{3+}, PO_4^{3-})$, $-10\,(Cu, V, Fe^{3+}, Sb^{3+}, Cr^{6+}, Ti, Ni)$	[2]
Zn	$Zn^{2+} \longrightarrow Zn^0$	$0,24\,HCl + 2\%\,NH_2OH + 0,3\%\,KF + 5\%\,Py + 0,002\%$ Triton X 100	DC	DME	—		$10^{-2}\%$ Zn in [Flugstaub], neben Cu, Ni, Pb, Fe, Al, s. Anmerkung 1	[1]
	$Zn^{2+} \longrightarrow Zn^0$	2 HCl	AC(1)2	DME	$-1,05^{x}$	$5 \cdot 10^{-6}$	ohne Entlüftung, neben Cu, Pb, Cd [Blei]	[17]
	$Zn^{2+} \longrightarrow Zn^0$	$0,1\,NH_4OH/NH_4Cl$	DP	DME	$-1,10$	10^{-8}	Zn/Co: $\Delta E_p = 90\,mV$, 0,1 ppm nach Ionenaustausch in [Cobalt]	[2]
	$Zn^{2+} \longrightarrow Zn^0$	0,1 Acetatpuffer	DP	DME	$-1,10$	10^{-8}	neben 250 Co, Ni stört	[2]
	$Zn^{2+} \underset{B}{\overset{A}{\rightleftharpoons}} Zn^0$	Acetatpuffer (pH 5,7)	iDP	TMFE	$-1,08/-1,2$	10 ng/ml	$+ 200\,(Cd, Pb)$, s. Anmerkung 2	[4]
	$Zn^{2+} \underset{B}{\overset{A}{\rightleftharpoons}} Zn^0$	0,1 HCl	iAC1	HMDE	$-1,0/-1,25$	0,5 ng/ml	$+ 100\,Cu$	[5]
	$Zn^{2+} \underset{B}{\overset{A}{\rightleftharpoons}} Zn^0$	$1\,TEA + 1\,NH_4OH$	iDC	HMDE	$-0,98/-1,4$	10^{-7}	$100\,(Cu, Fe^{3+})$, neben mehr Eisen Zusatz von Ascorbinsäure, $1000\,(Pb, Cd)$, $10^3\,Cr^{3+}$, $10^4\,(Al, Ca, Mg + PO_4^{3-})$	[10]
	$Zn^{2+} \underset{B}{\overset{A}{\rightleftharpoons}} Zn^0$	verdünnte HNO_3, pH 1	iDP	HMDE	$-1,0/-1,2$	ppb-Bereich	neben Cd, Pb, Cu [Wasser]	[16]

Anmerkungen zu Tabelle 3.1.-2

Al

Anmerkung 1: Die direkte polarographische Bestimmung des Aluminiums in neutralen bis schwach sauren Grundlösungen wird durch die Wasserstoffabscheidung gestört ($E_{1/2}$ ca. $-1,7$ V). In einem Acetatpuffer, pH $4 \pm 0,01$, liegt die Bestimmungsgrenze mit der DPP bei $3 \cdot 10^{-7}$ M (3). Die polarographische Bestimmung des Al(III) ist in Dimethylformamid mit Tetraalkylammoniumsalzen als Grundelektrolyt bei einem Halbstufenpotential von $-1,82$ V (vs. SCE) möglich [9]. Die irreversible Stufe erlaubt die Bestimmung von 10^{-2} bis 10^{-4} M Al neben Ca und Mg ($E_{1/2}$ $= -2,22$ bzw. $-2,20$ V). Wassergehalte bis zu 2 % in der Grundlösung stören nicht. Zur indirekten Bestimmung werden neben Solochrom-Violet RS [4] auch Eriochromviolet BA [5], Superchrom Garnet Y [6] und Pentachromviolet R [7] vorgeschlagen.

As

Anmerkung 1: In salzsauren Lösungen wird Arsen(III) in zwei Schritten reduziert:

$$As^{3+} + 3e^- \longrightarrow As^0 \quad \text{und} \quad As^0 + 3e^- \longrightarrow AsH_3.$$

Die bei $-0,6$ V auftretende Spitze wird einem katalytischen Maximum zugeschrieben. Abbildung 3.1.-2 (s. S. 173) zeigt ein Pulse-Polarogramm des As(III) in salzsaurer Lösung. Die Spitzenpotentiale sind von der Zusammensetzung der Grundlösung abhängig [1, 2]. Die Abscheidung von As^0 zur inversvoltammetrischen Bestimmung (ASV) verläuft am besten an Goldelektroden. Die Mitabscheidung von Cu (Bildung von Cu_3As) und Se verbessert die Bestimmung, insbesondere bei der CSV. Eine Zusammenfassung der Polarographie des As s. [13]. As(III) kann auch nach Ausschütteln als $AsCl_3$ mit unpolaren Lösungsmitteln (Benzol) direkt in der organischen Phase [15] oder nach Rückextraktion [16] bestimmt werden. Zur polarographischen Bestimmung der Organoarsensäuren vgl. [17, 19], zur Bestimmung von Arsenazo, Phenylarsin- und Triphenylarsinoxid allein und in Gemischen vgl. [22].

B

Anmerkung 1: Weitere indirekte Verfahren zur Bestimmung der Borsäure beruhen auf der Reaktion des Borsäure-Mannitol-Komplexes mit SO_3^{2-} oder NO_3^- und der polarographischen Bestimmung des freigesetzten SO_2 bzw. HNO_2 [2, 3].

Be

Anmerkung 1: Zur Darstellung des Reagenzes vgl. [4]. Die Bestimmung mit diesem Reagenz ist auch durch Adsorptionsvoltammetrie möglich [3]. Die Reduktion des Be(II) in wäßriger Lösung bei ca. $-1,7$ V wird durch die Wasserstoffabscheidung gestört. Die direkte polarographische Bestimmung ist besser in organischen Lösungsmitteln durchführbar [5].

Anmerkung 2: Die Extraktion des Be-benzoylacetonats erfolgt aus 0,1 M EDTA Lösung bei pH 8–9 mit einer $5 \cdot 10^{-3}$ M benzolischen Lösung von Benzoylaceton. Die organische Phase wird nach Verdünnen mit DMF-LiCl direkt polarographiert.

Bi

Anmerkung 1: Bi kann in zahlreichen Grundlösungen sehr gut polarographisch bestimmt werden (vgl. Tabelle 3.1.-1). Störungen treten vor allem durch Sb(III) und Cu auf. Die Bestimmung neben Cu ist bei geeigneten pH Werten in Lösungen mit Komplexbildnern möglich [1] (s. Tabelle 3.1.-4). Sb(III) kann bei pH 4,5 mit $KMnO_4$ zum polarographisch inaktiven Sb(V) oxidiert werden. Die inversvoltammetrische Bestimmung ist in nahezu allen Grundlösungen möglich. Mit Hg-Filmelektroden erhält man gute Trennungen der Bi- von der Cu- bzw. Sb-Spitze [9].

Cd

Anmerkung 1: Cd ist in den meisten Grundlösungen sehr gut zu bestimmen (s. Tabelle 3.1.-1). Neben viel Sn und vor allem neben viel In ist die inversvoltammetrische Bestimmung nach Lösungswechsel [6] oder mit elektrochemischer Maskierung [2] möglich. Die direkte polarographische Simultanbestimmung von Cd und In ist auch in KBr- und KI-haltigen Grundlösungen

Tabelle 3.1.-4. Spitzenpotentiale von Bi^{3+} und Cu^{2+} in EDTA-Lösungen bei verschiedenen pH-Werten (DPP) nach [Bi 1]

Grundlösung	pH	$(E_p)^a$Bi	(E_p)Cu	ΔE_p
0,6 M HNO_3 + 0,004 M EDTA	1,0	−0,228 V	−0,028 V	0,200 V
0,06 M HNO_3 + 0,004 M EDTA	1,8	−0,284 V	−0,044 V	0,240 V
0,1 M $ClCH_2COOH/Na$ + 0,004 M EDTA	2,8	−0,444 V	−0,116 V	0,328 V
0,1 M CH_3COOH/Na + 0,004 M EDTA	4,6	−0,612 V	−0,220 V	0,392 V

[a]   Alle Angaben gegen Ag/AgCl-Elektrode

durchführbar (s. In). Mit der Oberwellenpolarographie (AC2, s. S. 103) ist bei nur 45 mV Unterschied der Spitzenpotentiale die Simultanbestimmung von Cd und In im Verhältnis 1:10 bzw. 10:1 möglich [13]. Bei der inversvoltammetrischen Bestimmung mit Hg-Filmelektroden sind die Cd- und die In-Spitze in einfachen Grundlösungen [8], besser noch in KBr-Lösungen getrennt [9]. An rotierenden Hg-Filmelektroden können unmittelbar in Seewasser noch 0,03 ppb Cd mittels der inversen differentiellen Pulse-Voltammetrie bestimmt werden [14].

Co

Anmerkung 1: Co ist in einfachen Grundlösungen irreversibel, nach Zusatz von Komplexbildnern reversibel polarographisch bestimmbar (s. Tabelle 3.1.-1). Die höchste Empfindlichkeit erreicht man in alkalisch gepufferten Lösungen mit Dioximen [3]. Über den Mechanismus der Reduktion des Co-DMG-Chelats vgl. [4]. Die invers-voltammetrische Bestimmung über die Abscheidung als Metall an Hg-Elektroden ist wegen der geringen Löslichkeit des Cobalts in Quecksilber und der Bildung intermetallischer Verbindungen besonders mit Zink für die Bestimmung sehr kleiner Co-Gehalte wenig geeignet. Vorgeschlagen werden pyridinhaltige [12, 13] oder rhodanidhaltige [11] Grundlösungen. Besonders leistungsstark ist die adsorptionsvoltammetrische Bestimmung als

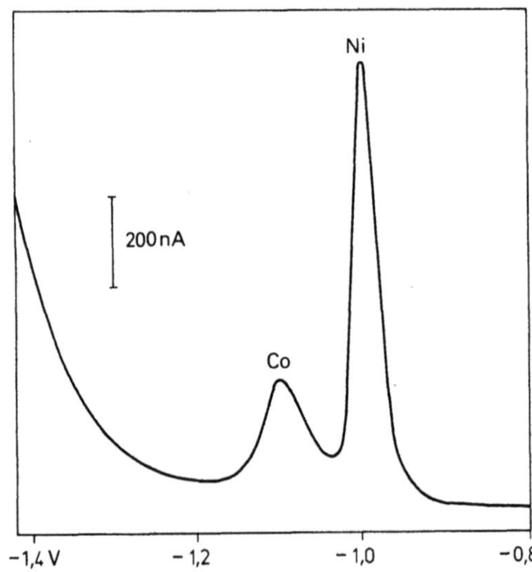

Abb. 3.1.-6. Adsorptionsvoltammetrie des Ni und Co; 0,5 ppb Co^{2+} +6,25 ppb Ni^{2+}. Grundlösung: 0,2 M TEA + 0,1 M NH$_4$Cl + 2,5 10^{-3}% DMG, Anreicherungsspannung und Zeit: −0,1 v — 3 min, HMDE — Gleichspannungsvoltammetrie

Co-DMG [15] oder als Co-2-Nitroso-1-Naphtol-Komplex an Hg-Elektroden mit der DPP [14], die beide neben Ni durchgeführt werden können. Abbildung 3.1.-6 zeigt die Bestimmung des Co als DMG-Chelat in TEA-Grundlösung neben viel Ni.

Cr

Anmerkung 1: Die irreversible Reduktion des Cr(VI) in alkalischen Lösungen kann zur Bestimmung des Cr benutzt werden. Zur Reinigung der für die Bestimmung benutzten Natronlauge wird Mitfällung der Verunreinigungen an $BaCO_3$ empfohlen [10].

Cu

Anmerkung 1: Cu kann in verschiedenen Grundlösungen mit allen polarographischen Methoden bestimmt werden (s. Tabelle 3.1.-1). In der Nähe der Halbstufenpotentiale des Cu liegen die des Sb(III) und Bi. Die Bestimmung neben Bi kann in Lösungen mit starken Komplexbildnern nach Zusatz von Tensiden (elektrochemische Maskierung) durchgeführt werden, neben Sb(III) nach Oxidation zum Sb(V), z. B. mit Bromwasser in pyridinhaltigen Lösungen [3] oder mit $KMnO_4$ in EDTA-Lösungen bei pH 4,5 (Bi 1).

F

Anmerkung 1: Für die Bestimmung des Fluorid-Ions kommen nur indirekte Verfahren in Betracht, neben dem angegebenen Verfahren vor allem noch die Bestimmung des Restbleis nach Fällung als PbClF [2] oder die Abnahme der Aluminium-Solochromviolet RS-Stufe nach F^--Zusatz [4]. Die voltammetrische Bestimmung des freigesetzten Alizarin S aus seinem Zirkonlack infolge Bildung von $[ZrF_6]^{2-}$ wurde ebenfalls zur Fluoridbestimmung vorgeschlagen [3].

Fe

Anmerkung 1: Die Simultanbestimmung des Fe(II) und Fe(III) erfolgt durch Messung der anodischen und kathodischen gleichstrompolarographischen Teilströme gegen die Grundlinie,

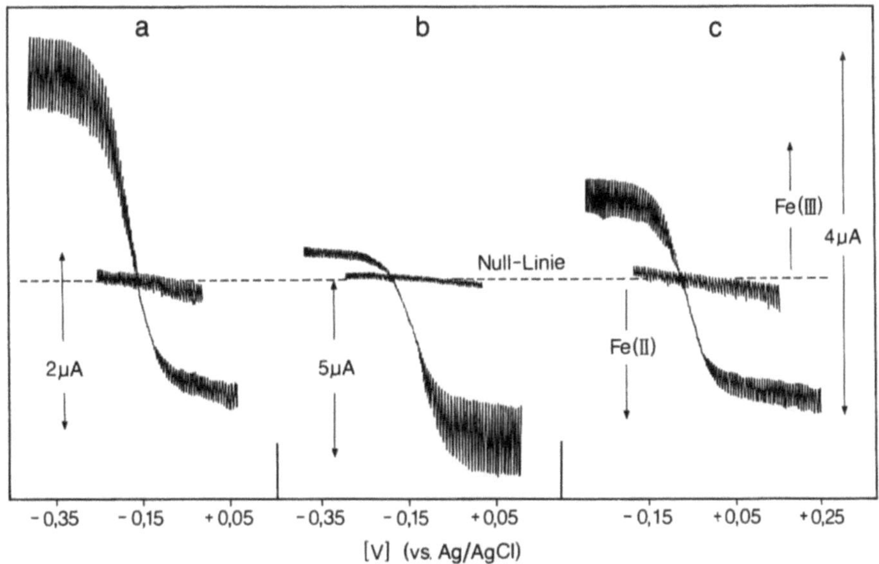

Abb. 3.1.-7. Polarographische Simultanbestimmung von Fe(II) und Fe(III) in Gesteinen (nach [Fe 5]) (Gleichspannungspolarogramme in saurer Oxalatlösung). Eisengehalte: a: 4,40 % Fe_2O_3 +2,10 % FeO, b: 1,41 % Fe_2O_3 +8,72 % FeO, c: 1,68 % Fe_2O_3 +2,34 % FeO

wie Abb. 3.1.-7 an einem Beispiel zeigt. Die Bestimmung der beiden Wertigkeiten des Eisens kann auch pulse-polarographisch [17], an rotierenden Pt-Elektroden [7] oder nach extraktionspolarographischer Bestimmung als Fe(III)-oxinat bzw. als Fe(II)-Phenanthrolinkomplex [18] durchgeführt werden.

Anmerkung 2: Zur indirekten Bestimmung des Fe(III) wird anstelle des ursprünglich vorgeschlagenen Pb-EDTA-Systems [13] der stabilere Bi-EDTA-Komplex verwendet, aus dem Bi in schwach sauren Lösungen ($<$ pH 7) durch Fe(III) verdrängt wird. Dieses System besitzt eine höhere Selektivität und einen geringeren Leerwert. Die invers-voltammetrische Bestimmung des Eisens nach Abscheidung als $Fe(OH)_2$ aus Fe(III)-Lösungen wird für die analytische Praxis als weniger geeignet betrachtet [14]. Zur Abscheidung von Fe(III) nach Oxidation von Fe(II) an immobilisiertem Adenosin 5-Monophosphat an Pt-Elektroden mit anschließender CSV vgl. [15].

Ga

Anmerkung 1: Die unmittelbare polarographische Bestimmung des Ga über die Reduktion zum Metall ist in schwach sauren Grundlösungen mit Rhodanid- oder Salicylsäure-Zusätzen möglich. Die Halbstufenpotentiale liegen bei $-0,7$ bis $-0,8$ V. Ga-Metall ist in Quecksilber gut löslich. Die inversvoltammetrische Bestimmung ist in diesen Grundlösungen daher ebenfalls möglich. Die Spitzenströme sind von der Anreicherungsspannung und dem pH-Wert der Lösung abhängig. Ga bildet mit Cu eine sehr stabile intermetallische Verbindung (Zn 7).

Ge

Anmerkung 1: Weitere polarographische Bestimmungsmöglichkeiten ergeben sich durch Reduktion der 12-Wolframgermaniumsäure [5] oder nach Extraktion der Dioctylammonium-Ionenassoziate der Dodekamolybdängermaniumsäure [6].

Halogene

Anmerkung 1: Mit der DPP erhält man Empfindlichkeiten von 10^{-5} (Cl^-), 10^{-6} (Br^-) und 10^{-7} (I^-) M [1]. In 0,1 NaOH lassen sich mit der normalen Pulse-Polarographie (NP) 10^{-6} I^- bestimmen (S3), in Acetonitril mit 0,1 TEAP 10^{-5} Cl^- [3]. Eine empfindliche I^--Bestimmung beruht auf der durch I^--Ionen katalysierten Oxidation der 1-Amino-2 Naphtol-4-Sulfonsäure und der polarographischen Bestimmung der Oxidationsprodukte [2]. Es können mit diesem Verfahren 0,4 ppb Iod (Gesamtgehalt) im Wasser bestimmt werden.

Anmerkung 2: Bei der invers-voltammetrischen Bestimmung der Halogenide durch CSV treten in reinen Lösungen die Spitzenströme bei unterschiedlichen Potentialen auf, die aber bei der Analyse von Gemischen zusammenfallen. Die Möglichkeiten einer Simultanbestimmung sind daher sehr begrenzt. Bei Einhaltung genauer Anreicherungsspannungen läßt sich Chlorid neben den schwereren Halogeniden bestimmen. Zugleich wird die Trennung der Chloridspitze von dem durch die Auflösung des Quecksilbers bedingten Stromanstieg verbessert. Anstelle von Hg-Elektroden können auch Ag-Elektroden zur CSV der Halogenide verwendet werden.

Anmerkung 3: Zur Bestimmung von BrO_4^- vgl. [5], ClO_3^- [6], BrO_2^- [7] und ClO_2^- [13].

Hg

Anmerkung 1: Eine direkte Bestimmung über die Reduktion zum Metall ist nur an inerten Elektroden möglich, hat aber wenig Bedeutung. Mit größerer Empfindlichkeit kann Hg inversvoltammetrisch bestimmt werden. Die Bestimmung wird durch Zusätze von SCN^-, Cu^{2+} oder Cd^{2+} [13] zur Grundlösung verbessert. Zur Bestimmung des Hg an einer Glaskarbon-Ring-Disk-Elektrode über die „Collectionpeaks" vgl. [10].

In

Anmerkung 1: In ist in halogenidhaltigen Grundlösungen mit allen polarographischen Methoden zu bestimmen. Cd, weniger Pb und Tl, stören. Die Trennung von Cd und Pb ist in Br^-- und I^--haltigen Grundlösungen ausreichend für die Simultanbestimmung der drei Elemente [1]. Mit der Wechselstrompolarographie insbesondere der Oberwellenpolarographie (AC2) und der differentiellen Pulse-Polarographie werden die Grenzverhältnisse bei der Bestimmung neben Cd erheblich verbessert (s. Cd 13).

Anmerkung 2: Auch die invers-voltammetrische Bestimmung kann in vielen Grundlösungen problemlos durchgeführt werden. An Hg-Filmelektroden ist schon in einfachen Grundlösungen die Trennung vom Cd(Pb, Tl) besser als an der HMDE [5].

Mo

Anmerkung 1: Nach [1] kann Mo(VI) in 0,5 M Citronensäure (pH 1) wechselstrompolarographisch (oder Sqw-polarographisch) neben 1000-fachem Pb-, Cd-, Zn-, 200-fachem Fe- und 30-fachem Cu-Überschuß bestimmt werden. Mehr als ein 10-facher Wolframgehalt stört. Höhere Empfindlichkeiten der Mo-Bestimmung erhält man durch katalytische Stufen in Nitratlösungen. Zur invers-voltammetrischen Bestimmung wurde die kathodische Abscheidung als $MoO_2 \cdot 2H_2O$ und seine anodische Wiederauflösung vorgeschlagen [9, 10].

N-Verbindungen

Anmerkung 1: Die in alkalischen oder neutralen Lösungen einfacher Salze nicht oder nur schlecht beobachtbare Reduktionsstufe des Nitrat-Ions wird in Anwesenheit mehrwertiger Kationen nach positiveren Potentialen verschoben, was zu einer Bestimmung des NO_3^--Ions angewandt werden kann. Gleichzeitig können diese Vorgänge noch durch katalytische Ströme bei Anwesenheit von La^{3+}, Ce^{3+}, Nd^{3+}, Zr^{4+}, Mo^{6+}, U^{6+}, Yb^{3+}, VO^{2+} und Cr^{3+}/Cr^{6+} ergänzt werden.

Zum Elektrodenmechanismus der Reaktion mit Yb^{3+} vgl. [3, 13]; in Anwesenheit von CrO_4^{2-} vgl. [7]. Zur Bestimmung des Nitrats in Düngemitteln wird die Polarographie in DMF vorgeschlagen [4]. Die Polarographie der mit hoher Ausbeute gebildeten Nitrierungsprodukte von Phenolen erlaubt die Bestimmung von NO_2^- neben nicht zuviel Nitrat. Bei der Bestimmung von Nitrat neben Nitrit muß letzteres in jedem Fall mit Natriumazid zerstört werden.

Ni

Anmerkung 1: Das polarographische und voltammetrische Verhalten des Nickels ähnelt dem des Cobalts. Für die polarographische Bestimmung werden pyridin- oder rhodanidhaltige Grundlösungen vorgeschlagen ([4], Co 1). Am empfindlichsten und am selektivsten ist die Bestimmung nach Zusatz von Dimethylglyoxim [5], die auch adsorptionsvoltammetrisch durchgeführt werden kann [8]. Zur adsorptionsvoltammetrischen Bestimmung wird auch die Anreicherung als Ni-2,2-Bipyridinkomplex an einer Hg-Tropfenelektrode vorgeschlagen, die aber durch größere Mengen Co gestört wird [11]. Die direkte inversvoltammetrische Bestimmung über die Abscheidung als Metall ist ebenfalls in pyridin- und rhodanidhaltigen Lösungen möglich [1, 2]. Nach Ausschütteln des Ni-DMG mit Chloroform kann nach Eindampfen des organischen Extrakts das Ni unmittelbar im Rückstand in einem Acetatpuffer mit 0,5 KSCN (pH 4,6) nach Abscheidung bei $-1,05$ V inversvoltammetrisch bestimmt werden [3].

P

Anmerkung 1: Die Empfindlichkeit der Phosphatbestimmung kann durch Messung der polarographischen Stufen oder Wellen, die von der katalytischen Reduktion von Oxidationsmitteln in Anwesenheit von Mo(VI) herrühren, erhöht werden. Beispiele sind die pulse-polarographische Bestimmung in Nitrat-Lösungen [7] oder die Gleichstrompolarographie neben H_2O_2 [8].

Pb

Anmerkung 1: Blei gehört zu den am besten polarographisch bestimmbaren Elementen und kann direkt oder inversvoltammetrisch in zahlreichen Grundlösungen bestimmt werden. In nichtkomplexierenden Grundlösungen liegen die Halbstufenpotentiale des Pb dicht bei denen des Tl und Sn (vgl. Tabelle 3.1.-1). Grundlösungen, die die Bestimmung des Pb insbesondere neben diesen Elementen ermöglichen, sind daher in Tabelle 3.1.-2 bevorzugt aufgeführt.

Die polarographische Bestimmung in methanolischer 1 M HCl ist auch neben dem als Lösungsvermittler erhältlichen Lumatom (einer Lösung mit Tetraalkylammoniumbasen) durchführbar, was die unmittelbare Bestimmung des Pb (und Sn) in Biomaterialien wie etwa Obstsäfte o.ä. ermöglicht [16]. Zur invers-voltammetrischen Bestimmung neben Tl sind TMFE und DPP [5] oder AC2-Techniken [15a, b] anzuwenden. Verhältnismäßig selektiv ist auch die invers-voltammetrische Bestimmung nach Abscheidung als $PbO_2 \cdot H_2O$ und CSV.

S

Anmerkung 1: Ein Überblick über die polarographische Bestimmung der Polythionate und des Thiosulfats findet sich in [17]. Die Bestimmungsgrenze liegt mit der DPP bei 10^{-5} M. In Verbindung mit der Hochdruckflüssigkeitschromatographie sind selektive Bestimmungen möglich.

Sb

Anmerkung 1: Sb(III) kann in zahlreichen Grundlösungen bestimmt werden (vgl. Tabelle 3.1.-1), Sb(V) dagegen ist in den meisten Grundlösungen polarographisch inaktiv. Inversvoltammetrisch läßt sich Sb gut in sauren halogenid-, rhodanid- oder thiosulfathaltigen Grundlösungen bestimmen. Die Bestimmung ist neben Gold [6], Tellur [7] oder Selen [8] möglich. Die Trennung der dicht zusammenliegenden Peaks von Sb, Bi und Cu ist an Hg-Filmelektroden bei Optimierung der Bestimmungsparameter in gewissen Grenzverhältnissen möglich [10].

In stark salzsauren Lösungen gibt auch Sb(V) an einer Hg-Tropfenelektrode (nicht an einer Hg-Filmelektrode!) inversvoltammetrische Spitzen [5].

Se

Anmerkung 1: Se(VI) ist polarographisch inaktiv. Se(IV) wird in schwach sauren Lösungen in zwei Schritten reduziert [1, 15, 17]:

$$SeO_3^{2-} + 8H^+ + 6e^- \rightleftharpoons H_2Se + 3H_2O \qquad\qquad I$$
$$Hg + H_2Se \rightleftharpoons HgSe + 2H^+ + 2e^-$$

$$H_2SeO_3 + 4H^+ + 4e^- + Hg \rightleftharpoons HgSe + 3H_2O \qquad E_{1/2} \approx -0{,}05$$
$$HgSe + 2H^+ + 2e^- \rightleftharpoons Hg + H_2Se \qquad\qquad II.$$

Bei höheren pH-Werten findet weiterhin folgende Reaktion statt:

$$H_2SeO_3 + 6H^+ + 6e^- \rightleftharpoons H_2Se + 3H_2O \qquad E_{1/2}: \begin{array}{l} -0{,}5 \ (\text{pH}\,3) \\ -1{,}6 \ (\text{pH}\,8). \end{array}$$

In Anwesenheit von Schwermetallen entstehen analog zu *I* unlösliche Selenide, z. B. Cu_2Se, die die polarographische Bestimmung beeinflussen [18]. Ein Überblick über die ältere polarographische Literatur findet sich in [19]. Zur Bestimmung des Se(IV) als Diaminobenzidinkomplex vgl. [20]. Mit der DPP lassen sich einige ppb Se bestimmen [21], Grundlösung: 1 M $HClO_4$ + 48 ppm 3,3'-Diaminobenzidinhydrochlorid, $E_p = -0{,}43$ V.

Anmerkung 2: Der inversvoltammetrischen Bestimmung des Se(IV) liegen zwei Vorgänge zugrunde:

$$1.\ Se^{4+} + Hg + 4e^- \underset{B}{\overset{A}{\rightleftharpoons}} HgSe \qquad\qquad (\text{ASV}),$$
$$2.\ HgSe + 2H^+ + 2e^- \underset{A}{\overset{B}{\rightleftharpoons}} Hg + H_2Se \qquad (\text{CSV}).$$

Die irreversible Wiederauflösung des HgSe verläuft besser nach Mitabscheidung von Cu an Graphitelektroden, am besten an Au-Elektroden. Die CSV-Verfahren nach 2. sollen ohne Zusätze von Schwermetallen für analytische Anwendungen wenig geeignet sein [13]. Die Bestimmung verläuft an HMDE besser als an TMFE [16]. Mitabscheidung von Cu [11] oder Bi [12] verbessert die analytische Anwendbarkeit.

Durch Verwendung einer Durchflußzelle bei der CSV des Selens und Tellurs, bei der die Analysenlösung nach dem Anreicherungsschritt gegen störionenfreie Grundelektrolyte ausgetauscht wird, können viele Störungen durch Matrixelemente herabgesetzt werden [24]. Zur Bestimmung des Selens in biologischen Materialien mittels CSV ist ein modifizierter HNO_3/H_2SO_4-Aufschluß am besten geeignet [25].

Si

Anmerkung 1: Polarographisch aktiv sind die α- und β-Form der 12-Molybdatokieselsäure, die sich in saurer Lösung in Anwesenheit von Methylethylketon bilden. Die sich zunächst bildende β-Form wandelt sich beim Stehen in die mit Ethylacetat extrahierbare α-Form um. Citrat dient zur

Komplexierung des überschüssigen Mo(VI). (Vgl. auch (P 16).) Ältere gleichstrompolarographische Untersuchungen s. [1], zur Bestimmung des Si in Aluminium vgl. [2]. Die differentielle pulse-polarographische Bestimmung des 12-Molybdatosilikats in einem Citratpuffer, der 20% 2-Butanon enthält, kann auch mit einer Glaskarbonelektrode durchgeführt werden [7]. $10^{-7}\,mol\cdot l^{-1}$ Si können bestimmt werden. Über Angaben zur Bestimmung in Wasser und Nickellegierungen unter Berücksichtigung möglicher Störungen vgl. [7].

Te

Anmerkung 1: Te(VI) ist polarographisch inaktiv. Te(IV) ist polarographisch bestimmbar. Dabei spielen sich folgende Vorgänge ab (saure bis neutrale Lösungen):

1. $Te^{4+} + 4e^- \rightleftharpoons Te^0$ $E_{1/2} = 0$ bis $-0,3\,V$,

2. $Te^0_{ads} + 2H^+ + 2e^- \rightleftharpoons HTe^-_{ads} + H^+$

   $HTe^-_{ads} + e^- \rightleftharpoons 1/2H_2 + Te^{2-}_{ads}$

   $Te^{2-}_{ads} + H^+ \rightleftharpoons HTe^-_{ads}$ $E_{1/2} = -0,7$ bis $-0,9$
   (empfindlich, von analytischem Interesse).

Die polarographische Bestimmung wird wie beim Selen durch Schwermetalle (Cu^{2+}, Cd^{2+}, Zn^{2+}) infolge Bildung schwerlöslicher Telluride beeinflußt (Se 18). Einen Überblick über die ältere Literatur zur polarographischen Bestimmung des Tellur findet sich in [12]. Zur Bestimmung des Te in Diethyltellur vgl. [13].

Anmerkung 2: Die inversvoltammetrische Bestimmung des Te verläuft analog zu der des Selens (s. S. 212). In Anwesenheit von Cu^{2+} scheidet sich Cu_4Te ab (Se 11) was zu einer Verbesserung der Bestimmungsmöglichkeiten führt. Ähnlich verhalten sich Hg^{2+}-, Cd^{2+}- und Ag^+-Ionen [6].

Ti

Anmerkung 1: In sauren inerten Grundlösungen führt die Reduktion des Ti(IV) zu Ti(III) zu schlecht ausgebildeten irreversiblen Stufen, die durch Zusätze von Komplexbildnern (Oxalat, Citrat, EDTA, KSCN u.a.) verbessert werden und für analytische Anwendungen geeignet sind. In einer Lösung aus 0,1 EDTA und 0,02 Na-Citrat, pH 6, ist die Bestimmung des Titans ($E_{1/2} = -0,59\,V$) neben V, Fe, Cr(III) und Cu möglich [8]. In oxal- oder weinsauren Lösungen ist auch die Bestimmung des Ti(III) über seine anodische Stufe möglich.

Anmerkung 2: Zur Bestimmung des Ti in rotem Phosphor wird eine Grundlösung aus 0,1 Oxalsäure und 0,08 $KClO_3$ (katalytische Welle) vorgeschlagen [5]. Ein hundertfacher Überschuß an Fe, Cu, Ni, Co, Pb, Cr, Mn und Sn stört nicht. Zur Bestimmung des Titans in Stahl in oxalsaurer Lösung nach Mitfällung vgl. [6]. Zur Bestimmung des Titans zusammen mit anderen Bestandteilen von Silikaten mittels Kathodenstrahlpolarographie vgl. [7].

Tl

Anmerkung 1: Tl(I) ist in fast allen Grundlösungen sehr gut polarographisch zu bestimmen. Die Bestimmung wird in einfachen Grundlösungen von Pb, Sn und viel Cd gestört. In neutralen bis schwach sauren Lösungen der starken Komplexbildner wie EDTA, DTPA, CDTA u.a. bildet Tl(I) keine Komplexe. Die Halbstufenpotentiale der meisten übrigen Elemente dagegen sind infolge starker Komplexierung nach negativeren Potentialen verschoben, was die Bestimmung des Tl(I) neben vielen Elementen insbesondere neben Pb, Sn und Cd ermöglicht [3], z.B. mit CDTA neben einem 10^4-fachen Cd-Überschuß [4]. Elektrochemische Maskierung mit Campher in EDTA-Lösung [2] verbessert die Bestimmung neben Cu und Pb (s. auch Tabelle 3.1.-2). Nach Abtrennung des Thalliums durch Verflüchtigung im Sauerstoff- oder Wasserstoffstrom [12] bzw. nach Ausschütteln des Tl(III)-Bromids mit Ether [9] kann das Element in fast allen Proben bestimmt werden, nach einem Kjeldahl Aufschluß auch in organischen Matrices.

U

Anmerkung 1: Eine neuere Zusammenfassung zur polarographischen Bestimmung von Uran findet sich in [9]. U(VI) wird in Acetatpuffer und in sauren Lösungen in zwei Stufen zu seinen niederen Wertigkeitsstufen reduziert:

$$UO_2^{2+} + e^- \longrightarrow UO_2^+ \qquad\qquad E_{1/2} \text{ ca. } -0{,}2\,V \text{ (vs. SCE)}$$
$$UO_2^+ + 2e^- + 4H^+ \longrightarrow U^{3+} + 2H_2O \qquad E_{1/2} \text{ ca. } -0{,}7 \text{ bis } -1{,}2\,V \text{ (vs. SCE)}$$

Zum Elektrodenmechanismus vgl. [3]. In Anwesenheit von Komplexbildnern werden gute Stufen erhalten, die zur Bestimmung des U geeignet sind (s. Tabelle 3.1.-2). Höhere analytisch nutzbare Empfindlichkeiten erhält man mit katalytischen Stufen (Wellen), die in (schwach) sauren Lösungen mit NO_3^-, ClO_3^-, ClO_4^-, V(IV), V(V) und NO_2^- auftreten. Diese wenig selektiven Verfahren sind erst in Verbindung mit einer Vorabtrennung des Urans analytisch brauchbar. Zur Abtrennung werden außer den in der Tabelle angegebenen Verteilungssystemen noch das Ausschütteln mit Tri-n-Octylamin [10], Trioctylphosphinoxid [11] und mit Oxin in geschmolzenem Naphtalin [12] vorgeschlagen. Letzteres Verfahren ermöglicht eine selektive Bestimmung des Uran. Eine selektive Anreicherung des U(VI) mit anschließender voltammetrischer Bestimmung ist an einer mit Trioctylphosphinoxid bedeckten Glaskarbonelektrode möglich [13, 14]. Die Anreicherung wird bei $0\,V$ (Ag/AgCl) vorgenommen. Bei der in kathodischer Richtung verlaufenden Aufnahme der Stromspannungskurve beobachtet man bei $-0{,}85\,V$ eine Spitze, die die Bestimmung bis zu $10^{-9}\,M$ U(VI) erlaubt. (Grundlösung: $0{,}5\,M$ NaCl, pH 4,5.)

V

Anmerkung 1: V(V) gibt in verschiedenen Grundlösungen Stufen, die den Reduktionsvorgängen V(V) $\longrightarrow$ V(IV) und V(IV) $\longrightarrow$ V(II) entsprechen. Analytische Anwendung findet meist nur die letztere Stufe, die in sauren, rhodanidhaltigen Lösungen gut ausgebildet ($E_{1/2} \approx -0{,}5\,V$) aber wenig selektiv ist. Sie wird zur veraschungsfreien Bestimmung des Vanadin (zusammen mit Nickel) in Bitumen [5] benutzt. Ein ähnliches Verfahren zur Bestimmung des Vanadin in Petroleum arbeitet mit der AC-Polarographie [4]. Ein Überblick über die elektrochemischen Bestimmungsmöglichkeiten des Vanadins findet sich in [3], eine kritische Zusammenstellung der gleichstrompolarographischen Bestimmungsmöglichkeiten in [6].

W

Anmerkung 1: W(VI) gibt in den verschiedenen Grundlösungen Stufen, die den Reduktionsvorgängen W(VI) $\longrightarrow$ W(V) und W(V) $\longrightarrow$ W(III) zugeordnet werden. Zur Bestimmung werden meist saure Lösungen benutzt. Da $E_{1/2}$ und E_p bei $-0{,}5$ bis $-0{,}6\,V$ liegen, ist die Bestimmung nicht selektiv. Das gleiche gilt für die katalytischen Wellen. Im Verbund mit Extraktionsverfahren, z. B. als Dithiolkomplex [4] oder als α-Benzoinoximverbindung [5] kann die polarographische Bestimmung selektiv gestaltet werden. Eine Zusammenfassung der älteren Literatur findet sich in [6].

Zn

Anmerkung 1: Zink kann in vielen Grundlösungen polarographisch bestimmt werden. Die Halbstufenpotentiale liegen bei $-1{,}0$ bis $-1{,}2\,V$ (s. Tabelle 3.1.-1). Bestimmungen neben edleren Elementen sind daher nur in begrenztem Umfang, bis zu etwa 100–1000 fachen Überschüssen möglich. Zur Bestimmung neben Cd werden Grundlösungen mit Komplexbildnern und Tensiden vorgeschlagen, in denen die Reduktion des Cd elektrochemisch maskiert ist [12, 13]. So kann man z. B. in einer $0{,}012\,M$ EGTA*-Lösung mit $0{,}002\,\%$ Triton X 100, in $1\,M$ NH_4Cl/NH_3, $10^{-6}\,M$ Zn neben einem 10^4-fachen Cd-Überschuß mittels DPP bestimmen [14].

Anmerkung 2: Die Störung der invers-voltammetrischen Bestimmung des Zn infolge Bildung intermetallischer Verbindungen ist an Hg-Filmelektroden stärker zu beobachten als an Hg-Tropfenelektroden. Diese Störungen können im Falle des Cu durch Zusätze von ca. 40–400 ng

---

*   (2-Aminoethyl)-glycolether-N,N,N′,N′-tetraessigsäure (Titriplex VI)

Ga^{3+}/ml in einem Acetatpuffer [7] direkt oder durch titrimetrische Auswertung [9] herabgesetzt bzw. beseitigt werden. Die invers-voltammetrische Bestimmung des Zn wird in saurer Lösung durch die Wasserstoffabscheidung gestört. Wegen der irreversiblen Natur der Reduktion des Wasserstoffions ist die AC-Polarographie besser in der Lage, den durch diese Vorgänge bedingten Grundstromanstieg herabzusetzen als die DPP [5]. An einer mit Epoxidharzen imprägnierten Graphit-Quecksilberfilmelektrode sollen inverse Bestimmungen in mineralsauren Lösungen möglich sein [15]. Inversvoltammetrische Bestimmungen sind auch in stark alkalischen Lösungen, z.B. 0,1 bis 8 M KOH, bei Anreicherungspotentialen von $-1,6$ bis $-1,9$ V möglich. Spitzenpotentiale, $E_p = -1,3$ bis $-1,5$ V, und Spitzenströme sind von der Anreicherungsspannung abhängig, was auf die inhibierende Wirkung des unterschiedlich gebildeten Zn(OH)$_2$ zurückgeführt wird [3]. In Schmiermittel-Zusätzen kann Zn direkt nach Extraktion als Dialkyldithiophosphat in 0,1 M Tetraethylammoniumperchlorat/DMF bestimmt werden [11].

Literatur zu Tabelle 3.1.-2

Ag

1 Lyalikov, Yu.S., Madan, L.G.: Zav. Lab. **34**, 8 (1968)
2 Dagnall, R.M., West, T.S.: Talanta **9**, 925 (1962)
3 Eisner, U., Mark, H.B.: J. Electroanal. Chem. **24**, 345 (1970)
4 Kopanica, M., Vydra, F.: J. Electroanal. Chem. **31**, 175 (1971)
5 Heigl, A.: Chimia **32**, 297 (1978)
6 Nghi, T.V., Vydra, F.: Collection Czech. Chem. Comm. **40**, 1485 (1975)

Al

1 Lendermann, B., Monien, H., Specker, H.: Anal. Letters **5**, 837 (1972)
2 Specker, H., Monien, H., Lendermann, B.: Chemia Analit. **17**, 1003 (1971)
3 Ritchie, G.S.P., Posner, A.M., Ritchie, I.M.: Anal. Chim. Acta **117**, 233 (1980)
4 Perkins, M., Reynolds, G.F.: Anal. Chim. Acta **18**, 616 (1958)
5 Mikula, J.J., Codell, M.: Anal. Chim. Acta **9**, 467 (1953)
6 Florence, T.M.: Anal. Chem. **34**, 496 (1962)
7 Willard, H.N., Dean, J.A.: Anal. Chem. **22**, 1264 (1950)
8 PAR Application Brief A-2
9 Henze, G.: unveröffentlicht

As

1 Heckner, H.N.: Z. Anal. Chem. **261**, 29 (1972)
2 Myers, D.J., Osteryoung, J.: Anal. Chem. **45**, 267 (1973)
3 Holak, W.: J. Assoc. Offic. Anal. Chem. **59**, 650 (1976)
4 Kuwabaro, T., Suzuki, Sh., Araki, Sh.: Bull. Chem. Soc. Japan **46**, 1690 (1973)
5 Forsberg, G., O'Laughlin, J.W., Megargle, R.G.: Anal. Chem. **47**, 1586 (1957)
6 Cox, J.A., Cheng, K.-H.: Anal. Letters **11**, 653 (1978)
7 Davis, Ph.H., DeLude, G.R., Griffin, R.M., Matson, W.R., Zink, E.W.: Anal. Chem. **50**, 137 (1978)
8 Monama, T., Duyckaertz, C.: Anal. Letters **12**, 219 (1979)
9 Holak, W.: Anal. Chem. **52**, 2189 (1980)
10 Hamilton, T.W., Ellis, J., Florence, T.M.: Anal. Chim. Acta **119**, 225 (1980)
11 Lexa, J., Stulik, K.: Talanta **30**, 845 (1983)
12 Henry, F.T., Kirch, T.O., Thorpe, T.M.: Anal. Chem. **51**, 215 (1979)
13 Arnold, J.P., Johnson, R.M.: Talanta **16**, 1191 (1969)
14 McCroy-Joy, C., Rosamilia, J.M.: Anal. Chim. Acta **142**, 231 (1982)
15 Gemmer-Čolos, V., Neeb, R.: Fresenius Z. f. Analyt. Chemie (i. Dr.)
16 Asaoka, H.: Japan Analyst **23**, 1049 (1974)
17 Elton, R.K., Geiger, W.E.: Anal. Chem. **50**, 712 (1978)
18 Wang, J., Greene, B.: J. Electroanal. Chem. **154**, 261 (1983)
19 Henry, F.T., Thorpe, T.M.: Anal. Chem. **52**, 80 (1980)

20 Sadana, R.S.: Anal. Chem. **55**, 304 (1983)
21 Chakraborti, D., Nichols, R.L., Irgolic, K.J.: Fresenius Z. Anal. Chemie **319**, 248 (1984)
22 Jan, M.R., Smyth, W.F.: Analyst **109**, 1483 (1984)

Au

1 Cathro, K.J.: Analyst **86**, 657 (1961)
2 Alexander, R., Kinsella, B., Middleton, A.: J. Electroanal. Chem. **93**, 19 (1978)
3 Monien, H.: Z. Anal. Chem. **244**, 360 (1969)
4 Petak, P., Vydra, F.: Collect. Czech. Chem. Comm. **39**, 943 (1974)

B

1 Fukushi, N.: Japan Analyst **27**, 626 (1977)
2 Lewis, D.T.: Analyst **81**, 531 (1956)
3 Shalgosky, H.J.: Analyst **82**, 648 (1957)

Be

1 Blasius, E., Janzen, K.-P., Fallot-Burghardt, W.: Talanta **18**, 273 (1971)
2 Weßling, E., Umland, F.: Fresenius Z. Anal. Chem. **302**, 192 (1980)
3 Blasius, B., Janzen, K.-P.: Z. Anal. Chem. **258**, 257 (1972)
4 Snavely, F.A., Douglas, B.E.: J. Soc. Dyers Colourists, **73**, 491 (1937)
5 Gutmann, V., Michlmayr, M., Peychal-Heiling, G.: J. Electroanal. Chem. **17**, 153 (1968)

Bi

1 Guzman, A.C., Batanero, P.S.: Afinidad **38**, 350 (1981)
2 Lanza, P., Concialini, V., Benati, A.: J. Electroanal. Chem. **17**, 395 (1968)
3 Van Dyck, G., Verbeek, F.: Z. Anal. Chem. **249**, 89 (1970)
4 Nghi, T.V., Vydra, F.: J. Electroanal. Chem. **71**, 325 (1976)
5 Mizuike, A., Miwa, T, Fujii, Y.: Mik. Acta 1975, I, 125
6 Sinko, J., Gomišček, S.: Mik. Acta 1972, 163
7 Florence, T.M.: J. Electroanal. Chem. **49**, 255 (1974)
8 Petak, P., Koubova, V.: Analyst **103**, 179 (1978)
9 Gillain, G., Duyckaerts, G., Disteche, A.: Anal. Chim. Acta **106**, 23 (1979)
10 Sinko, J., Gomišček, S.: Anal. Chim. Acta **54**, 253 (1971)

C

1 Komatsu, M., Kakiyama, H.: Japan Analyst **21**, 315 (1972)
2 Bark, L.S., Lim, B.S.: Water Res. **7**, 1209 (1973)
3 Canterford, D.R.: Anal. Chem. **47**, 88 (1975)
4 Wisser, K.: Z. Anal. Chem. **286**, 351 (1977)
5 Kirowa-Eisner, E., Talmor, D., Osteryoung, J.: Anal. Chem. **53**, 581 (1981)
6 Stará, V., Kopanica, M.: Collect. Czech. Chem. Comm. **47**, 2214 (1982)

Cd

1 Bourbon, P., Esclassan, J., Vandaela, J.: Analusis **10**, 106 (1982)
2 Christmann, W., Lukaszewski, Z., Neeb, R.: Fresenius Z. Anal. Chem. **302**, 32 (1980)
3 Jacobsen, E., Tandberg, G.: Anal. Chim. Acta **47**, 285 (1969)
4 Jacobsen, E., Lindseth, H.: Anal. Chim. Acta **86**, 127 (1976)
5 Fujinaga, T., Nagaosa, Y.: Bull. Chem. Soc. Japan **53**, 416 (1980)
6 Neeb, R., Wahdat, F.: Z. Anal. Chem. **260**, 239 (1972)
7 Neeb, R., Wahdat, F.: Z. Anal. Chem. **269**, 275 (1974)
8 Florence, T.M.: J. Electroanal. Chem. **27**, 273 (1970)
9 Neimann, E.Ya., Ponomarenko, G.B.: J. Anal. Chem. (USSR) **28**, 1326 (1973)
10 Batley, G.E., Florence, T.M.: J. Electroanal. Chem. **55**, 23 (1974)
11 Valenta, P., Mart, L., Rützel, H.: J. Electroanal. Chem. **82**, 327 (1977)
12 Batley, G.E.: Anal. Chim. Acta **124**, 121 (1981)
13 Fagioli, F., Dondi, F., Bighi, C.: Annali di Chimica **68**, 111 (1978)
14 Nürnberg, H.W., Valenta, P., Mart, L., Raspor, B., Sipos, L.: Z. Anal. Chem. **282**, 357 (1976)

Co

1 Temmerman, E., Verbeek, F.: Anal. Chim. Acta **50**, 505 (1970)
2 Nagaosa, Y.: Anal. Chim. Acta **115**, 81 (1980)
3 Nangniot, P.: J. Electroanal. Chem. **14**, 197 (1967)
4 Weinzierl, J., Umland, F.: Fresenius Z. Anal. Chem. **312**, 608 (1982)
5 Vinogradova, E.N., Prokhorova, G.V.: J. Anal. Chem. (USSR) **23**, 613 (1968)
6 Vasileva, L.N., Justus, S.L., Kogan, N.B.: Zh. Anal. Khim. **29**, 1754 (1974)
7 Prockorova, G.V., Toročešnikova, I.I., Spigun, L.K.: Zh. Anal. Khim. **29**, 2061 (1974)
8 Astafeva, V.V., Prockorova, G.V., Salichdzanova, R.M.F.: Zh. Anal. Khim. **31**, 260 (1976)
9 Chen, H., Neeb, R.: Fresenius Z. Anal. Chem. **314**, 657 (1983)
10 Brainina, Kh.Z., Krapivkina, T.A.: Zh. Analit. Khim. **22**, 1382 (1967)
11 Markova, I.V., Sinyakova, S.I.: J. Anal. Chem. (USSR) **26**, 1021 (1970)
12 Markova, I.V., Sinyakova, S.I., J. Anal. Chem. (USSR) **29**, 924 (1973)
13 Bloom, H., Noller, B.N., Richardson, D.E.: Anal. Chim. Acta **109**, 157 (1979)
14 Gemmer-Čolos, V., Scollary, G., Neeb, R.: Fresenius Z. Anal. Chem. **313**, 412 (1982)
15 Golimowski, J., Nürnberg, H.W., Valenta, P.: Lebensmittelchemie u. gerichtl. Chem. **34**, 116 (1980)
16 Meyer, A., Neeb, R.: Fresenius Z. Anal. Chem. **315**, 118 (1983)
17 Uchida, T., Sugawara, M., Kambara, T.: Fresenius Z. Anal. Chem. **315**, 487 (1983)

Cr

1 Ranly, W., Neeb, R.: Fresenius Z. Anal. Chem. **292**, 285 (1978)
2 Ranly, W.. Neeb, R.: Fresenius Z. Anal. Chem. **292**, 370 (1978)
3 Neeb, R., Kiehnast, I.: Z. Anal. Chem. **268**, 193 (1974)
4 Gemmer-Čolos, V., Neeb, R.: Fresenius Z. Anal. Chem. **303**, 97 (1980)
5 Fuoco, R., Papoff, P.: Annali di Chimica **65**, 155 (1975)
6 Dian, G., Huguet, I., Caullet, C.: Analusis **6**, 267 (1978)
7 Crosmun, S.T., Mueller, Th.R.: Anal. Chim. Acta **75**, 199 (1975)
8 Zarebski, J.: Chemia Analityczna **22**, 1037 (1977)
9 PAR Application Note 122
10 Zarebski, J.: Z. Anal. Chem. **285**, 267 (1977)
11 PAR Application Brief C-2
12 Cox, J.A., West, J.L., Kulesza, P.J.: Analyst **109**, 927 (1984)
13 Vandenbalck, J.L., Patriarche, G.J.: Anal. Letters **17**, 2309 (1984)

Cu

1 You, N., Neeb, R.: Fresenius Z. f. Analyt. Chem. **314**, 158 (1983)
2 Pjatnicky, I.V., Ružanskaja, R.P.: Zh. Anal. Khim. **24**, 650 (1969)
3 Neeb, R., Kiehnast, I.: Z. Anal. Chem. **246**, 1 (1969)
4 Neeb, R., Kiehnast, I.: Naturwiss. **57**, 37 (1970)
5 Mann, A.W., Deutscher, R.L.: Analyst, **101**, 652 (1976)
6 Florence, T.M., Batley, G.E.: J. Electroanal. Chem. **75**, 791 (1977)
7 Bonelli, J.E., Skogerboe, R.K.: Anal. Chim. Acta **101**, 437 (1978)
8 Heckner, H.N.: Fresenius Z. Anal. Chem. **293**, 110 (1978)
9 Sipos, L., Golimowski, J., Valenta, P., Nürnberg, H.W.: Fresenius Z. Anal. Chem. **298**, 1 (1979)
10 Bilewicz, R., Kublik, Z.: Anal. Chim. Acta **123**, 201 (1981)
11 Monien, P., Gerlach, U., Jacob, P.: Fresenius Z. Anal. Chem. **306**, 136 (1981)
12 Tanaka, S., Yoshida, H.: J. Electroanal. Chem. **137**, 261 (1982)

F

1 Bond, A.M., O'Donell, T.A.: Anal. Chem. **40**, 140 (1968)
2 Gewargious, Y.A., Besada, A., Faltaous, B.N.: Anal. Chem. **47**, 502 (1975)
3 Berge, H., Brügmann, L.: Anal. Chim. Acta **63**, 175 (1973)
4 MacNulty, B.J., Reynolds, G.F., Terry, E.A.: Analyst **79**, 190 (1954)

Fe

1 Florence, T.M., Belew, W.L.: J. Electroanal. Chem. **21**, 157 (1969)
2 Zarebski, J.: Chemia Analit. **22**, 1049 (1977)
3 Kitagawa, T., Ichimura, A.: Japan Analyst **22**, 1042 (1973)
4 Dewolfs, R., Berbeek, F.: Z. Anal. Chem. **269**, 349 (1974)
5 Beyer, M.E., Bond, A.M., McLaughin, R.J.W.: Anal. Chem. **47**, 479 (1975)
6 Fujinaga, T., Lee, H.L.: Talanta **24**, 395 (1977)
7 Moore, W.M.: Anal. Chim. Acta **105**, 99 (1979)
8 Markova, I.V., Sinyakova, S.T., Shirokova, V.B.: Anal. Chem. (USSR) **28**, 1968 (1973)
9 Ogura, K., Miwa, Y.: J. Electroanal. Chem. **111**, 253 (1980)
10 Anisimova, L.S., Katyukhin, V.E., Slipchenko, V.F., Kaplin, A.A.: J. Anal. Chem. (USSR) **23**, 1431 (1979)
11 Kaplin, A.A., Mikhailova, Z.S., Zaichkov, L.F.: J. Anal. Chem. (USSR) **33**, 90 (1978)
12 Florence, T.M.: J. Electroanal. Chem. **26**, 293 (1970)
13 Berge, H., Drescher, A.: Z. Anal. Chem. **231**, 11 (1967)
14 Bednarkiewicz, E., Kublik, Z.: J. Electroanal. Chem. **106**, 61 (1980)
15 Cox, J.A., Majda, M.: Anal. Chim. Acta **118**, 271 (1980)
16 Monien, H., Jacob, J.: Z. Anal. Chem. **260**, 195 (1972)
17 Parry, E.P., Anderson, D.P.: Anal. Chem. **45**, 458 (1973)
18 Leon, L.E., Sawyer, D.T.: Anal. Chem. **53**, 707 (1981)
19 Van den Berg, C.M.G., Huang, Z.Q.: J. Electroanal. Chem. **177**, 269 (1984)

Ga

1 Demerie, W., Temmerman, E., Verbeek, F.: Anal. Letters **4**, 247 (1976)
2 Moorhead, E.D., David, P.H.: Anal. Chem. **47**, 622 (1975); Anal. Letters **7**, 781 (1974)

Ge

1 Valenta, P., Zuman, P.: Anal. Chim. Acta **10**, 591 (1954)
2 Kalvoda, R., Konopik, N.: Z. Anal. Chem. **244**, 30 (1969)
3 Vandebroek, H., Verbeek, F.: Anal. Letters **5**, 317 (1972)
4 Karpinski, Z., Polosak, A., Kublik, Z.: Anal. Chim. Acta **120**, 55 (1980)
5 Kozlenko, A.A., Polotebnova, N.A.: Z. Anal. Chim. (USSR) **31**, 2357 (1976)
6 Plöger, M.-L., Pottkamp, F., Umland, F.: Z. Anorg. Allg. Chem. **407**, 211 (1974)

Hal

1 Canterford, D.R., Buchanan, A.S.: J. Electroanal. Chem. **44**, 291 (1973)
2 Nomura, T.: J. Electroanal. Chem. **139**, 97 (1982)
3 Wojciechowski, M., Osteryoung, J.: Anal. Chem. **54**, 1713 (1982)
4 Temerk, Y.M., Ahmed, M.E., Kamal, M.M.: Fresenius Z. Anal. Chem. **301**, 414 (1980)
5 Jaselskis, B., Huston, J.L.: Anal. Chem. **43**, 581 (1971)
6 Nakano, K., Tanaka, K., Muroi, H.: Japan Analyst **19**, 1680 (1970)
7 Krivis, A.F., Supp, G.R.: Anal. Chem. **40**, 2063 (1968)
8 Colovos, G., Wilson, G.S., Moyers, J.L.: Anal. Chem. **46**, 1045 (1974)
9 Baranski, A., Galus, Z.: Talanta **19**, 761 (1972)
10 Colovos, G., Wilson, G.S., Moyers, J.L.: Anal. Chem. **46**, 1051 (1974)
11 PAR Application Note C-1
12 Probst, R.C.: Anal. Chem. **49**, 1199 (1977)
13 Masschelein, W.J., Denis, M., Ledent, R.: Anal. Chim. Acta **107**, 383 (1979)

Hg

1 Kambara, T., Ishii, T., Hasebe, K.: J. Chem. Soc. Japan 1972, 920
2 Stulikova, M., Vydra, F.: J. Electroanal. Chem. **42**, 127 (1973)
3 Ulrich, L., Rüegsegger, P.: Z. Anal. Chem. **277**, 349 (1975)
4 Fukai, R., Huynh-Ngoc, L.: Anal. Chim. Acta **83**, 375 (1976)
5 Andrews, R.W., Larochelle, J.H., Johnson, D.C.: Anal. Chem. **48**, 212 (1976)
6 Luong, L., Vydra, F.: J. Electroanal. Chem. **50**, 379 (1974)
7 Sipos, L., Valenta, P., Nürnberg, H.W., Branica, M.: J. Electroanal. Chem. **77**, 263 (1977)
8 Sipos, L., Nürnberg, H.W., Valenta, P., Branica, M.: Anal. Chim. Acta **115**, 25 (1980)

9 Sipos, L., Golimowski, J., Valenta, P., Nürnberg, H.W.: Fresenius Z. Anal. Chem. **298**, 1 (1979)
10 Allen, R.E., Johnson, D.C.: Talanta **20**, 799 (1973)
11 Heaton, R.C., Laitinen, H.A.: Anal. Chem. **46**, 547 (1974)
12 Ireland-Ripert, J., Bermond, A., Ducanze, C.: Anal. Chim. Acta **143**, 249 (1982)
13 Kiekens, P., Mertens, M., Bogaert, M., Temmerman, E.: Analyst **109**, 909 (1984)

In

1 Temmerman, E., Verbeek, F.: Z. Anal. Chem. **244**, 25 (1969)
2 Lagrou, A., Verbeek, F.: J. Electroanal. Chem. **20**, 443 (1969)
3 Nagaosa, Y.: Talanta **26**, 987 (1979)
4 Neeb, R., Dessaules, J.: Z. Anal. Chem. **224**, 276 (1967)
5 Florence, T.M., Batley, G.E., Farrar, Y.J.: J. Electroanal. Chem. **56**, 301 (1974)

Mn

1 Nakashima, F.: Anal. Chim. Acta **30**, 167 (1964)
2 Dolezal, J., Gürtler, O.: Talanta **15**, 299 (1968)
3 Sudo, E., Okochi, H.: Japan Analyst **17**, 338 (1968)
4 Van Dijck, G., Verbeek, F.: Anal. Chim. Acta **54**, 475 (1971)
5 O'Halloran, R.J., Blutstein, H.: J. Electroanal. Chem. **125**, 261 (1981)
6 Monien, H., Zinke, K.: Z. Anal. Chem. **240**, 32 (1968)
7 Hrabankova, E., Dolezal, J., Masin, V.: J. Electroanal. Chem. **22**, 195 (1969)
8 Brainina, Kh.Z., Fokina, L.S., Fedorova, N.D.: J. Anal. Chem. (USSR) **33**, 173 (1978)

Mo

1 Vasileva, N.A., Pozdnyakova, A.A.: Sb. nauch. Trud. Gos. nauchnoissled. Inst. tsvet. Metal (1967), 44, (Anal. Abstr. **16**, 1241 (1969))
2 Gary, A.-M., Goldstein, G., Jost, Ph., Lagrange, Ph., Piémont, E., Schwing, J.-P.: Bull. Soc. Chim. France 1972, 2989
3 Violanda, A.T., Cooke, W.D.: Anal. Chem. **36**, 2287 (1964)
4 Christian, G.D., Vandenbalck, J.L., Patriarche, G.J.: Anal. Chim. Acta **108**, 149 (1979)
5 Edmonds, T.E.: Anal. Chim. Acta **116**, 323 (1980)
6 Lanza, P., Ferri, D., Buldini, P.L.: Analyst **105**, 379 (1980)
7 Buldini, P.L., Ferri, D.: Anal. Chim. Acta **124**, 233 (1981)
8 Bossermann, P., Sawyer, D.T., Page, A.L.: Anal. Chem. **50**, 1300 (1978)
9 Lagrange, Ph., Schwing, J.-P.: Anal. Chem. **42**, 1845 (1970)
10 Lagrange, Ph., Schwing, J.-P.: Bull. Soc. Chim. France 1970, 3170
11 Pnev, V.V., Popo, G.N., Nagarev, V.G.: J. Anal. Chem. (USSR) **28**, 1819 (1973)
12 Ogura, K., Enaka, Y.: J. Electroanal. Chem. **95**, 169 (1979)
13 Monien, H., Bovenkerk, R., Kringe, K.P., Rath, D.: Fresenius Z. Anal. Chem. **300**, 363 (1980)
14 Monien, H., Jacob, P., Jänisch, B.: Z. Anal. Chem. **267**, 108 (1973)
15 Nagaosa, Y., Kobayashi, K.: Talanta **31**, 593 (1984)

N

1 PAR Application Brief A-3
2 Boese, St.W., Archer, V.S., O'Laughlin, J.W.: Anal. Chem. **49**, 479 (1977)
3 Wang, E., Yiangqin, L.: J. Electroanal. Chem. **136**, 311 (1982)
4 Braun, R.D., LoVerso, M.R.: Talanta **26**, 185 (1979)
5 Bodini, M.E., Sawyer, D.T.: Anal. Chem. **49**, 485 (1977)
6 Coy, J.A., Brajter, A.F.: Anal. Chem. **51**, 2230 (1979)
7 Korolczuk, M., Matysik, J., Franczak, A.: J. Electroanal. Chem. **71**, 229 (1976)
8 Hartley, A.M., Curran, D.J.: Anal. Chem. **35**, 687 (1963)
9 Hartley, A.M., Bly, R.M.: Anal. Chem. **35**, 2095 (1963)
11 Chang, Sh.-K., Kozenianskas, R., Harrington, G.W.: Anal. Chem. **49**, 2272 (1977)
12 Veselinovic, D., Markovic, D.: J. Electroanal. Chem. **71**, 221 (1976)
13 Böse, St.W., Archer, V.S.: J. Electroanal. Chem. **138**, 273 (1982)
14 Buldini, P.L., Ferri, D., Pauluzzi, E., Zambianchi, M.: Mik. Acta 1984 I, 43
15 McLean, J.D., Stenger, V.A., Reim, R.E., Long, M.W., Hiller, T.A.: Anal. Chem. **50**, 1309 (1978)

Ni

1 Grubitsch, H., Schukoff, J.: Z. Anal. Chem. **253**, 201 (1971)
2 Markova, I.V., Sinyakova, S.I.: J. Anal. Chem. (USSR) **23**, 891 (1966)
3 Vartires, I., Totir, N.D.: Rev. Chimie (Bukarest) **30**, 1037 (1979) nach Ref. Fres. Z. Anal. Chem. **304**, 159 (1980)
4 Lagrou, A., Verbeek, F.: J. Electroanal. Chem. **19**, 125 (1968)
5 Kane. P.O., Young, J.M.: J. Polarogr. Soc. **14**, 97 (1968)
6 Flora, C.J., Nieboer, E.: Anal. Chem. **52**, 1013 (1980)
7 Voitenko, L.V., Prokhorova, G.V., Agasyan, P.K.: J. Anal. Chem. (USSR) **35**, 471 (1979)
8 Pihlar, B., Valenta, P., Nürnberg, H.W.: Fresenius Z. Anal. Chem. **307**, 337 (1981)
9 Gemmer-Čolos, V., Tuß, H., Saur, D., Neeb, R.: Fresenius Z. Anal. Chem. **307**, 347 (1981)
10 Prokhorova, G.V., Vinogradova, E.N., Grebneva, I.S., Skobelkina, E.V.: J. Anal. Chem. (USSR) **28**, 102 (1973)
11 Sawamoto, H.: J. Electroanal. Chem. **147**, 279 (1983)
12 Braun, H., Metzger, M.: Fresenius Z. Anal. Chem. **318**, 321 (1984)

PO_4^{---}

1 Pottkamp, F., Umland, F., Reimann, H.: Z. Anal. Chem. **261**, 102 (1972); **255**, 367 (1971)
2 Bazzi, A., Boltz, D.F.: Anal. Letters **9**, 1111 (1976)
3 Fogg, A.G., Yoo, K.S.: Anal. Letters **9**, 1035 (1976)
4 Cox, J.A., Cheng, K.H.: Anal. Letters **7**, 659 (1974)
5 Cox, J.A., Cheng, K.H.: Anal. Letters **A11**, 653 (1978)
6 Lundquist, G.L., Cox, J.A.: Anal. Chem. **46**, 361 (1974)
7 Hight, S.C., Bet-Pera, F., Jaselkis, B.: Talanta **29**, 721 (1982)
8 Pardo, R., Barrado, E., Castrillejo, Y., Batanero, P.S.: Talanta **30**, 655 (1983)

Pb

1 Metzger, L., Willems, G.G., Neeb, R.: Fresenius Z. Anal. Chem. **288**, 35 (1977)
2 Metzger, L., Willems, G.G., Neeb, R.: Fresenius Z. Anal. Chem. **292**, 20 (1978)
3 Fulle, T.S., Bertoglio, C.R., Spini, G., Frau, M.P.: Ann. di Chimica **69**, 643 (1979)
4 Nikulina, I.N., Pastukhova, N.E., Stashkova, N.V., Kurbatova, V.I., Brainina, Kh.Z., Stepin, V.V.: Ind. Lab. (USSR) **37**, 1484 (1971)
5 Dieker, J., van der Linden, W.E.: Z. Anal. Chem. **274**, 97 (1975)
6 Kopanica, M., Stara, V.: J. Electroanal. Chem. **77**, 57 (1977)
7 Metzger, L., Willems, G.G., Neeb, R.: Fresenius Z. Anal. Chem. **293**, 16 (1978)
8 Desimoni, E., Palmisano, F., Sabbatini, L.: Anal. Chem. **52**, 1889 (1980)
9 Lukaszewski, Z., Pawlak, M.K., Ciszewski, A.: Talanta **27**, 181 (1980)
10 Vydra, F., Nghi, T.V.: J. Electroanal. Chem. **78**, 167 (1977)
11 a) Monien, H., Zinke, K.: Z. Anal. Chem. **250**, 178 (1970)
    b) Monien, H., Zinke, K.: Z. Anal. Chem. **240**, 32 (1968)
12 Hrabankova, E., Dolezal, J., Beran, P.: J. Electroanal. Chem. **22**, 203 (1969)
13 Kinard, J.T., Probst, R.C.: Anal. Chem. **46**, 1106 (1974)
14 Mendez, J.H., Martinez, R.C., Lopez, M.E.G.: Anal. Chim. Acta **138**, 47 (1982)
15 a) Cammann, K., Andersson, J.T.: Fresenius Z. Anal. Chem. **310**, 45 (1982)
    b) Cammann, K.: Fresenius Z. Anal. Chem. **293**, 97 (1978)
16 Nembrini, P.G., Dogan, S., Haerdi, W.: Anal. Letters **13**, 947 (1980)

S

1 Canterford, D.R.: Anal. Chem. **45**, 2414 (1973)
2 Canterford, D.R., Buchanan, A.S.: J. Electroanal. Chem. **44**, 291 (1973)
3 Turner, J.A., Abel, R.H., Osteryoung, R.A.: Anal. Chem. **47**, 1343 (1975)
4 Holzapfel, H., Schöne, K.: Talanta **15**, 391 (1968)
5 Renard, J.J., Kubes, G., Bolker, H.I.: Anal. Chem. **47**, 1347 (1975)
6 Miwa, T., Fujii, Y., Mizuike, A.: Anal. Chim. Acta **60**, 475 (1972)
7 Florence, T.M.: Anal. Letters **B11**, 913 (1978)
8 Florence, T.M.: J. Electroanal. Chem. **97**, 237 (1979)
9 Reim, R.E., Hawn, D.D.: Anal. Chem. **53**, 1088 (1981)

10 Shimizu, K., Osteryoung, R.A.: Anal. Chem. **53**, 584 (1981)
11 Elliot, C.R., O'Brien, Sh.: Analyst **107**, 571 (1982)
12 Ciaccio, L.L., Cotsis, Th.: Anal. Chem. **39**, 260 (1967)
13 Garter, R.W., Wilson, C.E.: Anal. Chem. **44**, 1357 (1972)
14 Rigo, A., Cherido, M., Argese, E., Viglino, P., Dejak, C.: Analyst **106**, 474 (1981)
15 Metrohm Application-Bulletin No A 111d (7.1.77)
16 Wienhold, K., Suhr, K.: Z. Chem. **20**, 265 (1980)
17 Takano, B., McKibben, M.A., Barnes, H.L.: Anal. Chem. **56**, 1594 (1984)

Sb

 1 Jacobsen, E., Rojahn, T.: Anal. Chim. Acta **54**, 261 (1971)
 2 Moorhead, E.D., Lipcsey, S.: Anal. Letters **6**, 821 (1973)
 3 Henrion, G., Andreas, B., Haefner, H., Schneider, G.: Z. Chem. **16**, 281 (1976)
 4 Neiman, E.Ya., Dolgopolova, G.M., Trukhacheva, L.N., Dmitriev, K.G.: Ind. Lab. (USSR) **36**, 821 (1970)
 5 Batley, G.E., Florence, T.M.: J. Electroanal. Chem. **55**, 23 (1974)
 6 Neiman, E.Ya., Sumenkova, M.F.: J. Anal. Chem. (USSR) **31**, 741 (1976)
 9 Piccardi, G., Udisti, R.: Mik. Acta 1979, 447
10 Gillain, G., Duyckaerts, G., Disteche, A.: Anal. Chim. Acta **106**, 23 (1979)
11 Hamilton, T.W., Ellis, J., Florence, T.M.: Anal. Chim. Acta **119**, 225 (1980)
12 Brainina, Kh.Z., Neiman, E.Ya., Trukhacheva, L.N.: Ind. Lab. (USSR) **37**, 19 (1971)
13 Brainina, Kh.Z., Tschernyshova, A.B.: Talanta **21**, 287 (1974)

Si

 1 Grasshoff, K., Hahn, H.: Z. Anal. Chem. **168**, 247 (1959)
 2 Hahn, H., Grasshoff, K.: Z. Anal. Chem. **173**, 29 (1960)
 3 Fogg, A.G., Osakwe, A.A.: Anal. Letters **9**, 23 (1976)
 4 Fogg, A.G., Osakwe, A.A.: Talanta **25**, 226 (1978)
 5 Suzanne, A., Vittori, O., Porthault, M.: Anal. Chim. Acta **75**, 486 (1975)
 6 Iyer, C.S.P., Valenta, P., Nürnberg, H.W.: Anal. Letters **14**, 921 (1981)
 7 Wang, E., Meng-Xia, W.: Anal. Chim. Acta **114**, 147 (1982)

Se

 1 Bound, G.P., Forbes, S.: Analyst **103**, 176 (1978)
 2 Howard, A.G., Gray, M.R., Waters, A.J., Oromiehle, A.R.: Anal. Chim. Acta **118**, 87 (1980)
 3 Shafiqul Alam, A.M., Vittori, O., Porthault, M.: Anal. Chim. Acta **87**, 437 (1976)
 4 Arl, C., Naumann, R.: Z. Anal. Chem. **282**, 463 (1976)
 5 Dennis, B.L., Moyers, J.L., Wilson, G.S.: Anal. Chem. **48**, 1611 (1976)
 6 Henze, G., Monks, P., Tölg, G., Umland, F., Weßling, E.: Fresenius Z. Anal. Chem. **295**, 1 (1979)
 7 Andrews, R.W., Johnson, D.C.: Anal. Chem. **47**, 295 (1975)
 8 Andrews, R.W., Johnson, D.C.: Anal. Chem. **48**, 1057 (1976)
 9 Hamilton, T.W., Ellis, J., Florence, T.M.: Anal. Chim. Acta **110**, 87 (1979)
10 Posey, R.S., Andrews, R.W.: Anal. Chim. Acta **124**, 107 (1981)
11 Neiman, E.Ya., Ponomarenko, G.B.: J. Anal. Chem. (USSR) **30**, 952 (1975)
12 Kaplin, A.A., Portnyagina, E.O.: J. Anal. Chem. (USSR) **36**, 1388 (1981)
13 Jarzabek, G., Kublik, Z.: J. Electroanal. Chem. **137**, 247 (1982)
14 Ebhardt, K.-B., Umland, F.: Fresenius Z. Anal. Chem. **310**, 406 (1982)
15 Christian, G.D., Buffle, J., Haerdi, W.: J. Electroanal. Chem. **109**, 187 (1980)
16 Batley, G.E., Florence, T.M.: J. Electroanal. Chem. **72**, 121 (1976)
17 Christian, G.D., Knoblock, E.C., Purdy, W.C.: Anal. Chem. **35**, 1128 (1963)
18 Umland, F., Wallmeier, W.: J. Less Common Metals **76**, 245 (1980)
19 Bock, R., Kau, H.: Z. Anal. Chem. **188**, 28 (1962)
20 Griffin, D.A.: Anal. Chem. **41**, 469 (1963)
21 PAR Application-Brief S-1
22 Jarzabek, G., Kublik, Z.: Anal. Chim. Acta **143**, 121 (1982)
23 Adeljou, S.B., Bond, A.M., Briggs, M.H., Hughes, H.C.: Anal. Chem. **55**, 2076 (1983)
24 Kavel, H., Umland, F.: Fresenius Z. Anal. Chem. **316**, 386 (1983)
25 Adeljou, S.B., Bond, A.M.: Anal. Chem. **56**, 2397 (1984)

Sn

1 Kitagawa, T., Nakano, K.: Japan Analyst **10**, 1235 (1961)
2 Hara, S.: Japan Analyst **23**, 1485 (1974)
3 Metzger, L., Willems, G.G., Neeb, R.: Fresenius Z. Anal. Chem. **288**, 35 (1977)
4 Fulle, T.S., Bertoglio, C.R., Spini, G., Frau, M.P.: Ann. di Chimica **69**, 643 (1979)
5 Neiman, E.Ya., Nikulina, I.N., Brainina, Kh.Z.: J. Anal. Chem. (USSR) **29**, 71 (1974)
6 Naumann, R.: Z. Anal. Chem. **270**, 114 (1974)
7 Geißler, M., Schiffel, B., Kuhnhardt, C.: Z. Chem. **15**, 408 (1975)
8 Markova, I.V., Kiseleva, O.A., Knyazeva, S.N., Shirokova, V.I.: J. Anal. Chem. (USSR) **32**, 1727 (1976)
9 Metzger, L., Willems, G., Neeb, R.: Fresenius Z. Anal. Chem. **293**, 16 (1978)
10 Glodowski, St., Kublik, Z.: Anal. Chim. Acta **104**, 55 (1979)
11 Desimoni, E., Palmisano, F., Sabbatini, L.: Anal. Chem. **52**, 1889 (1980)
12 Kiekeus, P., Verbeek, R.M.H., Donche, H., Temmerman, E.: Anal. Chim. Acta **127**, 251 (1981)
13 Monien, H., Zinke, W.: Z. Anal. Chem. **250**, 178 (1970)
14 Hasebe, K., Yamamoto, Y., Kambara, T.: Fresenius Z. Anal. Chem. **310**, 234 (1982)
15 Kitamura, H., Yamada, Y., Nakamoto, M.: Chemistry Lett. (6) 837 (1984)

Te

1 Volaire, M., Vittori, O., Porthault, M.: Anal. Chim. Acta **71**, 185 (1974)
2 Roux, J.-P., Vittori, O., Porthault, M.: C. R. Acad. Sc. Paris **279**, Ser. C, 733 (1974)
3 Nuor, S.K., Vittori, O.: Anal. Chim. Acta **91**, 143 (1977)
4 Hasebe, K.: Bull. Chem. Soc. Japan **52**, 1056 (1979)
5 Kopanica, M., Stará, V.: J. Electroanal. Chem. **98**, 213 (1979)
6 Figelson, A., Neiman, E.Ya., Yakovleva, V.G.: J. Anal. Chem. (USSR) **30**, 300 (1975)
7 Kaplin, A.A., Portnyagina, E.O., Gridaev, V.F.: Zh. Anal. Khim. **34**, 950 (1979)
8 Monama, O., Duyckaerts, G.: Analusis **8**, 81 (1980)
9 Posey, R.S., Andrews, R.W.: Anal. Chim. Acta **119**, 55 (1980)
10 Andrews, R.W.: Anal. Chim. Acta **119**, 47 (1980)
11 Kopanica, M., Stará, V.: J. Electroanal. Chem. **91**, 351 (1978)
12 Bock, R., Tschöpel, P.: Z. Anal. Chem. **246**, 81 (1969)
13 Vorobeva, G.I., Kuzovlev, I.A.: Zavodsk. Lab. **43**, 407 (1977) (Ref.: Z. Anal. Chem. **288**, 389 (1977))

Ti

1 Hoff, H.K., Jacobsen, E.: Anal. Chim. Acta **54**, 511 (1971)
2 Liegeois, C.: Bull. Soc. Chim. France, 1973, 2661
3 Donoso, N.G., Chadwick, I., Santa Ana, V.M.A.: Anal. Chim. Acta **77**, 1 (1975)
4 Ferri, D., Buldini, P.L.: Analyst **107**, 1375 (1982)
5 Ignatova, N.K., Zaitsev, P.M., Gornostaeva, M.Yu.: Zh. Anal. Khim **33**, 2140 (1978) (Ref.: Fresenius Z. Anal. Chem. **301**, 332 (1980))
6 Okochi, H., Sudo, E.: Japan Analyst **19**, 659 (1970)
7 Maienthal, E.J.: Anal. Chem. **45**, 645 (1973)
8 Musha, S., Takao, H.: Japan Analyst **9**, 233 (1960)
9 Yamamoto, Y., Hasebe, K., Kambara, T.: Anal. Chem. **55**, 1942 (1983)

Tl

1 Jacobsen, E., Kalland, G.: Anal. Chim. Acta **29**, 215 (1963)
2 Fujinaga, T., Izutsu, K.: Japan Analyst **10**, 63 (1961)
3 Kopanica, M., Dolezal, J., Zyka, Z. in: Flaschka, H.A., Barnard, A.J.: Chelates in Analytical Chemistry, Vol. **1**, 1967, Marcel Dekker Inc. N.Y., S. 243
4 Zieglerova, L., Stulik, K., Dolezal, J.: Talanta **18**, 603 (1974)
5 Dieker, J., van der Linden, W.E.: Z. Anal. Chem. **274**, 97 (1975)
6 Bonelli, J.E., Taylor, H.E., Skogerboe, R.K.: Anal. Chim. Acta **118**, 243 (1980)
7 Batley, G.E., Florence, T.M.: J. Electroanal. Chem. **61**, 205 (1975)
8 Lukaszewski, Z., Pawlak, M.K., Ciszewski, A.: Talanta **27**, 181 (1980)
9 Gemmer-Čolos, V., Kiehnast, I., Trenner, J., Neeb, R.: Fresenius Z. Anal. Chem. **306**, 144 (1981)

10 You, N., Neeb, R.: Fresenius Z. Anal. Chem. **314**, 394 (1983)
11 Dolezal, J., Hrabankova, E.: Anal. Letters **4**, 585 (1971)
12 Cizewski, A., Lukaszewski, Z.: Talanta **30**, 873 (1983)
13 Eschnauer, H., Gemmer-Čolos, V., Neeb, R.: Z. Lebensm. Unters. Forsch. **178**, 453 (1984)
14 Liem, L., Kaiser, G., Tölg, G.: Anal. Chim. Acta **158**, 179 (1984)

U

1 Bond, A.M., Biskupsky, V.S., Wark, D.A.: Anal. Chem. **46**, 1551 (1974)
2 Fawcett, N.C.: Anal. Chem. **48**, 215 (1976)
3 Gruner, W.: Isotopenpraxis **14**, 317 (1978)
4 Von Borstel, D., Halbach, P.: Fresenius Z. Anal. Chem. **310**, 431 (1982)
5 Trebeljahr, S., Nebel, D.: Isotopenpraxis **17**, 321 (1981)
6 Niese, U.: Isotopenpraxis **17**, 388 (1981)
7 Keil, R.: Fresenius Z. Anal. Chem. **292**, 13 (1978)
8 Nagaosa, Y.: Fresenius Z. Anal. Chem. **296**, 259 (1979)
9 Szefer, P.: Mik. Acta 1979 I, 463
10 Hodara, I., Balouka, I.: Anal. Chem. **43**, 1213 (1971)
11 Deutscher, R.L., Mann, A.W.: Analyst **102**, 929 (1977)
12 Puri, B.K., Gautam, M., Fujinaga, T.: Bull. Chem. Soc. Japan **52**, 3415 (1979)
13 Izutsu, K., Nakamura, T., Takizawa, R., Hanawa, H.: Anal. Chim. Acta **149**, 147 (1983)
14 Lubert, K.H., Schnurrbach, M., Thomas, A.: Anal. Chim. Acta **144**, 123 (1982)
15 Buldini, P.L., Ferri, D., Pauluzzi, E., Zambianchi, M.: Analyst **109**, 225 (1984)

V

1 Ishii, T., Musha, S.: Japan Analyst **14**, 886 (1965)
2 Rao, V., Rao, S.B.: J. Electroanal. Chem. **108**, 373 (1980)
3 Agasyan, P.K., Nikolaeva, E.R., Khasykov, V.M.: J. Anal. Chem. (USSR) **37**, 124 (1982)
4 Svehla, G., Tölg, G.: Talanta **23**, 755 (1976)
5 Budnikov, G.K., Medjanceva, E.P.: Zh. Anal. Khim. **28**, 301 (1973)
6 Bock, R., Gorbach, S.: Mik. Acta **5**, 594 (1958)

W

1 Henrion, G., Scholz, F., Andreas, B.: Z. Chemie **19**, 116 (1979)
2 Chikryzova, E.G., Kiriyak, L.G.: Zh. Anal. Khim. **35**, 492 (1980)
3 Timothy, A., O'Shea, G., Parker, A.: Anal. Chem. **44**, 184 (1972)
4 Nangniot, P.: Collect. Czech. Chem. Comm. **30**, 4070 (1965)
5 Licino, J.P., Milenyseva, L.I.: Zavod. Lab. **43**, 151 (1977)
6 Bock, R., Bockholt, B.: Z. f. analyt. Chem. **216**, 21 (1966)
7 Kurbatov, D.I., Tuguseva, G.A.: Zh. Anal. Khim. **31**, 490 (1976)

Zn

1 Hitchen, A., Zechanowitch, G.: Talanta **25**, 673 (1978)
2 Lagrou, A., Verbeek, F.: J. Electroanal. Chem. **19**, 413 (1968)
3 Zagorski, Z., Lukaszewski, Z.: J. Electroanal. Chem. **36**, 23 (1972)
4 Crosman, S.T., Dean, J.A., Stokely, J.R.: Anal. Chim. Acta **75**, 421 (1975)
5 Wahdat, F., Neeb, R.: Fresenius Z. Anal. Chem. **288**, 32 (1977)
6 Shuman, M.S., Woodward, G.P.: Anal. Chem. **48**, 1979 (1976)
7 Copeland, T.R., Osteryoung, R.A., Skogerboe, R.K.: Anal. Chem. **46**, 2093 (1974)
8 Roston, D.A., Brooks, E.E., Heineman, W.R.: Anal. Chem. **51**, 1728 (1979)
9 Lazar, B., Nishri, A., Ben-Yaakov, S.: J. Electroanal. Chem. **125**, 295 (1981)
10 Neeb, R., Kiehnast, I.: Z. Anal. Chem. **285**, 121 (1977)
11 Shafiqul, A.M., Martin, J.M., Kapsa, Ph.: Anal. Chim. Acta **107**, 391 (1979)
12 Fujinaga, T., Nagai, T., Inoue, T.: J. Chem. Soc. Japan **85**, 110 (1965)
13 Nakagawa, G., Tanaka, M.: Talanta **19**, 559 (1972)
14 Christmann, W., Saur, D., Neeb, R.: Fresenius Z. Anal. Chem. (i. Dr.)
15 Cukrowska, E., Cukrowski, I.: J. Electroanal. Chem. **131**, 341 (1982)
16 Blutstein, H., Bond, A.M.: Anal. Chem. **48**, 759 (1976)
17 Beyer, M.E., Bond, A.M.: Anal. Chim. Acta **75**, 409 (1975)

3.2 Organische Verbindungen

Die polarographische und voltammetrische Bestimmung vieler organischer Verbindungen erfolgt über die *Reduktion bzw. Oxidation von Molekülgruppen*; in anderen Fällen liegen den Bestimmungsverfahren *Adsorptionsvorgänge an der Elektrodenoberfläche* oder *Reaktionen mit dem Elektrodenquecksilber* zugrunde [1–16, 19].

Für die *Strukturanalyse* organischer Moleküle sind innerhalb verschiedener Verbindungsklassen Korrelationen zwischen den Halbstufen- bzw. Peakpotentialen und einigen Strukturmerkmalen (Stereoisomerie, Substituenten-Konstante) von Interesse. Strukturchemische Aussagen können auch aus der von der Kinetik chemischer

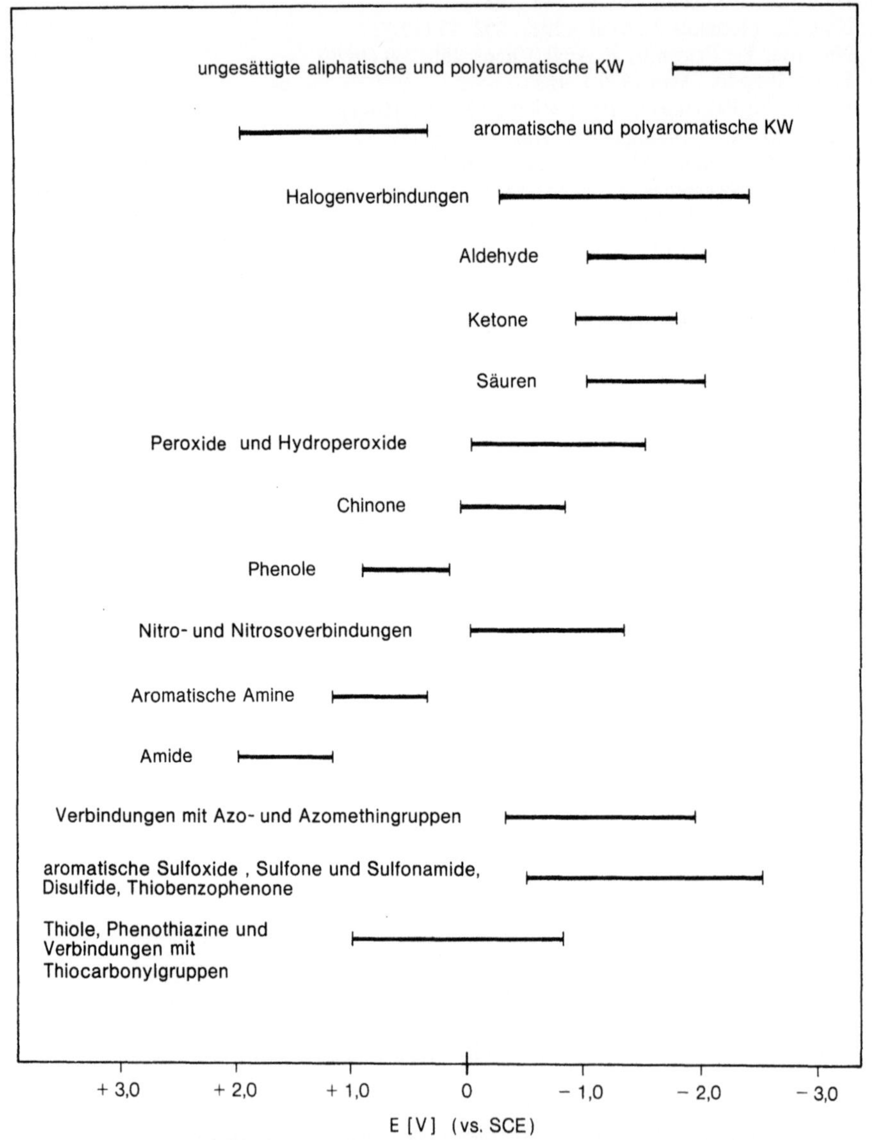

Abb. 3.2.-1. Potentialbereiche für die polarographische und voltammetrische Bestimmung organischer Verbindungen

Reaktionen abhängigen Stromstärke erhalten werden [17, 18]. Im allgemeinen sind jedoch die Methoden der Polarographie und Voltammetrie für Strukturuntersuchungen weniger bedeutungsvoll als für die quantitative Analyse der organischen Verbindungen.

Die *funktionellen Gruppen* für die polarographische und voltammetrische Bestimmung organischer Moleküle sind mit Hinweisen auf die wichtigsten Verbindungsklassen in Tabelle 3.2.-1 zusammengestellt; die Bereiche für die Halbstufen- und Peakpotentiale werden in Abb. 3.2.-1 angegeben. Es überwiegt die Zahl der Verbindungen mit reduzierbaren funktionellen Gruppen. (Poly)aromatische Kohlenwasserstoffe, aromatische Hydroxiverbindungen und Amine, sowie Amide und verschiedene Stickstoffheterocyclen können anodisch bestimmt werden. Der polarographischen Analyse der Aldehyde, Säuren, Monosaccharide und substituierten Pyridin-Derivate liegen kinetische Ströme zugrunde, wenn der eigentlichen Elektrodenreaktion eine geschwindigkeitsabhängige chemische Reaktion vor- oder nachgelagert ist. Alkaloide, Proteine und eine Reihe organischer Schwefelverbindungen verringern die Überspannung der Wasserstoffreduktion an der Quecksilbertropfelektrode und werden über katalytische Wasserstoffwellen bestimmt (s. Abschn. 1.3.3). Infolge Adsorption auf der Elektrodenoberfläche und der damit verbundenen Änderung der Doppelschichtkapazität ist die Bestimmung grenzflächenaktiver Substanzen (Tenside) durch Wechselstrompolarographie besonders empfindlich (s. Abschn. 3.3). Die (inverse) voltammetrische Spurenanalyse von Alkaloiden und anderen grenzflächenaktiven Verbindungen erfolgt nach adsorptiver Anreicherung an der Elektrodenoberfläche bei konstantem Potential [1]. Organische Verbindungen, die mit Quecksilber schwerlösliche oder komplexe Verbindungen bilden (s. Tabelle 3.2.-1), werden polarographisch über anodische Stufen oder nach anodischer Anreicherung inversvoltammetrisch bestimmt (s. Abschn. 2.7). Elektrochemisch inaktive organische Verbindungen können durch Nitrierung, Nitrosierung, Oxidation, Hydrolyse oder durch eine andere vorangehende chemische Umsetzung in einen elektrochemisch aktiven Zustand überführt werden und lassen sich dann polarographisch bzw. voltammetrisch bestimmen.

Redoxreaktionen organischer Verbindungen sind in vielen Fällen pH-abhängig. Die polarographischen und voltammetrischen Bestimmungen werden deshalb in gepufferten Lösungen durchgeführt. Zusammensetzung und Konzentration der Puffersysteme haben im allgemeinen keinen Einfluß auf die Lage der Halbstufen- bzw. Peakpotentiale. Bei hinreichend hoher Konzentration erfüllt der Puffer gleichzeitig die Funktion des Leitsalzes. Für die Untersuchung nicht-gepufferter Probelösungen werden die gleichen Elektrolyte wie bei der Bestimmung der Elemente und anorganischen Ionen verwendet.

Von besonderer Bedeutung für die polarographische bzw. voltammetrische Analyse organischer Verbindungen ist das Lösungsmittel. Viele Substanzen sind in Wasser schwerlöslich und müssen in Gemischen von Wasser mit organischen Lösungsmitteln (Alkohole, Dioxan) oder in reinen organischen Lösungsmitteln (Dioxan, Sulfolan, Acetonitril, Dimethylsulfoxid, Dimethylformamid u.a.) aufgelöst werden.

Von den organischen Verbindungen, die polarographisch und voltammetrisch bestimmt werden können, sollen im folgenden die wichtigsten Vertreter der einzelnen Verbindungsklassen behandelt werden.

Tabelle 3.2.-1. Funktionelle Gruppen für die polarographische und voltammetrische Bestimmung organischer Verbindungen

Reduzierbare Gruppen	Verbindungen
$\mathrm{>C=C<}$ $-\mathrm{C}\equiv\mathrm{C}-$	ungesättigte aliphatische und (poly-)aromatische KW mit konjugierten Doppel- oder Dreifachbindungen und mit kumulierten Doppelbindungen
$-\overset{\vert}{\underset{\vert}{\mathrm{C}}}-\mathrm{X}$	Halogen-substituierte aliphatische und aromatische KW, mit Ausnahme der Fluorverbindungen
$\mathrm{>C=O}$	Aliphatische und aromatische Aldehyde, Ketone und Chinone
$-\mathrm{O}-\mathrm{O}-$	Aliphatische und aromatische Peroxide und Hydroperoxide
$-\mathrm{NO_2}$ $-\mathrm{NO}$	Aliphatische und aromatische Nitro- und Nitrosoverbindungen
$-\mathrm{N}=\mathrm{N}-$	Azoverbindungen
$\mathrm{>C=N-}$	Benzodiazepine, Pyridine, Chinoline, Acridine, Pyrimidine, Triazine, Oxime, Hydrazone, Semicarbazone
$-\mathrm{S}-\mathrm{S}-$	Disulfide
$\mathrm{>C=S}$	Thiobenzophenone
$-\mathrm{SO}-$ $-\mathrm{SO_2}-$ $-\mathrm{SO_2NH}-$	Diaryl- und Alkylaryl-Sulfoxide, – Sulfone und – Sulfonamide
$-\overset{\vert}{\underset{\vert}{\mathrm{C}}}-\mathrm{Me}$	Metallorganische Verbindungen

Oxidierbare Gruppen	Verbindungen
$\mathrm{R}-\overset{\vert}{\underset{\vert}{\mathrm{C}}}-\mathrm{H}$	(poly-)aromatische KW (R = Aryl)
$-\mathrm{OH}$ $-\mathrm{NH_2}$	Phenole aromatische Amine
$-\mathrm{CO}-\mathrm{N}<$	Amide

mit Quecksilber-Ionen reagierende Gruppen	Verbindungen
$-\mathrm{SH}$	Thiole
$\mathrm{>N}-\mathrm{C}\overset{\displaystyle\diagup S}{\diagdown_{S^-}}$	Dithiocarbamate
$\overset{-\mathrm{NH}\diagdown}{\underset{-\mathrm{NH}\diagup}{}}\mathrm{C}=\mathrm{S}$	Thioharnstoffe, Thiobarbiturate
$-\mathrm{C}\overset{\displaystyle\diagup S}{\diagdown_{\mathrm{NH_2}}}$	Thioamide
$\overset{-\mathrm{NH}\diagdown}{\underset{-\mathrm{NH}\diagup}{}}\mathrm{C}=\mathrm{O}$	Barbitursäure- und Uracil-Derivate

Die *gesättigten Kohlenwasserstoffe* und solche mit isolierten Ethen- und Ethingruppen sind polarographisch nicht reduzierbar. Die Reduktion der *ungesättigten Verbindungen mit konjugierten Doppel- oder Dreifachbindungen* sowie mit *kumulierten Doppelbindungen* (z.B. Allen) erfolgt bei sehr negativen Potentialen ($-2,0$ V und negativer) und wird mit der Anzahl der Doppelbindungen und aromatischen Ringe begünstigt [2].

In 75%igem Dioxan oder in Ethylenglykolmonomethylester als Lösungsmittel liegen die Halbstufenpotentiale der *polynuclearen* aromatischen Kohlenwasserstoffe etwa zwischen $-1,5$ und $-2,5$ V (vs. SCE) [3, 4].

Im Gegensatz zum Verhalten des Benzols werden die konjugierten Doppelbindungen in cyclischen Olefinen polarographisch reduziert. Zum Beispiel gibt Cyclooctatetraen in 50%igem Alkohol eine zweielektronige Diffusionsstufe mit $E_{1/2} = -1,51$ V (vs. SCE) [5].

Daß die ungesättigten Bindungen in Kohlenwasserstoffen schwer reduzierbar sind, steht weniger im Zusammenhang mit dem Elektronenübergang

$$R + e^- \longrightarrow R^- \quad \text{bzw.}$$

$$RH + e^- \longrightarrow RH^- \qquad \text{(schneller Vorgang),}$$

als vielmehr mit der gehemmten Protonenaufnahme [2]

$$R^- + H^+ \longrightarrow RH \quad \text{bzw.}$$

$$RH^- + H^+ \longrightarrow RH_2 \qquad \text{(langsamer Vorgang).}$$

Doppelbindungen, die mit einer Carbonylgruppe konjugiert sind oder in einem heterocyclischen Ring liegen, z.B. Pyridin und Chinoline, werden polarographisch reduziert. So beruht die Bestimmung der 3-Keto-Steroide Cortison (I) und Testosteron (II) auf der Reduktion der zwischen C4 und C5 liegenden Doppelbindung.

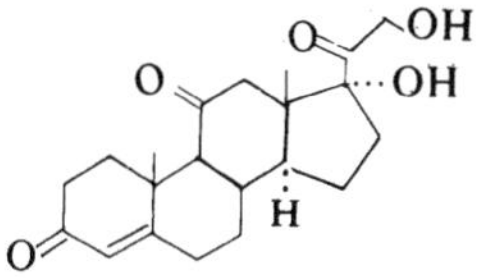

Cortison (I) 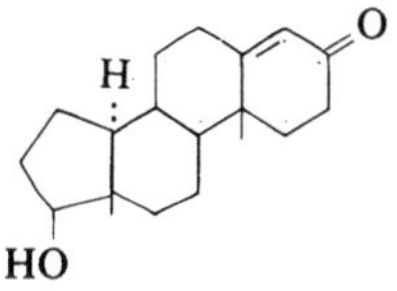   Testosteron (II)

Die Bestimmung erfolgt in 50%igem Methanol (mit $TEAClO_4$ als Leitsalz) durch DPP über die bei $-1,77$ V (I) und $-1,84$ V (II) (vs. SCE) liegenden Peaks [6].

Auch die polarographische Bestimmung des Cumarins beruht auf der Reduktion der Doppelbindung, die der Carbonylgruppe benachbart ist [7].

Der *anodischen Oxidation aromatischer Kohlenwasserstoffe* liegt ein Radikalmechanismus mit der Entfernung eines Elektrons aus dem π-Elektronensystem zugrunde.

An der rotierenden Pt-Mikroelektrode wird Benzol in Acetonitril bei $E_{1/2} = +2,08$ V (vs. Ag/(0,1 N AgClO$_4$)) anodisch oxidiert. Für alkylsubstituierte und polynucleare aromatische Kohlenwasserstoffe sind die Halbstufenpotentiale weniger positiv. Die Verlagerung korreliert mit den Ionisierungspotentialen der Moleküle für die Abgabe eines π-Elektrons (s. Abb. 3.2.-2, [8]).

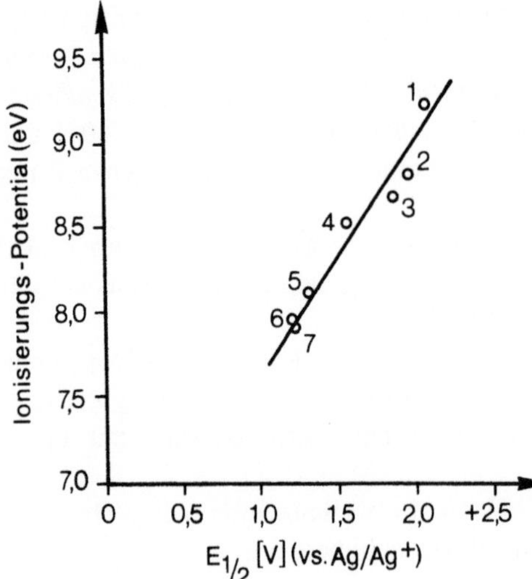

Abb. 3.2.-2. Korrelation zwischen Ionisierungspotentialen und Halbstufenpotentialen aromatischer Verbindungen: 1) Benzol, 2) Toluol, 3) Isopropylbenzol, 4) o-Xylol, 5) Naphthalin, 6) 1-Methylnaphthalin, 7) 2-Methylnaphthalin ($E_{1/2}$-Werte gemessen in Acetonitril + 0,5 M $NaClO_4$ an der rotierenden Pt-Mikroelektrode vs. Ag/(0,1 N $AgClO_4$) [8]

Polyaromatische Kohlenwasserstoffe werden durch anodische differentielle Pulse-Voltammetrie an Pt- oder GC-Elektroden bestimmt; Sulfolan oder Acetonitril sind als Lösungsmittel geeignet, und $NaClO_4$, $TEAClO_4$ oder $TEAPF_6$* dienen als Leitsalze. Das mit Perylen, Benz[a]pyren und Benz[ghi]perylen in Acetonitril registrierte Voltammogramm ist in Abb. 3.2.-3 dargestellt; die Bestimmungsgrenze wird mit $2 \cdot 10^{-8}$ M für jede dieser Verbindungen angegeben [9]. Im Verbund mit der Flüssigkeitschromatographie werden 2-Aminoanthracen und Anthracen durch anodische Oxidation an der GC-Elektrode in einer Durchflußzelle detektiert; die mobile Phase ist Acetonitril/Wasser (90:10) mit $NaClO_4$ als Leitsalz [10].

Die Peakpotentiale ausgewählter polyaromatischer Kohlenwasserstoffe sind in Tabelle 3.2.-2 angeführt.

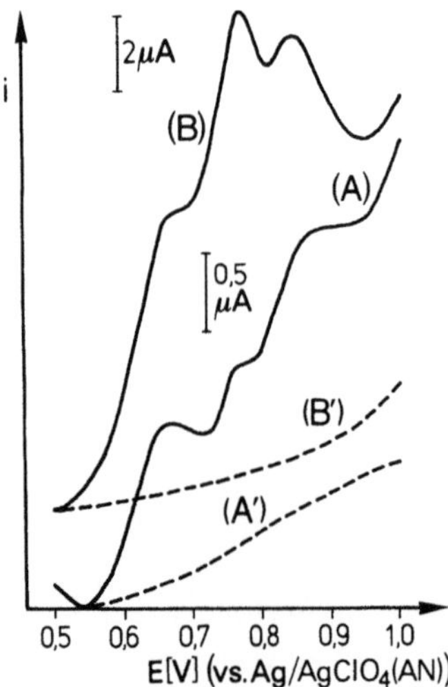

Abb. 3.2.-3. Differentielle Pulse-Voltammogramme von A) 1,2 µM Perylen + 3,2µM Benz[a]pyren + 1,8 µM Benz[ghi]perylen in Acetonitril + 0,001 M $NaClO_4$, A') Grundlösung, B) 12 µM Perylen + 61 µM Benz[a]pyren + 17 µM Benz[ghi]perylen in Acetonitril + 0,02 M $NaClO_4$, B') Grundlösung registriert an einer GC-Elektrode gegen eine Ag-Referenzelektrode (Ag-Draht in Acetonitril (AN) + 0,10 M $AgClO_4$) [9]

---

*   Tetraethylammoniumhexafluorphosphat

Tabelle 3.2.-2. Peakpotentiale ausgewählter polyaromatischer Kohlenwasserstoffe (gemessen an der GCE vs. Ag/(0,1 M AgClO$_4$) in Sulfolan) [9]

Verbindung	Grundlösung	E$_p$[V]
Anthracen	0,1 M	+0,57
Benz[*a*]anthracen	TBAPF$_6$[a]	+0,68
Benzo[*ghi*]perylen	in Sulfolan	+0,51
Benzo[*a*]pyren		+0,44
Chrysen		+0,82
Coronen		+0,77
Dibenz[*a, h*]anthracen		+0,75
9, 10-Diphenylanthracen		+0,53
Perylen		+0,34
Pyren		+0,57
Triphenylen		+1,09

[a] Tetrabutylammoniumhexafluorphosphat

Bei wesentlich positiveren Potentialen werden die *gesättigten und ungesättigten aliphatischen Kohlenwasserstoffe anodisch oxidiert*. Die mit der rotierenden Pt-Elektrode in Acetonitril ermittelten Halbstufenpotentiale der ungesättigten Kohlenwasserstoffe Ethen, Propen, 1- und 2-Buten, 1-Penten, 1- und 2-Octen und Cyclohexen liegen zwischen +2,0 und +3,0 V (vs. Ag/(10^{-2} M Ag$^+$)); für die gesättigten Kohlenwasserstoffe Isopentan, 2-Methylpentan, n-Hexan, n-Heptan und n-Octan sind die Werte > +3,0 V und damit für analytische Zwecke bedeutungslos [11]. *Halogen-substituierte Kohlenwasserstoffe* sind mit Ausnahme der Fluorderivate durch Reduktion an der Quecksilbertropfelektrode polarographisch bestimmbar. Nach dem Schema

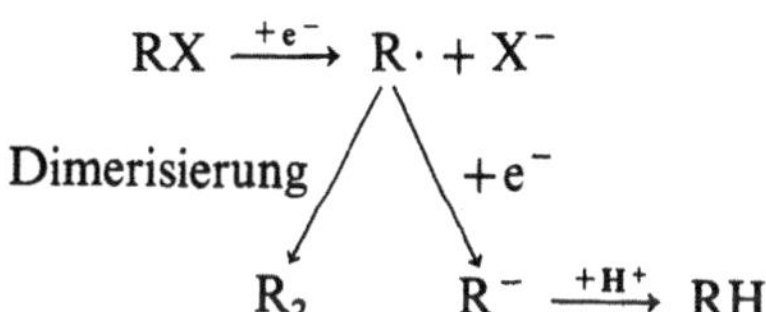

liegen den Elektrodenreaktionen 1- oder 2-Elektronenübergänge zugrunde, wobei der Gesamtverlauf durch das Verhältnis der Reaktionsgeschwindigkeit der Dimerisierung und der Aufnahme des zweiten Elektrons bestimmt wird [12]. Infolge zunehmender Deformierbarkeit bzw. abnehmender Elektronegativität vom Chlor über Brom zum Iod wird die Reduktion homologer aliphatischer und aromatischer Verbindungen in dieser Reihenfolge begünstigt. Zum Beispiel ist in DMF mit 0,05 M TEABr als Leitsalz das Halbstufenpotential für Chlorbenzol −2,55 V, für Brombenzol −2,24 V und für Iodbenzol −1,64 V (vs. SCE). Weitere Beispiele sind der Tabelle 3.2.-3 zu entnehmen.

Tetrachlorkohlenstoff wird 2-stufig reduziert. Die Potentiallage der zweiten Welle ist weitgehend identisch mit der Welle des Chloroforms, das als Zwischenprodukt anzunehmen ist. In den meisten Fällen sind die Polarogramme organischer Verbindungen mit mehreren Halogenatomen auch mehrstufig. Dabei sind die Halbstufenpotentiale um so positiver, je mehr Halogenatome im Molekül vorhanden sind. Außerdem

Tabelle 3.2.-3. Polarographische Halbstufenpotentiale verschiedener aliphatischer und aromatischer Halogenverbindungen [2]

Verbindung	Grundlösung	$E_{1/2}$ [V] vs. SCE
Methylchlorid	0,05 M TEABr in 75 % Dioxan-Wasser	$-2,23$
Methylenchlorid		$-2,33$
Chloroform		1. $-1,67$
		2. nur Anstieg
Tetrachlorkohlenstoff		1. $-0,78$
		2. $-1,71$
Methylbromid		$-1,63$
Methylenbromid		$-1,48$
Bromoform		1. $-0,64$
		2. $-1,51$
Tetrabromkohlenstoff		1. $-0,3$
		2. $-0,75$
		3. $-1,49$
Methyliodid		$-1,63$
Methyleniodid		1. $-1,12$
		2. $-1,53$
Iodoform		1. $-0,49$
		2. $-1,09$
		3. $-1,50$
Diiodazetylen		1. $-0,25$
		2. $-0,61$
o-Dichlorbenzol	0,05 M TEABr in 75 % Dioxan-Wasser	$-2,51$
m-Dichlorbenzol		$-2,48$
p-Dichlorbenzol		$-2,49$
Brombenzol		$-2,32$
p-Dibrombenzol		$-2,10$
1,2,4,5-Tetrabrombenzol		1. $-1,45$
		2. -2.05
Hexabrombenzol		1. $-0,75$
		2. $-1,45$
		3. nur Anstieg
Iodbenzol		$-1,62$
α-Chlornaphthalin		1. $-2,10$
		2. $-2,38$
α-Bromnaphthalin		1. $-1,96$
		2. $-2,38$
Benzylchlorid		$-1,94$
Benzalchlorid		$-1,81$
Benzotrichlorid		1. $-0,68$
		2. $-1,65$
		3. $-2,00$
Hexachlorethan	0,05 M TEABr in 75 % Dioxan-Wasser	1. $-0,62$
		2. $-1,73$
		3. $-1,96$
Ethylbromid		$-2,08$
1,2-Dibromethan		$-1,52$

Tabelle 3.2.-3 (Forsetzung)

Verbindung	Grundlösung	$E_{1/2}$ [V] vs. SCE
1,1-Dibromethan		−1,62
Tribromethan		−0,70
Pentabromethan		1. maximum
		2. −0,90
		3. −1,16
Hexabromethan		1. maximum
		2. −0,68
		3. −1,18
Ethyliodid		−1,67
n-Butylbromid		−2,27
n-Oktylbromid		−2,38
1,1-Dichlorethylen		ca. −2,4
Trichlorethylen		−2,14
Tetrachlorethylen		−1,88
Vinylbromid		−2,47
Allylchlorid		−1,91
Allylbromid		−1,29
Allyliodid		1. −0,23
		2. −1,16
Thyroxin [23]	0,5 M Na_2CO_3,	1. −1,20
(3,5,3′,5′-Tetraiod-	1 % TMAI in	2. −1,42
thyrosinphenolether)	40 % Ethanol	3. −1,70
α-Hexachlorcyclohexan [11]	0,1 M TEAI in 80 % Ethanol	−2,02
β-Hexachlorcyclohexan [11]		−2,15
γ-Hexachlorcyclohexan [11]		−1,61
δ-Hexachlorcyclohexan [11]		−2,08

sind die Potentiale von der sterischen Anordnung der Halogenatome abhängig. Von den Stereoisomeren des Hexachlorcyclohexans ist das γ-Isomere mit der stärksten insektiziden Wirkung nach

$$C_6H_6Cl_6 + 6e^- \longrightarrow C_6H_6 + 6Cl^-$$

am leichtesten reduzierbar [13, 11].

Aliphatische Halogenverbindungen werden leichter reduziert als aromatische Derivate. Innerhalb einer Reihe aliphatischer Verbindungen wird die Reduktion mit zunehmender Kettenlänge erschwert; ähnliches gilt für Verbindungen, in denen das halogenierte C-Atom doppelt gebunden ist. Eine Doppelbindung in α-Stellung zum Halogenatom begünstigt dagegen den kathodischen Vorgang (vgl. Allyl- und Vinylchlorid bzw. -bromid); die Doppelbindung wird dabei selbst nicht reduziert.

Das polarographische Verhalten *halogen-substituierter Carbonsäuren* ist von der Art und Anzahl der Substituenten abhängig. Monochloressigsäure ist polarographisch inaktiv. Dichloressigsäure gibt in alkalischer Grundlösung eine vom pH-Wert abhängige Welle. Das Polarogramm der Trichloressigsäure ist unterhalb pH 3,1 einstufig und zwischen pH 7,7 und pH 11,3 zweistufig [11]. Das Schilddrüsenhormon Thyroxin wird, wie in Tabelle 3.2.-3 angegeben über 3 Stufen reduziert. Bei den Iod-Derivaten der Phthalsäure und des Phthalsäureanhydrids ist die Zahl der Reduktionsstufen in gepufferter Lösung identisch mit der Zahl der Substituenten [14]. Die Reduktion polychlorierter Biphenyle (PCB's) und Naphthaline (PCN's) wurde voltammetrisch in DMSO an einer Hg-beschichteten Pt-Elektrode untersucht und verläuft ebenfalls mehrstufig [15].

Chloraniline werden anodisch bestimmt. Für die Oxidation des 4-Chloranilins wird folgender Mechanismus angegeben [16]:

4-Chloranilin

Ähnlich verläuft die Oxidation des 2- und 3-Chloranilins.

Das anodische Verhalten der Chloraniline interessiert besonders im Hinblick auf die voltammetrische Detektion der einzelnen Verbindungen nach ihrer Trennung durch Hochdruckflüssigkeits-Chromatographie (s. Abschn. 4.6). Die Potentiallage der Peaks in den mit der Glaskohlenstoffelektrode registrierten Voltammogrammen ist pH-abhängig; die E_p-Werte der Chloraniline liegen bei pH 2–12 zwischen $+1,0$ und $+0,6$ V (vs. SCE).

Die *polarographische Reduktion aliphatischer Aldehyde* erfolgt gegebenenfalls nach vorangehender Dehydratisierung in alkalischer Lösung unter Bildung eines Alkohols (I) oder Glykols (II). Die Vorgänge können durch folgende Gleichungen beschrieben werden:

Dehydratation:

$$R-HC\!\!<^{OH}_{OH} \rightleftharpoons R-C\!\!<^{O}_{H} + H_2O$$

Reduktion:

$$R-C\!\!<^{O}_{H} + 2H^+ + 2e^- \longrightarrow R-C\!\!<^{OH}_{H} \quad (I)$$

$$2R-C\!\!<^{O}_{H} + 2H^+ + 2e^- \longrightarrow 2R-C\cdot\!\!<^{OH}_{H} \longrightarrow R-C-C-R \quad (II)$$

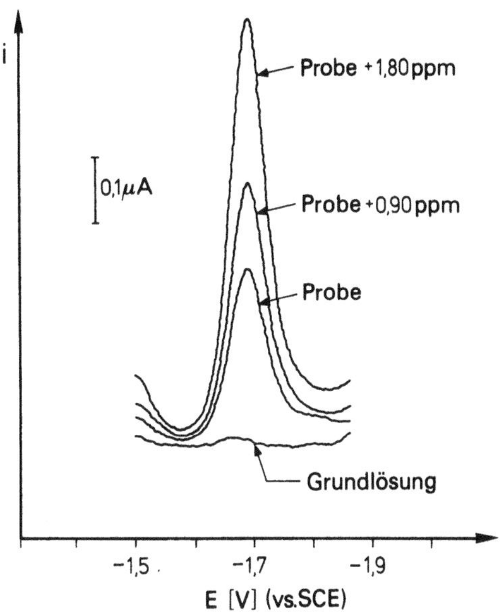

Abb. 3.2.-4. Bestimmung des Formaldehyds durch differentielle Pulse-Polarographie (Grundlösung: 0,12 M LiOH +0,12 M LiCl) [18]

Die Polarogramme sind einstufig; Stufenhöhe und Halbstufenpotential sind pH-abhängig [17].

Durch differentielle Pulse-Polarographie können aliphatische Aldehyde im ppm- bis ppb-Bereich bestimmt werden. Die Polarogramme für die Bestimmung von Formaldehyd sind in Abb. 3.2.-4 dargestellt [18].

Ungesättigte Aldehyde, deren Carbonylgruppen mit —C=C—-Bindungen konjugiert sind, z.B. Acrolein, Crotonaldehyd und Polyenaldehyde geben zweistufige Polarogramme.

Für einige Aldehyde sind die Arbeitsbedingungen in Tabelle 3.2.-4 angegeben.

Neben den einfachen Aldehyden können auch aliphatische *Dialdehyde*, wie Glyoxal, Glutardialdehyd und Adipindialdehyd [9, 15] sowie Monosaccharide (Aldosen) polarographisch bestimmt werden [19]. Auch das Antibiotikum Streptomycin wird über eine polarographische Stufe erfaßt, die der Reduktion der Aldehydgruppe zuzuordnen ist und in alkalischer Grundlösung von pH 13,8 bei $E_{1/2} = -1,45$ V liegt [20].

Während die aliphatischen Aldehyde nur im alkalischen Medium reduziert werden, sind die *aromatischen Aldehyde* im ganzen pH-Bereich polarographisch aktiv. Die Ausbildung ein- oder zweistufiger Polarogramme ist vom pH-Wert der Grundlösung abhängig. Zusätzliche funktionelle Gruppen im Ring, z.B. die Nitro-Gruppe im Nitrobenzaldehyd führen zu weiteren Stufen in den Polarogrammen der aromatischen Aldehyde (s. Tabelle 3.2.-4). Die Bestimmung polyaromatischer Aldehyde erfolgt durch Stripping Voltammetrie nach vorangehender adsorptiver Anreicherung an einer stationären Quecksilbertropfenelektrode (HDME) bei $-0,3$ V in 30 % Ethanol $+0,1$ M LiCl; für Anthracen-2-aldehyd und Naphthalin-2-aldehyd werden die Peakpotentiale mit $-1,29$ V und $-1,55$ V (vs. SCE) angegeben [21].

Benzaldehyd kann in alkalischer Lösung an der DME zu Benzoesäure oxidiert werden; das Halbstufenpotential ist von der Basizität der Grundlösung abhängig und für substituierte aromatische Aldehyde unterschiedlich [22].

Tabelle 3.2.-4. Polarographische Halbstufenpotentiale ausgewählter Aldehyde, Ketone und Säuren

Verbindung	Grundlösung	$E_{1/2}$ [V]	Lit.
Aldehyde			
Formaldehyd	Pufferlösungen: pH 8,0	−1,46 (vs. SCE)	[6]
	pH 10,7	−1,59	
	pH 12,7	−1,71	
Acetaldehyd	0,1 M LiOH	−1,89	
Propionaldehyd	0,1 M LiOH	−1,92	
Acrolein	Pufferlösungen	1. −1,04	
	(pH 8,7–11,0)	2. −1,44	
Crotonaldehyd	0,2 M TMAOH/50 % Ethanol	1. −1,37	[4]
		2. −1,80	
Benzaldehyd	0,1 M LiOH/50 % Ethanol	−1,51	
Phthaldialdehyd	Acetatpuffer (pH 5)/1,5 % Ethanol	1. −0,72	
		2. −1,09	
Nitrobenzaldehyd	Ethanol/Dioxan	1. −0,8 (vs. Ag/AgCl)	[16]
	0,092 M H_3PO_4/0,196 M TMAOH	2. −1,1	
		3. −1,7	
Hexahydrobenzaldehyd	0,25 M LiOH	−1,92	
Ketone			
Aceton	NH_3/$(NH_4)_2SO_4$ 2,5 M	−1,62 (vs. Ag/AgCl)	[16]
Cyclohexanon	NH_3/NH_4Cl 1 M mit 1 % Ethanol	−1,65	
Acetophenon	0,05 M TBAOH in 50 % Isopropanol	−1,15	
Benzophenon	Pufferlösung (pH 7)/		
	0,1 M KCl/25 % Ethanol	−1,35	
Anthron	Pufferlösung (pH 7)/40 % Dioxan	−1,41	
Benzalaceton	0,1 M NH_4Cl	−1,06	
α-Ionon	0,1 M LiCl/50 % Ethanol	−1,60	
Flavon	TBAOH/CH_3COOH 0,05 M		
	in Isopropanol	−1,35	
Alloxan	Phosphat-Puffer pH 7	−1,02	
Benzoin	BR-Puffer: pH 1,3	−0,90 (vs. SCE)	[6]
	pH 7,0	−1,39	
	pH 11,6	−1,53	
Zucker			
Allose	Phosphat-Puffer (pH 7)	−1,74 (vs. SCE)	[19]
Arabinose	Phosphat-Puffer (pH 7)	−1,54	
Fructose	0,1 M LiCl	−1,76	
Galactose	Phosphat-Puffer (pH 7)	−1,55	
Glucose	Phosphat-Puffer (pH 7)	−1,54	
Lyxose	Phosphat-Puffer (pH 7)	−1,50	
Maltose	0,3 M KCl/KOH	−1,60	
Mannose	Phosphat-Puffer (pH 7)	−1,51	
Ribose	Phosphat-Puffer (pH 7)	−1,77	
Sorbose	0,1 M LiCl	−1,76	
Xylose	Phosphat-Puffer (pH 7)	−1,50	

Tabelle 3.2.-4 (Fortsetzung)

Verbindung	Grundlösung	$E_{1/2}$ [V]	Lit.
Säuren			
Essigsäure	0,05 M TEAJ	−2,06 (vs. Ag/AgCl)	[16]
Salicylsäure	0,2 M LiCl	−1,70	
Acetylsalicylsäure	0,1 M LiCl	−1,89	
Weinsäure	0,05 M TMABr	−1,65	
Oxalsäure	0,1 M KCl	−1,72	
Phthalsäure	Biphthalat-Puffer (pH 4)/		
	Ba(OOCCH$_3$)$_2$ 0,1 M	−1,50	
m-Nitrobenzoesäure	Phosphat-Puffer (pH 7)/10 % Ethanol	1. −0,70	
		2. −1,10	
o-Nitrobenzoesäure	Phosphat-Puffer (pH 7)/10 % Ethanol	1. −0,80	
		2. −1,10	
Chinaldinsäure	Acetat-Puffer (pH 4,64)/Gelatine	1. −0,90	
		2. −1,10	
Sulfanilsäure	0,05 M TMAI	−1,58 (vs. NCE)	[8]

Ähnlich wie die Aldehyde sind auch die Ketone polarographisch aktiv. Von den *aliphatischen Ketonen* werden die gesättigten Vertreter schwerer reduziert als die ungesättigten.

Die Reduktion der ungesättigten aliphatischen Ketone führt zu Diketonen oder gesättigten Ketonen, wobei die gesättigten Ketone bei negativeren Potentialen weiterreduziert werden können [24].

Die mit Methyl-vinyl-keton, Isopropenyl-methyl-keton und Mesityloxid in wäßrigen und methanolischen Lösungen erhaltenen Polarogramme sind ein- oder zweistufig. Der Verlauf der polarographischen Reduktion ist pH-abhängig und wurde unter Berücksichtigung der noch möglichen Polymerisations- und Merkurierungsreaktionen untersucht [25].

Komplizierter ist das polarographische Verhalten der *aromatischen Ketone*. In saurer Lösung wird zunächst in einer einelektronigen Stufe ($E_{1/2} > -1,0$ V) ein freies Radikal gebildet, das zu dem entsprechenden Pinacol dimerisiert und bei negativerem Potential in einer zweiten Stufe zum jeweiligen Carbinol reduziert wird. Die Potentiallage der Stufen ist pH-abhängig; mit steigenden pH-Werten gehen beide Stufen ineinander über.

Diketone geben einstufige Polarogramme. Die Reduktion führt in einem 2-Elektronenschritt nach der folgenden Gleichung zum Endiol:

$$\underset{\displaystyle \overset{|}{O}=\overset{R}{\overset{|}{C}}-\overset{R}{\overset{|}{C}}=O}{} + 2\,e^- + 2\,H^+ \;\rightarrow\; HO-\overset{R}{\overset{|}{C}}=\overset{R}{\overset{|}{C}}-OH.$$

Auch mit *Ketosen* werden einstufige Polarogramme erhalten, denen 2-Elektronenübergänge zuzuordnen sind.

Das polarographische Verhalten von Ketonen in der Steroidreihe wurde in alkalischen Lösungen untersucht; die Reduktion zu den entsprechenden Carbinolen erfolgt bei Halbstufenpotentialen um −2,0 V [26].

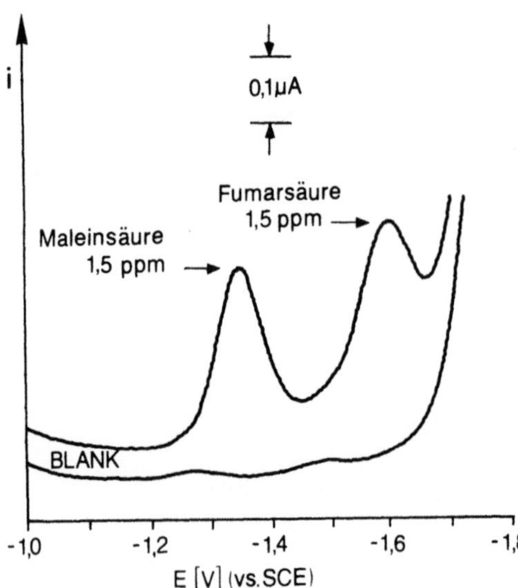

Abb. 3.2.-5. Bestimmung von Maleinsäure neben Fumarsäure in 0,2 M NaH_2PO_4 + 1 M NH_4Cl + NH_3 (pH 8,2) durch differentielle Pulse-Polarographie [27]

Angaben zur polarographischen Bestimmung ausgewählter Ketone enthält Tabelle 3.2.-4.

Die Keto-Gruppe in der Carboxyl-Gruppe *organischer Säuren* ist im allgemeinen polarographisch inaktiv. Die bei Potentialen zwischen −1,5 und −1,8 V auftretenden Stufen sind meist der Reduktion der abdissoziierten Protonen zuzuordnen. Mit funktionellen Gruppen im Säuremolekül (z. B. Nitro-Gruppen) oder bei der Reduktion von Chinolincarbonsäuren werden 2-stufige Polarogramme erhalten (s. Tabelle 3.2.-4).

Die Stufen der Maleinsäure und Fumarsäure sind der Reduktion der Doppelbindungen zuzuordnen. Auf diese Weise können durch DPP µg-Mengen der Fumarsäure (Grundlösung: 0,2 M NaH_2PO_4 + 1 M NH_4Cl + NH_3, pH 8,2) über einen Peak mit E_p = −1,62 V (vs. SCE) bestimmt werden. Der Peak der Maleinsäure liegt im gleichen Grundelektrolyten bei E_P = −1,35 V. Die Potentialdifferenz ermöglicht die simultane Bestimmung der Maleinsäure neben der Fumarsäure (s. Abb. 3.2.-5) [27].

Ascorbinsäure (Vitamin C) wird oxidativ bestimmt. Bei pH 2,87 erscheint im DP-Polarogramm ein Peak mit E_p = +0,14 V (vs. SCE). Als Arbeitselektroden werden die Quecksilbertropfelektrode und die Kohlepaste-Elektrode empfohlen; die Bestimmungsgrenzen liegen im unteren ppm-Bereich [28, 29].

Die polarographische Reduktion der *Peroxide* (R—O—O—R) und Hydroperoxide (R—O—O—H) erfolgt in einem 2-Elektronenschritt entsprechend der Gleichung:

$$R—O—O—R' + 2H^+ + 2e^- \rightarrow R—OH + R'—OH$$

(R=H, Alkyl oder Acyl (R—CO—)).

Die Lage der Halbstufenpotentiale wird von der Art der Radikale bestimmt und ist pH-abhängig (s. Tabelle 3.2.-5). Für die in alkalischen und neutralen Grundlösungen untersuchten Alkylhydroperoxide [30, 33], Persäuren, Diacylperoxide und Alkylperoxiester [31] liegen die Halbstufenpotentiale zwischen ±0,00 V und −1,50 V. Nahe beieinander, zwischen ±0,00 V und −0,06 V (vs. SCE), liegen die $E_{1/2}$-Werte der langkettigen aliphatischen Persäuren, deren polarographisches Verhalten in Methanol-Benzol (1:1) mit 0,3 M LiCl untersucht wurde [32]. Die Halbstufenpotentiale der

Alkyl- und Acylhydroperoxide sowie Dialkylperoxide werden in Richtung höhermolekularer Verbindungen positiver. In einem Gemisch von Wasserstoffperoxid, Methyl-, tert.-Butyl- und Acylhydroperoxid sowie Diethylperoxid können einzelne Komponenten polarographisch bestimmt werden [34].

Tabelle 3.2.-5. Polarographische Halbstufenpotentiale von Peroxiden und Hydroperoxiden

Verbindung	Grundlösung	$E_{1/2}$ V (vs. SCE)	Lit.
Methylhydroperoxid	0,1 M LiCl	$-0,75$	[11]
Ethylhydroperoxid		$-0,25$	
Diethylperoxid		$-0,25$	
Dimethylperoxid	0,1 M LiCl	$-0,71$	[10]
Dibenzoylperoxid	0,3 M LiCl in Benzol + Methanol (1:1)	$\pm 0,00$	[6]
n-Amylhydroperoxid		$-0,20$	
tert-Butylhydroperoxid		$-1,00$	
n-Hexylhydroperoxid		$-0,12$	
n-Octylhydroperoxid		$-0,02$	
Dilauroylperoxid		$-0,09$	

Chinone werden an der Quecksilbertropf-Elektrode zwischen $+0,1$ und $-0,8$ V einstufig reduziert. Die Elektrodenreaktionen sind pH-abhängig und verlaufen weitgehend reversibel über die Zwischenstufe des instabilen Semichinons zum entsprechenden Hydrochinon

$$O=\!\!\!\left\langle\quad\right\rangle\!\!\!=O \xrightarrow{+H^{+}+e^{-}} O=\!\!\!\left\langle\quad\right\rangle\!\!\cdot\!-OH \xrightarrow{+H^{+}+e^{-}} HO-\!\!\!\left\langle\quad\right\rangle\!\!-OH.$$

Chinon   (Semichinon)   Hydrochinon

Wegen der photochemischen Umwandlung mancher Chinone zu Hydrochinonen erfolgen die Untersuchungen unter Lichtausschluß; der photochemische Prozeß kann polarographisch verfolgt werden.

In einer Phosphat-gepufferten Lösung von pH 7 wird Benzochinon in einer Stufe mit $E_{1/2} = +0,04$ V (vs. SCE) zum Hydrochinon reduziert; die Oxidation des Hydrochinons zum Chinon erfolgt beim selben Potential.

Die in Tabelle 3.2.-6 angeführten Beispiele für die polarographische Bestimmung des p-Benzochinons und der alkylierten Benzochinone in Acetonitril lassen den Substituenten-Einfluß auf die Lage der Halbstufenpotentiale erkennen. Die Verschiebung nach negativeren Potentialwerten ist von der Zahl und Größe der Substituenten abhängig; Phenyl-Gruppen begünstigen die Reduktion.

Auch die *Naphthochinone* und *Anthrachinone* können polarographisch bestimmt werden. Von besonderem Interesse ist das polarographische Verhalten von Vitamin K_3 (2-Methyl-1,4-naphthochinon) und Vitamin K_1 (2-Methyl-3-phytyl-1,4-naphthochinon). Die Ergebnisse der Untersuchungen mit verschiedenen polarographischen Techniken sind am Beispiel des Vitamin K_3 in Abb. 3.2.-6 dargestellt. Durch DPP können vom Vitamin K_1 bis zu 0,11 mg l^{-1} und vom Vitamin K_3 bis zu 0,17 mg l^{-1} bestimmt werden [35].

Tabelle 3.2.-6. Polarographische Halbstufenpotentiale ausgewählter Chinone [36]

Verbindung	Grundlösung	$E_{1/2}$ [V] vs. SCE
p-Benzochinon	Acetonitril + 0,1 M TEAClO$_4$	−0,51
2,3,5,6-Tetramethyl-p-benzochinon (Durochinon)		−0,84
2,6-Dimethylbenzochinon-1,4		−0,66
2-Methylbenzochinon-1,4 (Toluchinon)		−0,58
2,6-Di-t-butylbenzochinon-1,4		−0,74
2,5-Di-t-butylbenzochinon-1,4		−0,73
2,6-Di-isopropylbenzochinon-1,4		−0,70
2,6-Diphenylbenzochinon-1,4		−0,34
2,5-Diphenylbenzochinon-1,4		−0,49
2-Chlorbenzochinon-1,4		−0,34
2,5-Dichlorbenzochinon-1,4		−0,18
2,3-Dichlor-5,6-dicyanbenzochinon-1,4		−0,51
o-Benzochinon		−0,31

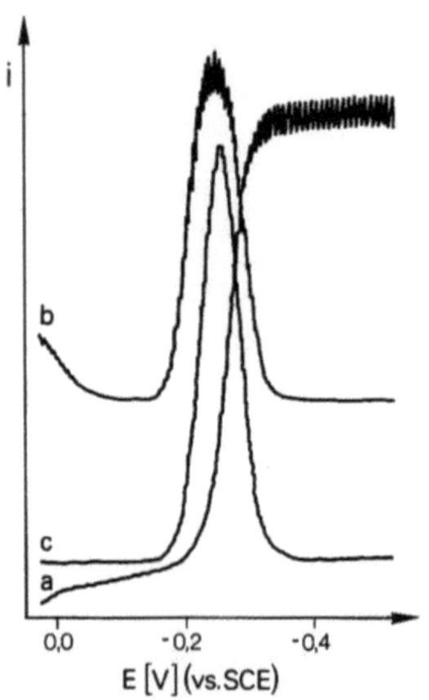

Abb. 3.2.-6. Bestimmung von Vitamin K$_3$ durch a) Gleichstrompolarographie, b) Wechselstrompolarographie, c) Differentielle Pulse-Polarographie (5·10^{-4} M Vitamin K$_3$; pH = 7) [35]

Das 1,4-Dithia-anthrachinon-2,3-dicarbonitril (Dithianon)

ist als Fungizid bedeutungsvoll und wird in DMF mit $NaNO_3$ als Grundelektrolyt zweistufig ($E_{1/2} = +0,03$ V und $-0,52$ V vs. Ag/AgCl in Ethanol, gesättigt an LiCl) reduziert; die 2. Stufe wird der Reduktion der chinoiden Gruppe zugeordnet. Gleichstrompolarographisch können bis zu 5 µg des Dithianons in 5 ml einer Probelösung bestimmt werden [37].

Bekannt ist auch das polarographische Verhalten des 1,2-Naphthochinon-4-sulfonats und -semicarbazons (Naftazon); die Bestimmungsgrenzen werden mit 5×10^{-6} M und 5×10^{-8} M angegeben [38].

Phenole sind an der Quecksilbertropfelektrode nicht reduzierbar. Ihre Bestimmung erfolgt durch Oxidation an Feststoffelektroden. Angaben zur voltammetrischen Bestimmung einiger Phenole und Tocopherole sind in Tabelle 3.2.-7 zusammengestellt.

Besonders empfindlich ist die Bestimmung der Tocopherole durch inverse differentielle Pulse-Voltammetrie nach vorangehender adsorptiver Anreicherung an der Kohlepaste-Elektrode; die Bestimmungsgrenzen liegen im ppb-Bereich [101].

Die Voltammogramme der Phenole sind einstufig. Den Vorgängen liegen 1-Elektronenübergänge zugrunde; die Potentiallage ist pH-abhängig. Der Oxidationsmechanismus wird durch folgende Gleichung beschrieben [39]:

$$\text{C}_6\text{H}_5\text{--OH} \underset{\text{(schnell)}}{\rightleftharpoons} \text{C}_6\text{H}_5\text{--O}^- + \text{H}^+$$

$$\text{C}_6\text{H}_5\text{--O}^- \underset{\text{(langsam)}}{\rightleftharpoons} \text{C}_6\text{H}_5\text{--O}^{\cdot} + 1\,\text{e}^-$$

Von besonderem Interesse ist die voltammetrische Bestimmung der Catecholamine (Neurotransmitter). In physiologischen Lösungen wird Dopa (3,4-Dihydroxy-phenyl-alanin) zum Dopa-o-chinon und nach Cyclisierung der Seitenkette (Leuco-Dopachrom) oxidiert; der Vorgang entspricht einem 4-Elektronenübergang [40]. Für die „in-vitro" und „in-vivo" Bestimmung der Catecholamine mit der normalen Pulse-Polarographie kommen Kohlenstoff-Fiberelektroden ($\varnothing$ 8 µm) zur Anwendung. Die Kurvenverläufe sind einstufig; die durch NPP ermittelten Halbstufenpotentiale liegen zwischen $+0,20$ V und $+0,57$ V (vs. SCE) (s. Tabelle 3.2.-8) [41].

t-Butylbrenzcatechin und p-Methoxyphenol sind als Antioxidantien in Diacetonacrylamid enthalten und werden voltammetrisch in 0,1 M H_2SO_4 in ppm-Bereich bestimmt; für t-Butylbrenzcatechin ist das Peakpotential $+0,65$ V, für p-Methoxyphenol $+0,78$ V (vs. SCE) [42]. Zur Ermittlung der Redoxpotentiale wurde das polarographische Verhalten zahlreicher Brenzcatechin-Derivate untersucht [99].

Das anodische Verhalten aromatischer Hydroxyverbindungen ist für die elektrochemische Detektion bei Untersuchungen mit der Flüssigkeitschromatographie von Interesse (s. Abschn. 4.6). *Aliphatische Alkohole* können polarographisch nicht bestimmt werden. Nach voltammetrischen Untersuchungen erfolgt die Oxidation der niederen Alkohole (Methanol bis Pentanol) bei Peakpotentialen zwischen $+2,3$ und $+2,7$ V (vs Ag/0,01 M Ag^+) [43]. Aliphatische Alkohole sind polarographisch oder voltammetrisch nur über vorhandene funktionelle Gruppen analysierbar.

Tabelle 3.2.-7. Halbstufen- bzw. Peakpotentiale verschiedener Phenole

Verbindung	Grundlösung	$E_{1/2}$ [V] (vs. SCE)	Lit.
Phenol	Acetatpuffer (pH 5,6) in Isopropanol	+0,633	[44]
o-Kresol	(Wachs-imprägnierte Graphitelektrode)	+0,556	
m-Kresol		+0,607	
p-Kresol		+0,543	
o-Ethylphenol		+0,551	
o-Methoxyphenol		+0,456	
o-Ethoxyphenol		+0,451	
o-Nitrophenol		+0,846	
m-Nitrophenol		+0,855	
p-Nitrophenol		+0,924	
o-Hydroxyacetophenon		+0,801	
Salicylsäure		+0,845	
o-Chlorphenol		+0,625	
m-Chlorphenol		+0,734	
p-Chlorphenol		+0,653	
2,5-Dichlorphenol		+0,695	
3,4-Dimethylphenol		+0,513	
3,5-Dimethylphenol		+0,587	
2,4-Dimethylphenol		+0,459	
		E_p [V] (vs. SCE)	
α-Tocopherol	0,2 M H_2SO_4 in 75%igem Ethanol	+0,473	[45]
β-Tocopherol	(Kohlepasteelektrode)	+0,550	
γ-Tocopherol		+0,555	
δ-Tocopherol		+0,623	
Tocol		+0,646	

Tabelle 3.2.-8. Halbstufenpotentiale der Catecholamine (gemessen in Phosphat-Pufferlösung (pH 7,4) durch NPP an einer Kohlenstoff-Fiber-Elektrode) [41]

Verbindung	$E_{1/2}$ [V] (vs. SCE)
Dopa	+0,450

HO—⟨benzene ring⟩—CH₂—C(H)(NH₂)—COOH (HO at two positions)

Tabelle 3.2.-8 (Fortsetzung)

Verbindung	$E_{1/2}$ [V] (vs. SCE)
Methoxytyramin	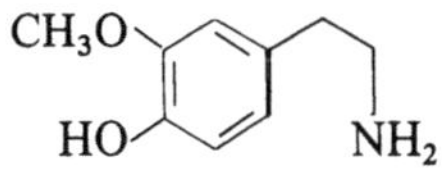 +0,460
Dopamin	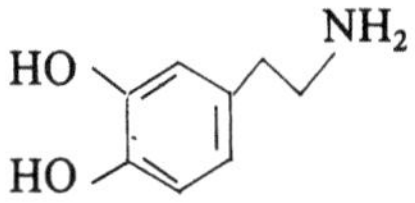 +0,200
Homovanillinsäure	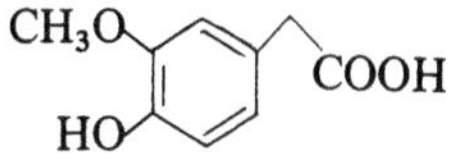 +0,530
Normetanephrin	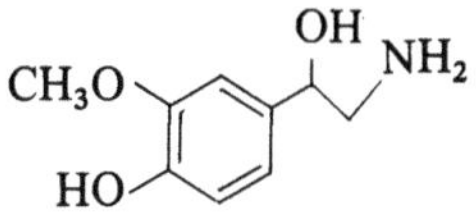 +0,500
Noradrenalin	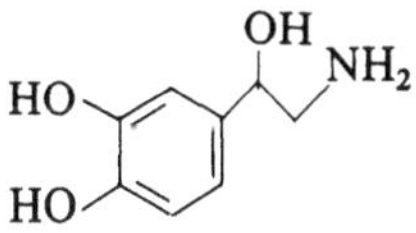 +0,240
Vanillinmandelsäure	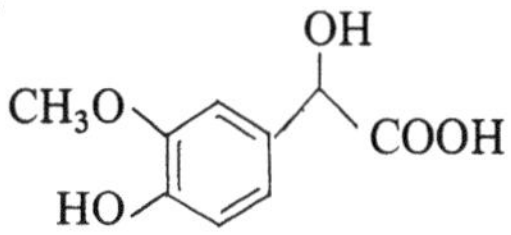 +0,570
Adrenalin	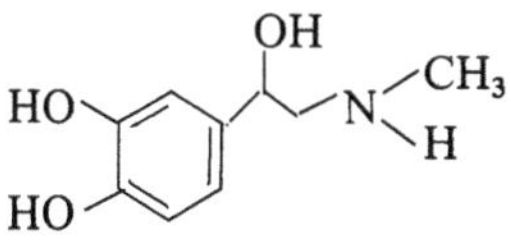 +0,380
Serotonin	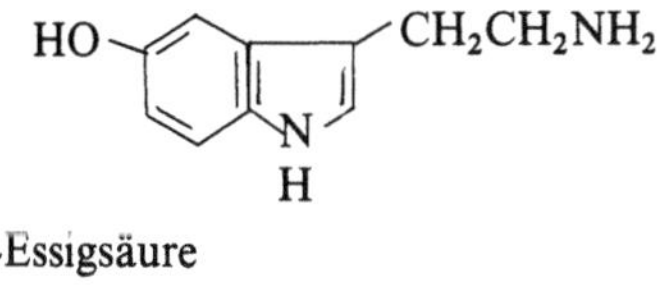 +0,340
5-Hydroxy-indol-3-Essigsäure	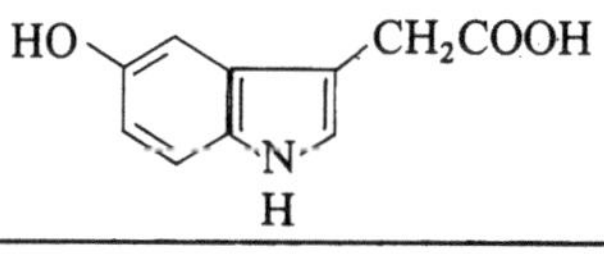 +0,500

Aliphatische Nitroverbindungen werden in sauren Lösungen bei verhältnismäßig positiven Potentialen einstufig zu Hydroxylaminen reduziert:

$$R—CH_2NO_2 + 4e^- + 4H^+ \rightarrow R—CH_2NHOH + H_2O.$$

Die Weiterreduktion zum Amin nach

$$R—CH_2NHOH + 2e^- + 2H^+ \rightarrow R—CH_2NH_2 + H_2O.$$

erfolgt bei wesentlich negativeren Potentialen und ist nur im alkalischen Medium durch eine zusätzliche Welle erkennbar; in sauren Lösungen wird dieser Vorgang durch den Stromanstieg der Wasserstoffabscheidung überdeckt.

Ähnlich wie die aliphatischen Verbindungen werden auch die *aromatischen Nitroverbindungen* über die Phenylhydroxylamine zu den entsprechenden Aminen reduziert. Hier sind die im sauren Medium erhaltenen Polarogramme zweistufig. Nur einige Nitrophenole und Nitroaniline werden in einer Stufe direkt zu Aminen reduziert; in alkalischer Lösung führt die Reduktion zum Phenylhydroxylamin. Auch in nichtwäßrigen Lösungsmittelsystemen mit Methanol, Benzol, Dioxan, Glycerin und Ethylenglykol wurde mit Mono- und Dinitroparaffinen eine über 4 Elektronen vonstatten gehende Reduktion jeder einzelnen Nitro-Gruppe beobachtet. Ähnlich sind die Verhältnisse beim Tetranitromethan in sauren und basischen Lösungen; die Polarogramme sind einstufig. Die drei isomeren Dinitrobenzole geben in schwach sauren und basischen Grundlösungen zweistufige Polarogramme. Das 1,2,3-Trinitrobenzol wird ebenso wie die Pikrinsäure dreistufig reduziert (s. Abb. 3.2.-7).

Durch Substituenten im Benzolring können die Reduktionspotentiale der Nitro-Gruppen positiver oder auch negativer werden; die Wirkung ist von der Art der Substituenten und von ihrer Stellung gegenüber der Nitro-Gruppe abhängig. In allen Fällen sind die Halbstufenpotentiale pH-abhängig und werden mit zunehmender Acidität der Grundlösung positiver. Hinweise zur polarographischen Bestimmung ausgewählter Nitroverbindungen enthält Tabelle 3.2.-9.

Über die Reduktion der Nitro-Gruppe erfolgt die Bestimmung des cancerogenen 4-Nitrochinolin-N-oxids neben 4-Hydroxyaminochinolin-N-oxid und 4-Aminochi-

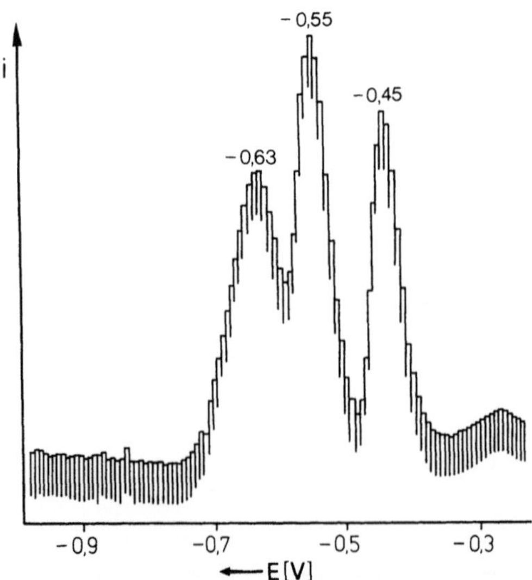

Abb. 3.2.-7. Derivatives Pulse-Polarogramm von 10^{-5} M Pikrinsäure in BR-Puffer (pH 4,9) [46]

Tabelle 3.2.-9. Polarographische Halbstufenpotentiale ausgewählter Nitro-, Nitroso- und Azoverbindungen [8]

Verbindung	Grundlösung		$E_{1/2}$ [V] (vs. NCE)
Nitromethan	Britton-Robinson-Puffer +3% Methanol:	pH 1,8	−0,79
		pH 4,6	−0,89
		pH 8,0	−0,94
		pH 11,6	−0,94
Tetranitromethan	1 M NaOH + 2 M NH_4Cl (1:5) + 10% Methanol; pH 12		−0,41
Nitroethan	0,3 M LiCl in Methanol-Benzol (1:1)		−1,20
1-Nitropropan			−1,20
2-Nitropropan			−1,35
1,3-Dinitropropan			−1,20
2,2-Dinitropropan			−0,90
1-Nitrobutan			−1,26
2-Nitrobutan			−1,35
Nitrobenzol	Pufferlösung mit 80% Dioxan	pH 1	1. −0,28
			2. −0,88
		pH 7,2	−0,66
		pH 12	−0,87
o-Dinitrobenzol	Kaliumhydrogenphthalat-NaOH-Puffer + 8% Ethanol; pH 5,7		1. −0,32
			2. −0,58
m-Dinitrobenzol			1, −0,35
			2. −0,51
p-Dinitrobenzol			1. −0,32
			2. −0,59
1,2,3-Trinitrobenzol	NaOH + NH_4Cl (pH 12) + 10% Methanol		1. −0,315
			2. −0,44
			3. −0,61
Pikrinsäure	Pufferlösung (pH 11,7)		1. −0,40
			2. −0,60
			3. −1,00
Nitrosobenzol	McIlvaine-Puffer Glycerin	pH 4,0	+0,04
		pH 8,0	−0,18
		pH 10,0	−0,31
Azobenzol	Pufferlösung + 50% Ethanol	pH 3	−0,24
		pH 4,6	−0,35
		pH 6	−0,46
		pH 8,3	−0,70
o-Methylazobenzol	Pufferlösung + 50% Ethanol	pH 3	−0,26
		pH 4,6	−0,38
		pH 6	−0,49
		pH 8,3	−0,73

(Fortsetzung)

Tabelle 3.2.-9 (Fortsetzung)

Verbindung	Grundlösung		$E_{1/2}$ [V] (vs. NCE)
Benzolazomesitylen	Pufferlösung + 50 % Ethanol	pH 3	−0,36
		pH 4,6	−0,49
		pH 6	−0,60
		pH 8,3	−0,84
p-Aminoazobenzol	Phosphatpuffer + 1 % Ethanol	pH 7	−0,49
Azoxybenzol	Phosphatpuffer + 20 % Ethanol	pH 6,3	−0,67

nolin-N-oxid durch DPP [47]. Die Bestimmung von Nitrazepam, Parathion, Nitro-furantoin und der Nitroimidazole erfolgt ebenfalls über die Reduktion der jeweiligen Nitro-Gruppe (s. Abschn. 4.4). Antipyrin (2,3-Dimethyl-1-phenylpyrazolin-5-on) kann nach Einführung der Nitro-Gruppe in 4-Stellung polarographisch bestimmt werden [48], desgleichen Phenol nach Überführung in Nitrophenol [49, **10**]. Über die Nitro-Gruppe werden ppm- bis ppb-Gehalte von Chloramphenicol durch DPP erfaßt [50]. Auch für andere organische Nitroverbindungen werden polarographische Bestimmungsverfahren empfohlen [51].

Die *Nitroso-Gruppe* ist im allgemeinen noch leichter reduzierbar als die Nitro-Gruppe (vergleiche die $E_{1/2}$-Werte für Nitrobenzol und Nitrosobenzol in Tabelle 3.2.-9); der Reduktionsverlauf ist unterschiedlich. Die *C-Nitroso-Verbindungen* können in Hydroxylamine oder Amine überführt werden. Mit Nitrosobenzol wird in schwach sauren bis schwach basischen Lösungen Phenylhydroxylamin erhalten, mit p-Nitrosophenol dagegen p-Aminophenol. Die Bestimmung des p-Nitrosophenols durch DPP ist in alkalischer Lösung empfindlicher als in sauren Grundelektrolyten (pH 2,0: $E_p = +0,13$ V, $i_p = 0,5$ µA; pH 10,0: $E_p = -0,39$ V, $i_p = 3,5$ µA (vs. SCE)). Für die Spurenanalyse von N, N′-Diethyl-p-nitrosoanilin und 2-Nitroso-1-naphthol werden ebenfalls alkalische Grundlösungen empfohlen [52]. *N-Nitroso-Verbindungen* (N-Nitrosamine) werden in sauren und basischen Grundlösungen nach folgendem Schema reduziert (nach [52])

Die Bestimmung der N-Nitrosamine durch DPP erfolgt in ppb-Bereich [53, 54]. Das polarographische Verhalten ist auch die Grundlage für die elektrochemische Detektion der N-Nitrosamine nach ihrer Trennung durch Flüssigkeits-Chromatographie [56, 57]. Die in 0,2 N HCl bestimmten Peakpotentiale verschiedener Verbindungen sind in Tabelle 3.2.-10 aufgeführt.

Auch das polarographische Verhalten der *Azo-Verbindungen* ist vom pH-Wert abhängig und richtet sich nach den Substituenten im Benzolring.

Azobenzol wird einstufig zum Hydrazobenzol reduziert:

$$\langle \text{Ph} \rangle - N = N - \langle \text{Ph} \rangle + 2\,H^+ + 2\,e^- \longrightarrow \langle \text{Ph} \rangle - NH - NH - \langle \text{Ph} \rangle$$

p-Aminoazobenzol sowie o- und p-Hydroxyazobenzol werden dagegen in einer n = 4 Reaktion zum jeweiligen Amin reduziert; z. B. p-Hydroxyazobenzol zum Anilin und p-Aminophenol:

$$\langle \text{Ph} \rangle - N = N - \langle \text{Ph} \rangle - OH + 4\,H^+ + 4\,e^- \longrightarrow$$

$$\langle \text{Ph} \rangle - NH_2 + HO - \langle \text{Ph} \rangle - NH_2$$

Der Substituenteneinfluß auf das Halbstufenpotential heterocyclischer Azoverbindungen (Pyridyl- und Thiazolylazo-Farbstoffe) wurde in alkoholischen Lösungen bei unterschiedlichen pH-Werten untersucht. In 50 %igem Ethanol und pH 5,65 liegen die Halbstufenpotentiale etwa zwischen $-0,1$ und $-0,5$ V (vs. SCE); mit steigendem pH-Wert verschieben sich die Wellen bis zu $E_{1/2} \approx -1,0$ V bei pH 13 [58]. Nitrogruppen als Substituenten und die OH-Gruppe in m-Stellung stabilisieren den Übergang der

Tabelle 3.2.-10. Peakpotentiale von N-Nitrosaminen in 0,2 M HCl [55]

Verbindung	E_p [V] (vs. Hg-Pool)
N-Nitroso:	
Dimethylamin	$-0,94$
Methylethylamin	$-0,92$
Methylpentylamin	$-0,83$
Diethylamin	$-0,88$
Dipropylamin	$-0,84$
Dibutylamin	$-0,79$
Dipentylamin	$-0,78$
Dibenzylamin	$-0,75$
Dicyclohexylamin	$-0,86$
4-Picolylmethylamin	$-0,81$
Methyl-2-hydroxyethylamin	$-0,93$
Diethanolamin	$-0,90$
Piperidin	$-0,79$
Pyrrolidin	$-0,84$
N-Methylanilin	$-0,69$
Prolin	$-0,79$

Azoverbindung zum Hydrazo-Derivat [59]. Im allgemeinen werden die Halbstufenpotentiale der Azoverbindungen durch Substituenten negativer [17]. Das zeigte sich auch bei den Untersuchungen mit 4,4′-disubstituierten Azobenzolen in Acetonitril, wobei 2-stufige Polarogramme erhalten wurden [64].

Auch Azoxybenzol wird im gesamten pH-Bereich zum Hydrazobenzol reduziert; die Halbstufenpotentiale sind negativer als die der Azoverbindungen (s. Tabelle 3.2.-9).

Aliphatische und *aromatische Amine* sind an der Quecksilbertropfelektrode nicht reduzierbar. Für die Bestimmung aromatischer Amine kann das voltammetrische Verhalten an Festkörperelektroden genutzt werden und für aliphatische Amine sind indirekte Bestimmungsverfahren bekannt. Durch Nitrosierung können die polarographisch aktiven N-Nitrosoverbindungen erhalten werden und tertiäre Amine lassen sich mit Wasserstoffperoxid zu den elektrochemisch aktiven Aminoxiden oxidieren [60]. Am Beispiel des Ethylendiamins wird gezeigt, daß bei anodischer Polarisation der Quecksilbertropfelektrode infolge Bildung von Quecksilber(II)-Salzen von der Amin-Konzentration abhängige und analytisch verwertbare Diffusionsstufen auftreten [61].

Den voltammetrischen Verfahren zur Bestimmung aromatischer Amine liegen Oxidationsvorgänge zugrunde. Dafür werden Radikalmechanismen mit unterschiedlichen Angaben über die Ausbildung von Zwischenprodukten beschrieben. Nach kinetischen Untersuchungen und der Auswertung cyclischer Voltammogramme wird bei der Oxidation des Anilins in gesättigter NaCl-Lösung (pH 4,1) an der rotierenden Kohlepaste-Elektrode in erster Stufe die Bildung des Aniliniumkationradikals angenommen. Die Weiterreduktion verläuft dann zum p-Aminodiphenylamin und in einem reversiblen 2-Elektronenschritt zum N-Phenylchinondiimin. Als Zwischenprodukt kann auch Benzidin in Erscheinung treten, welches zum entsprechenden Chinon oxidiert wird [62, 63].

Anilin und Anilinderivate geben mit wenigen Ausnahmen einstufige und auch gut auswertbare Voltammogramme. Die für mono- und disubstituierte Aniline in einer Isopropanol-Acetatpuffer-Lösung (pH 5,6) an einer Wachs-imprägnierten Graphitelektrode gemessenen Halbstufenpotentiale sind in Tabelle 3.2.-11 aufgeführt.

Das anodische Verhalten bildet auch die Grundlage für die Detektion aromatischer Amine in Durchflußzellen nach der Trennung durch Flüssigkeits-Chromatographie [65] (s. Abschn. 4.6).

Die *Amid-Gruppe* (—CO—NH₂) ist polarographisch inaktiv. Die Oxidation der Amide erfolgt bei positiveren Potentialen als die der Amine. Primäre Amide werden in Acetonitril an der Pt-Mikroelektrode bei $E_P \sim +2{,}0$ V, sekundäre Amide bei ungefähr $+1{,}8$ V und tertiäre Amide im Bereich von $+1{,}22$ bis $+1{,}51$ V (vs. SCE) oxidiert [66].

Verbindungen mit einer Amid-Gruppe im Ringsystem, wie z.B. die Barbitursäure und ihre Derivate ergeben ebenfalls anodische Peaks, denen komplizierte Oxidationsmechanismen zugrunde liegen [67]; Angaben zur elektrochemischen Bestimmung der Barbitursäure und Barbitursäure-Derivate sind dem Abschn. 4.3 zu entnehmen.

Über die polarographisch aktive *Azomethin-Gruppe* ($\diagup$C=N—) ist die Bestimmung verschiedener pharmazeutischer Wirkstoffe und Pesticide möglich [68]. Zu diesen gehören die 1,4-Benzodiazepine, die sich von der folgenden Struktur ableiten:

Tabelle 3.2.-11. Halbstufenpotentiale mono- und disubstituierter aromatischer Amine (gemessen an einer wachsimprägnierten Graphitelektrode); Grundlösung: Acetatpuffer (pH 5,6) in Isopropanol [44]

Verbindung	$E_{1/2}$ [V] (vs. SCE)
Anilin	+0,625
p-Toluidin	+0,537
o-Toluidin	+0,595
m-Toluidin	+0,606
o-Ethylanilin	+0,602
o-Anisidin	+0,498
o-Phenetidin	+0,499
o-Nitroanilin	+0,989
o-Aminoacetophenon	+0,847
m-Aminoacetophenon	+0,758
p-Aminobenzoesäure	+0,714
Anthranilsäure	+0,676
m-Aminobenzoesäure	+0,668
p-Chloranilin	+0,675
o-Chloranilin	+0,742
m-Chloranilin	+0,774
2,4-Dimethylanilin	+0,500
3,5-Dimethylanilin	+0,583
2,5-Dimethylanilin	+0,578
4-Methoxy-2-nitroanilin	+0,744
2-Methyl-5-nitroanilin	+0,822
2,6-Diethylanilin	+0,578
2,6-Dimethylanilin	+0,576
2,5-Dichloranilin	+0,798
2,5-Dichlorphenol	+0,695

1,4-Benzodiazepin (Stammverbindung)

Durch DPP können Benzodiazepine im ppb-Bereich bestimmt werden. Die Polarogramme sind mehrstufig, wenn neben den Azomethin-Gruppen noch andere funktionelle Gruppen im Molekül vorhanden sind. In Abb. 3.2.-8 ist das dreistufige Polarogramm des Chlordiazepoxids dargestellt; den Stufen A, B und C liegt die Reduktion der $\geq$N $\longrightarrow$ O und der zwei $\rangle$C=N— Gruppen zugrunde. Der Grenzstrom der Stufe B ist diffusionsbedingt. Zwischen der Konzentration des Chlordiazepoxids und den Stufenhöhen von A und B besteht eine lineare Beziehung. Die Auswertung wird in der skizzierten Weise bei dem angegebenen Potential ($-0,9$ V) empfohlen [69, 70, 71].

Die Halbstufen- bzw. Peakpotentiale der 1,4-Benzodiazepine sind pH-abhängig. Angaben über die durch DPP ermittelten polarographischen Daten enthält Tabelle 3.2.-12.

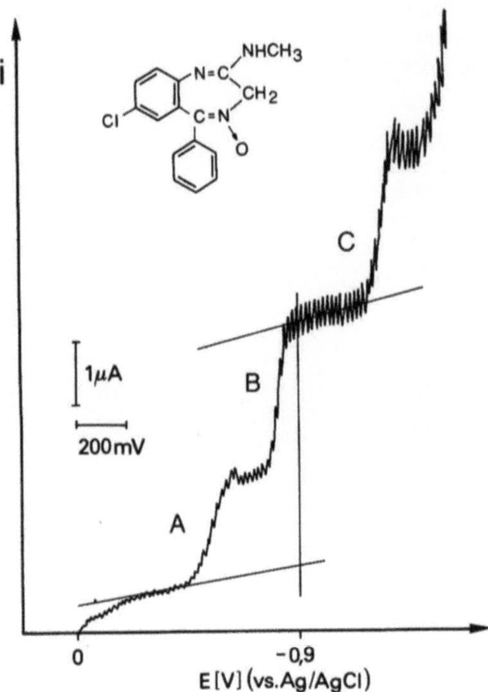

Abb. 3.2.-8. Polarogramm von Chlordiazepoxid $(3,5 \cdot 10^{-4}$ M) in Acetatpuffer-Lösung (pH 4,2) [71]

Tabelle 3.2.-12. Durch differentielle Pulse-Polarographie ermittelte Peakpotentiale einiger 1,4-Benzodiazepine in Britton-Robinson-Pufferlösungen (pH 4,0 und 12,0) (E_p [V], vs. SCE) [72]

Grundlösung	pH 4,0					pH 12,0	
	Funktionelle Gruppen						
Verbindung	—NO$_2$	=N→OH$^+$	C=N$^+$H	Pyridyl	N=C	—NO$_2$	C=N—
Chlordiazepoxid		−0,37	−0,73		−1,17		−1,24
Bromazepam			−0,40	−1,12			−0,99
Nitrazepam	−0,16		−0,78			−0,61	−1,23
Clonazepam	−0,15		−0,73			−0,60	−1,22
Flunitrazepam	−0,16		−0,73			−0,61	−1,20
Oxazepam			−0,76				−1,50
Lorazepam			−0,74				−1,45
Diazepam			−0,74				−1,15
Prazepam			−0,73				−1,22
Flurazepam			−0,72				−1,10
Medazepam			−0,82				−1,23

In den Oximen wird die Azomethin-Gruppe im sauren Medium entsprechend folgender Gleichung reduziert:

$$\text{>C=N-OH} \xrightleftharpoons{H^+} \text{>C=N-OH}_2^+ \xrightleftharpoons{2e^-, 2H^+}$$

$$\text{>CH-N}\overset{\oplus}{\text{H}}\text{OH}_2 \xrightleftharpoons{2e^-, H^+} \text{>CH-NH}_2 + \text{H}_2\text{O}.$$

Für den Übergang zu den Aminen werden im allgemeinen einstufige Polarogramme erhalten.

Über die Reduktion der Azomethin-Gruppe sind auch (Phenyl-)Hydrazone und (Thio-)Semicarbazone polarographisch bestimmbar [73].

Von den heterocyclischen Stickstoffverbindungen können auch *Pyridin*, *Chinolin*, *Acridin* und zahlreiche Derivate dieser Verbindungen polarographisch bestimmt werden. Dabei werden die Azomethin-Gruppen im Ring und vorhandene Substituenten mit funktionellen Gruppen reduziert. In Tabelle 3.2.-13 sind die polarographischen Daten ausgewählter Verbindungen zusammengestellt.

Pyridin und Pyridin-Derivate werden unter Aufnahme von 2 Elektronen nach folgender Gleichung reduziert:

Die Reduktion der Chinoline verläuft ähnlich. In einem irreversiblen 2-Elektronenschritt werden in schwach sauren oder basischen Grundlösungen als Reduktionsprodukte 1,2- oder 1,4-Dihydrochinoline erhalten; Isochinolin wird zum 1,2-Dihydroisochinolin reduziert. Auch Acridin und die Acridin-Derivate werden durch Aufnahme von 2 Elektronen reduziert; die Polarogramme sind zweistufig.

Der polarographischen Bestimmung der Dipyridylverbindungen, z. B. des Pesticids „Diquat", liegen zweistufige Elektrodenreaktionen zugrunde:

In 0,1 M Salzsäure wurden die Halbstufenpotentiale beider Stufen zu $-0,56$ V und $-1,06$ V (vs. SCE) bestimmt [74].

Piperidine, Indole und Phenothiazine – ebenfalls Verbindungen mit Stickstoffatomen in den Ringsystemen – werden an der Quecksilbertropfelektrode nicht reduziert. Mit Piperidin wird durch Oxidation zum N-Oxid eine anodische Stufe erhalten [75].

Verbindungen mit zwei und drei Stickstoffatomen im Ringsystem – *Pyrazin*, *Pyrimidin, Triazin* und Derivate – sind mit Ausnahme der Imidazole polarographisch reduzierbar. Für die Reduktion des Pyrimidins wird folgendes Schema angegeben [76]:

Tabelle 3.2.-13. Polarographische Halbstufenpotentiale verschiedener Pyridine, Chinoline und Acridine [6]

Verbindung	Grundlösung		$E_{1/2}$ [V] (vs. SCE)
Pyridin	Phosphat-Citrat-Puffer;	pH 7,0	$-1,75$
3-Acetylpyridin	Britton-Robinson-Puffer	pH 2	1. $-0,72$
			2. $-0,87$
		pH 6	$-1,07$
		pH 10	$-1,40$
Pyridin-2-carbonsäure	0,1 M HCl		$-0,89$
	Pufferlösung	pH 5,0	$-1,17$
		pH 9,0	$-1,50$
Pyridin-3-carbonsäure	0,1 M HCl		$-1,08$
Pyridin-4-carbonsäure			$-0,80$
Pyridin-2,3-dicarbonsäure			$-0,78$
Pyridin-2,4-dicarbonsäure			$-0,66$
Pyridin-3,4-dicarbonsäure			$-0,61$
Pyridin-3,5-dicarbonsäure			$-1,10$
8-Hydroxychinolin	Acetat-Puffer	pH 3	$-0,89$
			$-1,08$
	Borat-Puffer	pH 10	$-1,48$
			$-1,80$
Chinolin	50 % Ethanol/0,2 M TMAOH		$-1,50$
Acridin	50 % Ethanol/Phosphat-Puffer	pH 8,3	$-0,79$
			$-1,45$
1-Aminoacridin	50 % Ethanol/Phosphat-Puffer	pH 7	$-0,65/-1,22$
2-Aminoacridin			$-0,72/-1,23$
3-Aminoacridin			$-0,76/-1,33$
4-Aminoacridin			$-0,75/-1,35$

$$\text{(Pyrimidin)} \xrightarrow{1e^-,\,1H^+} \text{(Radikal)} \xrightarrow{1e^-,\,1H^+} \text{(Dihydropyrimidin)} \xrightarrow{2e^-,\,2H^+} \text{Tetrahydropyrimidin}$$

Die Pyrimidine geben einstufige Polarogramme; die Halbstufenpotentiale sind pH-abhängig und werden von Substituenten beeinflußt (s. Tabelle 3.2.-14).

Einstufig sind auch die Polarogramme der *Triazine*, sofern keine anderen funktionellen Gruppen im Molekül vorhanden sind. Von den 1,3,5-Triazinen wurde das Verhalten der Derivate mit herbizider Wirkung untersucht [15].

Tabelle 3.2.-14. Polarographische Halbstufenpotentiale verschiedener Pyrimidinderivate (gemessen in einer Citrat-Pufferlösung von pH 4,5) [77]

	R_1	R_2	R_3	$E_{1/2}$ [V] (vs. SCE)
I	CH_3	OH	$COOC_2H_5$	$-1,20$
II	CH_3	OH	$CONHNH_2$	$-1,25$
III	CH_3S	OH	$COOC_2H_5$	$-1,05$
IV	CH_3	CH_3	$COOC_2H_5$	$-1,01$
V	CH_3	CH_3	$CONH_2$	$-1,10$

I: $R_1 = H$; $R_2 = NH_2$; $R_3 = NHC_2H_5$

II; $R_1 = Cl$ oder Br; $R_2 = NHR$; $R_3 = NHR$

III: $R_1 = N_3$; $R_2 = NHC_2H_5$ $R_3 = NHC(CH_3)_3$

IV: $R_1 = OCH_3$; $R_2 = NHC_3H_7$; $R_3 = NHC_3H_7$

Die Halbstufenpotentiale der mit 4-Amino-6-alkylamino-1,3,5-triazinen (I) in sauren Grundlösungen erhaltenen Wellen liegen bei $-1,0$ V (vs. SCE); die Bestimmungsgrenze für die DC-Polarographie wird mit $5 \cdot 10^{-6}$ M angegeben. Die 2-Chlor- und 2-Brom-4,6-bis(alkylamino)-1,3,5-triazine (II) sind im schwach sauren Medium (pH 1,5–5,5) polarographisch aktiv und geben 2 Wellen (Bestimmungsgrenze $\sim 3 \cdot 10^{-6}$ M). 2-Azido-4-ethylamino-6-tert-butylamino-1,3,5-triazin (III) kann bei allen pH-Werten bestimmt werden; dagegen ist das 2-Methoxy-4,6-bis(propylamino)-1,3,5-triazin (IV) polarographisch inaktiv.

Das *anodische Verhalten der Stickstoffheterocyclen* ist unterschiedlich. Die Oxidation der Chinoline, Isochinoline, Acridine, Phenazine und Chinoxaline geht über radikalische Vorgänge bei sehr positiven Potentialen bis zu $E_{P/2} = +2,0$ V (vs. SCE) vonstatten [78]. Für die analytische Nutzung bedeutungsvoll ist das anodische Verhalten des Pyridoxins und ähnlicher Pyridine der Vitamin B-Gruppe. Die voltammetrische Bestimmung erfolgt an der Kohlepaste-Elektrode in alkalischer Lösung (pH 9,2) im Konzentrationsbereich von $2 \cdot 10^{-4}$ bis $1 \cdot 10^{-6}$ M; die Peakpotentiale liegen zwischen $+0,6$ und $+0,8$ V (vs. SCE) [79]. Auch Indolyl-3-Derivate und 5-Hydroxyindole sind anodisch bestimmbar und werden bei Flüssigkeits-chromatographischen Untersuchungen in Durchflußzellen an Glaskohlenstoffelektroden bei $+1,00$ V und bei $+0,80$ V detektiert (s. Abschn. 4.6). An den Elektrodenreaktionen sind die oxidierbaren funktionellen Gruppen dieser Verbindungen beteiligt.

Organische Moleküle mit *Thiol-Gruppen* ($-SH$) und *Thiocarbonyl-Gruppen* ($>C=S$), z.B. Thioalkohole, Thiophenole, Dithiocarbamate, Thioharnstoff-Derivate, Thiobarbiturate und Thioamide sind im anodischen Bereich elektrochemisch aktiv. Infolge Oxidation des Elektroden-Quecksilbers können sich schwerlösliche Quecksilber(I)-Verbindungen bilden, die an der Elektrodenoberfläche adsorbiert werden. Thiole werden durch differentielle Pulse-Polarographie im ppm-Bereich bestimmt [80, 81]. Über die Thiol-Gruppe kann auch Penicillamin sehr empfindlich nachgewiesen werden [82]. Die Bestimmungsgrenze für die Analyse von Thioharnstoff, Phenylthioharnstoff, α-Naphthylthioharnstoff und Benzyl(iso)thioharnstoff durch differentielle Pulse-Polarographie wird mit $\sim 10^{-7}$ M angegeben [83]. Abbildung 3.2.-9 zeigt den mit Thioharnstoff erhaltenen Kurvenverlauf.

Für Bestimmungen im ppb-Bereich sind invers-voltammetrische Verfahren bekannt. Die Verbindungen werden bei konstantem Potential durch Umsetzung oder Adsorption mit dem Elektrodenquecksilber an der Oberfläche der Arbeitselektrode angereichert und über den Verlauf der kathodischen Stripping-Voltammogramme bestimmt (s. Abschn. 2.7). Der Kurvenverlauf für die Bestimmung des Thioharnstoffs durch adsorptive DC- und DP-Stripping-Voltammetrie ist in Abb. 3.2.-10 dargestellt [84]. Angaben zur inversvoltammetrischen Bestimmung organischer Schwefelverbindungen enthält Tabelle 3.2.-15.

Mit Co^{2+}- oder Ni^{2+}-Ionen komplexgebundene Thiole können bei Herabsetzung der Wasserstoffabscheidung über katalytische Wasserstoffwellen bestimmt werden; ähnliche Erscheinungen zeigen Verbindungen mit Disulfid-Gruppen (Brdička-Reaktion) [11, 19]. Serumproteine werden auf diese Weise im Bereich von 5–50 µg·ml^{-1} automatisch in Durchflußzellen bestimmt [85] (s. auch Abschn. 4.4).

Verbindungen mit Thiocarbonyl-Gruppen sind an der Quecksilbertropfelektrode reduzierbar. Der Reduktionsverlauf wird am Beispiel des 4-Mercaptocinnolins

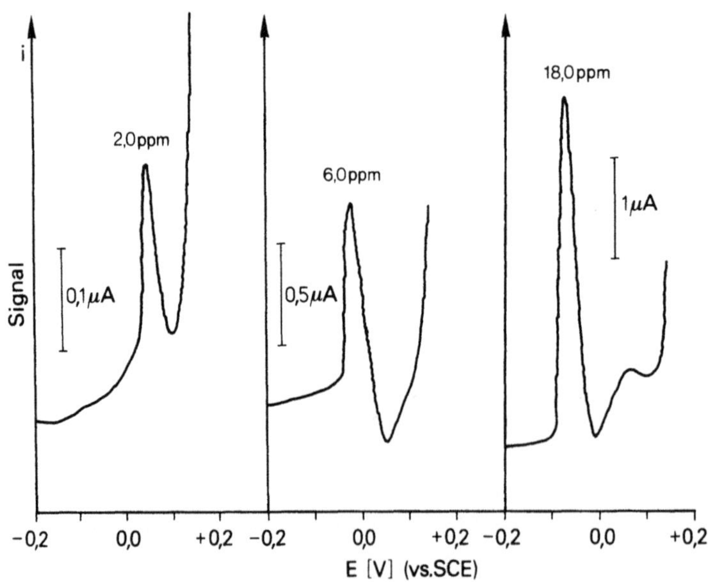

Abb. 3.2.-9. Bestimmung von Thioharnstoff durch differentielle Pulse-Polarographie in 0,05 M Schwefelsäure [102]

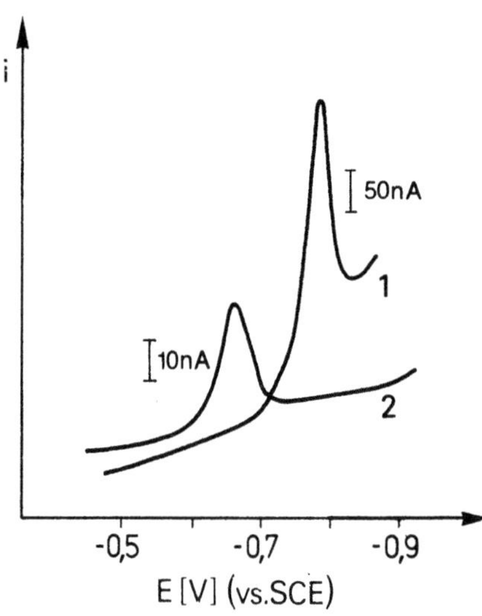

Abb. 3.2.-10. Bestimmung von Thioharnstoff durch adsorptive (kathodische) Stripping-Voltammetrie in 0,1 M $NaClO_4$ [84]. 1) $4 \cdot 10^{-9}$ mol·l⁻¹ Thioharnstoff; DP-Voltammogramm nach 120 s Anreicherung bei offenem Stromkreis, 2) $4 \cdot 10^{-11}$ mol·l⁻¹ Thioharnstoff; DC-Voltammogramm nach 600 s Anreicherung bei +0,20 V (vs. SCE)

Tabelle 3.2.-15. Bestimmung organischer Schwefelverbindungen durch inverse DC- und DP-Voltammetrie (Kathodische Stripping Voltammetrie)

Verbindung	Arbeitsweise	Peakpotential (E_P [V] vs. SCE)	Lit.
Cystein	0,1 M Natriumborat	−0,59	[94]
2-Mercaptopyrimidin	+0,02 M NaCl;	−0,35	
6-Mercaptoxanthin	HMDE; iDCV;	−0,72	
6-Mercaptonicotinamid	$E_{Anreicherung} = +0,2$ V;	−0,67	
2-Mercaptobenzoesäure	Bestimmungsgrenze: $1 \cdot 10^{-8}$ M	−0,47	
		−0,55	
2-Mercaptocytosin		−0,37	
		−0,55	
2-Mercaptopurin		−0,48	
		−0,85	
6-Mercaptopurin		−0,38	
		−0,38	
β, β-Dimethylcystein (Penicillamin)		−0,49	
		−0,68	
Mercaptobenzol		−0,63	
2-Mercaptoethanol		−0,51	
2-Mercaptopropionsäure		−0,48	
2-Mercaptobenzothiazol		−0,62	
Thiamin		−0,63	[94]
Cystin		−0,59	
Homocystin		−0,48	
		−0,59	
Cystaminiumdichlorid		−0,63	

(Fortsetzung)

Tabelle 3.2.-15 (Fortsetzung)

Verbindung	Arbeitsweise	Peakpotential (E_P [V] vs. SCE)	Lit.
Glutathion (oxidierte Form)	Britton-Robinson-Puffer (pH 4,78); HMDE; iDCV; $E_{Anreicherung} = +0,2$ V; Bestimmungsgrenze: $2 \cdot 10^{-8}$ M	$-0,3$	[95]
Glutathion (reduzierte Form)		$-0,2$	
Cystein		$+0,15$ $-0,33$	
verschiedene Thioamide	Britton-Robinson-Puffer (pH 4,78); HMDE; iDCV; $E_{Anreicherung} = +0,2$ V und $+0,1$ V; Bestimmungsgrenze: $2 \cdot 10^{-8}$ M	$-0,46$ bis $-0,52$	
2-Thiobarbiturate	Britton-Robinson-Puffer (pH 8,0); HMDE; iDPV; Bestimmungen im ppm-Bereich; $E_{Anreicherung} = +0,05$ V	$-0,03$ bis $-0,06$	[96]
Laurylsulfonat	1 M NaOH; HMDE; iDPV (Adsorptionsvoltammetrie); Bestimmungsbereich: 10^{-6} bis 10^{-8} M; $E_{Anreicherung} = -0,9$ V	$-1,3$	[97]
Dodecylbenzosulfonat	1 M NaOH; HMDE; iDPV (Adsorptionsvoltammetrie); Bestimmungsbereich: 10^{-6} bis 10^{-8} M; $E_{Anreicherung} = -0,7$ V	$-1,2$	

beschrieben und ist zweistufig [86]; nach Reduktion der Thiocarbonyl-Gruppe wird in einer chemischen Reaktion Schwefelwasserstoff abgespalten. Ähnliche Vorgänge werden dem polarophischem Verhalten des 4-Mercaptochinazolins [87], 2,7-Dimercaptopurins [88] und 4-Thiouracils [89] zugeordnet.

Phenothiazine

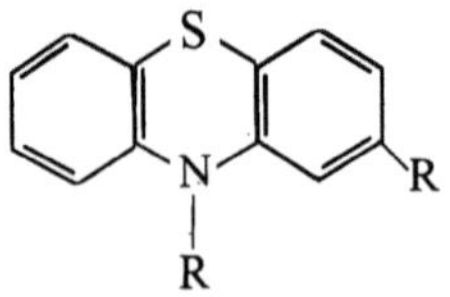

werden polarographisch nach Nitrierung [104] oder über die Sulfoxide [105] polarographisch bestimmt (s. Abschn. 4.3). Die Halbstufenpotentiale von den Sulfoxiden der Phenothiazine, von Methoxypromazin, Methylpromazin, Chlorpromazin Triflupromazin und Promazin liegen in 20 % Methanol und 0,25 M Schwefelsäure bei $-0,65$ V (vs. Ag/AgCl); es können mindestens 0,1 µMol der einzelnen Verbindung durch differentielle Pulse-Polarographie bestimmt werden. Die voltammetrische Oxidation der

Phenothiazine zu den Sulfoxiden wurde in 0,05 M Schwefelsäure an einer Goldelektrode untersucht und erfolgt bei Halbstufenpotentialen zwischen $+0,47$ und $+0,62$ V (vs. Hg/Hg_2SO_4) [106].

Der polarographischen Reduktion der *Disulfide* liegt die Spaltung der —S—S— Bindung zugrunde:

$$R—S—S—R + 2e^- + 2H^+ \longrightarrow 2R—SH.$$

Reduktionsprodukte sind Thiole. Auf diese Weise werden Cystin und die oxidierte Form des Glutathions bestimmt. Auch in den 5-Pyrimidinsulfiden, die wegen ihrer Hemmwirkung auf Tumore von Interesse sind, wird bei der polarographischen Bestimmung die —S—S— Bindung unter Bildung von Thiolen gespalten [90].

Cystin-Gehalte zwischen $1 \cdot 10^{-7}$ M und $2 \cdot 10^{-9}$ M können inversvoltammetrisch (kathodisches Stripping Verfahren) in alkalischer Grundlösung (Boratpuffer, pH 9,2) bei Anwesenheit von 10^{-5} M Cu^{2+} bestimmt werden [91]. Die Anreicherung erfolgt am Quecksilbertropfen bei $-0,3$ V und führt nach

$$Cu^{2+} + 2e^- \longrightarrow Cu(Hg) \quad \text{und}$$
$$R—S—S—R + 2Cu(Hg) \longrightarrow 2CuRS_{(ads)} + 2Hg$$

zur Adsorption einer komplexen Cu(II)-Cystein-Verbindung. Dem Strompeak im Voltammogramm wird folgender Reduktionsvorgang zugeordnet:

$$CuRS_{(ads)} + e^- \longrightarrow Cu_{(Amalgam)} + RS^-.$$

Nach ähnlichen Verfahren werden auch sehr kleine Gehalte von Cystein und Penicillamin bestimmt [92, 93].

Sulfone und *Sulfonamide* werden polarographisch nur dann reduziert, wenn die —SO_2— bzw. —SO_2—NH— Gruppen mit Doppelbindungen konjugiert sind. Die Polarogramme der Sulfone sind zweistufig, wobei die erste Stufe der Reduktion zu den entsprechenden Sulfiden zugrunde liegt

$$R—SO_2—R + 4e^- + 2H_2O \longrightarrow R—S—R + 4OH^-$$

und die zweite eine katalytische Wasserstoffwelle ist, die durch das gebildete Sulfid verursacht wird.

Der Mechanismus der polarographischen Reduktion der Sulfonamide wird unterschiedlich beurteilt und beruht entweder auf der Spaltung der S—N-Bindung

$$\langle\!\!\!\bigcirc\!\!\!\rangle—SO_2NHR + 2e^- + 2H^+ \longrightarrow \langle\!\!\!\bigcirc\!\!\!\rangle—SO_2H + RNH_2$$

oder bei Anwesenheit elektronegativer Phenylsubstituenten auf der Spaltung der C—S-Bindung [**15**] (s. Abschn. 4.5)

$$X-\langle\ \rangle-SO_2NH_2 + 2e^- + H^+ \longrightarrow X-\langle\ \rangle-H + \overset{\ominus}{S}O_2NH_2 .$$

Die inversvoltammetrische Bestimmung aromatischer Sulfone (Verfahren der kathodischen Stripping Voltammetrie) erfolgt nach Reduktion zum Sulfinat und Anreicherung als Silbersulfinat. Die Bestimmungsgrenze wird mit $2 \cdot 10^{-7}$ M Sulfon angegeben [98].

Über das oxidative Verhalten der Sulfonamide wird im Zusammenhang mit der elektrochemischen Detektion bei Untersuchungen mit der Hochdruckflüssigkeits-Chromatographie berichtet [103].

Im Gegensatz zu den Sulfonsäuren lassen sich die *aromatischen Sulfonsäureester* polarographisch reduzieren. Als Reduktionsprodukte werden Sulfinsäure-Derivate angenommen. Die Halbstufenpotentiale der einstufigen Polarogramme liegen um −2,0 V [11].

Auch mit *Sulfoxiden* können analytisch auswertbare Polarogramme erhalten werden, wenn die SO-Gruppe mit einem aromatischen Ringsystem verbunden ist. Die Reduktionsprodukte sind die entsprechenden Sulfide. Es sind Verfahren zur Bestimmung der S-Oxid-Metabolite der Phenothiazine [100, 15].

Thiobenzophenone (R—CS—R) werden in einem 2-Elektronenübergang zu den entsprechenden Thioalkoholen reduziert. Die Halbstufenpotentiale sind um etwa 0,4 V positiver als die der homologen Benzophenone [11].

Während die aliphatischen Thiocyanate nicht reduzierbar sind, werden mit Phenyl- und Benzylthiocyanaten polarographische Stufen erhalten, für deren Ausbildung folgende Reaktionsabläufe angenommen werden:

$$RSCN + e^- \longrightarrow RS^{\cdot} + CN^-$$

$$2\,RS^{\cdot} + Hg \longrightarrow (RS)_2Hg$$

$$(RS)_2Hg + 2e^- \longrightarrow 2\,RS^- + Hg$$

Angaben zur polarographischen Bestimmung ausgewählter organischer Schwefelverbindungen enthält Tabelle 3.2.-16.

Von den *metallorganischen Verbindungen* sind viele polarographisch reduzierbar [20, 21], aber nur für einige dieser Verbindungen werden auch polarographische Bestimmungsverfahren empfohlen.

Das als Fungizid verwendete Phenylquecksilber(II)acetat wird in Pflanzenproben nach Extraktion polarographisch bestimmt [107]. Die mit Organoquecksilber(II)verbindungen vom Typ RHgX erhaltenen Kurvenverläufe sind zweistufig; der Reduktionsmechanismus entspricht den folgenden Gleichungen:

$$R-Hg^+ + e^- \longrightarrow R-Hg^{\cdot}$$

$$R-Hg^{\cdot} + H^+ + e^- \longrightarrow R-H + Hg$$

Das im ersten Schritt der Reduktion gebildete Radikal wird irreversibel zum entsprechenden Kohlenwasserstoff weiterreduziert [108, 109]. Auch für die polarographische Reduktion der Trialkyl- und Triarylzinn(IV)verbindungen werden Radikalmechanismen beschrieben. Durch differentielle Pulse-Polarographie können diese Verbindungen im µg-Bereich bestimmt werden; ähnliches gilt für die Dialkylzinnver-

Tabelle 3.2.-16. Polarographische Halbstufenpotentiale ausgewählter organischer Schwefelverbindungen

Verbindung	Grundlösung		$E_{1/2}$ [V] (vs. NCE)	Lit.
Benzolsulfonsäuremethylester	0,1 M TEAI 10 % Ethanol		$-2,06$	[8]
Benzolsulfonsäurephenylester			$-1,96$	
Diethyldisulfid	20 % Wasser + 40 % Isopropanol + 40 % Methanol; 0,025 M TBAOH (pH 12,3)		$-1,82$	[8]
Di-(n-propyl)-disulfid			$-1,84$	
Diisobutyldisulfid			$-1,84$	
Di-(tert.-butyl)-disulfid			$-2,04$	
Cystin	Acetatpuffer	pH 3,8	$-0,72$	[8]
	Phosphatpuffer	pH 7,0	$-0,83$	
	NH_3/NH_4Cl	pH 9,5	$-1,05$	
Diphenyldisulfid	Phosphatpuffer (50 % Alkohol)	pH 7	$-0,50$	[8]
o,o'-Dimethyldiphenyldisulfid		pH 7	$-0,48$	
m,m'-Dimethyldiphenyldisulfid		pH 7	$-0,51$	
p,p'-Dimethyldiphenyldisulfid		pH 7	$-0,51$	
Dibenzyldisulfid		pH 12,3	$-1,46$	
Dithioglykolsäure	Phosphatpuffer	pH 3,0	$-0,41$	[8]
Glutathion (oxidierte Form)	Sörensen-Puffer 0,1 M KCl	pH 9,45	$-0,73$	
Diphenylsulfoxid	0,1 M TEAI, 50 % Ethanol		$-2,24$ $-2,66$	[8]
Diphenylsulfon			$-2,24$ $-2,64$	
Methylphenylsulfon	0,1 M TMABr, 50 % Ethanol		$-2,14$	[6]
Methylphenylsulfoxid			$-2,18$	
Cysteine	1 M NH_3/NH_4Cl		$-0,55$	[16]
Decanthiol	0,01 M H_2SO_4; 70 % Ethanol		$-0,26$	[16]
Dimercaptopropanol	Acetatpuffer; pH 4,64		$-0,49$	[16]
Na-Diethyldithiocarbamat	1 M NH_3/NH_4Cl		$-0,44$	[16]
Na-Thiocarbonat	0,1 M NaOH		$-0,75$	[16]
Thioacetamid	2M $NH_4NO_3 + NH_3$ (pH 9,4)		$-0,09$	[16]
Thiophenol	0,01 M H_2SO_4		$-0,34$	[16]
Thioharnstoff	0,1 M $HClO_4$		$+0,1$	[16]

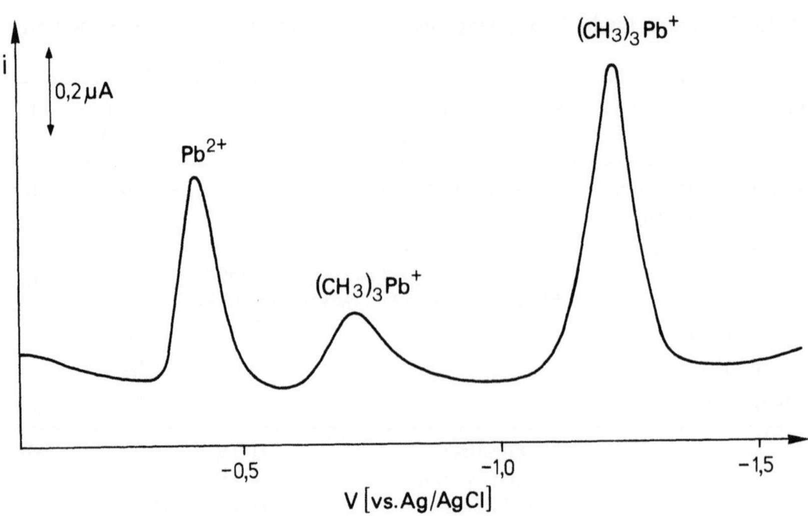

Abb. 3.2.-11. Bestimmung von $1,0 \cdot 10^{-5}$ M $(CH_3)_3 Pb^+$ neben $1,0 \cdot 10^{-5}$ M Pb^{2+} im Meerwasser (pH 8,2) durch DPP nach Filtration über ein Membranfilter [115]

bindungen [110]. Auch für die Bestimmung von Tributylzinnchlorid neben Dibutylzinn- und Tetrabutylzinnverbindungen wurden polarographische Verfahren entwickelt [111, 112].

Trialkylblei(IV)verbindungen geben zwei polarographische Stufen, denen 1-Elektronenübergänge zugrunde liegen [113]. Dagegen ist das Polarogramm des Diethylblei(IV)ions einstufig [114]. Durch differentielle Pulse-Polarographie kann der Gehalt an Pb(II)-Ionen neben der organisch gebundenen Form des Trimethylblei(IV)ions bestimmt werden. Abbildung 3.2.-11 zeigt das Polarogramm für die Bestimmung der beiden Spezies im Meerwasser [115].

Literatur zu 3.2

Monographien und Übersichtsarbeiten

1   Zuman, P., Perrin, C.L.: Organic Polarography. New York, London, Sydney, Toronto: Interscience 1969
2   Zuman, P.: Topics in Organic Polarography. London, New York: Plenum Press 1970
3   Zuman, P.: The Elucidation of Organic Electrode Processes. New York, London: Academic Press 1969
4   Sawyer, D.T., Roberts Jr., J.L.: Experimental Electrochemistry for Chemists. New York, London, Sydney, Toronto: Wiley 1974
5   Elving, P.J.: Voltammetry in Organic Analysis in Electroanalytical Chemistry, edited by Nürnberg, H.W. London, New York, Sydney, Toronto: Wiley 1974
6   Meites, L.: Polarographic Techniques, Second Edition. New York, London, Sydney: Interscience 1965
7   Ross, S.D., Finkelstein, M., Rudd, E.J.: Anodic Oxidation in Organic Chemistry (a Series of Monographs — Vol 32). New York, San Francisco, London: Academic Press 1975
8   Schwabe, K.: Polarographie und chemische Konstitution organischer Verbindungen. Berlin: Akademie-Verlag 1957
9   Pietrzyk, D.J.: Organic Polarography, Anal. Chem. **46**, 52R (1974)

10 Krjukowa, T.A., Sinjakowa, S.I., Arefjewa, T.W.: Polarographische Analyse. Leipzig: VEB Deutscher Verlag für Grundstoffindustrie 1964

11 Proszt, J., Cieleszky, V., Györbiró, K.: Polarographie, Akadémiai Kiadó, Budapest 1967

12 Kolthoff, I.M., Lingane, J.J.: Polarography. New York, London: Interscience 1952

13 Lund, H.: Polarography of Aliphatic Compounds, Talanta **12**, 1065 (1965)

14 Nürnberg, H.W.: Die Anwendung der Polarographie in der organischen Chemie, Angew. Chem. **13**, 433 (1960)

15 Smyth, R.M., Smyth, W.F.: Voltammetric Methods for the Determination of Foreign Organic Compounds of Biological Significance, Analyst **103**, 529 (1978)

16 Metrohm Application Bulletin No A73; Polarographische Analyse — Halbstufenpotentiale organischer Substanzen (1970)

17 Zuman, P.: Substituent Effects in Organic Polarography. New York: Plenum Press 1967

18 Nürnberg, H.W.: Anwendung polarographischer und voltammetrischer Verfahren in der Strukturanalyse, Z. Anal. Chem. **273**, 432 (1975)

19 Heyrovský, J., Kŭta, J.: Grundlagen der Polarographie. Berlin: Akademie-Verlag 1965

20 Morris, M.D.: Organometallic Electrochemistry, in Electroanalytical Chemistry, Vol. 7, edited by Bard, A.L. New York: Dekker 1974

21 Headridge, J.B.: Electrochemical Techniques for Inorganic Chemists. New York, London: Academic Press 1969

Originalliteratur

1 Kalvoda, R.: Anal. Chim. Acta **138**, 11 (1982)

2 v. Stackelberg, M., Stracke, W.: Z. Elektrochem. **53**, 118 (1949)

3 Bergmann, I.: Trans. Faraday Soc. **50**, 829 (1954)

4 Wawzonek, S., Laitinen, H.A.: J. Amer. Chem. Soc. **64**, 2365 (1942)

5 Elofson, R.M.: Anal. Chem. **21**, 916 (1949)

6 van Beemen, J., Deley, J.: Analyt. Biochem. **44**, 254 (1971)

7 Wawzonek, S., McIntyre, T.W.: Electroanal. Chem. **12**, 544 (1966)

8 Loveland, J.W., Dimeler, G.R.: Anal. Chem. **33**, 1196 (1961)

9 Coetzee, J.F., Kazi, G.H., Spurgeon, J.C.: Anal. Chem. **48**, 2170 (1976)

10 Caudill, W.L., Novotny, M.V., Wightman, R.M.: J. Chromatogr. **261**, 415 (1983)

11 Fleischmann, M., Pletcher, D.: Tetrahedron Lett. **60**, 6255 (1968)

12 Wawzonek, S.: Anal. Chem. **24**, 32 (1952)

13 Supin, G.S., Budnikov, G.K.: Zh. Analit. Khim. **28**, 1459 (1973)

14 Elving, J.P., Hilton, C.L.: Amer. Chem. Soc. **74**, 3368 (1952)

15 Farwell, S.O., Beland, F.A., Geer, R.D.: Anal. Chem. **47**, 895 (1975)

16 Hart, J.P., Smyth, M.R., Smyth, W.F.: Analyst **106**, 146 (1981)

17 Barmes, D., Zuman, P.: Electroanal. Chem. **46**, 323 (1973)

18 Princeton Applied Research, Application Brief D-1, 1976

19 Cantor, S.M., Peniston, D.P.: J. Amer. Chem. Soc. **62**, 2113 (1940)

20 Levy, G.B., Schwed, P., Sackett, J.W.: J. Amer. Chem. Soc. **68**, 528 (1946)

21 Meshkova, O. V., Bezugly, V.D., Dimitrieva, V.N., Titova, V.B.: Zh. Analit. Khim. **27**, 1425 (1972)

22 Manousek, O., Volke, J.: Electroanal. Chem. **43**, 365 (1973)

23 Simpson, G.K., Traill, D.: Biochem. J. **40**, 116 (1946)

24 Pasternak, R.: Helv. Chim. Acta **31**, 753 (1948)

25 Holleck, L., Mahapatra, S.: J. Electroanal. Chem. **35**, 381 (1972)

26 Kabasakalian, P., McGlotten, J.: Anal. Chem. **31**, 1091 (1959)

27 Princeton Applied Research, Application Brief M-2, 1974

28 Princeton Applied Research, Application Brief A-4, 1974

29 Lechien, A., Valenta, P., Nürnberg, H.W., Patriarche, G.J.: Fresenius Z. Anal. Chem. **311**, 105 (1982)

30 Skoog, D.A., Lauwzecha, A.B.H.: Anal. Chem. **28**, 825 (1956)

31 Swern, D., Silbert, L.S.: Anal. Chem. **35**, 880 (1963)

32 Parker, W.E., Ricciuti, C., Ogg, C.L., Swern, D.: J. Amer. Chem. Soc. **77**, 4037 (1955)

33 Willits, C.O., Ricciuti, H.B., Knight, Swern, D.: Anal. Chem. **24**, 785 (1952)

34　Brüschweiler, H., Minkoff, G.J.: Anal. Chim. Acta **12**, 186 (1955)
35　Viré, J.C., Patriarche, G.J.: Analusis **6**, 395 (1978)
36　Berger, St., Rieker, A.: Tetrahedron **28**, 3123 (1972)
37　Buchberger, W., Winsauer, K.: Mikrochim. Acta (1980) II, 257
38　Viré, J.C., Patriarche, G.J., Christian, G.D.: Fresenius Z. Anal. Chem. **299**, 197 (1979)
39　Hedenburg, J.F., Freiser, H.: Anal. Chem. **25**, 1355 (1953)
40　Brun, A., Rosset, R.: Electroanal. Chem. **49**, 287 (1974)
41　Ponchon, J.-L., Cespuglio, R., Gonon, F., Jouvet, M., Pujol, J.-F.: Anal. Chem. **51**, 1483 (1979)
42　Princeton Applied Research, Application Short, AS-18
43　Sundholm, G.: Acta Chem. Scand. **25**, 3188 (1971)
44　Suatoni, J.C., Snyder, R.E., Clark, R.O.: Anal. Chem. **33**, 1894 (1961)
45　Atuma, S.S., Lindquist, J.: Analyst **98**, 886 (1973)
46　Wolff, G., Nürnberg, H.W.: Z. Anal. Chem. **216**, 169 (1966)
47　Burmicz, J.S., Smyth, W.F.: Anal. Proc. **17**, 284 (1980)
48　Hamel, D.M., Oelschläger, H.: J. Electroanal. Chem. **28**, 197 (1970)
49　Metrohm Application Bulletin No 70d
50　Princeton Applied Research, Application Short AS-4
51　Metrohm Application Bulletin No A23d
52　Smyth, W.F., Watkiss, P., Burmicz, J.S., Hanley, H.O.: Anal. Chim. Acta **78**, 81 (1975)
53　Hasabe, K., Osteryoung, J.: Anal. Chem. **47**, 2412 (1975)
54　Borghesani, G., Locatelli, C.: Annali di Chimica **73**, 137 (1983)
55　Walters, C.L., Johnson, E.M., Ray, N.: Analyst **95**, 485 (1970)
56　Vohra, S.K., Harrington, G.W.: J. Chromatogr. Sci. **18**, 379 (1980)
57　Smyth, M.R., Rowley, P.G., Osteryoung, J.: "Proceedings of the 174th ACS Meeting, Chicago 1977", Amer. Chem. Soc., Washington, D. C. (1978) p. 89
58　Florence, T.M., Johnson, D.A., Batley, G.E.: J. Electroanal. Chem. **50**, 113 (1974)
59　Florence, T.M.: J. Electroanal. Chem. **52**, 115 (1974)
60　Hoffmann, H.: Arch. Pharmaz. **305**, 254 (1972)
61　Nyman, C.J., Johnson, R.A.: Anal. Chem. **29**, 483 (1975)
62　Dunsch, L., Keller, E., Henze, G.: Z. Chem. **13**, 223 (1973)
63　Henze, G.: Wiss. Z. Paed. Hochschule Erfurt-Mühlhausen **13**, 20 (1977)
64　Barek, J., Berka, A., Borek, V.: Microchem. J. **30**, 404 (1984)
65　Concialini, V., Chiavari, G., Vitali, P.: J. Chromatogr. **258**, 244 (1983)
66　O'Donell, F.J., Mann, C.K.: J. Electroanal. Chem. **13**, 157 und 163 (1967)
67　Kato, S., Dryhurst, G.: J. Electroanal. Chem. **62**, 415 (1975)
68　Smyth, M.R., Osteryoung, J.G.: Anal. Chem. **50**, 1632 (1978)
69　Oelschläger, H., Hoffmann, H.: Arch. Pharmaz. **300**, 817 (1967)
70　Oelschläger, H., Volke, J., Hoffmann, H., Kurek, E.: Arch. Pharmaz. **300**, 250 (1967)
71　Oelschläger, H., Kurek, E., Sengün, F.J., Volke, J.: Z. Anal. Chem. **282**, 123 (1976)
72　Smyth, W.F., Smyth, M.R., Groves, J.A., Tan, S.B.: Analyst **103**, 497 (1978)
73　Lund, H.: Acta Chem. Scand. **13**, 249 (1959)
74　Engelhardt, J., McKinley, W.P.: J. Agric. Fd. Chem. **14**, 377 (1966)
75　Barradas, R.G., Giordano, M.C., Sheffield, W.H.: Electrochim Acta **16**, 1235 (1971)
76　Janik, B., Elving, P.J.: Chem. Rev. **68**, 295 (1968)
77　Malik, W.U., Mahesh, V.K., Raisinghahi, M., Goyal, R.N.: J. Electroanal. Chem. **55**, 445 (1974)
78　Marcoux, L., Adams, R.N.: J. Electroanal. Chem. **49**, 111 (1974)
79　Söderhjelm, P., Lindquist, J.: Analyst **100**, 349 (1975)
80　Peter, F., Rosset, R.: Anal. Chim. Acta **79**, 1195 (1977)
81　Birke, R.L., Mazorra, M.: Anal. Chim. Acta **118**, 257 (1980)
82　Jemal, M., Knevel, A.M.: J. Electroanal. Chem. **95**, 201 (1979)
83　Smyth, M.R., Osteryoung, J.G.: Anal. Chem. **49**, 2310 (1977)
84　Stará, V., Kopanica, M.: Anal. Chim. Acta **159**, 105 (1984)
85　Alexander, P.W., Shah, M.H.: Talanta **26**, 97 (1979)
86　Lund, H.: Acta Chem. Scand. **21**, 2525 (1967)
87　Kwee, S., Lund, H.: Acta Chem. Scand. **25**, 1813 (1971)
88　Dryhurst, G.: J. Electrochem. Soc. **117**, 118 (1970)

89 Wrona, M., Czochralska, B., Shugar, D.: J. Electroanal. Chem. **68**, 355 (1976)
90 Luthy, N.G., Schotte, L.: Anal. Chem. **29**, 1454 (1957)
91 Forsman, U.: J. Electroanal. Chem. **122**, 215 (1981)
92 Forsman, U.: J. Electroanal. Chem. **111**, 325 (1980)
93 Forsman, U.: J. Electroanal. Chem. **152**, 241 (1983)
94 Florence, T.M.: J. Electroanal. Chem. **97**, 219 (1979)
95 Davidson, I.E., Smyth, W.F.: Anal. Chem. **49**, 1195 (1977)
96 Vaneesorn, Y., Smyth, W.F.: Anal. Chim. Acta **117**, 183 (1980)
97 Kalvoda, R.: Anal. Chim. Acta **138**, 11 (1982)
98 Cox, J.A., Przyjazny, A.: Anal. Lett. 10 (14), 1131 (1977)
99 Horner, L., Geyer, E.: Chem. Ber. **98**, 2009 u. 2016 (1965)
100 Beckett, A.H., Essien, E.E., Smyth, F.W.: J. Pharm. Pharmac. **26**, 399 (1974)
101 Wang, J., Freiha, B.A.: Anal. Chim. Acta **154**, 87 (1983)
102 Princeton Applied Research: Application Brief T-1
103 Momberg, A., Carrera, M.E., von Baer, D., Bruhn, C., Smyth, M.R.: Anal. Chim. Acta **159**, 119 (1984)
104 Dumortier, A.G., Patriarche, G.J.: Z. Anal. Chem. **264**, 153 (1973)
105 Underberg, W.J.M., Ebskamp, A.J.F., Pillen, J.M.H.: Fresenius Z. Anal. Chem. **287**, 296 (1977)
106 Kabasakalian, P., McGlotten, J.: Anal. Chem. **31**, 431 (1959)
107 Hopes, T.M.: J. Assoc. Official Anal. Chem. **49**, 840 (1966)
108 Fleet, B., Jee, R.D.: J. Electroanal. Chem. **25**, 397 (1970)
109 Hush, N.S., Oldhamm, K.B.: J. Electroanal. Chem. **6**, 34 (1963)
110 Fleet, B., Fouzder, N.B.: J. Electroanal. Chem. **63**, 59, 69, 79 (1975)
111 Jehring, H., Mehner, H.: Z. Chem. **4**, 273 (1964)
112 Geyer, R., Rotermund, U.: Acta Chim. Acad. Sci. Hung. **59**, 201 (1969)
113 Costa, G.: Ann. Chim. (Rome) **40**, 541 (1950)
114 Morris, M.D.: J. Electroanal. Chem. **20**, 263 (1969)
115 Bond, A.M., Bradbury, J.R., Howell, G.N., Hudson, H.A., Hanna, P.J., Strother, S.: J. Electroanal. Chem. **154**, 217 (1983)

3.3 Tenside

Grenzflächenaktive Stoffe („Tenside") werden an der Phasengrenzfläche Elektrode/ Elektrolyt adsorptiv angereichert. Die Messung der damit verbundenen Änderung der elektrochemischen Doppelschichtkapazität (vgl. Abschn. 1.4) kann zu ihrer Bestimmung ausgenutzt werden.

Die Adsorption grenzflächenaktiver Stoffe an der Elektrodenoberfläche ist potentialabhängig („*Elektrosorption*") und strebt im Adsorptionsbereich maximalen Werten zu. Die Abhängigkeit der Oberflächenkonzentration der Tenside von ihrer Lösungskonzentration wird wegen der Wechselwirkung der adsorbierten Teilchen untereinander und unter dem Einfluß des Elektrodenpotentials anstelle der üblichen Langmuir-Isothermen besser durch „Frumkin-Isothermen" beschrieben (vgl. [3, 4]).

Alle elektrochemischen Methoden, die auf Änderungen der elektrochemischen Doppelschichtkapazität empfindlich ansprechen, sind auch zum Nachweis und zur Bestimmung der Tenside geeignet [18]. Daneben kann auch die Inhibitionswirkung von grenzflächenaktiven Stoffen (vgl. Abschn. 1.4) sowie ihre Wirkung als Maximadämpfer in der Gleichstrompolarographie zu ihrer indirekten Bestimmung herangezogen werden.

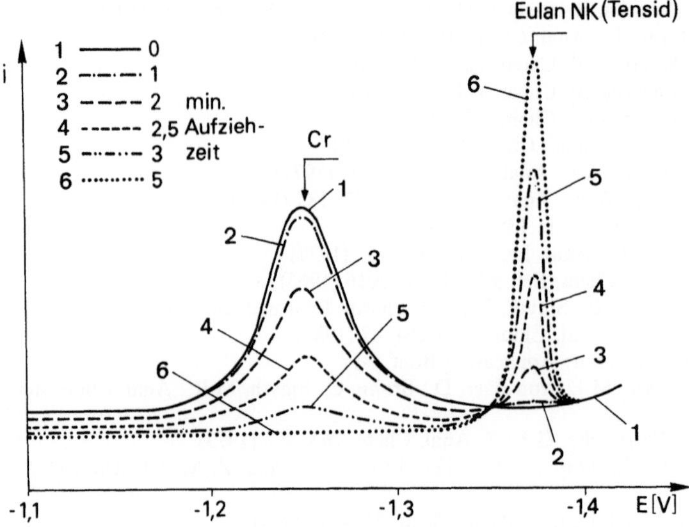

Abb. 3.3.-1. Zeitabhängigkeit der Inhibitionswirkung und der Ausbildung der tensammetrischen Spitzen an einer stationären Hg-Elektrode (nach [27]). 10^{-4} M Cr(III)- EDTA $+ 2 \cdot 10^{-6}$ M Eulan NK

Die *Geschwindigkeit des Adsorptionsvorganges* ist bei den einzelnen Tensiden unterschiedlich und wächst im allgemeinen mit ihrer Konzentration an. Bei kleinen Tensidgehalten und bei Verwendung stationärer Elektroden nimmt die an der Elektrodenoberfläche angereicherte Tensidmenge mit der Zeit zu. In der gleichen Weise ändert sich das entsprechende voltammetrische Signal. Abbildung 3.3.-1 zeigt dies am Beispiel der Inhibition der wechselstrompolarographischen Chrom(III)-EDTA-Spitze durch Eulan NK* an einer stationären Hg-Elektrode. Der Inhibitor selbst gibt eine tensammetrische Spitze, die in dem Maße größer wird, wie das Tensid sich auf der Elektrodenoberfläche anreichert. Im gleichen Maße nimmt durch die Inhibitionswirkung des Tensids die Spitzenstromstärke des Cr(III)-EDTA ab.

Zur *Bestimmung grenzflächenaktiver Stoffe* mit elektrochemischen Methoden ist die Tensammetrie sehr gut geeignet (vgl. S. 102). Neben der unmittelbaren Auftragung von $i_{T\pm}$ (vgl. Abb. 2.6.-2) gegen die Konzentration der grenzflächenaktiven Stoffe wird auch die Auftragung der reziproken Werte gegeneinander [34] $\dfrac{1}{i_T} \sim \dfrac{1}{c}$ und von i_T gegen $\lg c$ [41] für quantitative Messungen vorgeschlagen. Neben der normalen Tensammetrie [1] bringt die Messung der Oberwellen (vgl. S. 103) eine Steigerung der analytischen Empfindlichkeit [19, 25]. Die zeitabhängige Anreicherung von Tensiden auf stationären Elektroden kann ebenfalls zur Empfindlichkeitssteigerung herangezogen werden [19].

Eine der Square-Wave-Polarographie nahestehende polarographische Meßtechnik, die Kalousek-Polarographie [2] ist ebenfalls zur Bestimmung von Tensiden geeignet [12]. Durch instrumentelle Verbesserungen lässt sich die Empfindlichkeit der Methode steigern [26].

---

*   kationenaktives Tensid (o-Dichlorbenzyltriphenylphosphoniumchlorid)

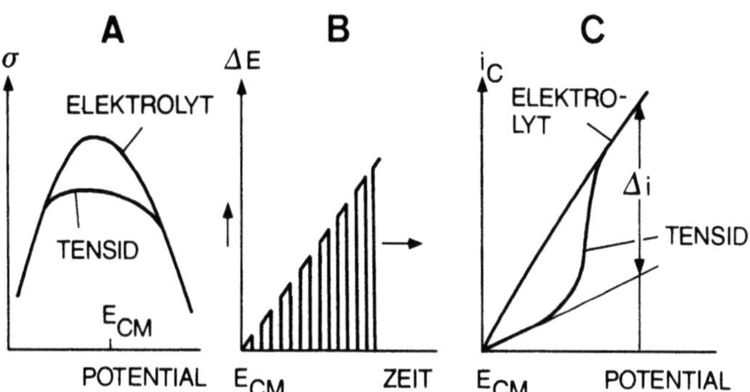

Abb. 3.3.-2. Prinzip der Kalousek-Polarographie zur Bestimmung grenzflächenaktiver Stoffe (nach [13]). A: Elektrokapillarkurve mit und ohne Tensid, B: Rechteckspannung an der Elektrode, C: Ladestrom (i_C) mit und ohne Tensid

Bei der Kalousek-Polarographie überlagert man ausgehend von einem vorgegebenen konstanten Potential der Elektrode eine ansteigende Rechteckspannung von ca. 60 Hz und mißt den mittleren Strom über einen Rechteckimpuls, der im wesentlichen dem Ladungsstrom entspricht. Arbeitet man im Bereich der Adsorption eines Tensids und geht vom Potential des elektrokapillaren Nullpunkts (E_{CM}) aus (vgl. Abb. 3.3.-2), so nimmt der Ladestrom (i_c) zunächst wegen der Verringerung der Doppelschichtkapazität (vgl. Abschn. 1.4) ab, um im Desorptionsbereich wieder zuzunehmen. Die Abnahme Δi ist von der Konzentration des Tensids abhängig und dient zur Aufstellung der Eichkurven (s. Abb. 3.3.-3). Auch der Verlauf chronopotentiometrischer Kurven (vgl. Abschn. 2.8.1) wird durch Änderung der Doppelschichtkapazität und damit durch adsorbierte Stoffe beeinflußt. Besonders die Aufzeichnung der abgeleiteten Potential/Zeit-Kurven (Derivative Chronopotentiometrie) kann zur qualitativen Identifizierung und zur quantitativen Bestimmung von Tensiden im ppm-

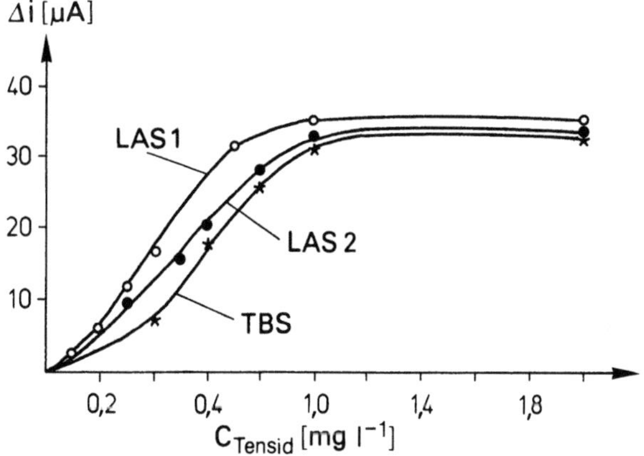

Abb. 3.3.-3. Eichkurven für Tenside mit der Kalousek-Polarographie (nach [13]). LAS 1, LAS 2: lineare Alkylbenzolsulfonate; TBS: Tetrapropylbenzolsulfonat

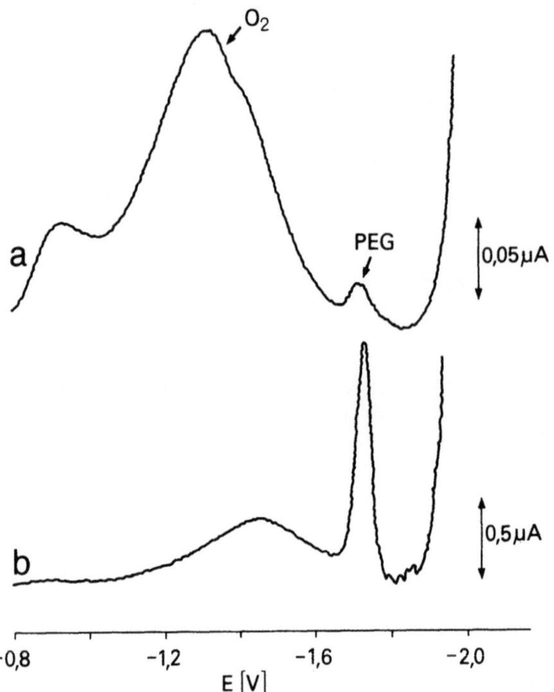

Abb. 3.3.-4. Differentielle Pulse-Polarographie von Tensiden („DP-Tensammetrie") nach [9]. a: übliche Anordnung, b: geänderte Meßintervalle; a, b: $4 \cdot 10^{-6}$ M Polyethylenglykol 1540 in 0,1 M LiOH (vs. Ag/AgCl)

Bereich ausgenutzt werden [17]. Auch mit der differentiellen Pulse-Polarographie können „tensammetrische" Kurven von grenzflächenaktiven Substanzen aufgenommen werden [10]. Obwohl diese Methode (vgl. Abschn. 2.5) auf eine möglichst vollständige Unterdrückung des Ladungsstroms ausgelegt ist, lassen sich mit den üblichen Anordnungen noch verhältnismäßig empfindliche Bestimmungen von Tensiden durchführen [10]. Die Empfindlichkeit wird aber beträchtlich gesteigert, wenn man Meßintervall und Differenzbildung (vgl. Abb. 2.5.-3) der ursprünglichen kommerziellen Meßanordnung ändert [9]. Dadurch wird auch die Trennung von gleichzeitig ablaufenden Faradayschen Vorgängen verbessert [11] (Abb. 3.3.-4). Mit einer solchen abgeänderten Anordnung zur DPP liegt beispielsweise die Nachweisgrenze für PEG 1540 bei $2 \cdot 10^{-8}$ M, mit einem üblichen Pulse-Polarographen bei $2 \cdot 10^{-7}$ M [9].

Bei allen diesen auf Messungen des Ladungsstroms beruhenden Methoden zur Bestimmung grenzflächenaktiver Stoffe treten Schwierigkeiten auf, wenn mehrere grenzflächenaktive Substanzen gleichzeitig in der Lösung vorliegen. Es kommt zu „Mischadsorption" oder „Verdrängungsadsorption" [3, 4], deren Ausmaß auch vom Adsorptionspotential der Tenside abhängt. Dabei kann die stärker adsorbierbare Substanz die tensammetrischen Signale der schwächer adsorbierbaren Substanzen verschieben, abschwächen oder sogar vollständig unterdrücken. In Einzelfällen ist die Bestimmung von Gemischen durch Aufstockverfahren möglich [7, 8]. Da bei Verwendung von Quecksilbertropfelektroden das Adsorptionsgleichgewicht nicht in allen

Fällen erreicht wird, können auch Unterschiede der Adsorptionsgeschwindigkeiten über die Messung mit Tropfelektroden mit kleiner Tropfzeit zur Verbesserung der Simultanbestimmung von Tensiden herangezogen werden [3, 8, 19]. Neben der Ausnutzung von Inhibitionseffekten zur Bestimmung von grenzflächenaktiven Stoffen [31] wird auch die sehr empfindliche Dämpfung der „Maxima" der Gleichspannungspolarographie (vgl. Abschn. 2.4.2) durch Tenside („Maximadämpfer") zu ihrer analytischen Bestimmung benutzt. Die Abnahme der Stromhöhe ist proportional der Tensidkonzentration. Analytisch genutzte Maxima sind das Sauerstoffmaximum [15] und das Maximum der Reduktion des Hg(II)-Ions [21].

Zur *Bestimmung der Glanzmittel* („Brightener") in pyrophosphathaltigen galvanischen Kupferbädern wird unter den Bedingungen der cyclischen Voltammetrie (vgl. Abschn. 2.4) an einer rotierenden Pt-Elektrode bei schnellen Spannungsänderungsgeschwindigkeiten (50 mV/s) die anodische Auflösungsspitze des Kupfers gemessen, deren Größe sich infolge der Inhibition des kathodischen Abscheidungsvorganges durch die im Bad vorhandenen Glanzmittel ändert. Die Bestimmung von 2,5-Dimercapto-1,3,4-thiadiazol u. a. Glanzmittel im ppm-Bereich ist auf diese Weise möglich [38]. Einige Flüssigmembranelektroden, Silikongummielektroden und „Coated-Wire"-Elektroden (vgl. Abschn. 2.2) sprechen auch auf einige Tenside an [37, 39, 40, 45]. Da Selektivität, Empfindlichkeit, Reproduzierbarkeit und Langzeitkonstanz dieser Elektroden für direktpotentiometrische Bestimmungen der Tenside häufig nicht befriedigend sind, werden sie meist nur zur potentiometrischen Titration grenzflächenaktiver Stoffe benutzt [1, 2, 11, 16, 30, 35, 42, 46]. Auch mit der tensammetrischen Meßtechnik kann der Titrationsablauf bei der titrimetrischen Bestimmung von Tensiden verfolgt werden [4]. Tensammetrische Methoden [33, 44] und Messungen mit ionensensitiven Elektroden [40, 46] werden auch zur Bestimmung der kritischen Micell-Konzentration vorgeschlagen.

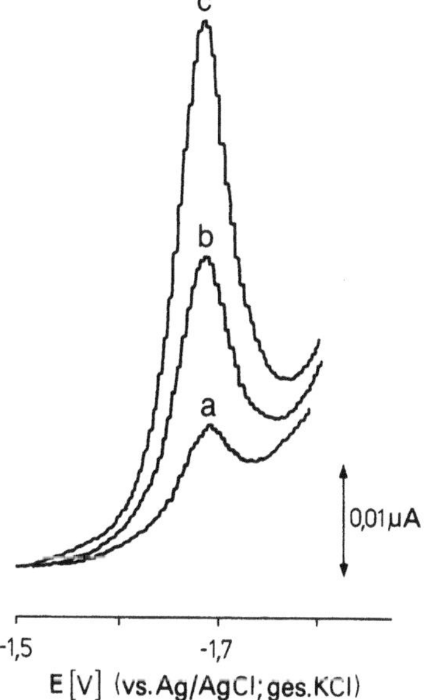

Abb. 3.3.-5. DP-Tensammetrie an der stationären Hg-Elektrode — Einfluß der Anreicherungszeit (nach [10]). 10^{-7} M PEG 1540 in 0,1 M LiOH, Anreicherungsspannung: −1,5 V, Anreicherungszeit: a) 30 s, b) 180 s, c) 480 s

Tabelle 3.3.-1. Anwendungsbeispiele zur elektrochemischen Bestimmung von Tensiden

Tensid	Matrix	Bereich/ Empfindlichkeit	Methode	Bemerkungen	Lit.
Alkylsulfonate	Emulsions-PVC	0,2–0,5%	AC-Tensammetrie	Bestimmung nach Extraktion vgl. mit anderen Verfahren	[29]
Methylcarbamate (Insektizide)	wäßrige Lösungen	10^{-4}–10^{-5} M	AC-Tensammetrie	mit cyclischer Voltammetrie: 1 ppm	[5]
PEG* (300–6000)	photographische Prozeß-Lösungen	10^{-4}–10^{-5} M	AC-Tensammetrie	direkte Analyse nach Verdünnen	[6]
n-Dodecanol-polyglykolether	wäßrige Lösungen	bis 0,2 mg/l	AC-Tensammetrie	neben PEG	[14]
Polyoxyethylierte Alkohole (n-Dodecylal.)	wäßrige Lösungen	ppm-Bereich	AC-Tensammetrie	Bestimmung des Oxyethylierungsgrades über Bestimmung der Desorptionspotentiale	[28]
Verschiedene (Summe)	verschiedene Wässer	10–300 µg/l	AC-Tensammetrie nach Anreicherung an HMDE	Untersuchung der Reinigung von Wasser, Äquivalenzsubstanzen: Triton X 100 u.a.	[3]
PEG (1500–20000)	wäßrige Lösungen	10^{-6}%	AC-Tensammetrie nach Anreicherung an HMDE	—	[24]
Alkylbenzolsulfonate	Abwässer	bis 0,1 mg/l	Kalousek-Polarographie	Untersuchung des biologischen Abbaus, vgl. mit MABS-Methode	[13]
Verschiedene (Summe)	verunreinigtes Seewasser (Hafen)	< 1 ppm	Kalousek-Polarographie nach Anreicherung an HMDE	Äquivalenzsubstanz: Na-Dodecylsulfat	[20]
Anionenaktive, nichtionische Tenside (Summe)	natürliche Wässer Abwasser	0,05–5 ppm	Dämpfung Hg(II)-Maxima und Kalousek-Polarographie	Referenz: Triton X 100, Na-dodecylsulfat, vgl. mit spektralphotographischen Methoden	[21]

Verschiedene (Summe)	Airpollution, Abwasser	ppm-Bereich	Dämpfung O$_2$-Maxima	Sammeln der Luftprobe in gekühltem Methanol, nach Verdünnen direkte Bestimmung der Tenside	[15]
Anionen-, kationen- und nichtionische Tenside	Wasser, Abwasser	1–100 mg/l	Dämpfung O$_2$-Maxima	Auftrennung der Tenside über Ionenaustauscher	[23]
PEG* > 400, u.a.	Wasser	1–100 mg/l	Dämpfung O$_2$-Maxima	Eichsubstanz: Na-Dodecylsulfat	[22]
Verschiedene (Summe)	Seewasser, natürliche Wässer	0,5–1,5 mg/l	Dämpfung O$_2$-Maxima	Äquivalenzsubstanz: Triton X 100	[43]
substituierte p-Phenylendiamine u.a. Farbentwicklersubstanzen	photographische Entwicklungsbäder	~ g/l	AC-Tensammetrie	ohne Vorbehandlung nach Zusatz von Grundlösung (pH 10,5)	[36]

* Polyethylenglykol

Einige *Anwendungsbeispiele* dieser Methoden zur Bestimmung grenzflächenaktiver Stoffe enthält Tabelle 3.3.-1. Weitere Beispiele finden sich in der älteren Literatur [1, 4]. Es lassen sich zum Teil sehr empfindliche Bestimmungen durchführen, besonders nach Anreicherung an der stationären Hg-Elektrode (s. Abb. 3.3.-5). Dabei wird stets die Summe aller gelösten Tenside erfaßt. Die Aufstellung von Eichkurven erfolgt in solchen Fällen gegen „Äquivalente" bekannter Tenside.

Literatur zu 3.3

Monographien und Übersichtsarbeiten

1   Breyer, B., Bauer, H.H.: Alternating Current Polarography and Tensammetry. New York: Interscience Publishers 1963
2   Heyrovsky, J., Kuta, J.: Grundlagen der Polarographie. Berlin: Akademie-Verlag 1965
3   Jehring, H.: Doppelschichtkapazitätsmessungen mit der Breyer-Wechselstrompolarographie (Tensammetrie), J. Electroanal. Chem. 21, 77 (1969
4   Jehring, H.: Elektrosorptionsanalyse mit der Wechselstrompolarographie. Berlin: Akademie-Verlag 1974

Originalliteratur

1   Anghel, D.F., Popescu, G., Ciocan, N.: Mikrochim. Acta 1977, II, 639
2   Anghel, D.F., Popescu, G., Niculescu, F.: Tenside Det. 17, 171 (1980)
3   Bednarkiewicz, E., Donten, M., Kublik, Z.: J. Electroanal. Chem. 127, 241 (1981)
4   Bos, M.: Anal. Chim. Acta 135, 249 (1982)
5   Booth, M.D., Fleet, B.: Talanta 17, 491 (1970)
6   Canterford, D.R.: Anal. Chim. Acta 94, 377 (1977)
7   Canterford, D.R.: J. Electroanal. Chem. 111, 269 (1980)
8   Canterford, D.R.: J. Electroanal. Chem. 118, 395 (1981)
9   Canterford, D.R., Brown, R.W.: J. Electroanal. Chem. 119, 355 (1981)
10 Canterford, D.R., Taylor, R.J.: J. Electroanal. Chem. 98, 25 (1979)
11 Ciocan, N., Anghel, D.: Tenside Det. 13, 188 (1976)
12 Čosovič, B., Brainica, M.: J. Electroanal. Chem. 46, 63 (1973)
13 Čosovič, B., Hršak, D.: Tenside Det. 16, 262 (1979)
14 Deitrich, P., Hager, G., Jehring, H., Horn, E.: Tenside 10, 173 (1973)
15 Fujinaga, T., Okazaki, S.: Japan Analyst 14, 832 (1965)
16 Hoke, St.H., Collins, A.G., Reynolds, C.A.: Anal. Chem. 51, 859 (1979)
17 Holmquist, P.: Anal. Chim. Acta 90, 35 (1977)
18 Jehring, H., Horn, E., Reklat, A., Stolle, W.: Collect. Czech. Chem. Comm. 33, 1038 (1968)
19 Jehring, H., Stolle, W.: Collect. Czech. Chem. Comm. 33, 1670 (1968)
20 Kozarac, Z., Čosovič, B., Brainica, M.: J. Electroanal. Chem. 68, 75 (1976)
21 Kozarac, Z., Žutič, V., Čosovič, B.: Tenside 13, 260 (1976)
22 Linhart, K.: Tenside 9, 28 (1972)
23 Linhart, K.: Tenside 9, 241 (1972)
24 Lukaszewski, Z., Batycka, H., Zembrzuski, W.: (im Druck)
25 Neeb, R.: Z. Anal. Chem. 208, 168 (1965)
26 Radej, J., Ruzič, J., Konrad, D., Brainica, M.: J. Electroanal. Chem. 46, 261 (1973)
27 Ranly, W.: Dissertation Univ. Mainz, FB Chemie 1977
28 Rosen, M.J., Xi-yuan, Hua, Bratin, P., Cohen, A.W.: Anal. Chem. 53, 232 (1981)
29 Schröder, E., Helmstedt, M., Jehring, H.: Plaste u. Kautschuk 12, 666 (1965)
30 Selig, W.: Fresenius Z. Anal. Chem. 300, 183 (1980)
31 Verdier, E., Piro, J., Montelongo, F.G.: Talanta 18, 1237 (1971)
32 Vytras, K., Dajkova, M., Mach, V.: Anal. Chim. Acta 127, 165 (1981)
33 Palyi, G.: Kolloid-Z. u. Z. f. Polym. 249, 1158 (1971)
34 Kambara, T., Kataoka, M., Saitoh, K.: Japan Analyst 22, 411 (1973)
35 Ciocan, N., Anghel, D.F.: Anal. Letters 9, 705 (1976)

36 Canterford, D.R.: Phot. Sc. and Eng. **21**, 215 (1976)
37 Hoke, St. H., Collins, A.G., Reynolds, C.A.: Anal. Chem. **51**, 859 (1979)
38 Tench, T., Ogden, C.: J. Electrochem. Soc. **125**, 194 (1978)
39 Kresheck, G.C., Constantinidis, J.: Anal. Chem. **56**, 157 (1980)
40 Kale, K.M., Cussler, E.L., Evans, D.F.: J. Phys. Chem. **84**, 593 (1980)
41 Britz, D.: Anal. Chim. Acta **115**, 327 (1980)
42 Dilley, G.C.: Analyst **105**, 713 (1980)
43 Hunter, K.A., Liss, P.S.: Water Res. **15**, 203 (1981)
44 Britz, D., Mortensen, J.: J. Electroanal. Chem. **127**, 231 (1981)
45 Maeda, M., Ikeda, M., Shibahara, M., Haruta, T., Satake, I.: Bull. Chem. Soc. Japan **54**, 94 (1981)
46 Jones, D.L., Moody, G.J., Thomas, J.D.R.: Analyst **106**, 439 (1981)

4 Anwendung elektrochemischer Analysenmethoden

4.1 Umweltanalytik (Wasser und Luft)

4.1.1 Wasser

Elektroanalytische Methoden sind für die Wasseranalyse besonders geeignet. In wenig belasteten Wässern (See-, Regen-, Trink-, Grund- und einigen Fluß- und Bachwässern) können sie häufig unmittelbar bzw. nach einfacher Probenvorbereitung angewandt werden. In stärker belasteten Wässern sind ionensensitive Elektroden gelegentlich noch direkt, polarographische und voltammetrische Verfahren nach Aufschluß der Probe einsetzbar. Im Vordergrund der elektroanalytischen Bestimmung stehen die Elemente, deren Grenzkonzentrationen bzw. Einleitungsgrenzen durch die Trinkwasserverordnung (TWVO) bzw. durch das Abwasserabgabegesetz vorgegeben sind. Auf die Bestimmung dieser Elemente und Ionen wird daher besonders eingegangen.

In allen Fällen ein wichtiger Punkt ist die Probenahme und die Vorbereitung bzw. Aufbewahrung der Probe bis zur Messung. Dabei darf keine Veränderung des Totalgehaltes der Inhaltsstoffe auftreten. Die Forderung nach der Erhaltung der Bindungsformen der gelösten Spezies in den Wässern bis zur Messung ist meist nur schwer mit den Anforderungen nach einer längerfristigen störungsfreien Aufbewahrung in Einklang zu bringen.

Bei der *Probenahme* mäßig bis nichtbelasteter Wässer verwendet man Flaschen aus PVC [**10**, 3], Teflon [**7**] oder Glas (bei Quecksilberanalysen [**10**]), die vorher nach Reinigung mit halbkonzentrierter Salpetersäure bzw. Ausdünsten mit heißem Wasserdampf [3] an Ort und Stelle mit Probewasser zunächst vorgespült werden. Anschließend wird die Probe selbst über Membranfilter (0,45 µm, Hartplastikapparatur) direkt in die Probenahmeflaschen filtriert und die Lösung mit suprapur HNO_3 auf pH 1–2 angesäuert. Bei Trinkwasser erübrigt sich die Filtration. Zum längeren Aufbewahren ist Einfrieren der Lösungen bei $-20\,°C$ empfehlenswert. Die Filter werden in dicht verschlossenen Plastikdosen zur Analyse aufbewahrt. Über spezielle Reinigungen von Probenahmegefäßen und Laborgerät für die Bestimmung sehr geringer Gehalte in Wässern vgl. [3].

In nicht oder nur mäßig belasteten Wässern kann die polarographische oder voltammetrische Bestimmung direkt in der angesäuerten oder mit einem Puffer bzw. Grundelektrolyt versetzten Analysenlösung durchgeführt werden. Bestimmungen mit ionensensitiven Elektroden sind gegen Inhaltsstoffe der Wässer im allgemeinen unempfindlicher. Zusätze von Puffern, z. B. TISAB (vgl. S. 52), genügen als Probenvorbereitung. Für die voltammetrische Analyse kann in wenig belasteten Wässern anstelle chemischer Aufschlüsse auch eine über die Erzeugung von OH-Radikalen aufschließend wirkende UV-Photolyse durchgeführt werden. Die mehrstündige Bestrahlung der angesäuerten, mit H_2O_2 versetzten Probelösung erfolgt in

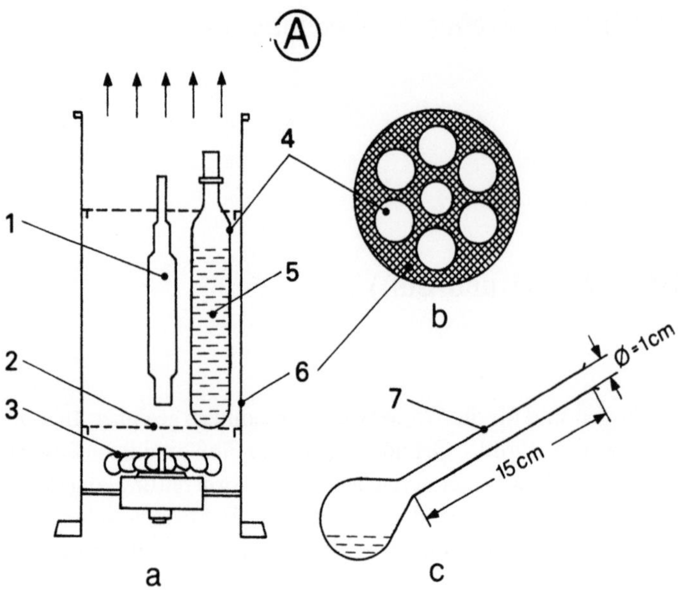

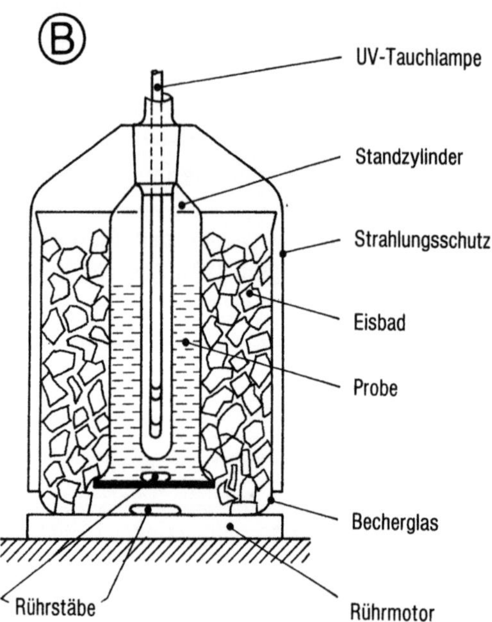

Abb. 4.1.-1. Anordnungen zur aufschließenden UV-Photolyse. A: zur gleichzeitigen Photolyse von sechs Wasserproben nach [4]. a) Seitenansicht, b) Ansicht von oben, c) Gefäß zum Naßaufschluß, 1) UV-Lampe, 2) Stahlnetz, 3) Ventilator, 4) Quarzgefäße, 5) Abwasserproben, 6) Stahlgehäuse, 7) Quarzkjeldalkolben zum Naßaufschluß von Filterrückständen mit Schwebstoffen; B: nach DIN 38406

Quarzgefäßen. Eine Übersicht über die Arbeitsbedingungen der analytischen UV-Photolyse zur Zerstörung organischer Substanzen vor voltammetrischen Analysen findet sich in [118]. Eine Anordnung für jeweils eine oder mehrere Proben zeigt Abb. 4.1.-1. Auch eine Reihe biologischer Abwässer lassen sich durch UV-Photolyse aufschließen, wobei allerdings die abfiltrierten Schwebestoffe getrennt chemisch aufgeschlossen werden müssen [4]. Zur vollständigen Zersetzung organischer Substanzen in schwierigen Fällen führen Photolysen in stark sauren Lösungen (2 % suprapur HNO_3) [25]. Eine automatisch und kontaminationsfrei arbeitende Anordnung, die den Aufschluß auch stärker belasteter Wässer in nur dreißig Minuten ermöglicht, arbeitet mit einer zentrisch angeordneten 1200 W Hg-Hochdrucklampe. Die zu analysierende Probe befindet sich in Quarzgefäßen, die um die Lampe herum angeordnet sind [118]. Auch die *Ozonolyse* wird zur Zerstörung organischer Stoffe in Abwasser vorgeschlagen [84]. Bei der Mehrzahl der stark belasteten Wässer, insbesondere bei Abwässern und Klärschlämmen, sind chemische Aufschlüsse [8] notwendig. Am häufigsten werden oxidierend naßchemische Aufschlüsse in Anordnungen mit Rückflußkühlern (s. Abb. 4.1.-2) oder mit einem nach dem Prinzip der Rotationsverdampfer automatisch arbeitenden Gerät [1] durchgeführt. Bei letzterem werden mehrere Proben simultan in rotierenden Quarzkolben, die periodisch in ein Salzbad vorgegebener Temperatur tauchen (s. Abb. 4.1.-3), unter den optimalen Bedingungen aufgeschlossen. Abfiltrierte Schwebestoffe und Klärschlämme werden ebenfalls meist

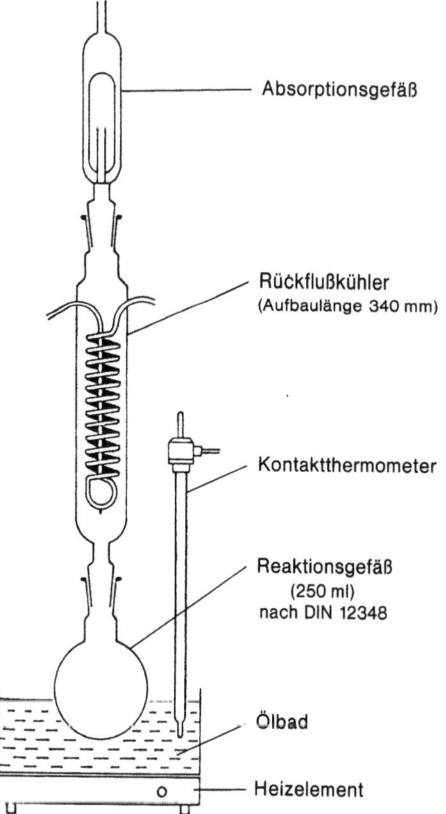

Abb. 4.1.-2. Versuchsaufbau für den Aufschluß nach DIN 38414 Teil 7

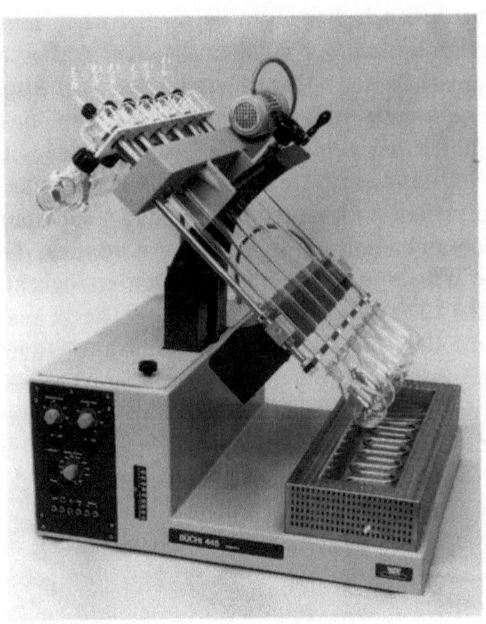

Abb. 4.1.-3. Automatische Apparatur zur nassen Veraschung organischer Materialien (nach [1]). (Werkphoto Fa. Büchi)

naßchemisch aufgeschlossen. Häufig benutzte Aufschlußgemische sind H_2SO_4/HNO_3 und H_2SO_4/H_2O_2(30 %ig). Elektrochemische Methoden sind von besonderem Interesse für die Untersuchung der physikalisch-chemischen Bindungsformen der Elemente in Wasser („*Speciation*") [4, 5, 6, 12, 17, 20], die deren Toxizität und biologische Verfügbarkeit beeinflussen. Messungen mit *ionensensitiven* Elektroden sind als einzige in der Lage, besondere Metall-Spezies (Ionen) in der Lösung zu bestimmen, ohne daß durch den Meßvorgang die natürlichen Gleichgewichte in der Lösung beeinflußt werden (vgl. z. B. [15, 16]). Allerdings reicht ihre Bestimmungsempfindlichkeit für die Erfassung der meisten Elemente nicht aus. Die mit polarographischen oder voltammetrischen Methoden in unbehandelten Wässern bei natürlichen pH-Werten oder in gepufferten Lösungen ermittelten Metallkonzentrationen sind niedriger als ihr Gesamtgehalt und werden mit der biologisch verfügbaren Fraktion der Metalle in Verbindung gebracht. Allerdings können organische Inhaltsstoffe besonders über Accelerierung und Inhibition von Elektrodenvorgängen, Ausbildung tensammetrischer Peaks (s. S. 102) und über Verzerrung der Stromspannungskurven die Ergebnisse solcher Messungen beeinflussen oder sogar verfälschen. In Anwesenheit von Humin- und Fulvinsäuren in natürlichen Wässern beweisen z. B. Potentialverschiebungen von Spitzenströmen daher nicht unbedingt Komplexbildungsprozesse [14]. Bei invers-voltammetrischen Bestimmungen können die bei unterschiedlichen Abscheidungspotentialen erhaltenen Spitzenströme Hinweise auf die Bindungskapazität und -stärke der untersuchten Wässer geben [19, 112]. Die Bestimmung von Schwermetall-Spuren und verschiedener Anionen in *Abwässern und Klärschlämmen* zur Ermittlung der über die Abwassereinleitungsverordnungen geforderten Grenzkonzentrationen kann mit ionensensitiven Elektroden unmittelbar in der Probe bzw. nach Aufschluß mit polarographischen Methoden durchgeführt werden. Eine ausführliche Arbeitsvorschrift zur Bestimmung von Cu, Pb, Sn, Cd, Ni, Zn, Fe, Co und Cr in Abwasser wird von Heigl angegeben [7].

Nach Aufschluß mit Schwefel/Salpetersäure werden Ni, Zn und Fe in einer Grundlösung aus 7,5 % Ammoniak, 0,5 % Sulfosalicylsäure und 2 % Phosphorsäure simultan bestimmt. (Peak-Potentiale: Ni(II): $-1,0$ V, Zn(II): $-1,2$ V und Fe(II): $-1,4$ V.) Nach Zusatz von Dimethylglyoxim kann auch Cobalt bestimmt werden. Abbildung 4.1.-4 zeigt ein Polarogramm dieser Elemente in der angegebenen Grundlösung. Cr(VI) wird nach Umsetzung mit Natriumdiethyldithiocarbamat als Cr(III)-diethyldithiocarbamat durch Ausschütteln abgetrennt. Nach Mineralisieren des Extrakts und Aufoxidation mit $KMnO_4$ wird Cr(VI) in einer Ethylendiamin/Ammoniumacetatlösung bei pH 6,8–7 bestimmt. In der gleichen Weise wird Gesamtchrom nach Oxidation der Aufschlußlösung bestimmt. Cd, Sn, Pb und Cu werden wechselstrompolarographisch in einer Oxalat-Grundlösung bestimmt (s. Abb. 4.1.-5). Die Bestimmungsgrenzen für die Elemente liegen bei 0,01 bis 0,1 mg l^{-1} und sind in allen Fällen beträchtlich unter den Einleitungsgrenzen von Abwässern in Gewässer oder öffentliche Kanalisationen.

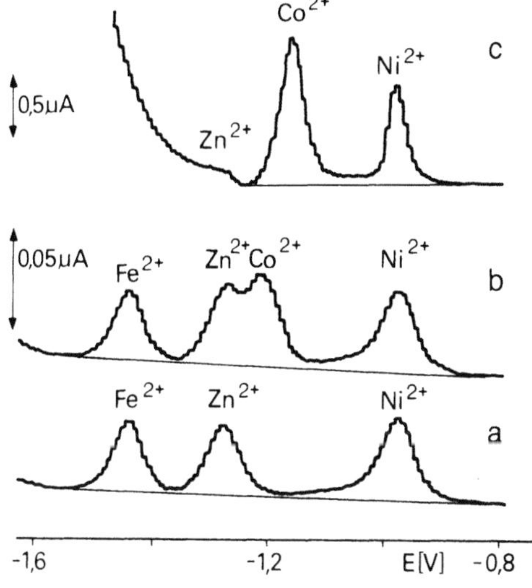

Abb. 4.1.-4. Differentielle Pulse-Polarogramme von Ni, Zn, Fe und Co in einer Ammoniak/Sulfosalicylat-Grundlösung (nach [7]). a: je 2 ppm Ni, Zn und Fe(II), b: nach Zusatz von 1 ppm Co, c: Probe b+DMG

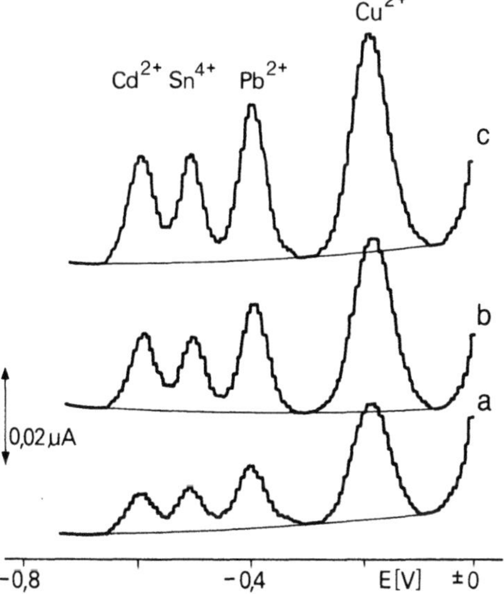

Abb. 4.1.-5. Wechselstrompolarogramme von Cu, Pb, Cd und Sn(IV) in einer Oxalat-Grundlösung (nach [7]). Grundlösung: 4,8 % Ammoniumoxalat, 2,4 % Ammoniumchlorid, 1,6 % HCl. a: je 0,5 ppm Cu, Pb, 0,2 ppm Cd, 2 ppm Sn(IV); b,c: jeweiliges Aufstocken von 0,25 ppm Cu, 0,2 ppm Cd, 0,5 ppm Pd und 2 ppm Sn(IV)

Zur Bestimmung von CN, Cr(VI), Cu, Ni, Zn und Cd in galvanischen Abwässern vgl. [8]. Zur direkten Bestimmung von Zn, Cd, Pb, Tl und Cu in natürlichen Wässern in Gegenwart von Huminsäuren macht man die Probe 0,1 N an KOH, 0,04 M an Citrat und stellt mit gasförmigem CO_2 den pH-Wert auf 10 bis 10,5 ein. In diesem Elektrolyten kann die Simultanbestimmung der angegebenen Elemente in Gegenwart von Huminsäuren durchgeführt werden [6]. (Inverse Wechselstromvoltammetrie, Zink gleichspannungsvoltammetrisch.)

Zur Bestimmung von geringen Gehalten an Schwermetallen in *natürlichen Wässern* kann man entweder nach chemischer Anreicherung z. B. an einem Chelat-Ionenaustauscher für Cd, Pb, Cu, Ni, Co und Zn [9] mit der differentiellen Pulse-Polarographie ohne elektrolytische Anreicherung arbeiten. Einfacher lassen sich geringe Gehalte mit vorheriger elektrolytischer Anreicherung bestimmen. Am empfindlichsten ist die Bestimmung mit der Hg-Filmelektrode, mit der z. B. unmittelbar nach Zusatz von Acetatpuffer [12] oder besser noch nach einfachem Ansäuern auf pH 2 Zn, Cd, Pb, Cu, Sb und Bi unmittelbar in Seewasserproben simultan bestimmt werden können [11]. Auch die Bestimmung dieser Elemente in Trink- und Brauchwasser ist auf diese einfache Weise möglich [18, 83]. Es lassen sich Bestimmungsgrenzen weit unter 1 ppb erreichen [**9, 11**].

Hinweise zur polarographischen und voltammetrischen Bestimmung der Elemente in Wässern finden sich bereits in Tabelle 3.1.-2 (s. S. 184) und Tabelle 2.8.-1 (s. S. 123). Weitere Beispiele auch unter Berücksichtigung anderer Methoden sind in Tabelle 4.1.-1 zusammengestellt.

Zur *automatischen Überwachung* von Abwässern aus Industrieanlagen sind besonders ionensensitive Elektroden geeignet [17]. Sie werden vor allem zur Bestimmung von Cyanid, Ammoniak und Fluorid eingesetzt. Eine automatisch arbeitende Anordnung zur voltammetrischen Wasseranalyse ist in [2, 5] beschrieben*.

Viele Hinweise zur Verwendung von ISE in der Analytik der verschiedenen Wässer finden sich in [**2, 3, 14–16**, 17, 102]. Zur Bestimmung der Gesamthärte mit ISE vgl. [13].

Zur *Bestimmung der Nitrilotriessigsäure* (NTA) u. a. Polyaminocarbonsäuren, z. B. EDTA, werden indirekte polarographische Methoden angewandt. Sie beruhen auf der Bildung sehr stabiler Schwermetallkomplexe mit veränderten polarographischen Eigenschaften. Man verwendet Bi- [22, 24], In- [21] oder Cd-Salze [20, 19], die im leichten Überschuß zugesetzt werden. Man nutzt die Abnahme des von nichtkomplexiertem Metallion herführenden polarographischen Signals oder die Messung neuer, von den komplexgebundenen Ionen stammenden Signale zur Bestimmung der NTA aus. So liegen beispielsweise die Halbstufenpotentiale von freiem Cd bei $-0,60$ V, vom Cd-NTA bei $-0,97$ V und vom Cd-EDTA bei $-1,40$ V (alle: Boratpuffer, pH 9,1 $+ 0,1$ M KNO_3, nach [20]). Für die indirekte Bestimmung der Polyaminocarbonsäuren haben sich Bismutsalze am besten bewährt. Die entsprechenden Werte im sauren Bereich sind $-0,4$ V (EDTA) und $-0,25$ V (NTA) [23]. Ohne Anreicherung können $0,1$ mg l^{-1}, an einer HMDE mit der DPP noch $50\,\mu g\,l^{-1}$ und bei einem indirekten Verfahren noch $0,2\,\mu g\,l^{-1}$ NTA und $1,3\,\mu g\,l^{-1}$ EDTA bestimmt werden [117]. Bei der Verwendung von Bi-Salzen arbeitet man unmittelbar in der mit HNO_3 auf pH 2 gebrachten Wasserprobe. Zur Reduktion des Eisens wird Ascorbinsäure zugesetzt

---

*   Vertrieb durch Spectroscania, D-8036 Herrsching

Tabelle 4.1.-1. Bestimmung einzelner Elemente und Ionen in Wässern

Element/Ion	Probe	Methode[a]	Bemerkungen	Lit.
Kationen				
Ag	Abwasser	iDPP/CP, GC	nach nassem oxidativem Aufschluß	[26]
As	natürliche Wässer	DPP/DME	Bestimmung von As(III) und As(V); nach Oxidation mit $KMnO_4$; auch organische As-Verbindungen, Schwermetalle durch Austauscher oder Hg-Kathode entfernen	[27]
As	Abwasser	iDC/Au-Elektrode	nach Aufschluß mit H_2SO_4	[28]
As	verunreinigte Wässer	iDPP/Au-Filmelektrode	nach Destillation als $AsCl_3$—Vergleich des Verfahrens u.a. mit AAS	[29]
As(III, V)	Meerwasser natürliche Wässer	iDPP/rot Au-Elektrode	As(V) nach Reduktion mit SO_2, Empfindlichkeit 0,4 µg As/l	[107]
Bi	Seewasser	iDPP/TMFE	direkt nach Ansäuern (0,05 M HCl)	[30]
Cd	natürliche Wässer	iDPP/HMDE	Vgl. iDPP/AAS-Bestimmung direkt nach Ansäuern (0,01 M HCl)	[31]
Cd	Abwasser	iDPP/HMDE	nach nassem oxidativem Aufschluß	[38]
Cd	natürliche Wässer Meerwasser	iDPP/HMDE	nach Voranreicherung an Säule bis 10^{-10} M Cd^{2+}	[104]
Co	Seewasser	DPP/DME	nach Photooxidation, Mitfällung an MnO_2	[32]
Co, Ni	Wasser, Abwasser	iDPP/HMDE	neben Cyanid und Fe(III) [33], (Adsorptions-Voltammetrie)	[**1**, 33]
Ni	natürliche Wässer	iDPP/HMDE (Adsorptions-Voltammetrie)	nach oxidativer UV-Photolyse ($HCl–H_2O_2$-Zusatz) (bis 0,1 ppb Ni)	[103]
Cu	Seewasser	ISE	Diskussion der Störungen durch Chelatbildner [34]	[34, 35]

(Fortsetzung)

[a] Abkürzungen s. S. IX, X; ISE: ionensensitive Elektroden, AAS: Atomabsorptionsspektroskopie

Tabelle 4.1.-1 (Fortsetzung)

Element/Ion	Probe	Methode[a]	Bemerkungen	Lit.
Cu	Seewasser	i DPP/TMFE	Einfluß der UV-Photolyse, Speciation	[36]
Cu	Seewasser	SqwP/DME	nach Anreicherung über Mitfällung an Zr-Hydroxid bis 0,002 ppm Cu^{2+}	[105]
Cu, Zn, Pb, Cd	Antarktischer Schnee	i DPP/rot. TMFE	direkt im Schmelzwasser $(0,005–0,05\,\mathrm{ng\,g^{-1}})$	[109]
Fe	Grubenwässer	DC/DME	Simultanbestimmung Fe(II)/Fe(III), bis 10 ppm	[37]
Hg	Abwasser	i DPP/rot Au-Elektrode	nach Druckaufschluß [26] bzw. nassem Aufschluß oder UV-Photolyse [38]	[26, 38]
Hg	Flußwasser	i DPP/GCE	direkt bei pH 2,8 (+0,1 KSCN)	[39, 40]
Hg	Seewasser	i DPP/Twin Au-Elektrode	direkt bei pH 2 oder nach UV-Photolyse	[41]
Mn	Seewasser	i DPP/TMFE	direkt bei pH 7,5 (Boratpuffer-Zusatz)	[42]
Pb	natürliche Wässer	i DC/TMFE	bei verschiedenen pH-Werten „Speciation", Einfluß organischer Substanzen	[2, 6] [43]
Pb	Trinkwasser	i DPP/HMDE	Vgl. mit AAS	[44]
Pb	natürliche Wässer	i DPP/HMDE	nach Ausschütteln auch organische Bleiverbindungen, Unterscheidung von organischem und anorganischem Blei Über Störungen bei der Bestimmung von $[CH_3)_3Pb]^+$ durch anorganisches Pb^{2+} und Hg^{2+}, vgl. [120]	[45]
Se	Wasser, Grubenwässer	DPP/DME	nach Extraktion als o-Phenylendiamin-Komplex	[46]
Sb	natürliche Wässer	i AC1/HMDE	nach Oxidation mit alkalischem H_2O_2, anschließende Reduktion zu Sb(III) mit Ascorbinsäure	[47]

Sn	Seewasser	i DC/TMFE	nach Mitfällung an $Fe(OH)_3$ destillative Abtrennung als $SnBr_4$	[48]
Tl	natürliche Wässer	i DPP/TMFE	Vgl. verschiedene Methoden	[49]
Zn	anthropogenbelastete Flußwässer	i DPP/HMDE	nach Filtration + oxidativer Behandlung, Untersuchung zur „Speciation"	[50]
Zn	Seewasser	i DPP/HMDE	direkt bei pH 4,2	[51]
Mn(Fe, Cr)	Seewasser	DPP/DME	Citratpuffer, pH 9,5, Fe und Cr nach Wechsel des Puffers	[115]
Cu, Cd, Pb, Tl, Zn	Trinkwasser (Abwasser)	i DPP/HMDE DPP/DME	Simultanbestimmung Pb/Tl in 0,1 NaOH (Teflonzelle)	[1, 18]
Cr(VI)	Abwasser		Abtrennung störender Elemente durch Mitfällung an Al in Phosphatpuffer bei pH 10/12	[119]
SiO_2	natürliche Wässer	AC1/DME	nach Extraktion als Molybdatosilikat	[74]
Tributylzinnoxid	Seewasser	i DPP/HMDE (TMFE)	Bestimmung bei pH 8,2 und 4,8 direkt im W., (Empfindlichkeit: $5\,\mu g\,l^{-1}$)	[110]
Fe(III)				[121]
V(V)	Seewasser, natürliche Wässer	iDC/HMDE	CSV nach Anreicherung als Brenzkatechinkomplexe. Zur „Speciation" von Cu nach diesem Verfahren vgl. [125]	[126]
Cu				[122, 123]
U				[124]
Anionen				
Cl^-, F^-, NO_3^-	natürliche Wässer	ISE	nach Pufferzusatz direkte Simultanbestimmung in Durchflußzelle	[53]
SCN^-	natürliche Wässer	ISE	nach oxidativer Überführung in CN^-	[55]
CN^-	Stahlwerkabwässer	ISE	Vergleiche mit konventionellen Methoden	[56]

(Fortsetzung)

---

[a] Abkürzungen s. S. IX, X; ISE: ionensensitive Elektroden, AAS: Atomabsorptionsspektroskopie

Tabelle 4.1.-1 (Fortsetzung)

Element/Ion	Probe	Methode[a]	Bemerkungen	Lit.
CN^-	Fluß-, Abwasser	ISE	Genauigkeit ~ color. Methode	[58]
CN^-	Wässer, Abwasser	ISE	nach Membrandiffusion von HCN zur Bestimmung von freiem CN^-	[59]
CN^-	Abwässer	NP	nach Destillation als HCN, simultan mit S^{--}	[57]
F^-	Regenwasser	ISE	unter 1 ppb	[60]
F^-	Seewasser	ISE	—	[61]
F^-	natürliche Wässer	ISE	neben Al Tiron zur Dekomplexierung besser als TISAB	[62]
NO_3^-, organisches N	natürliche Wässer	ISE	Vergleich zweier Elektroden, Vergleich mit colorimetrischen und volumetrischen Verfahren	[54]
NO_3^-	verschiedene Wässer	ISE	ppb-Bereich über immobiles Enzym-System	[65]
NO_3^-	Binnenseewasser	ISE	Methodenvergleich	[64]
NO_3^-	Abwässer	AC1/DME	nach Nitrierung von Phenol bei 70 °C, 10 ppm NO_3^-	[66]
NO_3^-, NH_3, organisches N	Wasser, Abwasser	ISE	Bestimmung in 2 M NaOH/1 M EDTA, organisches N nach Überführung in NH_4HSO_4 mit $H_2SO_4/K_2SO_4(HgSO_4)$	[63]
SO_4^{--}	Seewasser, natürliche Wässer	DC, amperometrische Titration	indirekte Bestimmung nach Fällung von $PbSO_4$; Bestimmung von Restblei	[67, 68]
S^{--}	natürliche Wässer	ISE	ppb-Bereich, Zusatz von Na-Salicylat, Ascorbinsäure + NaOH als Anti-oxidans, Schwermetalle über Dithizonextraktion entfernen	[69]
S^{--}	natürliche Wässer	NP/DME	$> 2 \cdot 10^{-6}$ M S^{--}, Vergleiche mit color. Methode	[70]

I^-	natürliche Wässer	DC/DME	nach Oxidation mit Brom zum Iodat (Bereich 0,5–5 mg/l). Vgl. mit photometrischer Methode	[71]
IO_3^-	Seewasser	DPP/DME	Vergleich von drei Methoden	[72]
I^-, IO_3^-	See-, Küstenwasser	DPP/DME	IO_3^- direkt, I^- nach Oxidation mit Chlor, organische I-Verbindung nach UV-Photolyse und Behandlung mit Chlorwasser	[73]

[a] Abkürzungen s. S. IX, X; ISE: ionensensitive Elektroden, AAS: Atomabsorptionsspektroskopie

[24]. Zur Ermittlung der freien Bindungskapazität des Wassers können nicht an Kationen gebundene Polyaminocarbonsäuren über die an Hg-Elektroden auftretenden anodischen polarographischen Ströme (vgl. S. 88) bestimmt werden. EDTA gibt bei pH 4,8 mit der Square-Wave-Polarographie eine Spitze bei $-0,075\,V$ (vs. SCE), die die Bestimmung von bis zu $10^{-8}\,M$ EDTA neben NTA, Ca^{2+}-Ionen und weniger als 55 mg Chlorid/Liter erlaubt [111].

In der letzten Zeit gewinnt die *Ionenchromatographie* für die Bestimmung von Anionen in Wässern an Bedeutung. Der Nachweis der eluierten Ionen erfolgt dabei meist konduktometrisch (vgl. S. 37). Dabei werden vielfach Empfindlichkeiten erreicht, die weit unter den Trinkwassergrenzwerten liegen [114]. Zur summarischen Erfassung organischer Halogen- und Schwefelverbindungen in Wasser werden diese an Aktivkohle angereichert, diese wird bei 1000 °C im Sauerstoffstrom verbrannt und nach Absorption der Reaktionsgase in alkalischer Wasserstoffperoxid-Lösung die gebildeten Halogenid- und Sulfationen ebenfalls ionenchromatographisch bestimmt [116].

Organische Stoffe können in natürlichen Wässern wegen ihrer geringen Konzentrationen meist erst nach Anreicherung polarographisch bestimmt werden. Alkylbenzolsulfonate und Alkansulfonate können nach Ausschütteln und Nitrierung der polarographisch inaktiven organischen Moleküle mit der DPP empfindlich bestimmt werden [78, 79]. Auch bei der Bestimmung von Herbiziden in Berieselungswässern wird in der gleichen Weise verfahren [77]. Man erreicht Bestimmungsempfindlichkeiten von 30–40 µg/l. Höhere Gehalte organischer stickstoffhaltiger Verbindungen in Aquariumswässern können mit der DPP direkt bestimmt werden [80]. Durch Verflüchtigung von CS_2 aus Wässern mit anschließender Umsetzung zum polarographisch bestimmbaren Diethyldithiocarbamat in der Asorptionslösung ist (als Dithiocarbamat) noch 1 µg CS_2/l neben einem zehnfachen Überschuß an Schwefelwasserstoff zu bestimmen [81]. Über die Aufhebung der Inhibitionswirkung von TBP*-Molekülen bei der gleichstrompolarographischen Abscheidung von Cu(II)-Ionen an der Hg-Tropfenelektrode durch Huminstoffe können noch 0,05 bis 1 mg l^{-1} der Huminstoffe unmittelbar im Trinkwasser erfaßt werden [76].

Zur *Bestimmung von grenzflächenaktiven Stoffen in Wasser* vgl. Abschn. 3.3. In *Abwässern der Polymerchemie* wird zur Bestimmung einiger Monomerer (Methylmethacrylat, Styrol, Vinyltoluol und Vinylxylol) sowie einiger Polymerisationsinitiatoren (Azo-diisobutyronitril, Benzoylperoxid, Cyclohexylperoxicarbonat und Laurylperoxid) die Polarographie in gemischt organisch/wäßrigen Grundlösungen nach extraktiver Abtrennung und Anreicherung vorgeschlagen [75]. Acrolein kann mit der DPP in verschiedenen Wässern in einem EDTA-haltigen Phosphatpuffer von pH 6,8–7,6 in Konzentrationen von 0,05–0,5 mg/l bestimmt werden [82].

Zur *Bestimmung von Carbonylverbindungen* (Aldehyde und Ketone) über die Bildung der Azomethinverbindungen nach Reaktion mit Semicarbaziden in Wasser vgl. [101]. Bis zu 1 µg/l Formaldehyd lassen sich mit Hilfe der differentiellen Kathodenstrahlpolarographie oder der DPP nach diesen Angaben bestimmen. In Abwässern können substituierte Phenole direkt mit der HPLC und einem elektrochemischen Detektor (vgl. Abschn. 4.6) bis zu einigen µg/l bestimmt werden [**18**].

---

*   TBP: Tri-n-butylphosphat

4.1.2 Luft und Aerosole

Polarographische Methoden und Bestimmungen mit ionensensitiven Elektroden werden auch in der Luftanalyse für die Bestimmung einiger gasförmiger Bestandteile und für die Bestimmung von Schwermetallen in Aerosolen eingesetzt. In allen Fällen geht dem Bestimmungsvorgang eine auch bei anderen Verfahren übliche Sammeltechnik zur Anreicherung der zu bestimmenden Bestandteile voraus. *Aerosole* werden durch Überleiten der Luft über verschiedene feinporige Filtermaterialien (Glasfaser-, Millipore-, PTFE-Filter) gesammelt, gasförmige Bestandteile in geeigneten Waschflaschen, die mit entsperechenden Absorptionslösungen gefüllt sind. Die Empfindlichkeit der Bestimmung ist in fast allen Fällen der anderer Verfahren vergleichbar oder gar überlegen.

Angaben zur polarographischen Bestimmung von SO_2 in Luft und zur Bestimmung von Nitrat in Aerosolen enthält auch Tabelle 3.1.-2. Weitere Angaben zur Bestimmung verschiedener Elemente und Verbindungen in Luft und in Aerosolen sind unter besonderer Berücksichtigung der neueren Literatur in Tabelle 4.3.-2 zusammengestellt. Angaben zur Bestimmung gasförmiger Verbindungen finden sich auch in Abschn. 4.7.

Geringe Gehalte organischer Stoffe in der Luft wie z. B. Amine und substituierte Phenole, können nach adsorptiver Anreicherung an Tenax GC und nach Ablösen von dem Adsorptionsmittel mit der HPLC unter Verwendung elektrochemischer Detektoren ebenfalls empfindlich bestimmt werden [108].

Tabelle 4.1.-2. Bestimmung verschiedener Elemente und Verbindungen in Luft und in Aerosolen

Elemente, Verbindungen	Probe	Methode	Sammeltechnik — Bemerkungen	Lit.
Cd, Cu, Pb	Aerosol	i DC/TMFE	Glasfaser-Filter, mit $HClO_4$ versetzen und auf 300° erhitzen	[85]
Cd	Aerosol	i DC/TMFE	Glasfaser-Filter, Abtrennung des Cd durch Verdampfung im H_2-Strom. — Bestimmung in Reinstluft	[86]
Cd, Pb, Zn	Aerosol	i DC/HMDE	Whatman 41. Lösen in HCl—HNO_3—$HClO_4$, Bestimmung nach Eindampfen zur Trockne	[87]
Cl, Br, Pb	Aerosol	i DC/HMDE	Nucleophore-Membranfilter, Lösen in verdünnter HNO_3 in Teflonbombe (100 °C — 1 h)	[88]
Hg	Luft	i DC/GC	Absorption in schwefelsaurer $KMnO_4$-Lösung, nach Reduktion mit Hydroxylaminhydrochlorid, Bestimmung in 0,12 KSCN, pH 2	[89]
Cd, Cu, Pb, Zn, Se	Regenwasser, Schnee	i DPP/HMDE	Se: CSV — Cu, Pb, Cd: ASV	[90]
HF	Luft	ISE	Absorption an mit CaO imprägnierten Filtern — Methodenvergleich	[91]
HF	Luft	ISE	Absorption in 0,1 NaOH, Bestimmung in TISAB-Puffer	[92]
HF, F^-	Luft, Aerosol	ISE	Absorption in alkalischer Lösung oder alkalisch imprägnierten Filtern, Staub: Cellulosefilter, Vergleich mit Ionenchromatographie	[93]
HF	Luft	ISE	Absorption in saurer gepufferter Lösung, Bestimmung von phosphororganischen Fluorverbindungen nach alkalischer Hydrolyse	[94]
H_2S	Luft	ISE, pot. Titration	Absorption in NaOH + Ascorbinsäure, Titration mit $CdSO_4$	[95]
H_2S	Luft	ISE	nach Absorption in NaOH/Salicylat/Ascorbinsäure-Lösung, membranbedeckte Elektrode, (0,1–200 ppm SO_2)	[106]
H_2S	Luft	i DC/Pt	indirekt, Abnahme des Hg-Peaks in Absorptionslösung, (0,2–3,5 ppb)	[113]

SO$_2$	Luft	DPP	nach Absorption in DMSO, neben H$_2$S; NO$_2$ stört, Empfindlichkeit: bis 0,1 ppm SO$_2$	[52]
NO$_x$	Luft	ISE(drahtüberzogene Elektrode)	Absorption in 2% H$_2$O$_2$, anschließend Zersetzung von H$_2$O$_2$ durch MnO$_2$, neben 40-fach SO$_2$, SO$_3$	[96]
NO$_2$	Luft	ISE(spezielle Glaselektrode)	Absorption in 0,1 (NH$_4$)$_2$HPO$_4$ — pH 8	[97]
NO, NO$_2$, SO$_2$	Luft	DPP/DME	Absorption in DMSO, $+0{,}1$ LiCl $\longrightarrow$ Polarographische Simultanbestimmung	[98]
Cl$^-$, HCl	Luft, Aerosol	ISE	Cl$^-$: PTFE — Filter, gasförmiges HCl: alkalisch imprägnierte Cellulosefilter. Sulfid durch H$_2$O$_2$ entfernen	[99]
Formaldehyd, Furfurol	Industrie-Luft	AC1/DME	Absorption in Wasser, Polarographie in 0,1 LiOH, polarographische Simultanbestimmung	[100]

Literatur zu 4.1

Monographien und Übersichtsarbeiten

1   Valenta, P., Nürnberg, H.W.: Moderne voltammetrische Verfahren zur Analyse und Überwachung toxischer Metalle und Metalloide in Wasser und Abwasser, Gewässerschutz, Wasser, Abwasser **44**, 105 (1980)
2   Böhnke, B. (Hrsg.): Ionenselektive Elektroden zur Messung in Wasser und Abwasser, Gewässerschutz, Wasser, Abwasser **39**, 1–295 (1979)
3   Whitfield, M., Jagner, D. (ed.): Marine Electrochemistry — A Practical Introduction. New York: Wiley 1981
4   Florence, T.M.: The Speciation of Trace Elements in Waters, Talanta **29**, 345 (1982)
5   Schwedt, G.: Methoden zur Bestimmung von Element-Species in natürlichen Wässern. In: Analytiker Taschenbuch, Bd. 2, S. 255, Bock, R., Fresenius, W., Günzler, H., Huber, W., Tölg, G. (Hrsg.). Berlin, Heidelberg, New York: Springer 1982
6   Florence, T.M., Batley, G.E.: Chemical Speciation in Natural Waters, Crit. Rev. Anal. Chem. **9**, 219 (1980)
7   Batley, G.E., Gardner, D.: Sampling and Storage of Natural Waters for Trace Metal Analysis, Water Res. **11**, 745 (1977)
8   Tschöpel, P., Tölg, G.: Aufschlußverfahren in der Wasser- und Abwasseranalytik bei der Bestimmung niedriger Elementgehalte im ppb- und unterem ppm-Bereich, Vom Wasser, **50**, 247 (1978)
9   Valenta, P., Mart, L., Nürnberg, H.W., Stöppler, M.: Voltammetrische simultane Spurenanalyse toxischer Metalle in Meerwasser, Binnengewässern, Trink- und Brauchwasser, Vom Wasser **48**, 89 (1977)
10 Mart, L.: Minimization of Accuracy Risks in Voltammetric Ultratrace Determination of Heavy Metals in Natural Waters, Talanta **29**, 1035 (1982)
11 Nürnberg, H.W.: Moderne voltammetrische Verfahren in der Spurenchemie toxischer Metalle in Trinkwasser, Regen- und Meerwasser, Chem. Ing. Techn. **51**, 717 (1979)
12 Davison, W., Whitfield, M.: Modulated Polarographic and Voltammetric Techniques in the Study of Natural Water Chemistry, J. Electroanal. Chem. **75**, 763 (1977)
13 Roitman, L.J., Pavlovich, Yu.A., Brainina, Kh.Z.: Stripping Electrochemical Methods in the Analysis of Natural Waters, J. Anal. Chem. (USSR) **36**, 700 (1981)
14 Hulanicki, A., Trojanowciz, M.: Application of Ionselective Electrodes in Water Analysis, Ion-selective Electrode Rev. **1**, 207 (1979)
15 Midgley, D., Torrance, K.: Potentiometric Water Analysis. New York: Wiley 1978
16 ORION Research: Handbook of Electrode Technology, 1982
17 Nürnberg, H.W.: Investigations of Heavy Metal Speciation in Natural Waters by Voltammetric Methods, Fresenius Z. Anal. Chem. **316**, 557 (1983)
18 Geil, J.V., Schäfer, J., Kränzler, H.: Anwendung der HPLC mit elektrochemischer Detektion in der Wasseranalytik. In: Gewässerschutz, Wasser, Abwasser **67**, 229 (1983)
19 Florence, T.M.: Recent Advances in Stripping Analysis, J. Electroanal. Chem. **168**, 207 (1984)
20 Nürnberg, H.W.: The Voltammetric Approach in Trace Metal Chemistry of Natural Waters and Atmospheric Precipitation, Anal. Chim. Acta **164**, 1 (1984)

Originalliteratur

1   Seiler, H.: Labor Praxis **3** (6), 1979 (Hersteller: Büchi Laboratoriums-Technik, CH-9230 Flawil)
2   Valenta, P., Rützel, H., Krumpen, P., Salgert, K.H., Klahre, P.: Fresenius Z. Anal. Chem. **292**, 120 (1978)
3   Mart, L.: Fresenius Z. Anal. Chem. **296**, 350 (1979), **299** 97 (1979)
4   Pihlar, B., Valenta, P., Golimowski, J., Nürnberg, H.W.: Z. Wasser Abwasser Forschung **13**, 130 (1980)
5   Valenta, P., Sipos, L., Kramer, J., Krumpen, P., Rützel, H.: Fresenius Z. Anal. Chem. **312**, 101 (1982)
6   Schlieckmann, F., Umland, F.: Fresenius Z. Anal. Chem. **314**, 21 (1983)
7   Heigl, A.: Chimia **32**, 339 (1978)

8 Maréchal, A., Salaün, J.P., Caullet, C.: Analusis **9**, 333 (1981)
9 Abdullah, M.I., Royle, L.G.: Anal. Chim. Acta **58**, 283 (1972)
10 Nürnberg, H.W., Valenta, P., Mart, L., Raspor, B., Sipos, L.: Z. Anal. Chem. **282**, 357 (1976)
11 Gillain, G., Duyckaerts, G., Disteche, A.: Anal. Chim. Acta **106**, 23 (1979)
12 Abdullah, M.I., Reuschberg, B., Klinck, R.: Anal. Chim. Acta **84**, 307 (1976)
13 Meier, P.C., Erne, C., Cimerman, Z., Amman, D., Simon, W.: Mik. Acta **1**, 317 (1980)
14 Buffle, J., Cominoli, A., Greter, F.-L., Härdi, W.: Proc. Anal. Div. Chem. Soc. **15**, 59 (1978)
15 Gardiner, J.: Water Res. **8**, 23 (1974)
16 Buffle, J., Greter, F.-L., Härdi, W.: Anal. Chem. **49**, 216 (1977)
17 Hofton, M.E.: Proc. Analyt. Div. Chem. Soc. (**1975**) 308
18 Klahre, P., Valenta, P., Nürnberg, H.W.: Vom Wasser **51**, 199 (1978)
19 Wernet, J., Wahl, K.: Z. anal. Chem. **251**, 373 (1970)
20 Asplund, J., Wänninen, E.: Anal. Letters **4**, 267 (1971)
21 Habermann, J.P.: Anal. Chem. **43**, 63 (1971)
22 Afghan, B.K., Goulden, P.D., Ryan, J.F.: Anal. Chem. **44**, 354 (1972)
23 Dietz, F.: Z. Wasser Abwasser Forschung **7**, 74 (1974)
24 Haring, B.J.A., v. Delft, W.: Anal. Chim. Acta **94**, 201 (1977)
25 Mart, L., Nürnberg, H.W., Valenta, P.: Fresenius Z. Anal. Chem. **300**, 350 (1980)
26 Heigl, A.: Chimia **32**, 297 (1978)
27 Buldini, P.L., Ferri, D., Zini, Q.: Mik. Acta 1980 I, 71
28 Kaplin, A.A., Vejc, N.A., Mordvinova, N.M.: Zavadsk. Lab. **43**, 1051 (1977)
29 Leung, P.C., Subramanian, K.S., Méranger, J.C.: Talanta **29**, 515 (1982)
30 Florence, T.M.: J. Electroanal. Chem. **49**, 255 (1974)
31 Beaufays, J.-M., Nangniot, P.: Analusis **4**, 193 (1976)
32 Harvey, B.R., Dutton, J.R.R.: Anal. Chim. Acta **67**, 377 (1973)
33 Romanov, N.A., Sobina, N.A., Kheifets, L.Ya.: J. Anal. Chem. (USSR) **34**, 1203 (1979)
34 Jasinski, R., Trachtenberg, I., Andrychuk, D.: Anal. Chem. **46**, 364 (1974)
35 Hulanicki, A.: Water Res. **11**, 627 (1977)
36 Florence, T.M., Batley, G.W.: J. Electroanal. Chem. **75**, 791 (1977)
37 Tackett, St.L., Wiesermaan, L.F.: Anal. Letters **5**, 643 (1972)
38 Geil, J.V., Müller, F.: Gewasserschutz, Wasser, Abwasser **48**, 134 (1981)
39 Kritsotakis, K., Laskowski, N., Tobschall, H.J.: Intern. J. Environ. Anal. Chem. **6**, 203 (1979)
40 Kritsotakis, K., Rubischong, P., Tobschall, H.J.: Fresenius Z. Anal. Chem. **296**, 358 (1979)
41 Sipos, L., Nürnberg, H.W., Valenta, P., Branica, M.: Anal. Chim. Acta **115**, 25 (1980)
42 O'Halloran, R.J.: Anal. Chim. Acta **140**, 51 (1982)
43 Benes, P., Koc, J., Stulik, K.: Water Res. **13**, 967 (1979)
44 Vijan, P.N., Sadana, R.S.: Talanta **27**, 321 (1980)
45 Colombini, M.P., Corbini, G., Fuoco, R., Papoff, P.: Annali Di Chimica **71**, 609 (1981)
46 Shchukin, V.D., Kozirod, I.D.: Zavodsk. Lab. **44**, 1057 (1978)
47 Piccardi, G., Udisti, R.: Mik. Acta 1979 II, 447
48 Florence, T.M., Farrar, Y.J.: Electroanal. Chem. **51**, 191 (1974)
49 Bonelli, J.E., Taylor, H.E., Skogerboe, R.K.: Anal. Chim. Acta **118**, 243 (1980)
50 Kritsotakis, K., Tobschall, H.J.: Fresenius Z. Anal. Chem. **292**, 8 (1978)
51 Alevato, S. de J., Rebello, A. de L.: Talanta **28**, 909 (1981)
52 Garber, R.W., Wilson, C.E.: Anal. Chem. **44**, 1357 (1972)
53 Trofanowicz, M., Lawandowski, R.: Fresenius Z. Anal. Chem. **308**, 7 (1981)
54 Dewolfs, R., Broddia, G., Cysters, H., Deelstra, H.: Z. Anal. Chem. **275**, 337 (1975)
55 Nota, G.: Anal. Chem. **47**, 763 (1975)
56 Cusbert, P.J.: Anal. Chim. Acta **87**, 429 (1976)
57 Leung, L.K., Bartak, D.E.: Anal. Chim. Acta **131**, 167 (1981)
58 Hofton, M.: Environm. Sci. Technol. **10**, 277 (1976)
59 Durst, R.A.: Anal. Letters **10**, 961 (1977)
60 Warner, T.B., Bressan, D.J.: Anal. Chim. Acta **63**, 165 (1973)
61 Rix, C.J., Bond, A.M., Smith, J.D.: Anal. Chem. **48**, 1236 (1976)
62 Ballczo, H., Sager, M.: Fresenius Z. Anal. Chem. **298**, 382 (1979)

63   McKenzie, L.R., Young, P.N.W.: Analyst **100**, 620 (1975)
64   Simeonov, V., Andrev, G., Stoienov, A.: Fresenius Z. Anal. Chem. **297**, 418 (1979)
65   Senn, D.R., Carr, P.W.: Anal. Chem. **48**, 954 (1976)
66   Merz, W., Panzel, H., Eltschka, R.: Vom Wasser, **51**, 222 (1978)
67   Luther, G.W., Meyerson, A.L., D'Addio, A.: Marine Chemistry **6**, 117 (1978)
68   Luther, G.W., Meyerson, A.L.: Anal. Chem. **47**, 2058 (1975)
69   Baumann, E.W.: Anal. Chem. **46**, 1345 (1974)
70   Davidson, W., Gabbutt, C.D.: J. Electroanal. Chem. **99**, 311 (1979)
71   Weil, L., Torkzadeh, N., Quentin, K.-E.: Z. Wasser- und Abwasser-Forschung **8**, 3 (1975)
72   Truesdale, V.W., Smith, C.J.: Marine Chemistry **7**, 133 (1979)
73   Butler, E.C.V., Smith, J.D.: Deep-Sea Res. **27A**, 489 (1980)
74   Suzanne, A., Vittori, O., Porthault, M.: Anal. Chim. Acta **75**, 486 (1975)
75   Dmitrieva, V.N., Meškova, O.V., Bezuglyj, V.D.: Z. Anal. Chem. (USSR) **30**, 1406 (1975)
76   Sohr, H., Wienhold, K.: Anal. Chim. Acta **121**, 309 (1980)
77   Lechien, A., Valenta, P., Nürnberg, H.W., Patriarche, G.J.: Fresenius Z. Anal. Chem. **306**, 156 (1981)
78   Hart, J.P., Smyth, W.F., Birch, B.J.: Analyst **104**, 853 (1979)
79   Hart, J.P., Smyth, W.F., Birch, B.J.: Proc. Anal. Div. Chem. Soc. **13**, 336 (1976)
80   Smyth, W.F., Hassanzadeh, M.: Z. Anal. Chem. **280**, 299 (1976)
81   Hu, H.-Ch.: Anal. Chim. Acta **107**, 387 (1979)
82   Howe, L.H.: Anal. Chem. **48**, 2167 (1976)
83   Frimmel, F.H., Immerz, A.: Fresenius Z. Anal. Chem. **302**, 364 (1980)
84   Clem, R.G., Hodgson, A.T.: Anal. Chem. **50**, 102 (1978)
85   Harrison, P.R., Winchester, J.W.: Atm. Environm. **5**, 863 (1971)
86   Neeb, R., Wahdat, F.: Z. Anal. Chem. **269**, 275 (1974)
87   Khandekar, R.N., Dhaneshwar, R.G., Palrecha, M.M., Zarapkar, L.R.: Fresenius Z. Anal. Chem. **307**, 365 (1981)
88   Dennigs, B.L., Wilson, G.S., Moyers, J.L.: Anal. Chim. Acta **86**, 27 (1976)
89   Taddia, M.: Microchem. J. **23**, 64 (1978)
90   Nguyen, V.D., Valenta, P., Nürnberg, H.W.: The Science of the Total Environm. **12**, 151 (1979)
91   Israel, G.W.: Atmos. Environm. **8**, 159 (1974)
92   Naumovič, M., Boškovič, T., Naumovič, O.: Mikrochim. Acta 1977, II 537
93   Oehme, M., Stray, H.: Fresenius Z. Anal. Chem. **306**, 356 (1981)
94   Dolegal, A., Devilliers, D., Villard, G., Chemla, M.: Analusis **10**, 377 (1982)
95   Ehman, D.L.: Anal. Chem. **48**, 918 (1976)
96   Kneebone, B.M., Freiser, H.: Anal. Chem. **45**, 449 (1973)
97   Barna, G.G., Jasinski, R.J.: Anal. Chem. **46**, 1834 (1974)
98   Bruno, P., Caselli, M., Monica, M.D., DiFano, A.: Talanta **26**, 1011 (1979)
99   Bourbon, P., Alary, J., Lepert, J.-C., Esclassan, J.-F.: Analusis **7**, 186 (1979)
100 Zaitseva, Z.V., Prokhorova, E.K., Salikhdzhanova, R.M.F.: Zh. Anal. Khim. **33**, 1823 (1978)
101 Afghan, B.K., Kulkarni, A.V., Ryan, J.F.: Anal. Chem. **47**, 488 (1975)
102 Simeonov, V.: Fresenius Z. Anal. Chem. **301**, 290 (1980)
103 Pihlar, B., Valenta, P., Nürnberg, H.W.: Fresenius Z. Anal. Chem. **307**, 337 (1981)
104 Guedes da Monta, M.M., Bax, D., Eijgenraam, A., Griepink, B.: Fresenius Z. Anal. Chem. **298**, 136 (1979)
105 Uzawa, A., Yoshimura, W.: Bunseki Kagaku **32**, 115 (1983)
106 Nagashima, K., Matsumoto, M., Suzuki, Sh.: Bunseki Kagaku **32**, 717 (1983)
107 Bodewig, F.G., Valenta, P., Nürnberg, H.W.: Fresenius Z. Anal. Chem. **311**, 187 (1982)
108 Purnell, C.J., Warwick, C.J.: Proceed. Anal. Div. Royal Soc. Chem. **1981** (4) S. 151
109 Landy, M.P.: Anal. Chim. Acta **121**, 39 (1980)
110 Kenis, P., Zirino, A.: Anal. Chim. Acta **149**, 157 (1983)
111 Stojek, Z., Osteryoung, J.: Anal. Chem. **53**, 847 (1981)
112 Florence, T.M.: Anal. Chim. Acta **141**, 74 (1982)
113 Jin, L.T., Xu, T.M., Fang, Y.Z., Mizuike, A.: Bunseki Kagaku **31**, 683 (1982)
114 Darimont, T., Schulze, G., Sonneborn, M.: Fresenius Z. Anal. Chem. **314**, 383 (1983)

115   Colombini, M.P., Fuoco, R.: Talanta **30**, 901 (1983)
116   Schnitzler, M., Lévay, G., Kühn, W., Sontheimer, H.: Vom Wasser **61**, 263 (1983)
117   Voulgaropoulos, A., Valenta, P., Nürnberg, H.W.: Fresenius Z. Anal. Chem. **317**, 367 (1984)
118   Dorten, W., Valenta, P., Nürnberg, H.W.: Fresenius Z. Anal. Chem. **317**, 264 (1984)
119   Harzdorf, C., Janser, G.: Anal. Chim. Acta **165**, 201 (1984)
120   Bond, A.M., Bradbury, J.R., Hanna, P.J., Howell, G.N., Hudson, H.A., Strother, St., O'Connor, M.J.: Anal. Chem. **56**, 2397 (1984)
121   Van den Berg, C.M.G., Huang, Z.Q.: J. Electroanal. Chem. **177**, 269 (1984)
122   Van den Berg, C.M.G.: Anal. Chim. Acta **164**, 198 (1984)
123   Van den Berg, C.M.G.: Anal. Letters **17**, 2141 (1984)
124   Van den Berg, C.M.G.: Huang, Z.Q.: Anal. Chim. Acta **164**, 209 (1984)
125   Van den Berg, C.M.G.: Marine Chem. **15**, 1 (1984)
126   Van den Berg, C.M.G.: Anal. Chem. **56**, 2383 (1984)

4.2 Metalle, anorganische und geologische Proben

Für die Bestimmung von Neben- und Spurenbestandteilen mit Hilfe elektroanalytischer Methoden kommt vor allem die Polarographie und inverse Voltammetrie in Betracht. Ionensensitive Elektroden werden bei der Analyse derartiger Proben gelegentlich zur Indizierung des Titrationsablaufs vor allem bei der Bestimmung des Fluors herangezogen [32]. Zur Bestimmung der Haupt- und Nebenbestandteile kann auch die potentiostatische Coulometrie und die coulometrische Titration herangezogen werden (s. Abschn. 2.3).

In der älteren Literatur sind zahlreiche Anwendungen mit Arbeitsvorschriften zur polarographischen Bestimmung der Elemente in den verschiedenen Materialien zu finden, die meist mit der Gleichstrompolarographie durchgeführt werden [3, 4, 6]. Viele dieser Verfahren können auch mit modernen polarographischen Methoden, insbesondere der DPP durchgeführt werden [1]. Das Gleiche gilt auch für die in [2] beschriebenen Anwendungen der Square-wave-Polarographie. Für die Bestimmung sehr kleiner Gehalte („Spuren") in den verschiedenen Matrizes sind die inversvoltammetrischen Verfahren von großer Bedeutung geworden. Zahlreiche Anwendungen dieser Methoden auf praktische Probleme finden sich in [5, 7], wobei die mit der inversen Gleichspannungsvoltammetrie erhaltenen Ergebnisse mit meist höherer Empfindlichkeit auch mit der inversen DPP zu erzielen sind. Da die polarographischen Methoden und hier insbesondere die inversen Verfahren zu den empfindlichsten analytischen Bestimmungsverfahren gehören, werden sie vorweigend zur Bestimmung von Spurenbestandteilen $(10^{-4}–10^{-7}\%)$ eingesetzt. Die Bestimmungen müssen in Lösungen durchgeführt werden. Das in Lösung bringen der Probe(Aufschluß) ist daher ein wichtiger vorbereitender Schritt, an den sich vor der eigentlichen polarographischen Bestimmung häufig geeignete Trennoperationen zur Erhöhung der Selektivität oder zur Konzentrierung der Spurenbestandteile anschließen. Daß diese Arbeitsschritte eines analytischen Verbundverfahrens mit allen in der Spurenanalyse üblichen Vorsichtsmaßnahmen und Sorgfalt durchgeführt werden müssen, versteht sich von selbst. Häufig müssen noch zusätzliche Arbeitsschritte durchgeführt werden, um die bei den Trennvorgängen anfallenden Reste organischer Reagentien und Lösungsmittel durch eine weitere Mineralisierung zu beseitigen. Störungen durch diese Bestandteile sind durch Inhibitionseffekte der Elektrodenreaktion (s. S. 32), durch Bildung von Adsorptionsfilmen oder durch eigene chemische Reaktionen and der

Elektrode zu erwarten. Beim Arbeiten mit Wechselstromtechniken (s. S. 101) kann schon die Verwendung von Ionenaustauscherwasser zu solchen Störungen führen. Aus den gleichen Gründen darf die Aufbewahrung der Stamm-, Grund- und Analysenlösungen nicht in Kunststoffflaschen erfolgen, die etwa Weichmacher oder sonstige organische Verunreinigungen abgeben. Alle derartigen Störungen nehmen mit der Wertigkeit der dem Bestimmungsvorgang zugrunde liegenden Elektrodenreaktion zu. Auf die durch Aufschlußmittel bedingten Störungen wurde in Abschn. 4.1 schon hingewiesen. Sie können in analoger Weise auch bei Aufschlüssen anorganischer Bestandteile auftreten.

Es wird hier nicht versucht, einen vollständigen Überblick über die Anwendungen polarographischer und voltammetrischer Methoden zur Analyse verschiedener anorganischer Stoffgruppen zu geben, auf die oben zitierte Literatur muß in diesem Zusammenhang verwiesen werden. Es erscheint dagegen nützlich, einige allgemeine Gesichtspunkte herauszustellen, die für die Anwendung eines polarographischen Verfahrens wichtig sind.

Was für die Aufschlußlösungen der metallischen Proben gilt, gilt in entsprechender Weise für die wäßrigen Lösungen der salzartigen Verbindungen bzw. für die Aufschlußlösungen geologischer Proben. Die elektrochemischen Eigenschaften des oder der Hauptbestandteile bestimmen im wesentlichen den Arbeitsablauf des polarographischen Verfahrens. Ist der Hauptbestandteil ein elektrochemisch inaktives Element, so können nach einfachem Lösen zahlreiche elektrochemisch aktive Elemente unmittelbar in der als Grundlösung dienenden Aufschlußlösung oder in der nach Lösen der Salze erhaltenen Ausgangslösung bestimmt werden. So können beispielsweise polarographische und voltammetrische Bestimmungen in Salzen, Reagentien und in Aufschlußlösungen von zahlreichen Mineralien und Gesteinen unmittelbar durchgeführt werden. Die Zusammensetzung derartiger Lösungen entspricht dann vielfach der einfacher inerter Grundlösungen, z. B. verdünnter Salzsäure. Hinweise auf die Möglichkeiten der Elementbestimmung in derartigen Lösungen gibt Tabelle 3.1.-1. Auch die polarographische Analyse galvanischer Bäder kann nach den gleichen Gesichtspunkten erfolgen, wobei nicht nur die abzuscheidenden Metalle, sondern auch die den Abscheidungsvorgang beeinflussenden anorganischen Nebenbestandteile und organische Zusätze bestimmt werden können [41, 42, 43]. Auf den Einfluß von inerten Salzen auf die polarographischen Ströme und charakteristischen Signale wird in diesem Zusammenhang erinnert (s. S. 33). Quantitative Auswertungen erfolgen daher am besten durch Standardadditionszusatz („Aufstocken"). Sind Hauptbestandteile der Probe ebenfalls elektrochemisch aktiv, muß, falls eine selektive polarographische Bestimmung etwa durch Zusatz geeigneter Komplexbildner zur Grundlösung nicht möglich ist, ein zusätzlicher Trennungsschritt nach dem Lösen oder Aufschließen der Probe durchgeführt werden. Dabei kann der Hauptbestandteil bzw. die störenden Nebenbestandteile oder der zu bestimmende Spurenbestandteil selektiv abgetrennt werden. In Tabelle 4.2.-1 werden einige meist neuere ausgewählte Beispiele für die polarographische Bestimmung von Elementen in einigen anorganischen Proben aufgeführt. Weitere Beispiele finden sich auch in Tabelle 3.1.-2. Besonders für die inverse Voltammetrie ist eine Probenvorbereitung mit geringem Reagenzaufwand bei der Bestimmung verbreiteter Spurenelemente optimal. Anwendung finden daher diese Methoden vor allem dann, wenn ein einfaches Lösen der Probe zur Probenvorbereitung ausreicht und anschließend die unmittelbare Bestimmung der Spurenelemente

Tabelle 4.2.-1. Polarographische und voltammetrische Bestimmung von Elementen in anorganischen Proben

Matrix (Probe)	Elemente	Probenvorbereitung (Lösen, Trennung)	Polarographische Bestimmung und Bereich	Lit.
Geologische und mineralogische Proben	Sn	Na_2O_2-Schmelze (bei Nb-Ta-haltigen Proben) oder $H_2F_2 + H_2SO_4$. Mitfällung von Sn an $Be(OH)_2$ in Anwesenheit von EDTA. N. in $3\,HCl$ lösen und polarographisch bestimmen	DC: Bestimmung in salzsaurer Lösung, nach Abtr. selektiv – ppm-Bereich	[17]
Geologische und mineralogische Proben	Zn	$H_2F_2 + HClO_4$, Zn durch Anionenaustausch abgetrennt.	iDCV, Bestimmung in 0,01 HCl Eluat – ppm-Bereich	[29]
Geologische und mineralogische Proben	Tl	$H_2F_2 + HClO_4$, Extraktion als Tl(III)-Bromid oder Anionenaustauscher	iDPV, Bestimmung in EDTA-Grundlösung; oberer ppb-Bereich	[27]
Geologische und mineralogische Proben	Tl	nach speziellem Verflüchtigungsverfahren	iDPV, ppb-Bereich, Vergleich mit AAS	[40]
Geologische und mineralogische Proben	Pb	$H_2F_2 + HClO_4$, ohne Trennung	iDCV: direkt in Aufschlußlösung; unterer ppm-Bereich	[7]
Geologische und mineralogische Proben	Pb, Cu	$H_2F_2 + HCl$, ohne Trennung	iDPV: Aufschlußlösung + Na-acetat/NaCl, gute Übereinstimmung mit Referenzproben, ppm-Bereich	[8]
Geologische Proben (Böden)	Cd, Tl	$H_2F_2 + HClO_4$, ohne Trennung	iAC2 mit Mittelwertbildner direkt in Aufschlußlösung – ppb-Bereich	[10]
Geologische Proben (Böden)	Pb	$H_2F_2 + HClO_4$, ohne Trennung	iAC2 – 0,1 ppm Pb	[9]
Böden	Substituierte Dithiocarbamate (Insectizide)	Extraktion mit Dichlormethan	DPP-Acetatpuffer pH 5, 10–$50\,\mu g\,l^{-1}$	[36]
Böden	Cu, Pb	$H_2F_2 + HClO_4$, ohne Trennung	iDCV – ppm-Bereich	[11]
Teichböden	Cu	verschiedene	Bestimmung des Gesamtkupfers, des extrahierbaren und des okkludierten Kupfers – AC 1/DME	[38]

(Fortsetzung)

Tabelle 4.2.-1 (Fortsetzung)

Matrix (Probe)	Elemente	Probenvorbereitung (Lösen, Trennung)	Polarographische Bestimmung und Bereich	Lit.
Böden	Cd, Cu, Pb, Zn	$HNO_3 + HCl$ (Druck), evtl. $+ UV$-Bestrahlung	iDPV – bis 0,1 ppm Cd – vgl. mit AAS, Analyse von Referenzproben	[12]
Böden	Cu, Pb	EDTA-Extrakte von Böden	iDPV – ppm-ppb-Bereich, vgl. mit AAS	[15]
Glas	As, Sb	$H_2F_2 + H_2SO_4$, Rückstand mit verschiedenen Grundlösungen aufnehmen	DPP – 10^{-2}%	[13]
Geologische Proben, Glas	Fe, Ti, Ni	Lösen in H_2F_2, Abtr. mit Cupferron (Fe, Ti) und DMG (Ni)	differentielle Kathodenstrahlpolarographie – 0,02 ppm (Fe, Ti) – 1 ppm (Ni)	[18]
Geologische Proben	Zn, Cd, In, Tl, Bi, Pb	Abtr. durch Verdampfung im H_2-Strom bei 1150° – Quarzrohr. Lösen des Kondensats in wenig Königswasser	DPP in verschiedenen Grundelektrolyten, bis 10^{-3} ppm (Blindwerte sehr gering!). Vgl. mit Referenzproben	[31]
Erze	Au	HNO_3, Abtr. durch Extraktion mit TOMA (Trioctylmethylammoniumchlorid)	iDCV mit GCE im Extrakt + Methanol	[20]
Erze	Ag	$H_2F_2 + HNO_3$, nach Extraktion mit Dithizon oder nach Abtr. an Kieselgelsäule, pH 8 (+ EDTA)	iDCV mit GCE, pH 4,8 + EDTA – 6 g/Tonne	[25]
Verschiedene Säuren, Laugen, Phosphorsäure	As, Cd, Co, Cr, Cu, Fe, Mn, Mo, Ni, Pb, Sb, Ti, Zn	Bestimmung unmittelbar in der Lösung bzw. nach Verdünnen (keine Probenvorbereitung) nach Reduktion von As(V) zu As(III) und Sb(V) zu Sb(III)	DPP direkt in Lösung; 20–1000 ng g^{-1}	[14]
Silizium	Cu	$H_2F_2 + H_2O_2$	iDPV – 1 µg g^{-1}	[3]
Silizium	As	$H_2F_2 + HNO_3 + KMnO_4$ (70 °C)	DPP – 1 µg g^{-1}	[4]
Silizium	Fe	$H_2F_2 + HNO_3$	DPP in TEA/0,1 KBrO$_3$/0,5 NaOH, 0,15 µg g^{-1}	[5]
Silizium	Mo	$H_2F_2 + HNO_3$	DPP, katalytische Welle – 0,1 µg g^{-1}	[6]
Silizium	Ti, Cu, Fe	$H_2F_2 + HNO_3$	DPP, katalytische Welle, 50 ppb Ti, 1,5 ppm Fe, 10 ppm Cu	[33]
Silizium	Sb	$H_2F_2 + HNO_3$	DPP und iDPP nach Reduktion zum Sb(III) mit I$^-$, 0,1–0,2 ppm	[34]
Tantal	Cu, Ag	$H_2F_2 + HNO_3$	iDCV mit GCE, Elektrolyse in Aufschlußlösung, inverse Bestimmung in 0,1 HCl, 0,02–0,2 ppm	[2]

Galliumarsenid	Cr	$HCl + HNO_3$ ($AsCl_3$ verdampft!)	DPP: Aufschlußrückstände + Grundlösung (DTPA + NO_3^-, katalytische Welle) 0,7–2,4 ppm	[19]
Galliumarsenid	Cr	$NaOH/H_2O_2$	DPP, katalytische Welle in Diethylentriaminpentaacetat, pH 6,2, 1 ppm Cr	[37]
Phosphor, Phosphorsäure	Cu, Pb, Cd	HNO_3 (Phosphor), nach Anreicherung an Kationenaustauscher höhere Empfindlichkeit	SqwP in Phosphorsäure oder salzsaurem Eluat; 0,1–0,01 ppm	[24]
TiO_2	Sb, Cu, Pb	$H_2SO_4(+(NH_4)_2SO_4)$ oder H_2F_2, Abtrennung als Sulfide mit CdS bei pH 3	DPP, 0,15–0,03–0,01 ppm (Sb-Cu-Pb) zur Bestimmung von Pb in 1–10 mg TiO_2 in Teflonmikrozelle vgl. (39)	[23]
Cd	As, Sb, Sn	HNO_3, anschließend Mitfällung an MnO_2 (Sb, Sn) bzw. Destillation als $AsCl_3$	DPP, 0,004 ppm Sb, 0,006 ppm Sn, 0,003 ppm As	[22]
Co	Cu, Pb, Cd	HCl, Bestimmung in 0,1–0,01 HCl	DPP ohne Trennung, 0,02–0,1 ppm	[1]
Bi	Tl	HNO_3, Extraktion des $TlBr_3$ mit Ether	iAC1 in EDTA-Lösung, ppb-Bereich	[28]
Hg	Zn, Cd, Pb, Cu	HNO_3, Fällung des Hg mit Ameisensäure	iDCV im Eindampfrückstand, ppb-Bereich	[30]
Hg	Cu, Pb, Cd	a) ohne Vorbehandlung, Hg als Elektrodenfüllung	a: iDC und iDPP, 10^{-7}%	[35]
		b) nach oxidierendem Lösen der Spurenelemente in eine Grundlösung, Bestimmung in dieser Grundlösung	b: iDPP, 10^{-9}%	
Zn-Al-Legierungen	Sn	$HCl + H_2O_2$, Abtr. durch Mitfällung mit Al-succinat in homogener Lösung	DPP: 1 HCl/4 NH_4Cl, 10^{-3}% Sn (Citrat-Zusatz: Kontrolle Pb-Störung)	[26]
Stahl	As, Sb, Sn	$HCl + HNO_3$ anschließend Extraktion der Bromide und Rückextraktion in Grundlösung	(Fast Scan) DPP, 0,001–0,03%	[21]
Eisen, Eisenverbindungen	verschiedene Elemente	Lösen und Reduktion des Fe(III) (mit Ascorbinsäure, Hydroxylaminhydrochlorid)	Nach verschiedenen Verfahren sind die Elemente direkt bestimmbar. Auswertung durch Eichzusätze	–
Alkali, Erdalkali, Mg, Al, Ga, Be, Zn u.a. Lösungen verschiedener Silikate nach Aufschluß mit Flußsäure	verschiedene Elemente	Lösen in Säuren, evtl. + Oxidationsmittel, Lösungen der Salze, Trennungen in Sonderfällen	Polarographische und voltammetrische Bestimmung unmittelbar in sauren bis neutralen Lösungen mit verschiedenen Methoden. Evtl. Zusätze zur Grundlösung (s. Tabelle 3.1.-1)	–

neben elektrochemisch inerten Hauptbestandteilen der Matrix möglich ist. Auf diese Weise können einfache, schnelle und leistungsfähige Verfahren für den ppb- bis unteren ppm-Bereich ausgearbeitet werden.

Literatur zu 4.2

Monographien und Übersichtsarbeiten

1   Geißler, M.: Polarographische Analyse. Leipzig: Akademische Verlagsgesellschaft Geest & Portig K.-G. 1980
2   Geißler, M., Kuhnhardt, C.: Square-Wave-Polarographie. Leipzig: VEB Deutscher Verlag für Grundstoffindustrie 1970
3   Krjukowa, T.A., Sinjakowa, S.I., Arefjewa, T.W.: Polarographische Analyse. Leipzig:VEB Deutscher Verlag für Grundstoffindustrie 1964
4   Milner, G.W.C.: The Principles and Applications of Polarography and other Electrochemical Processes. London: Longman, Green & Co. 1958
5   Neeb, R.: Inverse Polarographie und Voltammetrie. Weinheim: Verlag Chemie 1969
6   Proszt, J., Cieleszky, V., Györbiro, K.: Polarographie. Budapest: Akadémiai Kiadó 1967
7   Vydra, F., Stulik, K., Julakova, E.: Electrochemical Stripping Analysis. New York: John Wiley and Sons 1976

Originalliteratur

1   Lagrou, A., Verbeek, F.: Anal. Letters **4**, 573 (1971)
2   Mizuike, A., Miwa, T., Fujii, Y.: Mik. Acta 1974, 595
3   Lanza, P., Lippolis, M.T.: Anal. Chim. Acta **87**, 27 (1976)
4   Buldini, P.L., Ferri, D., Lanza, P.: Anal. Chim. Acta **113**, 171 (1980)
5   Ferri, D., Buldini, P.L.: Anal. Chim. Acta **126**, 247 (1981)
6   Buldini, P.L., Ferri, D.: Anal. Chim. Acta **124**, 233 (1981)
7   Calderoni, G.: Talanta **28**, 65 (1981)
8   DeCapitani, L., Maccagni, A.: Rendiconti Soc. Ital. di Mineral. e Petrol. **34**, 569 (1978)
9   Camman, K.: Fresenius Z. Anal. Chem. **293**, 97 (1978)
10   Camman, K., Anderson, J.T.: Fresenius Z. Anal. Chem. **310**, 45 (1982)
11   Lund, W., Salberg, M.: Talanta **22**, 1013 (1975)
12   Reddy, S.J., Valenta, P., Nürnberg, H.W.: Fresenius Z. Anal. Chem. **313**, 390 (1982)
13   Su, Y.-S., Strzegowski, W.R., Maglioca, T.S.: Mik. Acta 1982 I, 317
14   Buldini, P.L., Ferri, D.: Mik. Acta 1980 I, 423
15   Edmonds, T.E., Guogang, P., West, T.S.: Anal. Chim. Acta **120**, 41 (1980)
16   Buldini, P.L., Ferri, D.: Anal. Chim. Acta **124**, 99 (1981)
17   Chowdary, G.S., Sivarma Krishnan, K., Tikoo, B.N.: J. Electrochem. Soc. India **29**, 40 (1980)
18   Marienthal, E.J.: Anal. Chem. **45**, 644 (1973)
19   Ferri, D., Zignani, F., Buldini, P.L.: Fresenius Z. Anal. Chem. **313**, 539 (1982)
20   Petak, P., Vydra, F.: Collect. Czech. Chem. Comm. **39**, 943 (1974)
21   Lexa, J., Stulik, K.: Talanta **29**, 1089 (1982)
22   Temmerman, E., Verbeek, F.: Anal. Chim. Acta **43**, 263 (1968)
23   Lagrou, A., Vanhees, J., Verbeek, F.: Z. anal. Chem. **224**, 310 (1967)
24   Miwa, T., Kono, T., Isomura, R., Mizuike, A.: Talanta **17**, 108 (1970)
25   Petak, P., Vydra, F.: Anal. Chim. Acta **65**, 171 (1973)
26   Hitchen, A.: Talanta **26**, 369 (1979)
27   Calderoni, G., Ferri, T.: Talanta **29**, 371 (1982)
28   Gemmer-Čolos, V., Kiehnast, I., Trenner, J., Neeb, R.: Fresenius Z. Anal. Chem. **306**, 144 (1981)
29   DeCapitani, L., Maccagni, A.: Annali di Chimica **71**, 749 (1981)
30   Meyer, J.: Z. anal. Chem. **206**, 269 (1964)
31   Wahler, W.: N. Jb. Mineral. Abh. **108**, (1), 36 (1968)
32   Troll, G., Farzaneh, A., Camman, C.: Chem. Geology **20**, 295 (1977)
33   Buldini, P.L., Ferri, D., Zignani, F.: Fresenius Z. Anal. Chem. **314**, 660 (1983)

34 Lanza, P.: Anal. Chim. Acta **146**, 61 (1983)
35 Glodowski, St., Kublik, Z.: Anal. Chim. Acta **149**, 137 (1983)
36 Hitchmann, M.L., Ramanathan, S.: Anal. Chim. Acta **157**, 349 (1984)
37 Lanza, P., Taddia, M.: Anal. Chim. Acta **157**, 37 (1984)
38 Böhm, G., Kainz, G.: Mikrochim. Acta **1979** II, 467
39 Jin, L.-T., Xu, J.-R., Miwa, T., Mizuike, A.: Mik. Acta 1983, 245
40 Liem, I., Kaiser, G., Sager, M., Tölg, G.: Anal. Chim. Acta **158**, 179 (1984)
41 Wild, P.W.: Galvanotechnik **60**, 757 (1969)
42 PAR Application Note P-3, P-4
43 Metrohm Application-Bulletin A 13d (u.a.)

4.3 Pharmazie

Elektrochemische Analysenverfahren sind in der Arzneimittelanalytik von Interesse für die Reinheitskontrolle der Rohstoffe sowie für die Bestimmung der Wirkstoffgehalte und Spurenverunreinigungen in den Fertigprodukten.

Für die Bestimmungen anorganischer und organischer Bestandteile im Milligramm-Bereich kommen maßanalytische Verfahren mit elektrochemischer Endpunktbestimmung zur Anwendung; für kleinere Gehalte sind polarographische und voltammetrische Verfahren geeignet [1, 11].

Nach den Vorschriften im Europäischen Arzneibuch (Ph. Eur.) werden verschiedene Säure-Base-Titrationen im wasserfreien Medium *potentiometrisch* indiziert [2].

Die Bestimmung der Stickstoffgehalte in primären aromatischen Aminen, z.B. in Sulfonamiden und p-Aminobenzoesäureestern, erfolgt durch *biamperometrische Titration* mit Natriumnitrit.

Der Endpunkt der Diazotierungsreaktion

$$Ar\!-\!NH_2 + HNO_2 + HCl \longrightarrow Ar\!-\!N\!\equiv\!N^+ + Cl^- + 2\,H_2O$$

ist durch die Änderung der Stromstärke erkennbar, sobald überschüssige NO_2^--Ionen an den Pt-Indikatorelektroden bei 100 mV zum NO reduziert bzw. zum NO_2 oxidiert werden.

Auch die von der Ph. Eur. vorgeschriebene maßanalytische Wasserbestimmung nach Karl Fischer wird biamperometrisch indiziert [2, 3].

Verfahren der *coulometrischen Titration* sind zur Bestimmung pharmazeutischer Wirkstoffe bekannt. Der Verlauf der Halogenierung von Lokalanästhetika, Penicillinen, Sulfonamiden und Barbitursäurederivaten mit elektrolytisch erzeugtem Chlor, Brom oder Iod wird dabei potentiometrisch verfolgt [8]. Die potentiometrische Endpunktbestimmung findet auch bei der coulometrischen Titration der Penicilline und Penicillamine mit elektrolytisch erzeugtem Quecksilber(II) als Reagenz Anwendung [1]. Weitere Beispiele für die maßanalytische Bestimmung pharmazeutischer Wirkstoffe mit elektrochemischen Methoden sind der Tabelle 4.3.-1 zu entnehmen.

Verschiedene Vorschriften zur *polarographischen Analyse* von Wirkstoffen in pharmazeutischen Zubereitungen enthält „The United States Pharmacopeia" [5]. Darüber hinaus können zahlreiche andere pharmazeutisch verwendete Substanzen (Wirkstoffe, Hilfsstoffe) polarographisch oder voltammetrisch bestimmt werden [4, 6, 7, 10, 11, 12]; ausgewählte Verbindungen sind mit Hinweisen auf die Bestimmungsmöglichkeiten in Tabelle 4.3.-2 zusammengefaßt.

Die Bestimmungen erfolgen auf direktem Weg, oder auch indirekt nach Überführung der Wirkstoffe in eine polarographisch aktive Form (Nitrierung, Nitrosierung,

Tabelle 4.3.-1. Maßanalytische Bestimmung pharmazeutischer Wirkstoffe mit elektrochemischen Methoden

Wirkstoffe	Methode	Arbeitsweise/Bemerkungen	Lit.
Barbiturate, Sulfonamide, Chinolinderivate	coulometrische Titration mit potentiometrischer Endpunktbestimmung	Rücktitration des anodisch erzeugten Br_2-Überschusses mit kathodisch erzeugtem Cu^+; Bestimmung von mg-Mengen in Tabletten und verschiedenen pharmazeutischen Lösungen	[3]
Sulfonamide, Lokalanästhetika	(siehe oben)		[4]
Lokalanästhetika (Gruppe der basischen Benzoesäureester)	coulometrische Titration mit Bromphenol-Blau zur Endpunktbestimmung	Titration der freien Basen mit elektrolytisch erzeugten H^+-Ionen (nach Vorbehandlung über Ionenaustauscher)	[5]
Barbiturate, Sulfonamide	potentiometrische Titration (Glaselektrode)	Titration mit TBAOH in Sulfolan; Bestimmung im mmol-Bereich	[6]
N-substituierte Phenothiazine	coulometrische Titration mit potentiometrischer oder amperometrischer Endpunktbestimmung	Titration mit elektrolytisch erzeugtem Ce(IV), Br_2 oder Mn(III); Best. von 0,1–3 mg	[7]
Ascorbinsäure	potentiometrische Titration (Pt-Elektrode)	Oxidimetrische Titration mit $KClO_3$-Lösung	[8]
	potentiometrische Titration (Pt-Elektrode)	Oxidimetrische Titration in HAc/Acetonitril mit $Cu(ClO_4)_2$	[9]
	potentiometrische Titration (Pt-Elektrode)	Oxidimetrische Titration mit Ce(IV) in 0,1 M CH_3COOH; Best. von µg-Mengen in versch. pharmaz. Produkten	[10]
Naphthochinone (K-Vitamine)	coulometrische Titration mit potentiometrischer Endpunktbestimmung	Titration mit kathodisch erzeugtem Ti(III) in H_2SO_4/Methanol-Lösung	[11]
phenolische Steroide (Östrogene)	coulometrische Titration mit biamperometrischer Endpunktbestimmung	Titration mit anodisch erzeugtem Br_2 in methanolischer Lösung; Best. im ppm-Bereich	[12]
Acetylsalicylsäure, Phenacetin	potentiometrische Titration (Glaselektrode)	Titration mit 0,1 M $NaOCH_3$ in DMF und mit 0,1 M $HClO_4$ in Essigsäureanhydrid	[13]
Nitrofurane, Metronidazol	potentiometrische Titration (Pt-Elektrode)	Titration mit 0,01 M NaOH bzw. mit 0,03 M $TiCl_3$ (Reduktion der Nitrogruppen)	[14]
Phenolderivate	potentiometrische Titration (Pt-Elektrode)	Titration mit 0,1 M NaOH oder $NaOCH_3$ in Ethanol bzw. DMF	[4]
Benzodiazepine (Hydrolyseprodukte)	Dead-Stop-Titration	Titration mit 0,01 M $NaNO_2$ bei einer Polarisationsspannung von 90 mV (Stabilitätsbestimmungen)	[15]
Co-trimoxazol (Trimethoprim, Sulfamethoxazol)	potentiometrische Titration	Stufentitration mit $HClO_4$ in Aceton/Essigsäure, Direktbestimmung in Tabletten	[16]

Tabelle 4.3.-1 (Fortsetzung)

Wirkstoffe	Methode	Arbeitsweise/Bemerkungen	Lit.
pk$_a$-Werte tricyclischer Antidepressiva (Noxiptilin-HCl; Doxepin-HCl; Amitriptylin-HCl; Imipramin-HCl)	potentiometrische Titration	Titration mit 0,005 M ethanolischer KOH-Lösung in 0,25- oder 0,5-ml-Schritten und Berechnung der pk$_a$-Werte nach Henderson-Hasselbalch	[17]
Chinon- und Naphthochinonverbindungen, Hydrochinon- und Hydrazidderivate	coulometrische Titration mit amperometrischer und potentiometrischer Endpunktbestimmung	Titrationen mit elektrolytisch erzeugtem Ti(III), Ag(II) und V(V)	[18]
Isoniazid, Oxalyldihydrazid, Hydrochinon, Resochin	coulometrische Titration mit potentiometrischer oder biamperometrischer Endpunktbestimmung	Titration mit anodisch erzeugtem Ag^{2+} in 5 M HNO$_3$ bei $-10\,°C$ (Bestimmung im sub-mg-Bereich)	[19]

Oxidation u.a.). Neben der Gleichstrom- und Wechselstrompolarographie wird auch die differentielle Pulse-Polarographie genutzt. Welche von diesen Methoden für die gegebene analytische Aufgabe vorteilhaft ist, kann oftmals nur durch das Experiment entschieden werden. So wird z.B. die Folsäure durch AC-Polarographie etwa 30 mal empfindlicher bestimmt als durch differentielle Pulse-Polarographie (s. Abb. 4.3.-1).

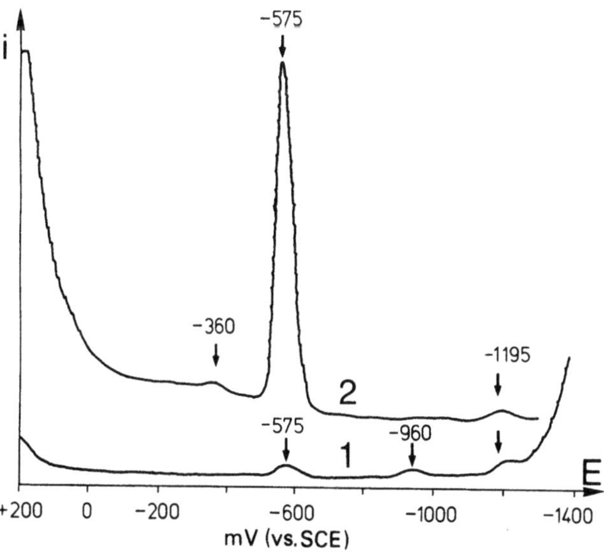

Abb. 4.3.-1. Polarographische Bestimmung der Folsäure. Grundelektrolyt: 0,1 M Acetat-Pufferlösung, pH 4,4; Folsäure-Konzentration: 5,95 µg Folsäure/ml. 1) DP-Polarogramm: Scan = 2 mV/s, t = 1 s, Amplitudenhöhe (ΔE) = 15 mV, Geräteempfindlichkeit = 20 nA/mm; 2) AC1-Polarogramm: Scan = 2 mV/s, t = 1 s, Amplitudenhöhe (ΔE) = 15 mV, Frequenz = 200 Hz, Geräteempfindlichkeit = 20 nA/mm (aufgenommen bei 23°±0,5 °C mit einem Amel Multipolarographen, Modell 471) [2]

Tabelle 4.3.-2. Polarographische und voltammetrische Bestimmung pharmazeutischer Wirkstoffe

Wirkstoff	Methode	Grundelektrolyt; Halbstufen- bzw. Peakpotential	Bemerkungen	Lit.
Analgetika				
Paracetamol (I), Phenacetin (II)	DCP (DME)	Bestimmung in Phosphat-Puffer-Lösung nach Nitrierung; $E_{1/2} = -0{,}380$ V, pH 5,8 (I) $E_{1/2} = -0{,}170$ V, pH 3,7 (II) (vs. SCE)	indirekte Bestimmung	[23]
Phenacetin	DCP (DME)	Bestimmung in Britton-Robinson-Puffer-Lösung nach Nitrierung; $E_{1/2} = -62$ mV/pH	indirekte Bestimmung	[24]
Phenazon	DCP (DME)	Bestimmung in Acetat-Puffer-Lösung nach Nitrierung; $E_{1/2} = -0{,}55$ V	indirekte Bestimmung	[25]
Indometacin	DCP (DME)	Bestimmung in Methanol-Puffer-Gemischen und in 0,1 M LiCl in reinem Methanol	Bestimmung in galenischer Zubereitung	[26]
Phenylbutazon (I),	DPV (GCE)	Bestimmung in Na-acetat/Essigsäure + Ethanol; $E_p = +0{,}62$ V (I);	Bestimmung in Tabletten	[21]
Oxyphenbutazon (II)	DCV	$E_p = +0{,}42$ V (II) }(vs. SCE)		
Alkaloide				
Atropin (I), Reserpin (II), Deserpidin (III)	DCP AC1(2)P (DME)	Bestimmung in Acetonitril + 0,1 M TBAClO$_4$; Bestimmungsgrenze: $5 \cdot 10^{-4}$ M; $E_{1/2} = -2{,}14$ V (I); $E_{1/2} = +2{,}14$V, $E_p = -2{,}15$ V (II); $E_{1/2} = -2{,}14$ V, $E_p = -2{,}14$ V (III); (vs. Ag-Draht)	Weitere Angaben zum polarographischen Verhalten verschiedener Barbiturate, Salicylsäurederivate, Kortikoide, Östrogene und Sulfonamide in Acetonitril	[27]

Chinin	DCP (DME)	Bestimmung als Chininsulfat in Britton-Robinson-Puffer-Lösung (pH 11,98); $E_{1/2} = -1,60$ V (vs. NCE) oder als Chinin-Hydrochlorid in 0,2 M LiOH; $E_{1/2} = -1,59$ V (vs. NCE)	Angaben der Halbstufen-potentiale für verschiedene pharmazeutische Substanzen	[9]
Morphin	DCV (Pt-Elektrode)	Bestimmung in 1 M KOH; $E_{1/2} = +0,2$ V (vs. SCE)		[28]
Codein	DCP (DME)	Bestimmung nach Oxidation zum Aminoxid in Acetat-Puffer-Lösung (pH 4,7); $E_{1/2} = -0,84$ V (vs. SCE)	indirekte Bestimmung tertiärer Amine über ihre Aminoxide	[29]
Papaverin	DCP (DME)	Bestimmung in 50%igem Ethanol + TMAOH; $E_{1/2} = -1,95$ V (vs. SCE)	polarographisches Verhalten der in der Gattung Papaver enthaltenen Alkaloide	[30]
Colchicin (I), Reserpin (II)	AC1P (DME)	Bestimmung in Acetonitril + 0,01 M TEA-Perfluorborat; $E_p = -1,13$ V (I) und $-1,8$ V (II) (vs. Ag/AgCl)	Bestimmung in Tabletten	[31]
Coffein, Theobromin, Theophyllin	DCP (DME)	Bestimmung nach Oxidation mit Br_2 in 1 M CH_3COOH; $E_{1/2} = -0,72$ V (vs. SCE)	indirekte Bestimmung	[32]
Antibiotika				
Penicillin G	DPP (DME)	Bestimmung nach Nitrosierung im alkalischen Medium; $E_p = -1,33$ V (vs. SCE)	indirekte Bestimmung im ppm-Bereich	[10]
6-Aminopenicillansäure		Bestimmung in 1 M NaOH; $E_p = -0,64$ V (vs. SCE)		
Benzylpenicillinsäure	DCP (DME)	Bestimmung in 0,056 M Citratpuffer (pH 6,45) + 5% Ethanol + 0,008% Triton X100; $E_{1/2} = -0,54$ V; $-0,34$ V (vs. SCE)		[33]
	DPP (DME)	wie oben; $E_p = -0,51$ V (vs. SCE)		

(Fortsetzung)

Tabelle 4.3.-2 (Fortsetzung)

Wirkstoff	Methode	Grundelektrolyt; Halbstufen- bzw. Peakpotential	Bemerkungen	Lit.
Penicillin G, Penicillin V, Methicillin, Nafcillin	DCP (DME)	Bestimmung in 1 M NaOH; $E_{p/2} \sim -0,7$ V (vs. SCE)	Bestimmungsbereich: 1–30 µg/ml	[7]
Chloramphenicol	DPP (DME).	Bestimmung in 0,1 M Acetat-Puffer-Lösung; $E_p = -0,27$ V (vs. SCE)	Bestimmungsbereich: 10 ppb–10 ppm	[10]
Tetracyclin (I), Oxytetracyclin (II), Chlortetracyclin (III), Demeclocyclin (IV)	DCP (DME)	Bestimmung in Borat-Puffer-Lösung mit pH 7,75 (für I), pH 8,2 (für II), pH 7,95 (für III) und pH 7,75 (für IV); $E_{1/2} = -1,70$ V für I, $-1,60$ V für II, $-1,66$ V für III und $-1,70$ V für IV (vs. SCE)	Bestimmung der Tetracycline in Tabletten und Kapseln	[34]
Ampicillin (α-Aminobenzyl-Penicillin)	DPP (DME)	Bestimmung in pH 2,5 Pufferlösung über die Abbauprodukte Penicillamin und 2-Hydroxy-3-phenyl-6-methylpyrazin		[85]
Streptomycin	DCP (DME)	Bestimmung in 3 % TMAOH (pH 13,6–13,8); $E_{1/2} = -1,45$ V (vs. Hg-Pool)		[35]
	DPP (DME)	Bestimmung in 0,1 M NaOH; $E_p = -1,52$ V (vs. SCE)	Bestimmungsbereich: 10–300 Einheiten/ml	[36]
Rifamycin	DPP (rot. Pt-Mikroelektrode)	Bestimmung in 0,2 N HClO$_4$/Methanol (1:1); $E_p = -0,58$ V (vs. SCE)		[2]
Bacitracin	DPP (DME)	Bestimmung in 0,1 M Phosphat-Puffer (pH 6) $E_{1/2} = -1,22$ V (vs. SCE)	Bestimmung neben Bacitracin F	[86]
Aclacinomycin	DC-, AC1- und DPP (DME)	Bestimmung in Phosphat-Puffer-Lösung von pH 6 Bestimmungsgrenze: $1 \cdot 10^{-5}$ M		[87]

Hormone

Testosteron (I), Progesteron (II), Prednisolon (III), Prednison (IV), Hydrocortison (V)	DCP (DME) AC1(2)P (DME)	Bestimmung in Acetonitril + 0,1 M TBAClO$_4$; (vs. Ag/AgCl) $E_{1/2} = -2,02$ V; $E_p = -2,03$ V (für I), $E_{1/2} = -1,85$ V; $E_p = -1,91$ V (für II), $E_{1/2} = -1,64$ V; $E_p = -1,80$ V (für III), $E_{1/2} = -1,65$ V; $E_p = -1,80$ V (für IV), $E_{1/2} = -1,58$ V; $E_p = -1,63$ V (für V)	Bestimmungsgrenze: $1 \cdot 10^{-5}$ bis $5 \cdot 10^{-5}$ M	[27]
11-Desoxy-17-hydroxycorticosteron	DCP (DME)	Bestimmung nach Trennung durch Dünnschichtchromatographie 50 % Ethanol und Borat-Puffer (pH 9,4)		[37]
Insulin	DCP (DME)	Bestimmung in: – ammoniakalischer Co(II)-Lösung (katalyt. Welle) – ammoniakalischer CrO$_4^{2-}$-Lösung – 4 M NH$_3$-Lösung über eine Zn^{2+}-Stufe		[38]
Corticosteroide	DPP (DME)	Bestimmung in 0,02 M TMAOH mit 87 Vol. % DMF	Bestimmung in Cremes, Tabletten und Lösungen	[20]

Psychopharmaka

Chlordiazepoxid	DCP, DPP (DME)	Bestimmung in Acetat-Puffer-Lösung (pH 4,2); 3-stufige Reduktion; $E_{1/2} = E_p = -0,60$; $-0,88$; $-1,29$ V (vs. SCE)	Direkte Bestimmung in handelsüblichen Arzneiformen; Bestimmungsgrenze: $3 \cdot 10^{-6}$ mol$\cdot$l^{-1} (DCP) $2 \cdot 10^{-8}$ mol$\cdot$l^{-1} (DPP)	[22]
Diazepam	DCP, DPP (DME)	Bestimmung in 0,05 M H$_2$SO$_4$; $E_{1/2} = E_p = -0,6$ V (vs. Ag/AgCl) Bestimmung in Puffer-Lösung (pH 4) mit 25 % Ethanol	Bestimmungsgrenze: 0,01 µg$\cdot$ml^{-1} (DPP) Bestimmung in Tabletten und Injektionslösungen; Bestimmungs-Bereich: 10–25 µg$\cdot$ml^{-1}	[39] [40]
Prazepam	DCP (DME)	Bestimmung in Acetat-Puffer-Lösung (pH 4,3) mit 50 % Methanol; $E_{1/2} = -0,85$ V (vs. SCE)	Bestimmung in Tabletten	[41]

(Fortsetzung)

Tabelle 4.3.-2 (Fortsetzung)

Wirkstoff	Methode	Grundelektrolyt; Halbstufen- bzw. Peakpotential	Bemerkungen	Lit.
Oxazepam, Lorazepam	DCP (DME)	Bestimmung in Acetat-Puffer-Lösung (pH 4,7) mit 5 % Methanol bzw. in DMSO/H$_2$O (90:10) + 0,1 M TEAClO$_4$	Bestimmung von 0,5–15 mg Diazepin/Tablette (s = ± 2,3 %)	[42]
Bromazepam	DPP (DME)	Bestimmung in Phosphat-Puffer-Lösung (pH 7,0); $E_p = -0,61$ V (vs. Ag/AgCl)		[43]
Nitrazepam	DCP (DME)	Bestimmung in Acetat-Puffer-Lösung (pH 4,7) mit 20 % DMF; $E_{1/2} = -0,3$ V (vs. SCE)	Bestimmung in Tabletten	[44]
Flurazepam	DCP, DPP, DCV (DME)	Bestimmung in Acetat-Puffer-Lösung (pH 5,5) mit 10 % Methanol; $E_{1/2} = E_p = -0,82$ V (vs. SCE)	Bestimmung in Tabletten und Kapseln	[45]
Phenothiazine (Phenothiazin, Promethazin, Chlorpromazin, Diaethazin, Prochlorperazin)	DCP, AC1P	Bestimmung nach Nitrierung in 1 %iger KOH (2-stufige Reduktion)	indirekte Bestimmung: Angaben zum Reduktionsmechanismus der Nitroderivate	[46]
Triazolam	DCP, DPP, CRP	Bestimmung in DMF + Acetatpuffer (pH 4,7)	Bestimmung in Halcion-Tabletten	[47]
Chlorpromazin	DCP, AC1P (DME)	Bestimmung als Sulfoxid (nach Behandlung mit HNO$_3$) in Pufferlösung (pH 1,8) + 2 % DMF	Bestimmung in Tabletten	[48]
Haloperidol	DCP, DPP (DME)	Untersuchungen zum polarographischen Verhalten in Lösungen mit pH 1–13	Angaben zum polarographischen Verhalten anderer Butyrophenone; Bestimmungsgrenze: 0,4 mg·l^{-1} (DPP)	[49]

Hypnotika

Phenobarbital (I), Methylphenobarbital (II)	DCP (DME)	Bestimmung nach Nitrierung in Britton-Robinson-Puffer (pH 3,5) + DMF; $E_{1/2} = -0,392$ V (I); $-0,335$ V (II) (vs. Ag/AgCl)	indirekte Bestimmung: Angaben zum polarographischen Verhalten von Phenytoin, Mephenytoin und Primidon	[50]
Phenobarbital	DCP; AC1(2)P (DME)	Bestimmung in Acetonitril + 0,1 M TBAClO$_4$; $E_{1/2} = -2,07$ V; $E_p = -2,14$ V (vs. Ag/AgCl)		[27]
Methaqualon (I), Äthinazon (II)	DCP (DME)	Bestimmung in Britton-Robinson-Puffer-Lösung; $E_{1/2} = -1,19$ V (I); $-1,10$ V (II) (vs. SCE)	Bestimmung in Tabletten	[51]
Allobarbital (I), Barbital (II), Phenobarbital (III), Thiopental (IV)	DCP (DME)	Halbstufenpotentiale in Borat-Puffer-Lösung (pH 9,2); $E_{1/2} = 0,00$ V (vs. SCE) (I) $E_{1/2} = -0,01$ V (vs. SCE) (II) $E_{1/2} = -0,05$ V (vs. SCE) (III); in 0,1 N NaOH $E_{1/2} = -0,36$ V (vs. SCE) (IV)	Angabe der Halbstufenpotentiale für verschiedene pharmazeutische Substanzen	[9]
Thiobarbitursäuren, Thioamide	DCV, iDCV (TFME)	Bestimmung verschiedener Thiobarbitursäuren in Britton-Robinson-Puffer	„on line"-Analyse; Bestimmungs-Bereich: 10^{-3} bis $5 \cdot 10^{-7}$ mol $\cdot$ l^{-1}	[52]

Diuretika

Acetazolamid	DCP (DME)	Bestimmung in 0,1 M HCl; $E_{1/2} = -0,70$ V (vs. SCE)	Bestimmung in Tabletten	[5]
Chlorthiazid	DCP (DME)	Bestimmung in alkoholischer NH$_4$Cl-Lösung + DMF; Registrierung des Polarogramms von $-1,00$ V bis $-1,75$ V (vs. SCE)	Bestimmung in Tabletten	[5]
Ethacrynsäure	DCP (DME)	Bestimmung in Phosphat-Puffer-Lösung (pH 8) + Ethanol; Registrierung des Polarogramms von $-1,00$ bis $-1,80$ V (vs. SCE)	Bestimmung in Tabletten	[5]

(Fortsetzung)

Tabelle 4.3.-2 (Fortsetzung)

Wirkstoff	Methode	Grundelektrolyt; Halbstufen- bzw. Peakpotential	Bemerkungen	Lit.
Hydrochlorothiazid (I), Methylchlorothiazid (II)	DCP, AC1(2)P (DME)	Bestimmung in Acetonitril $+0,1$ M TBAClO$_4$; $E_{1/2} = -1,56$ V (I); $-1,58$ V (II) $E_p = -1,65$ V (I); $-1,60$ V (II) (vs. Ag/AgCl)		[27]
Vitamine				
Vitamin A, Vitamin D	DCV (GCE)	Bestimmung in 66 % Methanol $+34$ % Benzol mit 0,05 M LiClO$_4$; 3 anodische Wellen: $E_{1/2} = +0,79, +1,05, +1,25$ V für Vitamin A; $+1,3$ V für Vitamin D; (vs. SCE)	Bestimmung in Multivitamin-Tabletten und in Margarine	[53]
Vitamin B$_1$	DCP (DME)	Bestimmung in Borat-Puffer-Lösung (pH 10,3) $+10^{-3}$ M CoCl$_2$; katalyt. Stufe bei $-1,04$ V (vs. SCE)	Bestimmung in Vitamin-präparaten;	[54]
	Tensammetrie	Bestimmung in 0,1 M KCl; $E_p = -1,45$ bis 1,48 V (vs. SCE)	Bestimmung der Stabilität von Vitamin B$_1$	[55]
Vitamine B$_2$, C, K$_1$, K$_3$, Nicotinsäure, Nicotinamid	DPP (DME)	Bestimmung in verschiedenen Grundelektrolyten	Gegenüber der DC-Bestimmung 10–100mal empfindlicher; Bestimmung in Multivitamin-Tabletten; Bestimmungsbereich: 0,01–1 ppm	[56]
Vitamin B$_6$	DCV (CPE)	Bestimmung in NH$_3$/NH$_4$Cl-Puffer (pH 9,2); $E_p = +0,6$ V (vs. SCE)	Bestimmung in Multivitamin-Tabletten; Bestimmungsbereich: $2 \cdot 10^{-4}$ bis $1 \cdot 10^{-6}$ mol$\cdot$l^{-1}	[57]
Vitamin C	DCV (CPE)	Bestimmung in verschiedenen Grundelektrolyten; Überprüfung von Störeinflüssen durch Elementverbindungen	Bestimmungsbereich: 10^{-3} bis 10^{-6} mol$\cdot$l^{-1}	[58]
	DPC (CPE)	Bestimmung in Acetat-Puffer-Lösung (pH 4,7)	Bestimmung in Tabletten; Bestimmungsgrenze: $1,5 \cdot 10^{-7}$ mol$\cdot$l^{-1} und $1 \cdot 10^{-5}$ mol$\cdot$l^{-1}	[59]

Vitamin E	DCV (CPE, GCE)	Bestimmung in 0,2 M H_2SO_4 mit 75 % Ethanol; $E_p = +0,473$ V (vs. SCE) für α-Tocopherol; bzw. in Acetonitril + $LiClO_4$ $E_p = +0,68$ V (vs. SCE) für α-Tocopherol	Bestimmung von α-Tocopherol in Multivitamin-Tabletten [60, 61]
Vitamine K_1, K_3	DCP, ACP, DPP (DME)	Bestimmung in Phosphat-Puffer-Lösung; Angabe der pH-Abhängigkeit von $E_{1/2}$ und E_p	Beschreibung der Elektrodenprozesse; Hinweise zur analytischen Nutzung [62, 63, 64]
Vitamin K_5	DCP, ACP1	Oxidative Bestimmung in wäßriger Lösung von pH 3 bei Abwesenheit von O_2	Bestimmungsbereiche: 10^{-3}–10^{-5} mol·l^{-1} (DCP); 10^{-5}–$5 \cdot 10^{-7}$ mol·l^{-1} (ACP1) [65]
Vitamin B_{12a} Vitamin B_{12r}	DCP; DVC (DME, HMDE, Pt-Elektrode)⋅	Bestimmung in 0,1 M $NaClO_4$ + Puffer (pH 1,7 bis pH 9,7)	Untersuchungen zum polarographischen Verhalten [66]

Verschiedene Arzneistoffe

Digoxin (I), Digitoxin (II)	DPP (DME)	Bestimmung in i-Propanol mit 0,01 M TBAJ oder TBAOH; $E_p = -2,285$ V (I); $-2,325$ V (SCE)	Bestimmungsbereich: $5 \cdot 10^{-4}$ bis $5 \cdot 10^{-6}$ mol·l^{-1}; Bestimmung in Tabletten [67]
Adenin, Adenosin, Cytosin, Cytidin	DPP (DME)	Bestimmung in Acetat-Puffer-Lösung (pH 4,2)	Bestimmung im sub-molaren Bereich; Simultanbestimmung [68]
Lidocain	DCP (DME)	Bestimmung in Phosphat-Puffer-Lösung (pH 2,5) nach Oxidation mit H_2O_2 zum N-Oxid	Bestimmung in Injektionslösungen [69]
Sulfonamide		Zusammenfassende Darstellung in [6, 7]	
Nitrofuran-Derivate	DCP (DME)	Bestimmung in 0,1 M KCl nach Auflösung der Probe in Ethanol; Registrierung der Polarogramme von 0 bis 1,0 V (vs. NCE)	[70]
Nitrofurantoin	DCP (DME)	Bestimmung in 20 % Methanol mit Britton-Robinson-Puffer (pH 7)	[71]

(Fortsetzung)

Tabelle 4.3.-2 (Fortsetzung)

Wirkstoff	Methode	Grundelektrolyt; Halbstufen- bzw. Peakpotential	Bemerkungen	Lit.
Nitrofurantoin		Bestimmung in DMF-Lösung + Gelatine; Registrierung des Polarogramms von 0 bis $-1,0$ V (vs. SCE)	Bestimmung in flüssigen und festen Arzneiformen	[5]
Azathioprin	DCP (DME)	Bestimmung in 0,05 M H_2SO_4; Registrierung des Polarogramms von $-0,60$ bis $-1,00$ V (vs. SCE)	Bestimmung in Tabletten und Injektionslösungen	[5]
Procarbazin	DCP (DME)	Bestimmung in $H_3PO_4/CH_3COOH/B_2O_3$ (pH 12); Registrierung des Polarogramms von $-0,75$ bis $+0,15$ V	Bestimmung in Kapseln	[5]

Nach den Ergebnissen tensammetrischer Untersuchungen und nach dem Verlauf der Elektrokapillarkurven ist diese Erscheinung auf die starke Adsorption der Folsäure an der Elektrodenoberfläche zurückzuführen [2].

Der Einsatz verschiedener polarographischer Methoden wird für die Analyse von Multivitaminpräparaten empfohlen (s. Abb. 4.3.-2). In einer Acetat-haltigen Grundlösung mit pH 4,4 können durch differentielle Pulse-Polarographie die Vitamine C und B_2 bestimmt werden (Abb. 4.3.-2A). Zur Ermittlung der Gehalte an Vitamin K_3, B_2 und der Folsäure in der gleichen Lösung ist die AC-Polarographie geeignet (Abb. 4.3.-2B). Für die Bestimmung des Nicotinsäureamids wird zur gleichen Probelösung NaOH gegeben und ein weiteres DP-Polarogramm registriert (Abb. 4.3.-2C). Da mehrere Wirkstoffe in Multivitaminpräparaten elektrochemisch aktiv sind, kann mit geeigneten Grundlösungen und durch Kombination verschiedener polarographischer Methoden ein Schema für die „polarographische Vollanalyse der Vitamine" zusammengestellt werden [2] (s. Angaben zur polarographischen Bestimmung der Vitamine in Tabelle 4.3.-2).

Auch für die Bestimmung von Prednison und Butazolidin im gleichen Dragee kommen zwei verschiedene Methoden zur Anwendung [2]. Der Prednison-Gehalt des Präparats wird durch differentielle Pulse-Polarographie (reduktiv) mit der Quecksilbertropfelektrode [20] und der Butazolidin-Anteil durch differentielle Pulse-Voltammetrie (oxidativ) mit der Glaskohlenstoff-Elektrode bestimmt [21]. Der Verlauf der anodischen und der kathodischen Kurve ist in Abb. 4.3.-3A,B dargestellt.

Im allgemeinen ist die Bestimmung der Wirkstoffe mit der differentiellen Pulse-Polarographie empfindlicher als mit der Gleichstrompolarographie. So werden z.B. die Grenzen für die Bestimmung des Chlordiazepoxids in Acetat-gepufferter Lösung bei pH 4,2 durch differentielle Pulse-Polarographie mit $2 \cdot 10^{-8}$ mol $\cdot$ l^{-1} und durch Gleichstrompolarographie mit $3 \cdot 10^{-6}$ mol $\cdot$ l^{-1} angegeben [22]. Die Bestimmungen erfolgen in den wäßrigen Lösungen der handelsüblichen Arzneiform, ohne vorangehende Abtrennung anderer Wirkstoffe oder galenischer Hilfsstoffe.

Verschiedene Stickstoff-haltige Wirkstoffe, z.B. Riboflavin, Adenin und auch Alkaloide können polarographisch über die katalytische Wasserstoffwelle sehr empfindlich bis zu 10^{-8} mol $\cdot$ l^{-1} bestimmt werden. Für die Praxis haben diese Verfahren aber wenig Bedeutung, da sie nicht spezifisch sind und durch zahlreiche andere Verbindungen, auch durch Puffersubstanzen, gestört werden können. Weniger störanfällig sind die durch Co^{2+}-Ionen katalysierten Wellen, die u.a. für die Bestimmung von Pyrithoxin [72], Insulin [38] und Vitamin B_1 [73] genutzt werden.

Die polarographische bzw. voltammetrische Bestimmung pharmazeutischer Wirkstoffe erfolgt in protischen oder aprotischen Lösungsmitteln. Für die Wahl des Lösungsmittels ist nicht nur die Löslichkeit der Probesubstanz entscheidend, sondern auch das elektrochemische Verhalten der zu bestimmenden Verbindung. In Dimethylformamid und Acetonitril werden z.B. die Alkaloide Colchicin und Reserpin durch Wechselstrompolarographie wesentlich empfindlicher bestimmt als in wäßrigen Systemen [31].

In flüssigen Arzneimitteln (Tropfen, Sirupe, Injektionslösungen) können Wirkstoffe oftmals ohne vorangehende Abtrennung polarographisch bzw. voltammetrisch bestimmt werden; dazu wird die Probe mit einem Lösungsmittel verdünnt und mit einem geeigneten Leitsalz versetzt. Tabletten und Dragees werden gepulvert und mit einem Lösungsmittel aufgenommen.

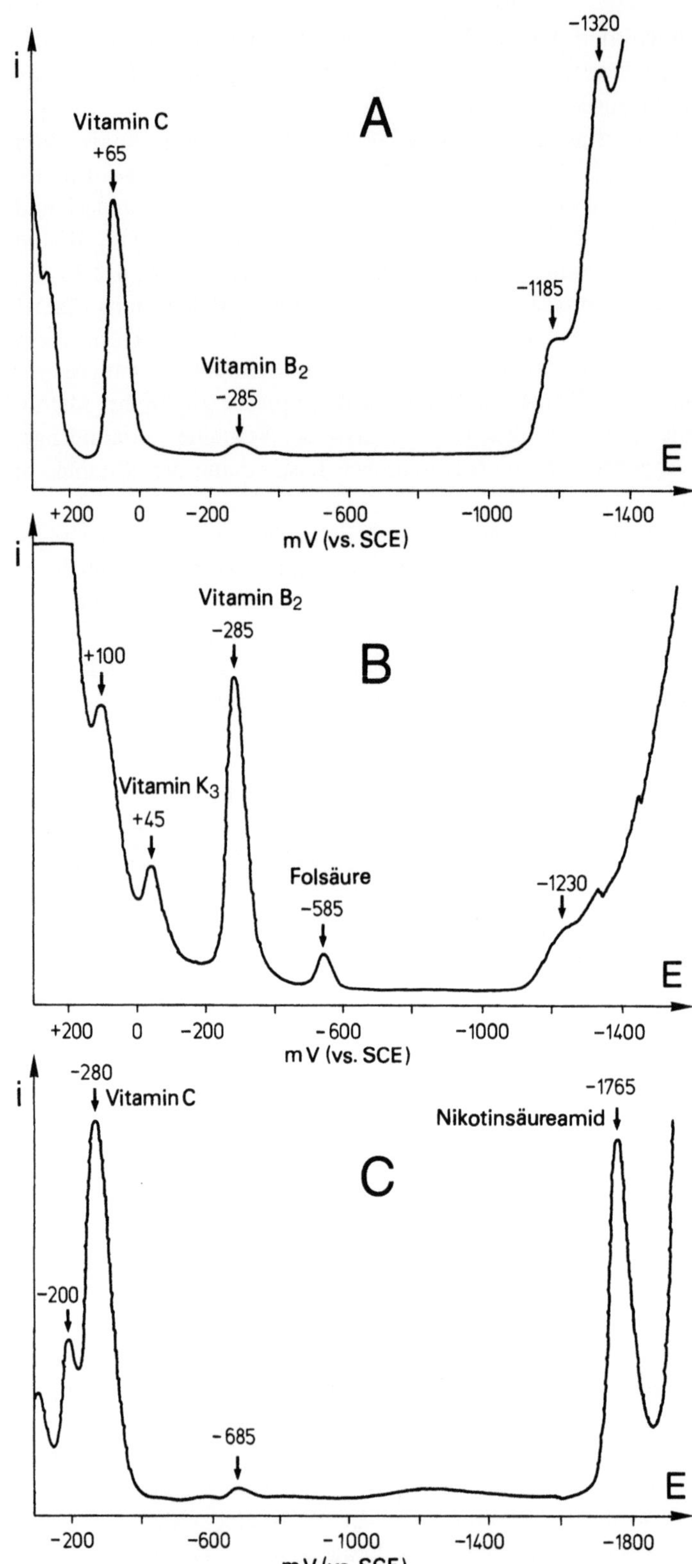
i
Vitamin C
+65
A
−1320
−1185
Vitamin B₂
−285
E
+200 0 −200 −600 −1000 −1400
mV (vs. SCE)

i
Vitamin B₂
−285
+100
B
Vitamin K₃
+45
Folsäure
−585
−1230
E
+200 0 −200 −600 −1000 −1400
mV (vs. SCE)

i
−280
Vitamin C
−1765
Nikotinsäureamid
−200
C
−685
E
−200 −600 −1000 −1400 −1800
mV (vs. SCE)

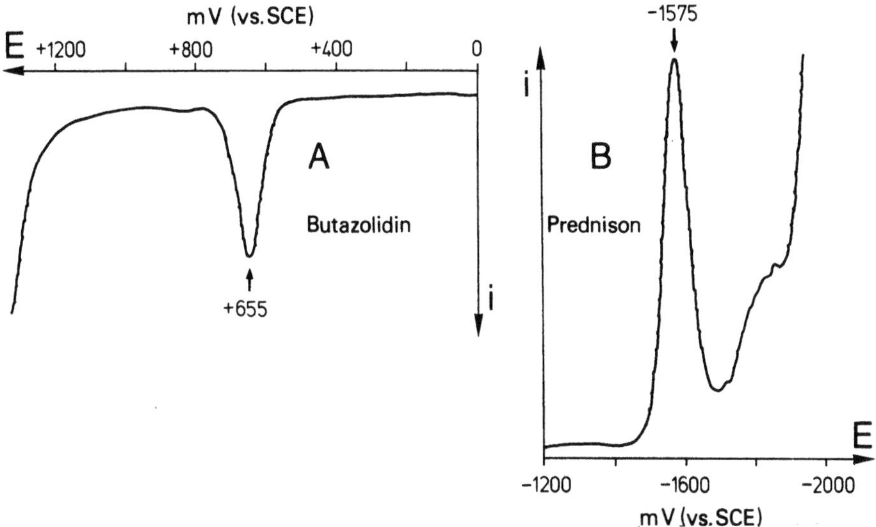

Abb. 4.3.-3. Bestimmung von Prednison und Butazolidin im gleichen Dragée [2]. A: *DP-Voltammogramm zur Bestimmung von Butazolidin.* Grundelektrolyt: 0,1 M Na-Acetat, 0,1 M Essigsäure/Methanol/2 % Wasser; Arbeitselektrode: stationäre Glas-Kohlenstoff-Elektrode; Scan = 5 mV/s; Synchronisation = 0,5 s; Amplitudenhöhe (ΔE) = 15 mV; Geräteempfindlichkeit = 0,5 μA/mm; Butazolidin-Gehalt: deklariert = 50 mg/Dragée, gefunden = 48 mg/Dragée. B: *DP-Polarogramm zur Bestimmung von Prednison.* Grundelektrolyt: 0,027 M [$(CH_3)_4$ N] NO_3/Methanol/5 % Wasser; Arbeitselektrode: tropfende Hg-Elektrode; Scan = 2 mV/s; t = 1 s; Amplitudenhöhe (ΔE) = 15 mV; Geräteempfindlichkeit = 8 nA/mm; Prednison-Gehalt: deklariert = 1,25 mg/Dragée, gefunden = 1,29 mg/Dragée

Die Abtrennung der Wirkstoffe von der Probelösung ist dann erforderlich, wenn die Bestimmung durch grenzflächenaktive Tablettenhilfsstoffe (Gelatine, Polyvinylpyrrolidon oder Methylcellulose) gestört wird. Unumgänglich ist auch die Abtrennung der in fetthaltigen Präparaten zu bestimmenden Verbindungen (Untersuchung von Salben, Zäpfchen oder Cremes). Wasserlösliche Wirkstoffe werden aus den in

---

◄ **Abb. 4.3.-2.** Polarographische Analyse von einem Multivitamin Dragée [2]. Gehalt der polarographisch bestimmten Vitamine im Einzel-Dragée: Vitamin C 50 mg/Dragée, Vitamin K_3 0,5 mg/Dragée, Vitamin B_2 3 mg/Dragée, Folsäure 0,5 mg/Dragée, Nicotinsäureamid 20 mg/Dragée. A: *DP-Polarogramm.* Grundelektrolyt: 0,1 M Na-Acetat, pH 4,4 (mit Essigsäure eingestellt); Scan = 2 mV/s, t = 1 s; Amplitudenhöhe (ΔE) = 15 mV; Geräteempfindlichkeit = 20 nA/mm. B: *AC1-Polarogramm.* Grundelektrolyt: 0,1 M Na-Acetat; pH 4,4 (mit Essigsäure eingestellt); Scan = 2 mV/s, t = 1 s; Amplitudenhöhe (ΔE) = 15 mV; Frequenz = 200 Hz; Geräteempfindlichkeit = 20 nA/mm. C: *DP-Polarogramm* (Bestimmung des Nicotinsäureamids). Grundelektrolyt: 8 ml 0,1 M Na-Acetat, pH 4,4 + 2 ml 1 M NaOH; Scan = 2 mV/s; t = 1 s; Amplitudenhöhe (ΔE) = 15 mV; Geräteempfindlichkeit = 40 nA/mm. (Alle Messungen wurden in entlüfteten Lösungen bei 2° ± 0,5 °C mit Amel Multipolarograph, Mod. 471, durchgeführt)

Petrolether, Hexan oder Ether gelösten Proben mit Pufferlösungen oder mit verdünnten Säuren ausgeschüttelt.

In Wasser schwerlösliche Verbindungen können von der in Chloroform oder Ethylacetat gelösten Probe extraktiv abgetrennt und dann polarographisch bzw. voltammetrisch bestimmt werden.

Bei der Untersuchung pharmazeutischer Präparate durch Flüssigkeitschromatographie können die polarographisch aktiven Wirkstoffe mit elektrochemischen Detektoren selektiv und sehr empfindlich bestimmt werden (s. Abschn. 4.6). Verbundverfahren dieser Art werden für die Bestimmung von Vitamin C in Multivitaminpräparaten [74], für die Bestimmung von Apomorphin in Tabletten [75] und für die Analyse von Katecholaminen [76] empfohlen.
Durch Polarographie und Voltammetrie können nicht nur Wirkstoffgehalte, sondern auch organische und anorganische Verunreinigungen in pharmazeutischen Präparaten erfaßt werden.

Die Bestimmung kleiner Gehalte von p-Aminophenol in Acetaminophen erfolgt durch Hochdruckflüssigkeitschromatographie mit elektrochemischer Detektion bei $E = +0,65$ V (vs. Ag/AgCl); in Tabletten und flüssigen Proben können auf diese Weise 0,005 bis 0,2 % p-Aminophenol bestimmt werden [77].

11-Epicortisol wird in mikrobiologisch hergestelltem Hydrocortison nach Abtrennung durch Dünnschicht-Chromatographie in gepufferter Lösung (pH 10,5) polarographisch bestimmt [78].

Chinazolin-Carboxaldehyd kann als Verunreinigung in Oxazepam und Lorazepam enthalten sein und gibt in Methanol-haltiger, Acetat-gepufferter Lösung (pH 4,7) eine auswertbare polarographische Stufe [42].

Für Chlorpromazin-Sulfoxid als Verunreinigung in Chlorpromazin wird die voltammetrische Bestimmung in 0,5 M HCl empfohlen [79].

Spuren von Mercaptopurin können in 6-(4-Carboxy)-butylpurin über eine anodische Stufe erfaßt werden, die der Ausbildung eines schwerlöslichen Quecksilbersalzes zugrunde liegt [80].

Auch zur Bestimmung von Zwischenprodukten, die bei der Synthese von Wirkstoffen entstehen, und zur Kontrolle der Zersetzungsprodukte in gelagerten Präparaten können die Polarographie und die Voltammetrie nützlich sein [6].

Von den anorganischen Verunreinigungen in Arzneimitteln werden vor allem die Schwermetalle auf elektrochemischem Wege bestimmt. Besonders leistungsfähig dabei sind die invers-voltammetrischen Verfahren. Die polarographische Bestimmung von Chrom-Verunreinigungen (ppb- bis ppm-Gehalte) in Saccharin erfolgt nach Veraschen der Probe und Oxidation zum Chromat in alkalischer Grundlösung [81].

Rohstoffe oder pharmazeutische Lösungen, die in PVC-Behältern aufbewahrt wurden, können Spuren von Dialkylzinn (Stabilisator bei der PVC-Herstellung) enthalten. Die Zinn-Bestimmung erfolgt polarographisch nach der Zersetzung der organischen Probenanteile und nach Mitfällung des Zinnhydroxids mit Aluminiumhydroxid [82].

ppb-Gehalte von Zink, Cadmium, Blei, Kupfer und Quecksilber können durch inverse differentielle Pulse-Polarographie in pharmazeutischen Rohstoffen (Talkum, Wollfett, 2-Amino-4-chlorbenzophenon, Sorbit, Methylcellulose u. a.) und Fertigprodukten (Tabletten u. a.) bestimmt werden, und zwar auf direktem Wege oder nach Extraktion bzw. Probenaufschluß [83, 84].

Während das Europäische Arzneimittelbuch (Ph. Eur.) für die Prüfung auf Schwermetalle die Sulfid-Fällung mit Thioacetamid und durch Vergleich mit einem Standard vorsieht (halbquantitative Bestimmung), führen die invers-voltammetrischen Verfahren zu genaueren Informationen über Art und Konzentration der Schwermetallgehalte in pharmazeutischen Rohstoffen und Fertigprodukten.

Diese und weitere Beispiele verdeutlichen die Anwendungsbreite der elektrochemischen Analysenmethoden für die pharmazeutischen Analytik [7]. Die Verfahren sind für die Bestimmung extrem kleiner Wirkstoffgehalte und Spurenbestandteile auch in kleinen Probevolumina geeignet. Von Vorteil ist auch die Möglichkeit der Simultanbestimmung nebeneinander vorliegender Probenkomponenten.

Literatur zu 4.3

Monographien und Übersichtsarbeiten

1   Kliem, M., Streck, R.: Elektrochemische und optische Analyse in der Pharmazie. Stuttgart: Wissenschaftl. Verlagsges. 1977
2   Europäisches Arzneibuch (Ph. Eur.) Bde. I bis III. Stuttgart: Dt. Apotheker-Verlag. Frankfurt: Goyi-Verlag 1974 und 1978
3   Rohdewald, P., Rücker, G.: Analytische Verfahren des Europäischen Arzneibuches (Bd. I–III). Stuttgart: Dt. Apotheker-Verlag 1979
4   Ebel, S.: Handbuch der Arzneimittel-Analytik. Weinheim, New York: Verlag Chemie 1977
5   The United States Pharmacopeia (USP XX, official from July 1, 1980)
6   Geil, J.V., Kintschel, F.: Metrohm-Monographien: Die polarographische und voltammetrische Bestimmung von Wirkstoffen in Pharmazeutischen Zubereitungen. Herisau: 1982
7   Patriarche, G.J., Chateau-Gosselin, M., Vandenbalck, J.L., Zuman, P.: Polarography and related Electroanalytical Techniques in Pharmacy and Pharmacology. In: Electroanalytical Chemistry edited by Bard, A.J., Vol. 11. New York: Dekker 1979
8   Kalinowska, Z.E.: Anwendung der coulometrischen Bestimmungsmethoden in der pharmazeutischen Analyse, Pharmazie **22**, 1 (1967)
9   Hagers Handbuch der pharmazeutischen Praxis, Bd. I, S. 370. Berlin, Heidelberg, New York: Springer 1967
10 Siegerman, H.: Polarography of Antibiotics and Antibacterial Agents. In: Electroanalytical Chemistry edited by Bard, A.J., Vol. 11. New York: Dekker 1979
11 Volke, J.: Polarographic and voltammetric methods in pharmaceutical chemistry and pharmacology; Bioelectrochemistry and Bioenergetics **10**, 7 (1983), a section of J. Electroanal. Chem., Vol. **155** (1983)
12 Hoffmann, H., Volke, J.: Polarographic Analysis in Pharmacy. In: Electroanalytical Chemistry, Vol. 10, edited by Nürnberg, Y.H.W. New York: Wiley 1974
13 Bersier, P.M.: Application of polarography and voltammetry to drug analysis in industry, Journal of Pharmaceutical & Biomedical Analysis, Vol. 1, No. 4, 475 (1983)

Originalliteratur

1   Forsman, U.: Anal. Chim. Acta **93**, 153 (1977)
2   Bersier, P.M.: nicht veröffentlichte Arbeiten (Privatmitteilung)
3   Büchler, W., Gisske, P., Meier, J.: Z. Anal. Chem. **239**, 289 (1968)
4   Ebel, S., Kalb, S.: Arch. Pharm. **307**, 2 (1974)
5   Popović, R., Nikolić, K.: Acta Pharm. Jug. **17**, 77 (1967)
6   Bruxton, T.L., Caruso, J.A.: Talanta **20**, 254 (1973)
7   Patriarche, G.J.: Mikrochim. Acta (Wien) **1970**, 950
8   Radharkrishnamurly, C.: Chem. Anal. (Warsaw) **22**, 345 (1977)

9　Verma, B.C., Kumar, S.: Talanta **24**, 694 (1977)

10　Baszyk, S., Karlik, B.: Acta Polon. Pharm. **32**, 477 (1975)

11　Viré, J.C., Patriarche, G.J., Christian, G.O.: Mikrochim. Acta (Wien) **1977** I, 17

12　de Soto Perera, M.A., Curran, D.J.: Anal. Chim. Acta **119**, 263 (1980)

13　Lin, S.-L., Blake, M.J.: Anal. Chem. **38**, 549 (1966)

14　Breinlich, J.: Deut. Apoth. Ztg. **104**, 535 (1964)

15　Mayer, W., Erbe, S., Voigt, R.: Pharmazie **27**, 32 (1972).

16　Messerschmidt, W.: Pharm. Ind. **41**, 1082 (1979)

17　Thoma, K., Albert, K.: Arch. Pharm. **314**, 1053 (1981)

18　Viré, J.-C., Chateau-Gosselin, M., Patriarche, G.J.: Mikrochim. Acta **1981** I, 227

19　Chateau-Gosselin, M., Patriarche, G.J., Christian, G.D.: Z. Anal. Chem. **285**, 373 (1977)

20　De Boer, H.S., Lansaat, P.H., Van Oort, W.J.: Anal. Chim. Acta **116**, 69 (1980)

21　Chan, H.K., Fogg, A.G.: Anal. Chim. Acta **109**, 341 (1979)

22　Oelschläger, H., Kurek, E., Sengrün, F.J., Volke, J.: Fresenius Z. Anal. Chem. **282**, 123 (1976)

23　Brockelt, G.: Pharmazie **20**, 136 (1965)

24　Oelschläger, H.: Arch. Pharm. **296**, 7 (1963)

25　Oelschläger, H., Hamel, D.: Arch. Pharm. **302**, 847 (1969)

26　Kazemifard, G., Holleck, L.: Arch. Pharm. **306**, 664 (1973)

27　Woodson, A.L., Smith, D.E.: Anal. Chem. **42**, 242 (1970)

28　Rashid, A., Kalvoda, R.: Československ. Farm. **20**, 143 (1971), ref. in Z. Anal. Chem. **258**, 252 (1972)

29　Hoffmann, H.: Arch. Pharm. **305**, 254 (1972)

30　Šantavý, S.: Die Pharmazie **15**, 676 (1960)

31　Schaar, J.C., Smith, D.E.: J. Electroanal. Chem. **100**, 145 (1979)

32　Dušinský, G., Čavanák, T.: Československ. Farm. **7**, 511 (1958), ref. in Chem. Abstr. **53**, 8539 (1959)

33　Jemal, M., Knevel, A.M.: Anal. Chem. **50**, 1917 (1978)

34　Chatten, L.G., Moskalyk, R.E., Locock, R.A., Huang, K.-S.: J. Pharm. Sci. **65**, 1315 (1976)

35　Levy, G.B., Schwed, P., Sackett, J.W.: J. Amer. Chem. Soc. **68**, 528 (1946)

36　Goodey, R., Couling, T.E., Hart, J.E.: J. Pharm. Pharmacol. **14**, 122 T (1962)

37　Hakl, J.: J. Electroanal. Chem. **11**, 31 (1966)

38　Libický, A.: Československ. Farm. **3**, 158 (1967)

39　Jacobsen, E., Jacobsen, T.V., Rojahn, T.: Anal. Chim. Acta **64**, 473 (1973); **60**, 472 (1972)

40　Van Doorne, P.: Pharm. Weekbl. **110**, 149 (1975)

41　Oelschläger, H., Sengrün, F.J.: Arch. Pharm. **306**, 737 (1973)

42　Goldsmith, J.A., Jenkins, H.A., Grant, J., Smyth, W.F.: Anal. Chim. Acta **66**, 427 (1973)

43　Brooks, M.A., Hackman, M.R.: Anal. Chem. **47**, 2059 (1975)

44　Oelschläger, H., Volke, J., Lim, G.T., Frank, K.: Arzneim.-Forsch. **16**, 82 (1966)

45　Oelschläger, H., Druckrey, F., Sengrün, F.J.: Pharm. Acta Helv. **51**, 353 (1976)

46　Dumortier, A.G., Patriarche, G.J.: Z. Anal. Chem. **264**, 153 (1973)

47　Oelschläger, H., Sengrün, F.J., Kruskopf, J.: Fresenius Z. Anal. Chem. **315**, 53 (1983)

48　Oelschläger, H., Bunge, K.: Arch. Pharm. **307**, 410 (1974)

49　Viré, J.-C., Fischer, M., Patriarche, G.J.: Talanta **28**, 313 (1981)

50　Wiegrebe, W., Wehrhahn, L.: Arzneim. Forsch. **25**, 517 (1975)

51　Pflegel, P., Wagner, G.: Pharmazie **22**, 643 (1967)

52　Ivaska, A., Vaneesorn, Y., Davidson, J.E., Smyth, W.F.: Anal. Chim. Acta **121**, 51 (1980)

53　Atuma, S.S., Lundström, K., Lindquist, J.: Analyst **100**, 827 (1975)

54　Fonseca, J.M.L., Pedro, P.S., Tutor, J.C.: An. Qim. **69**, 455 (1973)

55　Kala, H., Fahr, F.: Pharmazie **29**, 726 (1974)

56　Lindquist, J., Farroha, S.M.: Analyst **100**, 377 (1975)

57　Söderhjelm, P., Lindquist, J.: Analyst **100**, 349 (1975)

58　Lindquist, J.: Analyst **100**, 339 (1975)

59　Lechien, A., Valenta, P., Nürnberg, H.W., Patriarche, G.J.: Fresenius Z. Anal. Chem. **311**, 105 (1982)

60　Atuma, S.S., Lindquist, J.: Analyst **98**, 886 (1973)

61　Shiozaki, K., Fufui, F., Kitagawa, T.: Japan Analyst **20**, 438 (1971)

62 Viré, J.C., Patriarche, G.J.: Analusis **6** (9), 395 (1978)
63 Viré, J.C., Patriarche, G.J.: Analusis **7** (4), 190 (1979)
64 Viré, J.C., Patriarche, G.J., Christian, G.D.: Anal. Chem. **51**, 752 (1979)
65 Takamura, K., Watanabe, F.: Anal. Biochem. **74**, 512 (1976)
66 Schmidt, C.L., Kolpin, C.F., Swofford, H.S.: Anal. Chem. **53**, 41 (1981)
67 Kadish, K.M., Spiehler, V.R.: Anal. Chem. **47**, 1714 (1975)
68 Cummings, T.E., Fraser, J.R., Elving, P.J.: Anal. Chem. **52**, 558 (1980)
69 Oelschläger, H., Hoffmann, H.: Arch. Pharm. **299**, 1025 (1966)
70 Wunderlich, W.: Pharmazie **13**, 202 (1958)
71 Burmicz, J.S., Smyth, W.F., Palmer, R.F.: Analyst **101**, 986 (1976)
72 Fonseca, J.M.L., Valcarce, J.C.T., Pedrero, P.S.: Analyst **100**, 334 (1975)
73 Pedrero, P.S., Fonseca. J.M.L.: Analyst **97**, 81 (1972)
74 Pachla, L.A., Kissinger, P.T.: Anal. Chem. **48**, 364 (1976)
75 Smith, R.V., Humphrey, D.W.: Anal. Letters **14**, 601 (1981)
76 Grossmann, P.: Chimia **37**, 91 (1983)
77 Riggin, R.M., Schmidt, A.L., Kissinger, P.T.: J. Pharm. Sci. **64**, 680 (1975)
78 Ivanova, N.M., Kovalenko, T.A., Polievktov, M.K., Sokolov, S.D.: Khim. Farm. Zh. **7**, 52 (1973)
79 Porter, G.S.: J. Pharm. Pharmacol. **19**, 176 (1967)
80 Vachek, J.: Československ. Farm. **14**, 216 (1965)
81 Tvaroha, B.: Československ. Farm. **18**, 524 (1969)
82 Gras, G., Castel, J.: Trav. Soc. Pharm. Montpellier **25**, 178 (1966)
83 Frahne, D., Geil, J.V., Geng, K.-H.: Deut. Apoth. Ztg. **123**, 563 (1983)
84 Wang, J., Dewald, H.D.: Analytical Letters **16** (B12) 925 (1983)
85 Fogg, A.G., Fayad, N.M.: Anal. Chim. Acta **113**, 91 (1980)
86 Jacobsen, E., Pederstad, J.H., Øystese, B.: Anal. Chim. Acta **91**, 121 (1977)
87 Chateau-Gosselin, M., Viré, J.C., Patriarche, G.J.: Mikrochim. Acta 1983 III, 457

4.4 Klinische Chemie

Die analytisch-chemische Untersuchung von Körperflüssigkeiten und Organproben dient der Erfassung von Daten für die Diagnose und zur vorbereitenden Therapie von Krankheiten. Einige von diesen Aufgaben sind auch mit elektrochemischen Methoden zu lösen.

Für die Bestimmung von *Schwermetallspuren in Körperflüssigkeiten* und festen Proben kommen die *inverse Voltammetrie* und die *inverse Chronopotentiometrie* (s. Abschn. 2.7 und 2.8) zur Anwendung [1, 8]. Sie werden auch als „*Screening-Verfahren*" zur Simultanbestimmung von Schwermetallen bei toxikologischen Untersuchungen empfohlen [5]. Für die Analyse *organischer Spurengehalte* sind *polarographische und voltammetrische Verfahren* bekannt [2, 5, 7], die auch zur Detektion bei chromatographischen Trennverfahren genutzt werden (s. Abschn. 4.6). Ebenfalls bedeutungsvoll für die klinische Chemie sind *direkt-potentiometrische* Bestimmungen mit ionensensitiven Elektroden [3, 4, 6] (s. Abschn. 2.2).

Die Genauigkeit und Richtigkeit direkt-potentiometrischer Bestimmungen von Na^+, K^+, Ca^{2+}, Cl^- und F^- mit ionensensitiven Elektroden im Blut und Serum ist vergleichbar mit den Ergebnissen der in klinischen Laboratorien dafür üblichen Routinemethoden. Für die kontinuierliche Bestimmung der Aktivität klinisch relevanter Ionen im Blutserum, vor allem für Na^+, K^+, Ca^{2+} und Cl^-, wurden Durchflußzellen mit Flüssigmembran-Elektroden entwickelt [3, 1]. Diese Anordnungen ermöglichen auch Messungen unter anaeroben Bedingungen, was zur Ca^{2+}-Bestimmung im Serum wichtig ist.

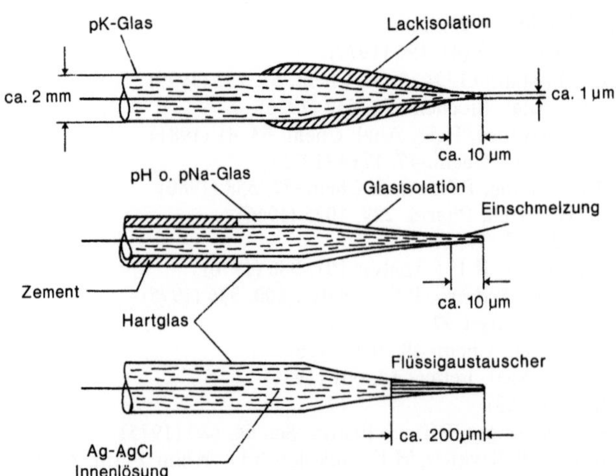

Abb. 4.4.-1. Konstruktion von Mikroelektroden für intrazelluläre Messungen [6]

Intrazelluläre Ionenaktivitäten (Ca^{2+}, Na^+, K^+, H^+, Cl^-) werden mit Mikroelektroden gemessen [4, 2]; es sind Einstichelektroden, die einen Spitzendurchmesser von etwa 1 µm haben und weitgehend zerstörungsfrei in das Zellinnere eingeführt werden können. Für Na^+- und K^+-Aktivitätsmessungen sowie für pH-Bestimmungen wurden Mikro-Glasmembranelektroden entwickelt. Mit geeigneten Flüssigaustauscherphasen in der Elektrodenspitze können auch Ca^{2+}- und Cl^--Aktivitäten bestimmt werden (s. Abb. 4.4.-1).

Für Untersuchungen in der Zahnmedizin werden F^--sensitive Elektroden eingesetzt und für I^-- und SCN^--Bestimmungen im Speichel stehen ebenfalls geeignete Elektroden zur Verfügung [3]. In Knochen wird der Fluorid-Gehalt nach trockener Veraschung der Probe, Aufnahme der Rückstände mit HNO_3 und Zusatz von TISAB-Lösung (s. Abschn. 2.2) direkt-potentiometrisch bestimmt [4]. Interessant für klinische Untersuchungen sind auch die sogenannten „Bio-Sensoren", wobei die Enzym-Elektroden mit besonderer Aufmerksamkeit erprobt werden [6].

Die Bestimmung von Schwermetallspuren in flüssigen und festen Körperproben dient der Beurteilung ihrer physiologischen Funktionen. Ein Mangel an Spurenelementen im menschlichen Organismus oder zu große Schwermetallgehalte können Krankheiten verursachen. Nach Überschreiten bestimmter Grenzwerte sind manche Elementverbindungen auch toxisch [8]. Im Blut, Serum, Harn und festen Körperproben werden die Schwermetallgehalte nach Aufschluß invers-voltammetrisch bzw. invers-chronopotentiometrisch bestimmt. Naßaufschlüsse mit HNO_3, $HClO_4$ und H_2SO_4 erfolgen in offenen Gefäßen (s. Abschn. 4.1) oder unter Druck. Die nachfolgende elektrochemische Bestimmung kann bei unvollständigem Probenaufschluß, insbesondere durch gebildete organische Nitroverbindungen bei der Behandlung mit HNO_3 gestört werden. Das Risiko der Probenkontamination durch konzentrierte Säuren ist bei photolytischen Aufschlüssen durch UV- bzw. γ-Bestrahlung wesentlich geringer [6]. Auch die trockene Probenveraschung kann zu fehlerhaften Analysenergebnissen führen, wenn die Elemente oder Elementverbindungen flüchtig sind. In solchen Fällen ist auf möglichst niedrige und konstante Temperaturen zu achten. Zur Bestimmung von Schwermetallgehalten im Urin und Serum sind auch

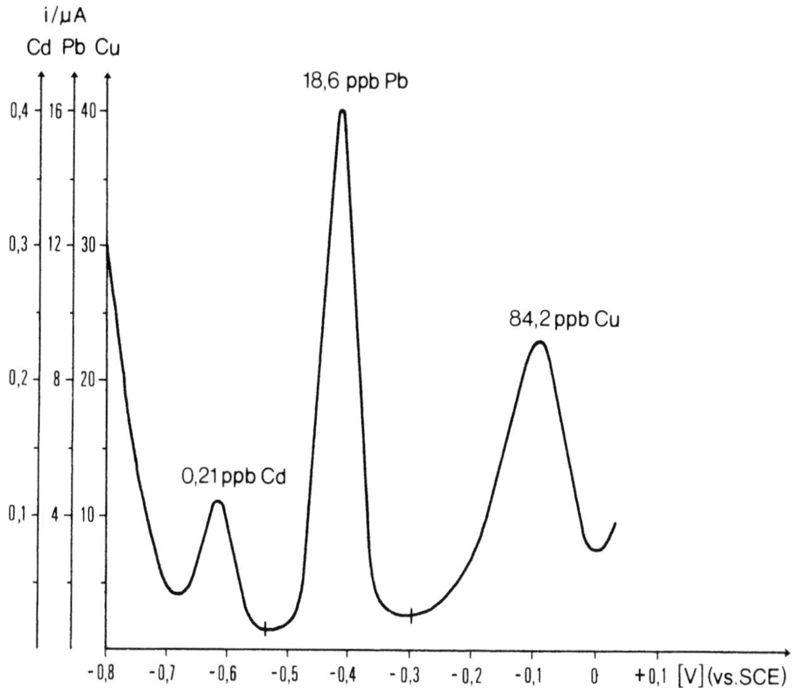

Abb. 4.4.-2. Bestimmung von Cd, Pb und Cu im Blut nach Veraschung durch inverse differentielle Pulse-Polarographie; Anreicherung bei $-0{,}8$ V (10 min) aus schwach salzsaurer Lösung (pH 2,0 bis 2,4); Registrierung der einzelnen Peaks bei unterschiedlicher Empfindlichkeit [21]

Verfahren bekannt, wonach die Probe ohne vorangehenden Aufschluß direkt untersucht werden kann.

Am empfindlichsten ist die Elementbestimmung durch inverse differentielle Pulse-Voltammetrie in den aufgeschlossenen Proben. Die vorangehende Elementanreicherung erfolgt am hängenden Quecksilbertropfen (HMDE) oder an einem Quecksilberfilm auf Graphitunterlage (TMFE). Auch für die simultane Bestimmung nebeneinander vorliegender Elementspuren ist die inverse differentielle Pulse-Voltammetrie vorteilhaft (s. Abschn. 2.7). Als Beispiel ist in Abb. 4.4.-2 der Kurvenverlauf für die Bestimmung von Cd neben Pb und Cu im Blut dargestellt.

In Tabelle 4.4.-1 sind Beispiele für die Bestimmung von Schwermetallspuren in flüssigen und festen Körperproben durch inverse Voltammetrie und inverse Chronopotentiometrie (Potentiometric Stripping Analysis, PSA) zusammengefaßt; einige Beispiele sind auch in den Tabellen 2.8.-1 und 3.1.-2 angegeben.

Kenntnisse über den Verlauf der Biotransformation und die Exkretion der Arzneistoffe aus dem Organismus sind für pharmakologische Betrachtungen wichtig. Zur Beurteilung der Verhältnisse müssen die Arzneistoffe und ihre Metabolite in flüssigen und festen Körperproben bestimmt werden. Auch dafür ist der Einsatz polarographischer bzw. voltammetrischer Methoden nützlich, wenn die Verbindungen elektrochemisch aktiv sind oder vor ihrer Bestimmung in einen solchen Zustand überführt werden können. Beispiele für die polarographische und voltammetrische Bestimmung kleiner Gehalte organischer Inhaltsstoffe in Körperflüssigkeiten enthält Tabelle 4.4.-2.

Tabelle 4.4.-1. Invers-voltammetrische und invers-chronopotentiometrische Bestimmung von Schwermetallspuren in flüssigen und festen Körperproben

Element	Probe	Methode	Probenvorbereitung (Bemerkungen)	Lit.
Pb	Blut	iDPV(HMDE)	Naßaufschluß mit H_2SO_4 + $HClO_4$; Bestimmungsbereich: 1 ppb bis 2 ppm	[7]
Pb	Blut	iDPV(TMFE)	Naßaufschluß mit HNO_3 + $HClO_4$ + H_2SO_4	[8]
Pb	Urin	PSA(TMFE)	Direkte Bestimmung nach Zugabe von Hg^{2+} zu verdünnter HCl und Triton X 100; Bestimmungsgrenze: $1\,\mu g \cdot l^{-1}$ (nach Entlüftung)	[9]
Tl	Urin	iACV(HMDE)	Direkte Bestimmung nach Zugabe von $HClO_4$	[10]
Tl	Urin	iDCV(HMDE)	Direkte Bestimmung nach Verdünnung und Zugabe von KCl (0,1 M) (Vergleich mit den Befunden nach Aufschluß mit H_2SO_4)	[11]
Bi	Urin, Blut	iDPV(HMDE)	Bestimmung nach Zugabe von HCl und chromatographische Trennung; Bestimmungsgrenze: $5\,\mu g\,l^{-1}$	[12]
Zn	Augengewebe	iDPV(HMDE)	Druckaufschluß mit HNO_3 + $HClO_4$ + H_2SO_4	[13]
Pb, Cd	Knochen	iDPV(HMDE)	Naßaufschluß mit HNO_3 + $HClO_4$ (Vergleich mit den Befunden der AAS-Bestimmung)	[14]
Cd, Cu, Pb	Blut	iDPV(HMDE)	Naßaufschluß mit HNO_3 + $HClO_4$ + H_2SO_4 (im offenen Gefäß und unter Druck); Bestimmung im ppb-Bereich	[15]
Cd, Cu, Pb, Zn	Knorpel	iDCV(HMDE)	Naßaufschluß der gefriergetrockneten Probe mit HNO_3 und Nachbehandlung durch UV-Bestrahlung	[16]
Zn, Cd, Pb, Cu	Haare	iDPV(HMDE)	Naßaufschluß mit HNO_3 und Nachbehandlung mit KNO_3 + $NaNO_3$ (400 °C)	[17]
Cd, Pb	Urin	cPSA(TMFE)	Direkte Bestimmung nach Zugabe von HCl (0,5 M) + Hg^{2+}-Lösung	[18]
Cd	Blut	iDPV (rot. TMFE)	Naßaufschluß mit HNO_3 + $HClO_4$ + H_2SO_4 (Vgl. mit Bestimmungen durch AAS)	[19]
Cd, Pb	Urin	iDPV(HMDE)	Naßaufschluß mit $HClO_4$ + HNO_3 nach Gefriertrocknung	[20]

Tabelle 4.4.-1 (Fortsetzung)

Element	Probe	Methode	Probenvorbereitung (Bemerkungen)	Lit.
Cd, Pb, Cu	Blut	iDPV(HMDE)	Veraschung im Sauerstoffplasma; Simultanbestimmung im ppb-Bereich	[21]
Cd, Pb	Blut Urin	iDPV(TMFE)	Direkte Bestimmung nach Verdünnung und Zugabe von Acetatpuffer-Lösung	[22]
Cd, Pb	Blut Serum	cPSA(TMFE)	Direkte Bestimmung nach Zugabe einer HCl-sauren Hg^{2+}-Lösung	[23]
Cd, Pb, Cu	Urin	iDPV(HMDE)	Naßaufschluß mit $HNO_3 + H_2SO_4 + HClO_4$ (Vergleich mit den Befunden der direkten Bestimmung)	[24]
Cu, Pb, Cd, Zn	Zähne	iDPV(HMDE)	Druckaufschluß mit HNO_3	[25]
Cu, Pb, Cd, Zn	Blut Zähne	iDPV(SMDE)	Naßaufschluß mit $HNO_3 + HClO_4$	[97]

Tabelle 4.4.-2. Polarographische und voltammetrische Bestimmung organischer Verbindungen (Arzneistoffe u. Metabolite) in Körperflüssigkeiten

Verbindung/Matrix	Methode	Bemerkungen	Lit.
Diazepam und Metabolite im Urin	DCP(DME)	Bestimmung nach Trennung durch TLC, GLC oder Extraktion	[27]
Flurazepam und Metabolite im Plasma	DPP(DME)	Bestimmung nach Extraktion mit Ethylacetat; Bestimmungsgrenzen: 10–20 ng · ml^{-1}	[28]
Flurazepam und Metabolite im Blut, Plasma und Urin	DPP(DME)	Bestimmung nach Trennung durch TLC bzw. Extraktion oder auf direktem Wege nach Zugabe von Phosphat-Puffer (pH 7) zur Urinprobe	[29]
Bromazepam und Metabolite im Urin	DPP(DME)	Bestimmung nach Extraktion mit Diethylether	[30]
Lorazepam und Metabolite im Urin	DPP(DME)	Bestimmung nach Extraktion mit Diethylether	[31]
Clonazepam und Metabolite im Urin	DPP(DME)	Bestimmung nach Extraktion mit Diethylether	[32]
Nitrazepam und Metabolite	DCP(DME)	Bestimmung nach TLC-Trennung	[33]
2-Hydroxy-nicotinsäure und das N-1-Ribosid als Hauptmetabolit im Urin	DPP(DME)	Bestimmung nach Extraktion mit Ethylacetat/n-Butanol und TLC-Trennung	[34]

(Fortsetzung)

Tabelle 4.4.-2 (Fortsetzung)

Verbindung/Matrix	Methode	Bemerkungen	Lit.
Metabolite von Dantrolon im Urin und Plasma	DPP(DME)	Bestimmung nach Extraktion mit Ethylacetat (Urin) bzw. Entproteinisierung und Extraktion (Plasma)	[35]
Dinatriumcromoglykat im Urin	DPP(DME)	Bestimmung nach Extraktion mit Ethylacetat oder Chloroform; Bestimmungsgrenze: $0,5\,\mu g \cdot ml^{-1}$	[36]
Bromazepam im Blut	CRP(DME)	Bestimmung nach Extraktion mit Ether; Bestimmungsgrenze: $0,05\,\mu g \cdot ml^{-1}$	[37]
1,4-Benzodiazepine (N-Desalkylflurazepam, Bromazepam) im Blut	DPP(DME)	Bestimmung nach Extraktion mit Benzol/Methylenchlorid im $ng \cdot ml^{-1}$-Bereich	[38]
Acetaminophen und Metabolite	Cyclische Voltammetrie (CPE)	Untersuchungen zum voltammetrischen Verhalten des N-Acetyl-p-aminophenols und verwandter Verbindungen	[39]
Nitroimidazole im Plasma und Urin	DPP(DME)	Bestimmung nach Extraktion mit Ethylacetat	[40]
Benzhydrylpiperazin im Plasma und Urin	DPP(DME)	Bestimmung nach Extraktion mit Benzol	[41]
Theophyllin im Plasma	DPV(CPE)	Bestimmung nach Extraktion mit Chloroform/Propanol	[42]
Paraquat im Urin und Serum	DPP(DME)	Direkte Bestimmung nach Zugabe von NH_3/NH_4Cl; pH 6,5–8; Bestimmungsgrenze: $0,05\,\mu g \cdot ml^{-1}$ im Urin, $0,03\,\mu g \cdot ml^{-1}$ im Serum	[43]
Hydrolyseprodukte phosphororganischer Pesticide im Urin	DCP(DME)	Direkte Bestimmung phosphororganischer Pesticide und der Nitrophenolmetabolite in gepufferten Lösungen	[44]
Chlordiazepoxid und Metabolite im Plasma	DPP(DME)	Bestimmung in 0,05 M H_2SO_4 nach Extraktion mit Diethylether und TLC-Trennung	[45]
Trimethoprim im Blut und Urin	DPP(DME)	Bestimmung in 0,05 M H_2SO_4 im Blut nach Extraktion mit Chloroform und Rückextraktion, im Urin nach Extraktion mit Chloroform und TLC-Trennung	[46]
Nimetazepam im Blut und Serum	DCP(DME)	Bestimmung nach Extraktion mit Ethylacetat/Toluol	[47]
N-Nitroso-N-methylanilin im Blut, Serum und Urin	DPP(DME)	Bestimmung nach LC-Trennung in 0,1 M $HClO_4/NaClO_4$	[48]

Tabelle 4.4.-2 (Fortsetzung)

Verbindung/Matrix	Methode	Bemerkungen	Lit.
Medazepam und Metabolite im Blut	CRP(DME)	Bestimmung nach Extraktion mit Petrolether Bestimmungsgrenze: $20\ ng\cdot ml^{-1}$	[49]
Nitrosamine (N-Nitrosoprolin, N-Nitroso-4-hydroxyprolin, N-Nitrosopyrrolidin)	DPP(DME)	Bestimmung carcinogener Nitrosamine in verschiedenen Grundelektrolytlösungen	[50]
Paracetamol im Blut, Serum und Urin	ACP1(DME)	Bestimmung als Nitroderivat nach Proteinabtrennung und Nitrierung; Bestimmungsgrenze: $0{,}6\ \mu g\cdot ml^{-1}$	[51]
Proteine im Serum	DCP, DPP (DME)	Bestimmung über eine katalytische Welle mit trans-Dichloro-bis-(N,N'-dimethylethylendiamin-Rh(III)-chlorid (Rh-solmen) als Reagens ($\mu g\cdot ml^{-1}$-Bereich)	[52]
1,4-Benzodiazepine und Metabolite	DPP(DME)	Beurteilung der polarographischen Verfahren im Vergleich zu anderen analytischen Bestimmungen	[53]
Serum-Albumin	DPP(DME)	Automatische Bestimmung bei Anwesenheit von Kalium-Titan(IV)-oxalat in Pufferlösung (pH 4–5) Vergleich mit der spektralphotometrischen Bestimmung	[54]
Flurazepam und Metabolite in Körperflüssigkeiten	DPP(DME)	Bestimmung nach Extraktion; Angabe der Verteilungsverhältnisse für verschiedene organische Lösungsmittel	[55]
Adenin, Adenosin, Adenosinmono-, -di- und -tri-phosphat	DPP(DME)	Angaben zum polarographischen Verhalten der Nucleotide (Bestimmungsgrenze: $\sim 10^{-6}\ M$)	[56]
Chlorpromazin im Plasma und Urin	DPV(GE)	Bestimmung an einer Wachs-imprägnierten Graphitelektrode in einer Dünnschichtzelle (23 µl) bei pH 7 (Phosphatpuffer); $E_p = + 0{,}757\ V$ (vs. SCE) Bestimmungsgrenze: $4{,}8\cdot 10^{-6}\ M$ in Plasma	[57]

(Fortsetzung)

Tabelle 4.4.-2 (Fortsetzung)

Verbindung/Matrix	Methode	Bemerkungen	Lit.
Norpace und Metabolite im Plasma	DPP(DME, GCE)	Reduktive Bestimmung nach Extraktion mit Diethylether und Nitrierung bzw. oxidative Bestimmung nach Extraktion mit Diethylether	[58]
Phenobarbital und Diphenylhydantoin im Blut	DPP(DME)	Bestimmung nach Extraktion mit Chloroform und Nitrierung; Bestimmungsgrenze: 1–2 $\mu g \cdot ml^{-1}$	[59]
Nitrofurantoin im Urin	DCV (rotierende Pt-Elektrode)	Direkte Bestimmung nach Zugabe von Boratpuffer (pH 12,1); Vergleich mit der photometrischen Bestimmung	[60]
Parathion und p-Nitrophenol	DCP(DME)	Bestimmung im Blut nach Trennung beider Substanzen durch selektive Extraktion im μg-Bereich	[96]

Die polarographische Analyse von Nitrazepam im Plasma [33] und Nitrofurantoin im Urin [60] sowie die Bestimmung der 5-Nitroimidazole im Plasma und Urin [40] beruht vor allem auf der Reduktion der NO_2-Gruppen. Als Nitroderivate werden auch Phenobarbital und Diphenylhydantoin im Blut durch differentielle Pulse-Polarographie [59] und Paracetamol im Blut, Serum und Urin wechselstrompolarographisch bestimmt [51].

Für die Krebsforschung ist das polarographische und voltammetrische Verhalten der Nitrosamine, Chinone, Steroidhormone und Imidazole von Interesse [7, 26]. Bei Tierversuchen werden polarographische Verfahren zur Bestimmung von Dimethylnitrosamin in Gewebeproben [61] und im Serum [62] beschrieben.

Chlordiazepoxid mit einer N-Oxid-Gruppe und zwei Azomethin-Gruppen wird 3-stufig reduziert; von den Metaboliten zeigt das Desmethylchlordiazepoxid ähnliches Verhalten, während das Laktam 2-stufig reduziert wird. Die differentiellen Pulse-Polarogramme dieser Verbindungen sind in Abb. 4.4.-3 dargestellt; die den funktionellen Gruppen zugeordneten Peakpotentiale werden angegeben [45]. Von den 1,4-Benzodiazepinen sind über die Azomethingruppen auch Diazepam, Flurazepam, Bromazepam, Lorazepam, Clonazepam sowie die Metabolite reduzierbar und können mit Hilfe der differentiellen Pulse-Polarographie im ppb-Bereich erfaßt werden (s. Tabelle 4.4.-2).

Der Bestimmung organischer Spurenkomponenten in Körperflüssigkeiten geht im allgemeinen die Abtrennung von der Matrix durch Flüssig-Flüssig-Extraktion mit Diethylether oder Ethylacetat voraus. Als Beispiel ist in Abb. 4.4.-4 das Fließschema für die polarographische Bestimmung des Flurazepams und seiner Metabolite in Körperflüssigkeiten schematisch dargestellt. Die differentielle Pulse-polarographische Bestimmung des antibakteriell wirksamen Trimethoprim (2,4-Diamino-5-(3,4,5-trimethoxybenzyl)pyridin) erfolgt im Blut nach Extraktion mit Chloroform und

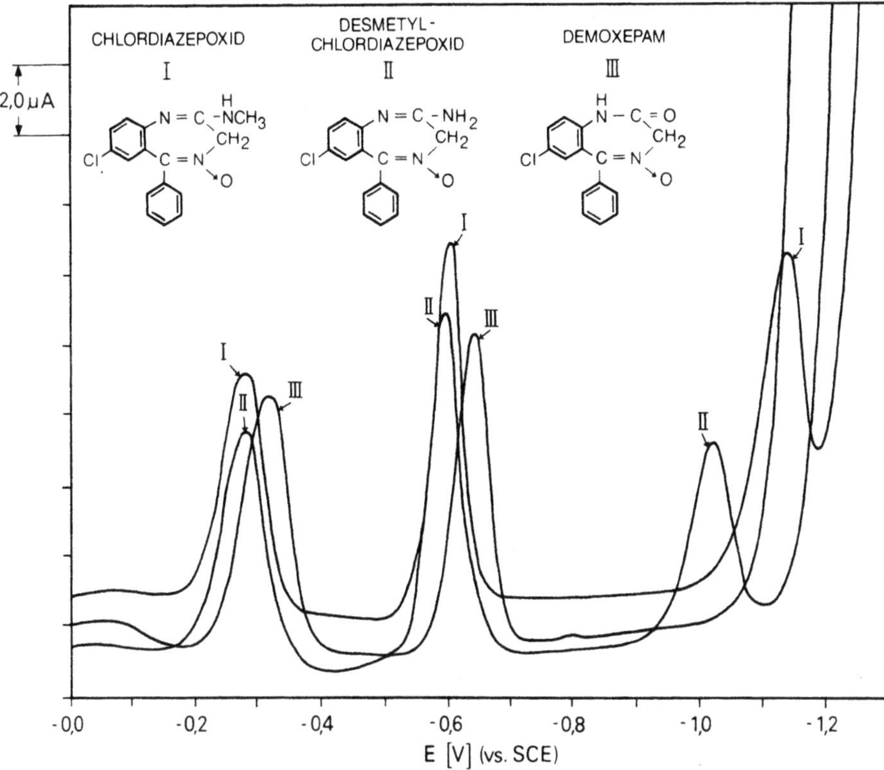

Abb. 4.4.-3. DP-Polarogramme vom Chlordiazepoxid und den Metaboliten Desmethylchlordiazepoxid und Demoxepam [45]. Grundelektrolyt: 0,05 M H_2SO_4; Arbeitselektrode: Quecksilbertropfelektrode; t = 1 s; Scan = 2 mV/s. Peakpotentiale und funktionelle Gruppen:

Verbindung	E_p V (vs. SCE)	reduzierbare funktionelle Gruppe
Chlordiazepoxid (I)	−0,275	⇒ $N_4 \rightarrow 0$
	−0,600	> C_5=N_4—
	−1,135	—N_1=C_2<
Desmethylchlordiazepoxid (II)	−0,275	⇒ $N_4 \rightarrow 0$
	−0,590	> C_5=N_4—
	−1,020	—N_1=C_2<
Demoxepam (III)	−0,315	⇒ $N_4 \rightarrow 0$
	−0,645	> C_5=N_4—

Rückextraktion in verdünnte Schwefelsäure, im Urin nach Extraktion mit Chloroform und TLC-Trennung. Der in 0,05 M H_2SO_4 bei −1,070 V (vs. SCE) erhaltene Peak wird durch einen Reduktionsvorgang im Pyridin-Ring verursacht [46].

Die polarographische Analyse der Serumproteine über die mit Hexamin-Cobalt(III)-chlorid erhaltene katalytische Welle [63] kann mit trans-Dichloro-bis-(N,N'-dimethylethylendiamin)Rh(III)-chlorid [52] als Reagens für die Bestimmung der gesamten Proteine verbessert werden. Für die kontinuierliche Bestimmung der

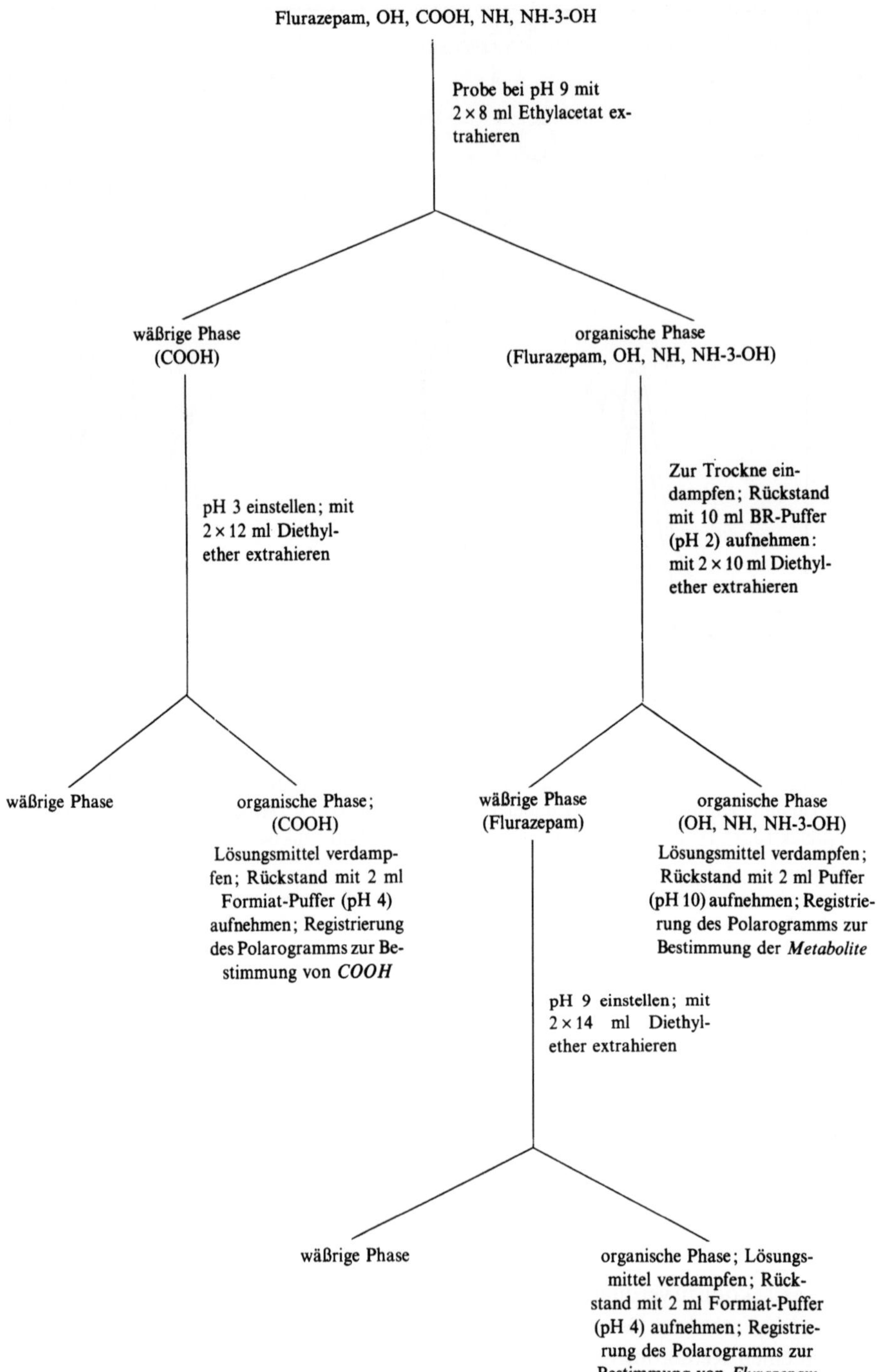

Abb. 4.4.-4. Fließschema zur polarographischen Bestimmung von Flurazepam und der Metabolite in Körperflüssigkeiten [55]. OH = N-1-Hydroxyethyl-Metabolit; COOH = N-1-Essigsäure-Metabolit; NH = N-1-Desalkyl-Metabolit; NH-3-OH = N-1-Desalkyl-3-hydroxy-Metabolit

Proteine im Serum durch differentielle Pulse-Polarographie in Durchflußzellen wird ein Zusatz von Kalium-Titan(IV)-oxalat [52] oder Hexamin-Cobalt(III)-chlorid [64] empfohlen. Im nativen Proteinmolekül sind die Sulfhydryl- bzw. Disulfidgruppen maskiert und zeigen daher keine katalysierende Wirkung auf den Elektrodenvorgang. Erst bei der Denaturierung durch Einwirkung von Säuren, Basen, UV-Strahlung u.ä. steigen die katalytischen Wellen infolge Freilegung dieser Gruppen an. Diese Erscheinung kann zur Bestimmung von denaturierter DNS (Desoxyribonucleinsäure) in nativen DNS-Proben genutzt werden [9] (s. dazu Abschn. 3.2). Amine und Phenole können voltammetrisch durch Oxidation an Festelektroden bestimmt werden (s. Abschn. 3.2). Für die in vitro- und in vivo-Analyse der Katecholamine wurden Mikroelektroden aus Kohlenstoff-Fasern ($\varnothing$ 8 µm) entwickelt; die Bestimmungen erfolgen voltammetrisch (DPV) oder amperometrisch (s. Abschn. 2.8.3) [65].

Die anodische Bestimmung organischer Spurengehalte in Körperproben erfolgt häufig nach einer vorangehenden Trennung durch Flüssigkeits-(Säulen-)Chromatographie (LC) oder durch Hochdruck-Flüssigkeitschromatographie (HPLC). Besonders vorteilhaft ist die Hochdruck-Flüssigkeitschromatographie im Verbund mit der amperometrischen Detektion (HPLC-ELCD) (s. Abschn. 4.6). Dabei werden in der mobilen Phase nur solche Verbindungen detektiert, die an der Arbeitselektrode (Glaskohlenstoff oder Kohlepaste) bei Potentialen < +1200 mV oxidierbar sind. Unter diesen Bedingungen können Arzneimittel, Metabolite und sonstige organische Spurenkomponenten mit aromatischen Hydroxil- und Aminogruppen, mit SH-Gruppen sowie mit heterocyclischen N- und S-Atomen in Körperproben bestimmt werden. Anwendungsbeispiele sind in der Tabelle 4.4.-3 angegeben.

Tabelle 4.4.-3. Bestimmung organischer Substanzen (Arzneistoffe und Metabolite) in flüssigen und festen Körperproben durch Flüssigkeits-Chromatographie mit elektrochemischer Detektion

Verbindung/Matrix	Arbeitsbedingungen/Bemerkungen	Lit.
Acetaminophen im Plasma	Bestimmung an einer CPE bei E = +0,7 V (vs. SCE) nach Extraktion mit Ethylacetat und HPLC-Trennung; Bestimmungsgrenze: 0,2 µg·ml^{-1}	[66]
Katecholamine im Serum, Plasma, Urin und Gewebeproben	Literaturzusammenfassung über die Bestimmung der Katecholamine durch HPLC-ELCD	[67]
Tryptophan-Metabolite im Urin	Bestimmung an einer GCE bei E = +1,2 V (vs. Ag/AgCl) nach Extraktion mit Ether und „reversed-phase"-HPLC-Trennung	[68]
3,4-Dihydroxyphenyl-essigsäure im Urin	Bestimmung in einer Dünnschichtzelle bei E = +0,6 V (vs. Ag/AgCl) nach Extraktion mit Ethylacetat und Trennung durch Flüssigkeitschromatographie	[69]
Homovanillinsäure im Urin	Bestimmung an einer CPE bei E = +0,75 V (vs. Ag/AgCl) nach Extraktion mit Ethylacetat und Trennung durch Flüssigkeitschromatographie	[70]
Penicillamin im Blut und Urin	Bestimmung im Zentrifugat (Gesamt-Penicillamin-Gehalt nach elektrochemischer Reduktion) an einer Hg-Elektrode bei E = +0,1 V (vs. SCE) nach HPLC-Trennung	[71]

(Fortsetzung)

Tabelle 4.4.-3 (Fortsetzung)

Verbindung/Matrix	Arbeitsbedingungen/Bemerkungen	Lit.
Morphin-Metabolite im Blut	Bestimmung in einer Dünnschichtzelle mit GCE bei $E = +0,6$ V (vs. Ag/AgCl) nach Extraktion mit Ethylacetat-Isopropanol (9:1) und HPLC-Trennung	[72]
Ascorbinsäure im Plasma und Urin	Bestimmung an einer GCE bei $E = +0,65$ V (vs. Ag/AgCl) nach Enteiweißung (Plasma) und HPLC-Trennung; Bestimmungsgrenze: 1,0 bis 0,5 $\mu g \cdot ml^{-1}$	[73]
Dobutamin im Plasma	Bestimmung an einer GCE bei $E = +0,55$ V (vs. Ag/AgCl) nach HPLC-Trennung	[74]
Mepindolol im Plasma	Bestimmung an einer GCE bei $E = +1,4$ V (vs. Ag/AgCl) nach Extraktion mit Benzol-Isoamylalkohol (20:1) und „ion-pair"-HPLC-Trennung	[75]
Tryptophan-Metabolite im Blut, Urin und Gewebe	Bestimmung an einer CPE bei $E = +0,5$ bzw. $+1,0$ V (vs. Ag/AgCl) im Extrakt bzw. Zentrifugat nach LC-Trennung	[76]
Vanillinmandelsäure im Harn	Bestimmung an einer GCE nach Extraktion mit Essigsäureethylester und LC-Trennung	[77]
Oxalsäure im Harn	Bestimmung an einer Wachs-imprägnierten Graphit-Elektrode bei $E = +1,0$ bis $+1,25$ V (vs. Ag/AgCl) (Vgl. DC- und DP-Mode) nach „ion-pair"-HPLC-Trennung	[78]
Procarbazin im Plasma und Urin	Bestimmung an CPE oder GCE bei $E = +0,75$ V (vs. Ag/AgCl) nach Filtration und HPLC-Trennung	[79]
Serotonin im Serum und Plasma	Bestimmung an CPE bei $E = +0,50$ V (vs. Ag/AgCl) nach Filtration und LC-Trennung	[80]
5-Methyltetrahydrofolsäure in Plasma und Rückenmarksflüssigkeit	Bestimmung an GCE bei $E = +0,3$ V (vs. Ag/AgCl) nach Deproteinisierung/Filtration und HPLC-Trennung; Bestimmungsgrenze: $2 \cdot 10^{-9}$ M	[81]
cis-Dichlorodiamin-Platin(II), cis-Diamin- 1,1-cyclobutandicarboxylat-Platin(II), cis-Dichloro-trans- dihydroxyisopropyl-amin-Platin(IV) im Plasma	Reduktive bzw. oxidative Bestimmung der anti-cancerogenen Verbindungen an Au/Hg-Elektrode bei $E = -0,1$ V (vs. Ag/AgCl) bzw. an GCE bei $E = +1,20$ V (vs. Ag/AgCl) nach Zentrifugation/Filtration und HPLC-Trennung (Bereich: 100 ppb im Plasma)	[82]
d-Penicillamin im Plasma und Urin	Automatische Bestimmung an einer Au-Elektrode bei $E = +0,8$ V (vs. Ag/AgCl) nach HPLC-Trennung; Bestimmungsgrenze: 0,05 $\mu g \cdot ml^{-1}$ im Plasma, 0,2 $\mu g \cdot ml^{-1}$ im Urin	[83]
3-Methoxy-4-hydroxy-phenylglycol im Urin	Bestimmung an einer GCE bei $E = +0,8$ V (vs. Ag/AgCl) nach Extraktion mit Ethylacetat und HPLC-Trennung	[84]
Acetaminophen-Metabolite im Urin	Bestimmung an einer GCE bei $E = +0,6$ V (vs. Ag/AgCl) nach „reversed-phase"-HPLC-Trennung (Vgl. mit UV-Detektion)	[85]
Gallensäuren in Serum und Galle	Bestimmung an einer GCE bei $E = +0,1$ V (vs. Ag/AgCl) im Eluat einer Radikal-Pak A-Säule und nach Reaktion mit NAD[a] in einer Enzym-Säule zu NADH[a]	[86]

[a]   NAD, NADH: Nicotinamid-adenin-dinucleotid und die reduzierte Form

Tabelle 4.4.-3 (Fortsetzung)

Verbindung/Matrix	Arbeitsbedingungen/Bemerkungen	Lit.
Sulfonamide in Leber, Niere und Muskelgewebe	Bestimmung an einer GCE bei $E = +1,10$ V (vs. Ag/AgCl) nach Extraktion auf einer RP-C_2-Säule; Bestimmungsgrenze: $10\,ng \cdot g^{-1}$	[87]
Sulfinalol-hydrochlorid im Plasma und Urin	Bestimmung an einer GCE bei $E = +0,73$ V (vs. Ag/AgCl) nach Extraktion mit Chloroform und „reversed-phase"-HPLC-Trennung	[88]
Promethazin und andere Phenothiazine im Serum und Plasma	Bestimmung an einer GCE bei $E = +0,9$ V (vs. Ag/AgCl) nach Extraktion mit Hexan und HPLC-Trennung; Bestimmungsgrenze: $0,2\,\mu g \cdot l^{-1}$	[89]
Imipramin, Desipramin und 2-Hydroxy- Metabolite im Plasma	Bestimmung an einer GCE bei $E = +1,05$ V (vs. Ag/AgCl) nach Extraktion mit Ether und Trennung durch „ion-pair"-HPLC; Bestimmungsgrenze: $\sim 5\,ng \cdot ml^{-1}$	[90]
phenolische, Methoxyphenyl-, Enol- und Ketocarbonsäuren im Urin	Bestimmung an einer GCE bei $E = +1,15$ V (vs. Ag/AgCl) nach HPLC-Trennung (HPX-87-Säule)	[91]
Morphin im Serum	Bestimmung an einer GCE bei $E = +0,1$ V (vs. Ag/AgCl) nach Extraktion mit Isopropanol/Ethylacetat und „Reversed-phase"-LC-Trennung	[92]
Serotonin und 5-Hydroxyindolacetat in Gewebeproben	Bestimmung an einer CPE bei $E = +0,50$ V (vs. Ag/AgCl) nach Homogenisierung der Probe in 0,1 M $HClO_4$ und „Reversed-phase"-HPLC mit vorangehender LC-Anreicherung	[93]
Ascorbinsäure im Urin	Bestimmung an einer Graphit-Elektrode bei $E = +0,7$ V (vs. Ag/AgCl) nach HPLC-Trennung	[94]
Vanillinmandelsäure und Homovanillinsäure im Urin	Coulometrische Detektion mit „Dual-Detektor" nach Trennung durch „Reversed-phase"-HPLC	[95]

Literatur zu 4.4

Monographien und Übersichtsarbeiten

1 Wang, J.: Stripping analysis of trace metals in human body fluids, J. Electroanal. Chem. **139**, 225 (1982)

2 Clifford, J.M., Smyth, W.F.: Use and limitations of polarography in determining plasma drug levels in pre-clinical and clinical pharmacology, Proc. Analyt. Div. Chem. Soc., 325 (1977)

3 Fuchs, Ch.: Ionenselektive Elektroden in der Medizin. Stuttgart: Thieme 1976

4 Thomas, R.C.: Ion-sensitive intracellular micro-electrodes. London, New York, San Francisco: Academic Press 1978

5 Smyth, W.F.: Electroanalysis in hygiene, environmental, clinical and pharmaceutical chemistry, Analytical Chemistry Symposia Series; Vol. 2, p. 423. Amsterdam, Oxford, New York: Elsevier 1980

6 Cammann, K.: Bio-sensors based on ion-selective electrodes, Fresenius Z. Anal. Chem. **287**, 1 (1977) u. „Das Arbeiten mit ionenselektiven Elektroden". Berlin, Heidelberg, New York: Springer 1977

7 Electrochemistry in Cancer Research, Anal. Proc. **17**, 278 (1980) (Tagungsberichte)

8 Morrison, G.H.: Elemental Trace Analysis of Biological Materials, CRC Critical Reviews in Anal. Chem. **8**, 287 (1979)

9 Paleček, E.: Polarographic Techniques in Nucleic Acid Research, in: Electroanalysis in hygiene, environmental, clinical and pharmaceutical chemistry, Analytical Chemistry Symposia Series; Vol. 2, p. 79, edited by Smyth, W.F. Amsterdam, Oxford, New York: Elsevier 1980

Originalliteratur

1 Osswald, H.F., Dohner, R.E., Meier, T., Meier, P.C., Simon, W.: Chimia **31**, 50 (1977)

2 Brown, H.M., Owen, J.D.: Ion-select. Electrode Rev. **1**, 145 (1979), ref. in Fresenius Z. Anal. Chem. **302**, 87 (1980)

3 Moody, G.J., Thomas, J.D.R.: Ion-select. Electrode Rev. **1**, 187 (1979), ref. in Fresenius Z. Anal. Chem. **302**, 87 (1980)

4 Zober, A., Schellmann, B.: Z. Klin. Chem. Klin. Biochemie **13**, 15 (1975)

5 Franke, J.P., de Zeeuw, R.A.: Arch. Toxicol. **37**, 47 (1976)

6 Batley, G.E., Farrar, V.J.: Anal. Chim. Acta **99**, 283 (1978)

7 Duic, L., Szechter, S., Srinivasan, S.: J. Electroanal. Chem. **41**, 89 (1973); PAR Application Brief L-3

8 De Angelis, T.P., Bond, R.E., Brooks, E.E., Heineman, W.R.: Anal. Chem. **49**, 1792 (1977)

9 Jagner, D., Danielsson, L.-G., Årén, K.: Anal. Chim. Acta **106**, 15 (1979)

10 Levit, D.I.: Anal. Chem. **45**, 1291 (1973)

11 Eisner, U., Ariel, M.: J. Electroanal. Chem. **11**, 26 (1966)

12 Kauffmann, J.-M., Patriarche, G.J., Christian, G.D.: Anal. Lett. **14**, 1209 (1981)

13 Williams, T.R., Foy, D.R., Benson, Ch.: Anal. Chim. Acta **75**, 250 (1975)

14 Simon, J., Liese, Th.: Fresenius Z. Anal. Chem. **309**, 383 (1981)

15 Oehme, M., Lund, W.: Fresenius Z. Anal. Chem. **298**, 260 (1979)

16 Quint, P., Althoff, J., Reiling, H.E., Höhling, H.J.: Fresenius Z. Anal. Chem. **311**, 415 (1982)

17 Chittleborough, G., Steel, B.J.: Anal. Chim. Acta **119**, 235 (1980)

18 Jagner, D., Josefson, M., Westerlund, S.: Anal. Chim. Acta **128**, 155 (1981)

19 Alt, F.: Fresenius Z. Anal. Chem. **308**, 137 (1981)

20 Golimowski, J., Valenta, P., Stoeppler, M., Nürnberg, H.W.: Fresenius Z. Anal. Chem. **290**, 107 (1978)

21 Valenta, P., Rützel, H., Nürnberg, H.W., Stoeppler, M.: Z. Anal. Chem. **285**, 25 (1977)

22 Copeland, T.R., Christie, J.H., Osteryoung, R.A., Skogerboe, R.K.: Anal. Chem. **45**, 2171 (1973)

23 Jagner, D., Josefson, M., Westerlund, S., Årén, K.: Anal. Chem. **53**, 1406 (1981)

24 Lund, W., Erikson, R.: Anal. Chim. Acta **107**, 37 (1979)

25 Oehme, M., Lund, W., Jonsen, J.: Anal. Chim. Acta **100**, 389 (1978)

26 Smyth, W.F., Watkiss, P., Burmicz, J.S., Hanley, H.O.: Anal. Chim. Acta **78**, 81 (1975)

27 Dugal, R., Caille, G., Cooper, S.F.: Un. Med. Can. **102**, 2491 (1973)

28 Clifford, J.M., Smyth, M.R., Smyth, W.F.: Z. Anal. Chem. **272**, 198 (1974)

29 de Silva, J.A.F., Puglisi, C.V., Brooks, M.A., Hackman, M.R.: J. Chromatogr. **99**, 461 (1974)

30 de Silva, J.A.F., Bekersky, J., Brooks, M.A., Weinfeld, R.E., Glover, W., Puglisi, C.V.: J. Pharm. Sci. **63**, 1440 (1974)

31 de Silva, J.A.F., Bekersky, J., Brooks, M.A.: J. Pharm. Sci. **63**, 1943 (1974)

32 de Silva, J.A.F., Puglisi, C.V., Nunno, N.: J. Pharm. Sci. **63**, 520 (1974)

33 Oelschläger, H., Bunge, K., Lim, G.T., Kraft, G.: Arch. Pharm. **307**, 796 (1974)

34 de Silva, J.A.F., Strojny, N., Munno, N.: Anal. Chim. Acta **66**, 23 (1973)

35 Cox, P.L., Heotis, J.P., Polin, D., Rose, G.M.: J. Pharm. Sci. **58**, 987 (1969)

36 Fogg, A.G., Fayad, N.: Anal. Chim. Acta **102**, 205 (1978)

37 Sengün, F.I., Oelschläger, H.: Arch. Pharm. **308**, 720 (1975)

38 Brooks, M.A., Hackman, M.R.: Anal. Chem. **47**, 2059 (1975)

39 Miner, D.J., Rice, J.R., Riggin, R.M., Kissinger, P.T.: Anal. Chem. **53**, 2258 (1981)

40 Brooks, M.A., D'Arconte, L., de Silva, J.A.F.: J. Pharm. Sci. **65**, 112 (1976)

41 Smyth, M.R., Smyth, W.F., Clifford, J.M.: Anal. Chim. Acta **94**, 119 (1977)

42 Munson, J.W., Abdine, H.: Talanta **25**, 221 (1978)

43 Franke, G., Pietrulla, W., Preußner, K.: Fresenius Z. Anal. Chem. **298**, 38 (1979)

44 Zietek, M.: Mikrochim. Acta **1979** II, 75

45 Hackman, M.R., Brooks, M.A., de Silva, J.A.F., Ma, T.S.: Anal. Chem. **46**, 1075 (1974)
46 Brooks, M.A., de Silva, J.A.F., D'Arconte, L.M.: Anal. Chem. **45**, 263 (1973)
47 Kobiela, A.: Pharmazie **32**, 693 (1977)
48 Pylypiw, H.M., Harrington, G.W.: Anal. Chem. **53**, 2365 (1981)
49 Oelschläger, H., Geppert, V.: Arch. Pharm. **309**, 1000 (1976)
50 Hasebe, K., Osteryoung, J.: Anal. Chem. **47**, 2412 (1975)
51 Alkayer, M., Vallon, J.J., Pegon, Y., Bichon, C.: Anal. Chim. Acta **124**, 113 (1981)
52 Alexander, P.W., Hoh, R., Smythe, L.E.: J. Electroanal. Chem. **81**, 151 (1977)
53 Brooks, M.A., de Silva, J.A.F.: Talanta **22**, 849 (1975)
54 Alexander, P.W., Shah, M.H.: Anal. Chem. **52**, 1896 (1980)
55 Smyth, W.F., Groves, J.A.: Anal. Chim. Acta **123**, 175 (1981)
56 Temerk, Y.M., Kamal, M.M.: Fresenius Z. Anal. Chem. **305**, 200 (1981)
57 Jarbawi, T.B., Heineman, W.R., Patriarche, G.J.: Anal. Chim. Acta **126**, 57 (1981)
58 Burmicz, J.S., Smyth, W.F., Smyth, M.R., Palmer, R.F.: Analyst **106**, 802 (1981)
59 Brooks, M.A., de Silva, J.A.F., Hackman, M.R.: Anal. Chim. Acta **64**, 165 (1973)
60 Mason, W.D., Sandman, B.: J. Pharm. Sci. **65**, 599 (1976)
61 Heath, D.F., Jarvis, J.A.F.: Analyst **80**, 613 (1955)
62 Chang, S.K., Harrington, G.W.: Anal. Chem. **47**, 1857 (1975)
63 Brdicka, R., Brezina, M., Kalous, V.: Talanta **12**, 1149 (1965)
64 Alexander, P.W., Shah, M.H.: Talanta **26**, 97 (1979)
65 Ponchon, J.-L., Cespuglio, R., Gonon, F., Jouvet, M., Pujol, J.-F.: Anal. Chem. **51**, 1483 (1979)
66 Munson, J.W., Weierstall, R., Kostenbauder, H.B.: J. Chromatogr. **145**, 328 (1978)
67 Frank, J.: Chimia **35**, 24 (1981)
68 Richards, D.A.: J. Chromatogr. **175**, 293 (1979)
69 Felice, L.J., Bruntlett, C.S., Kissinger, P.T.: J. Chromatogr. **143**, 407 (1977)
70 Felice, L.J., Kissinger, P.T.: Anal. Chem. **48**, 794 (1976)
71 Saetre, R., Rabenstein, D.L.: Anal. Chem. **50**, 276 (1978)
72 White, M.W.: J. Chromatogr. **178**, 229 (1979)
73 Mason, W.D., Amick, E.N., Heft, W.: Anal. Letters **13**B, 817 (1980)
74 Hardee, G.E., Lai, J.W.: Anal. Letters **16**B, 69 (1983)
75 Krause, W.: J. Chromatogr. **181**, 67 (1980)
76 Koch, D.D., Kissinger, P.T.: J. Chromatogr. **164**, 441 (1979)
77 Morrisey, J.L., Shihabi, Z.K.: Clin. Chem. **25**, 2043 (1979)
78 Mayer, W.F., Greenberg, M.S.: J. Chromatogr. Sci. **17**, 614 (1979)
79 Rucki, R.J., Ross, A., Moros, S.A.: J. Chromatogr. **190**, 359 (1980)
80 Koch, D.D., Kissinger, P.T.: Anal. Chem. **52**, 27 (1980)
81 Lankelma, J., van der Kleijn, E., Jansen, M.J.Th.: J. Chromatogr. **182**, 35 (1980)
82 Krull, I.S., Ding, X.-D., Braverman, S., Selavka, C., Hochberg, E., Sternson, L.A.: J. Chromatogr. Sci. **21**, 166 (1983)
83 Kreuzig, F., Frank, J.: J. Chromatogr. **218**, 615 (1981)
84 Moleman, P., Borstrock, J.J.M.: J. Chromatogr. **227**, 391 (1982)
85 Wilson, J.M., Slattery, J.T., Forte, A.J., Nelson, S.D.: J. Chromatogr. **227**, 453 (1982)
86 Kamada, S., Maeda, M., Tsuji, A., Umezawa, J., Kurahashi, T.: J. Chromatogr. **239**, 773 (1982)
87 Alawi, M.A., Rüssel, H.A.: Chromatographia **14**, 704 (1981)
88 Park, G.B., Koss, R.F., O'Neil, S.K., Palace, G.P., Edelson, J.: Anal. Chem. **53**, 604 (1981)
89 Wallace, J.E., Shimek, E.L., Stavchansky, S., Harris, S.C.: Anal. Chem. **53**, 960 (1981)
90 Suckow, R.F., Cooper, T.B.: J. Pharm. Sci. **70**, 257 (1981)
91 Buchanan, D.N., Thoene, J.G.: J. Liquid Chromatogr. **4**, 1587 (1981)
92 Wallace, J.E., Harris, S.C., Peek, M.W.: Anal. Chem. **52**, 1328 (1980)
93 Koch, D.D., Kissinger, P.T.: Life Sciences **2b**, 1099 (1980)
94 Pachla, L.A., Kissinger, P.T.: Methods in Enzymology **62**, 15 (1979)
95 Dutrien, J., Delmotte, Y.A.: Fresenius Z. Anal. Chem. **317**, 124 (1984)
96 Zietek, M.: Mikrochim. Acta (Wien) **1975** II, 463
97 Khandekar, R.N., Mishra, U.C.: Fresenius Z. Anal. Chem. **319**, 577 (1984)

4.5 Lebensmittel und andere Biomatrices

Mit elektrochemischen Methoden werden sowohl anorganische als auch organische Inhalts- und Schadstoffe in Lebensmitteln und biologischen Proben bestimmt. Sie sind besonders für die Analyse von Schwermetallspuren geeignet, in einigen Fällen auch für die Rückstandsanalyse. Für die Kontrolle chemischer Parameter bei der Lebensmittelverarbeitung und in gelagerten Produkten können elektrochemische Messungen ebenfalls nützlich sein [1–5].

So wird über *konduktometrische Messungen* die Raffination und die Qualität der Speiseöle oder Fette kontrolliert; dabei werden Hinweise auf die durch Autoxidation entstandenen Säuren erhalten [1].

In Brauereien und Hopfenveredelungsbetrieben ist die *Konduktometrie* für die Analyse von Bitterstoffen im Hopfen sowie in Hopfenpräparaten bedeutungsvoll; nach den Leitfähigkeitswerten kann die Hopfengabe im Sudhaus bemessen werden [2].

Die *potentiometrische pH-Wert-Bestimmung* nimmt in der Lebensmittelanalytik einen sehr breiten Raum ein. Der im Brotteig notwendige Säuregehalt wird durch die Zugabe von Sauerteig oder säurehaltiger Backmittel erhalten; die Kontrolle erfolgt über pH-Messungen mit der Glaselektrode [3].

pH-Wert sowie Gesamtsäuregehalt sind Qualitätsmerkmale für den Honig und können ebenfalls potentiometrisch mit der Glaselektrode ermittelt werden [4].

Messungen mit der Glaselektrode dienen auch der Qualitätskontrolle von Speiseessig [5], von verschiedenen Milchprodukten (Käse, Rahm, Joghurt etc.) [6, 7, 8] sowie von alkoholhaltigen und alkoholfreien Getränken.

Neben der Glaselektrode sind für direkt-potentiometrische Bestimmungen auch andere ionensensitive Elektroden bedeutungsvoll. Beispiele dafür sind der Tabelle 4.5.-1 zu entnehmen.

Von aktuellem Interesse ist die Analyse der Spurenelemente in Lebensmitteln; manche von ihnen sind lebensnotwendige Nährstoffe, andere sind toxisch. Im allgemeinen ist ihre Wirkung von der Konzentration abhängig, wobei die Grenzen zwischen dem essentiellen Verhalten und den toxischen Eigenschaften im ppm- bis ppb-Bereich liegen.

Für die *Spuren-Bestimmung der Elemente* in Lebensmitteln und anderen Biomatrices *sind polarographische und voltammetrische Methoden* geeignet. Die Probenvorbereitung dazu ist unterschiedlich.

Am einfachsten sind die Bedingungen für die Bestimmung von *Schwermetallspuren im Trinkwasser*. Nach Zugabe eines geeigneten Leitsalzes können Schwermetallspuren durch inverse differentielle Pulse-Voltammetrie simultan und bis in den unteren ppb-Bereich direkt bestimmt werden (s. Abschn. 2.7 und 4.1.1).

Für die *Metallspurenanalyse in Getränken* mit einer organischen Matrix sowie in festen Lebensmitteln und biologischen Proben ist die Probenvorbereitung aufwendiger. Zur Freisetzung der gebundenen Elementbestandteile und zur Vermeidung von Störeinflüssen muß die organische Matrix möglichst vollständig zertört werden. Dabei ist auf Elementverluste und auf die Möglichkeit der Probenkontamination zu achten.

Die in Abb. 4.5.-1 gegenübergestellten Kurvenverläufe veranschaulichen die Bedeutung der Probenvorbereitung am Beispiel der inversvoltammetrischen Bestimmung von Schwermetallen im Wein. Die Ausbildung der Peaks für Cu, Cd und Pb ist vom Grad der Probenmineralisierung und vom pH-Wert der Analysenlösung

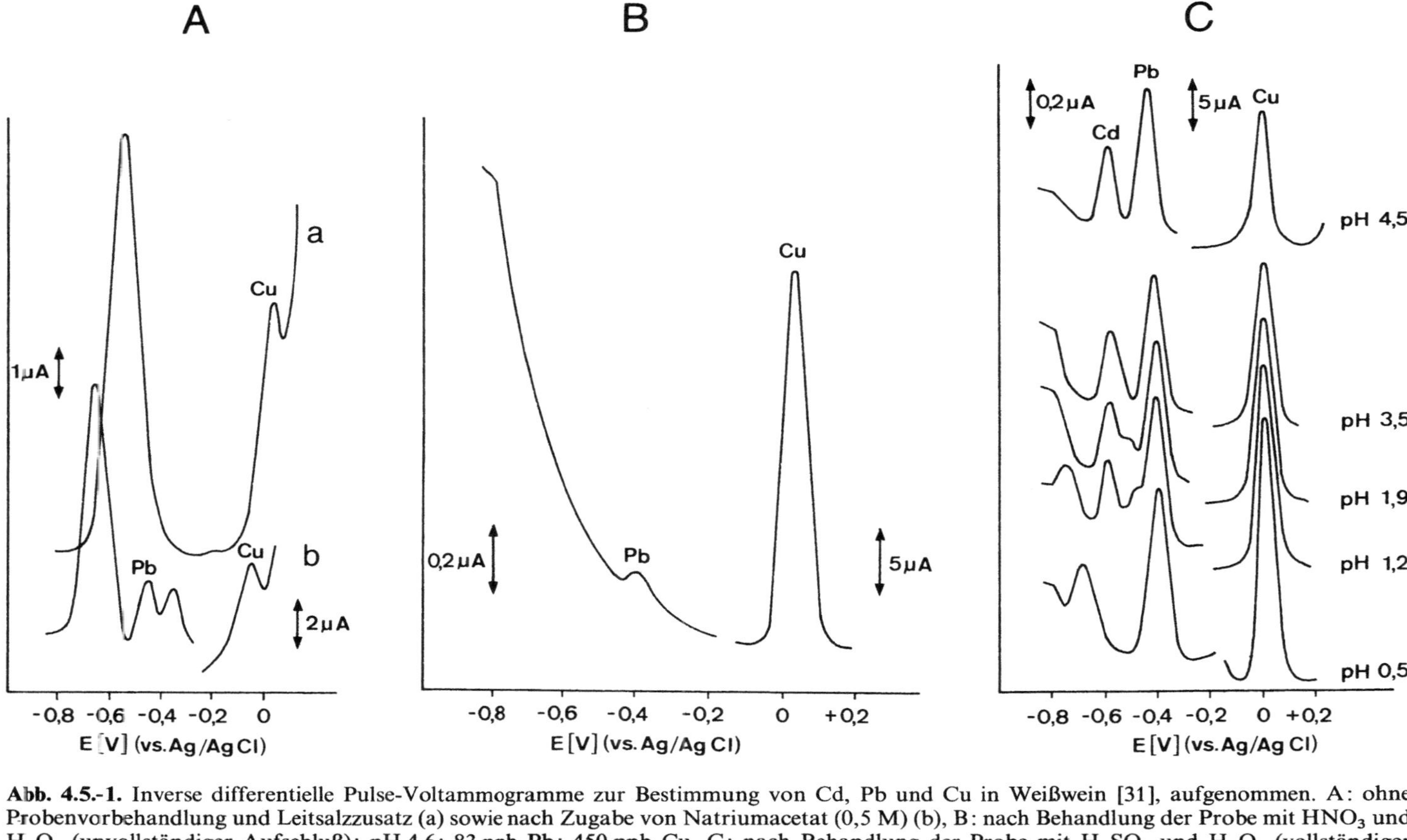

Abb. 4.5.-1. Inverse differentielle Pulse-Voltammogramme zur Bestimmung von Cd, Pb und Cu in Weißwein [31], aufgenommen. A: ohne Probenvorbehandlung und Leitsalzzusatz (a) sowie nach Zugabe von Natriumacetat (0,5 M) (b), B: nach Behandlung der Probe mit HNO_3 und H_2O_2 (unvollständiger Aufschluß); pH 4,6; 83 ppb Pb; 450 ppb Cu, C: nach Behandlung der Probe mit H_2SO_4 und H_2O_2 (vollständiger Aufschluß); pH 0,5–4,5; 83 ppb Pb; 450 ppb Cu; 23 ppb Cd

Tabelle 4.5.-1. Anwendung ionensensitiver Elektroden in der Lebensmittelanalytik

Ion/Verbindung	Elektrodentyp	Probe	Probenvorbereitung (Bemerkungen)	Lit.
F^-	Festkörpermembran-Elektrode	fluoriertes Speisesalz	Direkte Bestimmung nach Zugabe von Acetatpuffer (pH 6,0)	[9]
		Kleinkindernährmittel	Bestimmung nach Veraschung (550 °C), Aufschluß mit NaOH und Zugabe von Citronensäure (pH 5,0–6,5)	[10]
		Milch	Direkte Bestimmung nach Zugabe von Citratpuffer und NaOH bis pH 5,2	[11]
		Muttermilch	Bestimmung im ng-Bereich nach Aufschluß mit $HClO_4$ bzw. Veraschung	[12]
		Wein	Direkte Bestimmung nach Zugabe von Citrat-Puffer (pH 5,5)	[13]
		versch. Lebensmittel	Bestimmung nach Mikrodiffusion von HF (20 h; 50 °C) in $HClO_4/Ag_2SO_4$-Lösung	[14]
Cl^-	Festkörpermembran-Elektrode	Milch, Fruchtsaft, Obst, Gemüse, Fleisch	Bestimmung nach Behandlung der Probe mit $HClO_4 + K_2S_2O_8 + Cu(NO_3)_2$ (ppm-Bereich)	[15]
		Fruchtsaft	Direkte Bestimmung im $mg \cdot l^{-1}$-Bereich (Vgl. mit der maßanalytischen Bestimmung)	[16]
Br^-	Festkörpermembran-Elektrode	Wein	Direkte Bestimmung nach Zugabe von KNO_3, H_3PO_4 und $CuSO_4$ (ppm-Bereich)	[17]
Methylbromid	Festkörpermembran-Elektrode (Bromidelektrode)	verschiedene Lebensmittel	Bestimmung nach Veraschung im H_2O-Auszug (Bestimmungsgrenze: 1 ppm)	[18]

I^-	Festkörpermembran-Elektrode	Milch	Direkte Bestimmung nach Zugabe von KCl (Bestimmungsgrenze: 0,05 ppm)	[19]
NO_3^-	Flüssigmembran- Elektrode	Frischgemüse	Bestimmung nach Homogenisierung der Probe mit H_2O oder im Press-Saft	[20]
NO_3^-	Flüssigmembran- Elektrode	Spinat	Bestimmung nach Homogenisierung der Probe und Zugabe von Na_2SO_4	[21]
		verschiedene Lebensmittel	Bestimmung in verschiedenen flüssigen Produkten und Extrakten	[22]
SO_2	Gas-Elektrode	Wein	Bestimmung nach Zugabe von $H_2SO_4 + Na_2SO_4$ bzw. nach Zugabe von NaOH und Ansäuern der Probe	[23]
NH_3	Gas-Elektrode	Bier, Würze	Direkte Bestimmung zur Überwachung der Mengenverhältnisse von NH_4^+-Salzen und Aminosäuren	[24]
L-Lysin	Enzym-Elektrode (Detektion mit CO_2-Elektroden nach enzym. Decarboxylierung)	Getreide, verschiedene Lebensmittel	Bestimmung nach saurer Hydrolyse im Bereich von 10^{-1} bis $5 \cdot 10^{-5}$ M	[25]
Na^+	Festkörpermembran-Elektrode (Glaselektrode)	Fleischwaren	Bestimmung nach Extraktion mit H_2O und TISAB-Zugabe	[26]
		Räucherfisch	Bestimmung in wäßrigen Auszügen nach Zugabe von TISAB	[27]
		Kartoffeln, Reis, Früchte	Bestimmung nach Veraschung im Bereich von 10^{-2} bis 10^{-4} M	[28]
Na^+, K^+, Cl^-	Festkörper- und Flüssigmembran- Elektroden	verschiedene Lebensmittel	Bestimmung in Probelösungen mit Salzgehalten bis 2,8 %	[29]
Na^+, K^+	Festkörpermembran-Elektroden	Brot	Bestimmung nach Veraschung bei 500 °C; Vgl. mit der Bestimmung durch Flammenphotometrie und AAS	[96]

abhängig. Die im Teil A der Abb. 4.5.-1 dargestellten Voltammogramme wurden bei direkter Untersuchung der Probe erhalten; die dem Cu und Pb zugeordneten Peaks sind nur schwach ausgebildet. Die Behandlung der Probe mit HNO_3 und H_2O_2 führt lediglich zur Verbesserung der Cu-Bestimmung (s. Teil B). Zur störungsfreien Bestimmung von Cu, Cd und Pb muß die Probe mit H_2SO_4 und H_2O_2 behandelt werden, um die organische Matrix möglichst vollständig abzubauen; danach wird mit NaOH und CH_3COONa der pH-Wert der Lösung eingestellt. Nach den Kurvenverläufen im Teil C der Abb. 4.5.-1 sind die Peaks von Cu, Cd und Pb in den bei pH 3,5–4,5 erhaltenen Voltammogrammen am besten ausgebildet [31].

Zur Mineralisierung von biologischen Proben sind verschiedene Techniken für die trockene Veraschung und für Naßaufschlüsse bekannt [2].

Für die Wahl der Aufbereitungsmethode ist die Art der Probe und das Verhalten der zu bestimmenden Elemente maßgebend.

Bei der trockenen Veraschung wird die organische Matrix in Gegenwart von Sauerstoff bei Temperaturen bis maximal 800 °C zerstört. Bei hohen Veraschungstemperaturen können leichtflüchtige Elemente wie Quecksilber, Arsen, Antimon, Selen, Cadmium, Thallium und Blei teilweise oder sogar vollständig verloren gehen. Elementverluste sind bei der Probenveraschung auch durch Verbindungsbildung oder durch Einschlüsse in schwerlösliche Verbindungen möglich.

Bei der Hochfrequenzveraschung mit aktiviertem Sauerstoff werden die Proben weniger hohen Temperaturen ausgesetzt [32]. Aber auch dann sind Elementverluste nicht auszuschließen. Es ist überhaupt empfehlenswert, die trockene Veraschung in geschlossenen Systemen unter Sauerstoffdruck durchzuführen [33]. Bei Naßaufschlüssen werden zur oxidativen Zersetzung der organischen Matrix hauptsächlich Salpetersäure, Perchlorsäure oder Wasserstoffperoxid verwendet. Als Lösungsvermittler bzw. zur Neutralisation sind Ammoniak, Natronlauge, Salzsäure oder Schwefelsäure geeignet. Zusätze von Selendioxid, Eisen(II)- oder Silbersalzen können dabei als Katalysatoren wirken [34, 35].

Über die Eignung von Lumatom* als Lösungsvermittler für Biomatrices sind im Zusammenhang mit der polarographischen bzw. voltammetrischen Elementbestimmung nur wenige Hinweise bekannt [30, 52, 55, 98].

Die für Naßaufschlüsse benutzten Chemikalien dürfen natürlich keine Verunreinigungen an solchen Elementspuren enthalten, die in der Probe selbst bestimmt werden sollen. Im Zweifelsfalle ist deshalb immer die Verwendung von Suprapur-Chemikalien zu empfehlen; Blindwerte sind stets zu berücksichtigen.

Für die Schwermetallbestimmung im Wein wird der photolytische Aufschluß durch UV-Betrahlung vorgeschlagen [36]. Die Bestrahlung erfolgt in einem Quarzgefäß, welches gleichzeitig als Meßzelle verwendet wird [37].

Quarzgefäße sind auch für alle anderen Naßaufschlüsse zu empfehlen. Für Naßaufschlüsse in geschlossenen Systemen (Druckaufschluß) sind Gefäße aus Teflon geeignet [56]. Beim Druckaufschluß mit Salpetersäure wird aber die organische Matrix nicht immer vollständig zerstört [57]. Die Probe sollte dann einer Nachbehandlung zugeführt werden, um eventuelle Störungen bei der polarographischen bzw. voltammetrischen Bestimmung der Elementspuren durch noch vorhandene organische

---

* Lösung eines quarternären Ammoniumhydroxids (Fa. Hans Kürner, Neuberg)

Tabelle 4.5.-2. Polarographische und voltammetrische Bestimmung von Elementspuren in Lebensmitteln und Biomatrices

Element	Probe	Methode	Probenaufschluß (Bemerkungen)	Lit.
Cd	Trockenmilch	iDPV (HMDE)	Veraschung (500–550 °C); Bestimmungsgrenze: <2 ppb	[38]
Cd, Pb	Milch	iDPV (HMDE)	Gefriertrocknung und Veraschung (550 °C); Bestimmungsgrenze: $0,2\,\mu g \cdot l^{-1}$	[39]
Cd, Pb, Cu	Fleisch und Fleischerzeugnisse, Konserven, Getränke, Gemüse, Obst	iDCV (HMDE)	Aufschluß mit H_2SO_4 (konzentriert) + Perhydrol; Bestimmungsgrenze: 0,25 ng Cd/ml; 1,6 ng Pb/ml; 6 ng Cu/ml	[40]
Pb	Fruchtsäfte	iDCV (HMDE)	Veraschung (500 °C)	[41]
Pb	Trockenmilch	iDCV (TFME)	Aufschluß mit HNO_3 + $HClO_4$ + H_2SO_4 (24 + 24 + 1)	[42]
Cd, Pb, Cu	Wein	iDPV (TFME für Cd und Pb; Au-Elektrode für Cu)	UV-Bestrahlung (1,5 h mit 500 W Hg-Dampflampe) nach Zugabe von 30 %igem H_2O_2	[43]
		iDPV	Aufschluß mit H_2SO_4/H_2O_2; Bestimmung im ppb-Bereich	[31]
Cd, Pb, Cu	Speisepilze	iDCV (HMDE)	Aufschluß mit H_2SO_4(konzentriert): Perhydrol	[44]
Hg	Fisch	iDPV (Au-Elektrode)	Druckaufschluß mit HNO_3 + $HClO_4$ (7:1) und UV-Bestrahlung nach H_2O_2-Zugabe (4 h: 150 W Hg-Lampe)	[45]
Sn, Al	Bier	DCP; AC1P (DME)	Veraschung und Nachbehandlung mit HNO_3 (Al-Bestimmung) oder mit NaOH + H_2O_2 (Sn-Bestimmung); Bestimmungsgrenze: 0,1 mg/l	[46]
Fe	Wein	DPP (DME)	Aufschluß mit HNO_3/H_2O_2	[47]
Pb	Milch	iDCV (HMDE)	Veraschung (450 °C) und Lösen mit 1 N HCl; Bestimmung im $ng \cdot ml^{-1}$-Bereich	[48]

(Fortsetzung)

Tabelle 4.5.-2 (Fortsetzung)

Element	Probe	Methode	Probenaufschluß (Bemerkungen)	Lit.
Cu, Hg, Zn, Pb, Cd, Fe, Sn, Sb, Cr, Te, Se, As	Wurst, Fleisch, Gemüse, Gelee	CRP	Aufschluß mit H_2SO_4 + HNO_3 und Extraktion (Analysenschema) Bestimmungsbereich: 0,1–20 ppm	[49]
Cu	Pflanzenöl	iDPV	Veraschung; Bestimmung im ppb-Bereich	[50]
As, Se	Fisch, Fleisch	DPP (für As-Bestimmung) iDPV (für Se-Bestimmung)	Aufschluß mit HNO_3 + $Mg(NO_3)_2$	[51]
Sn, Pb, Cu	Fruchtsäfte	ACP1 (DME)	Aufschluß mit Lumatom; Bestimmungsbereich: 10^{-6}–10^{-8} M	[52]
Cd, Cu, Pb, Zn	Tomaten, Früchte, Fleisch, Butter u.a.	iDPV (HMDE)	Aufschluß mit HNO_3 (in geschlossenen oder offenen Gefäßen) und Erhitzen mit $NaNO_3$ + KNO_3; Bestimmung im $\mu g \cdot g^{-1}$-Bereich	[53]
Cd, Pb, Cu [Ni, Co]	Wein	iDPV (TFME) und DCV (HMDE)	UV-Bestrahlung (1 h mit 150 W-Hg-Dampflampe) nach Zugabe von 30%igem H_2O_2 (Co- und Ni-Bestimmung mit Dimethylglyoxim durch Adsorptionsvoltammetrie an der HMDE)	[37]
Cu	Butter	iDCV (HMDE)	Extraktion mit heißer HNO_3 und Nachbehandlung mit H_2SO_4 + $HClO_4$	[54]
Pb, Cu, Sn	Früchte, Fruchtsäfte, u.a. biologische Proben	iACV (HMDE)	Bestimmung nach Aufschluß mit Lumatom in methanolischer 1 M HCl im ppb-Bereich	[55]
Cu, Fe, Mn, Zn, Pb, Cd	Pflanzen	DPP (DME)	Veraschung (0,2–0,5 g Probe) und Lösen in Weinsäure zur Bestimmung von Cu, Pb, Cd, Zn; nach Zusatz von Ammoniak werden Cd, Zn, Fe und nach weiterem Zusatz von KCN Mn bestimmt. Bestimmungsgrenze: 1 µg/g	[87]
Se	Milch, Gemüse, Leber, Fleisch	iDPV (Kathodisches Stripping) (HMDE)	Aufschluß mit HNO_3 + H_2O_2 und Trennung durch Ionenaustausch; Bestimmung im ppb-Bereich	[88]

Se, Cu, Pb, Cd	Fisch, Rinderleber	iDPV (HMDE) (Kathodisches Stripping für Se-Bestimmung)	Aufschluß mit HNO_3 und Nachbehandlung bei 500 °C nach Zugabe von $Mg(NO_3)_2$; Lösen in HCl; Bestimmung im ppb-Bereich	[89]
Mo, Zn, Cu, Pb	Pflanzen	ACP1 (DME)	Veraschung (450 °C) und Nachbehandlung mit HNO_3	[90]
Cd, Pb, Cu	Coca-Cola	iDPP (HMDE)	Direkte automatische Simultanbestimmung	[91]
Cu, Pb, Cd, Zn, Sn	Tomatenpüree	SWP (DME)	Aufschluß mit konzentrierter H_2SO_4 und HNO_3 (H_2O_2)	[92]
Cd, Cu, Pb, Co, Ni	Milchpulver u. a. biologische Matrices	iDPV (HMDE)	Aufschluß mit HNO_3 + $HClO_4$ + H_2SO_4 in Quarzampullen	[93]
Cu, Pb, Cd, Zn, Ni, Co	Fleisch, Leber, Nieren	iDPV (HMDE) (Adsorptions-voltammetrie)	Aufschluß mit HNO_3 + $HClO_4$; Anreicherung von Ni und Co als Dimethylglyoxim-Komplexe	[94]
Se	Rinderleber, Austern	iDPV (HMDE)	Aufschluß mit Lumatom	[30]
Mo	Pflanzen	DPP (DME)	Veraschung bei 450 °C. Bestimmungsgrenze: $1 \, ng \cdot ml^{-1}$	[95]
Hg	Fisch	iDPV (Gold- Disk-Elektrode)	Aufschluß mit $HNO_3/HClO_4$ oder HNO_3/H_2SO_4 und UV-Bestrahlung	[97]
As	Auster	iDPV (kathodisches Stripping)	Aufschluß mit Lumatom	[98]
Cd, Cu, Pb	Milchpulver	iDPV (HMDE)	trockene Veraschung	[99]
Ni, Co	Rinderleber, Milchpulver	iDPV (HMDE) (Adsorptions-Voltammetrie)	trockene Veraschung; Anreicherung als Dimethylglyoxim-Komplexe	[100, 101]

Bestandteile zu beseitigen. Bei den Aufschlüssen müssen alle Arbeitsbedingungen exakt eingehalten werden. Um individuelle Faktoren auszuschließen, ist mechanisierten oder automatisierten Apparaturen der Vorzug zu geben [58, 59] (s. Abschn. 4.1.1).

Verfahren zur *polarographischen und voltammetrischen Bestimmung von Elementspuren in Lebensmitteln und anderen Biomatrices* sind in Tabelle 4.5.-2 zusammengefaßt.

Organische Inhaltsstoffe und Rückstände von Pflanzenschutzmitteln oder Masthilfsmitteln werden in Lebensmitteln und Biomatrices im allgemeinen nach vorangehender Extraktion und chromatographischer Trennung bestimmt. Einige dieser Verbindungen können polarographisch oder voltammetrisch erfaßt werden. Besonders geeignet für die Analyse organischer Verbindungen ist der *Verbund der Flüssigkeits-Chromatographie mit den Methoden der elektrochemischen Detektion* (s. Abschn. 4.6). Verbundverfahren dieser Art wurden für die Bestimmung östrogenhaltiger Masthilfsmittel im Fleisch, für Antioxidantien in Lebensmitteln, für verschiedene Vitamine und für die Rückstandsanalyse in Obst, Gemüse, Milch u. a. Lebensmitteln entwickelt. Am Beispiel der Bestimmung wachstumsfördernder Hormone im Fleisch wird in Abb. 4.5.-2 die Leistungsfähigkeit dieses Analysenverbundes veranschaulicht. Angaben zu diesen und anderen Verfahren sind der Tabelle 4.5.-3 zu entnehmen.

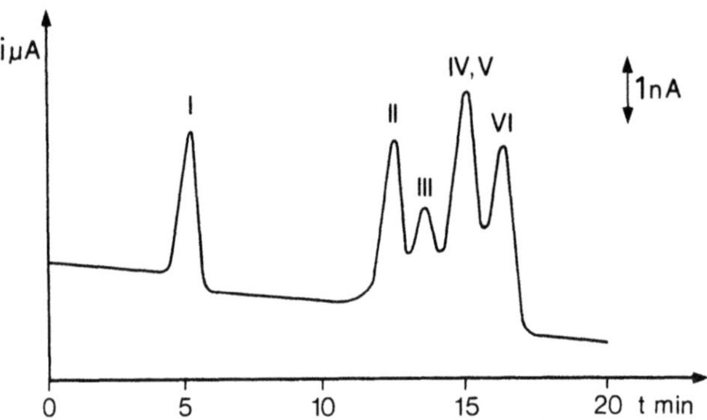

Abb. 4.5.-2. Bestimmung von Östriol (I), 17-Östradiol (II), Östron (III), Diethylstilböstrol (IV), Dienöstrol (V) und Hexöstrol (VI) im Gemisch (16 ng) durch HPLC mit voltammetrischer Detektion an einer GC-Elektrode in Phosphat-gepufferter Lösung bei E = +1,2 V [60]

Tabelle 4.5.-3. Bestimmung organischer Verbindungen in Lebensmitteln und Biomatrices durch Polarographie, Voltammetrie und Flüssigkeitschromatographie mit elektrochemischer Detektion*

organische Verbindung	Probe	Methode	Probenvorbereitung (Bemerkungen)	Lit.
Östriol, 17β-Östradiol, Östron, Diethylstilböstrol, Dienöstrol, Hexöstrol	Fleisch	HPLC-ELCD	Bestimmung nach Extraktion mit Dichlormethan und Trennung über LiChrosorb RP-8; Mobile Phase: Methanol/H_2O/Acetonitril/NaH_2PO_4/H_3PO_4; E = +1,2 V (vs. Ag/AgCl); Bestimmungsgrenze: 1–3 ng·g^{-1} Fleisch	[60, 61]
2,3-Dicyano-1,4-dihydro-1,4-dithia-anthrachinon (Dithianon)	Obst	HPLC-ELCD	Rückstandsbestimmung nach Extraktion mit Dichlormethan und Trennung über C_{18} Reverse-Phase-Säule mit Dioxan-H_2O als mobile Phase, E = −0,05 V (vs. Ag/AgCl) (GC-Elektrode)	[62]
Sulfadiazin, Sulfadimidin	Milch	HPLC-ELCD	Rückstandsbestimmung nach Extraktion mit Chloroform und Trennung über RP-C_2 Reverse-Phase-Säule mit Methanol/H_2O/$LiClO_4$ als mobile Phase; E = +1,1 V (vs. Ag/AgCl)	[63]
Kaffeesäure- methylester und -ethylester	Gemüse, Obst	HPLC-ELCD	Bestimmung nach Extraktion, säulenchromatographischer Reinigung an Polyamid und Trennung über Nucleosil 10-C_8; E = +1,0 V (vs. Ag/AgCl); Bestimmungsgrenze: 0,02 ppm	[64]
Methomyl, Methomyloxim	Obst	HPLC-ELCD	Bestimmung nach Extraktion mit Ethylacetat und Trennung über RP-C_{18} mit Acetonitril/H_2O/$LiClO_4$ als mobile Phase; E = +1,3 V (vs. Ag/AgCl); Bestimmungsgrenze: 1 ng·ml^{-1} Methomyl; 100 pg·ml^{-1} Methomyloxim	[65]
Tocopherole	Speiseöl, Fett, fetthaltige Lebensmittel	DCV	Direkte oxidative Bestimmung (GC-Elektrode) in Ethanol-Benzol-Schwefelsäure Bestimmungsgrenze: 30 mg·kg^{-1} (Öl)	[66]

(Fortsetzung)

* HPLC-ELCD: Hochdruck-Flüssigkeitschromatographie mit elektrochemischer Detektion
LC-ELCD: Flüssigkeitschromatographie mit elektrochemischer Detektion (s. Abschn. 4.6)

Tabelle 4.5.-3 (Fortsetzung)

organische Verbindung	Probe	Methode	Probenvorbereitung (Bemerkungen)	Lit.
Tocopherole	Öle, Fette	DPV (Durchflußzelle)	Oxidative Bestimmung an GC-Elektrode in Ethanol/Toluol (2:1) mit 0,01 M H_2SO_4 bei $E = +0,6$ bis $+1,0$ V (vs. Ag/AgCl); Bestimmungsgrenze: 0,01 ppm	[67]
Nitrovin	Hühnerfleisch	DPP	Rückstandsbestimmung nach Extraktion mit Triethanolamin in Acetatpuffer-Lösung; Bestimmungsgrenze: 27 ppb	[68]
Phenole	alkoholische Getränke, Fruchtsäfte	LC-ELCD	Bestimmung nach Extraktion mit Ethylacetat und Trennung über einer C_{18}-Säule; $E = +0,95$ V (vs. Ag/AgCl)	[69]
	Bier	LC-ELCD	Bestimmung nach Extraktion mit Ethylacetat und Trennung über Zipax SAX; Bestimmungsgrenze: 20 pg	[70]
Phenolische Antioxidantien	Öl, verschiedene Lebensmittel	LC-ELCD	Bestimmung nach Extraktion mit Ethanol und Trennung über µ-Bondapak C_{18}	[71]
2-Phenylphenol	Orangenschalen	LC-ELCD	Bestimmung nach Extraktion mit Methylenchlorid und Trennung über Bondapak C_{18}, Corasil; $E = +0,8$ V (vs. Ag/AgCl)	[72]
Saccharin	Getränke, Lebensmittel	DCP	Bestimmung in alkalischer Grundlösung nach Extraktion und chromatographischer Abtrennung; Bestimmungsgrenze: 5 ppm	[73]
	nichtalkoholische Getränke	DPP	Bestimmung nach Extraktion mit Chloroform und Reextraktion in eine saure oder alkalische Grundlösung; Bestimmungsgrenze: 0,5 ppm (pH 1), 1 ppm (pH 8,5)	[74]
Nicotin	Tabak	DCP	Bestimmung nach Extraktion mit 2 M NaOH; Bestimmungsgrenze: $0,8 \text{ mg} \cdot l^{-1}$	[75]
Coffein, Theobromin, Theophyllin	Kaffee, Tee, Kakao, verschiedene Getränke	HPLC-ELCD	Direkte Bestimmung oder nach Extraktion mit H_2O und Trennung über Nucleosil 10-C_{18}; $E = +1,5$ V (vs. Ag/AgCl); Bestimmungsgrenze: 0,7–4,0 ng	[76]

Hesperidin	Orangensaft, Limonade	HPLC-ELCD	Bestimmung nach Trennung über Nucleosil 10-C_{18}, $E = +1,3$ V (vs. Ag/AgCl); Bestimmungsgrenze: 8 ng	[77]
Salsolinol	Banane	HPLC-ELCD	Bestimmung nach Behandlung mit $HClO_4$, Anreicherung an Al_2O_3 und Trennung über Kationenaustauscher	[78]
Chloramphenicol	Milch, Fleisch	DPP	Bestimmung in Acetatpuffer (pH 4,7) nach Extraktion mit Diethylether; Bestimmungsbereich: $10\,\text{ng} \cdot \text{ml}^{-1}$–$1\,\mu\text{g} \cdot \text{ml}^{-1}$	[79]
Synthetische Farbstoffe	Sirup, Fruchtsäfte, verschiedene Getränke	DCV	Direkte Bestimmung oder nach Adsorption an GC-Elektrode	[80]
Fructose	Früchte, Fruchtsaft, Honig	DCP	Bestimmung in Früchten nach Extraktion mit Ethanol, in Säften und Honig direkt in 0,1 N $CaCl_2$-Lösung	[81]
N-Nitrosoprolin	Schinken, Schinkenspeck	DPP	Bestimmung im H_2O-Auszug (pH 7,5) nach Trennung über Sephadex LH 20; Bestimmungsgrenze: 0,04 µg/ml	[82]
Aflatoxine B_1, B_2, G_1, G_2	Reis, Milch, Korn u.a.	DPP	Bestimmung nach Extraktion mit Chloroform/Methanol und Trennung über Sephadex LH 20; Bestimmungsgrenze: 1–$2\,\mu\text{g} \cdot \text{g}^{-1}$	[83]
Nicotinsäure	Fruchtsaft	HPLC-ELCD	Bestimmung nach Aufschluß mit H_2SO_4 im Autoklaven, Anreicherung über Kationenaustauscher und Trennung über Nucleosil 5; $E = -1,45$ V (vs. Ag/AgCl)	[84]
Ascorbinsäure	Fruchtsaft, Tabletten	DPV (CPE)	Direkte Bestimmung an Kohlepaste-Elektrode in Acetat-gepufferter Lösung (pH 4,7); Bestimmungsgrenze: $1,5 \cdot 10^{-7}$ M (für Tabletten) und $1 \cdot 10^{-5}$ M (für Säfte)	[85]
Tocopherole	Öl	DCV (CPE)	Bestimmung nach alkalischer Hydrolyse (Verseifung) in 0,2 M H_2SO_4 + 75 % Ethanol im $\text{mg} \cdot \text{g}^{-1}$-Bereich	[86]

Literatur zu 4.5

Monographien und Übersichtsarbeiten

1 Sawyer, D.T. (ed.): Electrochemical Studies of Biological Systems, ACS Symposium Series
   38. Washington, D.C.: American Chemical Society 1977
2 Crosby, N.T.: Determination of Metals in Foods, Analyst **102**, 225 (1977)
3 Nangniot, Paul: La polarographie en agronomie et en biologie. Gembloux: Duculot 1970
4 Smyth, M.R., Smyth, W.F.: Voltammetric Methods for the Determination of Foreign
   Organic Compounds of Biological Significance; Analyst **103**, 529 (1978)
5 Smyth, W.F.: Polarography of Molecules of Biological Significance. London, New York,
   San Francisco: Academic Press 1979

Originalliteratur

1   Hadorn, H., Zürcher, K.: Dtsch. Lebensmittel-Rdsch. **70**, 57 (1974)
2   Sauer, Z., Baron, G.: Brauwissenschaft **20**, Heft 3, 65 (1973)
3   Dörfner, H.H.: Ref. in Metrohm Information 2/74
4   Metrohm Application-Bulletin No. A94d
5   Metrohm Application-Bulletin No. A84d
6   Metrohm Application-Bulletin No. A28d
7   Metrohm Application-Bulletin No. A86d
8   Metrohm Application-Bulletin No. A87d
9   Schick, A.L.: J. Assoc. Off. Anal. Chem. **56**, 798 (1973)
10 Tschawdarova, R., Schmid, E.R., Becker, R.R.: Mikrochim. Acta (1975) I, 443
11 Beddows, C.G., Kirk, D.: Analyst **106**, 1341 (1981)
12 Esala, S., Vuori, E., Niinstö, L.: Mikrochim. Acta (Wien) (1983) I, 155
13 Junge, Ch., Haller, H.E.: Die Weinwirtschaft **113**, 140 (1977)
14 Dabeka, R.W., Mckenzie, A.D., Conacher, H.B.S.: J. Assoc. Off. Anal. Chem. **62**, 1065
    (1979)
15 Sekerka, J., Lechner, J.F.: J. Assoc. Off. Anal. Chem. **61**, 1493 (1978)
16 Anders, U., Hailer, G.: Dtsch. Lebensmittel-Rdsch. **71**, 208 (1975)
17 Graf, J.E., Vaughn, T.E., Kipp, W.H.: J. Assoc. Off. Anal. Chem. **59**, 53 (1976)
18 Kuhlmann, F.: Lebensm. chem. u. gerichtl. Chem. **34**, 95 (1980)
19 Crecelins, E.A.: Anal. Chem. **47**, 2034 (1975)
20 Wünsch, U., Schärer, A., Temperli, E.: Mitt. der Eidg. Forschungsanstalt für Obst, Wein u.
    Gartenbau Wädenswil; Flugschrift Nr. 106
21 Voogt, P.: Dtsch. Lebensm.-Rdsch. **65**, 196 (1969)
22 Mergey, C., Bonnoit, J.-M.: Analusis **6**, 164 (1978)
23 Binder, A., Ebel, S., Kaal, M., Thron, T.: Dtsch. Lebensm.-Rdsch. **71**, 246 (1975)
24 Drawert, F., Nitsche, T.: Brauwissenschaften **29**, Heft 10 (1976)
25 White, W.C., Guilbault, G.G.: Anal. Chem. **50**, 1481 (1978)
26 Arneth, W., Herold, B.: Dtsch. Lebensm.-Rdsch. **70**, 175 (1974)
27 McNerney, F.G.: J. Assoc. Off. Anal. Chem. **57**, 1159 (1974)
28 Secor, G.E., Mc Donald, G.M., Mc Cready, R.M.: J. Assoc. Off. Anal. Chem. **59**, 761
    (1976)
29 Chapman, B.R., Goldsmith, J.R.: Analyst **107**, 1014 (1982)
30 bin Ahmad, R., Hill, J.O., Magee, R.J.: Analyst **108**, 835 (1983)
31 Oehme, W., Lund, W.: Fresenius Z. Anal. Chem. **294**, 391 (1979)
32 Gleit, C.E.: Anal. Chem. **37**, 314 (1965)
33 Schenbeck, E., Nielsen, A., Iwantscheff, G.: Fresenius Z. Anal. Chem. **294**, 398 (1979)
34 Seiler, H., Schlettwein-Gsell, D., Brubacher, G., Ritzel, G.: Mitt. Gebiete Lebensm. Hyg.
    68, 213 (1977)
35 Sansoni, B., Kracke, W.: Z. Anal. Chem. **243**, 209 (1968)
36 Golimowski, J., Valenta, P., Nürnberg, H.W.: Z. Lebensm. Unters. Forsch. **168**, 333 (1979)
37 Golimowski, J., Nürnberg, H.W., Valenta, P.: Lebensmittelchemie u. gerichtl. Chemie **34**,
    116 (1980)
38 Cornell, D.G., Pallansch, M.J.: Journal of Dairy Science **56**, 1479 (1972)

39 Jönsson, H.: Z. Lebensm. Unters. Forsch. **160**, 1 (1976)
40 Collet, P.: Dtsch. Lebensmittel-Rdsch. **71**, 249 (1975)
41 Bielig, H.J., Mixa, A.: Flüssiges Obst **40**, 226 (1973)
42 Sulek, A.M., Elkins, E.R., Zink, E.W.: J. Assoc. Off. Anal. Chem. **61**, 931 (1978)
43 Golimowski, J., Valenta, P., Nürnberg, H.W.: Z. Lebensm. Unters. Forsch. **168**, 353 (1979)
44 Collet, P.: Dtsch. Lebensmittel-Rdsch. **73**, 75 (1977)
45 Ahmed, R., Valenta, P., Nürnberg, H.W.: Mikrochim. Acta (Wien) (1981) I, 171
46 Metrohm Application-Bulletin No. A62d
47 Böhm, G., Sontag, G., Kainz, G.: Mikrochim. Acta (Wien) (1977) I, 311
48 Stelte, W.: Lebensm. Unters. Forsch. **146**, 258 (1971)
49 Kapel, M., Komaitis, M.E.: Analyst **104**, 124 (1979)
50 Wong, K.H., Fung, Y.S., Fung, K.W.: Analyst **105**, 30 (1980)
51 Holak, W.: J. Assoc. Off. Anal. Chem. **59**, 650 (1976)
52 Membrini, P.G., Dogan, S., Haerdi, W.: Anal. Letters **13** (A11), 947 (1980)
53 Holak, W.: J. Assoc. Off. Anal. Chem. **58**, 777 (1975)
54 Mrowetz, G., Klostermeyer, H.: Z. Lebensm. Unters.-Forsch. **153**, 348 (1973)
55 Dogan, S.G., Nembrini, G., Haerdi, W.: Anal. Chim. Acta **130**, 385 (1981)
56 Kotz, L., Kaiser, G., Tschöpel, P., Tölg, G.: Fresenius Z. Anal. Chem. **260**, 207 (1972)
57 Kotz, L., Henze, G., Kaiser, G., Pahlke, S., Verber, M., Tölg, G.: Talanta **26**, 681 (1979)
58 Seiler, H.: Laborpraxis Heft 6, 23 (1979)
59 Knapp, G.: Z. Anal. Chem. **274**, 271 (1975)
60 Smyth, M.C., Frischkorn, C.G.B.: Fresenius Z. Anal. Chem. **301**, 220 (1980)
61 Frischkorn, C.G.B., Smyth, M.C., Frischkorn, M.R., Golimowski, H.E.: Fresenius Z. Anal. Chem. **300**, 407 (1980)
62 Buchberger, W., Winsauer, K.: Mikrochim. Acta (Wien) (1980) II, 257
63 Alawi, M.A., Rüssel, H.A.: Fresenius Z. Anal. Chem. **307**, 382 (1981)
64 Sontag, G., Schäfers, F.J., Herrmann, K.: Z. Lebensm. Unters. Forsch. **170**, 417 (1980)
65 Alawi, M.A., Rüssel, H.A.: Fresenius Z. Anal. Chem. **309**, 8 (1981)
66 McBride, H., Evans, D.: Anal. Chem. **45**, 446 (1973)
67 Löliger, J., Sancy, F.: Z. Lebensm. Unters. Forsch. **170**, 413 (1980)
68 Rogstad, A., Høgberg, K.: Anal. Chim. Acta **94**, 461 (1981)
69 Roston, D.A., Kissinger, P.T.: Anal. Chem. **53**, 1695 (1981)
70 Kenyhercz, T.M., Kissinger, P.T.: J. Agric. Food Chem. **25**, 961 (1977)
71 King, W.P., Joseph, K.T., Kissinger, P.T.: J. Assoc. Off. Anal. Chem. **63**, 137 (1980)
72 Ott, D.E.: J. Assoc. Off. Anal. Chem. **61**, 1465 (1978)
73 Dungen, P.W.C.M.v.d.: Z. Lebensm. Unters. Forsch. **161**, 61 (1976)
74 Sontag, G., Kral, K.: Fresenius Z. Anal. Chem. **294**, 278 (1979)
75 Metrohm Application-Bulletin No. A57d
76 Sontag, G., Kral, K.: Mikrochim. Acta (Wien) (1980) II, 39
77 Sontag, G., Kral, K.: Fresenius Z. Anal. Chem. **309**, 109 (1981)
78 Riggin, R.M., Mc Carthy, M.J., Kissinge, P.T.: J. Agric. Food Chem. **24**, 189 (1976)
79 Lee, J.J. van der, Bennekom, W.P. van, Jong, H.J. de: Anal. Chim. Acta **117**, 171 (1980)
80 Fogg, A.G., Bhanot, D.: Analyst **105**, 868 (1980)
81 Metrohm Application-Bulletin No. A60d
82 Hasebe, K., Osteryoung, J.G.: Talanta **29**, 655 (1982)
83 Smyth, M.R., Lawellin, D.W., Osteryoung, J.G.: Analyst **104**, 73 (1979)
84 Kral, K.: Fresenius Z. anal. Chem. **314**, 479 (1983)
85 Lechien, A., Valenta, P., Nürnberg, H.W., Patriarche, G.J.: Fresenius Z. Anal. Chem. **311**, 105 (1982)
86 Atuma, S.S., Lindquist, J.: Analyst **98**, 886 (1973)
87 Wisser, K., Wöhrle, G.: Mikrochim. Acta (Wien) (1980) I, 129–138
88 Adeloju, S.B., Bond, A.M., Briggs, M.H., Hughes, H.C.: Anal. Chem. **55**, 2076 (1983)
89 Adeloju, S.B., Bond, A.M., Hughes, H.C.: Anal. Chim. Acta **148**, 59 (1983)
90 Lapitskaya, S.K., Sviridenko, V.G.: Z. Analit. Khim. **37**, 2007, (1982)
91 Andruzzi, R., Trazza, A., Marrosu, G.: Anal. Letters **16** (A11), 853 (1983)
92 Borus-Böszörményi: Die Nahrung **24**, 3, 295 (1980)
93 Hasse, S., Schramel, P.: Mikrochim. Acta (Wien) (1983) III, 449
94 Narres, H.-D., Valenta, P., Nürnberg, H.W.: Fresenius Z. anal. Chem. **317**, 484 (1984)

 95 Chatelet-Cuzin, A.M., Ecrement, F., Durand, G.: Analusis **9**, 433 (1981)
 96 Rabe, E.: Z. Lebensm. Unters.-Forsch. **176**, 270 (1983)
 97 Golimowski, J., Gustavsson, I.: Fresenius Z. Anal. Chem. **317**, 481 (1984)
 98 Rozali, M., Othman, B., Hill, J.O., Magee, R.J.: J. Electroanal. Chem. **168**, 219 (1984)
 99 Fariwar-Mohseni, M., Neeb, R.: Fresenius Z. Anal. Chem. **296**, 156 (1979)
100 Adeloju, S.B., Bond, A.M., Briggs, M.H.: Anal. Chim. Acta **164**, 181 (1984)
101 Meyer, A., Neeb, R.: Fresenius Z. Anal. Chem. **321**, 235 (1985)

4.6 Elektrochemische Detektoren für die Chromatographie

Das Meßprinzip der Detektoren für chromatographische Untersuchungen ist unterschiedlich. Die sogenannten *elektrochemischen Detektoren* funktionieren nach den Methoden der *DK-Metrie, Konduktometrie, Potentiometrie, Coulometrie, Polarographie* und *Amperometrie*. Sie kommen hauptsächlich im Verbund mit der Flüssigkeitschromatograhie zur Anwendung; nur in einigen Fällen sind sie für gaschromatographische Untersuchungen von Bedeutung [1, 5, 8, 9].

Der Hinweis auf die Detektoren für die Verfolgung des dielektrischen Verhaltens von Eluaten bei der Flüssigkeitschromatographie erscheint wichtig, auch wenn die *DK-Metrie dem Prinzip nach keine elektrochemische Methode* ist. Es sind Durchflußzellen mit zwei konzentrisch angeordneten Zylinderelektroden für die Bestimmung polarer Substanzen [7]. Im Chromatogramm wird der zeitliche Verlauf der kapazitätsabhängigen Resonanzfrequenz registriert, wobei die Kondensatorkapazität von der jeweiligen Zusammensetzung des Eluats abhängig ist.

DK-Zellen haben sich u.a. für die Bestimmung von Chloroform und 1-Chlorbutan in einem Gemisch von Isopropanol-Wasser bewährt, sowie zur Detektion von o-Dichlorbenzol neben Nitrobenzol in Benzol. Sie werden auch bei der chromatographischen Trennung von Alkylbenzolen und anderen Kohlenwasserstoffgemischen (Dieselöl, Heizöl) in Acetonitril eingesetzt. Die Bestimmungen erfolgen im ppm-Bereich [1, 2, 3, 4].

Leitfähigkeits-Detektoren sind sowohl für die Flüssigkeitschromatographie als auch für die Gaschromatographie von Interesse. Bedeutungsvoll für die Gaschromatographie ist vor allem der von Hall entwickelte „Microelectrolytic Conductivity Detector" [5].

Beim Einsatz dieses Detektors werden die organischen Verbindungen nach chromatographischer Trennung mit einem Reaktionsgas versetzt (Sauerstoff oder Wasserstoff) und in einem Ofen in CO_2, NH_3, N_2, SO_2, SO_3 oder in Halogenwasserstoff überführt; gemessen wird die Leitfähigkeitsänderung des Lösungsmittels (deionisiertes Wasser), in welches die Gase geleitet werden.

Im Vergleich zu älteren Leitfähigkeitsdetektoren [7] können mit dem Hall-Detektor wesentlich kleinere Substanzmengen bestimmt werden [4]. Die Bestimmungsgrenzen für halogen- und schwefelhaltige Pestizide (Lindan, Heptachlor, Aldrin, Heptachlorepoxid, Dieldrin, Diazinon, Malathion, Parathion, Methylparathion) und für andere Schwefelverbindungen (COS, H_2S) liegen im pg-Bereich [5, 6].

Für die Ionenchromatographie werden ausschließlich Leitfähigkeitsdetektoren verwendet. Die Verfahren dienen hauptsächlich der Analyse von Anionen anorganischer und organischer Säuren sowie der Bestimmung von Alkali- und Erdalkaligehalten in wäßrigen Proben; die Bestimmungen erfolgen im ppb-Bereich [2].

Potentiometrische Detektoren sind für die chromatographische Analyse von einigen anorganischen und organischen Verbindungen bedeutungsvoll. Sie bestehen im wesentlichen aus einer ionensensitiven Elektrode, die in geeigneter Weise in die chromatographische Apparatur eingebaut ist. Es werden Glas-, Festkörpermembran- und Flüssigmembran-Elektroden mit geringen Querempfindlichkeiten und kurzen Ansprechzeiten verwendet [3]. Zu diesen gehören die Nitrat-Elektrode für die Bestimmung von Nitrat neben Nitrit durch Ionenaustauschchromatographie [8] und die Fluorid-Elektrode für die Analyse organischer Fluorverbindungen durch Gaschromatographie [9]. Bei diesem Verfahren werden die Fluorverbindungen nach ihrer Trennung durch hydrierende Spaltung in Fluorwasserstoff überführt, der in der Detektorzelle in eine Absorptionslösung (TISAB-Lösung; s. Abschn. 2.2) gelangt und potentiometrisch bestimmt wird.

In Abb. 4.6.-1 sind die Chromatogramme für ein Testgemisch abgebildet, die mit einem Flammenionisations-Detektor und mit dem potentiometrischen Detektor registriert wurden. Die Gegenüberstellung zeigt, daß die Fluor-haltige Komponente des Gemisches mit der Fluorid-Elektrode als Detektor selektiv und auch empfindlicher erfaßt werden kann.

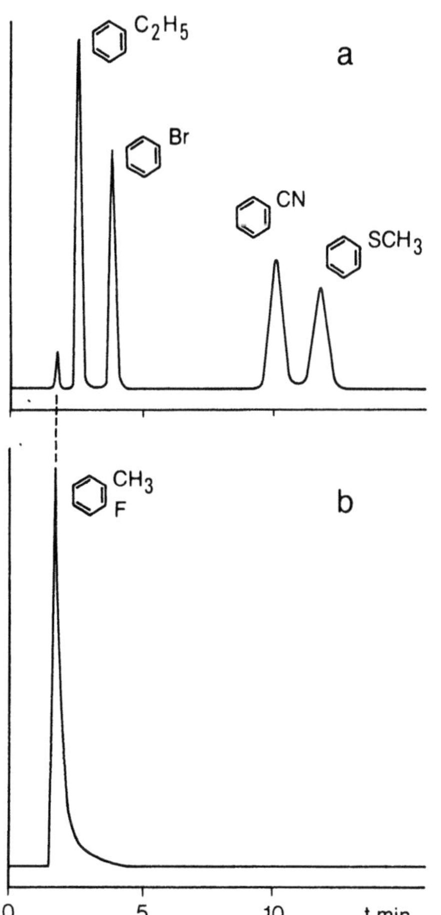

Abb. 4.6.-1. Gaschromatogramme einer Testlösung mit Fluortoluol (0,1 mM), Ethylbenzol, Brombenzol, Benzonitril und Thioanisol (jeweils 0,01 M) (Säule: Durapak-Carbowax 400/Porasil C — 100 bis 200 mesh; 1 m; Temperatur 128 °C; Trägergas: H_2). a: Detektion mit einem FID, b: Potentiometrische Detektion mit der pF-Elektrode [9]

Coulometrische Detektoren werden in der Flüssigkeitschromatographie eingesetzt und zeichnen sich durch hohe Empfindlichkeit und Meßgenauigkeit aus. Ihre Leistungsfähigkeit ist von der Stromausbeute des potentiostatischen Bestimmungsprozesses abhängig. Im Interesse einer möglichst hohen Stromausbeute werden für coulometrische Detektoren großflächige und dicht beieinander liegende Elektroden verwendet; die Durchflußgeschwindigkeit der mobilen Phase soll klein sein. Die Elektroden bestehen aus Glaskohlenstoff, Platin oder Cadmium [9]. Unter praktischen Bedingungen soll die Stromausbeute mindestens 50 % betragen. An kleinen Elektrodenoberflächen, wie sie für die nachfolgend beschriebenen amperometrischen Detektoren verwendet werden, ist die Stromausbeute dagegen nur 2–5 %. Da der gemessene Strom der an den Elektroden umgesetzten Stoffmenge proportional ist, sind die Bestimmungen mit coulometrischen Detektoren im allgemeinen auch empfindlicher als mit amperometrischen Detektoren. Bereits bei Stromausbeuten von etwa 50 % werden Bestimmungsgrenzen erreicht, die im unteren ppb-Bereich liegen [10, 11]. Die Untergrundstörungen sind dabei jedoch größer als bei den Messungen mit amperometrischen Detektoren. Die Chromatogramme werden am zweckmäßigsten mit einem Integrator ausgewertet [12].

Mit coulometrischen Detektoren können im Verbund mit der Flüssigkeitschromatographie verschiedene Psychopharmaka, Phenole, Zucker, Aminosäuren und Metalle bestimmt werden [13, 14, 15, 41].

Coulometrische Detektoren mit zwei Arbeitselektroden, die mit getrennten Referenzelektroden in Fließrichtung hintereinander angeordnet sind, werden als *Dual-Detektoren* oder als *Dual-Zellen* bezeichnet [32, 33, 34]. Bei verschiedenen Elektrodenpotentialen können damit zwei getrennte Chromatogramme vom gleichen Eluat registriert werden. Die günstigsten Arbeitsbedingungen für die Elektroden ergeben sich aus den cyclischen Voltammogrammen der zu bestimmenden Verbindungen [35]. Bei geeigneter Dimensionierung der Zelle und der Verwendung von großflächigen Elektroden, z.B. aus porösem Graphit, können bei Fließgeschwindigkeiten bis zu $4 \, \text{ml} \cdot \text{min}^{-1}$ Stromausbeuten von nahezu 100 % erreicht werden (s. Abb. 4.6.-2).

Mit Dual-Detektoren kann die Bestimmung von Substanzen mit reversiblem Elektrodenverhalten selektiver erfolgen als mit gewöhnlichen coulometrischen Detektoren; ein Beispiel dafür ist die anodische und kathodische Detektion der Katecholamine [46]. Die Bestimmungen können auch empfindlicher sein, wenn durch Differenzschaltung der beiden Detektorsignale die hauptsächlich durch Verunreinigungen im Lösungsmittel verursachten Untergrundsignale eliminiert werden. Dual-Detektoren bieten weiterhin die Möglichkeit bei entsprechender Wahl des Elektrodenpotentials die Signale unerwünschter Verbindungen zu verringern oder sogar auszuschalten; ein Beispiel dafür ist die Bestimmung der Metabolite des 4-Nitroanilins, und

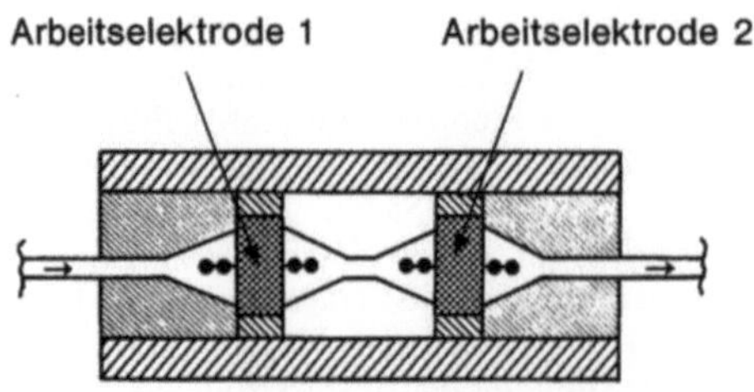

Abb. 4.6.-2. Coulometrischer Detektor mit zwei Arbeitselektroden und einem Zellvolumen von 5 µl (ESA 5100A Coulochem Dual Electrode Electrochemical Detector)

zwar des Hydroxylamins, des N-Hydroxy-4-nitroanilins und des 2-Amino-5-nitrophenols neben einem störenden Überschuß an NADPH* und Aminophenol in Zellproben [47]. Entsprechend der Abb. 4.6.-3 werden bei $E_1 = +0,70$ V (vs. Ag/AgCl) an der ersten Arbeitselektrode neben dem 2-Amino-5-nitrophenol und N-Hydroxy-4-nitroanilin die im Überschuß vorhandenen Störkomponenten erfaßt. Die Störungen können bei dem weniger positiven Potential von $E_2 = +0,40$ V an der zweiten Arbeitselektrode zugunsten der Bestimmung einer weiteren Verbindung eliminiert werden.

Polarographische und amperometrische Detektoren sind für die Flüssigkeitschromatographie und besonders für die Hochdruck-Flüssigkeitschromatographie (HPLC) von Bedeutung. Ihre Entwicklung wurde durch die Arbeiten Kemulas mit der Quecksilbertropfelektrode als Detektor für die Säulenchromatographie eingeleitet [16]. Bei dem als *Chromatopolarographie* bekannten Verfahren wird bei konstantem Potential der Arbeitselektrode der konzentrationsproportionale Grenzstrom elektroaktiver Probenkomponenten erfaßt, die nacheinander die Säule passieren (s. Abschn. 2.4.2). Nach diesem Prinzip können Anionen- und Kationengemische [16, 17, 18, 42], Gemische organischer Nitroverbindungen [19], Aminosäuren [20], Alkaloide [21] sowie Aldehyde und Ketone [22] untersucht werden. Für die säulenchromatographi-

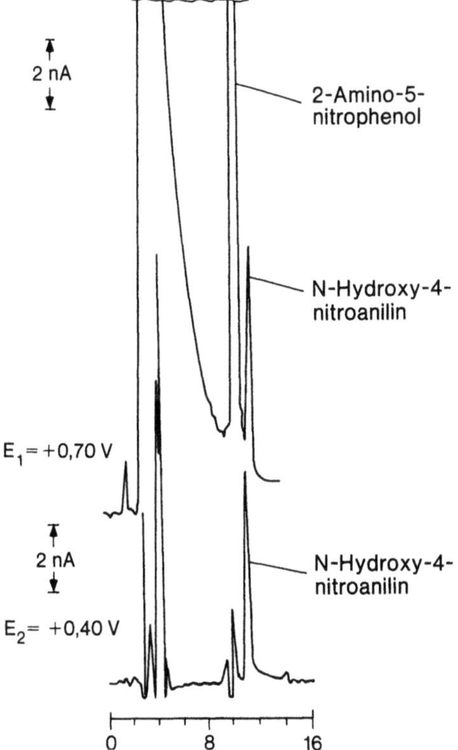

Abb. 4.6.-3. Chromatogramme mit einem Dual-Detektor zur Bestimmung der Metabolite des 4-Nitroanilins in einer Mikrosomenfraktion der Leber einer Maus; registriert bei $E_1 = +0,70$ V und $E_2 = +0,40$ V (vs. Ag/AgCl) [47]

---

*   NADPH = Nicotinamid-Adenin-Dinucleotid-Phosphat (Coenzym)

sche Bestimmung von p-Nitrophenol, Parathion und Methylparathion mit amperometrischer Detektion an der Quecksilbertropfelektrode wird die Bestimmungsgrenze mit 10^{-8} M·l^{-1} bei s=2% angegeben [23].

Besser als mit der Quecksilbertropfelektrode sind die Ergebnisse mit einer stationären Quecksilberelektrode, wie sie heute in der Form der SMDE (s. Abschn. 2.9) verwendet wird.

Auch im Verbund mit der HPLC wird die Quecksilberelektrode als Detektor (DME-Detektor) für reduktive Bestimmungen (aromatische Nitroverbindungen, N-Nitrosamine) eingesetzt [24, 36].

Für die Anordnung der Quecksilbertropfelektrode in Durchflußzellen sind unterschiedliche Konstruktionen bekannt [29] (s. auch Abb. 2.9.-11). Die Empfindlichkeit der Detektion ist von der Tropfzeit, von der Durchflußgeschwindigkeit des Eluenten und von dessen Zusammensetzung abhängig. Um Störungen durch Sauerstoff zu vermeiden, müssen die Lösungen entlüftet werden [40].

Neben der überwiegend angewandten Gleichstromtechnik können für die Detektion auch andere voltammetrische Methoden (Pulse- und AC-Methoden) genutzt werden [5, 24, 25, 36, 37, 39]. Zur Reinigung der Elektrodenoberfläche (Entfernung elektrochemischer Reaktionsprodukte) wird für die Gleichspannungsdetektion ein mehrfacher Potentialwechsel vorgeschlagen [48]; auf diese Weise kann die Reproduzierbarkeit der Messungen verbessert werden.

Für die neuerdings entwickelten *„Fast-Scan"-Techniken* mit schnellem Potential-Sweep soll besonders die Square-Wave-Polarographie vorteilhaft sein (s. Abschn. 2.5). Für den Verbund mit der HPLC wird ein „Rapid Scan Square Wave Voltammetric Detector" beschrieben mit einem Potentialdurchlauf von 500 mV in 2 s bei einer überlagerten rechteckförmigen Wechselspannung von $\Delta E = 10$ mV und einer Frequenz von 100 Hz (s. Abschn. 2.5) [43, 44].

Die „Fast-Scan"-Techniken ermöglichen vor allem die selektive Detektion nebeneinander vorliegender Substanzen bei verschiedenen Potentialen.

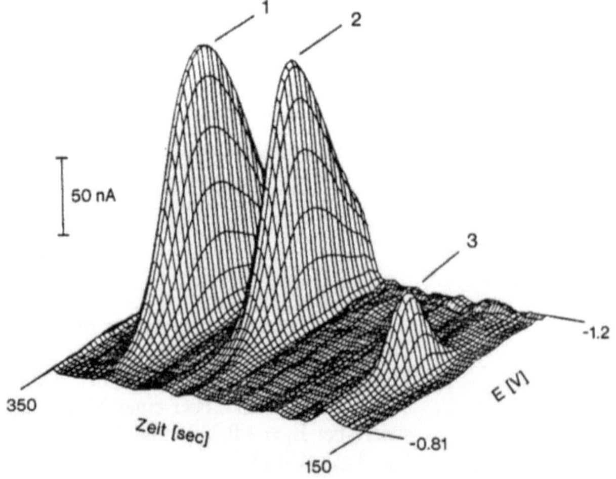

Abb. 4.6.-4. Chromatopolarogramm für die Bestimmung von N-Nitrosoprolin (1) und N-Nitrosodiethanolamin (2) in Gegenwart einer Verunreinigung unbekannter Zusammensetzung (3) [43, 44]

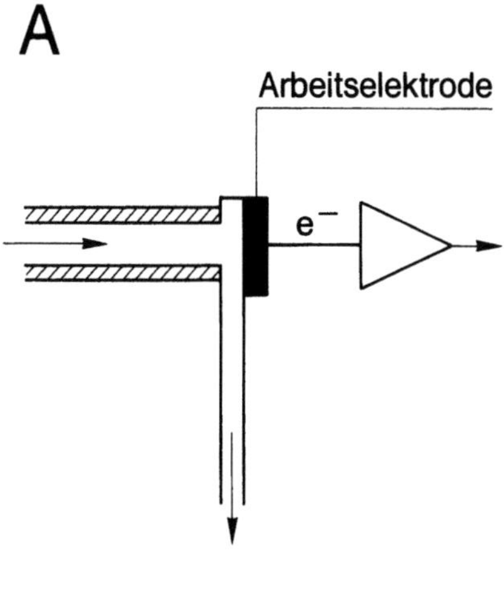

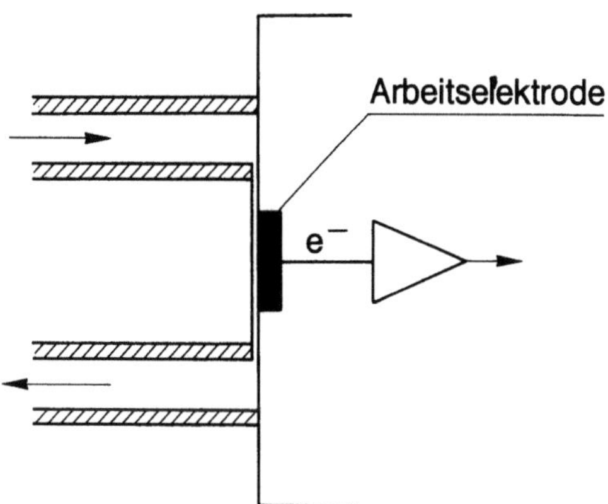

Abb. 4.6.-5. Prinzipdarstellung der Wall-Jet-Zelle (A) und der Dünnschichtzelle (B)

Als Beispiel ist in Abb. 4.6.-4 ein dreidimensionales Chromatogramm für die Bestimmung von N-Nitrosoprolin und N-Nitrosodiethanolamin im HPLC-Eluat dargestellt. In 200 s wurden dabei 102 Potentialdurchläufe registriert.

Die Einführung des Glaskohlenstoffs als Elektrodenmaterial führte zu anderen Detektorkonstruktionen und ermöglichte die anodische Bestimmung organischer Verbindungen in Durchflußzellen [4, 5, 25]. Im Gegensatz zu den Kohlepaste-Elektroden, die ebenfalls für amperometrische Zellen verwendet werden, sind die aus glasartigem Kohlenstoff gefertigten Elektroden chemisch widerstandsfähiger; sie sind in allen Lösungsmitteln beständig, die für HPLC-Untersuchungen in Frage kommen [5, 6]. Für spezielle Untersuchungen werden auch Goldelektroden und für reduktive Bestimmungen amalgamierte Goldelektroden in Durchflußzellen eingesetzt [6, 26]. Die Festkörperelektroden besitzen eine Oberfläche von einigen mm² und sind in den Detektorzellen unterschiedlich angeordnet. Am gebräuchlichsten für HPLC-Untersuchungen sind die *Dünnschichtzelle* [27] und die *Wall-Jet-Zelle* mit Glaskohlenstoff für die Arbeitselektrode [1, 5, 25, 28, 45]; das Konstruktionsprinzip ist in Abb. 4.6.-5 dargestellt.

Bei der *Dünnschichtzelle* ist die Arbeitselektrode in der Fließrichtung des Eluats angeordnet, und bei der *Wall-Jet-Zelle* wird sie stirnseitig angeströmt. Außer der Arbeitselektrode befindet sich in einer Detektorzelle auch die Referenz- und die Hilfselektrode.

Als Beispiel für HPLC-Untersuchungen mit amperometrischer Detektion (Wall-Jet-Zelle) ist in Abb. 4.6.-6 das Chromatogramm für die Bestimmung aromatischer Amine abgebildet. Bei konstantem Potential der Arbeitselektrode (in der chromatographischen Literatur auch als Polarisationsspannung U_{pol} bezeichnet) wird durch die Strom-Zeit-Abhängigkeit das Konzentrationsprofil im chromatographischen Eluat veranschaulicht. Die Auswertung erfolgt über die Strommaxima. Die Empfindlichkeit der Detektion ist vom Verhältnis des Detektorsignals zum Untergrundstrom abhängig. Unregelmäßigkeiten im Leerstrom können durch Druckschwankungen in der Zelle und durch Änderungen in der Zusammensetzung der mobilen Phase verursacht werden. Außerdem ist die Empfindlichkeit der Bestimmung vom eingestellten Elektrodenpotential abhängig. Vom Halbstufenpotential der hydrodynamischen Strom-Spannungs-Kurve ausgehend wird die Substanz bei einer um ca. +200 mV größeren Spannung mit hinreichender Empfindlichkeit anodisch detektiert. Positivere Spannungen können die Selektivität der Detektion beeinflussen. Ähnliche Überlegungen gelten für die kathodische Detektion.

Substanzen mit geringen Unterschieden im Halbstufenpotential werden besser mit Pulse-Techniken als mit der Gleichspannungsmethode detektiert [**6**, 27, 30, 31].

Von den elektrochemischen Detektoren sind die nach dem amperometrischen Meßprinzip aufgebauten Zellen in der Praxis am gebräuchlichsten [45]. Für die amperometrische Detektion wird oftmals auch die Kurzbezeichnung ELCD (**e**lektro**c**hemische **D**etektion) verwendet.

In Tabelle 4.6.-1 sind die wichtigsten Stoffklassen zusammengefaßt, die anodisch detektiert werden können. Es sind Verbindungen mit Hydroxilgruppen bzw. mit Aminogruppen am Benzolring, mit SH-Gruppen und Verbindungen mit heterocyclischen N- und S-Atomen. Schwermetalle, wie Cu, Co, Ni, Cr(III) und Cr(VI), können

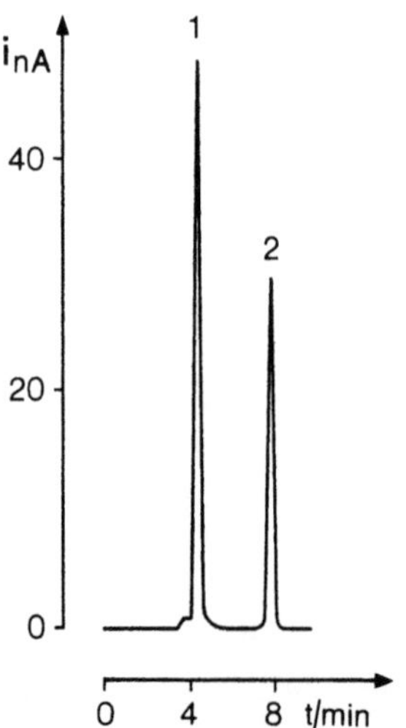

Abb. 4.6.-6. Bestimmung von p-Phenylendiamin (1) (20 ng) und 3-Chloranilin (2) (25 ng) durch HPLC-ELCD. Stationäre Phase: LiChrosorb RP-18, 5 µm, Eluent: Methanol-Wasser (1:1) mit Kaliumnitrat (2 g/l) und Schwefelsäure (0,05 g/l), Detektion bei E = +1000 mV an einer GC-Elektrode [**6**]

Tabelle 4.6.-1. Durch HPLC-ELCD bestimmbare Stoffklassen (nach Angaben der Metrohm AG)

Stoffklasse, Substanzen	Allgemeine Strukturformel	Elektrodenpotential (vs. Ag/AgCl)
Aromatische Hydroxiverbindungen		
Antioxidantien		+ 800 mV
		+1000 mV
		+1200 mV
Catechole		+ 800 mV
Flavone		+1000 mV
Halogenierte Phenole		+1200 mV
Hydroxibiphenyle		+ 800 mV
Hydroxicumarine		+1000 mV
Methoxiphenole		+ 800 mV
Oestrogene		+1000 mV
Phenole		+1200 mV
Tocopherole		+ 800 mV
Aromatische Amine		
Aniline		+1000 mV
Benzidine		+ 600 mV
Sulfonamide		+1200 mV
Indole		
Indolyl-3-Verbindungen		+1000 mV
5-Hydroxi-Indole		+ 800 mV
Phenothiazine		+1000 mV
Thiole	R–SH	+ 800 mV
Verschiedene		
Ascorbinsäure		+ 800 mV
Carotine		+ 800 mV
Purinderivate		+ 800 mV
		+1000 mV
Vitamin A		+1000 mV

über ihre Dithiocarbamatkomplexe einzeln und nebeneinander durch HPLC mit amperometrischer Detektion bestimmt werden [38]. Die Nachweisgrenzen liegen im unteren Nanogramm- bis Picogramm-Bereich.

Als Eluenten werden viele der auch sonst üblichen Lösungsmittel verwendet. Die erforderliche Leitfähigkeit wird durch Zugabe von Leitsalzen (Sulfate, Nitrate, Phosphate, Essigsäure, Schwefelsäure, Perchlorsäure, Lithiumperchlorat) erreicht;

auszuschließen sind Chloride und Hydroxicarbonsäuren. Als stationäre Phase sind bevorzugt Reversed-Phase- und Ionenaustauschermaterialien verwendbar.

Literatur zu 4.6

Monographien und Übersichtsarbeiten

1 Štulik, K., Pacáková, V.: Electrochemical Detection Techniques in High-Performance Liquid Chromatography, J. Electroanal. Chem. **129**, 1 (1981)
2 Smith, F.C., Chang, R.C.: Ion Chromatography, CRC Critical Reviews in Analytical Chemistry. **9**, 197 (1980)
3 Buck, R.P. in: Physical Methods of Chemistry, Weissberger, A., Rossiter, B. (eds.). Vol. I, Part IIA, Chap. 2. New York: Wiley 1971
4 Van der Linden, W.E., Dieker, J.W.: Glassy Carbon as Electrode Material in Electroanalytical Chemistry, Anal. Chim. Acta **119**, 1 (1980)
5 Rucki, R.: Electrochemical Detectors for Flowing Liquid Systems, Talanta **27**, 147 (1980)
6 Frank, J.: Anwendung der elektrochemischen Detektion in der HPLC, Chimia **35**, 24 (1981)
7 Oehme, F.: Dielektrische Meßmethoden. Weinheim: Verlag Chemie 1958
8 Surman, P.: Elektrochemische Detektion in der HPLC, Fresenius Z. Anal. Chem. **316**, 373 (1983)
9 Váradi, M., Balla, J., Pungor, E.: Comparison of Electrochemical Detectors in Chromatography, Pure & Appl. Chem. **51**, 1177 (1979)

Originalliteratur

1 Klatt, L.N.: Anal. Chem. **48** 1845 (1976)
2 Vespalec, R.: J. Chromatogr. **108**, 243 (1975)
3 Benningfield, L.V., Mowery, R.A.: J. Chromatogr. Sci. **19**, 115 (1981)
4 Azuma, M., Watanaba, N., Niki, E.: Bunseki Kagaku **21**, 574 (1978)
5 Hall, R.C.: J. Chromatogr. Sci. **12**, 152 (1974)
6 Ehrlich, B.J., Hall, R.C., Anderson, F.J., Cox, H.G.: J. Chromatogr. Sci. **19**, 245 (1981)
7 Coulson, D.M.: J. Gas Chromatogr. **3**, 134 (1965)
8 Schultz, F., Mathis, D.E.: Anal. Chem. **46**, 2253 (1974)
9 Kojima, T., Ichise, M., Seo, Y.: Talanta **19**, 539 (1972)
10 Glozbach, E.A., Franken, J.J., Ooms, B.: Labor Praxis, September 1981, S. 690
11 Lankelma, J., Poppe, H.: J. Chromatogr. **125**, 375 (1976)
12 Taylor, L.R., Johnson, D.C.: Anal. Chem. **46**, 161 (1974)
13 Tjaden, U.R., Lankelma, J., Poppe, H., Muusze, R.G.: J. Chromatogr. **125**, 275 (1976)
14 Takata, Y., Muto, G.: Anal. Chem. **45**, 1864 (1973)
15 Takata, Y., Fujita, K.: J. Chromatogr. **108**, 255 (1975)
16 Kemula, W.: Rocz. Chem. **26**, 281 (1952)
17 Mohnke, M., Schmunk, R., Schütze, H.: Z. Anal. Chem. **219**, 137 (1966)
18 Tustanowski, S.: J. Chromatogr. **31**, 266 (1967)
19 Kemula, W.: J. Anal. Chem. (UdSSR) **22**, 562 (1967)
20 Blaedel, W., Todd, J.W.: Anal. Chem. **33**, 205 (1961)
21 Kemula, W., Stachurski, Z.: Rocz. Chem. **30**, 1285 (1956)
22 Kemula, W., Butkiewicz, K., Sybilska, D.: „Modern Aspects of Polarography", Plenum Ress., New York (1966), S. 36
23 Koen, J.G., Huber, J.F.K., Poppe, H., den Boef, G.: J. Chromatogr. Sci. **8**, 192 (1970)
24 Hanekamp, H.B., Voogt, W.H., Bos, P., Frei, R.W.: Anal. Letters **12** (A2), 175 (1979)
25 Fleet, B., Little, C.J.: J. Chromatogr. Sci. **12**, 747 (1974)
26 Kissinger, P.T., Brunlett, C.S., Bratin, K., Rice, J.R.: Nat. Bur. Stand. (U.S.), Spec. Publ. **519**, 705 (1979)
27 Kissinger, P.T.: Anal. Chem. **49**, 447A (1977)
28 Yamada, J., Matsuda, H.: J. Electroanal. Chem. **44**, 189 (1973)
29 Hanekamp, H.B., van Nieuwkerk, H.J.: Anal. Chim. Acta **121**, 13 (1980)

30 Rifkin, S.C., Evans, D.H.: Anal. Chem. **48**, 2174 (1976)
31 Swartzfager, D.G.: Anal. Chem. **48**, 2189 (1976)
32 Blank, C.I.: J. Chromatogr. **117**, 35 (1976)
33 Goto, M., et al.: J. Chromatogr. **226**, 33 (1981)
34 Craig, E.L., Kissinger, P.T.: Anal. Chem. **55**, 1458 (1983)
35 Goto, M., Sakurai, E., Ishii, D.: J. Chromatogr. **238**, 357 (1982)
36 Vohra, S.K., Harrington, G.W.: J. Chromatogr. Sci. **18**, 379 (1980)
37 Beauchamp, R., et al.: J. Chromatogr. **204**, 123 (1981)
38 Bond, A.M., Wallace, G.G.: Anal. Chem. **54**, 1706 (1982)
39 Hanekamp, H.B.: Dissertation, Universität Amsterdam 1981
40 Senftleber, F., Bowling, D., Stahr, M.S.: Anal. Chem. **55**, 810 (1983)
41 Johnson, D.C., Larochelle, J.: Talanta **20**, 959 (1973)
42 Lewis, J.Y., Zodda, J.P., Deutsch, E., Heineman, W.R.: Anal. Chem. **55**, 708 (1983)
43 Borman, S.A.: Anal. Chem. **54**, 698A (1982)
44 Samuelsson, R., O'Dea, J., Osteryoung, J.: Anal. Chem. **52**, 2215 (1980)
45 Gilgen, P., Rach, P.: Chimia **32**, 345 (1978)
46 Dutrieu, J., Delmotte, Y.A.: Fresenius Z. Anal. Chem. **314**, 416 (1983)
47 Radzik, D.M., Brodbelt, J.S., Kissinger, P.T.: Anal. Chem. **56**, 2927 (1984)
48 Hughes, S., Johnson, D.C.: Anal. Chim. Acta **132**, 11 (1981)

4.7 Elektrochemische Gasanalyse

Gase können elektrochemisch nach dem Prinzip der *amperometrischen, potentiometrischen* oder *coulometrischen Methode* bestimmt werden; Grundlage einiger Verfahren ist auch die *Polarographie* sowie die *Konduktometrie* [1, 2, 8, 1, 5].

Die nach dem *amperometrischen Prinzip aufgebauten Gasanalysatoren* bestehen in der Regel aus einer 2- bzw. 3-Elektroden-Anordnung in Verbindung mit einer Spannungsquelle oder mit einem Potentiostaten. Der Elektrolyt kann flüssig oder gelartig sein. Das Potential der Meßelektrode wird konstant gehalten und liegt im Potentialbereich des jeweiligen Grenzstromes. Die Meßgröße ist somit der Grenzstrom, der nach Möglichkeit im ppb- bis ppm-Bereich der Konzentration direkt proportional sein soll. Als Meßelektrode wird im allgemeinen eine Gasdiffusionselektrode verwendet, wie sie aus der Brennstoffzellen-Technik bekannt ist. Durch geeignete Membranen, z.B. aus Tetrafluorethylen, Polyethylen, Polyvinylchlorid, Cellophan u.a. diffundiert das zu bestimmende Gas an die Elektrodenoberfläche und wird reduziert oder oxidiert. Die Elektroden werden meist aus Edelmetallen, z.B. aus Gold, Platin oder Palladium, bzw. aus Graphit gefertigt. Wichtig für die Anwendung einer Elektrode ist die sogenannte Einstellzeit, die angibt, wann bei Konzentrationsänderungen 95 % des maximalen Meßwertes ermittelt werden können. Die Einstellzeit ist von der Dicke der Membran und vom Diffusionsverhalten der Gase abhängig. Bei Elektroden mit 25 μm dicken Membranen beträgt die Einstellzeit etwa 25 s.

Den amperometrischen Gasbestimmungen liegen folgende Oxidations- und Reduktionsreaktionen zugrunde:

— Oxidationsreaktionen:

$$H_2 \longrightarrow 2H^+ + 2e^-$$
$$CO + H_2O \longrightarrow CO_2 + 2H^+ + 2e^-$$
$$SO_2 + 2H_2O \longrightarrow SO_4^{--} + 4H^+ + 2e^-$$
$$NO + 2H_2O \longrightarrow NO_3^- + 4H^+ + 3e^-$$

$$NO_2 + H_2O \longrightarrow NO_3^- + 2H^+ + e^-$$

$$CH_4 + 2H_2O \longrightarrow CO_2 + 8H^+ + 8e^-$$

$$C_2H_4 + 4H_2O \longrightarrow 2CO_2 + 12H^+ + 12e^-$$

— Reduktionsreaktionen

$$O_2 + 4H^+ + 4e^- \longrightarrow 2H_2O$$

$$O_3 + 2H^+ + 2e^- \longrightarrow O_2 + H_2O$$

$$NO_2 + H^+ + e^- \longrightarrow HNO_2$$

Der Aufbau und die Leistungsfähigkeit der amperometrischen Gasanalysatoren ist unterschiedlich und wird für die Bestimmung von Sauerstoff [2, 8–10], Ozon [11], Kohlenmonoxid [12–14], Wasserstoff und Kohlenwasserstoffen [14], Stickstoffdioxid [15, 16], Stickstoffmonoxid [16, 17] und Schwefeldioxid [18] beschrieben.

Von besonderem Interesse ist die Bestimmung der Sauerstoffgehalte im Wasser und in anderen Flüssigkeiten [2, 7]. Eine geeignete Meßanordnung dafür ist die „*Clark-Zelle*" [2, 32]; Funktionsprinzip und Aufbau sind in Abb. 4.7.-1 dargestellt.

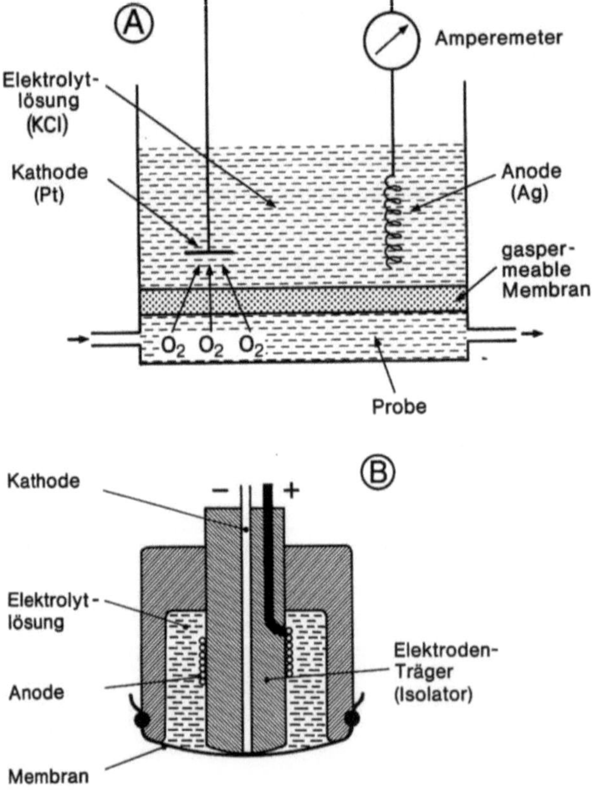

Abb. 4.7.-1. Funktionsprinzip (A) und Aufbau (B) der „Clark-Zelle". Elektrodenvorgänge:
Anode: $4\,Ag + 4\,Cl^- \longrightarrow 4\,AgCl + 4\,e^-$, Kathode: $O_2 + 2\,H_2O + 4\,e^- \longrightarrow 4\,OH^-$

An zwei Edelmetallelektroden, die in eine Elektrolytlösung eintauchen, wird eine Gleichspannung von 0,6 bis 0,9 V angelegt. Der Sauerstoff der Probe diffundiert durch eine für Gase durchlässige Membran in den Elektrolytraum und wird an der Pt-Kathode reduziert. Bei Verwendung von KCl als Elektrolyt ist die Ag-Anode mit einer AgCl-Schicht bedeckt. Zur Aufrechterhaltung des vom Sauerstoffgehalt abhängigen Konzentrationsgradienten (s. Abschn. 1.3) muß durch Rühren oder kontinuierliches Anströmen immer frische Meßlösung an die Membran gebracht werden.

Neuerdings werden mikroprozessorgesteuerte Meßanordnungen mit drei Elektroden (Arbeits-, Gegen- und Referenzelektrode) empfohlen; aus der Potentialdifferenz von Referenz- zu Gegenelektrode lassen sich Informationen für die Regenerierung der Zelle (Erneuerung der Elektrolytfüllung) gewinnen, so daß Messungen mit unzureichender Signalstabilität am Ende der Standzeit einer Elektrolytfüllung vermieden werden können [36].

Die Clark-Zelle kann zur Bestimmung des arteriellen Sauerstoff-Partialdrucks (Blutanalyse) und zur Sauerstoffbestimmung in anderen biologischen Systemen verwendet werden [6]; bei geeigneter Dimensionierung der Kathodenoberfläche wird damit auch der Sauerstoffdruck auf Hautoberflächen gemessen [3].

Für die Bestimmung von Schwefeldioxid wird als Elektrolyt eine 0,2 M $CuSO_4$-Lösung in 0,5 M H_2SO_4 empfohlen. Die anodische Oxidation zum SO_4^{2-} erfolgt an einer Graphitelektrode; die Kathode besteht aus Kupfer. Für kontinuierliche Messungen von SO_2-Gehalten in Abgasen wird der Elektrolyt im Kreislauf geführt und außerhalb der Zelle durch Kontakt mit einem geeigneten Filter vom SO_2 befreit; der Meßbereich liegt zwischen 10 und 10000 Vol. ppm SO_2 [34].

Der schematische Aufbau einer CO-Meßzelle mit zwei Elektroden und einem phosphorsauren Gel-Elektrolyten ist in Abb. 4.7.-2 dargestellt. Meß- und Gegenelektrode bestehen aus Graphit und sind mit Platin-Mohr als Katalysator bedeckt. Die elektrochemischen Vorgänge verlaufen an den Kontaktstellen der Elektroden mit dem Elektrolyten.

Die Gasprobe gelangt über eine Blende an die „Meßelektrode", wo das Kohlenmonoxid zum CO_2 oxidiert wird; an der Gegenelektrode wird der Sauerstoff der

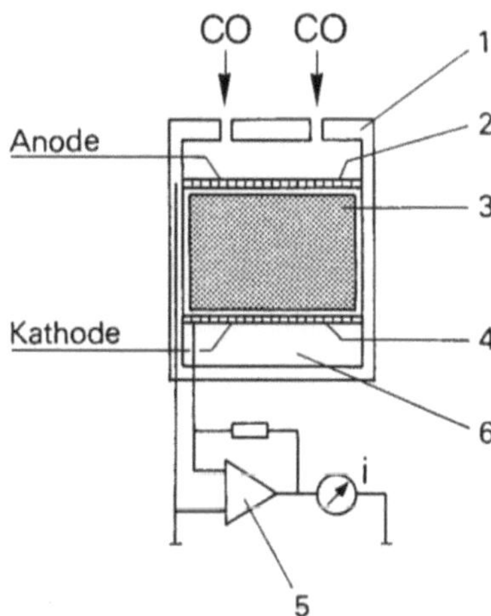

Abb. 4.7.-2. Schematische Darstellung einer CO-Meßzelle. 1) Blende, 2) Anode, 3) Gelelektrolyt (H_3PO_4-sauer), 4) Kathode, 5) Stromverstärker, 6) Luftraum [4]. Elektrodenvorgänge:
Anode: $CO + H_2O \xrightarrow{Pt} CO_2 + 2H^+ + 2e^-$,
Kathode: $1/2 O_2 + 2H^+ + 2e^- \longrightarrow H_2O$

Luftprobe kathodisch reduziert. Der im Bereich der Potentialdifferenz beider Elektroden liegende Grenzstrom ist nach

$$i = f \cdot n \cdot F \cdot D \cdot O \, \frac{P_{CO}}{\delta} \tag{1}$$

dem Partialdruck des Kohlenmonoxids proportional [4]; i ist außerdem abhängig vom stöchiometrischen Ausbeutefaktor f, von der Elektronenübergangszahl n, vom Diffusionskoeffizienten D, von der Faraday-Konstante F sowie von der Dicke δ der Elektrolytschicht und der Elektrodenoberfläche O. Der Strom wird über einen Verstärker gemessen.

Die Gasspurenmeßzelle ist für die Bestimmung von ppm- bis ppb-Gehalten an Kohlenmonoxid in der Luft geeignet und wird zur Überwachung des MAK-Wertes im Arbeitsschutz eingesetzt [4].

Für die Konstruktion von NO_x-Sensoren nach dem amperometrischen Meßprinzip werden mit Phthalocyaninen bedeckte Elektroden empfohlen, die als Katalysatoren kathodische Reduktionsvorgänge begünstigen, vor allem die Reduktion des NO_2. Bei dem von der Robert Bosch GmbH entwickelten Sensor für die Untersuchung von Kraftfahrzeugabgasen wird als Meßgröße der Diffusionsgrenzstrom der kathodischen Reduktion von NO_2 an Phthalocyaninen bei einem Potential von 900 mV benutzt.

Für die Sauerstoff-Bestimmung in Flüssigkeiten sind neben *amperometrischen* und *potentiometrischen Verfahren* auch *polarographische Verfahren* bekannt [6]. Die Messungen erfolgen über die erste Sauerstoff-Stufe; Störungen durch Kationen, z.B. durch Cu^{2+}, können durch EDTA-Zusätze eliminiert werden.

SO_2-Gehalte in der Luft lassen sich ebenfalls polarographisch bestimmen. Das SO_2 wird aus der Luft durch Dimethylsulfoxid absorbiert und an der Quecksilbertropfelektrode infolge Reduktion zum $S_2O_4^{--}$ bestimmt. Mit der differentiellen Pulse-Polarographie können bis zu 0,1 ppm SO_2 in der Luft erfaßt werden [7].

Für die *coulometrische Gasanalyse* werden Durchflußzellen verschiedener Konstruktionen verwendet. Dabei ist der zur Gasabsorption erforderliche Elektrolyt in einem Lösungsmittel gelöst oder in einer porösen Matrix imprägniert [1, 3].

Die coulometrische Bestimmung des Kohlenmonoxids beruht auf der Oxidation zum Kohlendioxid nach

$$5\,CO + I_2O_5 \longrightarrow I_2 + 5\,CO_2 \quad (\text{Arbeitstemperatur} + 145\,°C)$$

und auf der dann folgenden kathodischen Reduktion des gebildeten Iods zum Iodid. Die dafür verwendete Strommenge ist dem CO-Gehalt der Probe proportional [20].

Für die Bestimmung von Schwefeldioxid wurde eine Dünnschichtzelle entwickelt, bei der das SO_2 über eine Gasmembran in die Zelle gelangt. Aus dem KBr-haltigen Elektrolyten wird an einer Pt-Anode Brom erzeugt, dessen Konzentrationsabnahme durch Reduktion mit dem eindiffundierenden SO_2 an einer Indikator-Kathode aus Gold amperometrisch verfolgt wird [21].

Nach dem Prinzip der coulometrischen Reagenserzeugung kann auch der Ozon-Gehalt der Luft kontinuierlich gemessen werden. Die Probe wird durch ein Absorptionsgefäß gesaugt, durch das gleichzeitig eine KI-Lösung mit bekannter Thiosulfat-Konzentration hindurchströmt. Infolge Oxidation durch Ozon entsteht in der Lösung eine äquivalente Menge an Iod, die durch Thiosulfat reduziert wird. Die Rücktitration des verbleibenden Thiosulfats erfolgt mit elektrolytisch erzeugtem Iod. Es wird die

Änderung der Generatorstromstärke als indirektes Maß für den Ozon-Gehalt in der Luft registriert [22].

Galvanische Gasanalysatoren dienen der Bestimmung geringer Sauerstoffgehalte in verschiedenen Gasen. Sie sind nach dem Prinzip eines galvanischen Elements aufgebaut, in dessen Stromkreis die Stromstärke gemessen wird, die dem Sauerstoffgehalt der Gasprobe proportional ist. Am bekanntesten dafür ist die „*Hersch-Zelle*", die schematisch in Abb. 4.7.-3 dargestellt ist.

Im Gehäuse der Meßzelle befindet sich das galvanische Element, bestehend aus einer teilweise in den Elektrolyten (KOH) eintauchenden Silberelektrode als Kathode und der vollständig in den Elektrolyten eintauchenden Anode aus Blei.

Die Gasprobe gelangt in die Meßzelle und füllt den Raum über dem Elektrolyten aus. Dabei wird der außerhalb des Elektrolyten befindliche Teil der Kathodenoberfläche vom Gas umspült. Infolge Diffusion gelangt der Sauerstoff in den Elektrolyten und wird an der mit Ag_2O bedeckten Silber-Kathode nach

$$O_2 + 2H_2O + 4e^- \longrightarrow 4OH^-$$

reduziert. Die Reaktion an der Anode ist:

$$2Pb + 4OH^- \longrightarrow 2Pb(OH)_2 + 4e^-.$$

Es wird der Strom gemessen, der dem Sauerstoff-Gehalt der Probe proportional ist, wenn während der Messung die Geschwindigkeit und die Temperatur des Gasstromes, die Konzentration und die Temperatur des Elektrolyten konstant gehalten werden [19].

Für *direkt-potentiometrische Gasbestimmungen* sind verschiedene ionensensitive Elektroden geeignet. So kann die Glaselektrode für die Bestimmung solcher Gase benutzt werden, die beim Einleiten in eine Elektrolytlösung eine Änderung der H^+-Aktivität verursachen; dazu gehören CO_2, NH_3, SO_2, NO und NO_2. Die Bestimmung von HF erfolgt mit der Fluorid-Elektrode und die Ag_2S-Elektrode dient der Bestimmung von H_2S und HCN (s. Abschn. 2.2).

Die potentiometrischen Gassensoren sind so konstruiert, daß die zu untersuchenden Gase über eine Membran oder durch einen kleinen Luftspalt (*air-gap-Elektrode*) an die Elektrodenoberfläche gelangen können [4].

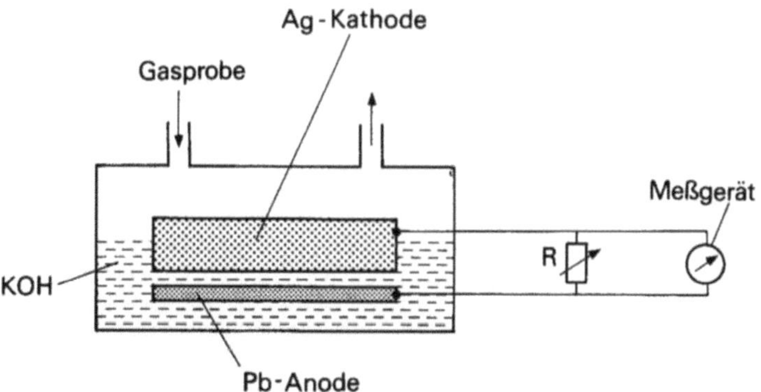

Abb. 4.7.-3. Galvanische O_2-Meßzelle (Prinzipdarstellung der Hersch-Zelle)

Für die *potentiometrische Sauerstoff-Bestimmung* in Schmelzen und Gasen sind auch *Festelektrolyt-Zellen* bekannt, deren Wirkungsweise aus Abb. 4.7.-4 hervorgeht [25].

Die geschlossenen Gasräume 1 und 2 mit unterschiedlichen Sauerstoffpartialdrücken $P_{O_2}(1)$ und $P_{O_2}(2)$ sind durch eine Wand aus keramischem Material voneinander getrennt, die als Festelektrolyt wirkt. Geeignet dafür sind bestimmte Oxide, z. B. mit Y_2O_3 oder CaO dotiertes ZrO_2, die bei höheren Temperaturen (600 bis 1000 °C) als O^{2-}-Leiter wirken; die Oberfläche des Festelektrolyten ist mit Platinschwarz als Katalysator belegt. Es entsteht eine Art Konzentrationskette. Im Sauerstoff-reicheren Gasraum (1) ($P_{O_2}(1)$ = Referenzpartialdruck) wird der Sauerstoff an der Pt-Oberfläche reduziert, im Sauerstoff-ärmeren Gasraum (2) erfolgt die Rückoxidation (s. Gl. in Abb. 4.7.-4). Die sich einstellenden Elektrodenpotentiale sind vom Sauerstoffpartialdruck abhängig. Die Potentialdifferenz errechnet sich nach Nernst zu:

$$E = \frac{R \cdot T}{n \cdot F} \ln \frac{P_{O_2}(2)}{P_{O_2}(1)} = 2{,}15 \cdot 10^{-5} \cdot T \cdot \ln \frac{P_{O_2}(2)}{P_{O_2}(1)} \tag{2}$$

Wird der Sauerstoffpartialdruck an einer Elektrode konstant gehalten, so kann über E der Sauerstoffpartialdruck der anderen Elektrode bestimmt werden [23, 24].

Festelektrolytzellen sind bei Temperaturen zwischen 450 °C und 900 °C praktisch reine Sauerstoffionen-Leiter [5]. Der Anteil der Elektronenleitung nimmt bei Temperaturen unterhalb von 450 °C stark zu, und ab 400 °C sind die Zellen funktionsunfähig. Besonders gut geeignet sind Festelektrolytzellen für die Bestimmung des Sauerstoff-Partialdrucks in Glasschmelzen [25, 37] und für die Bestimmung der Sauerstoff-Gehalte in Kraftfahrzeugabgasen. Bekannt dafür ist die Lambda-Sonde der Robert Bosch GmbH [33].

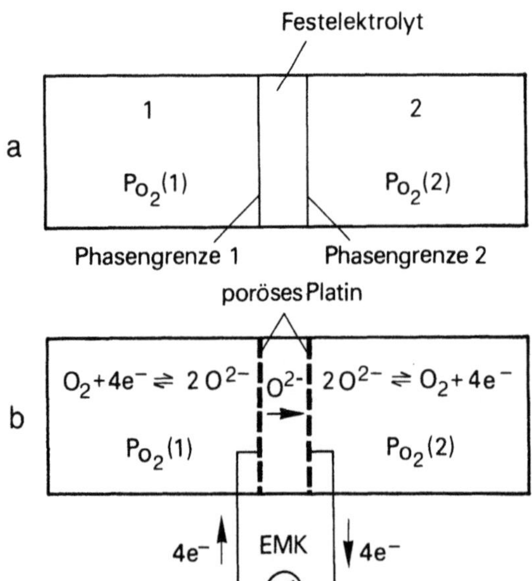

Abb. 4.7.-4. Schema der Potentialbildung in einer Zelle mit einem Festelektrolyten als O^{2-}-Leiter [25]. a: Festelektrolyt zwischen zwei Gasräumen unterschiedlichen Sauerstoffpartialdrucks, $P_{O_2}(1) > P_{O_2}(2)$; b: elektrochemische Reaktionen an den Phasengrenzen der beiden Gasräume

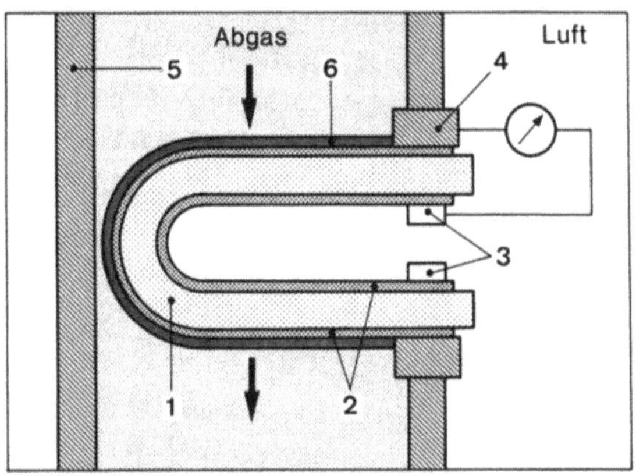

Abb. 4.7.-5. Schematische Darstellung der Lambda-Sonde der Robert Bosch GmbH und ihre Anordnung im Abgasrohr des Ottomotors. 1) Festelektrolyt (Zirkondioxid), 2) mikroporöse Platinschicht (Elektroden), 3) Kontakte, 4) Gehäusekontaktierung, 5) Abgasrohr, 6) poröse keramische Schutzschicht (nach Werksunterlagen)

Zur Regelung eines optimalen Luft-Kraftstoff-Gemisches (stöchiometrisches Gemisch mit $\lambda = 1$)* in Ottomotoren werden beheizte Zirkondioxid-Sonden hergestellt [35]. Die Zellspannung der Sonde gibt den Hinweis, ob das Gemisch „fetter" ($\lambda < 1$) oder „magerer" ($\lambda > 1$) ist als bei $\lambda = 1$. Die Lambda-Sonde wird am Abgasrohr des Motors an einer solchen Stelle eingebaut, wo die für die Funktion des Sensors erforderliche Temperatur herrscht. In Abb. 4.7.-5 ist die Anordnung schematisch dargestellt.

Unter der Bedingung, daß an einer Meßelektrode mit katalytisch aktiver Pt-Oberfläche die Oxidation des Kohlenmonoxids nach

$$CO + 1/2\,O_2 \longrightarrow CO_2 \quad \text{mit } K = \frac{P_{CO_2}}{(P_{O_2}(2))^{1/2} \cdot P_{CO}}$$

abläuft, erhält man aus der Gl. (2) für

$$E = \frac{R \cdot T}{n \cdot F}\left[\ln P_{O_2}(1) + 2\ln\frac{P_{CO}}{P_{CO_2}} + 2\ln K\right] \tag{3}$$

Danach können an Festelektrolytzellen indirekt auch CO-Gehalte bestimmt werden, wenn $P_{CO_2} \approx$ const und $P_{CO_2} \gg P_{CO}$ ist.

Bei einer weiteren Gruppe von Gassensoren mit festen Elektrolyten ist die im Bereich von ca. 700–1400 °C vom Sauerstoffpartialdruck abhängige elektrische Leitfähigkeit verschiedener Metalloxide (z. B. TiO_2, CoO) die bestimmende Meßgröße [1].

---

* λ-Wert: $\lambda = \dfrac{\dfrac{\text{aktueller } O_2\text{-Gehalt}}{\text{Brennstoffmenge}}}{\dfrac{\text{stöchiometrischer } O_2\text{-Gehalt}}{\text{Brennstoffmenge}}}$

Diese sogenannte *keramischen MOS-Sensoren* (**M**etal-**O**xide-**S**emiconductor) dienen der Bestimmung von Sauerstoff und Kohlenmonoxid [26, 27].

Im Gegensatz zu den katalytisch verlaufenden Oxidationsvorgängen bei den MOS-Sensoren bestimmen bei den Dünnschicht-MOS-Sensoren Adsorptions- und Desorptionsabläufe bei Temperaturen unterhalb 500 °C die elektrische Leitfähigkeit keramischer Halbleiter.

Es können ppm-Gehalte an CO, CH_4, H_2S und C_2H_5OH in Gasproben analysiert werden [26, 28, 29].

Nach ihrer Funktionsweise gehören die MOS-Sensoren eigentlich nicht zu der Gruppe der elektrochemischen Sensoren.

Bei der *konduktometrischen Gasanalyse* wird die Änderung der Leitfähigkeit einer Absorptionslösung beim Durchleiten einer Gasprobe gemessen (Relativkonduktometrie). Dabei sollte die Absorptionslösung irreversibel mit .der zu bestimmenden Komponente der Gasprobe reagieren. Durch Absorption in alkalischer Lösung können nach diesem Prinzip Kohlendioxid, Schwefeldioxid, Stickoxide, Schwefelwasserstoff, Halogenwasserstoffe und nach vorangehender Oxidation zu CO_2 auch Kohlenmonoxid bestimmt werden [5, 30, 31].

Literatur zu 4.7

Monographien und Übersichtsarbeiten

1   Dietz, H., Haecker, W., Jahnke, H.: Electrochemical Sensors for the Analysis of Gases. In: Gerischer, H., Tobias, Ch.W.: Advances in Electrochemistry and Electrochemical Engineering, Vol. 10. New York, London, Sydney, Toronto: Wiley 1977
2   Hitchman, L.M.: Measurement of Dissolved Oxygen, Vol. 49. New York, Chichester, Brisbane, Toronto: Wiley 1978
3   Abresch, K., Claassen, J.: Die coulometrische Analyse. Weinheim: Verlag Chemie 1961
4   Cammann, K.: Das Arbeiten mit ionenselektiven Elektroden. Berlin, Heidelberg, New York: Springer 1977
5   Oehme, F.: Angewandte Konduktometrie. Heidelberg: Hüthig 1961
6   Lessler, M.A., Brierley, G.P.: Oxygen Measurements in Biochemical Analysis. In: Methods of Biochemical Analysis, edited by Glick, D., Vol. 17. New York, London, Sydney, Toronto: Interscience 1969
7   Oehme, F., Schuler, P.: Gelöst-Sauerstoff-Messungen. Heidelberg: Hüthig 1983
8   Verdin, A.: Gas Analysis Instrumentation. London: MacMillan 1973

Originalliteratur

1   Böhm, H., Hartmann, V.: Chem.-Ing.-Techn. **51**, (6) 649 (1979)
2   Clark, L.C., Wolf, J.R., Granger, D., Taylor, Z.: J. Appl, Physiol. **6**, 189 (1953)
3   Sonderheft Biochemische Analyse, April 1980, S. 439
4   Kitzelmann, D., Güssow, K.: Chem.-Ing.-Techn. **53** (9) 720 (1981)
5   Guérin, H.: Analusis **6**, 327 (1978)
6   Metrohm Application-Bulletin No. A26d
7   Garber, R.W., Wilson, C.E.: Anal. Chem. **44**, 1357 (1972)
8   Fa. Beckman, US-Patent No. 2913386, Beckman Bulletin No. 7143; Beckman Instructions No. 1637
9   Lilley, M.D., Story, J.B., Raible, R.W.: J. Electroanal. Chem. **23**, 425 (1969)
10 Huck, R., Huck, A., Lübbers, D.W.: Biomed. Tech. **19**, 87 (1974) und in D.F. Bruley and H.J. Bicker (Eds.), Oxygen Transport to Tissue, Plenum Publishing Corp., New York 1974, S. 112
11 Fabjan, Ch.: Electrochim. Acta **20**, 863 (1975)

12 Energetics Science Inc., US-Patent No. 3776832, Dec. 4, 1973
13 Blurton, K.F., Sedlak, J.M.: J. Electrochem. Soc. **121**, 1315 (1974)
14 LaConti, A.B., Maget, H.J.R.: J. Electrochem. Soc. **118**, 506 (1971)
15 Rockwell Int. Corp., US-Patent No. 3821090, June 28, 1974
16 Dynasciences Corp., US-Patent No. 3622487, Nov. 23, 1971
17 Dutta, D., Landolt, D.: J. Electrochem. Soc. **119**, 1320 (1972)
18 Dynasciences Corp., US-Patent No. 3622488, Nov. 23, 1971
19 Hersch, P.: Anal. Chem. **32**, 1030 (1960)
20 Lindqvist, F.: Extern **7** (2), 73 (1978)
21 Bruckenstein, S., Tucker, K.A., Gifford, P.R.: Anal. Chem. **52**, 2396 (1980)
22 Swift, E.H.: Anal. Chem. **28**, 1804 (1956)
23 Steiner, R.: Chem.-Ing.-Techn. **44** (4) 152 (1972)
24 Mari, C.M., Pizzini, S., Grazzi, R., Terzaghi, G., Fiori, G.: Materials Chemistry **4**, 123 (1979)
25 Frey, Th., Schaeffer, H.A., Baucke, F.G.K.: Glastechn. Ber. **53**, 116 (1980)
26 Logothetis, E.M.: Ceram. Eng. Sci. Proc. **1** (5–6), 281 (1980)
27 Logothetis, E.M., Park, K., Meitzler, A.H., Laud, K.R.: Appl. Phys. Lett. **26**, 209 (1975)
28 Schulz, M., Bohn, E., Heiland, G.: Technisches Messen tm 46 (11), 405 (1979)
29 Firth, F.G., Jonas, A., Jones, T.A.: Ann. occup. Hyg. **18**, 63 (1975)
30 Himpler, H.A., Brand, S.F., Brand, M.J.D.: Anal. Chem. **50**, 1623 (1978)
31 James, D.B.: Bio.-Med. Eng. **4** (3), 126 (1969)
32 Schuler, P., Herrnsdorf, J.: Vom Wasser **61**, 277 (1983)
33 Wiedenmann, H.-M., Raff, L., Noack, R.: SAE Paper 840141 SAE Congress Detroit 1984
34 Divisek, J., Fürst, L.: Fresenius Z. Anal. Chem. **317**, 324 (1984)
35 Wiedenmann, H.-M., Raff, L., Noack, R.: Bosch Techn. Berichte **7**, 210 (1984) 5
36 Rommel, K.: LaborPraxis, Juli/August 1984, S. 736
37 Baucke, F.G.K.: Glastechn. Ber. **56**, 307 (1983)

Sachverzeichnis

Fett gedruckte Zahlen bezeichnen die Seiten, auf denen das betreffende Stichwort schwerpunkt-
mäßig behandelt wird. Als Bestimmungsmethode wurde, soweit nicht anders vermerkt, Voltammetrie bzw. Polarographie verwendet.

Analytiker-Taschenbuch

Band 6

Herausgeber: **W. Fresenius, H. Günzler, W. Huber, I. Lüderwald, G. Tölg, H. Wisser**

1986. 113 Abbildungen. Etwa 350 Seiten
Gebunden. ISBN 3-540-15037-4. In Vorbereitung

Inhaltsübersicht: Grundlagen: Referenzmaterialien. Vollautomatische rechnergesteuerte Analysensysteme: Geräteentwicklung und Auswertung: I. Allgemeine Grundlagen. Korrelationsfunktionen in der Analytik. – Methoden: IR-Spektrometrie von Polymeren. On-Line-Kopplung Hochleistungsflüssigkeitschromatographie-Massenspektrometrie. – Anwendungen: Spurenanalyse der Elemente: Anreicherung durch Austauscher und Sorbentien. HPLC von Aminosäuren und Proteinen. Gasspurenanalyse: Messen von Arbeitsplatzkonzentrationen. Polychlorbiphenyle: Chemie, Analytik und Ökochemie. Spurenelementanalyse in biologischen Proben. Hautbräunung und Sonnenschutz: Chemische, kosmetische und analytische Aspekte. – Basisteil: Die relativen Atommassen der Elemente. Maximale Arbeitsplatzkonzentrationen (1984). Akronyme. Prüfröhrchen für Luftuntersuchungen und technische Gasanalyse. SI-Einheiten. – Informations- und Behandlungszentren für Vergiftungsfälle im deutschsprachigen Raum. Organisationen der analytischen Chemie im deutschsprachigen Raum. – Sachverzeichnis.

Springer-Verlag
Berlin
Heidelberg
New York
Tokyo

Analytiker-Taschenbuch

Band 5

Herausgeber: **W.Fresenius, H.Günzler, W.Huber, I.Lüderwald, G.Tölg, H.Wisser**

1984. 79 Abbildungen und zahlreiche Tabellen.
XI, 348 Seiten
Gebunden DM 118,-. ISBN 3-540-13770-X

Inhaltsübersicht: Grundlagen: Analytische Methoden in der kulturgeschichtlichen Forschung. – Methoden: Neutronenaktivierungsanalyse. Plasma-Emissions-Spectrometrie. – Photo-Akustik-Spektroskopie im UV-VIS-Spektralbereich. – Massenspektroskopische Analyse ungesättigter Fettsäuren. – Anwendungen: Schnelltests in der medizinischen Analytik. Schnelltests zur Umweltanalytik. Cadmium-Bestimmung in biologischem und Umweltmaterial. N-Nitroso-Verbindungen in Lebensmitteln. Weinanalytik. – Basisteil. – Sachverzeichnis. – Autorenverzeichnis.

Band 4

Herausgeber: **W.Fresenius, H.Günzler, W.Huber, I.Lüderwald, G.Tölg**

1984. 106 Abbildungen, zahlreiche Tabellen.
X, 478 Seiten
Gebunden DM 98,-. ISBN 3-540-12801-8

Inhaltsübersicht: Grundlagen: Taschenrechner – Einführung. Programmierbare Taschenrechner in der Analytik. Mikroprozessoren. Einführung. – Forensische Analytik – Einführung. – Methoden: Thermogravimetrie – Differenzthermoanalyse. – Mikrokalorimetrie. – Fluorimetrie und Phosphorimetrie. - ESCA: Eine Methode zur Bestimmung von Elementen und ihren Bindungszuständen in der Oberfläche von Festkörpern. – Elektronen-Spin-Resonanz. Anwendungen und Verfahrensweisen. – Infrarot-Spektroskopie. – Protoneninduzierte Röntgen-Emissions-Spektrometrie (PIXE). – Analytische Anwendungen. – Kapillar-Gas-Chromatographie. Gas-Chromatographie von Aminosäuren. – Anwendungen: Analyse kosmetischer Präparate (II). – Grundstoffe und Hilfsmittel kosmetischer Präparate. – Gel-Permeations-Chromatographie von Polymeren. – Spurenanalytik des Thalliums. – Sachverzeichnis. – Autorenregister.

Band 3

Herausgeber: **R.Bock, W.Fresenius, H.Günzler, W.Huber, G.Tölg**

1983. 81 Abbildungen, 102 Tabellen.
VII, 410 Seiten
Gebunden DM 85,-. ISBN 3-540-11773-3

Band 2

Herausgeber: **R.Bock, W.Fresenius, H.Günzler, W.Huber, G.Tölg**

1981. 50 Abbildungen, 85 Tabellen.
VIII, 351 Seiten
Gebunden DM 85,-. ISBN 3-540-10338-4

Band 1

Herausgeber: **H.Kienitz, R.Bock, W.Fresenius, W.Huber, G.Tölg**

1980. 81 Abbildungen, zahlreiche Tabellen.
VII, 439 Seiten
Gebunden DM 85,-. ISBN 3-540-09594-2

Vertriebsrechte für alle sozialistischen Länder:
Akademie-Verlag, Berlin

Springer-Verlag
Berlin
Heidelberg
New York
Tokyo